工地主任試題精選解析(第二版)

陳佑松、江 軍、許光鑫、關韻茹　編著

全華圖書股份有限公司

自序

工地主任，就是工地綜合管理的負責人，其實在營造廠的訓練中，從助理工程師、工程師、資深工程師到副主任、主任的培養過程是相當漫長的，這段時間的養成除了最基本的工地巡檢以及專業的素養之外，還包含許多溝通的學習，包含與業主的溝通、與承包商的溝通以及對政府機關的溝通，雖然工地主任評定測驗主要只針對專業的技能來評分，但其實進入業界後更重要的則是更多隱藏的軟實力，取得工地主任的執業證並不難，難的是真正成爲一個合格、有實力讓配合的所有人稱讚的工地主任，也以此共勉所有的讀者，能夠與我們一起在浩瀚無垠的營造行業中彼此學習，不以工地主任爲最終的目標，未來也能在營造業闖出屬於你的一片天。

本書之誕生首先要感謝全華出版社願意給予我們四位作者出版的機會，希望能夠造福考生群，也謝謝工作上的夥伴在撰寫過程中的意見以及專業上的諮詢，也感謝家人能夠全力支持我們犧牲無數個晚上圓了這個夢想，最後當然更感謝購買此書支持我們的讀者，讀者對於本書的肯定就是我們最大的動力。

本書之撰寫過程雖秉持兢兢業業不敢大意，惟國內工地主任之參考書籍甚少，且考題包羅萬象，因此疏漏難免，本書之中若有錯誤或不完整之處，請各位讀者多多包涵並繼續提供指正或建議予出版社或作者群，在此致上十二萬分的感謝！

筆者先於此萬分致謝。謹在此以『有心』、『用心』、『決心』、『專心』、『細心』五心共勉讀者、考生朋友們，願心想事成，預祝順利通過考試。

筆者　　謹誌

工地主任考試簡介

營造業工地主任之訓練已經執行許久，因攸關國內營造業之永續發展及工程工地事務暨施工管理之品質甚鉅，故營建署核發相關訓練並實施考試。根據內政部營建署資料表示，工地主任之訓練與相關講習係依營造業法第 31 條及「營造業工地主任評定回訓及管理辦法」規定辦理。工地主任應經評定考試合格後，由內政部核發工地主任執業證，始可擔任，目標係爲培養受聘於營造業，擔任其所承攬工程之工地事務及施工管理之專業人員。

而工地主任評定考試日期經內政部營建署指出，營造業工地主任評定考試日期訂於每年一月(第二個星期日)、五月(第三個星期日)及九月(第二個星期日)辦理考試，評定考試通常全國共分 5 處考區舉行(即臺北、桃園、臺中、臺南、高雄考區)，而預訂於考試後 45 天內完成成績公告。

截至 108 年 11 月 30 日止計核發工地主任執業證 30,930 張，而評定考試的通過及格率卻越來越低，也代表考試之難度實屬增加。由於依營造業法第 30 條規定，營造業承攬一定金額或一定規模以上之工程，其施工期間，應於工地置工地主任。第 31 條第 5 項規定，工地主任應於中央政府所在地組織全國營造業工地主任公會，辦理營造業工地主任管理輔導及訓練服務等業務；工地主任應加入全國營造業工地主任公會。另施行細則第 18 條規定，應置工地主任之工程金額或規模如下：1.承攬金額新臺幣五千萬元以上之工程；2.建築物高度三十六公尺以上之工程；3.建築物地下室開挖十公尺以上之工程；4.橋梁柱跨距二十五公尺以上之工程。所以工地主任尚有一定之需求。

工地主任 220 小時之訓練課程，依據「營造業法第 31 條第 3 項」及「營造業工地主任評定回訓及管理辦法第 6 項」，在使符合營造業法第 31 條第 1 項各款之一所規定資格者，修習營建、政府採購、品質管理、環保及勞工安全衛生法規、工程圖說判識、工程材料檢測及判識、測量放樣、假設工程、工程施工管理、工程施工機具及工程施工技術、土方及地下基礎工程、工程結構、機電及設備、契約規範、職災案例之分析及預防、工地治安等相關課程，熟悉營建相關新訂法規及技術，並確實瞭解營造業法內營造業工地主任法定權責及執行業務方式相關規定，提昇工作職能。經完成講習取得結業證書者，由中央主管機關發給執業證後，得擔任營造業之工地主任。

要工地主任評定考試必須先完成 220 小時之訓練課程，考試一年舉辦三次，採不公開題庫之命題方式，分成第一科目與第二科目兩科，每一科目則再調整題目順序分成 AB 兩卷(但兩卷之題目內容一樣只是順序不同)，考試內容則爲工地主任訓練班課程之教材；本書依照年份、場次(月份)、類科，將考題進行分類，將此標註於題目的左上角，例如：[109-5-2]爲 109 年 5 月份評定考試的第二類科試題；而綜覽 109 年第一次之工地主任評定考試之通過率(營建署公告)可以發現，由於考試題目較細，因此難度也大爲提高。

總成績表	台北	桃園	台中	台南	高雄
合格人數	65	40	56	22	27
總考生	350	201	293	111	182
合格率	18.57%	19.90%	19.11%	19.82%	14.84%
初次合格	30	22	31	8	12
初次考生	239	130	212	67	129
合格率	12.55%	16.92%	14.62%	11.94%	9.30%

因此本書以營建署之工地主任班講義爲縱、考題逐題詳解爲輔，力求綜觀考古題已掌握基本分數，由上表可以發現第一次考試即通過兩科目者平均不到 15%，而加上已經通過一科再補考者，也不到 20%，期許本書可以作爲課後練習的好幫手讓您一次通過考試！

編輯部序

「系統編輯」是我們的編輯方針，我們所提供給您的，絕不只是一本書，而是關於這門學問的所有知識，它們由淺入深，循序漸進。

本書網羅工地主任評定考試之歷屆試題，全書系統化詳解共分成十三單元。非常適合科大、四技相關課程、相關業界及備考營造業工地主任評定考試之人士，參考使用。

本書雖經多次校對，然內容或有疏漏不當之處，尚祈讀者、先進不吝賜教指正，感謝之至！。

目錄

chapter

01

營建、政府採購、品質管理、環保及勞工安全衛生法規

單元重點

1. 營造法、營造業法施行細則及其子法
2. 政府採購法及品質管理相關法規
3. 環境保護與營建有關法令
4. 職業安全衛生與營造有關法令
5. 建築管理自治條例及建築技術規則

[110-1-2]

1. (D) 依營造業法第六條規定，下列何者非屬營造業的分類？ (A)綜合營造業 (B)專業營造業 (C)土木包工業 (D)室內裝修業。

解析

依據營造業法第 6 條營造業分綜合營造業、專業營造業及土木包工業。建築物室內裝修管理辦法所稱室內裝修從業者，指開業建築師、營造業及室內裝修業。

2. (B) 依據政府採購法，下列何者係屬投標廠商之特定資格？ (A)所得稅或營業稅之納稅證明 (B)具有符合國家品質管理之驗證文件 (C)公會會員證 (D)營利事業登記證。

投標廠商資格與特殊或巨額採購認定標準第 5 條規定：

機關辦理特殊或巨額採購，除依第二條規定訂定基本資格外，得視採購案件之特性及實際需要，就下列事項擇定投標廠商之特定資格，並載明於招標文件：

一、 具有相當經驗或實績者。

二、 具有相當人力者。

三、 具有相當財力者。

四、 具有相當設備者。

五、 具有符合國際或國家品質管理之驗證文件者。

六、其他經主管機關認定者。

3. (D) 建築物設置雨水貯留利用系統或生活雜排水回收再利用系統，下列說明何者錯誤？ (A)由雨水貯留利用系統或生活雜排水回收再利用系統處理後之用水，可使用於沖廁、景觀、澆灌、灑水、洗車、冷卻水、消防 (B)設置雨水貯留利用系統者，其雨水貯留利用率應大於百分之四 (C)生活雜排水回收利用系統者，其生活雜排水回收再利用率應大於百分之三十 (D)由雨水貯留利用系統或生活雜排水回收再利用系統處理後之用水，只能供人簡單洗手、沐浴之用，仍不得用於日常飲用水及烹飪之用。

建築技術規則設計施工編第 317 條規定：
由雨水貯留利用系統或生活雜排水回收再利用系統處理後之用水，可使用於沖廁、景觀、澆灌、灑水、洗車、冷卻水、消防及其他不與人體直接接觸之用水。

4. (D) 查核金額(新臺幣 5000 萬元)以上工程，其委託監造者，機關應於招標文件，訂定監造單位設置受訓合格之現場品管人員事項，下列何者爲非？ (A)查核金額(新臺幣 5000 萬元)以上，未達巨額(新臺幣 2 億元)採購之工程，至少一人 (B)巨額採購(新臺幣 2 億元)之工程，至少二人。 (C)查核金額(新臺幣 5000 萬元)以上工程，設置品管人員應爲專職，不得跨越其他標案。(D)應注意品管人員職務不宜與監造人員混淆，亦不宜於施工時派駐工地，或常駐工地執行職務。

機關辦理新臺幣五千萬元以上之工程，其委託監造者，應於招標文件內訂定下列事項。但性質特殊之工程，得報經工程會同意後不適用之：

一、 監造單位應比照第五點規定，置受訓合格之現場人員；每一標案最低人數規定如下：
   1. 新臺幣五千萬元以上未達二億元之工程，至少一人。
   2. 新臺幣二億元以上之工程，至少二人。
二、 前款現場人員應專職，不得跨越其他標案，且監造服務期間應在工地執行職務。
三、 監造單位應於開工前，將其符合第一款規定之現場人員之登錄表經機關核定後，由機關填報於工程會資訊網路備查；上開人員異動或工程竣工時，亦同。

機關辦理未達新臺幣五千萬元之工程，得比照前項規定辦理。
機關自辦監造者，其現場人員之資格、人數、專職及登錄規定，比照前二項規定辦理。但有特殊情形，得報經上級機關同意後不適用之。

5. (D) 離島地區綜合營造業或專業營造業承攬當地工程未達一定金額者，得委託建築師或技師逐案按各類科技師之執業範圍核實執行綜理施工管理，並簽章負責專任工程人員依法應辦理工作。所謂一定金額是指下列何者？ (A)新臺幣二仟五佰萬元以上 (B)新臺幣五仟萬元以上 (C)新臺幣七仟五佰萬元以上 (D)新臺幣一億元以上。

離島地區營造業人員設置及管理辦法第5條：

離島地區綜合營造業或專業營造業承攬當地工程者，未達所定一定金額或一定規模，指下列規定之一：

一、 工程金額在新臺幣一億元以上者。

二、 建築物高度在三十六公尺以上者。

三、 建築物地下室開挖深度在十公尺以上者。

四、 橋樑柱跨距在二十五公尺以上者。

6. (D) 機關辦理採購，下列何者不是採購法第101條規定得刊登政府採購公報之情形： (A)擅自減省工料情節重大者 (B)偽造、變造投標、契約或履約相關文件 (C)得標後無正當理由而不訂約者 (D)瀕臨破產，宣告進行重整程序之廠商。

政府採購法第101條：

機關辦理採購，發現廠商有下列情形之一，應將其事實、理由及依第一百零三條第一項所定期間通知廠商，並附記如未提出異議者，將刊登政府採購公報：

一、 容許他人借用本人名義或證件參加投標者。

二、 借用或冒用他人名義或證件投標者。

三、 擅自減省工料，情節重大者。

四、 以虛偽不實之文件投標、訂約或履約，情節重大者。

五、 受停業處分期間仍參加投標者。

六、 犯第八十七條至第九十二條之罪，經第一審為有罪判決者。

七、 得標後無正當理由而不訂約者。

八、 查驗或驗收不合格，情節重大者。

九、 驗收後不履行保固責任，情節重大者。

十、 因可歸責於廠商之事由，致延誤履約期限，情節重大者。

十一、 違反第六十五條規定轉包者。

十二、 因可歸責於廠商之事由，致解除或終止契約，情節重大者。

十三、 破產程序中之廠商。

十四、 歧視性別、原住民、身心障礙或弱勢團體人士，情節重大者。

十五、 對採購有關人員行求、期約或交付不正利益者。

7. (C) 有關建築工程及民間工程剩餘土石方處理， 下列說明何者錯誤？ (A)承造人向地方政府申報建築施工計畫說明書內容應包括剩餘土石方處理計畫 (B)承造人於出土期間之每月底前，按運送流向證明文件製作統計月報表 (C)土石方如有運至公共工程之工地處理者，應副知工程監造單位 (D)如發現剩餘土石方流向及數量與核准內容不一致時，地方政府應通知承造人說明釐清並將處理結果副知收容處理場所所在地之地方政府。

直轄市、縣(市)政府應督促承造人於出土期間之每月底前，按運送剩餘土石方流向證明文件製作統計月報表逕向營建剩餘土石方資訊服務中心申報剩餘土石方種類、數量及去處，並於每月五日前核對資訊服務中心之申報資料，如有運至公共工程之工地處理者，並副知工程主辦(管)單位。

8. (C) 依建築技術規則相關規定，施工走道及階梯坡度應爲三十度以下，其爲十五度以上者應加釘間距小於三十公分之： (A)腳踏板 (B)腳趾板 (C)止滑板條 (D)欄柵板。

建築技術規則第 157 條：

走道及階梯之架設應依左列規定：

一、 坡度應爲三十度以下，其爲十五度以上者應加釘間距小於三十公分之止滑板條，並應裝設適當高度之扶手。

二、 高度在八公尺以上之階梯，應每七公尺以下設置平台一處。

三、走道木板之寬度不得小於三十公分，其兼爲運送物料者，不得小於六十公分。

9. (C) 下列何者不需要實施風險評估，致力防止此等物件於使用或工程施工時，發生職業災害？ (A)工程之設計 (B)設備之製造 (C)器具之使用者 (D)工程之施工者。

依據職業安全衛生法第5條：
雇主使勞工從事工作，應在合理可行範圍內，採取必要之預防設備或措施，使勞工免於發生職業災害。
機械、設備、器具、原料、材料等物件之設計、製造或輸入者及工程之設計或施工者，應於設計、製造、輸入或施工規劃階段實施風險評估，致力防止此等物件於使用或工程施工時，發生職業災害。

10. (B) 依據營造安全衛生設施標準規定，雇主對勞工於高差超過幾公尺以上之場所作業時，應設置能使勞工安全上下之設備？ (A) 1.0 公尺 (B) 1.5 公尺 (C) 2.0 公尺 (D) 2.5 公尺。

職業安全衛生設施規則第 228 條：
雇主對勞工於高差超過一‧五公尺以上之場所作業時，應設置能使勞工安全上下之設備。
(本題應該是依照職業安全衛生設施規則並非營造安全衛生設施標準)

11. (C) 下列何者<u>非為</u>工作場所防止施工架發生倒塌危險之作為？ (A)施工架應於垂直方向與水平方向，使用制式壁連座與構造物妥實連接 (B)施工架之水平方向七點五公尺內，有與穩定構造物妥實連接 (C)施工架之垂直方向七點五公尺內，有與穩定構造物妥實連接 (D)高度在五公尺以上施工架，應有專人依使用荷重妥為設計。

施工架在適當之垂直、水平距離處與構造物妥實連接，其間隔在垂直方向以不超過五點五公尺，水平方向以不超過七點五公尺為限。

12. (B) 依「政府採購法」規定，受機關委託提供採購規劃、設計、審查、監造、專案管理或代辦採購廠商之人員，意圖為私人不法之利益，對技術、工法、材料、設備或規格，為違反法令之限制或審查，因而獲得利益者之處罰為下列何者？ (A)可處一年以上十年以下有期徒刑 (B)可處一年以上七年以下有期徒刑 (C)可處一年以上五年以下有期徒刑 (D)可處一年以上三年以下有期徒刑。

政府採購法第 88 條：
受機關委託提供採購規劃、設計、審查、監造、專案管理或代辦採購廠商之人員，意圖為私人不法之利益，對技術、工法、材料、設備或規格，為違反法令之限制或審查，因而獲得利益者，處一年以上七年以下有期徒刑，得併科新臺幣三百萬元以下罰金。其意圖為私人不法之利益，對廠商或分包廠商之資格為違反法令之限制或審查，因而獲得利益者，亦同。

13. (B) 某建物高度為 64m，依民用航空法第 32 條規定應使用何種航空障礙燈？ (A)不閃光高光度航空障礙燈 (B)不閃光低光度航空障礙燈 (C)附閃光高光度航空障礙燈 (D)附閃光低光度航空障礙燈。

依民用航空法第 32 條規定，距地上高 60 公尺以上之物件，使用不閃光低光度航空障礙燈，距地上高 90 公尺以上之物件，使用附閃光高光度航空障礙燈。

14. (C) 就一般工程契約而言，工程契約符合民法中所定之下列何種性質比例最高？ (A)買賣 (B)雇傭 (C)承攬 (D)委任。

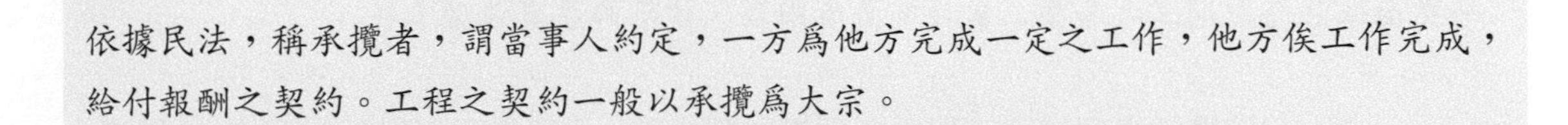

依據民法，稱承攬者，謂當事人約定，一方為他方完成一定之工作，他方俟工作完成，給付報酬之契約。工程之契約一般以承攬為大宗。

■情境式選擇題

小明建設公司投資一 15 層住宅，並至地方政府建管單位辦理建築物相關申報作業，請回答下列問題：

15. (D) 自領得建造執照或雜項執照之日起，開工之規定何者錯誤？ (A)自領得建造執照或雜項執照之日起，應於六個月內開工 (B)起造人因故不能於前項期限內開工時， 應敘明原因，申請展期一次，期限為三個月 (C)起造人應於開工前，會同承造人及監造人將開工日期，連同姓名或名稱、住址、證書字號及承造人施工計畫書，申請該管主管建築機關備查 (D)承造人因故未能於建築期限內完工時， 得申請展期，最高得展延一年。施工逾展期期限仍未能完工時，應重新申請展期。

依照建築法第 53 條：

直轄市、縣(市)主管建築機關，於發給建造執照或雜項執照時，應依照建築期限基準之規定，核定其建築期限。

前項建築期限，以開工之日起算。承造人因故未能於建築期限內完工時，得申請展期一年，並以一次為限。未依規定申請展期，或已逾展期期限仍未完工者，其建造執照或雜項執照自規定得展期之期限屆滿之日起，失其效力。

16. (C) 建築執照上的設計人及監造人，係指下列何者？ (A)依法登記開業之土木技師 (B)依法登記開業之結構技師 (C)依法登記開業之建築師 (D)依法登記開業之工地主任。

建築法所稱建築物設計人及監造人為建築師，以依法登記開業之建築師為限。但有關建築物結構及設備等專業工程部分，除五層以下非供公眾使用之建築物外，應由承辦建築師交由依法登記開業之專業工業技師負責辦理，建築師並負連帶責任。

17. (C) 於後續辦理建築工程中必須勘驗部分時，下列說明何者正確？ (A)指定由起造人會同設計人按時申報後，方得繼續施工 (B)指定由設計人會同監造人按時申報後，方得繼續施工 (C)指定由承造人會同監造人按時申報後，方得繼續施工 (D)指定由監造人按時申報後，方得繼續施工。

依照建築法第 56 條：
建築工程中必須勘驗部分，應由直轄市、縣(市)主管建築機關於核定建築計畫時，指定由承造人會同監造人按時申報後，方得繼續施工，主管建築機關得隨時勘驗之。
前項建築工程必須勘驗部分、勘驗項目、勘驗方式、勘驗紀錄保存年限、申報規定及起造人、承造人、監造人應配合事項，於建築管理規則中定之。

18. (A) 工程完成後，有關申請使用執照的規定說明，下列何者正確？ (A)由起造人會同承造人及監造人申請使用執照 (B)主管建築機關應自接到申請之日起，五日內派員查驗完竣 (C)主管建築機關應自接到申請之日起，七日內派員查驗完竣。 (D)公眾使用建築物之查驗期限，得展延為十日。

建築工程完竣後，應由起造人會同承造人及監造人申請使用執照。直轄市、縣(市)(局)主管建築機關應自接到申請之日起，十日內派員查驗完竣。其主要構造、室內隔間及建築物主要設備等與設計圖樣相符者，發給使用執照，並得核發謄本；不相符者，一次通知其修改後，再報請查驗。但供公眾使用建築物之查驗期限，得展延為二十日。

19. (D) 依據建築法五十五條於領得建造執照後，下列何者不屬應向申報該管主管建築機關備案的事項？ (A)變更起造人 (B)變更承造人 (C)工程中止或廢止。 (D)變更設計人。

起造人領得建造執照或雜項執照後，如有下列各款情事之一者，應即申報該管主管建築機關備案：
一、 變更起造人。
二、 變更承造人。
三、 變更監造人。
四、工程中止或廢止。

[111-1-2]

20. (A) 以下何者不屬於法規命令？ (A)通則 (B)規程 (C)規則 (D)細則。

依據中央法規標準法第 3 條各機關發布之命令，得依其性質，稱規程、規則、細則、辦法、綱要、標準或準則。

21. (C) 下列何者不是營造業法所指營造業負責人？ (A)在無限公司、兩合公司係指代表公司之股東 (B)在有限公司、股份有限公司係指代表公司之董事 (C)在非法人組織係指出資人或其法定代理人 (D)在合夥組織係指執行業務之合夥人。

負責人：在無限公司、兩合公司係指代表公司之股東；在有限公司、股份有限公司係指代表公司之董事；在獨資組織係指出資人或其法定代理人；在合夥組織係指執行業務之合夥人；公司或商號之經理人，在執行職務範圍內，亦為負責人。

22. (C) 下列何者不是採購法所稱採購？ (A)工程之定作 (B)財物之買受 (C)土地之出租 (D)勞務之委任。

依據政府採購法第 2 條本法所稱採購，指工程之定作、財物之買受、定製、承租及勞務之委任或僱傭等。

23. (A) 依據建築法第七十條規定：建築工程完竣後，應由何人申請使用執照？ (A)起造人會同承造人及監造人 (B)建築師 (C)起造人會同建築師 (D)設計人。

建築工程完竣後，應由起造人會同承造人及監造人申請使用執照。直轄市、縣(市)(局)主管建築機關應自接到申請之日起，十日內派員查驗完竣。其主要構造、室內隔間及建築物主要設備等與設計圖樣相符者，發給使用執照，並得核發謄本；不相符者，一次通知其修改後，再報請查驗。但供公眾使用建築物之查驗期限，得展延為二十日。

24. (D) 下列何者不是建築法第 39 條辦理變更設計時，應依建築法相關規定申請辦理，不得於竣工後，備具竣工平面、立面圖，一次報驗的變更內容？ (A)變更主要構造或位置 (B)增加高度或面積 (C)變更建築物主要設備內容或位置 (D)變更基地內雨水排水設備。

起造人應依照核定工程圖樣及說明書施工；如於興工前或施工中變更設計時，仍應依照本法申請辦理。但不變更主要構造或位置，不增加高度或面積，不變更建築物設備內容或位置者，得於竣工後，備具竣工平面、立面圖，一次報驗。

25. (C) 營造業法規定受聘於營造業之技師或建築師，擔任其所承攬工程之施工技術指導及施工安全之人員，應稱為下列何者？ (A)專業技師 (B)工地主任 (C)專任工程人員 (D)規劃建築師。

專任工程人員：係指受聘於營造業之技師或建築師，擔任其所承攬工程之施工技術指導及施工安全之人員。其為技師者，應稱主任技師；其為建築師者，應稱主任建築師。

26. (D) 下列何者為職業安全衛生法所稱之雇主？ (A)工作場所負責人 (B)工地主任 (C)專任工程人員 (D)事業經營負責人。

依據職業安全衛生法之名詞定義：

一、 工作者：指勞工、自營作業者及其他受工作場所負責人指揮或監督從事勞動之人員。

二、 勞工：指受僱從事工作獲致工資者。

三、 雇主：指事業主或事業之經營負責人。

27. (A) 事業單位勞動場所發生死亡之職業災害，應於幾個小時內報告檢查機構？
(A) 8 小時 (B) 12 小時 (C) 24 小時 (D) 36 小時。

事業單位勞動場所發生下列職業災害之一者，雇主應於八小時內通報勞動檢查機構：

一、 發生死亡災害。

二、 發生災害之罹災人數在三人以上。

三、 發生災害之罹災人數在一人以上，且需住院治療。

四、其他經中央主管機關指定公告之災害。

28. (A) 雇主違反職業安全衛生法第 37 條第 4 項除必要之急救、搶救外，非經司法機關或勞動檢查機構許可，不得移動或破壞現場之規定，最高可處幾年有期徒刑？ (A) 1 年 (B) 2 年 (C) 3 年 (D) 5 年。

有下列情形之一者，處一年以下有期徒刑、拘役或科或併科新臺幣十八萬元以下罰金：

二、違反第三十七條第四項之規定。

■情境式選擇題

A 營造公司於某直轄市市中心，負責一件 12 層樓高的建築工程，試回答下列建築執照申請作業及相關問題：

29. (C) 依據建築法五十五條於領得建造執照後，下列何者非應向申報該管主管建築機關備案的事項？ (A)變更起造人 (B)變更承造人 (C)變更設計人 (D)變更監造人。

起造人領得建造執照或雜項執照後，如有下列各款情事之一者，應即申報該管主管建築機關備案：

一、 變更起造人。

二、 變更承造人。

三、 變更監造人。

四、工程中止或廢止。

30. (A) 基地周圍臨接或面對永久性空地，其建物高度不得超過該道路寬度與面對永久性空地深度合計之一點五倍，且以該基地臨接較寬(最寬)道路寬度多少倍爲限？ (A)道路寬度之二倍加六公尺爲限 (B)道路寬度之三倍加六公尺爲限 (C)道路寬度之四倍加六公尺爲限 (D)道路寬度之五倍加六公尺爲限。

基地周圍臨接或面對永久性空地，其高度限制如下：

一、基地臨接道路之對側有永久性空地，其高度不得超過該道路寬度與面對永久性空地深度合計之一點五倍，且以該基地臨接較寬(最寬)道路寬度之二倍加六公尺爲限。

31. (A) 該建築工程完竣後，主管建築機關應自接到申請之日起，幾日內要派員查驗完竣？ (A) 10 日 (B) 15 日 (C) 25 日 (D) 30 日。

直轄市、縣(市)(局)主管建築機關應自接到申請之日起，十日內派員查驗完竣。 其主要構造、室內隔間及建築物主要設備等與設計圖樣相符者，發給使用執照，並得核發謄本；不相符者，一次通知其修改後，再報請查驗。但供公眾使用建築物之查驗期限，得展延爲二十日。

A 建設公司投資一 15 層住宅，並至地方政府建管單位辦理建築執照申請作業，請回答下列問題：

32. (A) 起造人自領得建造執照或雜項執照之日起，應於六個月內開工，因故不能於前項期限內開工時，應敘明原因，申請展期幾次，期限爲多久？ (A)一次、三個月 (B)二次、每次三個月 (C)三次、每次三個月 (D)四次、每次三個月。

建築法第 54 條：

起造人自領得建造執照或雜項執照之日起，應於六個月內開工；並應於開工前，會同承造人及監造人將開工日期，連同姓名或名稱、住址、證書字號及承造人施工計畫書，申請該管主管建築機關備查。

起造人因故不能於前項期限內開工時，應敘明原因，申請展期一次，期限爲三個月。未依規定申請展期，或已逾展期期限仍未開工者，其建造執照或雜項執照自規定得展期之期限屆滿之日起，失其效力。

第一項施工計畫書應包括之內容，於建築管理規則中定之。

33. (C) 此建築執照上的設計人及監造人，係指下列何者？ (A)依法登記開業之土木技師。 (B)依法登記開業之結構技師。 (C)依法登記開業之建築師。 (D)依法登記開業之工地主任。

建築法所稱建築物設計人及監造人爲建築師，以依法登記開業之建築師爲限。但有關建築物結構及設備等專業工程部分，除五層以下非供公眾使用之建築物外，應由承辦建築師交由依法登記開業之專業工業技師負責辦理，建築師並負連帶責任。

34. (D) 建築法規六十六條規定二層以上建築物施工時，其施工部分距離道路境界線或基地境界線不足二公尺半者，或幾層以上建築物施工時，應設置防止物體墜落之適當圍籬？ (A)二層 (B)三層 (C)四層 (D)五層。

建築法第 66 條：

二層以上建築物施工時，其施工部分距離道路境界線或基地境界線不足二公尺半者，或五層以上建築物施工時，應設置防止物體墜落之適當圍籬。

A 營造公司承攬一公共工程，因工程金額龐大、事項繁雜，擬將混凝土結構體交由依長期合作的夥伴 B 公司負責興建，請回答下列問題：

35. (A) 「將契約中應自行履行之全部或其主要部分，由其他廠商代爲履行」在採購法中的定義是指？ (A)轉包 (B)次承攬 (C)聯合承攬 (D)分包。

得標廠商應自行履行工程、勞務契約，不得轉包。前項所稱轉包，指將原契約中應自行履行之全部或其主要部分，由其他廠商代爲履行。

36. (B) 實際施工時，工程當事人間的法律關係，何者錯誤？ (A)次承攬人，在完成工作的過程中，因故意或過失，而造成他人的損害時，承攬人必須就其損害之部分，負同一責任 (B)次承攬人對承攬人應負履行輔助人之責任 (C)基於債權契約相對性，次承攬人與定作人間並不生任何權利義務關係 (D)次承攬契約與原承攬契約係個別獨立之契約，其中一契約無效，不影響另一契約之效力。

若將工程之一部委由其他廠商代爲履行，稱爲分包契約，又稱次承攬契約。而其中次承攬契約與原承攬契約係個別獨立之契約，故其中一契約無效，不影響另一契約之效力。基於債權契約相對性，次承攬人與定作人間並不生任何權利義務關係，而承攬人對次承攬人應負履行輔助人之責任(契約關係相反)，即次承攬人(分包商)，因在完成工作的過程中，因故意或過失，而造成他人的損害時，承攬人必須就其損害之部分，負同一責任。

[111-5-2]

37. (D) 下列針對法規的位階及效力說明何者有誤？ (A)命令與憲法或法律牴觸者無效 (B)法律不得牴觸憲法 (C)下級機關訂定之命令不得牴觸上級機關之命令 (D)普通法優於特別法。

普通法與特別法之分在法律適用上具有重大的意義，因爲法律上有所謂「特別法優於普通法」之原則。 中央法規標準法第16條規定：「法規對其他法規所規定之同一事項而爲特別之規定者，應優先適用之。其他法規修正後，仍應優先適用。」係指在同一事件，如普通法和特別法均有規定時，應優先適用特
別法。

38. (A) 下列何者屬專業營造業？ (A)地下管線工程業 (B)甲等營造業 (C)乙等營造業 (D)丙等營造業。

專業營造業登記之專業工程項目如下：
一、 鋼構工程。
二、 擋土支撐及土方工程。
三、 基礎工程。
四、 施工塔架吊裝及模版工程。
五、 預拌混凝土工程。
六、 營建鑽探工程。
七、 地下管線工程。
八、 帷幕牆工程。
九、 庭園、景觀工程。
十、 環境保護工程。
十一、 防水工程。
十二、 其他經中央主管機關會同主管機關增訂或變更，並公告之項目。
其餘甲乙丙等爲綜合營造業之分類。

39. (B) 採購法所稱公告金額係指新臺幣：　(A) 10 萬元　(B) 100 萬元　(C) 500 萬元　(D) 1000 萬元。

解析

公告金額採購：係指新台幣一百萬元以上，工程及財物採購未達新台幣五千萬元，勞務採購未達新台幣一千萬元之採購。

40. (A) 下列何者不是採購法規定查核金額以上採購應報請上級機關監辦之事項：(A)投標　(B)比價　(C)決標　(D)開標。

機關辦理查核金額以上採購之開標、比價、議價、決標及驗收時，應於規定期限內，檢送相關文件報請上級機關派員監辦。

41. (A) 建築物非經領得使用執照，不准接水、接電及使用。但直轄市、縣(市)政府認有下列各款情事之一者，得另定建築物接用水、電相關規定，下列何者<u>爲非</u>？　(A)有變更使用類組　(B)天然災害損壞需安置及修復之建築物　(C)偏遠地區且非屬都市計畫地區之建築物　(D)因興辦公共設施所需而拆遷具整建需要且無礙都市計畫發展之建築物。

建築物非經領得使用執照，不准接水、接電及使用。但直轄市、縣(市)政府認有下列各款情事之一者，得另定建築物接用水、電相關規定：

一、 偏遠地區且非屬都市計畫地區之建築物。

二、 因興辦公共設施所需而拆遷具整建需要且無礙都市計畫發展之建築物。

三、 天然災害損壞需安置及修復之建築物。

四、其他有迫切民生需要之建築物。

42. (D) 高樓建築，有下列何種情形，應實施環境影響評估？　(A)高度 50 公尺　(B)高度 80 公尺　(C)高度 100 公尺　(D)高度 120 公尺。

開發行爲應實施環境影響評估細目及範圍認定標準第 26 條：
高樓建築，其高度一百二十公尺以上者，應實施環境影響評估。

43. (D) 營建工程空氣污染防制費繳納期限，下列說明何者錯誤？ (A)依法不須申請開工、使用執照、工程驗收或繳納費額爲新臺幣 1 萬元以下者，應於開工前全額繳納 (B)繳納費額超過新臺幣 1 萬元未滿 5 百萬元者，得於開工前全額繳納，或於申請開工前，先繳交二分之一，於申請使用執照或工程驗收前，繳納剩餘費額 (C)繳納費額爲新臺幣 5 百萬元以上者，得於開工前全額繳納，或於工程期間內，分期平均繳納，並於直轄市、縣(市)主管機關核定之各期繳納期限內繳納完畢 (D)繳納費額爲新臺幣 1 千萬元以上者，得於開工前全額繳納，或於工程期間內，分期平均繳納二分之一，並於直轄市、縣(市)主管機關核定之各期繳納期限內繳納完畢。

空氣污染防制費收費辦法第 6 條：
營建工程空氣污染防制費繳納期限，依下列規定之一辦理：
一、 依法不須申請開工、使用執照、工程驗收或繳納費額爲新臺幣一萬元以下者，應於開工前全額繳納。
二、 繳納費額超過一萬元未滿五百萬元者，得於開工前全額繳納，或於申請開工前，先繳交二分之一，於申請使用執照或工程驗收前，繳納剩餘費額。
三、 繳納費額爲五百萬元以上者，得於開工前全額繳納，或於工程期間內，分期平均繳納，並於直轄市、縣(市)主管機關核定之各期繳納期限內繳納完畢。
四、 其他經直轄市、縣(市)主管機關同意之繳納期限。

44. (D) 依據營建工程空氣汙染防制設施管理辦法，以金屬、混凝土、塑膠等材料製作，其下半部屬密閉式之拒馬或紐澤西護欄等實體隔離設施，是指下列何種設施？ (A)全阻隔式圍籬 (B)半阻隔式圍籬 (C)網狀鏤空式圍籬 (D)簡易圍籬。

常見之圍籬三種：

一、 全阻隔式圍籬：指全部使用非鏤空材料製作之圍籬。

二、 半阻隔式圍籬：指離地高度八十公分以上使用網狀鏤空材料，其餘使用非鏤空材料製作之圍籬。

三、 簡易圍籬：指以金屬、混凝土、塑膠等材料製作，至少離地高度八十公分以內使用非鏤空材料製作之拒馬或紐澤西護欄等實體隔離設施。

45. (C) 下列何者非為職業安全衛生法所稱之職業災害？ (A)因勞動場所之粉塵引起之工作者傷害 (B)因工作場所之建築物引起之工作者死亡 (C)上下班時間合理的時間，必經途中，勞工發生車禍受傷等通勤災害 (D)因工作場所之機械引起之工作者失能。

根據職業安全衛生法第 2 條第 5 款：

指因勞動場所之建築物、機械、設備、原料、材料、化學品、氣體、蒸氣、粉塵等或作業活動及其他職業上原因引起之工作者疾病、傷害、失能或死亡。簡單來說，勞工在執行工作時受傷、因工作導致職業病，所造成的疾病、傷害、殘廢或是死亡，皆屬於職業災害。

至於通勤災害有的法院認為通勤職災不屬於《勞基法》的職災，所以雇主不用補償，也有的法院認為應該算，這時雇主就有《勞基法》第 59 條的補償責任，目前為止尚未統一，不過與其他選項相較之下，本選項屬於最適合之答案。

46. (C) 建築技術規則建築設計施工編第 46-4 條規定分戶牆之空氣音隔音構造：鋼筋混凝土造或密度在二千三百公斤 / 立方公尺以上之無筋混凝土造，含粉刷總厚度應在幾公分以上？ (A)五公分 (B)十公分 (C)十五公分 (D)二十公分。

分戶牆之空氣音隔音構造，應符合下列規定之一：

一、 鋼筋混凝土造或密度在二千三百公斤／立方公尺以上之無筋混凝土造，含粉刷總厚度在十五公分以上。

二、 紅磚或其他密度在一千六百公斤／立方公尺以上之實心磚造，含粉刷總厚度在二十二公分以上。

三、 輕型鋼骨架或木構骨架爲底，兩面各覆以石膏板、水泥板、纖維水泥板、纖維強化水泥板、木質系水泥板、氧化鎂板或硬質纖維板，其板材總面密度在五十五公斤／平方公尺以上，板材間以密度在六十公斤／立方公尺以上，厚度在七點五公分以上之玻璃棉、岩棉或陶瓷棉填充，且牆總厚度在十二公分以上。

四、 其他經中央主管建築機關認可具有空氣音隔音指標 Rw 在五十分貝以上之隔音性能，或取得內政部綠建材標章之高性能綠建材(隔音性)。

昇降機道與居室相鄰之分戶牆，其空氣音隔音構造，應依前條第二項規定設置。

47. (A) 建築技術規則有關得不計入建築物高度規定，下列說明何者正確？ (A)女兒牆高度一點四公尺以下 (B)女兒牆高度一點八公尺以下 (C)女兒牆高度二公尺以下 (D)女兒牆高度二點二公尺以下。

建築物高度：自基地地面計量至建築物最高部分之垂直高度。但屋頂突出物或非平屋頂建築物之屋頂，自其頂點往下垂直計量之高度應依下列規定，且不計入建築物高度：

(三) 女兒牆高度在一點五公尺以內。

■情境式選擇題

A 營造公司於某直轄市市中心，負責一件 12 層樓高的建築工程，試回答下列建築執照申請作業及相關問題：

48. (A) 依建築法第 53 條，領得執照後之建築期限，以開工之日起算。承造人因故未能於建築期限內完工時，得申請展期多少年，並以幾次爲限？ (A)一年、一次 (B)二年、二次 (C)三年、三次 (D)四年、四次。

前項建築期限，以開工之日起算。承造人因故未能於建築期限內完工時，得申請展期一年，並以一次爲限。未依規定申請展期，或已逾展期期限仍未完工者，其建造執照或雜項執照自規定得展期之期限屆滿之日起，失其效力。

49.（ A ）自領得建造執照或雜項執照之日起， 應於多久內開工；因故不能於前項期限內開工時，應敘明原因，申請展期一次，期限爲多久？ (A) 6 個月、3 個月　(B) 5 個月、3 個月　(C) 4 個月、3 個月　(D) 3 個月、3 個月。

起造人因故不能於前項期限內開工時，應敘明原因，申請展期一次，期限爲三個月。未依規定申請展期，或已逾展期期限仍未開工者，其建造執照或雜項執照自規定得展期之期限屆滿之日起，失其效力。

50.（ C ）本建築工程的施工規模已達 4 千 6 百(平方公尺•月)，請問下列規劃何項錯誤？ (A)應於營建工地周界設置定著地面之全阻隔式圍籬及防溢座　(B)設置高度爲 2.4 公尺之圍籬　(C)於面臨 10 公尺道路側，設置高度 1.8 公尺之圍籬　(D)於道路轉角或轉彎處 10 公尺以內處，設置半阻隔式圍籬。

營建工程空氣污染防制設施管理辦法第 6 條：
營建業主於營建工程進行期間，應於營建工地周界設置定著地面之全阻隔式圍籬及防溢座，圍籬高度規定如附表。但道路轉角或轉彎處十公尺以內者，得設置半阻隔式圍籬，1.8 公尺之圍籬是全阻隔式圍籬的一種，所以不包含在選
項中。

小明考上高考，分發至某地方政府負責一件高達數十億元預算之軌道建設的公共工程，就工程的生命週期及相關規定，試回答下列相關問題：

51.（ C ）該工程委託監造時，機關應於招標文件，訂定監造單位應比照公共工程施工品質管理作業要點之品管人員設置規定，置受訓合格之現場人員幾人以上？ (A) 0 人　(B) 1 人　(C) 2 人　(D) 3 人。

品質管理人員之資格、人數及其更換規定；每一標案最低品管人員人數規定如下：

一、 新臺幣二千萬元以上未達巨額採購之工程，至少一人。

二、 巨額採購之工程，至少二人。

因此本案屬於巨額採購金額，至少設置二位品管人員。

[109-9-1]

52. (D) 依據營造安全衛生設施標準之規定，雇主對於下列何種施工架之構築及拆除無須依結構力學原理妥為設計，置備施工圖說，並指派所僱之專任工程人員簽章確認強度計算書及施工圖說？ (A)高度五公尺以上施工架 (B)懸吊式施工架 (C)懸臂式施工架 (D)高度二公尺以上之移動式施工架。

營造安全衛生設施標準第 40 條：

雇主對於施工構臺、懸吊式施工架、懸臂式施工架、高度五公尺以上施工架、高度五公尺以上之吊料平臺、升降機直井工作臺、鋼構橋橋面板下方工作臺或其他類似工作臺等之構築及拆除，應依下列規定辦理：

一、 事先就預期施工時之最大荷重，依結構力學原理妥為設計，置備施工圖說，並指派所僱之專任工程人員簽章確認強度計算書及施工圖說。但依營建法規等不須設置專任工程人員者，得由雇主指派具專業技術及經驗之人員為之。

二、 建立按施工圖說施作之查驗機制。

三、 設計、施工圖說、簽章確認紀錄及查驗等相關資料，於未完成拆除前，應妥存備查。

有變更設計時，其強度計算書及施工圖說應重新製作，並依前項規定辦理。

某高度 20 公尺之建築工程由甲營造公司承建，甲營造公司再將其中之施工架工程交由乙公司施作，甲乙公司分別僱有勞工於工地共同作業，甲營造公司再指定小明為工作場所負責人，請回答下列問題：

53. (B) 乙公司在工地現場搭設高度 6.0 公尺以上之鋼管施工架時，依據營造安全衛生設施標準之規定，其設置規定下列何者爲非？ (A)應使用國家標準 CNS 4750 型式之施工架，應符合國家標準同等以上之規定；其他型式之施工架，其構材之材料抗拉強度、試驗強度及製造，應符合國家標準 CNS 4750 同等以上之規定 (B)工作臺寬度應在三十公分以上並舖滿密接之板料 (C)施工架任一處步行至最近上下設備之距離，應在三十公尺以下 (D)施工架在適當之垂直、水平距離處與構造物妥實連接，其間隔在垂直方向以不超過五點五公尺，水平方向以不超過七點五公尺爲限。

營造安全衛生設施標準第 59 條：

雇主對於鋼管施工架之設置，應依下列規定辦理：

一、 使用國家標準 CNS 4750 型式之施工架，應符合國家標準同等以上之規定；其他型式之施工架，其構材之材料抗拉強度、試驗強度及製造，應符合國家標準 CNS 4750 同等以上之規定。

二、 前款設置之施工架，於提供使用前應確認符合規定，並於明顯易見之處明確標示。

三、 裝有腳輪之移動式施工架，勞工作業時，其腳部應以有效方法固定之；勞工於其上作業時，不得移動施工架。

四、 構件之連接部分或交叉部分，應以適當之金屬附屬配件確實連接固定，並以適當之斜撐材補強。

五、 屬於直柱式施工架或懸臂式施工架者，應依下列規定設置與建築物連接之壁連座連接：

(一) 間距應小於下表所列之值爲原則。

鋼管施工架之種類	間距(單位：公尺)	
	垂直方向	水平方向
單管施工架	五	五點五
框式施工架 (高度未滿五公尺者除外)	九	八

(二) 應以鋼管或原木等使該施工架構築堅固。

(三) 以抗拉材料與抗壓材料合構者，抗壓材與抗拉材之間距應在一公尺以下。

六、 接近高架線路設置施工架，應先移設高架線路或裝設絕緣用防護裝備或警告標示等措施，以防止高架線路與施工架接觸。

七、 使用伸縮桿件及調整桿時，應將其埋入原桿件足夠深度，以維持穩固，並將插銷鎖固。

八、 選用於中央主管機關指定資訊網站揭示，符合安全標準且張貼有安全標示之鋼管施工架。

54. (C) 乙公司在工地現場拆除高度 6.0 公尺以上鋼管施工架時，依據營造安全衛生設施標準之規定，應指派施工架組配作業主管於作業現場辦理事項，下列何者為非？ (A)確認安全衛生設備及措施之有效狀況 (B)監督勞工確實使用個人防護具 (C)汰換其他非施工架之不良品 (D)決定作業方法，指揮勞工作業。

營造安全衛生設施標準第 41 條：

雇主對於懸吊式施工架、懸臂式施工架及高度五公尺以上施工架之組配及拆除(以下簡稱施工架組配)作業，應指派施工架組配作業主管於作業現場辦理下列事項：

一、 決定作業方法，指揮勞工作業。

二、 實施檢點，檢查材料、工具、器具等，並汰換其不良品。

三、 監督勞工確實使用個人防護具。

四、 確認安全衛生設備及措施之有效狀況。

五、 前二款未確認前，應管制勞工或其他人員不得進入作業。

六、 其他為維持作業勞工安全衛生所必要之設備及措施。

前項第二款之汰換不良品規定，對於進行拆除作業之待拆物件不適用之。

[109-1-2]

55. (D) 法律是指經立法院通過，總統公布之法律，下列何事項須以法律定之？ (A)憲法或法律有明文規定，應以法律定之者 (B)關於人民之權利義務者 (C)關於國家各機關(構)之組織者 (D)政府機關(構)訂定之行政規則。

下列事項應以法律定之：

一、 憲法或法律有明文規定，應以法律定之者。

二、 關於人民之權利、義務者。

三、 關於國家各機關之組織者。

四、 其他重要事項之應以法律定之者。

56. (C) 下列何者應依政府採購法辦理？ (A)機關變賣200萬之財物 (B)標售130萬元之資源回收物品 (C)公開徵求170萬元之房地產 (D)200萬元補助對象之選定。

機關辦理公告金額以上之採購，符合下列情形得採限制性招標：因業務需要，指定地區採購房地產，經依所需條件公開徵求勘選認定適合需要者。

57. (C) 機關辦理新臺幣二千萬元以上之工程，應於工程招標文件內依工程規模及性質訂定事項，下列何者為非？ (A)品管人員於新臺幣二千萬元以上未達巨額採購(二億元以上)之工程，至少一人 (B)品管人員於巨額採購(二億元以上)之工程，至少二人 (C)新台幣五千萬元以上工程，品管人員可兼職，但不得跨越其他標案，且施工時應在工地執行職務 (D)品管人員之登錄表應於工程會標案管理(資訊網路)系統登錄備查。

機關辦理新臺幣二千萬元以上之工程，應於工程招標文件內依工程規模及性質，訂定下列事項。但性質特殊之工程，得報經工程會同意後不適用之：

一、 品質管理人員(以下簡稱品管人員)之資格、人數及其更換規定；每一標案最低品管人員人數規定如下：
 (一) 新臺幣二千萬元以上未達巨額採購之工程，至少一人。
 (二) 巨額採購之工程，至少二人。

二、 品管人員應專職，不得跨越其他標案，且施工時應在工地執行職務。

三、 廠商應於開工前，將品管人員之登錄表報監造單位審查，並於經機關核定後，由機關填報於工程會資訊網路系統備查；品管人員異動或工程竣工時，亦同。

機關辦理未達新臺幣二千萬元之工程，得比照前項規定辦理。

58. (D) 依據建築技術規則，進行挖土、鑽井及沉箱等工程時，應採取必要安全措施，下列規定何者為非？ (A)應設法防止損壞地下埋設物如瓦斯管、電纜，自來水管及下水道管渠等 (B)應依據地層分布及地下水位等資料所計算繪製之施工圖施工 (C)拔取板樁時，應採取適當之措施以防止周圍地盤之沉陷 (D)挖土深度在 1.8 m 以上者，除地質良好，不致發生崩塌或其周圍狀況無安全之虞者外，應有適當之擋土設備。

依據建築技術規則第 154 條：凡進行挖土、鑽井及沉箱等工程時，應依下列規定採取必要安全措施：

一、 應設法防止損壞地下埋設物如瓦斯管、電纜，自來水管及下水道管渠等。

二、 應依據地層分布及地下水位等資料所計算繪製之施工圖施工。

三、 靠近鄰房挖土，深度超過其基礎時，應依本規則建築構造編中有關規定辦理。

四、 挖土深度在一・五公尺以上者，除地質良好，不致發生崩塌或其周圍狀況無安全之虞者外，應有適當之擋土設備，並符合本規則建築構造編中有關規定設置。

五、 施工中應隨時檢查擋土設備，觀察周圍地盤之變化及時予以補強，並採取適當之排水方法，以保持穩定狀態。

六、 拔取板樁時，應採取適當之措施以防止周圍地盤之沉陷。

59. (D) 空污法在各地方政府空氣品質防制區分級規定下列何者為非？ (A)一級防制區：指國家公園及自然保護(育)區等依法劃定之區域 (B)二級防制區：指一級防制區外，符合空氣品質標準區域 (C)三級防制區：指一級防制區外，未符合空氣品質標準區域 (D)其他防制區：指三級防制區外，未符合空氣品質標準區域。

依據空氣污染防制法第 5 條第 2 項規定，防制區劃分為三級，一級防制區指的是國家公園及自然保護(育)區等依法劃定之區域；二級防制區是指一級防制區外，符合空氣品質標準區域；三級防制區指一級防制區外，未符合空氣品質標準區域。

60. (D) 下列何者非為職業安全衛生法中所稱之工作者？ (A)其他受工作場所負責人指揮或監督從事勞動之人員 (B)勞工 (C)自營作業者 (D)實際經營負責人。

解析

工作者：指勞工、自營作業者及其他受工作場所負責人指揮或監督從事勞動之人員。

61. (B) 依據職業安全衛生法第22條規定，事業單位勞工人數在幾人以上者，應僱用或特約醫護人員，辦理健康管理、職業病預防及健康促進等勞工健康保護事項？ (A)30人 (B)50人 (C)100人 (D)300人。

事業單位勞工人數在五十人以上者，應僱用或特約醫護人員，辦理健康管理、職業病預防及健康促進等勞工健康保護事項。前項職業病預防事項應配合第23條之安全衛生人員辦理之。第一項事業單位之適用日期，中央主管機關得依規模、性質分階段公告。第一項有關從事勞工健康服務之醫護人員資格、勞工健康保護及其他應遵行事項之規則，由中央主管機關定之。

62. (D) 下列何者非為勞動檢查法所稱之丁類危險性工作場所？ (A)建築物高度在八十公尺以上之建築工程 (B)單跨橋梁之橋墩跨距在七十五公尺以上或多跨橋梁之橋墩跨距在五十公尺以上之橋梁工程 (C)工程中模板支撐高度七公尺以上、面積達三百三十平方公尺以上者 (D)開挖深度達十八公尺以上，且開挖面積達四百平方公尺之工程。

危險性工作場所審查及檢查辦法第2條：

丁類：指下列之營造工程：

一、 建築物高度在八十公尺以上之建築工程。

二、 單跨橋梁之橋墩跨距在七十五公尺以上或多跨橋梁之橋墩跨距在五十公尺以上之橋梁工程。

三、 採用壓氣施工作業之工程。

四、 長度一千公尺以上或需開挖十五公尺以上豎坑之隧道工程。

五、 開挖深度達十八公尺以上，且開挖面積達五百平方公尺以上之工程。

六、 工程中模板支撐高度七公尺以上，且面積達三百三十平方公尺以上者。

小明工作了十年，今年找朋友一起合資依營造業法規定成立了丙等綜合營造業，由其擔任該公司的負責人，請回答下列問題：

63. (C) 請問該公司的資本額至少應該爲多少？ (A)1,200 萬元以上 (B)720 萬元以上 (C)360 萬元以上 (D)300 萬元以上。

綜合營造業之資本額，於甲等綜合營造業爲新臺幣二千二百五十萬元以上；乙等綜合營造業爲新臺幣一千二百萬元以上；丙等綜合營造業爲新臺幣三百六十萬元以上。

64. (A) 營造業自領得營造業登記證書之日起，每滿五年應申請複查，應於期限屆滿前多久要辦理完成？ (A)應於期限屆滿三個月前六十日內 (B)應於期限屆滿二個月前六十日內 (C)應於期限屆滿一個月前六十日內 (D)應於期限屆滿前六十日內。

營造業法第 17 條：

營造業自領得營造業登記證書之日起，每滿五年應申請複查，中央主管機關或直轄市、縣(市)主管機關並得隨時抽查之；受抽查者，不得拒絕、妨礙或規避。前項複查之申請，應於期限屆滿三個月前六十日內，檢附營造業登記證書及承攬工程手冊或相關證明文件，向中央主管機關或直轄市、縣(市)主管機關提出。

第一項複查及抽查項目，包括營造業負責人、專任工程人員之相關證明文件、財務狀況、資本額及承攬工程手冊之內容。

65. (A) 某日該公司被所在地主管機關抽查，抽查當天承攬工程手冊找不到，應該在接獲通知次日多久內辦理補正？ (A)二個月內 (B)三個月內 (C)四個月內 (D)半年內。

營造業法第 18 條：

營造業申請複查或中央主管機關或直轄市、縣(市)主管機關抽查，有不合規定時，中央主管機關或直轄市、縣(市)主管機關應列舉事由，通知其補正。營造業應於接獲通知之次日起二個月內，依通知補正事項辦理補正。

66.　(　D　)　該公司依營造業法規定後來升等成甲等綜合營造業，該公司的承攬造價限額爲多少？　(A)2,700 萬元　(B)5,000 萬元　(C)9,000 萬元　(D)資本額 10 倍。

內政部營建署修正資本額：

一、　土木包工業承攬工程造價限額由 600 萬元調整爲 720 萬元，其資本額由 80 萬元調整爲 100 萬元。

二、　丙等綜合營造業承攬工程造價限額由 2,250 萬元調整爲 2,700 萬元，其資本額由 300 萬元調整爲 360 萬元。

三、　乙等綜合營造業承攬工程造價限額由 7,500 萬元調整爲 9,000 萬元，其資本額由 1,000 萬元調整爲 1,200 萬元。

四、　甲等綜合營造業及專業營造業承攬工程造價限額皆維持其資本額之 10 倍，其工程規模不受限制。

67.　(　D　)　依法需設置工地主任的承攬金額或規模，下列何者正確？　(A)承攬金額新臺幣四千五百萬元之工程　(B)建築物高度 31 公尺　(C)橋梁柱跨距 22 公尺　(D)建築物地下室開挖 11 公尺。

營造業法第 30 條所定應置工地主任之工程金額或規模如下：

一、　承攬金額新臺幣五千萬元以上之工程。

二、　建築物高度三十六公尺以上之工程。

三、　建築物地下室開挖十公尺以上之工程。

四、　橋梁柱跨距二十五公尺以上之工程。

AA 營造有限公司承攬公路總局主辦之跨河道路橋梁工程，該工程橋梁主跨爲預力箱型梁橋、橋墩中心間距 40 公尺，橋面寬 20 公尺，橋墩柱高度爲 8～14.5 公尺，行水區之橋基採圍堰沉箱工法。請回答下列問題：

68.　(　C　)　依「營造安全衛生設施標準」，鄰近水道、河川等水域場所作業，致勞工有落水之虞者，應採取安全措施。下列敘述何者正確？　(A)使勞工著用防護衣　(B)於作業場所或其附近設置消防設備　(C)備置足敷使用之動力救生艇　(D)設置夜間防盜警報系統。

雇主使勞工鄰近溝渠、水道、埤池、水庫、河川、湖潭、港灣、堤堰、海岸或其他水域場所作業，致勞工有落水之虞者，應依下列規定辦理：

一、 設置防止勞工落水之設施或使勞工著用救生衣。

二、 於作業場所或其附近設置下列救生設備。但水深、水流及水域範圍等甚小，備置船筏有困難，且使勞工著用救生衣、提供易於攀握之救生索、救生圈或救生浮具等足以防止溺水者，不在此限：

(一) 依水域危險性及勞工人數，備置足敷使用之動力救生船、救生艇、輕艇或救生筏；每艘船筏應配備長度十五公尺，直徑九點五毫米之聚丙烯纖維繩索，且其上掛繫與最大可救援人數相同數量之救生圈、船鉤及救生衣。

(二) 有湍流、潮流之情況，應預先架設延伸過水面且位於作業場所上方之繩索，其上掛繫可支持拉住落水者之救生圈。

(三) 可通知相關人員參與救援行動之警報系統或電訊連絡設備。

69. (A) 依「營造安全衛生設施標準」，對於高度二公尺以上之工作場所，勞工作業有墜落之虞者，應依規定訂定下列何種計畫？ (A)墜落災害防止計畫 (B)作業場所安全應變計畫 (C)墜落安全訓練計畫 (D)墜落危險因子分析計畫。

雇主對於高度二公尺以上之工作場所，勞工作業有墜落之虞者，應訂定墜落災害防止計畫，依下列風險控制之先後順序規劃，並採取適當墜落災害防止設施：

一、 經由設計或工法之選擇，儘量使勞工於地面完成作業，減少高處作業項目。

二、 經由施工程序之變更，優先施作永久構造物之上下設備或防墜設施。

三、 設置護欄、護蓋。

四、 張掛安全網。

五、 使勞工佩掛安全帶。

六、 設置警示線系統。

七、 限制作業人員進入管制區。

八、 對於因開放邊線、組模作業、收尾作業等及採取第一款至第五款規定之設施致增加其作業危險者，應訂定保護計畫並實施。

70. (D) 依「營造安全衛生設施標準」，高度二公尺以上之橋梁墩柱及橋梁上部結構、橋台等場所作業，勞工有遭受墜落危險之虞者，應於該處設置護欄、護蓋或安全網等防護設備。以鋼管構成者，其上欄杆、中間欄杆及杆柱之直徑均不得小於 3.8 公分，杆柱相鄰間距不得超過：(A)90 公分　(B)1.5 公尺　(C)1.8 公尺　(D)2.5 公尺。

以鋼管構成者，其上欄杆、中間欄杆及杆柱之直徑均不得小於三點八公分，杆柱相鄰間距不得超過二點五公尺。

[109-5-1]

71. (C) 工程施工查核小組作業辦法第 8 條中規定主要結構與設計不符情節重大者，工程施工查核結果應列爲哪一個等級？　(A)甲　(B)乙　(C)丙　(D)丁。

工程施工查核小組作業辦法第 8 條：

查核小組查核結果，有下列情況之一者，應列爲丙等：

一、 鋼筋混凝土結構鑽心試體試驗結果不合格。

二、 路面工程瀝青混凝土鑽心試體試驗結果不合格。

三、 路基工程壓實度試驗結果不合格。

四、 主要結構與設計不符情節重大。

五、 主要材料設備與設計不符情節重大。

六、 其他缺失情節重大影響安全。

前項各款規定涉及相關試驗之判定標準，依照國際標準或國家標準等相關法令或契約規定之設計標準辦理；試驗結果爲不合格時，原查核成績已評定爲七十分以上者，應改列爲丙等，其成績以六十九分計。

受查核工程之機關或廠商對於依前項改列丙等結果如有不服，得提出意見，其處理程序，由主管機關定之。

[109-5-2]

72. (D) 法規命令得依其性質命名，下列何者不是法規中列舉的法規命令的名稱？ (A)規程 (B)規則 (C)準則 (D)要點。

解析

依據中央法規標準法第 3 條：
各機關發布之命令，得依其性質，稱規程、規則、細則、辦法、綱要、標準或準則。

73. (C) 臺電公司爲敦親睦鄰，補助三民區公所辦理下列何種採購適用採購法？ (A)100 萬元以上才適用 (B)10 萬元以上才適用 (C)補助辦理採購金額達半數以上且補助金額達公告金額以上才適用 (D)無論金額大小均應適用。

政府採購法第 4 條：
法人或團體接受機關補助辦理採購，其補助金額占採購金額半數以上，且補助金額在公告金額以上者，適用本法之規定，並應受該機關之監督。藝文採購不適用前項規定，但應受補助機關之監督；其辦理原則、適用範圍及監督管理辦法，由文化部定之。

74. (D) 建築法所稱建造行爲說明，下列何者爲非？ (A)新建：新建造之建築物或將原建築物全部拆除而重行建築者 (B)增建：於原建築物增加其面積或高度者 (C)改建：將建築物之一部份拆除，於原建築基地範圍內改造，而不增高或擴大面積者 (D)修建：於原建築物以過廊與原建築物連接者。

建築法所稱建造，係指下列行爲：
一、 新建：爲新建造之建築物或將原建築物全部拆除而重行建築者。
二、 增建：於原建築物增加其面積或高度者。但以過廊與原建築物連接者，應視爲新建。
三、 改建：將建築物之一部份拆除，於原建築基地範圍內改造，而不增高或擴大面積者。
四、 修建：建築物之基礎、梁柱、承重牆壁、樓地板、屋架或屋頂、其中任何一種有過半之修理或變更者。

75. (A) 有關環境影響評估法之規定，下列何者爲非？ (A)環境影響說明書於開發場所附近適當地點陳列或揭示，其期間不得少於 25 日 (B)目的事業主管機關於環境影響說明書未經完成審查或評估書未經認可前，不得爲開發行爲之許可，其經許可者，無效 (C)環境影響說明書等文書內容，明知爲不實之事項而記載者，處三年以下有期徒刑、拘役或科或併科新臺幣三萬元以下罰金 (D)通過環境影響說明書或評估書審查，並取得目的事業主管機關核發之開發許可後，逾三年始實施開發行爲時，應提出環境現況差異分析及對策檢討報告，送主管機關審查。

第二階段環境影響評估者，開發單位應辦理下列事項：

一、 將環境影響說明書分送有關機關。

二、 將環境影響說明書於開發場所附近適當地點陳列或揭示，其期間不得少於三十日。

三、 於新聞紙刊載開發單位之名稱、開發場所、審查結論及環境影響說明書陳列或揭示地點。

開發單位應於前項陳列或揭示期滿後，舉行公開說明會。

76. (B) 採購評選委員會議，出席委員中外聘專家、學者人數不得少於幾人？ (A)至少 2 人且不得少於出席人數之二分之一 (B)至少 2 人且不得少於出席人數之三分之一 (C)至少 2 人且不得少於出席人數之四分之一 (D)至少 2 人且不得少於出席人數之五分之一。

採購評選委員會審議規則第 9 條規定：

本委員會會議，應有委員總額二分之一以上出席，其決議應經出席委員過半數之同意行之。出席委員中之專家、學者人數應至少二人且不得少於出席人數之三分之一。

本委員會委員有第 14 條情形或其他原因未能繼續擔任委員，致委員總額或專家、學者人數未達採購法第 94 條第一項關於人數之規定者，應另行遴選委員補足之。

第一項會議表決時，主席得命本委員會以外之人員退席。但不包括應全程出席之承辦人員。第一項會議，應作成紀錄，由出席委員全體簽名。

77. (B) 依「政府採購法」第 83 條規定：審議判斷，視同訴願決定。廠商不服者，可以依審議判斷之附記，採取下列何種措施： (A)申請仲裁 (B)行政訴訟 (C)民事訴訟 (D)刑事訴訟。

審議判斷，視同訴願決定。訴願決定書應附記，如不服決定，得於決定書送達之次日起二個月內向高等行政法院提起行政訴訟。

78. (C) 承攬工作物發現瑕疵，依民法第 499 條規定，工作物若爲建築物或其他土地上之定著物，其期限爲幾年？ (A)一年 (B)三年 (C)五年 (D)十年。

民法第 499 條：
工作爲建築物或其他土地上之工作物或爲此等工作物之重大之修繕者，前條所定之期限，延爲五年。

小明營造公司於市中心，負責一件 50 層樓高的建築工程，請回答下列問題：

79. (A) 依據建築技術規則建築設計施工編第 227 條規定，下列何者爲高層建築物？ (A)高度在五十公尺或樓層在十六層以上之建築物 (B)高度在五十公尺或樓層在十二層以上之建築物 (C)高度在四十公尺或樓層在十二層以上之建築物 (D)高度在四十公尺或樓層在十六層以上之建築物。

建築技術規則建築設計施工編第 227 條：
本章所稱高層建築物，係指高度在五十公尺或樓層在十六層以上之建築物。

80. (B) 該工程基地面積較大，於營建工地內的所必需經過的車行路徑上，下列何者非有效抑制粉塵之防制設施？ (A)舖設鋼板 (B)舖設防塵網 (C)舖設混凝土 (D)舖設瀝青混凝土。

根據營建工程空氣污染防制設施管理辦法第8條：
營建業主於營建工程進行期間，應於營建工地內之車行路徑，採行下列有效抑制粉塵之防制設施之一：
一、舖設鋼板。
二、舖設混凝土。
三、舖設瀝青混凝土。
四、舖設粗級配或其他同等功能之粒料。
前項防制設施需達車行路徑面積之百分之五十以上；屬第一級營建工程者，需達車行路徑面積之百分之八十以上。洗車設施至主要道路之車行路徑，應符合第一項之規定。

81. (C) 本建築工程進行期間，其施工規模已達4千6百(平方公尺•月)，請問下列規劃何項錯誤？ (A)工地周界鄰接河川處，免設置圍籬 (B)工地周界設置之圍籬高度爲2.4公尺 (C)工地周界臨10公尺道路側，設置高度1.8公尺之圍籬 (D)圍籬座落於工地周界轉角或轉彎處10公尺以內者，得設置半阻隔式圍籬。

建築(房屋)工程：施工規模達四千六百平方公尺・月者爲第一級營建工程。「營建業主於營建工程進行期間，應於營建工地周界設置定著地面之全阻隔式圍籬及防溢座。屬第一級營建工程者，其圍籬高度不得低於二・四公尺；屬第二級營建工程者，其圍籬高度不得低於一・八公尺。但其圍籬座落於道路轉角或轉彎處十公尺以內者，得設置半阻隔式圍籬。

82. (D) 依規定下列何者非將營建工地內上層具粉塵散逸之工程材料、砂石、土方或廢棄物輸送至地面或地下樓層，應可採行之抑制粉塵散逸之方式？ (A)電梯孔道 (B)建築物內部管道 (C)密閉輸送管道 (D)設置防塵網或防塵布。

營建工程空氣污染防制設施管理辦法第 12 條：
營建業主於營建工程進行期間，將營建工地內上層具粉塵逸散性之工程材料、砂石、土方或廢棄物輸送至地面或地下樓層，應採行下列可抑制粉塵逸散之方式之一：
一、 電梯孔道。
二、 建築物內部管道。
三、 密閉輸送管道。
四、 人工搬運。
前項輸送管道出口，應設置可抑制粉塵逸散之圍籬或灑水設施。

[109-1-1]

83. (D) 「政府採購法」第 70 條，將「公共工程施工品質制度」第三層級修改爲「施工品質查核機制」，此架構層級是屬於下列何者之職權？ (A)承包商 (B)監造廠商 (C)主辦工程單位 (D)工程主管機關。

爲確認工程品質管理工作執行之成效，主管機關採行工程施工品質查核，以客觀超然的方式，評定工程品質優劣等級。督導結果可供作爲主辦工程單位考評之依據，並可作爲改進承包商品管作業及評選優良廠商之參考，藉以督促監造單位落實品質保證及承包商落實品質管理，達成提升工程品質的目標。

84. (C) 有關營造業之職業安全衛生管理人員之說明下列何者正確？ (A)不論公司人數規模，設置一名丙種職業安全衛生管理人員 (B)輸配電距離較長之工程，應於每十五公里內增置至少一名丙種職業安全衛生業務主管 (C)28 人之公司設置一位丙種職業安全衛生業務主管即可 (D)50 人之公司設置一位乙種職業安全衛生業務主管即可。

一、 雇主應依規定，置職業安全衛生業務主管及管理人員，其中各類事業勞工人數未滿30人者，應置丙種職業安全衛生業務主管。

二、 營造業之事業單位對於橋梁、道路、隧道或輸配電等距離較長之工程，應於每十公里內增置營造業丙種職業安全衛生業務主管一人。

三、 依據「職業安全衛生管理辦法」之規定，平時雇主僱用勞工人數在一百人以上之事業單位，應使擔任職業安全衛生業務主管者接受甲種業務主管之訓練。平時雇主僱用勞工人數在三十人以上未滿一百人者，應使擔任勞工安全衛生業務主管者接受乙種業務主管之訓練。雇主僱用勞工人數未滿三十人者，應使擔任勞工安全衛生業務主管者接受丙種業務主管之訓練。

85. (C) 下列何者非為構成刑法第276條第2項之要件？ (A)與災害之發生具有相當因果關係者 (B)應特別注意事項，其有應注意，能注意，卻疏於注意 (C)究責對象為實際從事業務之「執行人」 (D)設備不符安全規定。

刑法第276條第2項業務過失致死：「從事業務之人，因業務上之過失犯前項之罪者，處五年以下有期徒刑或拘役，得併科三千元以下罰金。」所謂業務過失是指行為人的過失是基於業務上行為而發生。所謂業務是指個人基於社會地位繼續反覆執行的事物，包括主要業務和附隨業務。實務上最常見的例子就是職業駕駛司機撞死人，則開車就是他的業務。

86. (B) 勞工遭遇職業傷害或罹患職業病而死亡時，雇主除給與五個月平均工資之喪葬費外，並應一次給與其遺屬幾個月平均工資之死亡補償？ (A)三十 (B)四十 (C)五十 (D)六十。

勞工遭遇職業傷害或罹患職業病而死亡時，雇主除給與五個月平均工資之喪葬費外，並應一次給與其遺屬四十個月平均工資之死亡補償。其遺屬受領死亡補償之順位如下：

一、 配偶及子女。

二、 父母。

三、 祖父母。

四、 孫子女。

五、 兄弟姐妹。

87. (D) 以下何者非屬於營造業審議委員會職掌？ (A)關於營造業撤銷或廢止登記事項 (B)關於營造業獎懲事項 (C)關於工地主任處分案件 (D)關於工程顧問公司處分案件。

營造業審議委員會職掌如下：

一、 關於營造業撤銷或廢止登記事項之審議。

二、 關於營造業獎懲事項之審議。

三、 關於專任工程人員及工地主任處分案件之審議。

88. (D) 依據政府採購法規定下列何者錯誤？ (A)機關辦理採購，應以維護公共利益及公平合理為原則 (B)公營事業之採購適用採購法 (C)自然人得為簽約對象 (D)採購人員得基於公共利益為違反採購法之決定。

機關辦理採購，應以維護公共利益及公平合理為原則，對廠商不得為無正當理由之差別待遇。辦理採購人員於不違反本法規定之範圍內，得基於公共利益、採購效益或專業判斷之考量，為適當之採購決定。

89. (B) 丙等營造業的承攬造價限額及工程規模，下列何者正確？ (A)建築物高度21公尺以上 (B)承攬造價限額為2,700萬元 (C)建築物地下室開挖7公尺以上 (D)橋梁柱跨距16公尺以上。

丙等綜合營造業承攬造價限額為新臺幣二千七百萬元，其工程規模範圍應符合下列各款規定：

一、 建築物高度二十一公尺以下。

二、 建築物地下室開挖六公尺以下。

三、 橋梁柱跨距十五公尺以下。

90. (A) 下列何者不是建築法定義之建築執照類別？ (A)新建執照 (B)建造執照 (C)使用執照 (D)拆除執照。

建築執照分下列四種：
一、 建造執照：建築物之新建、增建、改建及修建，應請領建造執照。
二、 雜項執照：雜項工作物之建築，應請領雜項執照。
三、 使用執照：建築物建造完成後之使用或變更使用，應請領使用執照。
四、 拆除執照：建築物之拆除，應請領拆除執照。

91. (C) 雇主對於高度在二公尺以上之作業場所，有遇強風、大雨等惡劣氣候致勞工有墜落危險時，應使勞工停止作業，其中對於強風、大雨之說明何者正確？ (A)「強風」係指三十分鐘間之平均風速在每秒十公尺以上之風 (B)「強風」係指十分鐘間之平均風速在每秒十五公尺以上之風 (C)「大雨」係指一次之降雨量在五十公厘以上之雨 (D)「大雨」係指一次之降雨量在三十公厘以上之雨。

依職業安全衛生法之相關規定，如遇強風大雨，有危害勞工之虞時，應即停止作業。強風係指 10 分鐘的平均風速達每秒 10 公尺以上者，大雨指 24 小時累積雨量達 50 毫米以上，且其中至少有 1 小時雨量達 15 毫米以上之降雨現象。爲避免因強風大雨危及勞工生命安全，營造工地應格外加強安全措施，重點包括外牆施工架、鋼骨、塔吊、土方開挖工程、鄰近河岸工程、坡地工程等作業之防護。

92. (D) 建築法規 66 條規定二層以上建築物施工時，其施工部分距離道路境界線或基地境界線不足二公尺半者，或幾層以上建築物施工時，應設置防止物體墜落之適當圍籬？ (A)二層 (B)三層 (C)四層 (D)五層。

建築法第 66 條：
二層以上建築物施工時，其施工部分距離道路境界線或基地境界線不足二公尺半者，或五層以上建築物施工時，應設置防止物體墜落之適當圍籬。

93. (D) 依政府採購法施行細則第 91 條規定，機關辦理驗收時，得委託專業人員或機構人員擔任何種工作？ (A)主驗 (B)會驗 (C)監驗 (D)協驗。

依政府採購法施行細則第91條規定：
機關辦理驗收人員之分工如下：
一、 主驗人員：主持驗收程序，抽查驗核廠商履約結果有無與契約、圖說或貨樣規定不符，並決定不符時之處置。
二、 會驗人員：會同抽查驗核廠商履約結果有無與契約、圖說或貨樣規定不符，並會同決定不符時之處置。但採購事項單純者得免之。
三、 協驗人員：協助辦理驗收有關作業。但採購事項單純者得免之。

- 會驗人員，爲接管或使用機關(單位)人員。
- 協驗人員，爲設計、監造、承辦採購單位人員或機關委託之專業人員或機構人員。
- 法令或契約載有驗收時應辦理丈量、檢驗或試驗之方法、程序或標準者，應依其規定辦理。
- 有監驗人員者，其工作事項爲監視驗收程序。

[108-9-1]

94. (C) 依據營造安全衛生設施標準之規定，雇主使勞工於高度2公尺以上施工架上從事作業時，應依規定辦理。下列何者爲非？ (A)應供給足夠強度之工作臺 (B)工作臺寬度應在40公分以上並鋪滿密接之踏板 (C)工作臺應低於施工架立柱頂點0.9公尺以上 (D)踏板間縫隙不得大於3公分。

營造安全衛生設施標準第48條規定：
雇主使勞工於高度二公尺以上施工架上從事作業時，應依下列規定辦理：
一、 應供給足夠強度之工作臺。
二、 工作臺寬度應在四十公分以上並舖滿密接之踏板，其支撐點應有二處以上，並應綁結固定，使其無脫落或位移之虞，踏板間縫隙不得大於三公分。
三、 活動式踏板使用木板時，其寬度應在二十公分以上，厚度應在三點五公分以上，長度應在三點六公尺以上；寬度大於三十公分時，厚度應在六公分以上，長度應在四公尺以上，其支撐點應有三處以上，且板端突出支撐點之長度應在十公分以上，但不得大於板長十八分之一，踏板於板長方向重疊時，應於支撐點處重疊，重疊部分之長度不得小於二十公分。
四、 工作臺應低於施工架立柱頂點一公尺以上。
前項第三款之板長，於狹小空間場所得不受限制。

[108-9-2]

95. (A) 自 107.8.22 起，依營造業法規定，乙等綜合營造業的資本額，下列何者爲是？ (A)1,200 萬元以上 (B)1,500 萬元以上 (C)2,000 萬元以上 (D)2,250 萬元以上。

乙等綜合營造業：

一、 在我國設立登記之分公司，其在中華民國境內營業所用資金金額應達新臺幣 1,200 萬元以上。

二、 置有具本法第 7 條第一項第一款資格之專任工程人員。

三、 領有其本國營造業登記證書三年以上，並於最近十年內承攬工程竣工累計額達新臺幣二億元以上。

96. (B) 建築法第 66 條明定：若施工部分距離境界線不足 2.5 公尺，或幾層以上建築物施工時，應設置防止物體墜落之適當圍籬？ (A)三層以上 (B)五層以上 (C)七層以上 (D)十層以上。

建築法第 66 條：

二層以上建築物施工時，其施工部分距離道路境界線或基地境界線不足二公尺半者，或五層以上建築物施工時，應設置防止物體墜落之適當圍籬。

97. (D) 依據採購法共同投標廠商於投標時應檢附之共同投標協議書，下列何者爲<u>非</u>？ (A)應允許廠商單獨投標 (B)共同投標協議書須經公證或認證 (C)擁有專利或特殊工法或技術之廠商，得爲不同共同投標廠商之成員 (D)投標前應先報請招標機關審核。

機關於招標文件中規定允許共同投標時，應並載明廠商得單獨投標。共同投標廠商於投標時應檢附由各成員之負責人或其代理人共同具名，且經公證或認證之共同投標協議書。該採購涉及專利或特殊之工法或技術，爲使擁有此等專利或工法、技術之廠商得爲不同共同投標廠商之成員，以增加廠商競爭者。

98. (A) 依「建築法」規定，建築物在施工中，臨接其他建築物施行挖土工程時，挖土深度在至少多少公尺以上者，其防護措施之設計圖樣及說明書，應於申請建造執照或雜項執照時一併送審？ (A)1.5 公尺 (B)2 公尺 (C)3 公尺 (D)15 公尺。

建築法第 69 條：

建築物在施工中，鄰接其他建築物施行挖土工程時，對該鄰接建築物應視需要作防護其傾斜或倒壞之措施。挖土深度在一公尺半以上者，其防護措施之設計圖樣及說明書，應於申請建造執照或雜項執照時一併送審。

99. (D) 有關廢棄物清理法之說明，下列何者錯誤？ (A)一般廢棄物：指事業廢棄物以外之廢棄物 (B)事業廢棄物：指事業活動產生非屬其員工生活產生之廢棄物 (C)污泥於清除前，應先脫水或乾燥至含水率百分之八十五以下，否則應以槽車載運 (D)事業對於有害事業廢棄物貯存、清除、處理之操作及檢測，應作成紀錄妥善保存一年以上，以供查核。

廢棄物分下列二種：

一、 一般廢棄物：指事業廢棄物以外之廢棄物。

二、 事業廢棄物：指事業活動產生非屬其員工生活產生之廢棄物，包括有害事業廢棄物及一般事業廢棄物。

(一) 有害事業廢棄物：由事業所產生具有毒性、危險性，其濃度或數量足以影響人體健康或污染環境之廢棄物。

(二) 一般事業廢棄物：由事業所產生有害事業廢棄物以外之廢棄物。

- 污泥於清除前，應先脫水或乾燥至含水率百分之八十五以下；未進行脫水或乾燥至含水率百分之八十五以下者，應以槽車運載。
- 廢棄物清理法第 37 條第 1 項係規定『事業對於有害事業廢棄物貯存、清除、處理之操作及檢測，應作成紀錄妥善保存三年以上，以供查核』。

100. (　C　) 有關噪音管制法之規定說明，下列何者錯誤？　(A)第一類噪音管制區：環境亟需安寧之地區　(B)於噪音管制區內，妨害他人生活環境安寧之行為，違反者，處新臺幣三千元以上三萬元以下罰鍰　(C)違反噪音管制標準限期改善之期限不得超過 15 日　(D)噪音管制區內之營建工程，所發出之聲音超出噪音管制標準，且未依期限改善者，得依規定按次或按日連續處罰新臺幣一萬八千元以上十八萬元以下罰鍰。

噪音管制法管制區分類：

一、 第一類噪音管制區：環境亟需安寧之地區。

二、 第二類噪音管制區：供住宅使用為主且需要安寧之地區。

三、 第三類噪音管制區：以住宅使用為主，但混合商業或工業等使用，且需維護其住宅安寧之地區。

四、 第四類噪音管制區：供工業或交通使用為主，且需防止噪音影響附近住宅安寧之地區。

噪音改善之期限規定如下：

一、 工廠(場)不得超過九十日。

二、 娛樂或營業場所不得超過三十日。

三、 營建工程不得超過四日。

四、 擴音設施不得超過十分鐘。

五、 依本法第 9 條第一項第六款公告之場所、工程及設施，其改善期限由主管機關於公告時定之，最長不得超過九十日。

不符合者得依下列規定按次或按日連續處罰，或令其停工、停業或停止使用，至符合噪音管制標準時為止；其為第 10 條第一項取得許可證之設施，必要時並得廢止其許可證：

一、 工廠(場)：處新臺幣六千元以上六萬元以下罰鍰。

二、 娛樂或營業場所：處新臺幣三千元以上三萬元以下罰鍰。

三、 營建工程：處新臺幣一萬八千元以上十八萬元以下罰鍰。

四、 擴音設施：處新臺幣三千元以上三萬元以下罰鍰。

五、 其他經公告之場所、工程及設施：處新臺幣三千元以上三萬元以下罰鍰。

101. (D) 建築法之建築期限，以開工之日起算。承造人因故未能於建築期限內完工時，下列說明何者正確？ (A)得申請展期二年，並以一次為限 (B)得申請展期一年，並以二次為限 (C)得申請展期二年，並以二次為限 (D)得申請展期一年，並以一次為限。

建築法第 53 條：

直轄市、縣(市)主管建築機關，於發給建造執照或雜項執照時，應依照建築期限基準之規定，核定其建築期限。

前項建築期限，以開工之日起算。承造人因故未能於建築期限內完工時，得申請展期一年，並以一次為限。未依規定申請展期，或已逾展期期限仍未完工者，其建造執照或雜項執照自規定得展期之期限屆滿之日起，失其效力。

102. (C) 依建築技術規則建築設備編第 7 條規定，下列何項設備不需接至緊急電源？ (A)火警自動警報設備 (B)消防幫浦 (C)升降機設備 (D)出口標示燈。

建築技術規則建築設備編第 7 條：

建築物內之下列各項設備應接至緊急電源：

一、 火警自動警報設備。
二、 緊急廣播設備。
三、 地下室排水、污水抽水幫浦。
四、 消防幫浦。
五、 消防用排煙設備。
六、 緊急昇降機。
七、 緊急照明燈。
八、 出口標示燈。
九、 避難方向指示燈。
十、 緊急電源插座。
十一、 防災中心用電設備。

AA營造有限公司承攬一位於市中心之商業辦公大樓新建工程，基地面積3,000平方公尺，地下四層、地上二十五層，總樓高75公尺，採地下連續壁、逆打工法施工，預定總工期30個月。請回答下列問題：

103. (A) 依「營建工程空氣污染防制設施管理辦法」規定，建築工程第一級之施工規模爲4,600平方公尺•月以上，請問本工程屬何級營建工程？ (A)第一級營建工程 (B)第二級營建工程 (C)第三級營建工程 (D)第四級營建工程。

營建工程空氣污染防制設施管理辦法所稱營建工程，分爲第一級營建工程及第二級營建工程。

符合下列情形之一者，屬第一級營建工程：

一、 建築(房屋)工程：施工規模達四千六百平方公尺•月者。

二、 道路、隧道工程：施工規模達二十二萬七千平方公尺•月者。

三、 管線工程：施工規模達八千六百平方公尺•月者。

四、 橋梁工程：施工規模達六十一萬八千平方公尺•月者。

五、 區域開發工程：施工規模達七百五十萬平方公尺•月者。

六、 疏濬工程：外運土石體積(鬆方)達一萬立方公尺者。

七、 其他營建工程：工程合約經費達新臺幣一百八十萬元者。

前項施工規模指施工面積(平方公尺)與施工工期(月)之乘積，施工工期每月以三十日計算。

第二項以外之營建工程，屬第二級營建工程。

104. (B) 地下連續壁施工添加穩定液之循環水要排放時，依據水污染防治相關法規(放流水標準)規定，其懸浮固體含量不得高於： (A)10毫克／公升 (B)30毫克／公升 (C)50毫克／公升 (D)100毫克／公升。

營建工地之放流水標準：			
貯煤場、營建地、土石方堆(棄)置場	生化需氧量	30	營建工地及土石方堆(棄)置場之管制僅適用於未依規定採行必要措施者。
	化學需氧量	100	
	懸浮固體	30	
	真色色度	550	

某高度 30 公尺，地下室開挖深度 16 公尺之建築工程由甲營造公司承建，甲營造公司再將其中之結構體工程交由乙公司施作，甲乙公司分別僱有勞工於工地共同作業，甲營造公司再指定大明為工作場所負責人。請回答下列問題：

105. (　C　) 大明於工地現場高度 4.0 公尺以上之樓板開口設置護欄時應遵循之規定，下列何者為非營造安全衛生設施標準之規定？ (A)具有高度九十公分以上之上欄杆、高度在三十五公分以上，五十五公分以下之中間欄杆 (B)以鋼管構成者，其上欄杆、中間欄杆及杆柱之直徑均不得小於三點八公分 (C)護欄前方一點五公尺內之樓板、地板，不得堆放任何物料、設備 (D)任何型式之護欄上之任何一點，於任何方向加以七十五公斤之荷重，而無顯著變形之強度。

營造安全衛生設施標準第 20 條：

雇主依規定設置之護欄，應依下列規定辦理：

一、 具有高度九十公分以上之上欄杆、高度在三十五公分以上，五十五公分以下之中間欄杆或等效設備(以下簡稱中欄杆)、腳趾板及杆柱等構材。

二、 以木材構成者，其規格如下：

　(一) 上欄杆應平整，且其斷面應在三十平方公分以上。

　(二) 中間欄杆斷面應在二十五平方公分以上。

　(三) 腳趾板高度應在十公分以上，厚度在一公分以上，並密接於地盤面或樓板面舖設。

　(四) 杆柱斷面應在三十平方公分以上，相鄰間距不得超過二公尺。

三、 以鋼管構成者，其上欄杆、中間欄杆及杆柱之直徑均不得小於三點八公分，杆柱相鄰間距不得超過二點五公尺。

四、 採用前二款以外之其他材料或型式構築者，應具同等以上之強度。

五、 任何型式之護欄，其杆柱、杆件之強度及錨錠，應使整個護欄具有抵抗於上欄杆之任何一點，於任何方向加以七十五公斤之荷重，而無顯著變形之強度。

六、 除必須之進出口外，護欄應圍繞所有危險之開口部分。

七、 護欄前方二公尺內之樓板、地板，不得堆放任何物料、設備，並不得使用梯子、合梯、踏凳作業及停放車輛機械供勞工使用。但護欄高度超過堆放之物料、設備、梯、凳及車輛機械之最高部達九十公分以上，或已採取適當安全設施足以防止墜落者，不在此限。

八、 以金屬網、塑膠網遮覆上欄杆、中欄杆與樓板或地板間之空隙者，依下列規定辦理：

　(一) 得不設腳趾板。但網應密接於樓板或地板，且杆柱之間距不得超過一點五公尺。

　(二) 網應確實固定於上欄杆、中欄杆及杆柱。

　(三) 網目大小不得超過十五平方公分。

　(四) 固定網時，應有防止網之反彈設施。

106. (B) 乙公司在地下室開挖時，為防止地面之崩塌應依照之規定，下列何者為非營造安全衛生設施標準之規定？ (A)作業前、大雨或四級以上地震後，應指定專人確認作業地點有無湧水並採取必要之安全措施 (B)開挖出之土石應常清理，可以堆積於開挖面之上方或開挖面高度等值之坡肩寬度範圍內 (C)應事前就作業地點及其附近，施以鑽探、試挖或其他適當方法從事調查有無地下埋設物及其狀況 (D)開挖計畫之內容應包括開挖方法、順序、進度、使用機械種類、降低水位、穩定地層方法及土壓觀測系統等。

營造安全衛生設施標準第63條：

雇主僱用勞工從事露天開挖作業，為防止地面之崩塌及損壞地下埋設物致有危害勞工之虞，應事前就作業地點及其附近，施以鑽探、試挖或其他適當方法從事調查，其調查內容，應依下列規定：

一、 地面形狀、地層、地質、鄰近建築物及交通影響情形等。

二、 地面有否龜裂、地下水位狀況及地層凍結狀況等。

三、 有無地下埋設物及其狀況。

四、 地下有無高溫、危險或有害之氣體、蒸氣及其狀況。

依前項調查結果擬訂開挖計畫，其內容應包括開挖方法、順序、進度、使用機械種類、降低水位、穩定地層方法及土壓觀測系統等。

營造安全衛生設施標準第65條：

雇主僱用勞工從事露天開挖作業時，為防止地面之崩塌或土石之飛落，應採取下列措施：

一、 作業前、大雨或四級以上地震後，應指定專人確認作業地點及其附近之地面有無龜裂、有無湧水、土壤含水狀況、地層凍結狀況及其地層變化等情形，並採取必要之安全措施。

二、 爆破後，應指定專人檢查爆破地點及其附近有無浮石或龜裂等狀況，並採取必要之安全措施。

三、 開挖出之土石應常清理，不得堆積於開挖面之上方或與開挖面高度等值之坡肩寬度範圍內。

四、 應有勞工安全進出作業場所之措施。

五、 應設置排水設備，隨時排除地面水及地下水。

[108-5-1]

107. (A) 依據營造安全衛生設施標準規定，爲防止模板倒塌危害勞工，高度在多少公尺以上，且面積達一百平方公尺以上之模板支撐，應由專人妥爲設計？
(A)5 公尺 (B)6 公尺 (C)7 公尺 (D)10 公尺。

依據營造安全衛生設施標準 131 條規定：
雇主對於模板支撐，應依下列規定辦理：

一、 爲防止模板倒塌危害勞工，高度在五公尺以上，且面積達一百平方公尺以上之模板支撐，其構築及拆除應依下列規定辦理：
(一) 事先依模板形狀、預期之荷重及混凝土澆置方法等，依營建法規等所定具有建築、土木、結構等專長之人員或委由專業機構妥爲設計，置備施工圖說，並指派所僱之專任工程人員簽章確認強度計算書及施工圖說。
(二) 訂定混凝土澆置計畫及建立按施工圖說施作之查驗機制。
(三) 設計、施工圖說、簽章確認紀錄、混凝土澆置計畫及查驗等相關資料，於未完成拆除前，應妥存備查。
(四) 有變更設計時，其強度計算書及施工圖說應重新製作，並依本款規定辦理。
二、 前款以外之模板支撐，除前款第一目規定得指派專人妥爲設計，簽章確認強度計算書及施工圖說外，應依前款各目規定辦理。
三、 支柱應視土質狀況，襯以墊板、座板或敷設水泥等方式，以防止支柱之沉陷。
四、 支柱之腳部應予以固定，以防止移動。
五、 支柱之接頭，應以對接或搭接之方式妥爲連結。
六、 鋼材與鋼材之接觸部分及搭接重疊部分，應以螺栓或鉚釘等金屬零件固定之。
七、 對曲面模板，應以繫桿控制模板之上移。
八、 橋梁上構模板支撐，其模板支撐架應設置側向支撐及水平支撐，並於上、下端連結牢固穩定，支柱(架)腳部之地面應夯實整平，排水良好，不得積水。
九、 橋梁上構模板支撐，其模板支撐架頂層構臺應舖設踏板，並於構臺下方設置強度足夠之安全網，以防止人員墜落、物料飛落。

108. (C) 有關於維護環境生態之營建技術內容下列何者<u>不正確</u>？ (A)內政部建築研究所擬定「綠建材」認證類別有四大方向 (B)內政部建築研究對於「綠建築」列有九大評估指標 (C)內政部對於「智慧建築」符合度評估之方式訂定有九大指標 (D)「生態工程」並無既定的標準模式，其應用須因地制宜、就地取材，自然無法以同一套標準適用於各地。

內政部對於「智慧建築」符合度評估之方式訂定有八大指標。包含 1. 綜合佈線指標、2. 資訊通信指標、3. 系統整合指標、4. 設施管理指標、5. 安全防災指標、6. 節能管理指標、7. 健康舒適指標、8. 智慧創新指標。

[108-5-2]

109. (A) 依「營造安全衛生設施標準」規定，於高度二公尺以上施工架上從事作業時，工作臺寬度應在四十公分以上並舖滿密接之板料，其支撐點應有二處以上，並應綁結固定，無脫落或位移之虞，板料與板料之間縫隙至多<u>不得</u>大於幾公分？ (A)三公分 (B)五公分 (C)十公分 (D)二十公分。

依據營造安全衛生設施標準 48 條規定：

雇主使勞工於高度二公尺以上施工架上從事作業時，應依下列規定辦理：

一、 應供給足夠強度之工作臺。

二、 工作臺寬度應在四十公分以上並舖滿密接之踏板，其支撐點應有二處以上，並應綁結固定，使其無脫落或位移之虞，踏板間縫隙不得大於三公分。

三、 活動式踏板使用木板時，其寬度應在二十公分以上，厚度應在三點五公分以上，長度應在三點六公尺以上；寬度大於三十公分時，厚度應在六公分以上，長度應在四公尺以上，其支撐點應有三處以上，且板端突出支撐點之長度應在十公分以上，但不得大於板長十八分之一，踏板於板長方向重疊時，應於支撐點處重疊，重疊部分之長度不得小於二十公分。

四、 工作臺應低於施工架立柱頂點一公尺以上。

前項第三款之板長，於狹小空間場所得不受限制。

110. (D) 依據建築法第 70 條，下列何者不是使用執照的核發要件？ (A)主要構造與設計圖相符 (B)室內隔間與設計圖相符 (C)主要設備與設計圖相符 (D)施工圖面與設計圖相符。

建築工程完竣後，應由起造人會同承造人及監造人申請使用執照。直轄市、縣(市)(局)主管建築機關應自接到申請之日起，十日內派員查驗完竣。其主要構造、室內隔間及建築物主要設備等與設計圖樣相符者，發給使用執照，並得核發謄本；不相符者，一次通知其修改後，再報請查驗。

111. (B) 依政府採購法相關規定，將原契約中應自行履行之全部或其主要部分，由其他廠商代爲履行者，是下列何者稱謂？ (A)分包 (B)轉包 (C)統包 (D)聯合承攬。

政府採購法第 65 條與第 66 條即分別規定：「得標廠商應自行履行工程、勞務契約，不得轉包。前項所稱轉包，指將原契約中應自行履行之全部或其主要部分，由其他廠商代爲履行。廠商履行財物契約，其需經一定履約過程，非以現成財物供應者，準用前二項規定。」

112. (C) 下列何者非職業安全衛生設施規則所稱車輛系營建機械？ (A)推土機 (B)鏟土機 (C)堆高機 (D)混凝土泵送車。

本規則所稱車輛機械，係指能以動力驅動且自行活動於非特定場所之車輛、車輛系營建機械、堆高機等。

前項所稱車輛系營建機械，係指推土機、平土機、鏟土機、碎物積裝機、刮運機、鏟刮機等地面搬運、裝卸用營建機械及動力鏟、牽引鏟、拖斗挖泥機、挖土斗、斗式掘削機、挖溝機等掘削用營建機械及打樁機、拔樁機、鑽土機、轉鑽機、鑽孔機、地鑽、夯實機、混凝土泵送車等基礎工程用營建機械。

小黑考上了工地主任，受聘於一建築工程擔任工地主任，面對相關法令及現場工作的挑戰，試回答下列問題。

113. (D) 依建築技術規則一般設計通則第 14 條規定，建築物高度不得超過基地面前道路寬度之多少？ (A)道路寬度之一點五倍加十二公尺 (B)道路寬度之一點五倍加十公尺 (C)道路寬度之一點五倍加八公尺 (D)道路寬度之一點五倍加六公尺。

建築技術規則一般設計通則第 14 條：
建築物高度不得超過基地面前道路寬度之一點五倍加六公尺。

114. (D) 下列何者不是依據營造業法施行細則第 18 條規範應置工地主任的工程金額或規模？ (A)建築物高度三十六公尺以上之工程 (B)建築物地下室開挖十公尺以上之工程 (C)橋梁柱跨距二十五公尺以上之工程 (D)承攬金額新臺幣一千萬元以上之工程。

營造業法施行細則第 18 條：
本法第 30 條所定應置工地主任之工程金額或規模如下：
一、 承攬金額新臺幣五千萬元以上之工程。
二、 建築物高度三十六公尺以上之工程。
三、 建築物地下室開挖十公尺以上之工程。
四、 橋梁柱跨距二十五公尺以上之工程。

115. (C) 依建築技術規則建築設計施工編第 49 條，防火構造建築物總樓地板面積在一、五〇〇平方公尺以上者，應按每多少平方公尺，以具有多小時以上防火時效區劃分隔？ (A)每五〇〇平方公尺，以具有半小時以上 (B)每一〇〇〇平方公尺，以具有一小時以上 (C)每一、五〇〇平方公尺，以具有一小時以上 (D)每一、五〇〇平方公尺，以具有半小時以上。

防火構造建築物總樓地板面積在 1,500 平方公尺以上者，應按每 1,500 平方公尺，以具有一小時以上防火時效之牆壁、防火門窗等防火設備與該處防火構造之樓地板區劃分隔。防火設備並應具有一小時以上之阻熱性。

116. (A) 依「建築法」規定：於原建築物增加其面積或高度，但以過廊與原建築物連接者，應視為： (A)新建 (B)增建 (C)修建 (D)改建。

本法所稱建造，係指下列行為：

一、 新建：為新建造之建築物或將原建築物全部拆除而重行建築者。

二、 增建：於原建築物增加其面積或高度者。但以過廊與原建築物連接者，應視為新建。

三、 改建：將建築物之一部分拆除，於原建築基地範圍內改造，而不增高或擴大面積者。

四、 修建：建築物之基礎、梁柱、承重牆壁、樓地板、屋架及屋頂，其中任何一種有過半之修理或變更者。

117. (D) 下列何種情形，非屬政府採購法第 50 條第 1 項第 5 款所稱「不同投標廠商間之投標文件內容有重大異常關聯」之情形？ (A)投標文件內容由同一人或同一廠商繕寫或備具者 (B)押標金由同一人或同一廠商繳納或申請退還者 (C)投標標封或通知機關信函號碼連號，顯係同一人或同一廠商所為者 (D)不同投標廠商之股東間有親戚關係。

依政府採購法第 50 條第一項第五款「不同投標廠商間之投標文件內容有重大異常關聯者」處理：

一、 投標文件內容由同一人或同一廠商繕寫或備具者。

二、 押標金由同一人或同一廠商繳納或申請退還者。

三、 投標標封或通知機關信函號碼連號，顯係同一人或同一廠商所為者。

四、 廠商地址、電話號碼、傳真機號碼、聯絡人或電子郵件網址相同者。

五、 其他顯係同一人或同一廠商所為之情形者。

118. (　C　) 判斷道路、隧道工程是否爲空污法中所謂第一級營建工程，其施工規模判定的界線爲多少(平方公尺‧月)以上者爲第一級營建工程？　(A)8,600(平方公尺‧月)　(B)618,000(平方公尺‧月)　(C)227,000(平方公尺‧月)　(D)7,500,000(平方公尺‧月)。

營建工程空氣污染防制設施管理辦法所稱營建工程，分爲第一級營建工程及第二級營建工程。

符合下列情形之一者，屬第一級營建工程：

一、 建築(房屋)工程：施工規模達四千六百平方公尺‧月者。

二、 道路、隧道工程：施工規模達二十二萬七千平方公尺‧月者。

三、 管線工程：施工規模達八千六百平方公尺‧月者。

四、 橋梁工程：施工規模達六十一萬八千平方公尺‧月者。

五、 區域開發工程：施工規模達七百五十萬平方公尺‧月者。

六、 疏濬工程：外運土石體積(鬆方)達一萬立方公尺者。

七、 其他營建工程：工程合約經費達新臺幣一百八十萬元者。

前項施工規模指施工面積(平方公尺)與施工工期(月)之乘積，施工工期每月以三十日計算。

第二項以外之營建工程，屬第二級營建工程。

[108-1-1]

119. (　A　) 有關於維護環境生態之營建技術內容下列何者不正確？　(A)內政部建築研究所擬定「綠建材」認證類別有七大方向　(B)內政部建築研究對於「綠建築」列有九大評估指標　(C)內政部對於「智慧建築」符合度評估之方式訂定有八大指標　(D)「生態工程」並無既定的標準模式，其應用須因地制宜、就地取材，自然無法以同一套標準適用於各地。

綠建材認證類別分析，其認證類別可歸納爲健康、生態、再生、高性能等四大方向。

一、 健康綠建材。

二、 生態綠建材。

三、 再生綠建材。

四、 高性能綠建材。

爲提升建築物使用功能，興建之高科技大樓智慧建築，試問：

120. (C) 內政部頒訂「智慧建築解說與評估手冊」智慧建築符合度評估之方式，訂定有幾大指標？ (A)六大指標 (B)七大指標 (C)八大指標 (D)九大指標。

智慧建築評估內容依其性質分爲八項指標，分別爲綜合佈線、資訊通信、系統整合、設施管理、安全防災、節能管理、健康舒適及智慧創新；各評估指標內之評估項目，分成基本規定與鼓勵項目兩種：基本規定爲智慧建築之門檻，各項目均不計分，符合所有基本規定之要求者爲合格級。

121. (D) 智慧建築中各項設施之整合管理以確保系統的可靠性、安全性、使用方便性，係屬下列何種指標？ (A)綜合佈線指標 (B)資訊通信指標 (C)系統整合指標 (D)設施管理指標。

設施管理指標包含建築物內財產與營運效能之使用管理、建築設備維護管理，使用管理：資產、人事管理，建築設備維護管理：設備運轉、設備維護、節能管理等等。

122. (A) 智慧建築中健康舒適指標共有幾大項目？ (A)六大項目 (B)七大項目 (C)八大項目 (D)九大項目。

「健康舒適」指標區分成「空間環境」、「視環境」、「溫熱環境」、「空氣環境」、「水環境」與「健康照護管理系統」等六大項目。

[108-1-2]

123. (B) 開發行爲依規定應實施環境影響評估者，開發單位於規劃時，應實施第一階段環境影響評估，並完成何項作業？ (A)舉行公開說明會 (B)作成環境影響說明書 (C)界定評估範疇 (D)編製環境影響評估報告書。

環境影響評估法第 6 條第一項規定：「開發行爲依前條規定應實施環境影響評估者，開發單位於規劃時，應依環境影響評估作業準則，實施第一階段環境影響評估，並作成環境影響說明書。

124. (　D　) 營造業工地主任依營造業法相關規定，執業證自廢止之日起幾年內，不得重新申請執業證？　(A)1 年　(B)2 年　(C)3 年　(D)5 年。

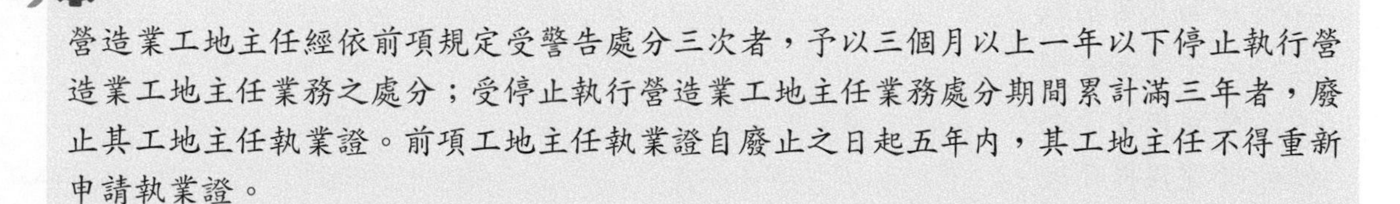

營造業工地主任經依前項規定受警告處分三次者，予以三個月以上一年以下停止執行營造業工地主任業務之處分；受停止執行營造業工地主任業務處分期間累計滿三年者，廢止其工地主任執業證。前項工地主任執業證自廢止之日起五年內，其工地主任不得重新申請執業證。

125. (　D　) 依建築技術規則之規定，建築物高度在 35 m 以上時，避雷針所使用之接地導線線徑規定爲何？　(A)應使用 30 mm^2 以上之銅線　(B)應使用 60 mm^2 以上之銅線　(C)應使用 90 mm^2 以上之銅線　(D)應使用 100 mm^2 以上之銅線。

依據建築技術規則第五節避雷設備第 24 條規定之接地導線，建築物高度 30 公尺以下採用 30 平方以上銅線配線。30～35 公尺採用 60 平方以上銅線配線。35 公尺以上採用 100 平方以上銅線配線。一般電機技師在設計時，雖然建築物高度不高，設計時最少都會選擇 50～60 平方以上銅線配線，以保障安全。另外、銅線外部要用硬質塑膠管保護。

126. (　C　) 依據建築技術規則建築設計施工編第 220 條規定，無空調冷氣之樓地板面積每平方公尺應有每小時多少立方公尺以上之新鮮外氣供給能力？　(A)10 立方公尺　(B)20 立方公尺　(C)30 立方公尺　(D)40 立方公尺。

建築技術規則建築設計施工編第 220 條：

設置之通風系統，其通風量應依下列規定：

一、　按樓地板面積每平方公尺應有每小時三十立方公尺以上之新鮮外氣供給能力。但使用空調設備者每小時供給量得減爲十五立方公尺以上。

二、　設置機械送風及機械排風者，平時之給氣量，應經常保持在排氣量之上。

三、　各地下使用單元應設置進風口或排風口，平時之給氣量並應大於排氣量。

127. (D) 下列何者非職業安全衛生法所稱具有危險性之機械？ (A)固定式起重機 (B)人字臂起重桿 (C)營建用提升機 (D)大樓內使用升降機。

職業安全衛生法第22條：
第 16 條第一項所稱具有危險性之機械，指符合中央主管機關所定一定容量以上之下列機械：
一、 固定式起重機。
二、 移動式起重機。
三、 人字臂起重桿。
四、 營建用升降機。
五、 營建用提升機。
六、 吊籠。
七、 其他經中央主管機關指定公告具有危險性之機械。

AA 先生於民國 100 年 5 月 1 日取得工地主任執業證，目前擔任 XX 營造有限公司承攬國工局主辦之國道橋梁工程案的工地主任，該工程契約金額爲三億五仟萬元整，預定工期自 103 年 3 月 1 日申報開工起爲 480 日曆天。試問：

128. (D) AA 工地主任最遲應於何時之前取得回訓證明並換領執業證，始得繼續擔任本工程之工地主任？ (A)103 年 3 月 1 日之前 (B)103 年 5 月 1 日之前 (C)104 年 3 月 1 日之前 (D)104 年 5 月 1 日之前。

依據「營造業法第 31 條第 3 項」及「營造業工地主任評定回訓及管理辦法第 6 項」，爲使符合營造業法第 31 條所規定取得工地主任執業證者，達到「終身學習」目的，每逾 4 年須再修習新的營建管理法令、建築、土木各類專業工程實務、品質管理或施工管理課程及工地治安等相關課程，使其熟悉營建相關新訂法規及技術，並確實瞭解營造業法就營造業工地主任法定權責及執行業務方式之相關規定，以提昇工作職能。已取得工地主任執業證者，每逾 4 年，應再取得最近 4 年內回訓證明，始得換領執業證後繼續擔任營造業工地主任。因此 AA 先生應從 100 年 5 月 1 日開始計算四年 104 年 5 月 1 日之前須回訓始得繼續擔任。

129. (A) AA 工地主任於工程進行期間，依據營造業法相關規定，施工日誌應如何填報？ (A)按日 (B)按週 (C)按月 (D)按季。

解析

依營造業法第32條第1項第2款規定，工地主任應按日填報施工日誌。

130. (A) 該工程於施作橋墩基樁時，AA 工地主任發現植入之基樁處有湧水湧砂現象，導致基樁沉陷傾斜之異常狀況。AA 工地主任依據營造業法相關規定應向下列何者通報： (A)專任工程人員 (B)監造單位 (C)XX 營造有限公司負責人 (D)國工局主辦工程司。

營造業法中規定專任工程人員還要負責「查核施工計畫書，並於認可後簽名或蓋章」、「依工地主任之通報，處理工地緊急異常狀況」，其他如開工、竣工、勘驗工程時在場説明，並於相關文件簽名或蓋章。

131. (B) 於施工期間，國工局辦理工程驗收時，依據營造業法相關規定，應由下列何者於工程驗收文件上簽名或蓋章？ (A)AA 工地主任 (B)專任工程人員 (C)XX 營造有限公司負責人 (D)品管人員。

營造業之專任工程人員應負責辦理下列工作：

一、 查核施工計畫書，並於認可後簽名或蓋章。

二、 於開工、竣工報告文件及工程查報表簽名或蓋章。

三、 督察按圖施工、解決施工技術問題。

四、 依工地主任之通報，處理工地緊急異常狀況。

五、 查驗工程時到場説明，並於工程查驗文件簽名或蓋章。

六、 營繕工程必須勘驗部分赴現場履勘，並於申報勘驗文件簽名或蓋章。

七、 主管機關勘驗工程時，在場説明，並於相關文件簽名或蓋章。

八、 其他依法令規定應辦理之事項。

[107-9-1]

現今世界先進國家逐漸推動綠建築及智慧建築，台灣也逐步跟進，請回答下面問題：

132. (C) 下列何者非為內政部建築研究所頒訂「綠建築解說與評估手冊」之綠建築評定指標？ (A)生物多樣性指標 (B)基地綠化指標 (C)綜合佈線指標 (D)室內環境指標。

原本的評估系統有「綠化量」、「基地保水」、「水資源」、「日常節能」、「二氧化碳減量」、「廢棄物減量」、及「污水垃圾改善」等七項指標，而在 2003 年又修訂增加「生物多樣性」及「室內環境」兩項指標，便組成現今我們所謂的「綠建築九大評估指標系統(EEWH)」。

133. (送分) 下列何者非為內政部頒訂「智慧建築解說與評估手冊」之貼心便利指標？ (A)健康照護管理系統 (B)生活服務系統 (C)空間輔助系統 (D)資訊服務系統。

貼心便利指標主要區分為『空間輔助系統』、『資訊服務系統』、『生活服務系統』三項指標項目，「空間輔助系統」係指能提供使用者在空間中迅速搜尋公共資訊，且能安全便利無障礙的抵達地點，包含了公共空間資訊顯示、各種通用且無障礙的輔助系統、語音提示服務和導覽服務。「資訊服務系統」則是提供使用者即時的訊息服務，能快速了解食衣住行娛樂相關訊息，並透過環境和能源的顯示了解空間環境和能源使用狀態，此指標的評估項目包括即時訊息服務、線上購物系統、食衣住行等各項生活資訊服務、環境資訊和能源資訊的顯示以及儲物管理系統等。「生活服務系統」則是指生活中貼心的服務系統，如訪客的接待和信件的收發、管家服務、娛樂服務以及創造各種情境環境的紓壓服務。本指標之擬訂乃為提升使用者之生活品質，鼓勵「人性化」之空間規劃設計，創造「便利」的貼心服務，以期塑造出優質的智慧化居住空間。

134. (B) 生態工程成功要件不包括下列何者？ (A)須從觀念及心態做起 (B)需做工程局部性的考量 (C)減少營建工程對生態之衝擊到最小程度 (D)因地制宜，就地取材。

「生態工法」並無既定的標準模式，其應用須因地制宜、就地取材，考量不同的地理、人文、生態條件，來進行工法的設計與施工，自然無法以同一套標準適用於各地。生態工法成功要件包括：

一、 須從觀念及心態做起。

二、 需做整體性的系統考量。

三、 對現有生態環境認知。

四、 減少營建工程對生態之衝擊到最小程度。

五、 研究可能造成安全問題之因子，從源點將因子去除。

六、 因地制宜，就地取材。

七、 不需做就不要做，並減少資源之消耗。

[107-9-2]

135. (A) 建築技術規則建築設計施工編用語定義中所述，建築面積除另有規定外為下列何者以內最大水平投影面積？ (A)外牆中心線或其代替柱中心線 (B)外牆外緣線或其代替柱外緣線 (C)外牆內緣線或其代替柱內緣線 (D)外牆外緣線或其代替柱內緣線。

建築面積：建築物外牆中心線或其代替柱中心線以內之最大水平投影面積。

136. (D) 下列何者不是政府採購法第 18、19 條規定公告金額以上得選用之招標方式？ (A)公開招標 (B)不經公告程序，邀請兩家以上廠商比價 (C)以公告方式預先依一定資格條件辦理廠商資格審查後，再行邀請符合資格之廠商投標 (D)公開取得書面報價。

採購之招標方式，分為公開招標、選擇性招標及限制性招標：

一、 本法所稱公開招標，指以公告方式邀請不特定廠商投標。

二、 本法所稱選擇性招標，指以公告方式預先依一定資格條件辦理廠商資格審查後，再行邀請符合資格之廠商投標。

三、 本法所稱限制性招標，指不經公告程序，邀請二家以上廠商比價或僅邀請一家廠商議價。

137. (B) 依政府採購法第 22 條第 1 項第 6 款追加契約外工程辦理限制性招標，下列何者非該款規定適用之必要條件？ (A)必須為工程採購 (B)原主契約金額未逾追加金額百分之五十 (C)非洽原廠商不能達到契約之目的 (D)必須為未能預見之情形。

在原招標目的範圍內，因未能預見之情形，必須追加契約以外之工程，如另行招標，確有產生重大不便及技術或經濟上困難之虞，非洽原訂約廠商辦理，不能達契約之目的，且未逾原主契約金額百分之五十者。

138. (B) 依據建築法第 54 條之規定，若未辦理展期，起造人自領得建造執照或雜項執照之日起，應於幾個月內開工？ (A)三個月 (B)六個月 (C)九個月 (D)十二個月。

起造人自領得建造執照或雜項執照之日起，應於六個月內開工；並應於開工前，會同承造人及監造人將開工日期，連同姓名或名稱、住址、證書字號及承造人施工計畫書，申請該管主管建築機關備查。

起造人因故不能於前項期限內開工時，應敘明原因，申請展期一次，期限為三個月。未依規定申請展期，或已逾展期期限仍未開工者，其建造執照或雜項執照自規定得展期之期限屆滿之日起，失其效力。

第一項施工計畫書應包括之內容，於建築管理規則中定之。

139. (D) 下列何者非職業安全衛生法保護對象？ (A)工作者 (B)勞工 (C)自營作業者 (D)事業經營負責人。

一、 為防止職業災害，保障工作者安全及健康，特制定本法；其他法律有特別規定者，從其規定。

二、 工作者：指勞工、自營作業者及其他受工作場所負責人指揮或監督從事勞動之人員。

140. (C) 以下何者<u>不屬於</u>營造業審議委員會職掌？ (A)關於營造業撤銷或廢止登記事項 (B)關於營造業獎懲事項 (C)關於工程設計、監造處分案件 (D)關於專任工程人員及工地主任處分案件。

營造業審議委員會職掌如下：
一、 關於營造業撤銷或廢止登記事項之審議。
二、 關於營造業獎懲事項之審議。
三、 關於專任工程人員及工地主任處分案件之審議。

141. (B) 下列何者<u>不是</u>建築法定義之建築執照？ (A)建造執照 (B)消防執照 (C)拆除執照 (D)雜項執照。

建築執照分下列四種：
一、 建造執照：建築物之新建、增建、改建及修建，應請領建造執照。
二、 雜項執照：雜項工作物之建築，應請領雜項執照。
三、 使用執照：建築物建造完成後之使用或變更使用，應請領使用執照。
四、 拆除執照：建築物之拆除，應請領拆除執照。

142. (B) 下列何者<u>不是</u>設置土木包工業承攬小型工程應該要具備的條件？ (A)資本額新台幣80萬元以上 (B)應設置專任工程人員 (C)負責人有三年以上土木建築工程施工經驗 (D)向直轄市縣(市)主管機關辦理許可、登記。

土木包工業申請條件：
一、 土木包工業負責人應具有三年以上土木建築工程施工經驗。
二、 土木包工業需資本額100萬元以上。(以公司存款餘額證明)
三、 營業地址房屋需有使用執照影本或合法房屋證明文件及分區使用證明影本。
四、 房屋合法使用權利證明文件之法院公證書(營業地址之房屋，如係負責人或公司所有，免附房屋合法使用權利證明文件公證書，但應檢附建築改良物登記簿謄本)各乙份。
五、 直轄市、縣(市)政府主管機關核發之非公司組織之營造業設立爲公司組織許可函。

143. (C) 依建築技術規則之規定給水管路不得埋設於排水溝內，並應與排水溝保持多少距離之間隔？ (A)10 cm 以上 (B)10 cm 以下 (C)15 cm 以上 (D)15 cm 以下。

給水管路不得埋設於排水溝內，並應與排水溝保持十五公分以上之間隔；與排水溝相交時，應在排水溝之頂上通過。

144. (A) 營造業法與政府採購法中與私法有關之規定，相對於民法而言，屬特別法，故當政府採購法的規定與民法規定有相抵觸時，當以下列何者之規定優先適用？ (A)政府採購法 (B)民法 (C)普通法 (D)刑法。

依據中央法規標準法第 16 條規定，特別法指的是在同一事項中，如同時可適用兩種以上之法律時，應優先適用者，而特別法未規定的事項，則可透過普通法補充。

AA 營造有限公司參與國工局主辦之國道橋梁工程標案，該工程預算金額爲三億八仟六佰萬元整，橋梁主跨爲鋼拱橋、橋墩中心間距 55 公尺，橋面寬 24 公尺；總施工面積 30,000 平方公尺，預定工期爲 20 個月。請回答下面問題：

145. (C) 依據營造業法各類營造業承攬造價限額計算方式與工程規模範圍之相關規定：AA 營造有限公司必須符合下列何者條件，才具備承攬該工程之基本資格？ (A)資本額 2,000 萬元之乙等綜合營造業 (B)資本額 3,000 萬元之甲等綜合營造業 (C)資本額 4,000 萬元之甲等綜合營造業 (D)資本額 3,000 萬元之鋼構專業營造業。

營造業承攬工程，應依其承攬造價限額及工程規模範圍辦理；其一定期間承攬總額，不得超過淨值二十倍。綜合營造業之資本額，於甲等綜合營造業爲新臺幣二千二百五十萬元以上；乙等綜合營造業爲新臺幣一千二百萬元以上；丙等綜合營造業爲新臺幣三百六十萬元以上。

146. (B) 若 AA 營造有限公司得標，則依營造業法於工地置工地主任之相關規定，應指派何人擔任該工程之工地主任？ (A)橋梁工程師 (B)具工地主任執業資格者 (C)工務經理 (D)專任工程人員。

解析

營造業承攬一定金額或一定規模以上之工程，其施工期間，應於工地置工地主任。前項設置之工地主任於施工期間，不得同時兼任其他營造工地主任之業務。
工地主任應符合資格，並另經中央主管機關評定合格或取得中央勞工行政主管機關依技能檢定法令辦理之營造工程管理甲級技術士證，由中央主管機關核發工地主任執業證者。

市政府辦理 AA 高中教學大樓新建工程，委託 XX 建築師事務所規劃設計監造，建築工程契約金額 16,500 萬元由 YY 營造廠得標，機水電工程契約金額 5,500 萬元則由 ZZ 機電公司得標。試問：

147. (C) 市政府辦理建築工程招標作業時，應依據政府採購法將本工程列為下列哪一類型採購？ (A)公告金額以下工程採購 (B)查核金額以下工程採購 (C)查核金額以上工程採購 (D)巨額工程採購。

一、 巨額採購(工程案二億元以上；財物案一億元以上；勞務案二千萬元以上)，係規範廠商特定資格，與瞭解、查核完成採購後使用期間之使用情形及效益之門檻金額。
二、 查核金額(工程、財物案為五千萬元以上；勞務案一千萬元以上)，係上級機關執行事前、事中監督之門檻金額。查核金額以上之案件，辦理過程須受上級機關監督。
三、 公告金額(工程、財物及勞務案均為一百萬元以上)，係機關將採購資訊公開、廠商申訴等之門檻金額。公告金額以上之案件，為採購法所欲規範之主要範圍。機關辦理公告金額以上之採購，除依採購法第 20 條規定採選擇性招標及第 22 條採限制性招標辦理者外，應公開招標。

148. (B) 依據公共工程品質管理作業要點之相關規定，XX 建築師事務所應派駐具品管人員資格幾人，依據監造計畫執行監造作業？ (A)至少 1 人 (B)至少 2 人 (C)至少 3 人 (D)監造人員不必具有品管人員資格。

品質管理人員(以下簡稱品管人員)之資格、人數及其更換規定；每一標案最低品管人員人數規定如下：

一、 新臺幣二千萬元以上未達二億元之工程，至少一人。

二、 新臺幣二億元以上之工程，至少二人。

建築師事務所設計監造之金額爲 16,500 + 5,500 萬因此需要兩名品管人員。

149. (A) 依據公共工程品質管理作業要點之相關規定，ZZ 機電公司應派駐具品管人員資格幾人，執行品管作業？ (A)1 人 (B)2 人 (C)3 人 (D)不必派駐品管人員。

品質管理人員(以下簡稱品管人員)之資格、人數及其更換規定；每一標案最低品管人員人數規定如下：

一、 新臺幣二千萬元以上未達二億元之工程，至少一人。

二、 新臺幣二億元以上之工程，至少二人。

ZZ 機電公司承攬之金額爲 5,500 萬因此需要一名品管人員。

[107-5-1]

150. (D) 「政府採購法」第 70 條，將「公共工程施工品質制度」第三層級修改爲「施工品質查核機制」，此架構層級是屬於下列何者之職權？ (A)承包商 (B)監造廠商 (C)主辦工程單位 (D)工程主管機關。

爲確認工程品質管理工作執行之成效，主管機關採行工程施工品質查核，以客觀超然的方式，評定工程品質優劣等級。督導結果可供作爲主辦工程單位考評之依據，並可作爲改進承包商品管作業及評選優良廠商之參考，藉以督促監造單位落實品質保證及承包商落實品質管理，達成提升工程品質的目標。

[107-5-2]

151. (C) 下列敘述何者不是符合採購法第 33 條之正確規定？其有違反者，機關不予開標決標　(A)投標文件置於不透明之信封或容器內，並以漿糊、膠水、膠帶、釘書針、繩索或其他類似材料封裝　(B)投標信封上或容器外應標示廠商名稱及地址　(C)廠商投標應送達機關指定之交寄或付郵所在地　(D)同一投標廠商就同一採購之投標，以一標為限。

政府採購法第 33 條：

廠商之投標文件，應以書面密封，於投標截止期限前，以郵遞或專人送達招標機關或其指定之場所。

前項投標文件，廠商得以電子資料傳輸方式遞送。但以招標文件已有訂明者為限，並應於規定期限前遞送正式文件。

機關得於招標文件中規定允許廠商於開標前補正非契約必要之點之文件。

152. (A) 營造業自領得營造業登記證書之日起，每滿五年應申請複查，應於期限屆滿前多久要向中央主管機關或直轄市、縣(市)主管機關提出？　(A)應於期限屆滿三個月前六十日內　(B)應於期限屆滿二個月前六十日內　(C)應於期限屆滿一個月前六十日內　(D)應於期限屆滿前六十日內。

營造業法第 17 條：

營造業自領得營造業登記證書之日起，每滿五年應申請複查，中央主管機關或直轄市、縣(市)主管機關並得隨時抽查之；受抽查者，不得拒絕、妨礙或規避。

前項複查之申請，應於期限屆滿三個月前六十日內，檢附營造業登記證書及承攬工程手冊或相關證明文件，向中央主管機關或直轄市、縣(市)主管機關提出。

第一項複查及抽查項目，包括營造業負責人、專任工程人員之相關證明文件、財務狀況、資本額及承攬工程手冊之內容。

153. (B) 丙等綜合營造業的承攬造價限額？　(A)新台幣 600 萬元　(B)新台幣 2,250 萬元　(C)新台幣 7,500 萬元　(D)資本額 10 倍。

營造業承攬工程，應依其承攬造價限額及工程規模範圍辦理；其一定期間承攬總額，不得超過淨值二十倍。綜合營造業之資本額，於甲等綜合營造業爲新臺幣二千二百五十萬元以上；乙等綜合營造業爲新臺幣一千二百萬元以上；丙等綜合營造業爲新臺幣三百六十萬元以上。

154. (A) 以下何者屬「機關主(會)計及有關單位會同監辦採購辦法」所稱有關單位：(A)政風單位 (B)主計單位 (C)會計單位 (D)上級單位。

機關主(會)計及有關單位會同監辦採購辦法第 3 條：
本法第 13 條第一項所稱有關單位，由機關首長或其授權人員就機關內之政風、監查(察)、督察、檢核或稽核單位擇一指定之。

155. (D) 以下何者不屬水污染防治法相關罰則所指情節重大者？ (A)未經合法登記或許可之污染源，違反本法之規定者 (B)經處分按日連續處罰逾三十日者 (C)經處分後，自報停工改善，經查證非屬實者 (D)三年內經二次限期改善，仍繼續違反本法規定者。

水污染防治法所稱情節重大，係指下列情形之一者：

一、 未經合法登記或許可之污染源，違反本法之規定。

二、 經處分後，自報停工改善，經查證非屬實。

三、 一年內經二次限期改善，仍繼續違反本法規定。

四、 工業區內事業單位，將廢(污)水納入工業區污水下水道系統處理，而違反下水道相關法令規定，經下水道機構依下水道法規定以情節重大通知停止使用，仍繼續排放廢(污)水。

五、 大量排放污染物，經主管機關認定嚴重影響附近水體品質。

六、 排放之廢(污)水中含有有害健康物質，經主管機關認定有危害公眾健康之虞。

七、 其他經主管機關認定嚴重影響附近地區水體品質之行爲。

156. (　A　) 依「營造安全衛生設施標準」規定，為防止模板倒塌危害勞工，高度在五公尺以上，且面積達至少多少平方公尺以上之模板支撐，其構築應依相關法規所定具有建築、結構等專長之人員或委由專業機構，事先依模板形狀、預期之荷重及混凝土澆置方法等妥為安全設計？　(A)一百平方公尺以上　(B)二百平方公尺以上　(C)三百平方公尺以上　(D)五百平方公尺以上。

營造安全衛生設施標準第131條：

雇主對於模板支撐，應依下列規定辦理：

一、　為防止模板倒塌危害勞工，高度在五公尺以上，且面積達一百平方公尺以上之模板支撐，其構築及拆除應依下列規定辦理：

(一)　事先依模板形狀、預期之荷重及混凝土澆置方法等，依營建法規等所定具有建築、土木、結構等專長之人員或委由專業機構妥為設計，置備施工圖說，並指派所僱之專任工程人員簽章確認強度計算書及施工圖說。

(二)　訂定混凝土澆置計畫及建立按施工圖說施作之查驗機制。

(三)　設計、施工圖說、簽章確認紀錄、混凝土澆置計畫及查驗等相關資料，於未完成拆除前，應妥存備查。

(四)　有變更設計時，其強度計算書及施工圖說應重新製作，並依本款規定辦理。

157. (　B　) 建築法第66條明定：幾層以上建築物施工時，應設置防止物體墜落之適當圍籬？　(A)三層以上　(B)五層以上　(C)七層以上　(D)十層以上。

解析

建築法第66條：

二層以上建築物施工時，其施工部分距離道路境界線或基地境界線不足二公尺半者，或五層以上建築物施工時，應設置防止物體墜落之適當圍籬。

158. (　C　) 依「建築技術規則」規定，建築物外牆中心線或其代替柱中心線以內之最大水平投影面積，係為：　(A)基地面積　(B)建蔽面積　(C)建築面積　(D)樓地板面積。

建築面積：建築物外牆中心線或其代替柱中心線以內之最大水平：建築物外牆中心線或其代替柱中心線以內之最大水平投影面積。

159. (C) 依建築技術規則相關規定，走道及階梯坡度應爲三十度以下，其爲十五度以上者應加釘間距小於三十公分之： (A)腳踏板 (B)腳趾板 (C)止滑板條 (D)欄柵板。

建築技術規則第157條：
走道及階梯之架設應依下列規定：
一、 坡度應爲三十度以下，其爲十五度以上者應加釘間距小於三十公分之止滑板條，並應裝設適當高度之扶手。
二、 高度在八公尺以上之階梯，應每七公尺以下設置平台一處。
三、 走道木板之寬度不得小於三十公分，其兼爲運送物料者，不得小於六十公分。

甲建設公司委託乙營造商建造一都市地區高樓辦公大樓，試回答下列問題。

160. (C) 該工程經取得建造執照後，承造人因故未能於建築期限內完工時，得依建築法第53條第二項申請展期多少個月，並以一次爲限？ (A)三個月 (B)六個月 (C)十二個月 (D)二十四個月。

直轄市、縣(市)主管建築機關，於發給建造執照或雜項執照時，應依照建築期限基準之規定，核定其建築期限。
前項建築期限，以開工之日起算。承造人因故未能於建築期限內完工時，得申請展期一年，並以一次爲限。未依規定申請展期，或已逾展期期限仍未完工者，其建造執照或雜項執照自規定得展期之期限屆滿之日起，失其效力。
第一項建築期限基準，於建築管理規則中定之。

161. (D) 該建築工程爲位於噪音管制區內之營建工程，所發出之聲音超出噪音管制標準，經主管機關限期改善仍未符合噪音管制標準者，將依規定按次或按日連續處罰新臺幣一萬八千元以上多少萬元以下罰鍰，或爲其他處分？ (A)三萬六千元 (B)六萬四千元 (C)十萬元 (D)十八萬元。

違反第9條第一項規定，經限期改善仍未符合噪音管制標準者，得依下列規定按次或按日連續處罰，或令其停工、停業或停止使用，至符合噪音管制標準時爲止；其爲第10條第一項取得許可證之設施，必要時並得廢止其許可證：

一、 工廠(場)：處新臺幣六千元以上六萬元以下罰鍰。

二、 娛樂或營業場所：處新臺幣三千元以上三萬元以下罰鍰。

三、 營建工程：處新臺幣一萬八千元以上十八萬元以下罰鍰。

四、 擴音設施：處新臺幣三千元以上三萬元以下罰鍰。

五、 其他經公告之場所、工程及設施：處新臺幣三千元以上三萬元以下罰鍰。

162. (送分) 試問該大樓總樓層數達幾層以上需要實施環境影響評估？ (A)七層 (B)十四層 (C)十八層 (D)二十層。

開發行爲應實施環境影響評估細目及範圍認定標準第26條：
高樓建築，其高度一百二十公尺以上者，應實施環境影響評估。

[107-1-2]

163. (D) 營造業承攬工程手冊之內容變動，應該在多久之內向主管機關申請變更？ (A)六個月內 (B)四個月內 (C)三個月內 (D)二個月內。

營造業法第19條：
承攬工程手冊之內容，應包括下列事項：

一、 營造業登記證書字號。

二、 負責人簽名及蓋章。

三、 專任工程人員簽名及加蓋印鑑。

四、 獎懲事項。

五、 工程記載事項。

六、 異動事項。

七、 其他經中央主管機關指定事項。

前項各款情形之一有變動時，應於二個月內檢附承攬工程手冊及有關證明文件，向中央主管機關或直轄市、縣(市)主管機關申請變更。但專業營造業及土木包工業承攬工程手冊之工程記載事項，經中央主管機關核定於一定金額或規模免予申請記載變更者，不在此限。

164. (　A　) 營造業法對專任工程人員之規定，下列何者爲非？ (A)因故不能執行業務時，營造業應於三個月內報請中央主管機關備查 (B)應爲繼續性之從業人員 (C)查核施工計畫書，並於認可後簽名或蓋章 (D)查驗工程時到場說明，並於工程查驗文件簽名或蓋章。

營造業法第 34 條：
營造業之專任工程人員，應爲繼續性之從業人員，不得爲定期契約勞工，並不得兼任其他綜合營造業、專業營造業之業務或職務。但本法第 66 條第四項，不在此限。
營造業負責人知其專任工程人員有違反前項規定之情事者，應通知其專任工程人員限期就兼任工作、業務辦理辭任；屆期未辭任者，應予解任。

165. (　A　) 空氣污染防制費徵收對象若爲固定污染源，依排放空氣污染物之種類及數量向污染源之所有人、管理人或使用人徵收；其爲營建工程者，應向誰徵收？ (A)營建業主 (B)承造廠商 (C)工地負責人 (D)監造人員。

固定污染源：依其排放空氣污染物之種類及數量，向污染源之所有人徵收，其所有人非使用人或管理人者，向實際使用人或管理人徵收；其爲營建工程者，向營建業主徵收；經中央主管機關指定公告之物質，得依該物質之銷售數量，向銷售者或進口者徵收。

166. (　A　) 以下何者不是建築法第 25 條規定，除法規另有規定外，建築物非經申請直轄市、縣(市) (局)主管建築機關之審查許可並發給執照，不得擅自作爲的項目？ (A)不得擅自設計 (B)不得擅自建造 (C)不得擅自拆除 (D)不得擅自使用。

建築法第 25 條：
建築物非經申請直轄市、縣(市) (局)主管建築機關之審查許可並發給執照，不得擅自建造或使用或拆除。但合於第 78 條及第 98 條規定者，不在此限。
直轄市、縣(市) (局)主管建築機關爲處理擅自建造或使用或拆除之建築物，得派員攜帶證明文件，進入公私有土地或建築物內勘查。

167. (　B　) 機關依採購法第 71 條第 1 項規定辦理財物採購驗收時，下列何者不可以採書面驗收，或免辦理現場查驗？ (A)即買即用，現場查驗有困難者 (B)驗收金額達公告金額之分批驗收 (C)經政府機關或公正第三人查驗，並有相關品質或數量之證明文書者 (D)小額採購。

政府採購法施行細則第 90 條：

機關依本法第 71 條第一項規定辦理下列工程、財物採購之驗收，得由承辦採購單位備具書面憑證採書面驗收，免辦理現場查驗：

一、 公用事業依一定費率所供應之財物。

二、 即買即用或自供應至使用之期間甚爲短暫，現場查驗有困難者。

三、 小額採購。

四、 分批或部分驗收，其驗收金額不逾公告金額十分之一。

五、 經政府機關或公正第三人查驗，並有相關品質或數量之證明文書者。

六、 其他經主管機關認定者。

前項第四款情形於各批或全部驗收完成後，應將各批或全部驗收結果彙總填具結算驗收證明書。

168. (　D　) 依營造業法相關規定，乙等綜合營造業承攬造價限額爲多少？ (A)新臺幣 600 萬元 (B)新臺幣 2,250 萬元 (C)新臺幣 5,000 萬元 (D)新臺幣 7,500 萬元。

營造業承攬限額於 107 年營建署已做調整如下，原題目答案供參:

一、 土木包工業承攬工程造價限額由 600 萬元調整爲 720 萬元，其資本額由 80 萬元調整爲 100 萬元。

二、 丙等綜合營造業承攬工程造價限額由 2,250 萬元調整爲 2,700 萬元，其資本額由 300 萬元調整爲 360 萬元。

三、 乙等綜合營造業承攬工程造價限額由 7,500 萬元調整爲 9,000 萬元，其資本額由 1,000 萬元調整爲 1,200 萬元。

四、 甲等綜合營造業及專業營造業承攬工程造價限額皆維持其資本額之 10 倍，其工程規模不受限制。

169. (C) 下列何者是受聘於營造業擔任其所承攬工程之施工技術指導及施工安全的人員？ (A)技術士 (B)工地主任 (C)專任工程人員 (D)營造業負責人。

一、 專任工程人員：係指受聘於營造業之技師或建築師，擔任其所承攬工程之施工技術指導及施工安全之人員。其爲技師者，應稱主任技師；其爲建築師者，應稱主任建築師。

二、 工地主任：係指受聘於營造業，擔任其所承攬工程之工地事務及施工管理之人員。

三、 技術士：係指領有建築工程管理技術士證或其他土木、建築相關技術士證人員。

170. (A) 職業災害定義於職業安全衛生法中之何種場所？ (A)勞動場所 (B)就業場所 (C)工作場所 (D)作業場所。

一、 勞動場所，包括下列場所：

(一) 於勞動契約存續中，由雇主所提示，使勞工履行契約提供勞務之場所。

(二) 自營作業者實際從事勞動之場所。

(三) 其他受工作場所負責人指揮或監督從事勞動之人員，實際從事勞動之場所。

二、 工作場所，指勞動場所中，接受雇主或代理雇主指示處理有關勞工事務之人所能支配、管理之場所。

三、 作業場所，指工作場所中，從事特定工作目的之場所。

171. (A) 受工作場所負責人指揮或監督從事勞動之人員，於事業單位工作場所從事勞動時？ (A)比照事業單位勞工 (B)非事業單位勞工 (C)與事業單位無關 (D)無需給予職災補償。

職業災害內容及統計表所定之「非屬受僱勞工之其他工作者」，係指職業安全衛生法施行細則第 2 條第 2 項規定之「其他受工作場所負責人指揮或監督從事勞動之人員」，即爲與事業單位無僱傭關係，於其工作場所從事勞動或以學習技能、接受職業訓練爲目的從事勞動之工作者，如派遣工、技術生、建教合作班之學生等與其他性質相類之人員均屬之，比照事業單位勞工給予職業災害補償。

172. (B) 依營造業法第 23 條規定，營造業承攬工程，應依其承攬造價限額及工程規模範圍辦理；其一定期間承攬總額，不得超過淨值之幾倍？ (A)10 倍 (B)20 倍 (C)30 倍 (D)40 倍。

營造業法第 23 條：
營造業承攬工程，應依其承攬造價限額及工程規模範圍辦理；其一定期間承攬總額，不得超過淨值二十倍。
前項承攬造價限額之計算方式、工程規模範圍及一定期間之認定等相關事項之辦法，由中央主管機關定之。

某甲建設公司投資集合住宅工程，試回答下列建築執照申請作業及現場施工問題。

173. (A) 建築機關於發給建造執照或時，核定其建築期限。前項建築期限，以開工之日起算。承造人因故未能於建築期限內完工時，得申請展期多少年，並以幾次爲限？ (A)一年、一次 (B)二年、二次 (C)三年、三次 (D)四年、四次。

建築期限，以開工之日起算。承造人因故未能於建築期限內完工時，得申請展期一年，並以一次爲限。未依規定申請展期，或已逾展期期限仍未完工者，其建造執照或雜項執照自規定得展期之期限屆滿之日起，失其效力。

174. (D) 依據建築法 55 條於領得建造執照後，下列何者非屬應向申報該管主管建築機關備案的事項？ (A)變更起造人 (B)變更承造人 (C)工程中止或廢止 (D)變更營造業工地主任。

起造人領得建造執照或雜項執照後，如有下列各款情事之一者，應即申報該管主管建築機關備案：
一、 變更起造人。
二、 變更承造人。
三、 變更監造人。
四、 工程中止或廢止。
前項中止之工程，其可供使用部分，應由起造人依照規定辦理變更設計，申請使用；其不堪供使用部分，由起造人拆除之。

小潘是一名工地主任，經派任進行停車空間建造施工，試回答下列問題。

175. (D) 依據建築技術規則建築設計施工編第 60 條，停車空間及其應留設供汽車進出用之車道規定，下列何者爲非？ (A)每輛停車位爲寬二點五公尺，長六公尺 (B)大客車每輛停車位爲寬四公尺，長十二點四公尺 (C)汽車昇降機，應留設寬三點五公尺以上、長五點七公尺以上之昇降機道 (D)機械停車位每輛爲寬二點五公尺，長五點五公尺，淨高一點五公尺以上。

建築技術規則建築設計施工編第 60 條：
停車空間及其應留設供汽車進出用之車道，規定如下：

一、 每輛停車位爲寬二點五公尺，長五點五公尺。但停車位角度在三十度以下者，停車位長度爲六公尺。大客車每輛停車位爲寬四公尺，長十二點四公尺。
二、 設置於室內之停車位，其五分之一車位數，每輛停車位寬度得寬減二十公分。但停車位長邊鄰接牆壁者，不得寬減，且寬度寬減之停車位不得連續設置。
三、 機械停車位每輛爲寬二點五公尺，長五點五公尺，淨高一點八公尺以上。但不供乘車人進出使用部分，寬得爲二點二公尺，淨高爲一點六公尺以上。
四、 設置汽車昇降機，應留設寬三點五公尺以上、長五點七公尺以上之昇降機道。
五、 基地面積在一千五百平方公尺以上者，其設於地面層以外樓層之停車空間應設汽車車道(坡道)。
六、 車道供雙向通行且服務車位數未達五十輛者，得爲單車道寬度；五十輛以上者，自第五十輛車位至汽車進出口及汽車進出口至道路間之通路寬度，應爲雙車道寬度。但汽車進口及出口分別設置且供單向通行者，其進口及出口得爲單車道寬度。
七、 實施容積管制地區，每輛停車空間(不含機械式停車空間)換算容積之樓地板面積，最大不得超過四十平方公尺。

前項機械停車設備之規範，由內政部另定之。

176. (D) 依據建築技術規則建築設計施工編第 61 條，車道之寬度、坡度及曲線半徑規定，下列何者爲非？ (A)單車道寬度應爲三點五公尺以上 (B)雙車道寬度應爲五點五公尺以上 (C)車道坡度不得超過一比六，其表面應用粗面或其他不滑之材料 (D)車道之內側曲線半徑應爲三公尺以上。

建築技術規則建築設計施工編第61條：

車道之寬度、坡度及曲線半徑應依下列規定：

一、 車道之寬度：

(一) 單車道寬度應爲三點五公尺以上。

(二) 雙車道寬度應爲五點五公尺以上。

(三) 停車位角度超過六十度者，其停車位前方應留設深六公尺，寬五公尺以上之空間。

二、 車道坡度不得超過一比六，其表面應用粗面或其他不滑之材料。

三、 車道之內側曲線半徑應爲五公尺以上。

小潘找朋友一起合資依營造業法規定成立了營造業，試回答下列問題。

177. (D) 營造業自領得營造業登記證書之日起，每滿多少年應申請複查？ (A)2年 (B)3年 (C)4年 (D)5年。

營造業法第17條：

營造業自領得營造業登記證書之日起，每滿五年應申請複查，中央主管機關或直轄市、縣(市)主管機關並得隨時抽查之；受抽查者，不得拒絕、妨礙或規避。

178. (D) 營造業之承攬手冊之內容，不必包括下列哪一項內容： (A)負責人簽名及蓋章 (B)營造業登記證書字號 (C)異動事項 (D)技術士人數。

營造業管理規則第26條：

承攬工程手冊應包括下列事項：

一、 營造業登記證書縮印本。

二、 負責人照片及印鑑。

三、 專任工程人員之照片、簽名及印鑑。

四、 變更登記。

五、 獎懲。

六、 工程記載表。

前項承攬工程手冊之格式，由內政部定之。

[106-9-2]

179. (B) 下列何者屬於政府採購法財物採購適用的物品範圍？ (A)廣告服務之選擇 (B)加工或冷凍食品 (C)公開標售土石 (D)魚貝介類。

政府採購法所稱財物，指各種物品(生鮮農漁產品除外)、材料、設備、機具與其他動產、不動產、權利及其他經主管機關認定之財物。

180. (A) 國家公園及自然保護(育)區等依法劃定之區域屬於哪一級空氣品質防制區？ (A)一級防制區 (B)二級防制區 (C)三級防制區 (D)四級防制區。

防制區分爲下列三級：

- 一級防制區，指國家公園及自然保護(育)區等依法劃定之區域。
- 二級防制區，指一級防制區外，符合空氣品質標準區域。
- 三級防制區，指一級防制區外，未符合空氣品質標準區域。

181. (D) 依據環評的監督規定，開發單位於通過環境影響說明書或評估書審查，並取得目的事業主管機關核發之開發許可後，逾多久沒有開發行爲時，應提出環境現況差異分析及對策檢討報告，送主管機關審查？ (A)環評通過後永久有效 (B)一年 (C)二年 (D)三年。

環境影響評估法第 16-1 條：
開發單位於通過環境影響說明書或評估書審查，並取得目的事業主管機關核發之開發許可後，逾三年始實施開發行爲時，應提出環境現況差異分析及對策檢討報告，送主管機關審查。主管機關未完成審查前，不得實施開發行爲。

182. (C) 營造業工地主任經依營造業法相關規定受警告處分三次者，予以三個月以上一年以下停止執行營造業業務之處分；受停止執行營造業業務處分期間累計滿幾年者，廢止其工地主任執業證？ (A)1 年 (B)2 年 (C)3 年 (D)5 年。

營造業工地主任經依前項規定受警告處分三次者，予以三個月以上一年以下停止執行營造業工地主任業務之處分；受停止執行營造業工地主任業務處分期間累計滿三年者，廢止其工地主任執業證。

前項工地主任執業證自廢止之日起五年內，其工地主任不得重新申請執業證。

183. (C) 下列何者是受聘於營造業擔任其所承攬工程之施工技術指導及施工安全的人員？ (A)技術士 (B)工地主任 (C)專任工程人員 (D)營造業負責人。

專任工程人員：係指受聘於營造業之技師或建築師，擔任其所承攬工程之施工技術指導及施工安全之人員。其爲技師者，應稱主任技師；其爲建築師者，應稱主任建築師。

184. (D) 政府採購法所稱工程採購之「查核金額」，目前由主管機關頒布定爲多少？ (A)新臺幣一百萬元 (B)新臺幣五百萬元 (C)新臺幣一千萬元 (D)新臺幣五千萬元。

政府採購法第 12 條第三項所稱「查核金額」如下：

一、 工程採購：新台幣五千萬元。

二、 財物採購：新台幣五千萬元。

三、 勞務採購：新台幣一千萬元。

185. (C) 廠商對於機關依政府採購法第 101 條所爲之通知，認爲違反本法或不實者，得於接獲通知之次日起最遲幾日內，以書面向該機關提出異議？ (A)10 日內 (B)15 日內 (C)20 日內 (D)30 日內。

- 廠商對於機關依前條所為之通知，認為違反本法或不實者，得於接獲通知之次日起二十日內，以書面向該機關提出異議。
- 廠商對前項異議之處理結果不服，或機關逾收受異議之次日起十五日內不為處理者，無論該案件是否逾公告金額，得於收受異議處理結果或期限屆滿之次日起十五日內，以書面向該管採購申訴審議委員會申訴。
- 機關依前條通知廠商後，廠商未於規定期限內提出異議或申訴，或經提出申訴結果不予受理或審議結果指明不違反本法或並無不實者，機關應即將廠商名稱及相關情形刊登政府採購公報。

186. (A) 事業單位勞動場所發生災害之罹災人數在一人以上，且需住院治療之職業災害應於幾個小時內報告檢查機構？ (A)8 小時 (B)12 小時 (C)24 小時 (D)36 小時。

職業安全衛生法第 37 條：
事業單位工作場所發生職業災害，雇主應即採取必要之急救、搶救等措施，並會同勞工代表實施調查、分析及作成紀錄。
事業單位勞動場所發生下列職業災害之一者，雇主應於八小時內通報勞動檢查機構：
一、 發生死亡災害。
二、 發生災害之罹災人數在三人以上。
三、 發生災害之罹災人數在一人以上，且需住院治療。
四、 其他經中央主管機關指定公告之災害。
勞動檢查機構接獲前項報告後，應就工作場所發生死亡或重傷之災害派員檢查。
事業單位發生第二項之災害，除必要之急救、搶救外，雇主非經司法機關或勞動檢查機構許可，不得移動或破壞現場。

187. (C) 雇主違反職業安全衛生法第 6 條第 1 項造成工作者死亡職業災害，最高處幾年有期徒刑？ (A)1 年 (B)2 年 (C)3 年 (D)5 年。

職業安全衛生法第 40 條：
違反第 6 條第一項或第 16 條第一項之規定，致發生第 37 條第二項第一款之災害者，處三年以下有期徒刑、拘役或科或併科新臺幣三十萬元以下罰金。

[106-5-2]

188. (C) 某土石方資源再利用廠固定污染源之相關設施故障致違反規定時，以下何種處理方式並非法定避免受罰的有效方式？ (A)故障發生後一小時內，向當地主管機關報備 (B)故障發生後二十四小時內修復或停止操作 (C)故障發生後七日內清除所造成的汙染 (D)故障發生後十五日內，向當地主管機關提出書面報告。

依空氣污染防制法第 77 條規定，固定污染源之相關設施故障致違反本法規定時，公私場所立即採取因應措施，並依下列規定處理者，得免依本法處罰：
一、 故障發生後 1 小時內，向當地主管機關報備。
二、 故障發生後 24 小時內修復或停止操作。
三、 故障發生後 15 日內，向當地主管機關提出書面報告。

189. (A) 下列何者<u>非屬</u>綜合營造業？ (A)專業營造業 (B)甲等營造業 (C)乙等營造業 (D)丙等營造業。

營造業法第 6 條：營造業分綜合營造業、專業營造業及土木包工業。
營造業法第 7 條：綜合營造業分爲甲、乙、丙三等。

190. (C) 土木包工業負責人應具有幾年土木建築工程施工經驗，並具服務證明書與經歷證明書等證明文件？ (A)1 年以上 (B)2 年以上 (C)3 年以上 (D)沒有限制。

營造業法第 36 條：
土木包工業負責人，應負責第 32 條所定工地主任及前條所定專任工程人員應負責辦理之工作。

191. (C) 依營造業法相關規定，負責工地勞工安全衛生事項之督導、公共環境與安全之維護及其他工地行政事務的是下列何者？ (A)營造業負責人 (B)土木包工業負責人 (C)工地主任 (D)專任工程人員。

營造業法第 32 條：
營造業之工地主任應負責辦理下列工作：
一、 依施工計畫書執行按圖施工。
二、 按日填報施工日誌。
三、 工地之人員、機具及材料等管理。
四、 工地勞工安全衛生事項之督導、公共環境與安全之維護及其他工地行政事務。
五、 工地遇緊急異常狀況之通報。
六、 其他依法令規定應辦理之事項。
營造業承攬之工程，免依第 30 條規定置工地主任者，前項工作，應由專任工程人員或指定專人爲之。

192. (A) 環境亟需安寧之地區爲第幾類噪音管制區？ (A)第一類 (B)第二類 (C)第三類 (D)第四類。

噪音管制法管制區分類：
一、 第一類噪音管制區：環境亟需安寧之地區。
二、 第二類噪音管制區：供住宅使用爲主且需要安寧之地區。
三、 第三類噪音管制區：以住宅使用爲主，但混合商業或工業等使用，且需維護其住宅安寧之地區。
四、 第四類噪音管制區：供工業或交通使用爲主，且需防止噪音影響附近住宅安寧之地區。

193. (　D　) 下列何者非營造業法的立法宗旨？　(A)提高營造業技術水準　(B)確保營造工程品質　(C)增進公共福祉　(D)確保營造業利潤。

解析

爲提高營造業技術水準，確保營繕工程施工品質，促進營造業健全發展，增進公共福祉，特制定本法。

小李的公司承包一公共工程，因種種因素導致工程進度嚴重落後，依政府採購法規定，可能面臨下列相關問題。

194. (　A　) 採購法第 101 條第 1 項第 10 款所稱延誤履約期限情節重大者，機關得於招標文件載明其情形。其未載明者，依據細則之規定應爲以下何者？　(A)於巨額工程採購，指履約進度落後百分之十以上；於其他採購，指履約進度落後百分之二十以上，且日數達十日以上　(B)於巨額工程採購，指履約進度落後百分之二十以上；於其他工程採購，指履約進度落後百分之十以上，且日數達十日以上　(C)於工程採購，指履約進度落後百分之十以上；於其他採購，指履約進度落後百分之二十以上，且日數達十日以上　(D)於巨額採購，指履約進度落後百分之十以上；於其他採購，指履約進度落後百分之二十以上，且日數達十日以上。

依採購法施行細則第 111 條「本法第 101 條第 1 項第 10 款所稱延誤履約期限情節重大者，機關得於招標文件載明其情形」，請先查明合約是否已約定「延誤履約期限情節重大」之情形，若已載明者，應優先適用之；未載明者，則應依該細則第 111 條第 1 項後段「於巨額工程採購，指履約進度落後百分之十以上；於其他採購，指履約進度落後百分之二十以上，且日數達十日以上」之規定認定之。

195. (　B　) 工程主辦機關發現小李公司違反採購法第 101 條，應將事實及理由通知該公司，下列敘述何者正確？　(A)如廠商未提出異議，機關應通知主管機關執行刊登政府採購公報事宜　(B)如廠商未提出異議，機關應即將廠商名稱及相關情形刊登政府採購公報　(C)如廠商提出異議、申訴不予受理後提行政訴訟，機關應俟行政法院判決確定再行刊登公報　(D)公司接獲通知後應即委託訴訟代理人，逕向行政法院提出訴訟。

政府採購法第 102 條：

廠商對於機關依前條所為之通知，認為違反本法或不實者，得於接獲通知之次日起二十日內，以書面向該機關提出異議。

廠商對前項異議之處理結果不服，或機關逾收受異議之次日起十五日內不為處理者，無論該案件是否逾公告金額，得於收受異議處理結果或期限屆滿之次日起十五日內，以書面向該管採購申訴審議委員會申訴。

機關依前條通知廠商後，廠商未於規定期限內提出異議或申訴，或經提出申訴結果不予受理或審議結果指明不違反本法或並無不實者，機關應即將廠商名稱及相關情形刊登政府採購公報。

196. (　D　) 小李公司不會單純因為右列哪一項因素而被刊登政府採購公報？ (A)容許他人借用本人名義或證件參加投標　(B)擅自減省工料情節重大者　(C)查驗或驗收不合格，情節重大者　(D)投標時經減價三次，標價仍高於底價，差異甚大者。

機關辦理採購，發現廠商有下列情形之一，應將其事實、理由及依所定期間通知廠商，並附記如未提出異議者，將刊登政府採購公報：

一、 容許他人借用本人名義或證件參加投標者。

二、 借用或冒用他人名義或證件投標者。

三、 擅自減省工料，情節重大者。

四、 以虛偽不實之文件投標、訂約或履約，情節重大者。

五、 受停業處分期間仍參加投標者。

六、 犯第 87 條至第 92 條之罪，經第一審為有罪判決者。

七、 得標後無正當理由而不訂約者。

八、 查驗或驗收不合格，情節重大者。

九、 驗收後不履行保固責任，情節重大者。

十、 因可歸責於廠商之事由，致延誤履約期限，情節重大者。

十一、 違反第 65 條規定轉包者。

十二、 因可歸責於廠商之事由，致解除或終止契約，情節重大者。

十三、 破產程序中之廠商。

十四、 歧視性別、原住民、身心障礙或弱勢團體人士，情節重大者。

十五、 對採購有關人員行求、期約或交付不正利益者。

廠商之履約連帶保證廠商經機關通知履行連帶保證責任者，適用前項規定。

AA 營造股份有限公司原爲乙等綜合營造業，目前資本額爲 1,500 萬元，各年度評鑑分別爲 99、101 年評列第一級、102 年爲第二級、100 年爲第三級。試問：

197. (A) AA 營造股份有限公司若規劃升級爲甲等綜合營造業，則 103 年評鑑應評列爲哪一級？ (A)第一級 (B)第二級 (C)第三級 (D)優良廠商。

解析

甲等綜合營造業必須由乙等綜合營造業有三年業績，五年內其承攬工程竣工累計達新臺幣三億元以上，並經評鑑三年列爲第一級者。

198. (C) AA 營造股份有限公司若規劃升級爲甲等綜合營造業，則資本額應至少增資？ (A)250 萬元 (B)500 萬元 (C)750 萬元 (D)無須增資。

甲等綜合營造業需在我國設立登記之分公司，其在中華民國境內營業所用資金金額應達新臺幣二千二百五十萬元以上，因此目前一千五百萬元尚需增資七百五十萬元。

[106-5-1]

199. (A) 依「建築法」第 69 條規定，建築物在施工中，臨接其他建築物施行挖土工程時，挖土深度在至少多少公尺以上者，其防護措施之設計圖樣及說明書，應於申請建造執照或雜項執照時一併送審？ (A)1.5 公尺 (B)2 公尺 (C)3 公尺 (D)15 公尺。

建築物在施工中，鄰接其他建築物施行挖土工程時，對該鄰接建築物應視需要作防護其傾斜或倒壞之措施。挖土深度在一公尺半以上者，其防護措施之設計圖樣及說明書，應於申請建造執照或雜項執照時一併送審。

200. (D) 下列何者是正確的基礎工程噪音管制方法？ (A)各管制區類別最高容許音量都一樣 (B)打樁機的噪音管制最高容許音量爲 120 分貝 (C)在法規允許值下可盡量施工，無須與附近居民妥協 (D)限制作業人員曝露於噪音環境之容許時間。

勞工工作場所因機械設備所發生之聲音超過九十分貝時，雇主應採取工程控制、減少勞工噪音暴露時間，使勞工噪音暴露工作日八小時日時量平均不超過職業安全衛生設施規則表列之規定值或相當之劑量值，且任何時間不得暴露於峰值超過一百四十分貝之衝擊性噪音或一百十五分貝之連續性噪音，以維護作業人員安全。

201. (B) 依「噪音管制法」規定，噪音係指發生之聲音超過管制標準而言。針對營建工程施工所發聲音超過噪音管制標準，經兩次告發的未達遵行者，可處營建工程負責人多少罰鍰？ (A)新臺幣一萬元 (B)新臺幣十萬元 (C)新台幣二十萬元 (D)新台幣一百萬元。

除處罰其實際從事行為之自然人外，並對該法人或非法人之負責人處以各該款之罰鍰。聲音超過噪音管制標準，經兩次告發的未達遵行者，可處營建工程負責人十萬元罰鍰。

[106-1-2]

202. (C) 工地主任接獲移送處分案件通知後，應於幾日內提出答辯書後附具書面意見，提送審議委員會審議？ (A)七日內 (B)十日內 (C)二十日內 (D)三十日內。

內政部、直轄市或縣(市)政府受理營造業撤銷或廢止登記、懲罰事項或專任工程人員及工地主任之處分案件，應先通知營造業、專任工程人員或工地主任於二十日內提出答辯書後附具書面意見，提經本會審議決定，並於三個月內就其處分事項製作決議書。

203. (D) 於施工前或施工中應檢視工程圖樣及施工說明書內容，如發現其內容在施工上顯有困難或有公共危險之虞時，下列何者應即時向營造業負責人報告？ (A)營造業負責人 (B)土木包工業負責人 (C)工地主任 (D)專任工程人員。

營造業法第37條：
營造業之專任工程人員於施工前或施工中應檢視工程圖樣及施工說明書內容，如發現其內容在施工上顯有困難或有公共危險之虞時，應即時向營造業負責人報告。
營造業負責人對前項事項應即告知定作人，並依定作人提出之改善計畫爲適當之處理。
定作人未於前項通知後及時提出改善計畫者，如因而造成危險或損害，營造業不負損害賠償責任。

204. (D) 依營造業法相關規定，乙等綜合營造業承攬造價限額爲多少？ (A)600萬元 (B)2,250萬元 (C)5,000萬元 (D)7,500萬元。

乙等綜合營造業承攬造價限額爲新臺幣九千萬元，其工程規模應符合下列各款規定：
一、 建築物高度三十六公尺以下。
二、 建築物地下室開挖九公尺以下。
三、 橋梁柱跨距二十五公尺以下。

205. (C) 下列何者是受聘於營造業擔任其所承攬工程之施工技術指導及施工安全的人員？ (A)技術士 (B)工地主任 (C)專任工程人員 (D)營造業負責人。

一、 專任工程人員：係指受聘於營造業之技師或建築師，擔任其所承攬工程之施工技術指導及施工安全之人員。其爲技師者，應稱主任技師；其爲建築師者，應稱主任建築師。
二、 工地主任：係指受聘於營造業，擔任其所承攬工程之工地事務及施工管理之人員。
三、 技術士：係指領有建築工程管理技術士證或其他土木、建築相關技術士證人員。

206. (A) 建築工程應由下列何者，於事前將擬送往之收容處理場所之地址及名稱報地方政府備查後，據以核發剩餘土石方流向證明文件？ (A)承造人或使用人 (B)監造人 (C)工地主任 (D)專任工程人員。

依營建剩餘土石方處理方案，建築工程應由承造人或使用人於工地實際產出剩餘土石方前，將擬送往之收容處理場所之地址及名稱報直轄市、縣(市)政府備查後，據以核發剩餘土石方流向證明文件。

207. (C) 依「建築技術規則」規定：耐燃材料係指耐燃合板、耐燃纖維板、耐燃塑膠板、石膏板及其他經中央主管建築機關認定符合下列哪一等級之材料？ (A)耐燃一級 (B)耐燃二級 (C)耐燃三級 (D)耐燃特級。

依據建築技術規則建築設計施工編第1條：

一、 不燃材料：混凝土、磚或空心磚、瓦、石料、鋼鐵、鋁、玻璃、玻璃纖維、礦棉、陶瓷品、砂漿、石灰及其他經中央主管建築機關認定符合耐燃一級之不因火熱引起燃燒、熔化、破裂變形及產生有害氣體之材料。

二、 耐火板：木絲水泥板、耐燃石膏板及其他經中央主管建築機關認定符合耐燃二級之材料。

三、 耐燃材料：耐燃合板、耐燃纖維板、耐燃塑膠板、石膏板及其他經中央主管建築機關認定符合耐燃三級之材料。

208. (C) 依「建築技術規則」規定：工程材料之堆積不得危害行人或工作人員及不得阻塞巷道，堆積在擋土設備之周圍或支撐上者，不得超過？ (A)土壤荷重 (B)計算土壓力 (C)設計荷重 (D)極限荷重。

建築技術規則第159條：

工程材料之堆積不得危害行人或工作人員及不得阻塞巷道，堆積在擋土設備之周圍或支撐上者，不得超過設計荷重。

市政府辦理 AA 高中教學大樓新建工程，委託 XX 建築師事務所規劃設計監造，建築工程契約金額 16,500 萬元由 YY 營造廠得標，機水電工程契約金額 5,500 萬元則由 ZZ 機電公司得標。試問：

209. (C) 市政府辦理建築工程招標作業時，應依據政府採購法將本工程列爲下列哪一類型採購？ (A)公告金額以下工程採購 (B)查核金額以下工程採購 (C)查核金額以上工程採購 (D)巨額工程採購。

一、 巨額採購(工程案二億元以上；財物案一億元以上；勞務案二千萬元以上)，係規範廠商特定資格，與瞭解、查核完成採購後使用期間之使用情形及效益之門檻金額。
二、 查核金額(工程、財物案爲五千萬元以上；勞務案一千萬元以上)，係上級機關執行事前、事中監督之門檻金額。查核金額以上之案件，辦理過程須受上級機關監督。
三、 公告金額(工程、財物及勞務案均爲一百萬元以上)，係機關將採購資訊公開、廠商申訴等之門檻金額。公告金額以上之案件，爲採購法所欲規範之主要範圍。機關辦理公告金額以上之採購，除依採購法第 20 條規定採選擇性招標及第 22 條採限制性招標辦理者外，應公開招標。

210. (B) 依據公共工程品質管理作業要點之相關規定，XX 建築師事務所應派駐具品管人員資格幾人，依據監造計畫執行監造作業？ (A)至少 1 人 (B)至少 2 人 (C)至少 3 人 (D)監造人員不必具有品管人員資格。

品質管理人員(以下簡稱品管人員)之資格、人數及其更換規定；每一標案最低品管人員人數規定如下：

一、 新臺幣二千萬元以上未達二億元之工程，至少一人。
二、 新臺幣二億元以上之工程，至少二人。

建築師事務所設計監造之金額爲 16,500 + 5,500 萬因此需要兩名品管人員。

211. (A) 依據公共工程品質管理作業要點之相關規定，ZZ 機電公司應派駐具品管人員資格幾人，執行品管作業？ (A)1 人 (B)2 人 (C)3 人 (D)不必派駐品管人員。

品質管理人員(以下簡稱品管人員)之資格、人數及其更換規定；每一標案最低品管人員人數規定如下：

一、 新臺幣二千萬元以上未達二億元之工程，至少一人。

二、 新臺幣二億元以上之工程，至少二人。

ZZ 機電公司承攬之金額為 5,500 萬因此需要一名品管人員。

212. (D) YY 營造廠應依契約規定提報品質計畫書，其內容不包括下列何者？
(A)材料及施工檢驗程序及自主檢查表 (B)品質管理標準及文件紀錄管理系統 (C)管理責任、施工要領、不合格品之管制、矯正與預防措施及內部品質稽核 (D)勞安會議議程。

品質計畫得視工程規模及性質，分整體品質計畫與分項品質計畫二種。整體品質計畫應依契約規定提報，分項品質計畫得於各分項工程施工前提報。未達新臺幣一千萬元之工程僅需提送整體品質計畫。整體品質計畫之內容，除機關及監造單位另有規定外，應包括：

一、 新臺幣五千萬元以上工程：計畫範圍、管理權責及分工、施工要領、品質管理標準、材料及施工檢驗程序、自主檢查表、不合格品之管制、矯正與預防措施、內部品質稽核及文件紀錄管理系統等。

二、 新臺幣一千萬元以上未達五千萬元之工程：計畫範圍、管理權責及分工、品質管理標準、材料及施工檢驗程序、自主檢查表及文件紀錄管理系統等。

三、 新臺幣一百萬元以上未達一千萬元之工程：管理權責及分工、材料及施工檢驗程序及自主檢查表等。

213. (C) ZZ 機電公司應依規定提報品質計畫書，其內容除品質管理標準、材料及施工檢驗程序、自主檢查表及文件紀錄管理系統等外，應增下列何者？
(A)施工要領 (B)不合格品之管制 (C)設備功能運轉檢測程序及標準 (D)矯正與預防措施及內部品質稽核。

工程具機電設備者，並應增訂設備功能運轉檢測程序及標準。分項品質計畫之內容，除機關及監造單位另有規定外，應包括施工要領、品質管理標準、材料及施工檢驗程序、自主檢查表等項目。品質計畫內容之製作綱要，由工程會另定之。

[105-9-2]

214. (　B　) 依「政府採購法」規定，受機關委託提供採購規劃、設計、審查、監造、專案管理或代辦採購廠商之人員，意圖爲私人不法之利益，對技術、工法、材料、設備或規格，爲違反法令之限制或審查，因而獲得利益者之處罰爲下列何者？　(A)可處一年以上十年以下有期徒刑　(B)可處一年以上七年以下有期徒刑　(C)可處一年以上五年以下有期徒刑　(D)可處一年以上三年以下有期徒刑。

政府採購法第 88 條：

受機關委託提供採購規劃、設計、審查、監造、專案管理或代辦採購廠商之人員，意圖爲私人不法之利益，對技術、工法、材料、設備或規格，爲違反法令之限制或審查，因而獲得利益者，處一年以上七年以下有期徒刑，得併科新臺幣三百萬元以下罰金。其意圖爲私人不法之利益，對廠商或分包廠商之資格爲違反法令之限制或審查，因而獲得利益者，亦同。前項之未遂犯罰之。

215. (　A　) 依「建築法」規定：於原建築物增加其面積或高度，但以過廊與原建築物連接者，應視爲：　(A)新建　(B)增建　(C)修建　(D)改建。

建築法所稱建造，係指下列行爲：

一、 新建：爲新建造之建築物或將原建築物全部拆除而重行建築者。

二、 增建：於原建築物增加其面積或高度者。但以過廊與原建築物連接者，應視爲新建。

三、 改建：將建築物之一部分拆除，於原建築基地範圍內改造，而不增高或擴大面積者。

四、 修建：建築物之基礎、梁柱、承重牆壁、樓地板、屋架及屋頂，其中任何一種有過半之修理或變更者。

216. (A) 依據水污染防治措施及檢測申報管理辦法相關規定，營建工地應於開挖面或堆置場所，舖設足以防止雨水進入之遮雨、擋雨、導雨設施及下列何種設施？ (A)沉砂池 (B)防洪池 (C)消防池 (D)生態水池。

水污染防治措施及檢測申報管理辦法第9條：

採礦業、土石採取業、土石加工業、水泥業、土石方堆(棄)置場及營建工地，應於開挖面或堆置場所，舖設足以防止雨水進入之遮雨、擋雨及導雨設施。但遮雨、擋雨設施設置有困難，並經主管機關同意者，不在此限。

前項之水泥業指將水泥、混凝土粒料及摻料，以水充分拌合後供運至工地澆鑄用者。第一項事業應設置沉砂池，收集及處理初期降雨及洗車平台產生之廢水。

217. (C) 下列何者<u>不屬於</u>政府採購法所稱之採購？ (A)工程之定作 (B)財物之買受、定製 (C)財物之變賣、出租 (D)勞務之委任、僱傭。

解析

政府採購法所稱採購，指工程之定作、財物之買受、定製、承租及勞務之委任或僱傭等。

218. (B) 依據營建工程空氣污染防制設施管理辦法相關規定，營建工程臨接道路寬度八公尺以下之道路、隧道、管線或橋梁工程，得設置連接何種設備？ (A)警示帶 (B)簡易圍籬 (C)半阻隔式圍籬 (D)全阻隔式圍籬。

營建業主於營建工程進行期間，應於營建工地周界設置定著地面之全阻隔式圍籬及防溢座。屬第一級營建工程者，其圍籬高度不得低於二點四公尺；屬第二級營建工程者，其圍籬高度不得低於一點八公尺。但其圍籬座落於道路轉角或轉彎處十公尺以內者，得設置半阻隔式圍籬。

前項營建工程臨接道路寬度八公尺以下或其施工工期未滿三個月之道路、隧道、管線或橋梁工程，得設置連接之簡易圍籬。

前二項營建工程之周界臨接山坡地、河川、湖泊等天然屏障或其他具有與圍籬相同效果者，得免設置圍籬。

219. (C) 下列何者之工程規模，依營造業法相關規定應置工地主任？ (A)建築物高度 30 公尺 (B)橋梁柱跨距 20 公尺 (C)建築物地下室開挖 12 公尺 (D)箱涵深度 5 公尺。

營造業法施行細則第 18 條：

本法第 30 條所定應置工地主任之工程金額或規模如下：

一、 承攬金額新臺幣五千萬元以上之工程。

二、 建築物高度三十六公尺以上之工程。

三、 建築物地下室開挖十公尺以上之工程。

四、 橋梁柱跨距二十五公尺以上之工程。

220. (D) 營造業工地主任依營造業法相關規定，執業證自廢止之日起幾年內，<u>不得</u>重新申請執業證？ (A)1 年 (B)2 年 (C)3 年 (D)5 年。

營造業工地主任經依前項規定受警告處分三次者，予以三個月以上一年以下停止執行營造業工地主任業務之處分；受停止執行營造業工地主任業務處分期間累計滿三年者，廢止其工地主任執業證。

前項工地主任執業證自廢止之日起五年內，其工地主任不得重新申請執業證。

221. (D) 離島地區綜合營造業或專業營造業承攬當地工程未達一定金額者，得委託建築師或技師逐案按各類科技師之執業範圍核實執行綜理施工管理，並簽章負責專任工程人員依法應辦理工作。所謂一定金額是指下列何者？ (A)新臺幣二仟五佰萬元以上 (B)新臺幣五仟萬元以上 (C)新臺幣七仟五佰萬元以上 (D)新臺幣一億元以上。

離島地區營造業人員設置及管理辦法：

第4條 離島地區綜合營造業或專業營造業承攬當地工程者，依下列規定辦理：

一、 未達一定金額或一定規模者，得委託建築師或技師逐案按各類科技師之執業範圍核實執行綜理施工管理，並簽章負責專任工程人員依本法應辦理之工作。

二、 達一定金額或一定規模者，其人員之設置、監督及管理，依本法規定辦理。

前項第一款受委託之建築師或技師不得設立事務所或受聘於工程技術顧問公司，且技師應加入公會後，始得爲之；並應於每次受理委託簽章後，逐案向工程所在地之縣主管機關報備登錄。

第5條 前條所定一定金額或一定規模，指下列規定之一：

一、 工程金額在新臺幣一億元以上者。

二、 建築物高度在三十六公尺以上者。

三、 建築物地下室開挖深度在十公尺以上者。

四、 橋梁柱跨距在二十五公尺以上者。

222. (B) 依「營造安全衛生設施標準」規定，以潛盾工法施工之隧道、坑道開挖作業，爲防止地下水、土砂自鏡面開口處與潛盾機殼間滲湧，應於出發及到達下列何處時，須採取防止地下水、土砂滲湧等必要工程設施？ (A)觀測井 (B)工作井 (C)集水井 (D)人孔。

營造安全衛生設施標準第101-1條：

雇主對於以潛盾工法施工之隧道、坑道開挖作業，爲防止地下水、土砂自鏡面開口處與潛盾機殼間滲湧，應於出發及到達工作井處採取防止地下水、土砂滲湧等必要工程設施。

223. (　D　) 依「危險性工作場所審查暨檢查辦法」規定，地下室為四層樓以上，且開挖面積達五百平方公尺之工程，屬於哪一類危險性工作場所？　(A)甲類　(B)乙類　(C)丙類　(D)丁類。

丁類危險性工作場所，係指下列之營造工程：

一、　建築物高度在八十公尺以上之建築工程。

二、　單跨橋梁之橋墩跨距在七十五公尺以上或多跨橋梁之橋墩跨距在五十公尺以上之橋梁工程。

三、　採用壓氣施工作業之工程。

四、　長度一千公尺以上或需開挖十五公尺以上豎坑之隧道工程。

五、　開挖深度達十八公尺以上，且開挖面積達五百平方公尺之工程。

六、　工程中模板支撐高度七公尺以上、面積達三百三十平方公尺以上者。

224. (　C　) 依「建築法」規定，強制拆除之建築物均不予補償，其拆除費用由下列何者負擔？　(A)承造人　(B)監造人　(C)建築物所有人　(D)建築主管機關。

解析

建築法第 96 條之一第一項規定：「依本法規定強制拆除之建築物均不予補償，其拆除費用由建築物所有人負擔。」

225. (　B　) 建築法第 66 條明定：幾層以上建築物施工時，應設置防止物體墜落之適當圍籬？　(A)三層以上　(B)五層以上　(C)七層以上　(D)十層以上。

解析

二層以上建築物施工時，其施工部分距離道路境界線或基地境界線不足二公尺半者，或五層以上建築物施工時，應設置防止物體墜落之適當圍籬。

226. (　C　) 依建築技術規則相關規定，走道及階梯坡度應為三十度以下，其為十五度以上者應加釘間距小於三十公分之：　(A)腳踏板　(B)腳趾板　(C)止滑板條　(D)欄柵板。

走道及階梯之架設應依下列規定：

一、 坡度應爲三十度以下，其爲十五度以上者應加釘間距小於三十公分之止滑板條，並應裝設適當高度之扶手。

二、 高度在八公尺以上之階梯，應每七公尺以下設置平台一處。

三、 走道木板之寬度不得小於三十公分，其兼爲運送物料者，不得小於六十公分。

227. (D) 依據營造署定頒「結構混凝土施工規範」規定，淨跨距爲 7 m 之小梁底模(活載重≦靜載重)最少拆模時間應爲？ (A)7 天 (B)10 天 (C)14 天 (D)21 天。

結構混凝土施工規範規定最少拆模時間如下表：

構件名稱	最少拆模時間	
柱、牆、及梁之不做支撐側模	12 小時	
雙向柵版不影響支撐之盤模 77 cm 以下 大於 75 cm	3 天 4 天	
	活載重不大於靜載重	活載重大於靜載重
單向版 淨跨距小於 3 m 淨跨距 3 m 至 6 m 淨跨距大於 6 m	4 天 7 天 10 天	3 天 4 天 7 天
拱模	14 天	7 天
柵肋梁、小梁及大梁底模 淨跨距小於 3 m 淨跨距 3 m 至 6 m 淨跨距大於 6 m	7 天 14 天 21 天	4 天 7 天 14 天
雙向版	依據第 4.8 節之規定	
後拉預力版系統	全部預力施加完成後	

AA 營造有限公司承攬公路總局主辦之跨河道路橋梁工程，該工程橋梁主跨爲預力箱型梁橋、橋墩中心間距 40 公尺，橋面寬 20 公尺，橋墩柱高度爲 8～14.5 公尺，行水區之橋基採圍堰沉箱工法。試問：

228. (　C　) 依「營造安全衛生設施標準」，鄰近水道、河川等水域場所作業，致勞工有落水之虞者，應採取安全措施。下列敘述何者正確？　(A)使勞工著用防護衣　(B)於作業場所或其附近設置消防設備　(C)備置足敷使用之動力救生艇　(D)設置夜間防盜警報系統。

雇主使勞工鄰近溝渠、水道、埤池、水庫、河川、湖潭、港灣、堤堰、海岸或其他水域場所作業，致勞工有落水之虞者，應依下列規定辦理：

一、　設置防止勞工落水之設施或使勞工著用救生衣。

二、　於作業場所或其附近設置下列救生設備。但水深、水流及水域範圍等甚小，備置船筏有困難，且使勞工著用救生衣、提供易於攀握之救生索、救生圈或救生浮具等足以防止溺水者，不在此限：

(一)　依水域危險性及勞工人數，備置足敷使用之動力救生船、救生艇、輕艇或救生筏；每艘船筏應配備長度十五公尺，直徑九點五毫米之聚丙烯纖維繩索，且其上掛繫與最大可救援人數相同數量之救生圈、船鉤及救生衣。

(二)　有湍流、潮流之情況，應預先架設延伸過水面且位於作業場所上方之繩索，其上掛繫可支持拉住落水者之救生圈。

(三)　可通知相關人員參與救援行動之警報系統或電訊連絡設備。

229. (　A　) 依「營造安全衛生設施標準」，對於高度二公尺以上之工作場所，勞工作業有墜落之虞者，應依規定訂定下列何種計畫？　(A)墜落災害防止計畫　(B)作業場所安全應變計畫　(C)墜落安全訓練計畫　(D)墜落危險因子分析計畫。

雇主對於高度二公尺以上之工作場所，勞工作業有墜落之虞者，應訂定墜落災害防止計畫，依下列風險控制之先後順序規劃，並採取適當墜落災害防止設施：

一、 經由設計或工法之選擇，儘量使勞工於地面完成作業，減少高處作業項目。

二、 經由施工程序之變更，優先施作永久構造物之上下設備或防墜設施。

三、 設置護欄、護蓋。

四、 張掛安全網。

五、 使勞工佩掛安全帶。

六、 設置警示線系統。

七、 限制作業人員進入管制區。

八、 對於因開放邊線、組模作業、收尾作業等及採取第一款至第五款規定之設施致增加其作業危險者，應訂定保護計畫並實施。

230. (D) 依「營造安全衛生設施標準」，高度二公尺以上之橋梁墩柱及橋梁上部結構、橋台等場所作業，勞工有遭受墜落危險之虞者，應於該處設置護欄、護蓋或安全網等防護設備。以鋼管構成者，其上欄杆、中間欄杆及杆柱之直徑均不得小於 3.8 公分，杆柱相鄰間距不得超過： (A)90 公分 (B)1.5 公尺 (C)1.8 公尺 (D)2.5 公尺。

以鋼管構成者，其上欄杆、中間欄杆及杆柱之直徑均不得小於三點八公分，杆柱相鄰間距不得超過二點五公尺。

231. (C) 依「營造安全衛生設施標準」，爲維持施工架及施工構臺之穩定，下列作法何者正確： (A)應與混凝土模板支撐相連接 (B)以水平材作適當而充分之支撐 (C)基礎地面應平整且夯實緊密 (D)與構造物妥實連接，垂直間隔不超過 7.5 公尺。

施工架及施工構臺之基礎地面應平整，且夯實緊密，並襯以適當材質之墊材，以防止滑動或不均勻沈陷。

[105-9-1]

232. (C) 承包商勞工安全衛生管理應依據下列何項法規訂定「墜落災害防止計畫」？
(A)「勞工安全衛生法」 (B)「勞工安全衛生組織管理及自動檢查辦法」
(C)「營造安全衛生設施標準」 (D)「勞工安全衛生設施規則」。

依據營造安全衛生設施標準，雇主對於高度二公尺以上之工作場所，勞工作業有墜落之虞者，應訂定墜落災害防止計畫，依風險控制之先後順序規劃，並採取適當墜落災害防止設施。

233. (D) 「政府採購法」第70條，將「公共工程施工品質制度」第三層級修改爲「施工品質查核機制」，此架構層級是屬於下列何者之職權？ (A)承包商 (B)監造廠商 (C)主辦工程單位 (D)工程主管機關。

爲確認工程品質管理工作執行之成效，主管機關採行工程施工品質查核，以客觀超然的方式，評定工程品質優劣等級。督導結果可供作爲主辦工程單位考評之依據，並可作爲改進承包商品管作業及評選優良廠商之參考，藉以督促監造單位落實品質保證及承包商落實品質管理，達成提升工程品質的目標。

興建智慧建築爲未來建築工程之趨勢，試問：

234. (C) 有關智慧建築符合度評估之方式，訂定有幾大指標？ (A)六大指標 (B)七大指標 (C)八大指標 (D)九大指標。

解析

內政部對於「智慧建築」符合度評估之方式訂定有八大指標。包含 1.綜合佈線指標、2.資訊通信指標、3.系統整合指標、4.設施管理指標、5.安全防災指標、6.節能管理指標、7.健康舒適指標、8.智慧創新指標。

235. (B) 有關智慧建築符合度評估之貼心便利指標共有幾大項目？ (A)二項指標 (B)三項指標 (C)四項指標 (D)五項指標。

貼心便利指標主要區分爲『空間輔助系統』、『資訊服務系統』、『生活服務系統』三項指標項目，「空間輔助系統」係指能提供使用者在空間中迅速搜尋公共資訊，且能安全便利無障礙的抵達地點，包含了公共空間資訊顯示、各種通用且無障礙的輔助系統、語音提示服務和導覽服務。「資訊服務系統」則是提供使用者即時的訊息服務，能快速了解食衣住行娛樂相關訊息，並透過環境和能源的顯示了解空間環境和能源使用狀態，此指標的評估項目包括即時訊息服務、線上購物系統、食衣住行等各項生活資訊服務、環境資訊和能源資訊的顯示以及儲物管理系統等。「生活服務系統」則是指生活中貼心的服務系統，如訪客的接待和信件的收發、管家服務、娛樂服務以及創造各種情境環境的紓壓服務。本指標之擬訂乃爲提升使用者之生活品質，鼓勵「人性化」之空間規劃設計，創造「便利」的貼心服務，以期塑造出優質的智慧化居住空間。

236. (B) 建築物之空調監控、電力監控爲智慧建築之下列何種評估指標？ (A)綜合佈線指標 (B)系統整合指標 (C)設施管理指標 (D)健康舒適指標。

各種應用建構在建築物上的自動化服務系統種類繁多複雜，如空調監控系統、電力監控系統、照明監控系統、門禁控制、對講系統、消防警報系統、安全警報系統、停車場管理系統等等，「系統整合指標」目的是做爲評定在建築物內各項自動化服務系統在系統整合上之作爲、成效與效益，也能藉此讓建築業主與管理者可以了解，對於建築物各項智慧化系統在規劃導入之時，在系統整合上應考量與注意的重點與方向，期能達到提高整體管理的效率與綜合服務的能力。

[105-5-1]

237. (B) 依「營造安全衛生設施標準」規定，單排式施工架上設有工作台者，至少應敷設多少寬度以上的工作台？ (A)30 cm (B)40 cm (C)60 cm (D)100 cm。

工作臺寬度應在四十公分以上並舖滿密接之踏板，其支撐點應有二處以上，並應綁結固定，使其無脱落或位移之虞，踏板間縫隙不得大於三公分。

238. (　C　) 依「營造安全衛生設施標準」規定，以型鋼之組合鋼柱爲橋梁模板支撐之支柱時，若高度超過 4 公尺時，應至少每隔幾公尺以內向二方向設置足夠強度之水平繫條？　(A)2 公尺　(B)3 公尺　(C)4 公尺　(D)5 公尺。

雇主以型鋼之組合鋼柱爲模板支撐之支柱時，應依下列規定辦理：

一、　支柱高度超過四公尺者，應每隔四公尺內設置足夠強度之縱向、橫向之水平繫條，並與牆、柱、橋墩等構造物或穩固之牆模、柱模等妥實連結，以防止支柱移位。

二、　上端支以梁或軌枕等貫材時，應置鋼製頂板或托架，並將貫材固定其上。

239. (　A　) 依據「營造安全衛生設施標準」規定，除特殊地質與專業人員計算外，開挖深度超過多少公尺以上應設置擋土支撐？　(A)1.5 公尺　(B)2.0 公尺　(C)2.5 公尺　(D)3.0 公尺。

雇主僱用勞工從事露天開挖作業，其垂直開挖最大深度應妥爲設計，如其深度在一點五公尺以上者，應設擋土支撐。但地質特殊或採取替代方法，經具有地質、土木等專長人員簽認其安全性者，不在此限。

雇主對前項擋土支撐，應繪製施工圖說，並指派或委請前項專業人員簽章確認其安全性後按圖施作之。

240. (　C　) 圍堰施工重點需向下列何單位申請許可方能於河川中施工？　(A)工程設計單位　(B)交通主管單位　(C)水利主管單位　(D)工程監造單位。

惟圍堰工法須經地方水利主管機關同意，堤防及排水工程之設計也應先報請水利主管機關審核同意後才施工。

241. (　C　) 下列何者非爲綠建材之優點？　(A)生態材料　(B)可回收性　(C)高耗能性　(D)健康安全。

其認證類別可歸納爲健康、生態、再生、高性能等四大方向。
一、 健康綠建材。
二、 生態綠建材。
三、 再生綠建材。
四、 高性能綠建材。

[105-5-2]

242. (C) 土木包工業負責人應具有幾年土木建築工程施工經驗，並具服務證明書與經歷證明書等證明文件？ (A)1 年以上 (B)2 年以上 (C)3 年以上 (D)沒有限制。

一、 土木包工業負責人應具有三年以上土木建築工程施工經驗。
二、 土木包工業需資本額 100 萬元以上。(以公司存款餘額證明)
三、 營業地址房屋需有使用執照影本或合法房屋證明文件及分區使用證明影本。

243. (C) 依營造業法相關規定，負責工地勞工安全衛生事項之督導、公共環境與安全之維護及其他工地行政事務的是下列何者？ (A)營造業負責人 (B)土木包工業負責人 (C)工地主任 (D)專任工程人員。

營造業法第 32 條：
營造業之工地主任應負責辦理下列工作：
一、依施工計畫書執行按圖施工。
二、按日填報施工日誌。
三、工地之人員、機具及材料等管理。
四、工地勞工安全衛生事項之督導、公共環境與安全之維護及其他工地行政事務。
五、工地遇緊急異常狀況之通報。
六、其他依法令規定應辦理之事項。
營造業承攬之工程，免依第 30 條規定置工地主任者，前項工作，應由專任工程人員或指定專人爲之。

244. (A) 營造業升等業績之採計，以承攬工程手冊工程記載之下列何者爲準？ (A)完工總價 (B)契約金額 (C)工程預算 (D)估驗金額。

解析

營造業升等業績之採計，以承攬工程手冊工程記載之完工總價爲準；其工程完工總價，依下列規定填寫：

一、 承攬政府機關、公立學校、公營事業機構之營繕工程，依完工驗收證明書驗收結算總價填寫。

二、 承辦私人營繕工程，其工程造價以定作人(起造人)及承造人共同具名之完工結算金額認定，不得超過使用執照上所記載工程造價之三倍，並應檢附已完工結算金額相符之各期統一發票、定作人(起造人)及承造人共同具結之工程施工期間無變更承造人切結書、使用執照影本及工程契約等文件。

三、 未申請雜項執照之私人土木工程，得以請款統一發票合計之。

完工總價除前項規定金額外，並得包括定作人(起造人)供應材料之金額，由定作人(起造人)出具證明合計之。

245. (A) 營造業於工程竣工後，應檢同工程契約、竣工證件及承攬工程手冊，送交哪裡之直轄市或縣(市)主管機關註記？ (A)工程所在地 (B)戶籍所在地 (C)登記所在地 (D)公司所在地。

解析

營造業於承攬工程開工時，應將該工程登載於承攬工程手冊，由定作人簽章證明，並依契約造價填載承攬金額；工程竣工後，應檢同工程契約、竣工證件及承攬工程手冊，送交工程所在地之直轄市或縣(市)主管機關註記後發還之。

246. (C) 政府採購法第 70 條規定：中央及直轄市、縣(市)政府應成立下列何種組織，定期查核所屬(轄)機關工程品質及進度等事宜？ (A)營造業審議委員會 (B)工程爭議處理小組 (C)工程施工查核小組 (D)採購申訴審議委員會。

機關辦理工程採購，應明訂廠商執行品質管理、環境保護、施工安全衛生之責任，並對重點項目訂定檢查程序及檢驗標準。

機關於廠商履約過程，得辦理分段查驗，其結果並得供驗收之用。

中央及直轄市、縣(市)政府應成立工程施工查核小組，定期查核所屬(轄)機關工程品質及進度等事宜。

247. (B) 依政府採購法相關規定，將原契約中應自行履行之全部或其主要部分，由其他廠商代爲履行者，是下列何者稱謂？ (A)分包 (B)轉包 (C)統包 (D)聯合承攬。

得標廠商應自行履行工程、勞務契約，不得轉包。

前項所稱轉包，指將原契約中應自行履行之全部或其主要部分，由其他廠商代爲履行。

248. (A) 依據營造署定頒「結構混凝土施工規範」規定，繫筋或閉合箍筋相鄰各肢之中心距不得大於多少公分？ (A)35 cm (B)30 cm (C)20 cm (D)15 cm。

矩形或圓形橫箍筋受壓構材最少需四根縱向鋼筋；螺箍筋受壓構材最少需六根縱向鋼筋；多螺箍筋受壓構材最少需八根縱向鋼筋，以四邊均勻配置或四角落均勻配置爲原則，並配置適當之輔助縱向鋼筋，以滿足相鄰縱向鋼筋之中心距不超過 35 cm，且該輔助縱向鋼筋直徑不得小於 D19；其他形狀之受壓構材每一頂點或角落最少需一根縱向鋼筋，並需配以適當之橫向鋼筋，如三角形柱需配置至少三根縱向鋼筋，每一縱向鋼筋置於三角橫箍之一個頂點。

AA 營造有限公司承攬一幢樓高 88 公尺、地上 26 層地下 4 層、基地面積 3,000 平方公尺的鋼骨混凝土建築工程。試問：

249. (　C　) 依「建築技術規則」規定，下列敘述何者正確？　(A)應於基地內設置專用出入口緩衝空間，寬度不得大於六公尺　(B)應於每一層樓設置緊急進口　(C)避雷設備應考慮雷電側擊對應措施　(D)應在相同平面位置設置二座以上之特別安全梯。

一、 第 232 條：高層建築物應於基地內設置專用出入口緩衝空間，供人員出入、上下車輛及裝卸貨物，緩衝空間寬度不得小於六公尺，長度不得小於十二公尺，其設有頂蓋者，頂蓋淨高度不得小於三公尺。

二、 第 108 條：建築物在二層以上，第十層以下之各樓層，應設置緊急進口。

三、 第 253 條：高層建築物之避雷設備應考慮雷電側擊對應措施。

四、 第 241 條：高層建築物應設置二座以上之特別安全梯並應符合二方向避難原則。特別安全梯應在不同平面位置，其排煙室並不得共用。

250. (　B　) 建築物之配管立管應考慮層間變位，一般配管之容許層間變位爲二百分之一，消防、瓦斯等配管則爲：　(A)1 / 50　(B)1 / 100　(C)1 / 150　(D)1 / 200。

第 245 條：高層建築物之配管立管應考慮層間變位，一般配管之容許層間變位爲二百分之一，消防、瓦斯等配管爲百分之一。

251. (　D　) 依「營造安全衛生設施標準」規定，於鋼構吊運、組配作業時，下列敘述何者正確？　(A)作業人員在其旋轉區內時，應以穩定索繫於構架中央，使之穩定　(B)吊運之鋼材，應立即卸離吊掛用具　(C)安放鋼構時，應由下方及交叉方向安全支撐　(D)中空格柵構件於鋼構未熔接或鉚接牢固前，不得置於該鋼構上。

雇主對於鋼構吊運、組配作業，應依下列規定辦理：

一、 吊運長度超過六公尺之構架時，應在適當距離之二端以拉索捆紮拉緊，保持平穩防止擺動，作業人員在其旋轉區內時，應以穩定索繫於構架尾端，使之穩定。

二、 吊運之鋼材，應於卸放前，檢視其確實捆妥或繫固於安定之位置，再卸離吊掛用具。

三、 安放鋼構時，應由側方及交叉方向安全支撐。

四、 設置鋼構時，其各部尺寸、位置均須測定，且妥爲校正，並用臨時支撐或螺栓等使其充分固定，再行熔接或鉚接。

五、 鋼梁於最後安裝吊索鬆放前，鋼梁二端腹鈑之接頭處，應有二個以上之螺栓裝妥或採其他設施固定之。

六、 中空格柵構件於鋼構未熔接或鉚接牢固前，不得置於該鋼構上。

七、 鋼構組配進行中，柱子尚未於二個以上之方向與其他構架組配牢固前，應使用格柵當場栓接，或採其他設施，以抵抗橫向力，維持構架之穩定。

八、 使用十二公尺以上長跨度格柵梁或桁架時，於鬆放吊索前，應安裝臨時構件，以維持橫向之穩定。

九、 使用起重機吊掛構件從事組配作業，其未使用自動脫裝置者，應設置施工架等設施，供作業人員安全上下及協助鬆脫吊具。

252. (A) 依據環境影響評估相關法令規定，本幢建築若爲下列何者用途時，不需要實施環境影響評估？ (A)住宅大樓 (B)辦公大樓 (C)商業大樓 (D)綜合性大樓。

「開發行爲應實施環境影響評估細目及範圍認定標準」第 26 條規定，高樓建築有下列情形之一者，應實施環境影響評估：

一、 住宅大樓，其樓層三十層以上或高度一百公尺以上者。

二、 辦公、商業或綜合性大樓，其樓層二十層以上或高度七十公尺以上者。

[105-1-1]

253. (B) 下列何者爲危險性工作場「丁類」之營造工程？ (A)橋墩邊緣與橋墩邊緣之距離在五十公尺以上之橋梁工程 (B)長度一千公尺以上之隧道工程 (C)建築物總高度(含電梯房)在五十公尺以上之建築工程 (D)採用常壓施工作業之工程。

丁類危險性工作場所，係指下列之營造工程：

一、　建築物高度在八十公尺以上之建築工程。

二、　單跨橋梁之橋墩跨距在七十五公尺以上或多跨橋梁之橋墩跨距在五十公尺以上之橋梁工程。

三、　採用壓氣施工作業之工程。

四、　長度一千公尺以上或需開挖十五公尺以上豎坑之隧道工程。

五、　開挖深度達十八公尺以上，且開挖面積達五百平方公尺之工程。

六、　工程中模板支撐高度七公尺以上、面積達三百三十平方公尺以上者。

在節能減碳的風潮下，綠建築物爲未來建築之趨勢，試問：

254. (　A　) 下列何者不是國際間對於綠建材的認定特性？　(A)經濟性　(B)再使用性　(C)再循環性　(D)廢棄物減量性。

目前國際間對於綠建材的概念，可大致歸納爲以下幾種特性：再使用(Reuse)、再循環(Recycle)、廢棄物減量(Reduce)、低污染(Low-emission materials)。

255. (　C　) 使用自然材料與低揮發性有機物質建材，爲綠建材之何種優點？　(A)可回收性　(B)生態材料　(C)健康安全　(D)經濟實用。

基本上綠建材之優點如下：

一、　生態材料：減少化學合成材之生態負荷與能源消耗。

二、　可回收性：減少材料生產耗能與資源消耗。

三、　健康安全：使用自然材料與低揮發性有機物質建材，可減免化學合成材之危害。

256. (　C　) 內政部建築研究所頒訂「綠建築解說與評估手冊」，綠建築評定之指標有幾項？　(A)七項指標　(B)八項指標　(C)九項指標　(D)十項指標。

原本的評估系統有「綠化量」、「基地保水」、「水資源」、「日常節能」、「二氧化碳減量」、「廢棄物減量」、及「污水垃圾改善」等七項指標，而在2003年又修訂增加「生物多樣性」及「室內環境」兩項指標，便組成現今我們所謂的「綠建築九大評估指標系統(EEWH)」。

[105-1-2]

257. (C) 營造業工地主任經依營造業法相關規定受警告處分三次者，予以三個月以上一年以下停止執行營造業業務之處分；受停止執行營造業業務處分期間累計滿幾年者，廢止其工地主任執業證？ (A)1年 (B)2年 (C)3年 (D)5年。

營造業工地主任經依前項規定受警告處分三次者，予以三個月以上一年以下停止執行營造業工地主任業務之處分；受停止執行營造業工地主任業務處分期間累計滿三年者，廢止其工地主任執業證。

前項工地主任執業證自廢止之日起五年內，其工地主任不得重新申請執業證。

258. (C) 下列何者是受聘於營造業擔任其所承攬工程之施工技術指導及施工安全的人員？ (A)技術士 (B)工地主任 (C)專任工程人員 (D)營造業負責人。

一、 專任工程人員：係指受聘於營造業之技師或建築師，擔任其所承攬工程之施工技術指導及施工安全之人員。其爲技師者，應稱主任技師；其爲建築師者，應稱主任建築師。

二、 工地主任：係指受聘於營造業，擔任其所承攬工程之工地事務及施工管理之人員。

三、 技術士：係指領有建築工程管理技術士證或其他土木、建築相關技術士證人員。

259. (D) 依「勞務採購契約範本」之約定，委託規劃設計、監造或管理之契約明訂，廠商規劃設計錯誤、監造不實或管理不善，致機關遭受損害者，應負下列何種責任？ (A)限期改善責任 (B)保固責任 (C)逾期罰 (D)賠償責任。

有規劃設計錯誤、監造不實或管理不善，致機關遭受損害情事者，依採購法第 63 條及契約規定，追究其規劃設計錯誤、監造不實或管理不善之責任。得標廠商有將原契約中應自行履行之全部或其主要部分，由其他廠商代爲履行(轉包)之情事者，依採購法第66條，機關得解除契約、終止契約或沒收保證金，並得要求損害賠償；該轉包廠商與得標廠商對機關負連帶履行及賠償責任。

260. (B) 依工程會「採購契約要項」第 32 點載明：工程之個別項目實作數量較契約所定數量增減達至少下列何種比例，其逾該比例之部分，變更設計增減契約價金？ (A)百分之三以上 (B)百分之五以上 (C)百分之八以上 (D)百分之十以上。

工程之個別項目實作數量較契約所定數量增減達 5%以上時，其逾 5%之部分，依原契約單價以契約變更增減契約價金。未達 5%者，契約價金不予增減。

261. (C) 廠商對於機關依政府採購法第 101 條所爲之通知，認爲違反本法或不實者，得於接獲通知之次日起最遲幾日內，以書面向該機關提出異議？ (A)10 日內 (B)15 日內 (C)20 日內 (D)30 日內。

廠商對於機關依前條所爲之通知，認爲違反本法或不實者，得於接獲通知之次日起二十日內，以書面向該機關提出異議。

262. (A) 依「營造安全衛生設施標準」規定，以機械從事露天開挖作業，應事前決定開挖機械、搬運機械等之運行路線及此等機械進出土石裝卸場所之方法，並告知下列何人？ (A)勞工 (B)作業主管 (C)工地主任 (D)監造人員。

雇主使勞工以機械從事露天開挖作業，應依下列規定辦理：

一、 使用之機械有損壞地下電線、電纜、危險或有害物管線、水管等地下埋設物，而有危害勞工之虞者，應妥爲規劃該機械之施工方法。

二、 事前決定開挖機械、搬運機械等之運行路線及此等機械進出土石裝卸場所之方法，並告知勞工。

三、 於搬運機械作業或開挖作業時，應指派專人指揮，以防止機械翻覆或勞工自機械後側接近作業場所。

四、 嚴禁操作人員以外之勞工進入營建用機械之操作半徑範圍內。

五、 車輛機械應裝設倒車或旋轉警示燈及蜂鳴器，以警示周遭其他工作人員。

263. (C) 依建築技術規則之高層建築物係指高度在幾公尺以上之建築物？ (A)三十六公尺以上 (B)四十五公尺以上 (C)五十公尺以上 (D)六十公尺以上。

建築技術規則第 227 條：
本章所稱高層建築物，係指高度在五十公尺或樓層在十六層以上之建築物。

264. (B) 依「建築技術規則」規定，構架構造建築物之外牆，除承載本身重量及其所受之地震、風力外，不再承載或傳導其他載重之牆壁，是指下列何種稱謂？ (A)外牆 (B)帷幕牆 (C)分間牆 (D)承重牆。

一、 分間牆：分隔建築物內部空間之牆壁。

二、 分戶牆：分隔住宅單位與住宅單位或住戶與住戶或不同用途區劃間之牆壁。

三、 承重牆：承受本身重量及本身所受地震、風力外並承載及傳導其他外壓力及載重之牆壁。

四、 帷幕牆：構架構造建築物之外牆，除承載本身重量及其所受之地震、風力外，不再承載或傳導其他載重之牆壁。

265. (　A　) 設置於地下建築物或地下運輸系統與建築物地下層之連接處，且有專用直通樓梯以供緊急避難之獨立區劃空間，是指下列何種稱謂？　(A)緩衝區　(B)隔離區　(C)救難區　(D)轉運區。

緩衝區：設置於地下建築物或地下運輸系統與建築物地下層之連接處，具有專用直通樓梯以供緊急避難之獨立區劃空間。

[104-9-2]

266. (　C　) 營造業工地主任違反應負責辦理工作或未到場陪同勘驗、查驗或驗收並在現場說明者，按其情節輕重，予以警告或下列何者之停止執行營造業業務之處分？　(A)一個月以上一年以下　(B)二個月以上二年以下　(C)三個月以上一年以下　(D)三個月以上二年以下。

營造業之專任工程人員，應爲繼續性之從業人員，不得爲定期契約勞工，並不得兼任其他綜合營造業、專業營造業之業務或職務。營造業負責人知其專任工程人員有違反前項規定之情事者，應通知其專任工程人員限期就兼任工作、業務辦理辭任；屆期未辭任者，應予解任。上述規定情事，未通知其辭任、未予以解任或未使其在場者，予以該營造業三個月以上一年以下停業處分。

267. (　A　) 依營造業法相關規定，下列何者是土木包工業承攬造價限額？　(A)600 萬元　(B)2,250 萬元　(C)5,000 萬元　(D)7,500 萬元。

舊法規爲限額六百萬元。新法規已改爲土木包工業承攬小型綜合營繕工程造價限額爲新臺幣七百二十萬元，其承攬工程之橋梁柱跨距爲五公尺以下，建築物高度、建築物地下開挖深度及鋼筋混凝土擋土牆高度之規模範圍，由直轄市、縣(市)主管機關擬訂，報請中央主管機關核定。

268. (　B　) 綜合營造業承攬之營繕工程或專業工程項目，除與定作人約定需自行施工者外，得交由下列何者承攬？　(A)土木包工業　(B)專業營造業　(C)統包廠商　(D)聯合承攬廠商。

營造業法第 25 條第 1 項規定：「綜合營造業承攬之營繕工程或專業工程項目，除與定作人約定需自行施工者外，得交由專業營造業承攬，其轉交工程之施工責任，由原承攬之綜合營造業負責，受轉交之專業營造業並就轉交部分，負連帶責任。」

269. (C) 為保障分包廠商之權益，政府採購法規定，得標廠商與分包廠商所簽分包契約報備於採購機關，並經得標廠商就分包部分設定下列哪項權利予分包廠商： (A)履約保證 (B)保固保證 (C)權利質權 (D)先訴抗辯。

得標廠商得將採購分包予其他廠商。稱分包者，謂非轉包而將契約之部分由其他廠商代為履行。

分包契約報備於採購機關，並經得標廠商就分包部分設定權利質權予分包廠商者，民法第 513 條之抵押權及第 816 條因添附而生之請求權，及於得標廠商對於機關之價金或報酬請求權。前項情形，分包廠商就其分包部分，與得標廠商連帶負瑕疵擔保責任。

270. (B) 依「政府採購法」第 83 條規定：審議判斷，視同訴願決定。廠商不服者，可以依審議判斷之附記，採取下列何種措施： (A)申請仲裁 (B)行政訴訟 (C)民事訴訟 (D)刑事訴訟。

審議判斷，視同訴願決定。訴願決定書應附記，如不服決定，得於決定書送達之次日起二個月內向高等行政法院提起行政訴訟。人民因中央或地方機關之違法行政處分，認為損害其權利或法律上之利益，經依訴願法提起訴願而不服其決定，或提起訴願逾三個月不為決定，或延長訴願決定期間逾二個月不為決定者，得向高等行政法院提起撤銷訴訟分別為政府採購法第 83 條、訴願法第 90 條、行政訴訟法第 4 條第 1 項所明定。

271. (送分) 依「公共工程施工品質管理作業要點」規定，工地組織依規定設置之品管人員，應在下列何者的指揮之下，依廠商品質政策及目標貫徹執行？ (A)營造業負責人 (B)專任工程人員 (C)工地主任 (D)監造人員。

工地組織依規定設置之品管人員，應在工地主任指揮之下，依廠商品質政策及目標貫徹執行。惟廠商若對品管部門有其獨立運作系統規劃，則從其規定。

272. (C) 依空氣污染防制費收費辦法相關規定，營建工程施工規模的計算單位為：(A)平方公尺 (B)立方公尺 (C)平方公尺•月 (D)立方公尺•月。

依「營建工程空氣污染防制設施管理辦法」第 4 條第 2 項規定，營建工程類別及規模符合下列情形之一者，屬第一級營建工程：(一)建築工程：施工規模達 4,600(平方公尺•月)以上者。(二)道路、隧道工程：施工規模達 227,000(平方公尺•月)以上者。(三)管線工程：施工規模達 8,600(平方公尺•月)以上者。(四)橋梁工程：施工規模達 618,000(平方公尺•月)以上者。(五)區域開發工程：施工規模達 7,500,000(平方公尺•月)以上者。(六)其他營建工程：工程合約經費達新臺幣 180 萬元者。

273. (B) 建築法第 15 條明定：營造業應設置下列何者人員，負承攬工程之施工責任？ (A)工地主任 (B)專任工程人員 (C)營造業負責人 (D)技術士。

營造業應設置專任工程人員，負承攬工程之施工責任。營造業之管理規則，由內政部定之。

外國營造業設立，應經中央主管建築機關之許可，依公司法申請認許或依商業登記法辦理登記，並應依前項管理規則之規定領得營造業登記證書及承攬工程手冊，始得營業。

274. (B) 依建築技術規則相關規定：從事建築行為時，應於施工場所之周圍，利用鐵板木板等適當材料設置高度在幾公尺以上之圍籬？ (A)一點五公尺以上 (B)一點八公尺以上 (C)二點〇公尺以上 (D)二點五公尺以上。

建築技術規則建築設計施工編第 152 條：

凡從事本編第 150 條規定之建築行為時，應於施工場所之周圍，利用鐵板木板等適當材料設置高度在一點八公尺以上之圍籬或有同等效力之其他防護設施，但其周圍環境無礙於公共安全及觀瞻者不在此限。

275. (B) 爲取得綠建築候選證書及綠建築標章，給排水工程之設計與施工須配合其規定執行。綠建築各指標中與給排水工程相關之項目，爲水資源指標。下列何者是衛生設備之要求？ (A)具能源標章 (B)具省水標章 (C)符合國家標準 (D)具省電標章。

水資源指標與基準：本指標以每人每日平均用水量250公升爲一般住宿類建築用水量之標準。住宿類建築之指標以實際節水率必須低於0.8爲標準。另以省水器具採用節水率作爲其他類建築節水標準，且須高於採用節水率0.8爲標準，才符合獎勵水準。

AA營造有限公司參與國工局主辦之國道橋梁工程標案，該工程預算金額爲三億八仟六佰萬元整，橋梁主跨爲鋼拱橋、橋墩中心間距55公尺，橋面寬24公尺；總施工面積30,000平方公尺，預定工期爲20個月。請回答下面問題：

276. (C) 依據營造業法各類營造業承攬造價限額計算方式與工程規模範圍之相關規定：AA 營造有限公司必須符合下列何者條件，才具備承攬該工程之基本資格？ (A)資本額2,000萬元之乙等綜合營造業 (B)資本額3,000萬元之甲等綜合營造業 (C)資本額 4,000 萬元之甲等綜合營造業 (D)資本額3,000萬元之鋼構專業營造業。

丙等綜合營造業承攬造價限額爲新臺幣二千七百萬元，其工程規模範圍應符合下列各款規定：

一、 建築物高度二十一公尺以下。

二、 建築物地下室開挖六公尺以下。

三、 橋梁柱跨距十五公尺以下。

乙等綜合營造業承攬造價限額爲新臺幣九千萬元，其工程規模應符合下列各款規定：

一、 建築物高度三十六公尺以下。

二、 建築物地下室開挖九公尺以下。

三、 橋梁柱跨距二十五公尺以下。

甲等綜合營造業承攬造價限額爲其資本額之十倍，其工程規模不受限制。

277. (B) 若 AA 營造有限公司得標，則依營造業法於工地置工地主任之相關規定，應指派何人擔任該工程之工地主任？ (A)橋梁工程師 (B)具工地主任執業資格者 (C)工務經理 (D)專任工程人員。

工地主任應符合資格，並另經中央主管機關評定合格或取得中央勞工行政主管機關依技能檢定法令辦理之營造工程管理甲級技術士證，由中央主管機關核發工地主任執業證者，始得擔任。

278. (B) 若 AA 營造有限公司得標，則依公共工程施工品質管理作業要點之品管組織相關規定，應至少指派幾人擔任品質管理人員？ (A)一人 (B)二人 (C)三人 (D)四人。

機關辦理新臺幣二千萬元以上之工程，應於工程招標文件內依工程規模及性質，訂定下列事項。但性質特殊之工程，得報經工程會同意後不適用之：

一、 品質管理人員之資格、人數及其更換規定；每一標案最低品管人員人數規定如下：

(一) 新臺幣二千萬元以上未達巨額採購之工程，至少一人。

(二) 巨額採購之工程，至少二人。

二、 品管人員應專職，不得跨越其他標案，且施工時應在工地執行職務。

279. (B) 本工程屬於營建工程空氣污染防制設施管理辦法所規定之第幾級營建工程？ (A)第一級營建工程 (B)第二級營建工程 (C)第三級營建工程 (D)特殊級營建工程。

營建工程，分為第一級營建工程及第二級營建工程。
符合下列情形之一者，屬第一級營建工程：
一、 建築(房屋)工程：施工規模達四千六百平方公尺•月者。
二、 道路、隧道工程：施工規模達二十二萬七千平方公尺•月者。
三、 管線工程：施工規模達八千六百平方公尺•月者。
四、 橋梁工程：施工規模達六十一萬八千平方公尺•月者。
五、 區域開發工程：施工規模達七百五十萬平方公尺•月者。
六、 疏濬工程：外運土石體積(鬆方)達一萬立方公尺者。
七、 其他營建工程：工程合約經費達新臺幣一百八十萬元者。
前項施工規模指施工面積(平方公尺)與施工工期(月)之乘積，施工工期每月以三十日計算。
第二項以外之營建工程，屬第二級營建工程。

280. (D) 本工程屬於危險性工作場所審查暨檢查辦法所規定之哪一類危險性工作場所？ (A)甲類 (B)乙類 (C)丙類 (D)丁類。

丁類危險性工作場所，係指下列之營造工程：
一、 建築物高度在八十公尺以上之建築工程。
二、 單跨橋梁之橋墩跨距在七十五公尺以上或多跨橋梁之橋墩跨距在五十公尺以上之橋梁工程。
三、 採用壓氣施工作業之工程。
四、 長度一千公尺以上或需開挖十五公尺以上豎坑之隧道工程。
五、 開挖深度達十八公尺以上，且開挖面積達五百平方公尺之工程。
六、 工程中模板支撐高度七公尺以上、面積達三百三十平方公尺以上者。

[104-9-1]

281. (A) 依「建築法」規定，建築物在施工中，臨接其他建築物施行挖土工程時，挖土深度在至少多少公尺以上者，其防護措施之設計圖樣及說明書，應於申請建造執照或雜項執照時一併送審？ (A)1.5 公尺 (B)2 公尺 (C)3 公尺 (D)15 公尺。

建築法第 69 條：

建築物在施工中，鄰接其他建築物施行挖土工程時，對該鄰接建築物應視需要作防護其傾斜或倒壞之措施。挖土深度在一公尺半以上者，其防護措施之設計圖樣及說明書，應於申請建造執照或雜項執照時一併送審。

282. (　B　) 勞工安全衛生管理協議組織會長應由誰指定之工作場所負責人擔任？　(A)協議組織　(B)原事業單位　(C)勞動檢查單位　(D)監造單位。

解析

事業單位與承攬人、再承攬人分別僱用勞工共同作業時，爲防止職業災害，原事業單位應採取下列必要措施：

一、 設置協議組織，並指定工作場所負責人，擔任指揮、監督及協調之工作。

二、 工作之連繫與調整。

三、 工作場所之巡視。

四、 相關承攬事業間之安全衛生教育之指導及協助。

五、 其他爲防止職業災害之必要事項。

事業單位分別交付二個以上承攬人共同作業而未參與共同作業時，應指定承攬人之一負前項原事業單位之責任。

283. (送分) 事業單位工作場所發生下列何種職業災害，雇主應於 24 小時內報告檢查機構？　(A)施工架倒塌 3 位路人受傷　(B)作業勞工 1 人死亡　(C)發生火災波及隔壁廠房　(D)路人墜落開挖管溝死亡。

事業單位勞動場所發生下列職業災害之一者，雇主應於八小時內通報勞動檢查機構：

一、 發生死亡災害。

二、 發生災害之罹災人數在三人以上。

三、 發生災害之罹災人數在一人以上，且需住院治療。

四、 其他經中央主管機關指定公告之災害。

勞動檢查機構接獲前項報告後，應就工作場所發生死亡或重傷之災害派員檢查。

284. (B) 因廠商施工場所依設計圖說規定應有之安全衛生設施缺失，致發生重大職業災害，得依政府採購法第幾條停權？ (A)政府採購法第 100 條 (B)政府採購法第 101 條 (C)政府採購法第 102 條 (D)政府採購法第 103 條。

依據廠商未依工程採購契約規定設置安全衛生設施或設施不良致發生重大職業災害之停權處理原則，各部會及直轄市、縣(市)政府應督促所屬工程主辦機關，將下列文字納入契約文件：「因廠商施工場所依契約文件規定應有之安全衛生設施欠缺或不良，致發生重大職業災害，經勞動檢查機構依法通知停工並認定可歸責於廠商，並經工程主辦機關認定屬查驗不合格情節重大者，爲政府採購法第 101 條第一項第八款之情形之一」。

285. (A) 應注意，能注意，卻疏於注意致人於死亡，爲構成何種法律之罰責之要件？ (A)刑法第 276 條第 2 項 (B)勞工安全衛生法第 5 條第 1 項 (C)勞動基準法第 59 條第 1 項 (D)勞工安全衛生法第 31 條。

刑法第 276 條：因過失致人於死者，處五年以下有期徒刑、拘役或五十萬元以下罰金。

現今世界先進國家逐漸推動綠建築及智慧建築，台灣也逐步跟進，請回答下面問題：

286. (C) 下列何者<u>非</u>爲內政部建築研究所頒訂「綠建築解說與評估手冊」之綠建築評定指標？ (A)生物多樣性指標 (B)基地綠化指標 (C)綜合佈線指標 (D)室內環境指標。

台灣綠建築由最早的七大指標演變成九大指標，基地綠化指標；基地保水指標；水資源指標；日常節能指標；二氧化碳減量指標；廢棄物減量指標；污水垃圾改善指標；生物多樣性指標；室內環境指標。綜合佈線指標則屬於智慧建築評估系統。

287. (A) 下列何者<u>非</u>爲內政部頒訂「智慧建築解說與評估手冊」之貼心便利指標？ (A)健康照護管理系統 (B)生活服務系統 (C)空間輔助系統 (D)資訊服務系統。

貼心便利指標主要區分爲『空間輔助系統』、『資訊服務系統』、『生活服務系統』三項指標項目，「空間輔助系統」係指能提供使用者在空間中迅速搜尋公共資訊，且能安全便利無障礙的抵達地點，包含了公共空間資訊顯示、各種通用且無障礙的輔助系統、語音提示服務和導覽服務。「資訊服務系統」則是提供使用者即時的訊息服務，能快速了解食衣住行娛樂相關訊息，並透過環境和能源的顯示了解空間環境和能源使用狀態，此指標的評估項目包括即時訊息服務、線上購物系統、食衣住行等各項生活資訊服務、環境資訊和能源資訊的顯示以及儲物管理系統等。「生活服務系統」則是指生活中貼心的服務系統，如訪客的接待和信件的收發、管家服務、娛樂服務以及創造各種情境環境的紓壓服務。本指標之擬訂乃爲提升使用者之生活品質，鼓勵「人性化」之空間規劃設計，創造「便利」的貼心服務，以期塑造出優質的智慧化居住空間。

288. (B) 生態工程成功要件不包括下列何者？ (A)須從觀念及心態做起 (B)需做工程局部性的考量 (C)減少營建工程對生態之衝擊到最小程度 (D)因地制宜，就地取材。

「生態工法」並無既定的標準模式，其應用須因地制宜、就地取材，考量不同的地理、人文、生態條件，來進行工法的設計與施工，自然無法以同一套標準適用於各地。生態工法成功要件包括：

一、 須從觀念及心態做起。

二、 需做整體性的系統考量。

三、 對現有生態環境認知。

四、 減少營建工程對生態之衝擊到最小程度。

五、 研究可能造成安全問題之因子，從源點將因子去除。

六、 因地制宜，就地取材。

七、 不需做就不要做，並減少資源之消耗。

[104-5-1]

289. (C) 未達查核金額之公共工程品質，監造廠商設置專任品管人員之門檻起點爲多少元？ (A)100 萬元 (B)2,000 萬元 (C)5,000 萬元 (D)20,000 萬元。

舊法規爲 5,000 萬元，而近年爲提升未達查核金額之工程品質，並考量品管人力、經費、實施期程等因素，故將設置專任品管人員之門檻，由 5,000 萬元調降爲 2,000 萬元。

290. (B) 依「勞動基準法」規定，職業災害勞工工資補償責任，雇主得一次給付多少，免除工資補償責任？ (A)5 個月之平均工資 (B)40 個月之平均工資 (C)45 個月之平均工資 (D)60 個月之平均工資。

工資補償：勞工在醫療期間，如果無法工作，雇主應按照其原領工資的數額予以補償；不過，如果醫療期間屆滿二年仍未痊癒，經指定醫院診斷，審定勞工喪失原有工作能力，可是又不符合「勞工保險條例」的失能給付標準，雇主得一次給付 40 個月的平均工資後，免除此項工資補償責任。

現今世界先進國家逐漸推動綠建築及智慧建築，台灣也逐步跟進，試問：

291. (A) 下列何者非爲內政部建築研究所頒訂「綠建築解說與評估手冊」綠建築評定之指標？ (A)綜合佈線指標 (B)基地綠化指標 (C)生物多樣性指標 (D)室內環境指標。

台灣綠建築由最早的七大指標演變成九大指標，基地綠化指標；基地保水指標；水資源指標；日常節能指標；二氧化碳減量指標；廢棄物減量指標；污水垃圾改善指標；生物多樣性指標；室內環境指標。綜合佈線指標則屬於智慧建築評估系統。

292. (D) 下列何者非爲內政部頒訂「智慧建築解說與評估手冊」之貼心便利指標？ (A)資訊服務系統 (B)生活服務系統 (C)空間輔助系統 (D)健康照護管理系統。

貼心便利指標主要區分為『空間輔助系統』、『資訊服務系統』、『生活服務系統』三項指標項目，「空間輔助系統」係指能提供使用者在空間中迅速搜尋公共資訊，且能安全便利無障礙的抵達地點，包含了公共空間資訊顯示、各種通用且無障礙的輔助系統、語音提示服務和導覽服務。「資訊服務系統」則是提供使用者即時的訊息服務，能快速了解食衣住行娛樂相關訊息，並透過環境和能源的顯示了解空間環境和能源使用狀態，此指標的評估項目包括即時訊息服務、線上購物系統、食衣住行等各項生活資訊服務、環境資訊和能源資訊的顯示以及儲物管理系統等。「生活服務系統」則是指生活中貼心的服務系統，如訪客的接待和信件的收發、管家服務、娛樂服務以及創造各種情境環境的紓壓服務。本指標之擬訂乃為提升使用者之生活品質，鼓勵「人性化」之空間規劃設計，創造「便利」的貼心服務，以期塑造出優質的智慧化居住空間。

293. (B) 生態工程成功要件不包括下列何者？ (A)須從觀念及心態做起 (B)需做工程局部性的考量 (C)減少營建工程對生態之衝擊到最小程度 (D)因地制宜，就地取材。

「生態工法」並無既定的標準模式，其應用須因地制宜、就地取材，考量不同的地理、人文、生態條件，來進行工法的設計與施工，自然無法以同一套標準適用於各地。生態工法成功要件包括：

一、 須從觀念及心態做起。

二、 需做整體性的系統考量。

三、 對現有生態環境認知。

四、 減少營建工程對生態之衝擊到最小程度。

五、 研究可能造成安全問題之因子，從源點將因子去除。

六、 因地制宜，就地取材。

七、 不需做就不要做，並減少資源之消耗。

[104-5-2]

294. (D) 依「公共工程施工品質管理作業要點」規定，工作進行至下列何項非經監造單位檢驗或同意，不能進行後續工作？ (A)里程碑 (B)要徑 (C)自主檢查點 (D)檢驗停留點。

限止點(hold point，俗稱檢驗停留點)：工作進行中經監造單位指定的停留點，該點的工作非經監造單位檢驗或同意，不能進行後續工作。凡工作到達停留點前，應以書面方式告知業主檢驗日期、時間、地點，俾業主派員會同檢驗。

295. (B) 營造業承攬工程，應依其承攬造價限額及工程規模範圍辦理；一年所承攬之總額，不得超過下列何者？ (A)資本額的 20 倍 (B)淨值的 20 倍 (C)資本額的 10 倍 (D)淨值的 10 倍。

營造業法第 23 條：

營造業承攬工程，應依其承攬造價限額及工程規模範圍辦理；其一定期間註承攬總額，不得超過淨值 20 倍。

註：所定一定期間爲一年，即每年 6 月至隔年 5 月。

296. (D) 依營造業法相關規定，查驗工程時應到場說明，並於工程查驗文件簽名或蓋章的是下列何者？ (A)監造人 (B)營造業負責人 (C)工地主任 (D)專任工程人員。

營造業法第 41 條：

工程主管或主辦機關於勘驗、查驗或驗收工程時，營造業之專任工程人員及工地主任應在現場說明，並由專任工程人員於勘驗、查驗或驗收文件上簽名或蓋章。

297. (B) 乙等綜合營造業依營造業法相關規定申請辦理甲等綜合營造變更登記，於變更程序終結前，得由主管機關開立證明，應依哪一等級參與工程投標？ (A)甲等綜合營造業 (B)乙等綜合營造業 (C)丙等綜合營造業 (D)暫不能參與投標。

營造業法施行細則第 11 條：營造業依本法第 16 條規定申請辦理變更登記時，於變更程序終結前，得由中央或直轄市、縣(市)主管機關開立證明，依原登記等級參與工程投標。

298. (D) 政府採購法所稱工程採購之「查核金額」，目前由主管機關頒布定爲多少？ (A)新台幣一百萬元 (B)新台幣五百萬元 (C)新台幣一千萬元 (D)新台幣五千萬元。

解析

政府採購法第 12 條第三項所稱「查核金額」如下：
一、 工程採購：新台幣五千萬元。
二、 財物採購：新台幣五千萬元。
三、 勞務採購：新台幣一千萬元。

299. (C) 政府採購法明定，得標廠商違反轉包規定時，機關得採取之處置方式，不包含下列哪一項？ (A)解除契約 (B)終止契約 (C)沒收完工之工程費 (D)沒收保證金。

政府採購法第 66 條：得標廠商違反前條規定轉包其他廠商時，機關得解除契約、終止契約或沒收保證金，並得要求損害賠償。

300. (A) 依「營造安全衛生設施標準」規定，露天開挖作業，爲防止土石崩塌，垂直開挖深度至少幾公尺以上者，應設置擋土支撐？ (A)一點五公尺以上 (B)一點八公尺以上 (C)二點〇公尺以上 (D)二點五公尺以上。

雇主使勞工從事露天開挖作業，爲防止土石崩塌，應指定專人，於作業現場辦理下列事項。但垂直開挖深度達一點五公尺以上者，應指定露天開挖作業主管。

301. (A) 依「營造安全衛生設施標準」規定，爲防止模板倒塌危害勞工，高度在五公尺以上，且面積達至少多少平方公尺以上之模板支撐，其構築應依相關法規所定具有建築、結構等專長之人員或委由專業機構，事先依模板形狀、預期之荷重及混凝土澆置方法等妥爲安全設計？ (A)一百平方公尺以上 (B)二百平方公尺以上 (C)三百平方公尺以上 (D)五百平方公尺以上。

營造安全衛生設施標準第 131 條：
雇主對於模板支撐，應依下列規定辦理：
一、 為防止模板倒塌危害勞工，高度在五公尺以上，且面積達一百平方公尺以上之模板支撐，其構築及拆除應依下列規定辦理：
(一) 事先依模板形狀、預期之荷重及混凝土澆置方法等，依營建法規等所定具有建築、土木、結構等專長之人員或委由專業機構妥為設計，置備施工圖說，並指派所僱之專任工程人員簽章確認強度計算書及施工圖說。
(二) 訂定混凝土澆置計畫及建立按施工圖說施作之查驗機制。
(三) 設計、施工圖說、簽章確認紀錄、混凝土澆置計畫及查驗等相關資料，於未完成拆除前，應妥存備查。
(四) 有變更設計時，其強度計算書及施工圖說應重新製作，並依本款規定辦理。

302. (B) 依「建築法」規定，建築工程中必須勘驗部分，應由直轄市、縣(市)主管建築機關於核定建築計畫時，指定由承造人會同下列何者按時申報後，方得繼續施工？ (A)起造人 (B)監造人 (C)工地主任 (D)專任工程人員。

建築法第 56 條：
建築工程中必須勘驗部分，應由直轄市、縣(市)主管建築機關於核定建築計畫時，指定由承造人會同監造人按時申報後，方得繼續施工，主管建築機關得隨時勘驗之。
前項建築工程必須勘驗部分、勘驗項目、勘驗方式、勘驗紀錄保存年限、申報規定及起造人、承造人、監造人應配合事項，於建築管理規則中定之。

303. (C) 依「建築技術規則」規定，建築物外牆中心線或其代替柱中心線以內之最大水平投影面積，係為： (A)基地面積 (B)建蔽面積 (C)建築面積 (D)樓地板面積。

建築面積：建築物外牆中心線或其代替柱中心線以內之最大水平：建築物外牆中心線或其代替柱中心線以內之最大水平投影面積。

304. (A) 依「建築技術規則」規定，高層建築物在二層以上，十六層或地板面高度在五十公尺以下之各樓層，應設置： (A)緊急進口 (B)避難平台 (C)逃生梯 (D)通風口。

建築技術規則第 233 條：高層建築物在二層以上，十六層或地板面高度在五十公尺以下之各樓層，應設置緊急進口。但面臨道路或寬度四公尺以上之通路，且各層之外牆每十公尺設有窗户或其他開口者，不在此限。

305. (D) 申請製作識別證依據勞工安全衛生法之規定接受多少小時營造業教育訓練課程？ (A)3 小時 (B)4 小時 (C)5 小時 (D)6 小時。

依勞動部訂定發布「營造作業人員一般安全衛生教育訓練核發臺灣職安卡作業要點」，辦理營造作業一般安全衛生教育訓練 6 小時課程，並經測驗合格後核發的教育訓練證明。

AA 營造有限公司承攬一位於市中心之商業辦公大樓新建工程，基地面積 3,000 平方公尺，地下四層、地上二十五層，總樓高 75 公尺，採地下連續壁、逆打工法施工，預定總工期 30 個月。試問：

306. (A) 依「營建工程空氣污染防制設施管理辦法」規定，建築工程第一級之施工規模爲 4,600 以上，請問本工程屬何級營建工程？ (A)第一級營建工程 (B)第二級營建工程 (C)第三級營建工程 (D)第四級營建工程。

營建工程，分爲第一級營建工程及第二級營建工程。

符合下列情形之一者，屬第一級營建工程：

一、 建築(房屋)工程：施工規模達四千六百平方公尺•月者。

二、 道路、隧道工程：施工規模達二十二萬七千平方公尺•月者。

三、 管線工程：施工規模達八千六百平方公尺•月者。

四、 橋梁工程：施工規模達六十一萬八千平方公尺•月者。

五、 區域開發工程：施工規模達七百五十萬平方公尺•月者。

六、 疏濬工程：外運土石體積(鬆方)達一萬立方公尺者。

七、 其他營建工程：工程合約經費達新臺幣一百八十萬元者。

前項施工規模指施工面積(平方公尺)與施工工期(月)之乘積，施工工期每月以三十日計算。

第二項以外之營建工程，屬第二級營建工程。

307. (C) 依「營建工程空氣污染防制設施管理辦法」，該營建工地周界應設置下列何種設施？ (A)定著地面之半阻隔式圍籬 (B)定著地面之全阻隔式圍籬 (C)定著地面之全阻隔式圍籬及防溢座 (D)定著地面之半阻隔式圍籬及防溢座。

依「營建工程空氣污染防制設施管理辦法」第6條規定，營建業主於營建工程進行期間，應於營建工地周界設置定著地面之全阻隔式圍籬及防溢座。但圍籬座落於道路轉角或轉彎處10公尺以內者，得設置半阻隔式圍籬，上述規定主要目的係避免工程進行期間，逸散粒狀物造成空氣污染。全阻隔式圍籬係指使用非鏤空材料製作之圍籬；半阻隔式圍籬係指離地高度80公分以上使用網狀鏤空材料，其餘使用非鏤空材料製作之圍籬。

308. (B) 地下連續壁施工添加穩定液之循環水要排放時，依據水污染防治相關法規(放流水標準)規定，其懸浮固體含量不得高於： (A)10毫克／公升 (B)30毫克／公升 (C)50毫克／公升 (D)100毫克／公升。

營建工地之放流水標準：			
貯煤場、營建地、土石方堆(棄)置場	生化需氧量	30	營建工地及土石方堆(棄)置場之管制僅適用於未依規定採行必要措施者。
	化學需氧量	100	
	懸浮固體	30	
	真色色度	550	

309. (C) 本工程之剩餘土石方應由下列何者向地方政府申報建築施工計畫說明書內容應包括剩餘土石方處理計畫？ (A)起造人 (B)監造人 (C)承造人 (D)地主。

承造人向直轄市、縣(市)政府申報建築施工計畫說明書內容應包括剩餘土石方處理計畫。其自設收容處理場所者，得將設置計畫併建築施工計畫提出申請合併辦理，有效落實資源回收處理再利用。

[104-1-1]

310. (D) 勞工安全衛生管理計畫之協議組織表中，下列何者不是應該參與單位或人員？ (A)業主代表 (B)工區內所有承攬廠商 (C)施工協力廠商 (D)勞動檢查單位。

工程之協議組織由下列成員組成：

一、 業主代表。

二、 本工程之工地主任、副主任、各部門主管。

三、 本工程之安全(衛生)管理師(員)。

四、 本工程各承攬商。

五、 其他必要人員。

311. (B) 下列何者爲綠建築評定之指標？ (A)資訊通信指標 (B)基地保水指標 (C)系統整合指標 (D)設施管理指標。

解析

台灣綠建築由最早的七大指標演變成九大指標，基地綠化指標；基地保水指標；水資源指標；日常節能指標；二氧化碳減量指標；廢棄物減量指標；污水垃圾改善指標；生物多樣性指標；室內環境指標。資訊通信指標則屬於智慧建築評估系統。

爲提升建築物使用功能，興建之高科技大樓智慧建築，試問：

312. (C) 內政部頒訂「智慧建築解說與評估手冊」智慧建築符合度評估之方式，訂定有幾大指標？ (A)六大指標 (B)七大指標 (C)八大指標 (D)九大指標。

解析

內政部對於「智慧建築」符合度評估之方式訂定有八大指標。包含 1. 綜合佈線指標、2. 資訊通信指標、3. 系統整合指標、4. 設施管理指標、5. 安全防災指標、6. 節能管理指標、7. 健康舒適指標、8. 智慧創新指標。

313. (D) 智慧建築中各項設施之整合管理以確保系統的可靠性、安全性、使用方便性，係屬下列何種指標？ (A)綜合佈線指標 (B)資訊通信指標 (C)系統整合指標 (D)設施管理指標。

智慧型建築之效益係透過自動化之裝置與系統達到節省能源、節約人力與提高知性生產力之目的。其所可能涵蓋之系統設施將包括資訊通信、防災保全、環境控制、電源設備、建築設備監控、系統整合及綜合佈線與設施管理等系統之整合連動。即運用高科技把有限資源及建築空間進行綜合開發利用，以提供舒適、安全、便捷之使用環境，並有效地節省建築費用、保護環境及降低資源消耗。所以需有良好的設施管理才能確保各系統的正常運轉並發揮其智慧化的成效。設施管理系統之設計除須滿足現有相關法規之要求外，確保系統的可靠性、安全性、使用方便性及充分應用先進技術來設計爲目標，以使建築物保持良好智慧化之狀態。

314. (A) 智慧建築中健康舒適指標共有幾大項目？ (A)六大項目 (B)七大項目 (C)八大項目 (D)九大項目。

解析

「健康舒適」指標區分成「空間環境」、「視環境」、「溫熱環境」、「空氣環境」、「水環境」與「健康照護管理系統」等六大項目。

[104-1-2]

315. (C) 工地主任取得執業證每逾四年，應再取得最近四年內回訓證明。回訓證明總時數應達： (A)16 小時 (B)24 小時 (C)32 小時 (D)48 小時。

解析

依據「營造業法第 31 條第 3 項」及「營造業工地主任評定回訓及管理辦法第 6 項」，爲使符合營造業法第 31 條所規定取得工地主任執業證者，達到「終身學習」目的，每逾 4 年須再修習新的營建管理法令、建築、土木各類專業工程實務、品質管理或施工管理課程及工地治安等相關課程，使其熟悉營建相關新訂法規及技術，並確實瞭解營造業法就營造業工地主任法定權責及執行業務方式之相關規定，以提昇工作職能。已取得工地主任執業證者，每逾 4 年，應再取得最近 4 年內 32 小時回訓證明，始得換領執業證後繼續擔任營造業工地主任。

316. (　B　) 依「營造業法」規定，於土木包工業中應同時負責第 32 條所定工地主任及第 35 條所定專任工程人員應負責辦理之工作，是下列何者？ (A)技術士 (B)負責人 (C)工地主任 (D)專任工程人員。

營造業法第 36 條：
土木包工業負責人，應負責第 32 條所定工地主任及前條所定專任工程人員應負責辦理之工作。

317. (　A　) 「政府採購法」第 70 條第一項規定：機關辦理工程採購，應明訂廠商執行品質管理理、環境保護、施工安全衛生之責任，並對重點項目訂定下列何者？ (A)檢查程序及檢驗標準 (B)自主檢查表 (C)品質稽核作業標準 (D)不合格品管制程序。

機關辦理工程採購，應明訂廠商執行品質管理、環境保護、施工安全衛生之責任，並對重點項目訂定檢查程序及檢驗標準。

318. (　D　) 「政府採購法」第 72 條第三項規定：驗收結果與規定不符，而不妨礙安全及使用需求，亦無減少通常效用或契約預定效用，經機關檢討不必拆換或拆換確有困難者，得於必要時採取下列何項措施？ (A)終止契約 (B)解除契約 (C)部分驗收 (D)減價收受。

驗收結果與規定不符，而不妨礙安全及使用需求，亦無減少通常效用或契約預定效用，經機關檢討不必拆換或拆換確有困難者，得於必要時減價收受。其在查核金額以上之採購，應先報經上級機關核准；未達查核金額之採購，應經機關首長或其授權人員核准。

319. (　C　) 依「政府採購法」規定，機關與廠商因履約爭議未能達成協議者，廠商申請下列何種方式調處時，機關不得拒絕？ (A)訴願 (B)行政訴訟 (C)向採購申訴審議委員會申請調解 (D)向仲裁機構提付仲裁。

政府採購法第 85-1 條：
機關與廠商因履約爭議未能達成協議者，得以下列方式之一處理：
一、 向採購申訴審議委員會申請調解。
二、 向仲裁機構提付仲裁。
前項調解屬廠商申請者，機關不得拒絕。工程及技術服務採購之調解，採購申訴審議委員會應提出調解建議或調解方案；其因機關不同意致調解不成立者，廠商提付仲裁，機關不得拒絕。
採購申訴審議委員會辦理調解之程序及其效力，除本法有特別規定者外，準用民事訴訟法有關調解之規定。
履約爭議調解規則，由主管機關擬訂，報請行政院核定後發布之。

320. (C) 依「開發行爲應實施環境影響評估細目及範圍認定標準」，新建辦公、商業或綜合性大樓，除樓層規定外，高度達幾公尺以上，必須實施環境影響評估？ (A)30 公尺 (B)50 公尺 (C)70 公尺 (D)100 公尺。

「開發行爲應實施環境影響評估細目及範圍認定標準」第 26 條規定，高樓建築有下列情形之一者，應實施環境影響評估：
一、 住宅大樓，其樓層三十層以上或高度一百公尺以上者。
二、 辦公、商業或綜合性大樓，其樓層二十層以上或高度七十公尺以上者。

321. (C) 依「營造安全衛生設施標準」規定：框式鋼管式施工架之構築，最上層及每隔五層應設置下列何種設施？ (A)托架 (B)側撐 (C)水平梁 (D)交叉斜撐材。

營造安全衛生設施標準第 61 條：
雇主對於框式鋼管式施工架之構築，應依下列規定辦理：
一、 最上層及每隔五層應設置水平梁。
二、 框架與托架，應以水平牽條或鉤件等，防止水平滑動。
三、 高度超過二十公尺及架上載有物料者，主框架應在二公尺以下，且其間距應保持在一點八五公尺以下。

322. (D) 依「營造安全衛生設施標準」規定：以鋼管施工架為模板支撐之支柱時，鋼管架間，應設置下列何種設施？ (A)托架 (B)側撐 (C)水平梁 (D)交叉斜撐材。

營造安全衛生設施標準第136條：

雇主以鋼管施工架為模板支撐之支柱時，應依下列規定辦理：

一、 鋼管架間，應設置交叉斜撐材。

二、 於最上層及每隔五層以內，模板支撐之側面、架面及每隔五架以內之交叉斜撐材面方向，應設置足夠強度之水平繫條，並與牆、柱、橋墩等構造物或穩固之牆模、柱模等妥實連結，以防止支柱移位。

三、 於最上層及每隔五層以內，模板支撐之架面方向之二端及每隔五架以內之交叉斜撐材面方向，應設置水平繫條或橫架。

四、 上端支以梁或軌枕等貫材時，應置鋼製頂板或托架，並將貫材固定其上。

五、 支撐底部應以可調型基腳座鈑調整在同一水平面。

323. (A) 依「營造安全衛生設施標準」規定，於高度二公尺以上施工架上從事作業時，工作臺寬度應在四十公分以上並舖滿密接之板料，其支撐點應有二處以上，並應綁結固定，無脫落或位移之虞，板料與板料之間縫隙至多不得大於幾公分？ (A)三公分 (B)五公分 (C)十公分 (D)二十公分。

營造安全衛生設施標準第48條：

雇主使勞工於高度二公尺以上施工架上從事作業時，應依下列規定辦理：

一、 應供給足夠強度之工作臺。

二、 工作臺寬度應在四十公分以上並舖滿密接之踏板，其支撐點應有二處以上，並應綁結固定，使其無脫落或位移之虞，踏板間縫隙不得大於三公分。

三、 活動式踏板使用木板時，其寬度應在二十公分以上，厚度應在三點五公分以上，長度應在三點六公尺以上；寬度大於三十公分時，厚度應在六公分以上，長度應在四公尺以上，其支撐點應有三處以上，且板端突出支撐點之長度應在十公分以上，但不得大於板長十八分之一，踏板於板長方向重疊時，應於支撐點處重疊，重疊部分之長度不得小於二十公分。

四、 工作臺應低於施工架立柱頂點一公尺以上。

324.（ 送分 ）依「建築技術規則」規定，建築物昇降設備及機械停車設備，非經下列何項檢查合格取得使用許可證，不得使用？ (A)功能檢查 (B)型式檢查 (C)定期檢查 (D)竣工檢查。

竣工檢查取得使用許可證：依建築物昇降設備設置及檢查管理辦法第3條規定，昇降設備安裝完成後，非經竣工檢查合格取得使用許可證，不得使用。前項竣工檢查，直轄市、縣(市)主管建築機關應於核發建築物或雜項工作物使用執照時併同辦理，或委託檢查機構爲之。昇降設備安裝完成後，申請竣工檢查通過者，由直轄市、縣(市)主管建築機關或其委託之檢查機構核發使用許可證。

325.（ A ）雇主對於營造工作場所，應於勞工作業前，指派勞工安全衛生人員或哪一類專業人員實施危害調查、評估，並採適當防護設施，以防止職業災害之發生？ (A)專任工程人員 (B)工地主任 (C)品管人員 (D)作業主管。

營造安全衛生設施標準第6條：

雇主使勞工於營造工程工作場所作業前，應指派所僱之職業安全衛生人員或專任工程人員等專業人員，實施危害調查、評估，並採適當防護設施，以防止職業災害之發生。

依營建法規等規定應有施工計畫者，均應將前項防護設施列入施工計畫執行。

326.（ C ）依「建築技術規則」規定，爲防止高處墜落物體發生危害，自地面高度幾公尺以上投下垃圾或其他容易飛散之物體時，應用垃圾導管或其他防止飛散之有效設施？ (A)二點一公尺 (B)二點五公尺 (C)三點〇公尺 (D)三點一公尺。

建築技術規則第153條：

爲防止高處墜落物體發生危害，應依下列規定設置適當防護措施：

一、 自地面高度三公尺以上投下垃圾或其他容易飛散之物體時，應用垃圾導管或其他防止飛散之有效設施。

二、 本法第66條所稱之適當圍籬應爲設在施工架周圍以鐵絲網或帆布或其他適當材料等設置覆蓋物以防止墜落物體所造成之傷害。

327. (　A　) 營造業法與政府採購法中與私法有關之規定，相對於民法而言，屬特別法，故當政府採購法的規定與民法規定有相抵觸時，當以下列何者之規定優先適用？　(A)政府採購法　(B)民法　(C)普通法　(D)刑法。

解析

依據中央法規標準法第 16 條規定，特別法指的是在同一事項中，如同時可適用兩種以上之法律時，應優先適用者，而特別法未規定的事項，則可透過普通法補充。

AA 營造股份有限公司原爲乙等綜合營造業，目前資本額爲 1,500 萬元，各年度評鑑分別爲 99、101 年評列第一級、102 年爲第二級、100 年爲第三級。試問：

328. (A 或 B) AA 營造股份有限公司哪一年不得承攬依政府採購法辦理之營繕工程？(A)100 年　(B)101 年　(C)102 年　(D)103 年。

解析

營造業法第 44 條：
營造業承攬工程，如定作人定有承攬資格者，應受其規定之限制。
依政府採購法辦理之營繕工程，不得交由評鑑爲第三級之綜合營造業或專業營造業承攬。

329. (　A　) AA 營造股份有限公司若規劃升級爲甲等綜合營造業，則 103 年評鑑應評列爲哪一級？　(A)第一級　(B)第二級　(C)第三級　(D)優良廠商。

解析

甲等綜合營造業必須由乙等綜合營造業有三年業績，五年內其承攬工程竣工累計達新臺幣三億元以上，並經評鑑三年列爲第一級者。

330. (　C　) AA 營造股份有限公司若規劃升級爲甲等綜合營造業，則資本額應至少增資？　(A)250 萬元　(B)500 萬元　(C)750 萬元　(D)無須增資。

解析

綜合營造業之資本額，於甲等綜合營造業爲新臺幣二千二百五十萬元以上；乙等綜合營造業爲新臺幣一千二百萬元以上；丙等綜合營造業爲新臺幣三百六十萬元以上。因此 AA 營造還需增加資本額 750 萬元從 1,500 萬增加至 2,250 萬元。

NOTE

工程圖說判識

單元重點

1. 土木及建築工程圖說判識
2. 機電及管線系統工程圖說之判識

[110-1-2]

1. (A) 下列何種建築圖能夠說明女兒牆厚度和地坪排水方向？ (A)屋頂平面圖 (B)樓層平面圖 (C)工程立面圖 (D)工程剖面圖。

解析

屋頂平面圖：表達建築屋頂的形狀、屋面排水方式、女兒牆位置、女兒牆厚度、洩水坡度、落水頭位置等。

[111-1-2]

2. (A) 比例尺如下圖所示，下列敘述何者正確？ (A)平面圖比例尺爲 1 : 100 (B)水平向比例尺爲 1 : 200 (C)垂直向比例尺爲 1 : 100 (D)詳圖比例尺爲 1 : 001。

平面
1：100

剖面 A
H = 1：100 F 001
V = 1：200

詳圖 I
1：50 S 001

水平向比例尺(H)爲 1 : 100；直向比例尺(V)爲 1 : 200；詳圖比例尺爲 1 : 50。

3. (C) 樓梯剖面圖的樓梯踏面以 14 @ 28 =392 cm 標示，下列敘述何者正確？ (A)樓梯每階踏面寬度 14cm (B)樓梯有 28 個踏面 (C)樓梯踏面水平方向總長度 392 cm (D)樓梯每階高度 28cm。

樓梯踏面以 14 @ 28 = 392 cm 標示，爲每階踏面寬度爲 28 cm，有 14 個踏面，總長度爲 392 cm。

[111-5-2]

4. (　C　) 為了完成設計圖之要求事項所做的說明，稱為：　(A)設計圖　(B)施工圖　(C)施工規範　(D)假設工程。

解析

施工規範主要內容包含材料規定及施工等相關規定，以符合設計圖之要求事項。

5. (　A　) 高低壓電氣單線圖繪製時之注意事項，下列何者正確？　(A)管內穿控制線儘量不超過 20 條　(B)單線圖上所選用之馬達控制操作開關如果是由設備商提供也應註明(S)　(C)每一電氣設備建議編上 EP 編號為佳　(D)電表、保護電驛及比流器等之供應商應在圖上標示。

(B)單線圖上所選用之馬達控制操作開關如果是由設備商提供也應註明(F)。
(C)每一電氣設備建議編上 EE 編號為佳。
(D)電表、保護電驛及比流器等之數量應在圖上標示。

■情境式選擇題

有一建築物的建築圖如下，請問：

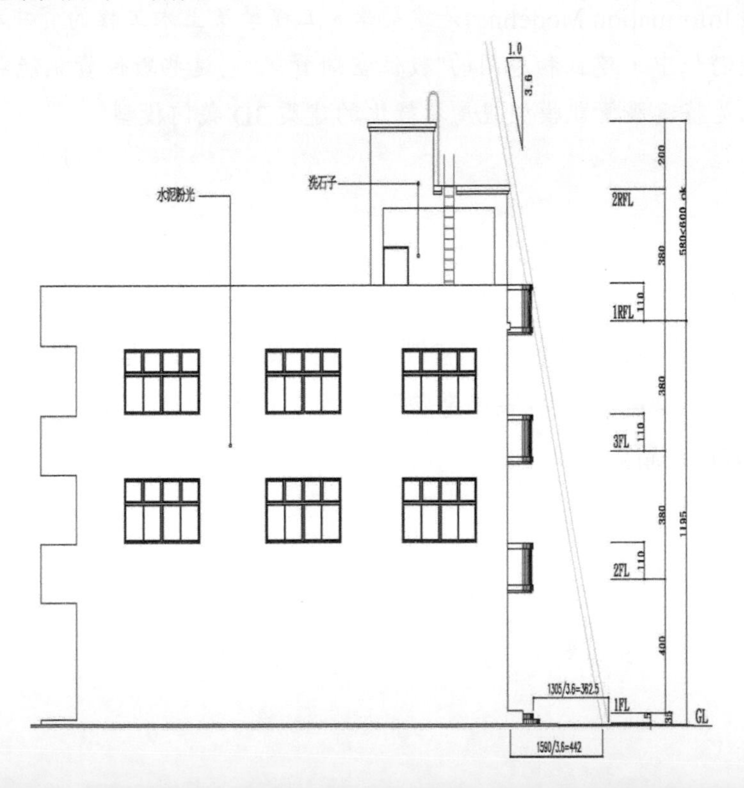

6. (B) 此建築物有幾層？ (A) 2 層 (B) 3 層 (C) 4 層 (D) 5 層。

右側標示 3FL 為樓層數，因此建築物有 3 層。

7. (C) 此建築物的屋凸高度？ (A) 2 m (B) 3.8 m (C) 5.8 m (D) 1.1 m。

右側標示 2RFL 為屋凸 2 層，因此加上屋凸 1 的高度為 380+ 200 = 580cm = 5.8m

[111-5-1]

8. (B) 有關建築資訊模型(BIM)，下列敘述何者不恰當？ (A) BIM 用來形容那些以三維圖形為主、物件導向、建築學有關的電腦輔助設計 (B)建物的數位空間資訊，目前尚不能被程式系統自動管理 (C)除了建築的幾何圖形外，同時具有建築、工程的數據 (D)相較於 2D 圖資，3D 圖資確實於施工階段更能及時發現物件之間的空間衝突。

BIM (Building Information Modeling)是建築學、工程學及土木工程的資訊模型，係指建物在設計和建造過程中，建立和應用的"數位空間資訊"。這些數位資訊能夠被程式系統自動管理，也就是將建築資訊模型視為參數化的建築 3D 幾何模型。

[109-9-2]

9. (B) 下列何種設計圖，通常會標示工程外觀各面之形狀、開口位置、各層高度、工程總高度及附屬構造物高度？ (A)平面圖 (B)立面圖 (C)剖面圖 (D)結構圖。

建築立面圖主要表明建築物外立面的形狀，門窗在外立面上的分布、外形、開啓方向，以及屋頂、陽台、雨遮、台階、窗户、雨水管的外形和位置等，也會標示各層樓高度尺寸、屋突高度。

10. (D) 建築結構平面圖除外形線外，梁常用何種線條繪製？ (A)實線 (B)粗黑線 (C)細實線 (D)虛線。

長虛線表示平面圖上部之主結構投影線，如：梁線。

[109-5-2]

11. (B) 高低壓電氣單線圖，配電盤的電壓標示 3 ϕ4W 380V/220V，下列敘述何者正確？ (A)3 ϕ4W 表示 3 線 4 相 (B)可提供 1 ϕ2W 220V 的電壓 (C)可提供 3 ϕ4W 220V 的電壓 (D)1 ϕ2W 表示 1 線 2 相。

爲台電供給工廠用電，分爲 R, S, T, N 四條線 R-S 380V、S-T 380V、R-T 380V、R-N 220V、S-N 220V、T-N 220V。3 ϕ4W 表示 3 相 4 線。

[109-1-1]

12. (D) 工程正式開工前的準備工作，外部資訊有幾項相當重要且與位置有密切關聯的，必須及時比對設計圖資與實地現況，下列何者<u>不包括</u>在內？ (A)施工範圍土地經界 (B)都市土地使用分區暨建築線 (C)非都市土地使用限制 (D)工程施工的設計圖資。

施工範圍土地經界及都市土地使用分區暨建築線皆屬工程位置及範圍資訊，而非都市土地使用限制可判定土地分區性質亦爲重要資訊。

13. (C) 「機電界面整合圖」或「綜合服務圖」(CSD)套繪整合過程中優先順序考量事項，以下何者不正確？ (A)泡沫頭應避開大面積風管 (B)電管、弱電管盡量安排於水類管路上方 (C)電管與弱電管，不宜分開上下平行重疊配管，應整合配管 (D)重力污排水管必須先行檢討。

電管與弱電管，應分開配管避免弱電被干擾，且禁止共管共盒，強弱電之間線路的平行距不得小於 30 cm。

[109-1-2]

14. (B) 下列何種圖可以進行規劃圍籬範圍、工地出入口、洗車台、工務所、臨時廁所、材料堆置場等位置？ (A)位置圖 (B)配置圖 (C)詳圖 (D)立面圖。

解析

一般繪製基地配置圖須有：
圍籬、施工大門、洗車台、安全走廊、警示燈、臨時廁所、臨時水及洗手台、臨時電、電源箱、探照燈、材料堆放、施工動線位置等。

15. (D) 高低壓電氣單線圖有 GB 標示，請問 GB 表示何種意思？ (A)短路容量 (B)分路開關 (C)接地端子排 (D)配電盤的接地線端子。

[108-9-2]

16. (D) 有關道路工程護欄，下列何種護欄圖能夠標示護欄立面各部位尺寸、排水孔位置與尺寸及預鑄式護欄接合榫位置與尺寸？ (A)護欄平面圖 (B)護欄斷面圖 (C)護欄配筋圖 (D)護欄立面詳圖。

護欄立面圖不會標示詳細尺寸，可透過編號對照到護欄立面詳圖，以獲得其大小、材料及形式等資訊。

17. (　A　) 有關高低壓電氣單線圖之繪製注意事項敘述，下列何者<u>有誤</u>？　(A)管內穿控制線儘量不超過 30 條　(B)所選用之馬達控制操作開關如果是由設備商提供也應註明(F)　(C)高壓配電盤 CT 之過電流強度應考慮能否克服短路之 KA 值　(D)電氣室之照明需考慮停電時如何作業。

裝於導線槽內之有載導線數不得超過 30 條，且各導線截面積之和不得超過該線槽內截面積百分之二十。

裝於導線槽內之有載導線數不得超過 30 條，且各導線截面積之和不得超過該線槽內截面積百分之二十。

18. (　B　) 有關給水圖之敘述，下列何者<u>錯誤</u>？　(A)依規定裝設防震軟管　(B)引進管之管徑超過 5 mm 必須加設持壓閥　(C)水錶箱留設排水孔　(D)出水壓力超過 3.5 kgf / cm^2 裝設減壓閥。

依據建築物給水排水設備設計技術規範第 3.2.4 小節：
進水口低於地面之受水槽，其進水管口徑 50 公釐以上者，應設置地上式接水槽或持壓閥或定流量閥。
說明：建築物之受水槽設置於户內地下空間，或外接自來水之進水口低於地面者，爲避免形成公共給水管路負壓，造成污染水源之危險，必須有適當之緩衝水壓或避免污染措施。

[108-5-1]

19. (　C　) 下列何者<u>不是</u>管路衝突 3D 垂直空間規劃衝突對策？　(A)上下彎疊　(B)上下交錯　(C)上下平移　(D)上下彎折。

管道間之管線排列原則爲各管線平行排列，若管路上下交錯，將造成管線維修不易。

[108-5-2]

<u>小黑</u>的第一份工作爲現場工程師，爲清楚了解土木建築工程設計圖之表達內容。請回答下面問題：

20. (B) 詳細標示工程各項設施或特殊構造等之尺寸須以大比例加以表示者，係指何圖？ (A)平面圖 (B)細部詳圖 (C)剖面圖 (D)結構圖。

解析

細部詳圖又稱大樣圖，係以較大比例之圖面標示其尺寸、材料及形式等資訊。

21. (C) 小黑可依據何圖進行圍籬範圍、工地出入口、洗車台、工務所、臨時廁所、材料堆置場等臨時設施規劃？ (A)位置圖 (B)平面圖 (C)配置圖 (D)細部詳圖。

一般繪製基地配置圖須有：
圍籬、施工大門、洗車台、安全走廊、警示燈、臨時廁所、臨時水及洗手台、臨時電、電源箱、探照燈、材料堆放、施工動線位置等。

[108-1-1]

22. (C) 以下各圖說，依時間順序何者應最晚完成？ (A)建築平面圖 (B)綜合服務圖 (C)工作圖 (D)設計圖。

解析

工作圖(working drawing)：
係供給機械之製造或結構之營建所需資料之圖樣，爲設計定案後所繪製之圖說。

[108-1-2]

23. (D) 升降機標示 PF-15-16-2S-120，其所代表意義說明，何者錯誤？ (A)升降機服務 16 層 (B)高速升降機 (C)二門雙速側開式 (D)載人用升降機。

解析

符號 PF(Passenger & Freight Elevator)爲人貨兩用電梯，載人用升降機爲符號 P(Passenger Elevator)。

24. (C) 下列何項不是施工說明書的基本內容？ (A)一般要求 (B)特殊設施 (C)承攬限制 (D)現場工作。

施工說明書的基本內容爲：
1. 一般要求　2. 現場工作　3. 混凝土　4. 圬工　5. 金屬　6. 木作及塑膠　7. 隔熱及防潮　8. 門窗　9. 裝修　10. 特殊設施　11. 設備　12. 裝潢　13. 特殊構造物　14. 機械　15. 電機

[107-9-1]

25. (C) 依據混凝土淨尺寸圖爲準，規劃設計柱、梁、板、牆之組立係何種施工圖？ (A)混凝土淨尺寸圖　(B)大樣圖　(C)組模圖　(D)加工圖。

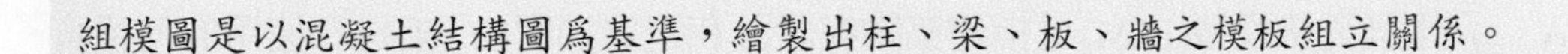
組模圖是以混凝土結構圖爲基準，繪製出柱、梁、板、牆之模板組立關係。

26. (A) 「機電界面整合圖」或「綜合服務圖」(CSD)進行套繪整合過程中，以下何者不正確？ (A)泡沫頭應盡量安裝於風管上方　(B)套圖時即應預留將來擴充之空間及維修空間　(C)電管、弱電管盡量安排於水類管路之上方　(D)位居上層之設備與管路應先行施工。

依據各類場所消防安全設備設置標準第 71 條第二款：
室內停車空間或汽車修理廠等場所，使用泡沫噴頭，並樓地板面積每九平方公尺設置一個，使防護對象在其有效防護範圍內。
若設置於風管上方，因風管阻礙導致防護對象無法有效受防護。

[107-9-2]

27. (C) 小明爲工地主任準備規劃將長 7 公尺鋼柱從廠房運送至現場之運輸路線計畫，可參考下列那張圖說？ (A)平面圖　(B)配置圖　(C)位置圖　(D)細部詳圖。

申請建築執照時需繪製標示建築物與基地及週遭之關係圖示，除了建築物位置圖之外有一基地位置圖。

28. (B) 若工程圖使用無比例圖樣，在中文應註明「未按比例」，而英文則用下列何種符號註明？ (A)NSS (B)NIS (C)SCALES (D)NOS。

英文應註明 NIS 字樣(Not in scale)。

[107-5-1]

29. (A) 建築資訊模型(BIM)是指建築物在設計和建造過程中，創建和使用的何種資訊？ (A)數位空間資訊 (B)類比空間資訊 (C)類比平面資訊 (D)數位平面資訊。

BIM 利用數位化、物件化及參數化之特性，整合模型空間的資訊技術，屬數位空間資訊。

[107-5-2]

30. (D) U 型溝設計詳圖有符號「D13 @ 15」是表示下列何種敘述？ (A)在 15 cm 處配置 13 號鋼筋 (B)在 15 cm 處配置直徑 13 mm 鋼筋 (C)間隔 15 cm 配置 13 號鋼筋 (D)間隔 15 cm 配置直徑 13 mm 鋼筋。

直徑符號爲 D，係直徑 13 mm 之鋼筋間距 15 cm 設置一支。

小李負責某建築工地工地主任，回答下列問題：

31. (B) 下列有關排水圖說解說的敘述，何者不正確？ (A)蓄水池(屋頂水塔)容量需依【水理計算表】計算所需的總用水需量 (B)揚水泵採沉水式或陸上型，馬力數及揚程不需檢討 (C)系統昇位流程須先確定 (D)依規定裝設定水位閥、防震軟管、水鎚吸收器。

揚水泵採沉水式或陸上型，需檢討馬力數及揚程。

32. (C) 電氣圖 [H] 該符號表示： (A)浴室風機 (B)電磁開關 (C)電熱水器 (D)緊急照明燈。

浴室風機 [F]；電磁開關 MC；緊急照明燈 Ⓒ

[107-1-2]

33. (A) 小李正在辦理道路工程施工規劃，何種資訊無法從路基挖填標準斷面圖中得知？ (A)道路標線型式 (B)路基土方挖填 (C)路基開挖面 (D)路面厚度。

道路標線型式標示於道路平面圖。

[106-9-2]

34. (B) 實物 60 公尺在比例 1 / 1,200 之圖面尺寸為多少公分？ (A)1 公分 (B)5 公分 (C)10 公分 (D)50 公分。

解析

60 公尺 = 6,000 公分；6,000 公分/ 1,200 = 5 公分。

某甲從事工程工作之人員應有工程圖說之判識，回答下列問題：

35. (D) 建築材料 [斜線符號] 該符號表 (A)鋼 (B)磁磚 (C)玻璃 (D)鋁。

36. (B) 建築圖 ——‥——‥——‥— 該符號表 (A)中心線 (B)建築線 (C)路權 (D)柱線。

中心線 ——·——·——·——；路權；柱線 ——-——-——-

[106-5-2]

37. (D) 有關建築工程圖說之資訊，下列敘述何者正確？ (A)立面圖通常會以橫向及縱向之軸線標示梁柱相關位置，並標示建築物各部位尺寸等 (B)剖面圖通常以較大比例之圖來描述使用材質規格及詳細尺寸等 (C)屋頂平面圖通常會標示建築物外觀、形狀、尺寸、基地地面線位置、各層樓地板面位置與各層高度及外牆裝飾材質等 (D)樓層平面圖通常會標示建築物各部位尺寸、梁柱尺寸、樓梯位置與尺寸等。

一、 立面圖：主要標示建築各部位之高度、開口位置、各層高度、工程總高度、附屬構造物高度和裝修材料，是建築外裝修的主要依據。

二、 細部詳圖：通常以較大比例之圖來描述使用材質規格及詳細尺寸等。

三、 屋頂平面圖：表達建築屋頂的形狀、屋面排水方式、女兒牆位置、洩水坡度、落水頭位置等。

[106-1-1]

38. (C) 開工前置作業中，關於契約及圖說於各項文件之優先順序之基本精神，下列何項敘述<u>錯誤</u>？ (A)條款優於圖面 (B)圖面優於規範 (C)價目單優於規範 (D)大比例圖面優於小比例圖面。

基於契約精神，已核定的施工規範屬契約之涵蓋範圍，須優先符合規範需求，以避免造成履約瑕疵。

[105-9-2]

39. (A) 下列何者不是道路縱斷面圖的標示內容？ (A)排水溝 (B)設計高程 (C)挖填高程 (D)縱坡度。

路縱斷面圖主要內容：在路線縱斷圖上研究路線線位高度及坡度變化情況的過程。

40. (C) 下列何者非建築工程屋頂平面圖標示內容？ (A)屋頂突出物尺寸 (B)女兒牆 (C)建築外牆材質 (D)地坪排水方向。

屋頂平面圖：表達建築屋頂的形狀、屋面排水方式、女兒牆位置、洩水坡度、落水頭位置等。

某工程顧問公司爲了使相關工程人員更清楚了解土木建築工程設計圖之表達內容。請回答下面問題：

41. (B) 從側面遠處觀看物體，將所看到的物體投影並描繪在透明紙上所得之圖，通常會標示工程外觀各面之形狀、開口位置、各層高度、工程總高度及附屬構造物高度等，係指何圖？ (A)平面圖 (B)立面圖 (C)剖面圖 (D)結構圖。

立面圖：主要標示建築各部位之高度、開口位置、各層高度、工程總高度、附屬構造物高度和裝修材料，是建築外裝修的主要依據。

42. (C) 物體從特定方向剖開後將一側移開，自遠方觀看切開面並描繪物體之投影在透明紙上所得之圖，包含工程構造物與相關地形相對關係之斷面圖，係指何圖？ (A)平面圖 (B)立面圖 (C)剖面圖 (D)結構圖。

剖面圖：主要表示建築剖開後之工程構造物與相關地形相對關係、樓板高程關係、室內天花高度及室內結構高度。

[105-9-1]

43. (C) 下列何者並非 2D 技術可行之管線衝突對策？ (A)平移 (B)繞道 (C)交錯 (D)重疊。

交錯爲 3D 技術可視之衝突檢討與對策。

[105-5-2]

44. (A) 下列何者是用來說明完成設計圖之要求事項？ (A)施工規範 (B)施工圖 (C)結構圖 (D)機電圖。

施工規範主要內容包含材料規定及施工等相關規定，以符合設計圖之要求事項。

45. (C) 建築工程之剖面圖可以表示結構物內部之組成，若要知道某剖面圖所在位置時，應該參考下列何種圖最恰當？ (A)機電圖 (B)位置圖 (C)平面圖 (D)立面圖。

平面圖可利用剖面線標示出剖面圖位置以便索引。

某工程顧問公司爲了使相關工程人員更清楚了解土木工程設計圖之內容，有關其尺寸及比例尺。請回答下面問題：

46. (B) 下列何項尺度單位不是以公尺(m)爲單位？ (A)標高 (B)鋼鐵構造 (C)里程樁號 (D)等高線。

鋼鐵構造主要標示鋼結構各部位尺寸，常使用單位爲 mm。

47. (　B　) 設計之道路實際寬度20公尺而繪於圖面之尺寸爲20公分，則比例尺爲何？(A)1：10　(B)1：100　(C)1：1,000　(D)1：20。

20公尺 =2,000公分；圖面20公分 = 實際2,000公分；比例尺爲1：100。

[105-1-2]

48. (　B　) 有關比例尺表示法之敘述，下列何者正確？　(A)比例尺表示實物之尺寸與圖面尺寸的比值　(B)地形圖或平面圖中有等高線者，或有可能縮小之圖，除註明比例數外，應加繪棒狀比例尺　(C)無比例圖樣之比例數，中文應註明「NIS」　(D)同一圖名中有水平及垂直兩種不同比例數時，以H代表垂直向比例尺。

一、 比例尺表示實物之尺寸與圖面尺寸的比例。

二、 無比例圖樣之比例數，英文應註明「NIS」。

三、 同一圖名中有水平及垂直兩種不同比例數時，以V代表垂直向比例尺。

49. (　A　) 從高空中俯視，將所看見的景物投影並描繪在透明紙上所得之圖，圖中註明各部尺寸、建築線、境界線與牆中心線等，爲下列何圖？　(A)平面圖　(B)立面圖　(C)剖面圖　(D)結構圖。

平面圖主要標示空間配置、形狀、空間尺寸、牆或柱的位置、結構尺寸、厚度、材料、門窗位置、門窗編號及剖面索引等資訊。

50. (　A　) 有關排水圖說之污水，其管線慣用下列何種顏色？　(A)橘紅色　(B)黑色　(C)綠色　(D)紫色。

根據下水道用户排水設備標準第 32 條：
污水管渠管材爲塑化類管者，應爲橘紅色，其他管材應有橘紅色之顯著標示。管材接合應爲水密性之構造，接頭數應減至最少。

[104-9-2]

51. (C) 結構配筋詳圖標示「箍筋：D13 @ 180(非圍束區)」是指下列何種敘述？ (A)箍筋使用間距 130 cm (B)非圍束區範圍 180 cm (C)箍筋使用 #4 鋼筋 (D)箍筋間距 180 cm。

D13 鋼筋之編號爲#4，直徑 12.7 mm。

[104-5-1]

52. (C) 下列何者不是垂直空間規劃衝突對策？ (A)上下彎疊 (B)上下交錯 (C)上下平移 (D)上下彎折。

垂直空間之管線多規劃爲平行排列，若有衝突上下平移無法解決，應左右調整較爲適當。

53. (B) 下列何者是結構機電圖的英文縮寫？ (A)CSD (B)SEM (C)CIP (D)BIM。

SEM 爲土木結構機電圖説(Structure, Electric and Mechanic)。
主要把機電圖説和結構圖説作套繪整合，由此檢討衝突與合理性並進行後續的問題解決。

[104-1-2]

54. (　B　) 若工程圖使用無比例圖樣，在中文應註明「未按比例」，而英文則用下列何種符號註明？　(A)NSS　(B)NIS　(C)SCALES　(D)NOS。

解析

英文應註明 NIS 字樣(Not in scale)。

55. (　D　) U 型溝設計詳圖有符號「D13 @ 15」是表示下列何種敘述？　(A)在 15 cm 處配置 13 號鋼筋　(B)在 15 cm 處配置直徑 13 mm 鋼筋　(C)間隔 15 cm 配置 13 號鋼筋　(D)間隔 15 cm 配置直徑 13 mm 鋼筋。

解析

直徑符號爲 D，係直徑 13 mm 之鋼筋間距 15 cm 設置一支。

56. (　C　) RPC 係指下列何種混凝土之英文簡稱？　(A)高強度混凝土　(B)滾壓混凝土　(C)活性粉混凝土　(D)自充填混凝土。

解析

活性粉混凝土(Reactive Powder Concrete, RPC)爲超高性能混凝土(UHPC)之一種。

NOTE

工程材料檢測及判識

單元重點

1. 鋼結構材料檢測及判識
2. 混凝土材料檢測及判識
3. 鋼筋材料檢測及判識
4. 裝修、防水材料檢測及判識
5. 瀝青混凝土材料、土壤檢測及判識
6. 水電、消防材料檢測及判識
7. 其他材料檢測及判識(含非破壞性檢測)

[110-1-2]

■情境式選擇題

一鋼筋混凝土結構物有部分構件的尺寸較大，因此在水泥選擇上需注意水化熱所產生的影響，此外，在完工後也將進行一系列非破壞檢測以確保工程品質。請回答下列問題：

1. (B) 水泥的組成成份主要爲矽酸三鈣(C_3S)、矽酸二鈣(C_2S)、鋁酸三鈣(C_3A)和鋁鐵酸四鈣(C_4AF)等，請問要控制水化熱，要降低那兩個成份的含量？ (A) C_3S、C_2S (B) C_3S、C_3A (C) C_2S、C_3A (D) C_3S、C_4AF。

水泥與水發生水化反應要產生熱效應，即水化反應放熱，稱之爲水泥的水化熱，鋁酸三鈣(C_3A)水化速度最快，放熱速度快、放熱量也大，其次是矽酸三鈣(C_3S)，矽酸二鈣放熱量低，速度也慢。水泥越細，水化速度越快，放熱量越大。

2. (D) 下列何種非破壞性檢驗方法可用來測定混凝土的抗壓強度？ (A)音響放射法 (B)透地雷達法 (C)微波吸收法 (D)水化程度、孔隙率法。

水化程度越完全混凝土的強度會越高，混凝土的孔隙越少強度會越高。

3. (B) 下列有關非破壞性混凝土強度試驗之敘述何者錯誤？ (A)非破壞性試驗常被用來當作品質控制的工具，可作爲決定拆模時間的依據 (B)反彈試驗所適用的構件厚度沒有特別限制 (C)拉脫試驗可用來測定混凝土的抗壓強度 (D)進行脈波速度試驗需以黃油塗抹在平整之混凝土面上。

反彈試驗所適用的構件，試體厚度至少 100 mm，試驗表面積至少 150 mm。

■情境式選擇題

鋼結構施工要進行工地檢驗與品管，其中電銲爲鋼結構施工最有技術性的工種，請回答下列問題：

4. (B) 具備合格資格之電銲工，若停頓電銲工作超過幾個月以上時，該電銲工必須再度接受資格檢定？ (A) 3 個月 (B) 6 個月 (C) 1 年 (D) 2 年。

解析

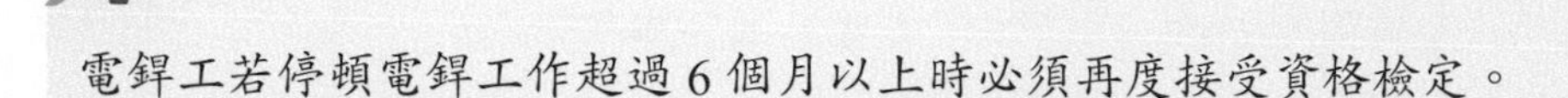

電銲工若停頓電銲工作超過 6 個月以上時必須再度接受資格檢定。

5. (A) 有一電銲工具有 2F 資格，請問"F"表示何種意思？ (A)角銲檢定 (B)槽銲檢定 (C)立銲 (D)仰銲。

銲接姿勢：F 平銲、H 橫銲、V 立銲、OH 仰銲。

6. (B) 下列電銲作業姿勢，何種作業姿勢的等級最高？ (A)立銲 (B)仰銲 (C)平銲 (D)橫銲。

仰銲作業姿勢的等級最高。

[111-1-2]

7. (B) 非破壞檢測結果之報告須由何等級以上人員簽註意見？ (A)初級檢測員 (B)中級檢測師 (C)高級檢測師 (D)特級檢測師。

非破壞檢測人員資格檢定與授證準則第五條

非破壞檢測結果之報告須由中級檢測師等級以上人員簽註意見。

8. (B) 輻射為一種能量傳遞方式，人類須藉助科學儀器實施偵測鋼筋的輻射量，下列那一種不屬於充氣式偵檢器？ (A)游離腔偵檢器 (B)閃爍偵測器 (C)比例計數器 (D)蓋革計數器。

閃爍體探測器是利用電離輻射在某些物質中產生的閃光來進行探測的，也是目前應用最多、最廣泛的電離輻射探測器之一。

9. (BD) 請問下列那一種瓷磚的瓷化度是屬於半瓷化？ (A)瓷質瓷磚 (B)石質瓷磚 (C)陶質瓷磚 (D)缸質瓷磚。

瓷磚的吸水率來分，吸水率小於 0.5%為全瓷，大於 10%則為陶，而介於兩者之間的為半瓷。全瓷磚燒制時的溫度大於 1200 度，胚體的吸水率低，受熱後的延展率低，燒成品硬度高、不易碎裂、抗污性能高、吸水率低、平整度好。半瓷化瓷磚燒制溫度不足 1200 度，胚體吸水率比全瓷高，受熱後延展率高，所以燒成品硬度低、易碎裂、易滲透、光澤度也不好。

10. (B) 瀝青黏度試驗係以眞空毛細管黏度計測定瀝青材料之絕對黏度，請問絕對黏度選用的溫度是攝氏幾度？ (A) 30 (B) 60 (C) 100 (D) 135。

以眞空毛細管黏度計在溫度 60°C 時，測定瀝青材料之絕對黏度

[111-5-2]

有一道路工程採用瀝青混凝土鋪面，在施工過程中及完工後的相關檢驗測試工地主任都必須嚴格遵守相關規範以確保完工品質。請回答下列問題：

11. (B) 道路完成後之路面平整度以 3 m 長之直規或平坦儀沿平行或垂直於路中心線之方向檢測時，底層與面層完成面任一點高低差不得超過的標準為何？ (A)底層± 0.3 cm，面層± 0.6 cm (B)底層± 0.6 cm，面層± 0.3 cm (C)底層± 0.5 cm，面層± 1.0 cm (D)底層± 1.0 cm，面層± 0.5 cm。

底層與面層完成面任一點高低差不得超過的標準爲：底層± 0.6 cm，面層± 0.3 cm。

12. (B) 下列有關馬歇爾穩定值試驗的敘述何者正確？ (A)將瀝青膠泥混凝土試體浸入 30 ± 1°C之恆溫水箱中 (B)徹底清洗擦拭試體夾頭的表面，並保持在 21～38°C之溫度 (C)開動油壓馬達，帶動千斤頂以每分鐘 1 吋之應變上升施加壓力於試體上 (D)若試體之高度不爲 2 吋，則其穩定值需進行修正。

(A)將瀝青膠泥混凝土試體浸入 60°C之恆溫水槽 30～40 分鐘。

(C)開動油壓馬達，帶動千斤頂以每分鐘 2 吋之應變上升施加壓力於試體上。

(D)若試體之高度不爲 2.5 吋(6.35cm)，則其穩定值需進行修正。

13. (D) 下列有關瀝青混凝土鋪築與滾壓作業的敘述何者<u>錯誤</u>？ (A)鋪築機鋪築時瀝青混合料之溫度不得低於 120°C (B)膠輪壓路機之滾壓速度，每小時不得超過 5 km (C)鐵輪壓路機之滾壓速度，用於初壓時每小時不得超過 3km (D)分層鋪築時，其各層縱橫接縫不得築在同一垂直面上，橫向接縫至少應相距 15cm。

分層鋪築時，其各層縱橫接縫，不得築在同一垂直面上，縱向接縫至少應相距 15cm，橫向接縫至少應相距 60cm。如爲雙車道時，路面頂層之縱向接縫，宜接近路面之中心位置，兩車道以上時，宜接近分道線。

[109-9-1]

14. (A) 國際標準 ISO 9000(2000 年版，即 CNS 12680)對品質的定義爲「一組______特性滿足要求之程度」，前述空格爲下列何者？ (A)固有的 (B)永久的 (C)需求的 (D)產品的。

CNS 12680 對品質的定義爲「一組固有的特性滿足要求之程度」。

15. (A) 若要求取土壤剪力強度，現地須使用下列哪種方式取得不擾動土壤試體？ (A)薄管取樣 (B)標準貫入試驗 (C)劈管取樣 (D)現場工地密度試驗。

解析

薄管取樣：
在一般的土壤鑽探中，要取得不擾動土樣，係利用薄管取樣。在到達預定取樣深度時，利用油壓將厚度小的不銹鋼管，以靜壓方式壓入土中，取得不擾動土樣。

[109-9-2]

16. (C) CBR(加州載重比)試驗所使用圓柱貫入棒之面積約爲多少？ (A)1 in^2 (B)2 in^2 (C)3 in^2 (D)4 in^2。

解析

CBR(加州載重比)試驗所使用圓柱貫入棒之面積爲 3 in^2。

17. (A) 下列那一個量不是應用流網可以得到的？ (A)滲透性數 (B)滲流量 (C)滲流壓力 (D)滲流速度。

解析

在透水土壤介質中水隨著流線(flow line)由上游流向下游。在同一條等勢線(equipotential line)上各點的能量水頭都是一樣的。將一群流線和等勢線組合在一起稱之爲流網(flow net)。流網無法得到滲透性數。

有一道路工程採用瀝青混凝土鋪面，在施工中及完工後欲進行相關試驗以確保完工品質。請回答下列問題：

18. (A) 下列有關針入度試驗的敘述何者錯誤？ (A)貫入深度以十分之一公分爲一單位 (B)針入度的大小可用來表示瀝青膏之等級分類 (C)針入度小者表示較硬 (D)未特別註明時，以溫度 25°C，荷重 100 公克，時間爲 5 秒之針入度爲標準。

瀝青針入度試驗係 25°C 樣品，試驗針以 100 g 重量刺入 5 秒鐘之深度(0.1 mm)。

19. (A) 下列有關黏度試驗的敘述何者正確？ (A)試樣準備時需加熱至 135°C ± 5.5°C (B)加熱時應盡量將空氣拌入試樣內 (C)以眞空毛細管黏度計在溫度 50°C 時，測定瀝青材料之絕對黏度 (D)黏度單位是帕斯卡。

(B)加熱時不可將空氣拌入試樣內。
(C)以眞空毛細管黏度計在溫度 60°C 時，測定瀝青材料之絕對黏度。
(D)黏度單位是 mPa·s，帕斯卡是國際單位制(SI)的壓力單位。粘度越大表示瀝青越硬。

20. (D) 施工完成後進行平整度與厚度檢驗，請問下列何者正確？ (A)平整度的檢驗以 5 m 長的直規或平坦儀進行 (B)面層完成面任一點的高低差不得超過 ± 0.5 cm (C)鋪面完成後每 500 m^2，鑽取一件樣品 (D)檢測後任何一點之厚度不得少於設計厚度 10%以上。

(A)平整度的檢驗以 3 m 長的直規或平坦儀進行。
(B)面層完成面任一點的高低差不得超過 ± 0.6 cm。
(C)鋪面完成後每 1000 m^2，鑽取一件樣品。

[109-5-1]

21. (B) 「品質是所有特性的全部，包括決定商品或服務是否能滿足使用者之目的的績效。」是以下哪個機構對品質的定義？ (A)美國材料試驗協會 (B)日本工業規格協會 (C)國際標準組織 (D)中國國家標準。

一、 Deming：品質是由顧客來衡量，是要滿足顧客需求，讓顧客滿意的。

二、 JIS Z8101：品質是所有特性的全部，包括決定商品或服務是否能滿足使用者之目的的績效。

三、 ISO 9000：品質是商品或服務之所有具有能滿足明確的或隱含的需要之能力的特性、特質的全部。

22. (B) 呆料是指物料幾年內無耗用紀錄者？ (A)二年 (B)三年 (C)四年 (D)五年。

呆料是指物料三年內無耗用紀錄者。

23. (C) 不合格物料與器材之管制方法如下：1. 錯用物料或器材之重新施工規定。2. 修補規定。3. 瑕疵物料或器材之重新分等作選擇性之使用。4. 不合格物料或器材之拒收或報廢。以上哪兩項應應遵照書面程序重新辦理檢驗？ (A)第 1 項、第 2 項 (B)第 3 項、第 4 項 (C)第 1 項、第 4 項 (D)第 2 項、第 3 項。

應遵照書面程序重新辦理檢驗：

一、 錯用物料或器材之重新施工規定。

二、 不合格物料或器材之拒收或報廢。

24. (C) 標準貫入試驗在求得打擊次數(N 值)，操作時分別記錄三段貫入深度 15 cm 的打擊數。若第一段打擊數 ＝2，第二段打擊數 ＝3，第三段打擊數 ＝4，則其 N 值 ＝？ (A)5 (B)6 (C)7 (D)9。

標準貫入試驗：依 ASTM D 1586(土壤貫入試驗和劈管取樣法)之規定辦理，應備有 65.3 kg(140 lb)重錘，與打樁頭各一個及允許自由落下長 760 mm(30 in)之導引裝置一套，落錘時能量不可因導引裝置及錘間之摩擦而損失。貫入所用連接鑽桿，外徑爲 41.2 mm，內徑爲 28.5 mm 之鋼製鑽桿(A Rod)。以規定重錘用自由落高 760 mm 將取樣器貫入土層，紀錄每貫入 15 cm 之打擊次數，以第二及第三個貫入 15 cm 之打擊次數和作爲貫入阻抗 N 值，若打擊超過 100 下而貫入深度未達 45 cm 時，可停止試驗，此時應紀錄總打擊次數和總貫入深度，或以最後 30 cm 之相對打擊次數作爲 N 值。

第二段打擊數 ＝3，第三段打擊數 ＝4，故 2 次相加 3＋4＝7。

[109-5-2]

25. (　A　) 請問計算相對夯實度所用之最大乾單位重可利用何種試驗求得？　(A)夯實試驗　(B)直接剪力試驗　(C)壓密試驗　(D)工地密度試驗。

解析

土壤標準夯實試驗可了解乾土重與含水量之關係，並藉以求得土壤之最大乾土單位重和最佳含水量。

有一地上 15 層地下 3 層的大樓興建工程，其工址土層依照統一土壤分類結果均爲 SW，擬採用連續壁進行擋土開挖。請回答下列問題：

26. (　C　) SW 代表以下何種土壤？　(A)級配優良礫石　(B)級配不良礫石　(C)級配優良砂土　(D)級配不良砂土。

解析

(A)級配優良礫石：GW

(B)級配不良礫石：GP

(C)級配優良砂土：SW

(D)級配不良砂土：SP

礫石：G，砂土：S，粉土：M，黏土：C，不良級配：P，優良級配：W

27. (　D　) 下列那一項試驗<u>不是</u>進行穩定液品質控制會進行的檢測？　(A)黏滯性量測　(B)比重檢測　(C)酸鹼值測定　(D)穩定值測定。

一、 黏滯性量測：透水性高之細砂或礫石：55～60 秒，一般土層時：32～36 秒

二、 比重檢測：1.0～1.1

三、 pH 值：7～12

四、 含砂量：鑽掘中≦1%，澆置混凝土前≦1%

28. (D) 土壤的濕土單位重及含水量量測結果分別爲 18 kN/m^3 及 10%，請問此土壤的乾土單位重爲多少 kN/m^3？ (A)20 (B)19.80 (C)16.2 (D)16.36。

含水量 ω = mW 水單位重/Ms 乾土單位重，水單位重 ＝ 濕土單位重 － 乾土單位重，10% = (18 − ms) / ms，ms = 16.36 kN/m^3。

[109-1-2]

29. (A) 下列那一個土壤參數<u>不是</u>由體積關係定義出來的？ (A)含水量 (B)飽和度 (C)孔隙率 (D)孔隙比。

(A)含水量(Moisture content) = 水之重量(W_w) / 土壤固體之重量(W_s) × 100(%)

(B)飽和度(degree of saturation)S，乃孔隙中水之體積(V_w)與孔隙體積之比(V_v)，通常以百分比表示之。$S = V_w / V_v$

(C)孔隙率(Porosity)n，爲孔隙體積(V_v)和土壤試體體積之比(V)，$n = V_v / V$

(D)孔隙比(Void ratio)e，土體中孔隙(V_v)和土壤固體體積之比(V_s)，$e = V_v / V_s$

[108-9-1]

30. (C) 統一土壤分類法以幾號篩以下爲沉泥與黏土？ (A)100 號篩 (B)170 號篩 (C)200 號篩 (D)270 號篩。

礫石：顆粒大於 4.76 mm(# 4 篩)。

砂土：顆粒介於 4.76 mm(# 4 篩)與 0.075 mm(# 200 篩)間。

沉泥(粉土)：顆粒介於 0.075 mm(# 200 篩)與 0.002 mm 間。

黏土：顆粒小於 0.002 mm。

31. (　A　) 對於邊坡穩定監測，承包商須妥擬監測計畫書，於施工前多久日程送工程司核可備查？　(A)2 週　(B)3 週　(C)4 週　(D)1 個月。

解析

公路工程施工規範：承包商須妥擬監測計畫書，於施工 2 週前送工程司核可備查。

一矩形平面基地，測得長為 110.25 m，中誤差為 0.12 m，寬為 50.60 m，中誤差為 0.10 m。請回答下列問題：

32. (　A　) 計算此基地面積時，其中誤差為何？　(A)12.59 m^2　(B)34.19 m^2　(C)17.10 m^2　(D)0.012 m^2。

$L = 110.25\text{m} \ \pm \ 0.12 \text{ m}$

$B = 50.60\text{m} \ \pm \ 0.10 \text{ m}$

$$A = L \times B \cdot \frac{\partial A}{\partial L} = B, \frac{\partial A}{\partial B} = L$$

$$M_A = \pm\sqrt{(\frac{\partial A}{\partial L})^2 \times M_L^2 + (\frac{\partial A}{\partial L})^2 \times M_B^2}$$

$$= \pm\sqrt{50.60^2 \times 0.12^2 + 110.5^2 \times 0.10^2}$$

$$= \pm\sqrt{36.869 + 121.551}$$

$$= \pm\sqrt{158.42} = \pm 12.587\text{m}^2$$

規劃在山坡地建築大型住宅社區，請回答下列問題：

33. (B) 鑽探所獲得之岩心放置於岩心箱，其 10 m～11 m 之岩心長度依序為：8 cm，2 cm，35 cm，5 cm，20 cm，15 cm，5 cm，6 cm，4 cm，則該段之 RQD(岩石品質指標)為： (A)100% (B)70% (C)55% (D)35%。

以岩心取樣管鑽取岩心樣品，每一鑽入長度 X 之中，長度超過 10 公分以上的岩心合計長度 Z 所佔的百分率，稱為岩石品質指標，即：RQD 之數值。RQD 大者，表示岩盤較為連續而少裂縫，若體強度較高、壓縮性較小、而透水性較低；RQD 小者，表示岩盤裂縫多，力學性質較劣。

$(35 + 20 + 15) / (8 + 2 + 35 + 5 + 20 + 15 + 5 + 6 + 4) \times 100\% = 70\%$

34. (B) 對於地層中的移動量(滑動)觀測，應該使用何種儀器進行安全監測？(A)沉陷點 (B)傾度儀 (C)地錨荷重計 (D)尺式伸縮儀。

傾斜儀用於監測鑽孔中傾度管的變形量。在大地工程中測管傾斜儀測量方式使用高科技傾角測量技術，用來監測結構物的變形，如深開挖基地、鐵公路路基、邊坡穩定等。

35. (D) 在填土工程進行時，各層回填土壤滾壓完成後，可利用工地密度試驗及下列何種檢驗確認填築完成之土壤是否合乎約定壓實度之要求 (A)含水量試驗 (B)單向度壓密試驗 (C)阿太堡限度試驗 (D)滾壓檢驗。

使用材料為含石塊為主之土壤所進行之石堤填築時，通常之檢驗法為滾壓檢驗(Proff Rolling)，此法係以後軸雙輪且後軸載重在 8 噸以上，輪胎壓力為 7 kg / cm^2 之載重卡車行駛於整個路基面至少三次以上，判斷標準為不產生移動或裂痕、凹陷者為合格，在工地實務上，此法能得更佳之壓實控制。

[108-9-2]

36. (　D　) 硬固混凝土試驗時那一因素會使強度提高？　(A)試體尺寸增加　(B)試體飽和　(C)溫度增加　(D)加壓速率增加。

混凝土圓柱試體之加壓速率，一般介於 1.5～3.5 kg / cm^2-sec 即可，若提高加壓速率時，此項動作反而變相提高混凝土的抗壓強度。

37. (　C　) 依現行 CNS 560 之熱處理鋼筋判定法，可依下列何種硬度測試法進行測試，當中心點與圓周邊緣 2 mm 處之數值差 40 Hv 以上時，則證明爲線上熱處理鋼筋　(A)洛氏硬度測試　(B)蕭氏硬度測試　(C)維克氏硬度測試　(D)勃氏硬度測試。

維氏硬度試驗使用正四稜錐形的金剛石壓頭，其相對面夾角爲 136°。由於其硬度極高，金剛石壓頭可以用於壓入幾乎所有材料，而且稜錐的形狀使得壓痕和壓頭本身的大小無關。將壓頭用一定的負荷(試驗力)壓入被測材料表面。保持負荷一定時間後，卸除負荷，測量材料表面的方形壓痕之對角線長度。對相互垂直的二對角線長度(l_1和 l_2)取其算術平均值。

38. (　B　) 各類型之陶瓷面磚，施工前品質特性之力學強度檢測重點，係以下列何種強度爲主？　(A)抗壓強度　(B)抗折強度　(C)抗拉強度　(D)抗剪強度。

面磚之彎曲破壞載重及抗彎強度，依 CNS3299-4 之規定施行測定。惟不適用於各邊在 50 mm 以下之面磚。

39. (　C　) 請問下列那一種瓷磚的瓷化度最低？　(A)瓷質瓷磚　(B)石質瓷磚　(C)陶質瓷磚　(D)缸質瓷磚。

- 瓷質瓷磚：高溫燒成，如係一次成型者，其面釉亦須耐高溫耐磨，不吸水，有釉面色感，宜用於門廳及須裝飾的地方以顯示其材質之珍貴。
- 石質瓷磚：原名火石質，未上釉面但已達瓷化者稱之石質磁磚。因無釉面，所以面心顏色一致，因瓷化耐磨，適用於公共場所地坪及寒帶地區。
- 陶質瓷磚：窯燒時間只達陶化階段，故吸水率高，抗壓強度底，面用低溫釉彩，不耐磨，只宜內裝壁面，不適用於地坪。
- 缸質瓷磚：半瓷質瓷磚，未達瓷化程度，抗壓耐磨度稍高，可用於內外裝及地坪，唯公共場所及寒帶地區不宜使用。

40. (C) 加州載重比試驗所用之壓桿的直徑及加壓速率爲何？ (A)直徑 5 cm，加壓速率 0.5 mm / min (B)直徑 7.5 cm，加壓速率 0.5 mm / min (C)直徑 5 cm，加壓速率 1 mm / min (D)直徑 7.5 cm，加壓速率 1 mm / min。

加州載重比試驗：(California bearing ratio，縮寫爲 CBR)是一種用來評估道路基層材料機械強度的滲透測試。
該試驗的方法是測量用一標準面積(3 in^2)的壓頭貫入土壤樣品的壓力。測出這個壓力後，除以標準壓力，即以相同貫入度壓進標準碎石材料所需的壓力，便得到 CBR 值。CBR 值越高，土壤表面越硬。被開墾的農田的 CBR 約爲 3，草皮或濕黏土的 CBR 約爲 4.75，潮濕沙土的 CBR 則可能達到 10。高質量碎石的 CBR 超過 80。標準壓力是依據加州碎石灰岩，它的 CBR 爲 100。
其所用之壓桿的直徑及加壓速率爲：直徑 5 cm，加壓速率 1 mm / min。

41. (B) 無特別規定時，混凝土抗壓強度 fc'爲混凝土幾天齡期的抗壓試驗強度？(A)7 天 (B)28 天 (C)56 天 (D)90 天。

解析

混凝土結構設計規範：混凝土抗壓強度 fc'爲混凝土 28 天齡期的抗壓試驗強度。

[108-5-2]

42. (　D　) 輻射鋼筋檢測是檢測下列那一種輻射？　(A)磁輻射　(B)熱輻射　(C)可見光輻射　(D)游離輻射。

解析

輻射鋼筋是於鋼鐵廠製造過程中，不小心將放射性物質鈷 60 誤熔所致。放射性物質鈷 60 為一種游離輻射。

43. (　B　) 油漆類裝修材料在施工前應先檢查油漆材料之黏度：當室溫 25°C 時，黏度應在何範圍內？　(A)20 KU～50 KU　(B)70 KU～100 KU　(C)120 KU～150 KU　(D)170 KU～200 KU。

解析

主要供建築室內水泥或石灰牆面粉刷用

項目	品質
容器內狀態	易於調勻，無結塊現象。
施工性	刷塗與滾塗作業良好，無滯刷現象。
塗膜外觀	塗膜均勻平滑，無起泡，流痕及高低不平等現象。
黏度	70 至 100 克氏單位(KU) (25°C)
重量	1.2 kg / 1 以上。
遮蓋力	7 cm^2 / 1 以上。
研磨細度	60 微米(μm)以下。
乾燥時間	1 小時以內(25°C)。塗裝間隔時間至少 1 小時
屈曲性	經直徑 6 mm 圓棒屈曲試驗，無龜裂、剝離現象。
耐水性	室內用者經 18 小時浸水試驗，無溶解、起泡、剝離現象。
耐鹹性	經 18 小時浸石灰水試驗，無溶解、起泡、剝離現象。
耐洗性	經 200 次往返洗濯試驗，塗膜無顯著磨損及破裂現象。
儲存安定性	正常儲存條件下，12 個月內，易於調勻，無結塊、變厚等現象。
不揮發成份	45 %以上。
溶劑	以清水為溶劑及調薄劑乾燥快，附著力強。

44. (D) 帷幕牆固定鐵件測試，其垂直力及水平力均須達到設計強度幾倍以上，始爲合格？ (A)1.25 倍 (B)1.50 倍 (C)1.75 倍 (D)2.0 倍。

解析

帷幕牆固定鐵件測試，其垂直力及水平力均須達到設計強度 2.0 倍以上，始爲合格。

45. (B) 有一標稱爲3012之鋼模，其寬度許可差爲多少？ (A) − 0.5 mm～+ 0.5 mm (B) − 0.9 mm～+ 0.6 mm (C) − 1.2 mm～+ 0.8 mm (D) − 1.7 mm～+ 1.3 mm。

寬度許可差 − 0.9 mm～ + 0.6 mm。

長度許可差 − 1.7 mm～ + 1.3 mm。

46. (C) 混凝土澆置施工時，常需在現場進行取樣及試驗，下列何者較不經常實施？ (A)坍度試驗 (B)氯離子含量試驗 (C)混凝土配比試驗 (D)圓柱抗壓試體製作。

混凝土配比試驗需再混凝土澆置施工前確定配比，配比設計所提送資料中至少須包括下列資料：

一、 水泥及添加物照第 03052 章 1.5 項「資料送審」之各款文件。

二、 水泥須符合 CNS 61 或 CNS 15286 之型別。

三、 粒料物理性質試驗結果。

四、 粗、細粒料之級配及混合後之級配資料，列成表格及線圖。

五、 粒料、礦物摻料與水泥之比重。

六、 水與水泥之重量比，或水與膠結料之重量比。

七、 坍度或坍流度。

八、 混凝土抗壓強度(fc')。

九、 配比設計之要求平均抗壓強度(fc')。

需在現場進行取樣及試驗項目：

一、 坍度或坍流度試驗。

二、 氯離子含量試驗。

三、 現場溫度試驗。

四、 圓柱抗壓試體製作。

47. (　C　) 德國在 1980 年提出流動化混凝土的標準定義爲「具流動之混凝土，其坍度介於多少範圍」？ (A)100～150 mm (B)220～280 mm (C)180～230 mm (D)150～180 mm。

流動化混凝土之概念在 1980 年就被德國提出，依標準定義爲「具流動之混凝土，其坍度由 180～230 mm 範圍」，在「混凝土工程規範與解說」中，係參照美國的「流動性混凝土最高坍度爲 180 mm」，此種混凝土可減少勞力、低振動能量，快速施工、泵送容易，產生均勻性外觀，無泌水蜂窩，特別適合於鋼筋量過密的區域，尤其台灣耐震地區之設計，台灣目前採用的自充填混凝土(SCC)即依此觀念而設計。由於超高性能強塑劑的開發使用，加速「流動化混凝土」及「自填充混凝土」的廣泛應用，但仍須注意應降低拌和水量，以防止嚴重泌水及析離的問題。

[108-1-2]

依現行 CNS 560 規範，鋼筋混凝土用鋼筋類別共分七種，分別爲 SR240、SR300、SD280、SD280W、SD420、SD420W、SD490。試回答下列問題：

48. (　D　) 鋼筋類別中之 SR 代表 (A)水淬鋼筋 (B)加釩鋼筋 (C)竹節鋼筋 (D)光面鋼筋。

一、 竹節鋼筋。SD

二、 光面鋼筋：SR

三、 240，300，280，320，490，SD280 代表 2,800 抗拉強度(kgf / cm^2)

四、 W 可銲接鋼筋

49. (　B　) 下列哪一種鋼筋不能符合 SD280W 之要求？ (A)降伏點爲 300 N / mm^2，抗拉強度爲 450 N / mm^2 (B)降伏點爲 360 N / mm^2，抗拉強度爲 430 N / mm^2 (C)降伏點爲 290 N / mm^2，抗拉強度爲 440 N / mm^2 (D)降伏點爲 370 N / mm^2，抗拉強度爲 480 N / mm^2。

依據內政部混凝土結構設計規範耐震設計之特別規定：實測降伏強度不得超出規定降伏強度 f_y 達 1,200 kgf / cm^2 以上，即降伏應力不得超過 5,400 kgf / cm^2 (= 4,200 kgf / cm^2 + 1,200 kgf / cm^2)，且實測極限抗拉強度與實測降伏強度之比值不得小於 1.25。

280W 抗拉強度 / 降伏強度 ＝ 不得小於 1.25

(A)450 / 300 = 1.5

(B)430 / 360 = 1.19

(C)440 / 290 = 1.517

(D)480 / 370 = 1.297

50. (D) 茲有一 D22 之 SD280W 鋼筋，欲進行彎曲試驗，下列敘述何者不正確？ (A)彎曲直徑應為 88.8 mm (B)彎曲角度為 180 (C)可依 CNS 3941 之捲彎法執行 (D)可獲得此鋼筋之抗彎強度。

現階段鋼筋抗彎試驗除 SD490 彎曲角度為 90°外，其餘級數鋼筋之彎曲角度為 180°，由於彎曲試驗僅為目視判斷過程(不得有橫向裂縫發生於彎曲部分之外側或其他有害之缺陷)，無強度數值，其不合格的比率甚低。

51. (D) 混凝土的孔隙水的酸鹼值(pH)約為多少？ (A)3～4 (B)6～8 (C)9～10 (D)12～13。

水泥中的鹼性物質如氫氧化鈣、氫氧化鉀、氫氧化鈉提供了鹼性環境，使得鋼筋表面形成了一層鈍化保護膜。一般說來，水泥 pH 值在 12，孔隙間的游離水大約(pH)12.5～3.5。

[107-9-1]

52. (A) 「輕質混凝土」之平均 28 天抗壓強度最低應為多少 kgf/cm^2？ (A)175 kgf/cm^2 (B)185 kgf/cm^2 (C)210 kgf/cm^2 (D)245 kgf/cm^2。

根據國家標準(CNS 3691 A2046)的定義，輕質骨材混凝土(Lightweight Aggregate Concrete；簡稱 LWC 或 LAC)最大平均單位重不大於 1,840 kg / m^3，最小平均 28 天抗劈、張力強度 20(kgf / cm^2)，最小平均 28 天抗壓強度 175(kgf / cm^2)。

53. (C) 土壤之阿太堡試驗的塑性指數值愈大，下列敘述何者正確？ (A)此時之土壤已進入固性狀態 (B)土壤已進入液態狀態 (C)土壤具有之塑性範圍愈大 (D)土壤黏土含量愈低。

- 阿太堡限度(Atterberg limits)，是指土壤的各個結持度階段間的分界點含水量。根據流限含水量的高低，分爲液限(LL)、塑限(PL)。
- 塑性指數(plastic index，PI)指塑性結持度的含水量範圍，PI 值是液限與塑限的含水量之差。它的大小與小於 5 微米的細土粒含量呈線性正相關，故可以反映土壤質地的情況。土壤 PI 範圍在土工試驗中十分重要，因爲，土壤的最大剪切力、最大壓縮量和最大粘著力均在此範圍內發生，水膜粘結力也在此範圍內接近最大值。

[107-9-2]

54. (B) 商業化的鐵製品可分爲熟鐵、鋼及鑄鐵三類，主要是依照以下何者含量的不同來區分？ (A)鐵 (B)碳 (C)錳 (D)矽。

- 熟鐵的碳含量都在 0.1%以下，富延展性，適合高溫鍛接。
- 鋼的含碳量介於生鐵與熟鐵之間，兼有生鐵與熟鐵的優點。
- 生鐵一般指含碳量在 2～4.3%的鐵的合金，又稱鑄鐵。

55. (D) 橡化瀝青防水膜施作時需對柏油進行查核，查核項目不包含以下何者？ (A)軟化點 (B)針入度 (C)蒸發量 (D)密度。

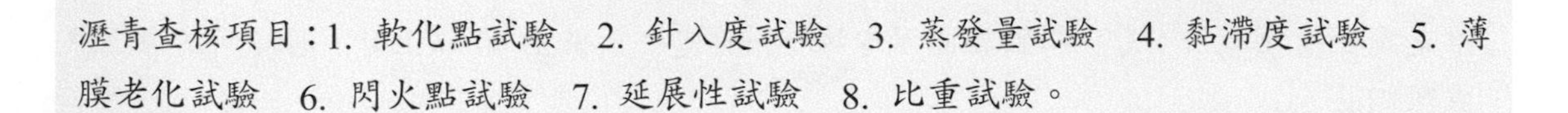

瀝青查核項目：1. 軟化點試驗　2. 針入度試驗　3. 蒸發量試驗　4. 黏滯度試驗　5. 薄膜老化試驗　6. 閃火點試驗　7. 延展性試驗　8. 比重試驗。

56. (C) 加州載重比試驗使用之壓桿直徑與加壓速率分別爲多少？ (A)50 mm、1 cm / min (B)60 mm、1 cm / min (C)50 mm、1 mm / min (D)60 mm、1 mm / min。

加州承載比(California Bearing Ratio，縮寫爲 CBR)定義爲貫入相同深度的土壤與標準碎石所需應力的比值，CBR 值可利用於控制施工品質、設計柔性路面及機場跑道鋪築厚度；現地試驗步驟如下：首先，將現場設置壓桿，使直徑 5 cm 的之圓形壓桿，以 1 mm / min 之速度貫入土壤，其次，旋轉轉盤，測試貫入土壤深度爲 2.5、5、7.5、10、12.5 mm 所需之載重大小，最後，求得各階段土壤所需的應力後，再利用公式，即可求得各階段的 CBRi 值，其中，取最大值爲代表。

57. (C) 若黏土在滾壓夯實之含水量小於此黏土之最佳含水量(即在乾側)，請問此夯實土壤之滲透性與強度如何？ (A)滲透性低、強度低 (B)滲透性低、強度高 (C)滲透性高、強度高 (D)滲透性高、強度低。

最佳含水量(在乾側)代表土壤之滲透性低、強度也會越高。

[107-5-2]

58. (A) 進行混凝土抗壓試驗時，下列對混凝土強度的影響何者<u>不正確</u>？ (A)試驗時溫度愈高強度愈高 (B)烘乾狀況下強度會提高 (C)試體尺寸愈大所得強度會愈低 (D)加壓速率愈快強度愈高。

試驗時溫度愈高強度不會愈高，但養護溫度愈高強度會愈高。

59. (C) 依現行 CNS 560 之熱處理鋼筋判定法，可依下列何種硬度測試法進行測試，當中心點與圓周邊緣 2 mm 處之數值差 40 以上時，則證明爲線上熱處理鋼筋 (A)洛氏 (B)蕭氏 (C)維克氏 (D)勃氏。

維克氏硬度測試法：當中心點與圓周邊緣 2 mm 處之數值差 40 以上時，則證明爲線上熱處理鋼筋。

60. (D) 土壤夯實實驗中，最大乾單位重係作爲工地滾壓檢驗壓實度之標準值，其意義是指下列何項？ (A)在同一夯實能量下，含水量與土壤密度關係曲線中，各組乾單位重之平均值 (B)在同一夯實能量下，含水量與土壤密度關係曲線中，各組中最高含水量相對之乾單位重值 (C)在同一夯實能量下，含水量與土壤密度關係曲線中，各組中最低含水量相對之乾單位重值 (D)在同一夯實能量下，含水量與土壤密度關係曲線中，頂點(最大)所對應之乾單位重值。

最大乾單位重係作爲工地滾壓檢驗壓實度之標準值，其意義是指在同一夯實能量下，含水量與土壤密度關係曲線中，頂點(最大)所對應之乾單位重值。

[107-1-2]

61. (A) 史密特衝鎚法可用來推算混凝土的何種參數？ (A)抗壓強度 (B)動彈性係數 (C)密度 (D)厚度。

解析

史密特衝鎚法(Rebound Hammer Method)又稱爲反彈錘法，利用史密特衝錘(Schmidt Hammer or Swiss Hammer)撞擊混泥土表面後，以其反彈數(Rebound Number)來求得混凝土表面的硬度，並來推測其抗壓強度。

62. (C) 鑑定輻射鋼筋之規定標準，以鋼筋表面之加馬劑量率超過下列何者爲鑑定標準？ (A)0.3 微西佛／小時 (B)0.4 微西佛／小時 (C)0.5 微西佛／小時 (D)0.6 微西佛／小時。

輻射污染鑑定標準鑑定輻射污染鋼鐵材之標準規定如下：(一)以鋼鐵材表面之加馬劑量率超過 0.5 微西弗／小時(即 0.5 μS v / h)或 50 微侖目／小時(即 50 μ rem / h)爲鑑定標準(包括背景輻射)。(二)以污染偵測儀器計測率超過背景輻射之五倍值爲鑑定標準。

63. (D) 經土壤試驗得知某砂性土壤之最小孔隙比為 0.65，最大孔隙比為 0.90，試問該砂土相對密度為 80%時之孔隙率為？ (A)0.85 (B)0.70 (C)0.46 (D)0.41。

最大孔隙比 − 相對密度×(最大孔隙比 − 最小孔隙比) = 孔隙比

$0.9 - 80\% \times (0.9 - 0.65) = 0.7$；

孔隙率 = 孔隙比 / (1 + 孔隙比) = $0.7 / (1 + 0.7) = 0.41$

64. (C) 竹節鋼筋之標稱直徑，在竹節鋼筋相關機械性質試驗與節之尺度中，係一重要之計算基準。試問下列何種機械性質試驗或節之尺度要求基準，與『標稱直徑』<u>無關</u>？ (A)伸長率量測之標點距離 (B)彎曲直徑 (C)單位質量 (D)節距平均值。

竹節鋼筋之標稱直徑與單位質量無關，質量的單位是公斤，與裡面的材質有關。

65. (C) 重質混凝土遮障輻射能的效果與其密度有關，密度愈大則遮障效率愈佳，而粒料中含何物的量愈多時，可用以隔離或沖淡伽瑪射線及沖淡中子射線的效果愈好？ (A)高量固定型「中性水」 (B)高量固定型「鈦離子水」 (C)高量固定型「氫水」 (D)高量固定型「王水」。

重質混凝土遮障輻射能的效果與其密度有關，密度愈大則遮障效率愈佳，而粒料中含高量固定型「氫水」量愈多，因為水中之氫提供非常有效的「沖淡作用」，故可用以隔離或沖淡伽瑪射線及沖淡中子射線。硼的添加物也常用來增加對中子的遮障效能。

[106-9-1]

66. (B) 下列何者<u>不屬於</u>標準貫入試驗規定事項？ (A)試驗目的在求得打擊數(N值) (B)夯擊取樣器入土 45 cm(18 in)時所需之錘數，即為標準貫入試驗之打擊數 N 值 (C)試驗時分別記錄三段均為 15 cm 貫入深度之打擊次數 (D)應察看取樣器之土樣是否為未經沖洗之土樣，藉此可決定土樣之取捨。

標準貫入試驗：依 ASTM D1586(土壤貫入試驗和劈管取樣法)之規定辦理，應備有 65.3 kg (140lb)重錘，與打樁頭各一個及允許自由落下長 760 mm(30in)之導引裝置一套，落錘時能量不可因導引裝置及錘間之摩擦而損失。貫入所用連接鑽桿，外徑爲 41.2 mm，內徑爲 28.5 mm 之鋼製鑽桿(A Rod)。以規定重錘用自由落高 760 mm 將取樣器貫入土層，紀錄每貫入 15 cm 之打擊次數，以第二及第三個貫入 15 cm 之打擊次數和作爲貫入阻抗 N 值，若打擊超過 100 下而貫入深度未達 45 cm 時，可停止試驗，此時應紀錄總打擊次數和總貫入深度，或以最後 30 cm 之相對打擊次數作爲 N 值。

[106-9-2]

某一工程因工程特性需要提高混凝土的早期強度，並進行必要的試驗以確保混凝土品質符合設計規定。

67. (　A　) 水泥的主要成份爲矽酸三鈣(C_3S)、矽酸二鈣(C_2S)、鋁酸三鈣(C_3A)和鋁鐵酸四鈣(C_4AF)，應該要增加何者的量來達到早強的目的？　(A)矽酸三鈣　(B)矽酸二鈣　(C)鋁酸三鈣　(D)鋁鐵酸四鈣。

矽酸三鈣(C_3S)：主要水化熱來源 ＋ 提供早期強度。
矽酸二鈣(C_2S)：提供晚期強度。
鋁酸三鈣(C_3A)：主要水化熱來源。
鋁鐵酸四鈣(C_4AF)：抗硫酸鹽性能好，水化熱低。

68. (　A　) 養護時相對濕度稍小於 100%時，水泥仍然利用部份毛細管水而繼續水化作用，但是若相對濕度低於多少時，水泥之水化就幾乎會全面中止？　(A)80%　(B)85%　(C)90%　(D)95%。

養護時相對濕度低於 80%時，水泥之水化就幾乎會全面中止，水泥產生水化作用時需大量的水。

69. (B) 若混凝土試體未通過抗壓試驗的數量超過規定時，可採用鑽心試驗進一步估計結構體上混凝土的品質，依 ACI 及 CSA 規定，在至少需取三個試體之情況下，請問三個試體之平均值至少要在多少倍的設計強度(fc')之上？ (A)0.9 (B)0.85 (C)0.8 (D)0.75。

一、 一組試體爲三個，三個試體之平均值至少要在 0.85 設計強度(fc')之上。

二、 單一個試體之平均值至少要在 0.75 設計強度(fc')之上。

三、 同時滿足前 2 項規定，則判定該組混凝土試體合格。

[106-5-2]

70. (B) CNS SS400 及 CNS SS490 爲一般結構用鋼，此種材質對以下那兩種化學成分之含量有所限制？ (A)磷、錳 (B)磷、硫 (C)碳、錳 (D)碳、硫。

CNS 一般結構用鋼材(SS 系列)、銲接結構用鋼(SM 系列)以及建築結構用鋼(SN 系列)，SN 鋼材就是建築結構用鋼之標準，最能符合耐震設計性能需求。鋼材對化學成分的控制相當嚴謹，如降低碳、磷及硫等不利於鋼結構銲接含量，增加銲接性，尤其是高入熱量銲接。

一、 磷有極佳的肥粒鐵強化(Ferrite Strengthening)效應，使鋼材之硬度及強度增加。但在延展性及韌性方面卻相對不利。

二、 適量的磷(如 0.1%)有助鋼材之切削性、抗蝕性及耐磨性(Wear Resistance)，但因其偏析傾向極大，不易以熱處理消除，且和氧之親和力較強，不利於鋼之銲接性。

三、 硫爲容易偏析元素，含量太高對鋼材的韌性有不利的影響。

四、 隨著含硫量增加，鋼材的銲接性(Weldability)會隨著下降。

71. (A) 下列何者不是減少混凝土中總體用水量的優點？ (A)增加吸附水量 (B)增加抗風化能力 (C)增進抗壓及撓曲強度 (D)混凝土與鋼筋間有較佳之握裹力。

減少混凝土中總體用水量的優點：
一、 增加抗風化能力。
二、 增進抗壓及撓曲強度。
三、 混凝土與鋼筋間有較佳之握裹力。
四、 減少泌水。

72. (C) D22 竹節鋼筋的標稱直徑為 22.2 mm，其節距平均值的最大值約為多少？
(A)13.3 mm (B)14.4 mm (C)15.6 mm (D)16.7 mm。

D22 = # 7
速算法 $7 \times 2.2 = 15.4$，速算法適合粗略概算接近的值。

[106-1-2]

73. (C) 檢查電銲道的表面和內部品質之非破壞檢驗法中，利用 X 光之貫穿鋼料能力，將影像感光到銲道背部之底片，視底片顯像的結果以檢查銲道內部有無缺陷，下列何者是此方法的簡稱？ (A)PT (B)MT (C)RT (D)UT。

- 超音波檢測 Ultrasonic Testing(縮寫 UT)。
- 射線檢測 Radiographic Testing(縮寫 RT)。
- 磁粉檢測 Magnetic particle Testing(縮寫 MT)。
- 滲透檢驗 Penetrant Testing(縮寫 PT)。
- 渦流檢測 Eddy current Testing(縮寫 ET)。

74. (B) 金屬裝修材料須查核結構強度以確保下列何者之性質？ (A)接合性 (B)抗風性 (C)水密性 (D)平滑性。

金屬裝修材料須查核結構強度以確保抗風性。

混凝土抗壓強度為現行品質控制的標的物，一般可依據 CNS 1232「混凝土圓柱試體抗壓強度檢驗」規範來進行。試問：

75. (A) 理論上在其它因素相同之條件下，下列何者試體之抗壓強度會是最高？ (A)直徑 7.5 cm 高度 15 cm 之圓柱試體 (B)直徑 10 cm 高度 20 cm 之圓柱試體 (C)直徑 12 cm 高度 24 cm 之圓柱試體 (D)直徑 15 cm 高度 30 cm 之圓柱試體。

應力 $=P/A$，受壓面積越小(A)，試體之抗壓強度(應力)會最高。

76. (B) 依 ACI 之規定，混凝土鑽心試體之抗壓強度，下列何者正確？ (A)三個試體之平均值至少需 0.75 fc'以上，且其中個別試體不得低於 0.65 fc' (B)三個試體之平均值至少需 0.85 fc'以上，且其中個別試體不得低於 0.75 fc' (C)三個試體之平均值至少需 0.95 fc'以上，且其中個別試體不得低於 0.85 fc' (D)三個試體之平均值至少需 1.0 fc'以上，且其中個別試體不得低於 0.85 fc'。

混凝土鑽心試驗：

一、 應依照 CNS 1238 A3051 鑽取 3 個樣品並做試驗。

二、 以書面提出鑽心位置以及後續之修補鑽孔方法，並事先送請工程司核准。

三、 若 3 個混凝土鑽心試體之平均強度等於或超過 0.85 fc'，且任一混凝土鑽心試體之強度均不低於 0.75 fc'，則混凝土得按規定扣減付款後予以驗收。

四、 若鑽心試體不符合前款之規定，則經判定需拆除重作時或經補救後有條件接受，其費用由承包商自行負責。

五、 該混凝土「部分驗收」後，其鑽孔應依核准之方法予修補。

77. (A) 試體受壓時之含水狀態會影響抗壓強度。試問下列何種含水狀態之試體強度最高？ (A)烘乾 (B)氣乾 (C)面乾內飽和 (D)潮溼。

一、 烘乾狀態(OD)：烘乾狀態係將粒料置於溫度爲 105～115°C 的烘箱中，烘乾到恆重時之狀態。

二、 氣乾狀態(AD)：氣乾狀態係將粒料置於空氣中，自然風乾而放出水分，直至表面無水分，而其內部稍含水分，然未飽和狀態。

三、 面乾內飽和狀態(SSD)：面乾內飽和狀態係將粒料之表面無附著水，但內部孔隙皆爲水所飽和之狀態。

四、 濕狀態(wet)：濕潤狀態係粒料內部呈現飽和，且表面含有附著水之狀態。

[106-1-1]

78. (D) 原料經過製程處理，其形狀、尺寸、物理或化學性質已有一些改變，但尚未完成全部製程的物料，是下列何種稱謂？ (A)完成品 (B)物料 (C)供應品 (D)再製品。

原料經過製程處理，其形狀、尺寸、物理或化學性質已有一些改變，但尚未完成全部製程的物料，是爲再製品。

[105-9-2]

79. (C) 鑑定輻射鋼筋之規定標準，以鋼筋表面之加馬劑量率超過下列何者爲鑑定標準？ (A)0.3 微西佛／小時 (B)0.4 微西佛／小時 (C)0.5 微西佛／小時 (D)0.6 微西佛／小時。

輻射污染鑑定標準：

鑑定輻射污染鋼鐵材之標準規定如下：

一、 以鋼鐵材表面之加馬劑量率超過 0.5 微西弗／小時(即 0.5 μSv / h)或 50 微侖目／小時(即 50 μ rem / h)爲鑑定標準(包括背景輻射)。

二、 以污染偵測儀器計測率超過背景輻射之五倍值爲鑑定標準。

80. (D) 經土壤試驗得知某砂性土壤之最小孔隙比爲 0.65，最大孔隙比爲 0.90，試問該砂土相對密度爲 80%時之孔隙率爲？ (A)0.85 (B)0.70 (C)0.46 (D)0.41。

最大孔隙比 − 相對密度×(最大孔隙比 − 最小孔隙比) = 孔隙比

$0.9 - 80\% \times (0.9 - 0.65) = 0.7$

孔隙率 = 孔隙比 / (1 + 孔隙比) = 0.7 / (1 + 0.7) = 0.41

81. (C) 砂錐法試驗之主要目的爲何？ (A)量測現地土壤之強度 (B)量測現地土壤之滲透性 (C)量測現地土壤之密度 (D)量測現地土壤之壓縮性。

解析

現場密度試驗砂錐法：

土壤砂石最大粒徑 53 mm 以下，挖掘一直徑ϕ= 16.2cm 的圓孔，並以標準砂置換現地土壤後可測量圓孔體積、土壤含水比，與自然含水狀態下的土壤濕密度 pt 與土壤乾密度 pd。測量原理雖看似簡單但要精準計算出土壤體積卻是相當困難。由於體積測量方法相當多樣，同樣地也存在著多種現場密度試驗方法。

其中，砂錐法由於適用土質較多、精準度高，是最被爲廣泛使用的測量方法。

82. (C) 下列有關此配合設計試驗法之敘述，何者不正確？ (A)流度值係表示瀝青混凝土承受最大荷重時之變形量 (B)穩定值係表示瀝青混凝土試體在 60°C 承受施加於側面之最大荷重 (C)流度值之單位常以 0.1 吋表示 (D)執行穩定值試驗時，須在離開恆溫箱 30～40 秒內完成之。

流度值之單位常以 mm 表示。

[105-9-1]

83. (　C　) 加州承載比常使用於柔性路面及機場跑道鋪面厚度之設計，下列何者是加州承載比試驗的簡稱？　(A)CNC　(B)CLSM　(C)CBR　(D)STP。

加州載重比試驗：(California Bearing Ratio，縮寫為 CBR)是一種用來評估道路基層材料機械強度的滲透測試。

該試驗的方法是測量用一標準面積(3 in^2)的壓頭貫入土壤樣品的壓力。測出這個壓力後，除以標準壓力，即以相同貫入度壓進標準碎石材料所需的壓力，便得到 CBR 值。

[105-5-2]

84. (　D　) 下列有關電銲道檢驗之敘述，何者錯誤？　(A)角銲與半滲透電銲之銲道腳長與銲接強度有關，故一定要確實檢查　(B)檢驗角銲與半滲透電銲缺陷，常用之非破壞檢測方法為液滲檢測與磁粉檢測　(C)全滲透銲接之品質檢驗，重點在於銲道內部之電銲品質　(D)UT 為一種銲道表面之優良檢測方法；而 MT 為一種銲道內部之優良檢測方法。

UT(超音波檢測)為一種銲道內部之優良檢測方法；而 MT(磁粉檢測)為一種銲道表面之優良檢測方法。

85. (　A　) 下列有關 CNS 1176 新拌混凝土之坍度試驗法敘述，何者不正確？　(A)混凝土分三層裝入坍度模，每一層均為坍度模高度之 1 / 3　(B)坍度試驗速度為 5 ± 2 秒內之等速度提昇 30 公分　(C)適用最大粒徑 37.5 mm 以下之混凝土　(D)坍度為試體模具頂端至試體坍下後頂面原中心點之垂直距離。

坍度試驗步驟：

一、 將坍度模先以抹布濕潤，置於鍍鋅鐵板上，以足踏緊，以防止底部發生滲水現象。

二、 將混拌好的混凝土分三層填入坍度模，每一層約爲全體積之 1 / 3，亦即各層據底板面約 6 公分、15 公分、30 公分，2.每一層並以搗棒均匀搗實 25 次，搗實之力以適使搗棒端達下層之頂面即可，置填滿爲止，底層之搗實可傾斜搗棒，並有半數值(12 次)搗擊周邊。

三、 以混凝土刮平刀將模頂刮平或滾平，並立即將坍度模向上穩定垂直舉起。

四、 其速度未 5 ± 2 秒内 30 公分，混凝土即坍下，應以測量尺量取混凝土坍下之高度，坍度即爲坍下後之高度與原有高度之差。應讀至 0.5 公分(1 / 4 吋)遇有試體坍陷不平時，平均值。

五、 本試驗 $2\frac{1}{2}$ 分鐘(150 秒)内完成。

阿太堡限度試驗(Atterberg Limit Tests)原爲瑞典土壤科學家(A)Atterberg 所創，其爲描述細粒土壤之稠度與含水量變化之關係。含水量很低時，土壤的行爲類似固體；而當含水量很高時，土壤和水會像液體般流動。試問：

86. (C) 阿太堡限度試驗無法求得土壤之： (A)塑性限度 PL (B)塑性指數 PI (C)塑性強度 PS (D)液性限度 LL。

解析

阿太堡限度(Atterberg limits)，是指土壤的各個結持度階段間的分界點含水量。根據流限含水量的高低，分爲液性限度(Liquid limit，LL)，塑性限度(Plastic limit，PL)，縮限(Shrinkage limit，SL)。

87. (D) 下列關於土壤液性限度 LL 和塑性限度 PL 之敘述，何者錯誤？ (A)LL 是指位於液態與塑性狀態之界限的土壤含水量 (B)PL 是指位於塑性狀態與半固態之界限的土壤含水量 (C)塑性指數 PI = LL − PL (D)塑性指數愈大，滲透性愈大。

塑性指數(Plastic Index，PI)指塑性結持度的含水量範圍，也稱塑性值，PI 值是流限與塑限的含水量之差。它的大小與小於 5 微米的細土粒含量呈線性正相關，故可以反映土壤質地的情況。土壤 PI 範圍在土工試驗中十分重要，因爲，土壤的最大剪切力、最大壓縮量和最大粘著力均在此範圍内發生，水膜粘結力也在此範圍内接近最大值。

塑性指數 PI = LL − PL

滲透性愈小，不易透水，乾燥時強度高。

88. (　B　) 某黏土，LL = 34.9%，PL = 25%，自然含水量爲 40%，試問其液性指數約爲？　(A)9.9　(B)1.5　(C)1.2　(D)1.0。

液性指數 LI = (w − PL) / PI 塑性指數，

(34.9% − 25%) = 9.9%

液性指數 = (40% − 25%) / 9.9% = 1.515

[105-1-2]

89. (　C　) 完成土壤粒徑分佈曲線所需要之試驗，包括篩分析試驗與比重計分析試驗。其中比重計分析試驗是用以區分材料，下列何項正確？　(A)砂土(S)與粉土(M)　(B)礫石(G)與砂土(S)　(C)粉土(M)與黏土(C)　(D)砂土(S)與黏土(C)。

比重計分析試驗目的：利用 Stoke 顆粒沉降原理來決定粉土及黏土等細粒土壤(粒徑小於 0.074 mm)之顆粒大小分佈。

原理乃應用不同粒徑大小的顆粒在水中沉澱速率不同的原理，量測較小顆粒間的大小分佈狀況。

Stoke 顆粒沉降原理：圓球形土壤顆粒，自無側限之水面下降，最初由於地心引力作用速度漸增，一段時間後轉爲等速下降。此時土壤顆粒在水中之重量 = 土壤顆粒沉降中與水接觸之阻力。

90. (D) 土壤夯實實驗中，最大乾單位重係作爲工地滾壓檢驗壓實度之標準值，其意義是指下列何項？ (A)在同一夯實能量下，含水量與土壤密度關係曲線中，各組乾單位重之平均值 (B)在同一夯實能量下，含水量與土壤密度關係曲線中，各組中最高含水量相對之乾單位重值 (C)在同一夯實能量下，含水量與土壤密度關係曲線中，各組中最低含水量相對之乾單位重值 (D)在同一夯實能量下，含水量與土壤密度關係曲線中，頂點(最大)所對應之乾單位重值。

土壤夯實實驗中，最大乾單位重係作爲工地滾壓檢驗壓實度之標準值，其意義是指在同一夯實能量下，含水量與土壤密度關係曲線中，頂點(最大)所對應之乾單位重值。

以目前所使用之竹節鋼筋來說，影響握裹強度的因素主要有：化學黏著力、摩擦力、鋼筋表面的突出。而混凝土與鋼筋之間握裹強度主要是由摩擦力及鋼筋表面的突出節所控制，而其中鋼筋表面的突出作用最爲重要。試回答下列問題：

91. (B) 依 CNS560 規定，竹節鋼筋之節距最大值應小於其標稱直徑之多少百分比？ (A)60% (B)70% (C)80% (D)90%。

解析

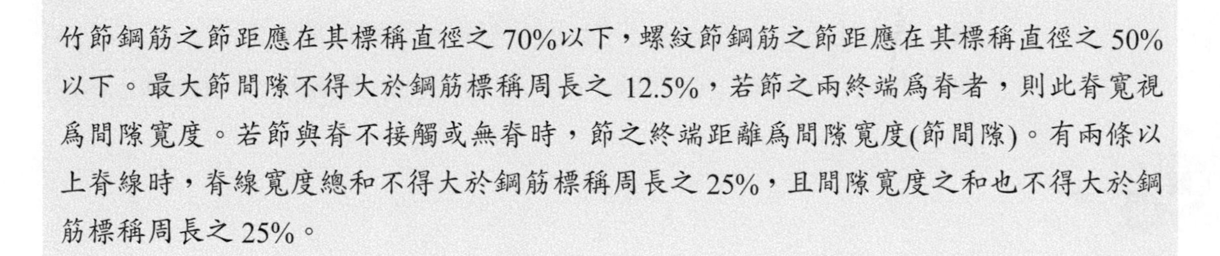

竹節鋼筋之節距應在其標稱直徑之 70%以下，螺紋節鋼筋之節距應在其標稱直徑之 50%以下。最大節間隙不得大於鋼筋標稱周長之 12.5%，若節之兩終端爲脊者，則此脊寬視爲間隙寬度。若節與脊不接觸或無脊時，節之終端距離爲間隙寬度(節間隙)。有兩條以上脊線時，脊線寬度總和不得大於鋼筋標稱周長之 25%，且間隙寬度之和也不得大於鋼筋標稱周長之 25%。

92. (C) 就 D25 竹節鋼筋而言，CNS 560 要求之節高範圍爲何？ (A)1.0 mm～2.0 mm (B)1.1 mm～2.2 mm (C)1.3 mm～2.6 mm (D)1.4 mm～2.8 mm。

鋼筋外型	鋼筋稱號	節高度之最小值	節高度之最大值
通用之竹節	D10 至 D13	標稱直徑 ×4.0%	最小值之 2 倍
	D16	標稱直徑 ×4.5%	
	D19 至 D57	標稱直徑 ×5.0%	
螺紋節	D13 至 D57	標稱直徑 ×6.0%	最小值之 1.66 倍

D25 標稱直徑 25.4 mm，節高度之最小值 5% = 1.27 mm，節高度之最大值 $1.27 \times 2 = 2.54$ mm

93. (D) 就 D29 竹節鋼筋而言，下列單一間隙寬度何者可符合 CNS 560 之要求？ (A)14 mm (B)13 mm (C)12 mm (D)11 mm。

	稱呼 Dcsignation	標稱直徑 Nominal dia. mm	標準剖面積 Nominal Scctional Area cm^2	單位質量 Unit Mass kg / m	單位質量許可差 Tolerancc %	單位質量公差範圍 kg / m	節距 Mean Interval Between Knots(P) mm(max)	節高 Knot (a) mm	單一間隙寬度 Single Clearance Width (b) mm(max)
CNS 560 A2006 中國國家標準	D10	9.53	0.7133	0.560	± 7	0.520～0.598	6.7 以下	0.4～0.8	3.7 以下
	D13	12.7	1.267	0.994	± 7	0.924～1.06	8.9 以下	0.4～0.8	5.0 以下
	D16	15.9	1.986	1.56	± 5	1.47～1.63	11.1 以下	0.7～1.4	6.2 以下
	D19	19.1	2.865	2.25	± 5	2.13～2.36	13.3 以下	1.0～2.0	7.5 以下
	D22	22.2	3.871	3.04	± 5	2.89～3.19	15.6 以下	1.1～2.2	8.7 以下
	D25	25.4	5.067	3.98	± 5	3.78～4.18	17.8 以下	1.3～2.6	10.0 以下
	D29	28.7	6.469	5.08	± 4	4.88～5.28	20.1 以下	1.4～2.8	11.3 以下
	D32	32.2	8.143	6.39	± 4	6.13～6.65	22.6 以下	1.6～3.2	12.6 以下
	D36	35.8	10.07	7.90	± 4	7.58～8.22	25.1 以下	1.8～3.6	14.1 以下
	D39	39.4	12.19	9.57	± 4	9.19～9.95	27.6 以下	2.0～4.0	15.5 以下
	D43	43.0	14.52	11.4	± 4	10.94～11.86	30.1 以下	2.1～4.2	16.9 以下
	D50	50.2	19.79	15.5	± 4	14.88～16.12	35.1 以下	2.5～5.0	19.7 以下

[104-9-2]

94. (C) CBR(加州載重比)試驗所使用圓柱貫入棒之面積為多少？ (A)1 in^2 (B)2 in^2 (C)3 in^2 (D)4 in^2。

加州載重比試驗：(California Bearing Ratio，縮寫為 CBR)是一種用來評估道路基層材料機械強度的滲透測試。

該試驗的方法是測量用一標準面積($3in^2$)的壓頭貫入土壤樣品的壓力。測出這個壓力後，除以標準壓力，即以相同貫入度壓進標準碎石材料所需的壓力，便得到 CBR 值。

CBR 值越高，土壤表面越硬。被開墾的農田的 CBR 約為 3，草皮或濕黏土的 CBR 約為 4.75，潮濕沙土的 CBR 則可能達到 10。高質量碎石的 CBR 超過 80。標準壓力是依據加州碎石灰岩，它的 CBR 為 100。

其所用之壓桿的直徑及加壓速率為：直徑 5 cm，加壓速率 1 mm / min。

95. (D) 請問地錨拉拔力試驗中，地錨需能承受多少倍的設計載重方能合格？ (A)0.5 倍 (B)0.8 倍 (C)1.0 倍 (D)1.5 至 2.0 倍。

解析

地錨拉拔力試驗中，地錨需能承受 1.5 至 2.0 倍的設計載重方能合格。

96. (B) 某土樣之最小孔隙比為 0.4，最大孔隙比為 0.8，求孔隙比為 0.7 時所對應之相對密度為何？ (A)10% (B)25% (C)50% (D)75%。

解析

相對密度 =(最大孔隙比 − 孔隙比) / (最大孔隙比 − 最小孔隙比)

相對密度 =(0.8 − 0.7) / (0.8 − 0.4) = 0.25 %

97. (C) 下列何者屬於鋼結構銲接檢驗之破壞性試驗法？ (A)超音波檢驗法 (B)放射線檢驗法 (C)按特定規格取樣裁製成各種試驗的試片，以供物理試驗及化學分析 (D)磁粉探傷檢驗法。

(A)超音波檢驗法：非破壞性檢測。

(B)放射線檢驗法：非破壞性檢測。

(C)按特定規格取樣裁製成各種試驗的試片，以供物理試驗及化學分析，破壞性檢測。

(D)磁粉探傷檢驗法：非破壞性檢測。

98. (D) 茲有一 D22 之 SD280W 鋼筋，欲進行彎曲試驗，下列敘述何者不正確？ (A)彎曲直徑應為 88.8 mm (B)彎曲角度為 180° (C)可依 CNS 3941 之捲彎法執行 (D)可獲得此鋼筋之抗彎強度。

解析

現階段鋼筋抗彎試驗除 SD490 彎曲角度為 90°外，其餘級數鋼筋之彎曲角度為 180°，由於彎曲試驗僅為目視判斷過程(不得有橫向裂縫發生於彎曲部分之外側或其他有害之缺陷)，無強度數值，其不合格的比率甚低。

[104-5-2]

99. (C) 下列有關連續壁超泥漿穩定液檢驗之敘述，何者錯誤？ (A)穩定液黏滯性常以馬氏漏斗來測試 (B)穩定液黏滯性檢測之時機為挖掘前後、下雨後、混凝土澆置前 (C)穩定液在鹼性的環境中，效果會打折扣，所以在調製穩定液時應將水質 pH 調至 1～7 之間 (D)泥漿含砂量太高會使泥膜變厚，比重加大，容易導致穩定液劣化。

穩定液在鹼性的環境中，效果會打折扣，所以在調製穩定液時應將水質 pH 調至 7～12 之間。

100. (A) 某工地填土工程施工後，測得滾壓後土壤之總密度(γ_m)為 1.87 g / cm^3，含水量 ω 為 10%；若實驗室夯實曲線之最大乾密度(γ_d, max)為 1.89 g / cm^3，則所計算之夯實度為？ (A)90% (B)92% (C)95% (D)98%。

乾土單位 γ_d 土壤之總密度 / (1 +含水量) = 1.87 / (1 + 10%) = 1.7
相對夯實度 = 1.7 / 1.89 × 100% = 89.95%
乾土單位 γ_d/最大乾密度(rd,max) × 100%

101. (C) 混凝土澆置施工時，常需在現場進行取樣及試驗，下列何者較不經常實施？ (A)坍度試驗 (B)氯離子含量試驗 (C)混凝土配比試驗 (D)圓柱抗壓試體製作。

混凝土配比試驗在混凝土澆置施工前須先確定好。

測量放樣

單元重點

1. 緒論
2. 平面位置及高程測量
3. 識圖用圖及 GIS
4. 線路測量
5. 工程放樣
6. 施工中檢測

[110-1-1]

1. (D) 道路中線樁坐標法放樣作業準備，下列何者不正確？ (A)任務路段沿線控制測量成果檢視、整集 (B)任務路段平面線形、豎曲線設計資料 (C)任務路段縱斷面、橫斷面及相應之設計斷面圖資 (D)應用 GPS、CAD 檢視路段平面設計。

道路放樣作業準備：
(1)任務路段沿線控制測量成果檢視、整集。
(2)任務路段平面線形、豎曲線設計資料。
(3)任務路段縱斷面、橫斷面及相應之設計斷面圖資。
(4)應用 GIS、BIM 平臺 3D 立體檢視路段原地形及設計圖示。

2. (C) 依現行都市計畫樁測定及管理辦法第四十八條規定：「計畫爲直線之道路，因其兩側建築物之偏差，導致中線發生偏差時，其偏差在 A 以內者視爲無誤。」A 爲下列何者？ (A)六公分 (B)十公分 (C)十五公分 (D)三十公分。

都市計畫樁測定及管理辦法第四十八條：
計畫爲直線之道路，因其二側建築物之偏差，導致中線發生偏差時，其偏差實地在十五公分以內者，視爲無誤。

3. (A) 在土木工程中，高層建築物軸線的傾斜度精度要求爲多少? (A)1/2000～1/1000 (B)10～30 mm (C)1～8 mm (D)數 cm。

高層建築物軸線的傾斜度要求爲 1/2000～1/1000。

■情境式選擇題

對同一距離分兩組進行丈量。第一組丈量得平均値爲 42.252 m(公尺)，中誤差爲 10 mm；第二組丈量得平均値爲 42.262 m，中誤差爲 5 mm。請回答下列問題：

4.　(　D　) 試計算此段距離長度最接近下列何者？　(A)42.254 m　(B)42.255 m　(C)42.259 m　(D)42.260 m。

10 平方 = 100

5 平方 = 25

1/100：1/25 = 1：4

42 + [0.252×(1) + 0.262×(4)]/(1 + 4) = 42.260。

5.　(　C　) 第一組丈量與第二組丈量的觀測值之權的比值爲？　(A)1：2　(B)2：1　(C)1 : 4　(D)4 : 1。

1/100：1/25 = 1：4。

[110-5-1]

6.　(　C　) 以三角高程測量建物高度，測得平距爲 210.36 m，傾斜角爲 15°，因 sin(15°)≑0.26，cos(15°)≑0.97，tan(15°)≑0.27，請問建物之高度爲何？　(A)54.69 m　(B)204.05 m　(C)56.80 m　(D)210.36 m。

建物之高度爲 210.36×tan(15°)≑0.27 = 56.80 m

7.　(　B　) 在鋼結構體放樣時，下列敘述何者不正確？　(A)以兩個水平方向的照準，確保柱礅頂上固定螺栓的模片位在允許誤差之內　(B)於鋼柱吊裝開始組立時，爲確保垂直性，不可用經緯儀照準　(C)混凝土柱墩灌至接近鋼架基面的高度時，埋入鐵片，使柱基面水平並達一定高度　(D)柱基板設置完竣後，於填入填隙片或柱子吊裝前，應使用經緯儀、雷射水準儀等適當儀器加以檢核。

鋼柱吊裝，開始組立構架時，必須保持鋼構件的方向及垂直。在柱架每一跨間必須以鋼捲尺量距，為確保垂直性，則須沿柱子拉鉛垂線或以經緯儀準。

8. (C) 線路測量的基本特點，下列何者正確？ (A)以公路工程為例，測量工作開始于工程之初，完成於工程結束之前 (B)階段性既是測量技術本身的特點，也是線路設計過程的需要，各階段有不同的任務，不可重複 (C)應隨工程進度，及時反映實地勘察、平面設計、豎向設計與初測、定測、放樣各階段的對應關係 (D)完美的設計需要勘測與設計的密切結合，設計技術人員與測量技術人員必須相互信賴，但設計技術人員並不需要認識測量，而測量技術人員也不必瞭解設計內容。

線路測量的基本特點：

1. 全線性

   測量工作貫穿於整個線路工程建設的各個階段。以公路工程為例，測量工作開始於工程之初，深入於施工的各個點位，公路工程建設過程中時時處處都離不開測量技術支援，當工程結束後，還要進行工程的竣工測量及運營階段的穩定監測。

2. 階段性

   這種階段性既是測量技術本身的特點，也是線路設計過程的需要。體現線路設計和測量之間的階段性關係。反映實地勘察、平面設計、豎向設計與初測、定測、放樣各階段的對應關係。階段性有測量工作反復進行的含義。

3. 漸近性

   線路工程從規劃設計到施工、竣工經歷了一個從粗到細的過程，線路工程的設計逐步實現。設計技術人員必須認識測量，測量技術人員瞭解設計內容，完美的設計需要勘測與設計的密切結合，於線路工程建設的過程中實現。

9. (A) 在一定的區域內為建立控制網所進行的測量工作，下列敘述何者正確？ (A)對於地形測圖，基本控制網是加密圖根控制的基礎 (B)分為導線控制測量及三邊控制測量兩種 (C)控制網具有控制全局的作用，對局部施工限制測量誤差累積的作用不大 (D)對於工程測量，因有施工放樣和變形觀測，並不需佈設專用控制網。

1. 對於地形測圖，基本控制網是加密圖根控制的基礎，以保證特定範圍內所測地形圖能互相拼接成爲一個整體。
2. 分爲平面控制測量和高程控制測量。
3. 控制網具有控制全局，限制測量誤差累積的作用，是各項測量工作的依據。
4. 對於工程測量，常需佈設專用控制網，作爲施工放樣和變形觀測的依據。

■情境式選擇題

數位地形資料以地形圖法計算土方，係採用與積分運算類似方法，假設一小塊矩形土地面積爲 A，整地前的四個角點高程分別爲 $h1$，$h2$，$h3$ 和 $h4$，整地後將一致成爲 $h0$，則可計算得淨土方爲 $DV = [\ (h1 + h2 + h3 + h4)/4 - h0]\ A$，今有一山坡地劃分爲 2×2 格網，每一小格之面積皆爲 200 平方公尺，網格點之相對高程經面積水準測量後測得如圖所示，單位爲公尺。請回答以下問題：

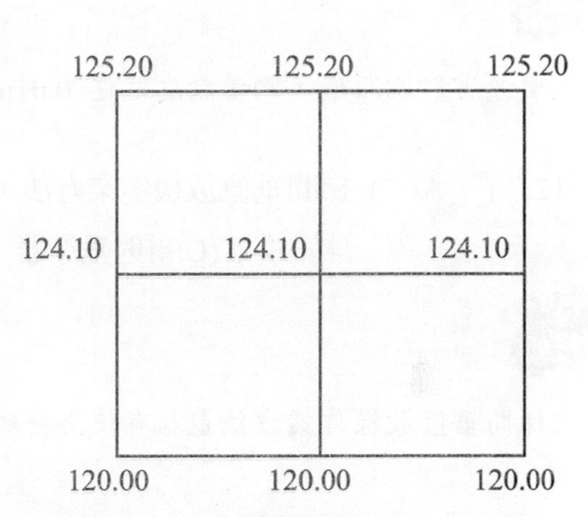

10.（　D　）欲將此基地整平，並達成土方平衡，即淨土方爲零，請問整地後之高程 $h0$ 最接近何者？ (A)123.85 m　(B)123.10 m　(C)123.20 m　(D)123.35 m。

解析

1. {(125.20 + 125.20 + 120.00 + 120.00) × 1 + (125.20 + 124.10 + 124.10 + 120.00) × 2 + (124.10 × 4)} ÷ (4 × 4) = 123.35m。
2. (125.20 + 125.20 + 124.10 + 124.10) ÷ 4 + (125.20 + 125.20 + 124.10 + 124.10) ÷ 4 + (124.10 + 124.10 + 120.00 + 120.00 ÷ 4) + (124.10 + 124.10 + 120.00 + 120.00) ÷ 4 =124.65 + 124.65 + 122.05 + 122.05 = 493.4；
   493.4 ÷ 4 = 123.35m。

[111-1-1]

11. (B) 有關距離測量，下列敘述何者<u>有誤</u>？ (A)精密雷射測距儀，中長距離測量精度可達 mm 以下 (B)雙頻雷射測距儀，測量精度可達 0.01 nm 以下 (C)採用都卜勒效應的雙頻雷射干涉儀，能在數十 m 範圍內達到 0.01 μm 的計量精度 (D)採用 CCD 線列感測器測量微距離可達到幾個 0.01 μm 的精度。

雙頻雷射測距儀，測量精度可達 0.01μ mm 以下。

12. (A) 梯間垂直放樣作業方法，下列何者<u>不包括</u>在內？ (A)水準儀照準 (B)垂球垂準 (C)雷射垂準器 (D)經緯儀照準。

梯間垂直放樣作業方法包括有使用垂球、經緯儀或雷射垂準儀。

13. (D) 有關線路工程，下列敘述何者<u>不恰當</u>？ (A)線路工程是指長寬比很大的工程 (B)包括公路、鐵路、運河、水明渠、輸電線路、各種用途的管道工程等 (C)主要有勘測設計階段的測量與施工放樣的測量 (D)這些工程的主體一般是在地表，也有在地下的，但不包括在空中的。

線路工程是指長寬比很大的工程，包括公路、鐵路、運河、水明渠、輸電線路、各種用途的管道工程等。這些工程的主體一般是在地表，也有在地下、空中的，如地鐵、地下管道、架空索道和架空輸電線路等，工程可能延伸十幾公里以至幾百公里，它們在勘測設計及施工測量方面有不少共通性。

■情境式選擇題

一傾斜地量距，測得結果：斜距 S 爲 20.00 m ± 0.05 m，仰角 a 爲 30° ± 10"，請回答下列問題：

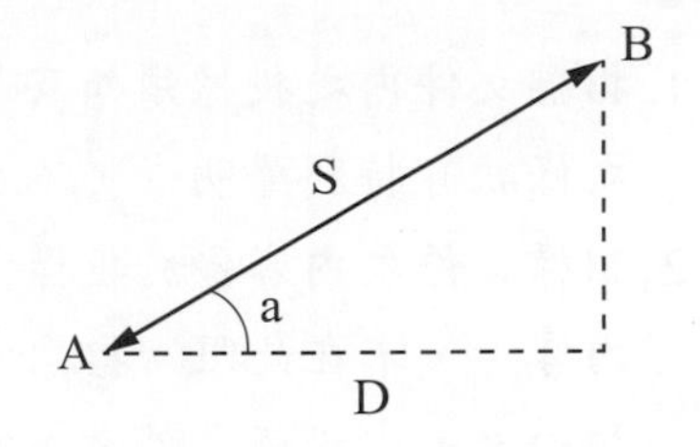

14. (B) 水平距離 D 最接近下列何者？
(A)15.00 m (B)17.32 m
(C)34.64 m (D)23.09 m。

水平距離 D = S × cos(a) = 20.00m × cos(30°) = 17.32m

15. (D) 水平距離之標準差最接近下列何者？ (A)0.005 m (B)0.010 m
(C)0.020 m (D)0.040 m。

± 0.05 m 水平距離之標準差最接近 0.040 m

■情境式選擇題

彭主任爲台南美術館標案的工地主任，以下爲其所擬的 PDM 網圖進度網圖。施工中若發生以下情事時，他該如何決策呢？請回答下列問題：

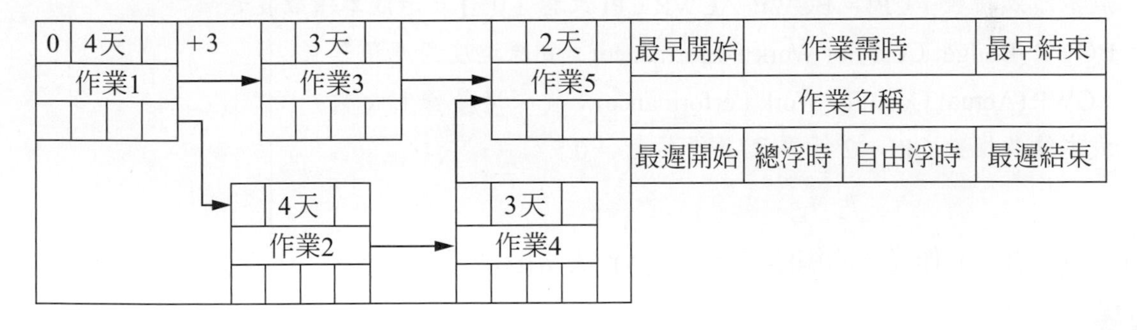

16. (C) 若發生契約文件之釋疑問題，則彭主任以下何者的判定爲<u>不正確</u>？
(A)條款優於圖面 (B)規範先於價目單 (C)規範優於圖面 (D)大比例圖面優於小比例圖面。

1. 招標文件內之投標須知及契約條款優於招標文件內之其他文件所附記之條款。但附記之條款有特別聲明者，不在此限。
2. 招標文件之內容優於投標文件之內容。但投標文件之內容經機關審定優於招標文件之內容者，不在此限。招標文件如允許廠商於投標文件內特別聲明，並經機關於審標時接受者，以投標文件之內容為準。
3. 文件經機關審定之日期較新者優於審定日期較舊者。
4. 大比例尺圖者優於小比例尺圖者。
5. 施工補充說明書優於施工規範。
6. 決標紀錄之內容優於開標或議價紀錄之內容。
7. 同一優先順位之文件，其內容有不一致之處，屬機關文件者，以對廠商有利者為準；屬廠商文件者，以對機關有利者為準。
8. 招標文件內之標價清單，其品項名稱、規格、數量，優於招標文件內其他文件之內容。

17. (C) 若作業 5 的實際進度對應預算爲 2 仟萬元，以及實際進度發生成本爲 4 仟萬元，則成本績效指數爲： (A)2 仟萬元 (B)2 仟萬元 (C)0.5 仟萬元 (D)－2 仟萬元。

成本績效指數：CPI = BCWP/ ACWP, CPI 大於 1.0 時表示成本績效良好。
BCWP (Budget Cost For Work Performance)：實際進度對應預算。
ACWP (Actual Cost For Work Performance)：實際進度發生成本。
成本績效指數 CPI = 2 仟萬元/ 4 仟萬元 = 0.5。

18. (B) 作業 2 的總浮時爲： (A)0 天 (B)1 天 (C)2 天 (D)4 天。

作業 2 的總浮時爲：1 天。

19. (　A　) 作業 1 的自由浮時爲：　(A)0 天　(B)1 天　(C)2 天　(D)4 天。

作業 1 的自由浮時爲：0 天。

20. (　D　) 作業 5 的總浮時爲：　(A)－1 天　(B)1 天　(C)2 天　(D)0 天。

作業 5 的總浮時爲：0 天。

21. (　D　) 作業 5 的自由浮時爲：　(A)－1 天　(B)1 天　(C)2 天　(D)0 天。

作業 5 的自由浮時爲：0 天。

[111-5-1]

22. (　A　) 消除系統誤差之方法不包括下列何者？　(A)連續觀測數次，再取平均值　(B)找出系統規律　(C)對儀器進行檢定　(D)採用完善的觀測方式。

解析

於一定的條件下，系統誤差以相同的方式或按一定的規律影響觀測的結果，應找出系統誤差出現的規律，並設法消除它。例如：對儀器進行檢定，利用檢定的結果來改正觀測值在不同的氣象條件下進行觀測，使觀測值中因氣象因素所造成的系統誤差量得到一定的抵消；採用完善的觀測方式，以消除儀器結構不完善所引起的某些系統誤差。

■情境式選擇題

以兩台經緯儀觀測一高處測點 P。點 C 爲點 P 在點 A 與點 B 所在之水平面的投影。經測得角 a 爲 30°、角 b 爲 60°、角 t 爲 30°，請回答下列問題：

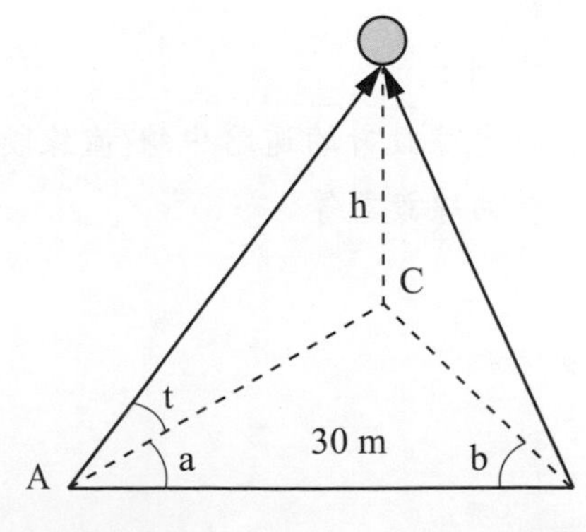

23. (C) 點 A、點 C 間之距離最接近下列何者？
(A)10 m (B)15 m (C)25 m (D)30 m。

點 A、點 C 間之距離 $= 30\text{M} \times \cos(30°) \fallingdotseq 25\text{m}$。

24. (B) 試計算點 P 與點 A 間之高程差 h 最接近下列何者？ (A)10 m (B)15 m (C)25 m (D)30 m。

$h = 25\text{m} \times \tan(30°) \fallingdotseq 15\text{m}$。

[109-9-1]

25. (D) 有關測量誤差，下列何者正確？ (A)為能提供最佳的施工服務，測量誤差越高越好 (B)自然環境影響所產生之誤差為系統誤差 (C)測量作業的主要誤差來源為測量人員與自然環境，儀器則一般假設誤差可以忽略 (D)粗差(gross error)主要由測量人員之輕忽、經驗不足所引起。

錯誤(blunder or mistake)或粗差(gross error)由於測量人員之輕忽、經驗不足引起；藉由增加觀測次數加強檢核，可避免錯誤對測量成果產生影響。

26. (D) 路線測量中，將定線設計的道路中線(直線段及曲線)測設於實地；進行線路的縱、橫斷面測量，線路豎曲線設計等之作業階段為下列何者？ (A)踏勘 (B)選線 (C)初測 (D)定測。

定測：

將定線設計的道路中線(直線段及曲線)測設於實地；進行線路的縱、橫斷面測量，線路豎曲線設計等。

小張承辦公司承包的都市計畫道路工程，同時負責線路工程建設過程中需要進行的測量工作。經現場勘查，發現兩側既有建築參差不齊。請回答下列問題：

27. (C) 小張依據線路測量基本作業流程展開工作，試問「將定線設計的道路中線(直線段及曲線)測設於實地」為下列何者？ (A)選線 (B)初測 (C)定測 (D)放樣。

定測：

將定線設計的道路中線(直線段及曲線)測設於實地；進行線路的縱、橫斷面測量，線路豎曲線設計等。

28. (D) 小張施測後發現一直線道路兩側既有建築偏差，造成道路中心線偏離 13 cm，小張應採取何種作為？ (A)報請違章大隊拆除違建 (B)聲請政府機關追究屋主責任 (C)依法變更都市計畫 (D)當作沒有誤差。

都市計畫樁測定及管理辦法第 48 條規定：

計畫為直線之道路，因其二側建築物之偏差，導致中線發生偏差時，其偏差實地在十五公分以內者，視為無誤。

[109-5-1]

29. (C) 有關高程測量，下列敘述何者有誤？ (A)工程上，常用水準儀來施測 (B)在未要求到達幾個 mm 精度之收方測量或放樣，使用全測站之三角高程方法，可達到快速便捷效果 (C)單人作業之雷射水平儀已廣泛用在工程測量中，主要因其可自動消除前後視距離差距過大所造成之誤差 (D)光學讀尺式標尺已逐漸被電子條碼式所取代。

雷射水平儀因為具有簡易操作與可單人作業的因素，目前已被廣泛應用於工程實務中，但需注意前後測距離差距過大所造成的誤差。

30. (C) 有關施工測量，下列敘述何者有誤？ (A)施工測量指的是工程開工前及施工中，根據設計圖在現場定出施工物位置等測量放樣的作業 (B)施工測量與地形圖測繪比較，測量過程相反、工作程式不同 (C)施工測量的精度要求常較測圖低 (D)施工測量的進度與精度直接影響施工的進度和施工品質。

施工測量的精度要求常較測圖高：
測圖的精度取決於測圖比例尺大小，而施工測量的精度則與施工物的大小、結構形式、建築材料以及放樣點的位置有關。

31. (C) 下列何種技術的縮寫是建築物在設計和建造過程中，程式能自動管理數位空間資訊，使得計算出來的各種資料能自動地具有彼此吻合、一致特性的技術？ (A)GIS (B)CAD (C)BIM (D)GPS。

BIM 建築資訊模型：
建築資訊模型是指建築物在設計和建造過程中，創建和使用的"數位空間資訊"。這些數位資訊能夠被程式系統自動管理，使得經過這些數位資訊所計算出來的各種檔，自動地具有彼此吻合、一致的特性。

對同一距離進行丈量，設各次丈量爲等精度觀測，中誤差爲 12 mm(公厘)，權爲 1。丈量 3 次，數據分別爲 35.104 m(公尺)、35.112 m 及 35.117 m。請回答下列題：

32. (C) 試計算此段距離長度爲多少？
(A)35.106 m (B)35.109 m (C)35.111 m (D)35.114 m。

因權爲 1 故距離長度爲 $= (35.104 + 35.112 + 35.117) / 3 = 35.111$ m。

33. (B) 此距離長度之中誤差最接近何者？
(A)3 mm (B)7 mm (C)10 mm (D)12 mm。

35.111 − 35.104 = 7 mm；35.112 − 35.111 = 1 mm；35.117 − 35.111 = 6 mm。
中誤差爲 12 mm，最接近爲 7 mm。

[109-5-2]

34. (　A　) 土木工程之標高、里程樁號、座標及等高線常以何種單位表示？
(A)公尺　(B)公寸　(C)公分　(D)公厘。

解析

土木工程常以公尺爲單位；建築工程常以公分爲單位。

35. (　D　) 有關尺度線的標示，下列敘述何者錯誤？　(A)尺度線係由一直線，箭頭，界線及尺度數值組成　(B)尺度線不宜相交　(C)尺度線兩端所用箭頭其長度約爲尾寬之三倍　(D)尺度線應離開圖之外形線約 5 mm，平行之尺度線其間隔應均勻。

尺度線應離開圖之外形線約 15 mm，平行之尺度線其間隔應均勻。

[109-1-1]

36. (　B　) 測量部門參與擬定工地執行計畫，先期準備事項不包括下列何者？　(A)假設工程設施計畫　(B)建照申請相關表單　(C)整體品質計畫及相關品管表單　(D)棄土計畫。

施工測量先期準備工作，測量部門參與擬定工地執行計畫，包含：
一、假設工程設施計畫。
二、整體施工計畫（包含工地建造及安裝時程表）。
三、整體品質計畫及相關品管表單。
四、棄土計畫。
五、清圖，隨時與設計部門澄清施工圖說。
六、準備相關工地管理用表單及各項工作執行程式流程圖。

37. (D) 山坡地的地層移動量(滑動)觀測，使用何種儀器？
(A)地錨荷重計 (B)沉陷點 (C)鋼筋計 (D)傾度儀。

解析

傾度儀監測設備系統在大地工程監測中爲重要的角色之一，經常應用於基地開挖擋土支撐、山坡地擋土牆、水庫壩體、邊坡穩定監測等工程；藉由觀測數值分析地層滑動、位移等監測其穩定性。

一矩形橫斷面、高度 $h = 36.00$ m 之高樓，向其中的一面牆傾斜，在未傾斜的一邊架設經緯儀，經測得經緯儀與未傾斜牆面之距離 $S = 24.00$ m，以小角度測法觀測水平位移，得相應之小角度 $\beta = 43''$。請回答下列問題：

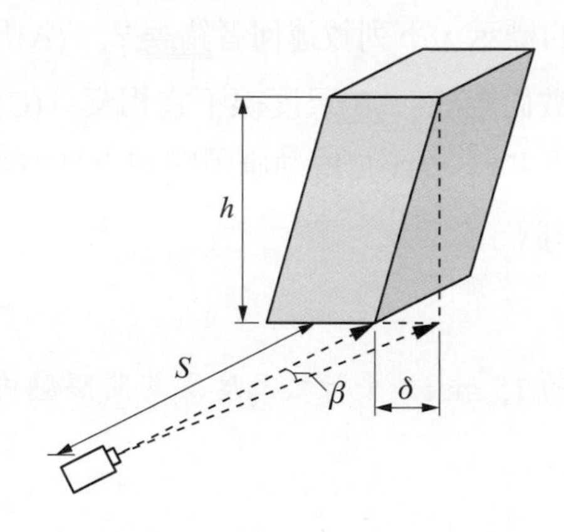

38. (A) 試計算偏移量 d 爲多少？ (A)5 mm (B)12 mm (C)23 mm (D)52 mm。

$43'' = 43 / 3,600 = 0.011944°$；24 M = 24 × 1,000 = 24,000 mm。

$d = S \times \sin\beta = 24,000 \text{ mm} \times \sin(0.011944) = 5 \text{ mm}$。

39. (D) 此面牆傾斜度最接近何者？
(A)1 / 1,000 (B)1 / 2,000 (C)1 / 5,000 (D)1 / 10,000。

5 mm / 36,000 mm = 1 / 7,200。

[108-9-1]

40. (A) 相鄰土地間，確認具體界址的方法下列何者有誤？ (A)參考稅籍資料 (B)如有圖地相符之地籍圖，自以地籍圖爲準 (C)參考鄰接各土地之買賣契約或地圖(實測圖、分割圖、分筆圖) (D)山林經界之爭，應擴及地形、林相、及山林管理等實際狀況。

相鄰土地間，其具體界址判定(如有圖地相符之地籍圖爲準)惟地籍圖如不精確，宜依下列判斷經界之資料爲合理認定：

一、 鄰接各土地之買賣契約或地圖(實測圖、分割圖、分筆圖)。

二、 經界標識之狀況(經界石、經界木、木樁、基石、埋炭等)。

三、 經界物、經界附近使用佔有沿革(路徑、牆圍、屋宇、廚房、廁所、自來水管、水溝之位置及系爭土地之利用狀況)。

四、 登記簿面積與各土地實測面積之差異。

五、 山林經界之爭，則應擴及地形、林相、及山林管理況等實地狀況。

41. (A) 下列何者爲監測點採用自由測站之優點？ (A)若有足夠可通視控制點位可供應用，可隨地擺站較不受限制 (B)可平均控制點位之誤差，且不需考慮控制點分佈之圖形強度 (C)測站點位多，精度各自不同，可有較多樣之參考依據 (D)能以歷次觀測成果所計算之坐標及高程進行比對。

監測點採用自由測站之優點：

一、 若有足夠可通視控制點位可供應用，可隨地擺站較不受限制。

二、 可平均控制點位之誤差，但須考慮控制點分佈之圖形強度問題。

三、 可避免儀器設站時之對點誤差。

四、 若點位元夠密集，控制點位部分遺失時仍可進行作業。

[108-5-1]

42. (A) 管道縱斷面高程測量是測量路線中心線上里程樁和曲線控制樁的地面高程，應用小木樁標定里程，下列敘述何者不正確？ (A)木樁的間距一般爲25 m～50 m (B)在實際工作，遇到特殊情況應設加樁 (C)木樁沿一定方向累積編號 (D)按相等間隔設置的木樁稱爲整樁。

木樁的間距一般爲 100 m 或 50 m，沿一定方向累積編號，這種按相等間隔設置的木樁稱爲整樁。在實際工作，遇到特殊情況應設加樁。

43. (B) 以下何者不是工程變形監測中變形測量的控制點？
(A)基準點 (B)觀測點 (C)工作基點 (D)定向點。

觀測點：
變形測量的點位可分爲控制點和觀測點(變形點)。控制點包括基準點、工作基點、聯繫點與定向點等。

44. (A) 在梯間垂直放樣作業方法中，使用何種儀器不會有實體阻礙其他作業的進行？ (A)雷射垂準器 (B)垂球垂準 (C)經緯儀 (D)鋼捲尺。

解析

雷射垂準器：
由於梯間的形狀可能是矩形、圓形或梯形，甚至還可能爲不規則的或不對稱的形狀。唯有按照梯間形狀，改變偏移量，使用適當的坐標系統，建立圖面基準以檢核混凝土面、或用雷射垂準儀等方法進行施工中控制與檢測。

工程測量一般常見測定新點的方法有：三邊法、支距法、交點法、光線法、角邊法、方位交會法。若 A、B 二點爲已知點，p 爲新點：

45. (A) 測量 Ap 及 Bp 兩段距離，可求得 p 點的位置的方法爲：
(A)三邊法 (B)支距法 (C)光線法 (D)方位交會法。

三邊法：
A、B 二點爲已知點，p 爲新點，測量 Ap 及 Bp 兩段距離，可求得 p 點的位置。

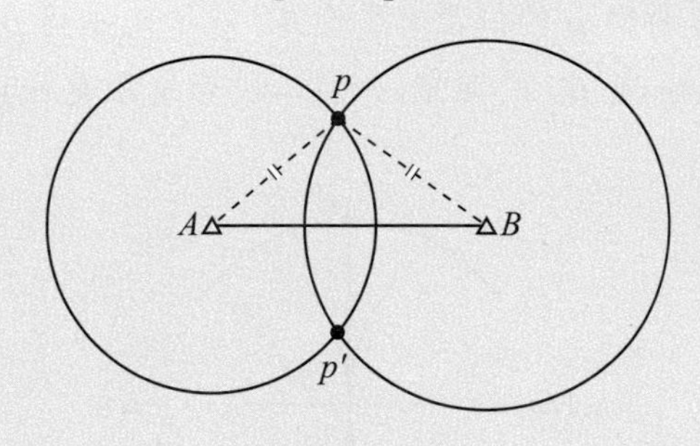

46. (C) 測量∠BAp 角度及 Ap 距離，可以定出 p 點位置的方法爲： (A)三邊法
(B)支距法 (C)光線法 (D)方位交會法。

光線法：
又稱極坐標法、輻射法，若 A、B 二點爲已知點，p 爲新點，測量∠BAp 角度及 Ap 距離，可以定出 p 點的位置。

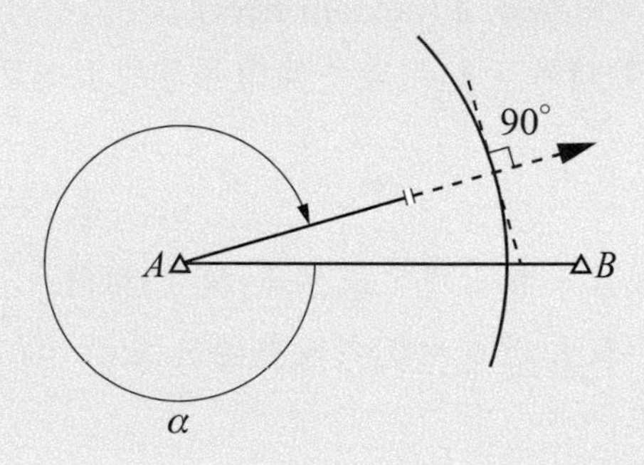

[108-1-1]

47. (B) 平面位置測定新點時，若 A、B 二點爲已知點，欲求新點 p 的位置，可於 AB 直線上設法先求得 p 點之垂足 q，量 pq 距離，則 pq 距離稱爲：
(A)高程 (B)支距 (C)斜距 (D)跨距。

支距法：
A、B 二點爲已知點，欲求新點 p 的位置，可於 AB 設法先求得 p 點之垂足 q，量 pq 距離，稱爲支距(Offset)，再量 Aq 或 Bq 的距離(如能二段皆量距更佳)，可定出新點 p。

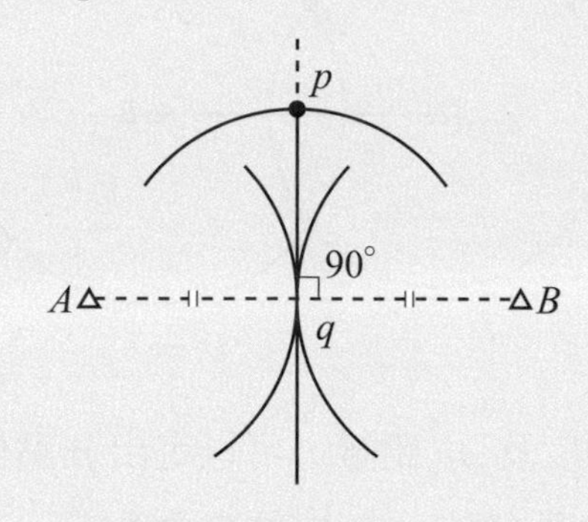

48. (C) 相同大小之正、負誤差，其出現之或然率(機率)相同是哪一類誤差？
(A)錯誤 (B)系統誤差 (C)偶然誤差 (D)允許誤差。

偶然誤差(accidental error)或隨機誤差(random error)：
自然環境之變化、儀器不夠精細、觀測者之偏向等等所引起之偶然誤差，皆無法立即察覺，其值常甚小。
偶然誤差之特性：
一、 相同大小之正、負誤差，其出現之或然率(機率)相同。
二、 小誤差出現之或然率較大誤差出現之或然率爲高。
三、 甚大之誤差不易出現。

49. (　A　) 地理資訊系統是為一套可以整合各項關於空間資料的資訊化作業系統，其英文簡稱為：　(A)GIS　(B)GPS　(C)BIM　(D)CAE。

地理資訊系統(Geographic Information Systems，GIS)是為一套可以整合各項關於空間資料的資訊化作業系統，其架構於一完整豐富的地理資料庫之上，並具有資料擷取、編修、更新、儲存、查詢、處理、分析及展示等不同功能，來作為決策及管理支援，其特性是在空間資訊處理，包括了二度(圖面，以傳統地圖為基礎)、三度(立體)及四度(空間＋時間)的資訊。

施工測量是指在土木營建工程的勘測設計、施工、竣工驗收、使用管理等階段所進行的各種測量工作的總稱。

50. (　C　) 將設計構造物的平面位置、高程標定在現地的測量作業是指下列何者？
(A)施工控制測量　(B)施工測圖　(C)施工放樣　(D)竣工測量。

施工放樣：

是指將設計構造物的圖面位置、高程標定在現地的測量作業。為後續工程施工和設備安裝時，提供方向、高程、圖面位置等各種施工標誌，確保依照設計圖說施工。

51. (　B　) 施工測量應遵循之原則，下列何者正確？
(A)從局部到整體　(B)先控制後細部
(C)先施作再檢核　(D)從立面到平面。

施工測量應遵循「從整體到局部，先控制後細部，先檢核再施作」的原則。

[107-9-1]

52. (　B　) 表示各觀測值中誤差之間比例關係的數字稱之為：
(A)階　(B)權　(C)比誤　(D)誤差比。

權：

爲了比較各觀測值之間的精度，除了可以應用中誤差之外，還可以通過中誤差之間的比例關係來衡量觀測值之間精度的高低。這種表示各觀測值中誤差之間比例關係的數字稱之爲『權』。

53. (B) 邊角測量法既觀測控制網的方向(角度)，又測量邊長。測角有利於控制方向誤差，測邊則利於控制何種誤差？ (A)角度誤差 (B)長度誤差 (C)高度誤差 (D)旋轉誤差。

長度誤差：

邊角測量法既觀測控制網的方向(角度)，又測量邊長。測角有利於控制方向誤差，測邊有利於控制長度誤差。邊角共測可充分發揮兩者的優點，提高點位精度。

在構造物的傾斜觀測中，$ABCD$ 爲構造底部角隅，$A'B'C'D'$ 爲構造對應頂層角隅，初步察覺 A' 向外側傾斜。今測得構造高度 h，傾斜向量長度 k，並用支距法測量縱、橫位移量分別爲 ΔX、ΔY，請問：

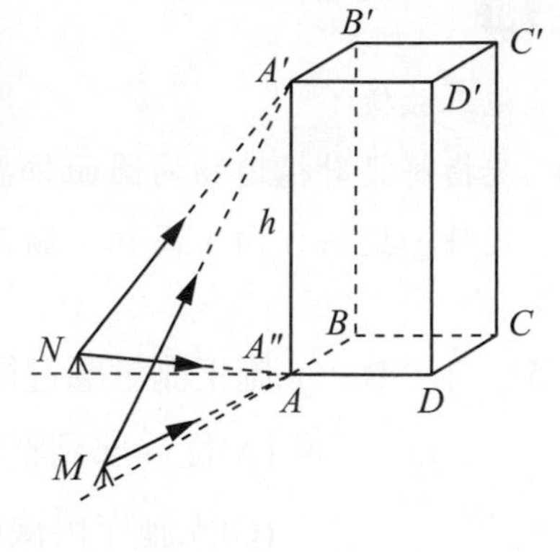

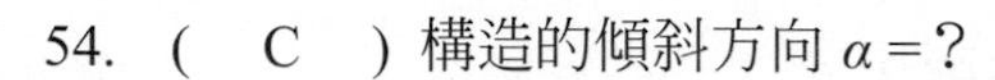

54. (C) 構造的傾斜方向 α =？

(A)$\sin(\Delta X/\Delta Y)$ (B)$\tan(\Delta X/\Delta Y)$

(C)$\arctan(\Delta X/\Delta Y)$ (D)$\arcsin(\Delta X/\Delta Y)$。

構造的傾斜方向 $\alpha = \arctan(\Delta X/\Delta Y)$。

55. (A) 傾斜度 i =？

(A)k/h (B)h/k (C)$\Delta X/\Delta Y$ (D)$\Delta Y/\Delta X$。

傾斜度 $i = k/h$。

[107-5-1]

56. (C) 確認土地經界最正式的管道爲何？

(A)尋求臨界地主協調 (B)自行以高精度電子經緯儀施測

(C)由地政機關辦理鑑界 (D)委託測量公司辦理。

確認土地經界最正式的管道爲由地政機關辦理鑑界。

57. (D) 若 A、B、C 三點爲已知點，於新點 p 觀測 $\alpha = \angle ApB$、$\beta = \angle BpC$ 兩角，可確定 p 的點位的測量方法爲下列何者？

(A)方位交會定點法 (B)前方交會定點法

(C)光線法 (D)後方交會定點法。

後方交會定點法：

A、B、C 三點爲已知點，於新點 p 觀測 α、β 兩角，可確定 p 的點位，其圖形強度依圓弧 ApC 與圓弧 CpB 的交會角度而定。

$ABCD$ 爲構造底部，$A'B'C'D'$爲構造頂層，初步察覺 A'向外側傾斜。其傾斜觀測作業中：在頂層設置明顯的標誌 A'，並測得構造的高度 $h = 40$ m公尺，A''爲 A'於地面之投影，量測 A 與 A''之傾斜向量 $k = 4$ cm(公分)。

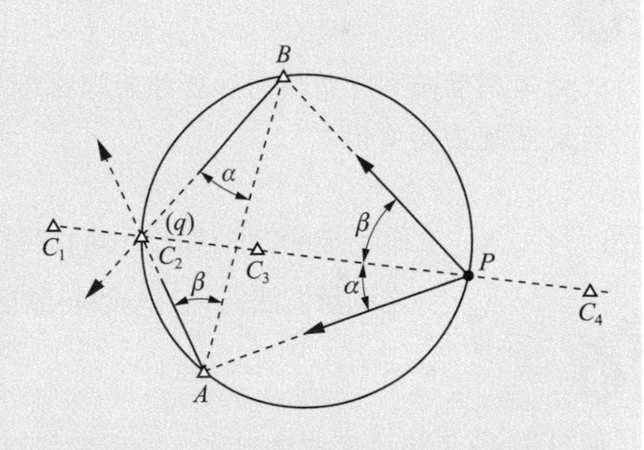

58. (A) 測定構造物頂部相對於底部的水平位移，可採用何種方法？ (A)構造物軸線投測法 (B)構造物消點投影法 (C)構造物立面投測法 (D)構造物基礎投測法。

測定構造物頂部相對於底部或各層間上層相對於下層的水平位移，可採用構造物軸線投測的方法。

59. (C) 試計算此一構造物的傾斜度為多少？

(A)1 / 10 (B)1 / 100 (C)1 / 1,000 (D)1 / 10,000。

傾斜度 $i = k / h = 4\ \text{cm} / 4{,}000\ \text{cm} = 1 / 1{,}000$。

[107-1-1]

60. (D) 下列何者對法定坐標系與施工獨立坐標系的敘述有誤？ (A)對於大範圍的施工測量，首級控制網可選擇法定坐標系 (B)法定坐標系的建立，一般而言考慮的是如何使地形尺度變形控制在允許的精度範圍內 (C)法定坐標系的建立，要對中央子午線的最佳位置與尺度進行分析討論 (D)就施工測量而言，後續的加密控制網採用法定坐標系，可以與地圖投影無關，較有利於誤差改正及簡化。

就施工測量而言，後續的加密控制網採用(獨立坐標系)，可以與地圖投影無關，較有利於誤差改正及簡化。

61. (A) 確定被測物件(如橋、塔)在豎直平面內相對於水平或鉛直基準線的撓度曲線之測量方法為： (A)傾斜測量 (B)水準測量 (C)導線測量 (D)光波測距。

傾斜測量(又稱撓度曲線測量)，即確定被測物件(如橋、塔)在豎直平面內相對於水平或鉛直基準線的撓度曲線。

[106-9-1]

62. (A) 下列何者不是沉陷觀測的主要方法？

(A)步測法 (B)直接水準測量 (C)靜力水準測量 (D)三角高程測量。

步測法：
利用便步或跑步的長度來估測距離的長短。

63. (D) 施工過程中爲避免嚴重偏差，可在結構體外側利用下列何種儀器沿建築物外牆照準，以確保建築物的垂直性？
(A)水準尺　(B)水準儀　(C)測距儀　(D)經緯儀。

經緯儀：
爲確保垂直性，可在結構體外側拉鉛垂線或以經緯儀照準控制。

64. (C) 下列何者爲將基地附近之都市計畫樁、三角點、水準點等引測至基地，以作爲施工測量之依據？
(A)地形測量　(B)收方　(C)控制點測設　(D)樣板打設。

控制點測設：
建立統一之測量基準及基本控制點，以作爲測繪基礎之測量，並精密測算點位坐標、高程或其他相關資料，提供測繪作業之依據。

65. (B) 混凝土柱、梁、牆的施工總誤差允許差爲：
(A)0～5 mm　(B)10～30 mm　(C)35～50 mm　(D)50～70 mm。

混凝土是相當重要的施工建築材料。混凝土柱、梁、牆的施工總誤差允許約爲 10～30mm。

66. (C) 高層建築物軸線傾斜的一般精度要求爲何？
(A)1 / 1,000～1 / 500　(B)1 / 2,000～1 / 500
(C)1 / 2,000～1 / 1,000　(D)1 / 3,000～1 / 1,000。

高層建築物軸線的傾斜度要求爲 1 / 2,000～1 / 1,000。

[106-5-1]

67. (C) 在施工測量中，將設計構造物的平面位置、高程標定在現地的測量作業，是下列何種稱謂？

(A)施工控制測量 (B)施工準備 (C)施工放樣 (D)竣工測量。

施工放樣：

工程施工階段開始時，將所要施作的建築物或構築物的平面位置和高程按照圖紙上的要求標定到實地的一項測量工作。

68. (B) 以下何者不屬於準直測量的工程測量專用儀器？

(A)金屬絲引張線 (B)雙頻雷射測距儀 (C)垂線觀測儀 (D)鉛直儀。

準直測量的工程測量專用儀器：正倒錘與錘線觀測儀、金屬絲引張線、各種雷射準直儀、鉛直儀、自準儀、尼龍絲或金屬絲準直測量系統。

69. (D) 路線測量中，將定線設計的道路中線(直線段及曲線)測設於實地；進行線路的縱、橫斷面測量，線路豎曲線設計等之作業階段爲下列何者？

(A)踏勘 (B)選線 (C)初測 (D)定測。

線路工程的勘測階段線路工程的勘測階段通常分爲初測和定測。

定測將定線設計的道路中線(直線段及曲線)測設於實地；進行線路的縱、橫斷面測量，線路豎曲線設計等。

對同一距離分兩組進行丈量，設各次丈量爲等精度觀測，中誤差爲 4.0 cm(公分)，權爲 1。第一組丈量 3 次，數據分別爲 32.01 m(公尺)、32.02 m 及 31.97 m；第二組丈量四次，其數據分別爲 31.99 m、32.02 m、32.01 m 及 31.98 m。

70. (B) 試計算此段距離長度爲多少？

(A)31.98 m (B)32.00 m (C)32.01 m (D)32.02 m。

因權爲 1
此段距離長度以算術平均數求得
第一組 $= (32.01 + 32.02 + 31.97)/3 = 32.00$
第二組 $= (31.99 + 32.02 + 32.01 + 31.98)/4 = 32.00$
第一組與第二組平均爲$(32.00 + 32.00)/2 = 32.00$
此段距離長度爲 32.00 m。

71. (D) 第一組丈量與第二組丈量的觀測質之權的比值爲？
(A)4：3 (B)3：4 (C)$\sqrt{4}$：$\sqrt{3}$ (D)$\sqrt{3}$：$\sqrt{4}$ 。

依據誤差傳播定律觀測值的權之比等於他們的中誤差平方的倒數之比：
$m_1^2 = m^2/3$
$m_2^2 = m^2/4$
權的比值：
$P = 1 = 1/m_1^2 = 1/(m^2/3)$；$P_m^1 = \sqrt{3}$
$P = 1 = 1/m_2^2 = 1/(m^2/4)$；$P_m^2 = \sqrt{4}$
第一組丈量與第二組丈量的觀測質之權的比值爲$\sqrt{3}$：$\sqrt{4}$ 。

[106-1-2]

72. (A) 下列何者不是道路縱斷面圖的標示內容？
(A)排水溝 (B)設計高程 (C)挖填高程 (D)縱坡度。

排水溝不是道路縱斷面圖的標示內容。

[106-1-1]

73. (B) 在測量作業成果中均存有不可避免的誤差，其中觀測量之讀取產生的誤差屬於下列何種誤差？ (A)儀器誤差 (B)人爲誤差 (C)自然環境產生的誤差 (D)必然誤差。

人爲誤差(Personal Errors)：

測量儀器之整置、觀測量之讀取因操作者之專業水準不同而造成測量成果含有不同程度大小之誤差。

74. (C) 下列何種稱謂是建築物在設計和建造過程中，程式能自動管理數位空間資訊，使得計算出來的各種資料能自動地具有彼此吻合、一致特性的技術？(A)GIS (B)CAD (C)BIM (D)GPS。

BIM(Building Information Modeling)建築資訊模型是建築物在設計和建造過程中，程式能自動管理數位空間資訊的技術。

75. (D) 線路測量基本作業流程包含下列四項，(1)規劃選線階段，(2)工程竣工運營階段的監測，(3)線路工程的施工放樣階段，(4)線路工程的勘測階段，請問其作業流程順序應爲？ (A)(1)→(2)→(3)→(4) (B)(4)→(2)→(3)→(1) (C)(2)→(3)→(4)→(1) (D)(1)→(4)→(3)→(2)。

(1)規劃選線階段→(4)線路工程的勘測階段→(3)線路工程的施工放樣階段→(2)工程竣工運營階段的監測。

在構造物的裂縫觀測係指測定裂縫分佈位置、走向、長度、寬度及其變化程度的觀測作業。試問：

76. (B) 每條裂縫至少應佈設幾組觀測標誌？
(A)一組 (B)二組 (C)三組 (D)四組。

每條裂縫至少佈設兩組觀測標誌，一組在裂縫最寬處，另一組在裂縫末端。

77. (　C　) 對於較大面積的眾多裂縫，宜採用下列何種方法施測？
(A)GPS 測量　(B)經緯儀施測　(C)近景攝影測量　(D)測量尺量測。

解析

較大面積的眾多裂縫，宜採用近景攝影測量的方法。

[105-9-1]

78. (　D　) 施工測量的精度要求常較測圖高，請問施工測量的精度與下列何者無關？
(A)施工物的大小　(B)結構形式　(C)建築材料　(D)工程價格。

解析

施工測量的精度隨施工物規模、結構型式、材料、施工方法等因素而改變。

79. (　A　) 在竣工測量中，對於小型的施工項目總平面圖的比例尺宜爲下列何者最適當？　(A)1：500　(B)1：5,000　(C)1：10,000　(D)1：20,000。

對於小型的施工項目：宜以比例尺爲 1：500 的總平面圖來代替比例尺爲 1：1,000 的平面圖。

[105-5-1]

80. (　B　) 點位間經由各種觀測，限定新點可能的候選位置，下列何者是這些候選位置的連線稱謂？　(A)圖形強度　(B)定位線　(C)正交原則　(D)自由測站法。

解析

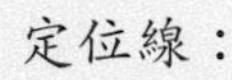

定位線：

點位間經由各種觀測，限定了新點可能的候選位置，這些候選位置的連線稱爲定位線，以繪圖方式來說明一目了然，很方便應用於討論各種觀測交會定點的圖形強度。

81. (　B　) 應用垂線或雷射束對梯間進行垂準作業時，至少要使用幾條垂線，否則結構旋轉、扭曲將無法查知　(A)一條　(B)二條　(C)三條　(D)四條。

應用垂線或雷射束對梯間進行垂準作業時，至少要同時使用兩條垂線。否則結構旋轉、扭曲將無法查知。

有一房屋建案爲四邊形，爲求四邊形周長，利用測距儀分別對此四邊量測其長度，測距儀測距的中誤差爲 ± 2 cm。試問：

82. (C) 若每邊量測 1 次求得距離值，請問四邊周長的中誤差爲何？
(A) ± 1 cm (B) ± 2 cm (C) ± 4 cm (D) ± 8 cm。

測距儀測距的中誤差爲 ± 2 cm

每邊量測一次共四邊$(\pm 2)^4 = 16$cm

量測後四邊形周長中誤差$=\sqrt{16} = \pm 4$。

83. (A) 若每邊量測 4 次求得平均值，請問單邊長的中誤差爲何？
(A) ± 1 cm (B) ± 2 cm (C) ± 4 cm (D) ± 8 cm。

單邊長中誤差$=\sqrt{\frac{\pm 2^2}{4}} = \pm 1$。

84. (B) 若每邊量測 4 次求得平均值，請問四邊周長的中誤差爲何？
(A) ± 1 cm (B) ± 2 cm (C) ± 4 cm (D) ± 8 cm。

四邊周長的中誤差$=\sqrt{\frac{(\pm 2^2 + \pm 2^2 + \pm 2^2 + \pm 2^2}{4}} = \pm 2$。

85. (C) 製作模板加工圖時應注意事項，下列敘述何者不正確？ (A)牆、版一般使用定尺合板 (B)柱、梁部分爲防止水泥漿漏出，宜加設截角木 (C)柱身較高及斷面大者，宜製成一片模板 (D)柱與大梁連接，應明示撐材之長度、餘長、間隔。

柱身較高及斷面大者，不宜製成一片模板。

[105-1-1]

86. (C) 對測量儀器進行檢定，利用檢定的結果來改正觀測值，可以消除下列何種誤差？ (A)錯誤 (B)粗差 (C)系統誤差 (D)偶然誤差。

系統誤差：

以相同的方式或按一定的規律影響觀測的結果，應找出系統誤差出現的規律，並設法消除它。例如對儀器進行檢定，利用檢定的結果來改正觀測值。

87. (C) 下列何者非施工測量之主要任務？

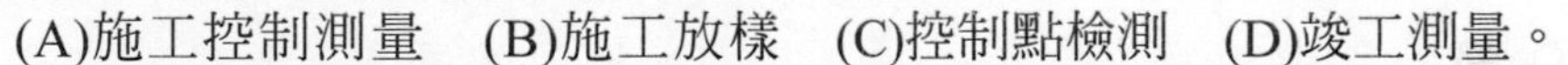

(A)施工控制測量 (B)施工放樣 (C)控制點檢測 (D)竣工測量。

施工測量是指在土木營建工程的勘測設計、施工、竣工驗收、使用管理等階段所進行的各種測量工作的總稱。其主要任務可概括為：

一、 施工控制測量。

二、 施工放樣。

三、 竣工測量。

88. (D) 現今一般角邊混合網或較嚴密的導線網，其平均局部多餘觀測數 ri 至少要求達到下列何者以上較合理？ (A)0.01 (B)0.1 (C)0.2 (D)0.3。

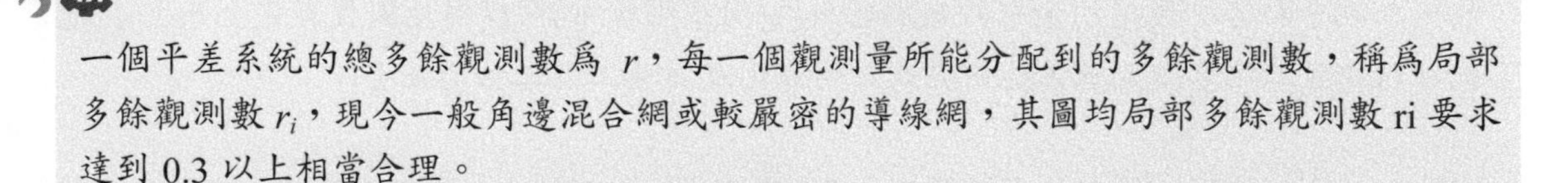

一個平差系統的總多餘觀測數為 r，每一個觀測量所能分配到的多餘觀測數，稱為局部多餘觀測數 r_i，現今一般角邊混合網或較嚴密的導線網，其圖均局部多餘觀測數 ri 要求達到 0.3 以上相當合理。

89. (C) 下列何者非竣工測量之主要成果？

(A)竣工總平面圖 (B)分類圖 (C)擴建參考圖 (D)斷面圖。

竣工測量成果主要爲竣工總平面圖、分類圖、輔助圖、斷面圖以及其他如鐵路公路曲線元素、細部點坐標、高程明細表等。

90. (B) 下列何者非道路放樣作業準備項目？ (A)任務路段沿線控制測量成果檢視、整集 (B)主要中線樁放樣 (C)任務路段縱斷面、橫斷面及相應之設計斷面圖資 (D)應用 GIS、BIM 平臺 3D 立體檢視路段原地形及設計圖示。

道路放樣作業準備：
(A)任務路段沿線控制測量成果檢視、整集。
(B)任務路段平面線形、豎曲線設計資料。
(C)任務路段縱斷面、橫斷面及相應之設計斷面圖資。
(D)應用 GIS、BIM 圖臺 3D 立體檢視路段原地形及設計圖示。

[104-9-1]

91. (D) 下列何者對法定坐標系與施工獨立坐標系的敘述有誤？ (A)對於大範圍的施工測量，首級控制網可選擇法定坐標系 (B)法定坐標系的建立，一般而言考慮的是如何使地形尺度變形控制在允許的精度範圍內 (C)法定坐標系的建立，要對中央子午線的最佳位置與持度進行分析討論 (D)就施工測量而言，後續的加密控制網採用法定坐標系，可以與地圖投影無關，較有利於誤差改正及簡化。

就施工測量而言，後續的加密控制網採用的(獨立坐標系)可以與地圖投影完全無關，此較有利於施工測量觀測值系統誤差改正的簡化及與施工各工種的配合。

92. (C) 依現行都市計畫樁測定及管理辦法第 45 條規定，計畫爲直線之道路，因其兩側建築物之偏差，導致中線發生偏差時，其偏差實地在多少距離以內者，視爲無誤？ (A)六公分 (B)十公分 (C)十五公分 (D)三十公分。

都市計畫樁測定及管理辦法第48條規定：
計畫爲直線之道路，因其二側建築物之偏差，導致中線發生偏差時，其偏差實地在十五公分以內者，視爲無誤。

現今有多條捷運在施工，以潛盾工法施築隧道爲捷運之主要地下工程。試問

93. (C) 測量在此工程中主要的任務在於保證其誤差最大在多少內貫通？

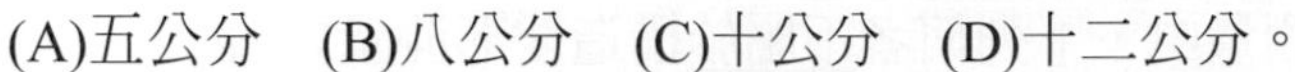

(A)五公分　(B)八公分　(C)十公分　(D)十二公分。

以潛盾工法施築隧道爲捷運之主要地下工程。測量在此工程中主要的任務在於保證其在誤差10公分內貫通。

94. (D) 在地面控制測量中，下列何種定位技術不受平面通視限制，用於確立兩端控制點之相對關係，並建立控制基線最是方便可靠？

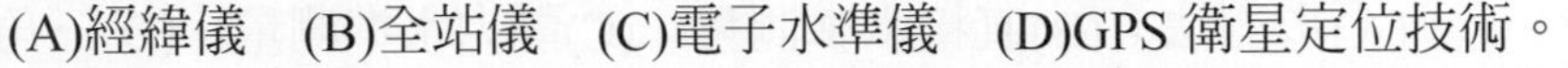

(A)經緯儀　(B)全站儀　(C)電子水準儀　(D)GPS衛星定位技術。

GPS衛星定位技術：
GPS(Global Positioning System)衛星定位測量技術發展至今已有近二十年之歷史，經國內外學者之研究及工程之實地應用，證實其測量成果可達1 ppm以上之精度等級，其不受平面通視限制之利來確立兩端控制點之相對關係，並建立控制基線最是方便可靠。

95. (D) 在隧道控制測量中，必須將地面控制測量成果中的坐標、方位表和高程透過豎井傳到地下，請問可使用下列何種方法進行高程控制點的引測？
(A)鉛垂引測　(B)GPS引測　(C)經緯儀引測　(D)懸吊剛尺直接引測。

隧道控制測量高程控制點的引測以懸吊鋼尺直接引測，即以直接水準讀取水準標尺及懸尺的刻劃，以求取地下水準點之高程，爲避免因時間差所致之可能滑動誤差，地上、地下擺設水準儀，同時觀測懸吊之鋼尺爲宜。

[104-5-1]

96. (C) 當測區平均高程較大時，爲使成果與實地相符，宜採用何高程面當投影面？
(A)最高高程面 (B)最低高程面 (C)平均高程面 (D)平均海水面。

解析

測區平均高程較大時，爲使成果與實地相符，宜採用平均高程面。

97. (C) 在變形測量中，下列何者<u>不屬於</u>構造變形測量內容？
(A)水平位移觀測 (B)裂縫觀測 (C)結構荷載 (D)撓度觀測。

解析

構造物變形測量的內容包括：垂直位移(沉陷)觀測、水平位移觀測、傾斜觀測、裂縫觀測、撓度觀測、日照變形觀測和風振觀測等。

98. (A) 下列何者<u>不是</u>沉陷觀測的主要方法？
(A)步測法 (B)直接水準測量 (C)靜力水準測量 (D)三角高程測量。

步測法利用便步或跑步的長度來估測距離的長短。

99. (C) 整合各項關於空間資料，具有擷取、編修、更新、儲存、查詢、處理、分析及展示等功能的系統，是下列何種稱謂？
(A)GPS (B)CAD (C)GIS (D)WEB。

地理資訊系統(Geographic Information Systems, GIS)是爲一套可以整合各項關於空間資料的資訊化作業系統，其架構於一完整豐富的地理資料庫之上，並具有資料擷取、編修、更新、儲存、查詢、處理、分析及展示等不同功能，來作爲決策及管理支援，其特性是在空間資訊處理，包括了二度(平面，以傳統地圖爲基礎)、三度(立體)及四度(空間＋時間)的資訊。

100. (　C　) 在施工測量中，將設計構造物的平面位置、高程標定在現地的測量作業，是下列何種稱謂？
(A)施工控制測量　(B)施工準備　(C)施工放樣　(D)竣工測量。

施工放樣：
是指將設計構造物的平面位置、高程標定在現地的測量作業。爲後續工程施工和設備安裝時，提供方向、高程、圖面位置等各種施工標誌，確保依照設計圖說施工。

[104-1-1]

101. (　A　) 相鄰土地間，確認具體界址的方法下列何者<u>有誤</u>？　(A)召開公聽會確認　(B)如有圖地相符之地籍圖，自以地籍圖爲準　(C)參考鄰接各土地之買賣切約或地圖(實測圖、分割圖、分筆圖)　(D)山林經界之爭，應擴及地形、林相、及山林管理等實際狀況。

相鄰的土地確認不包含確認具體界址之資料爲：
一、　鄰接各土地之買賣契約或地圖(實測圖、分割圖、分筆圖)。
二、　經界標識之狀況(經界石、經界木、木樁、基石、埋炭等)。
三、　經界物、經界附近使用佔有沿革(路徑、牆圍、房屋、廚房、廁所、自來水管、水溝之位置及系爭土地之利用狀況)。
四、　登記簿面積與各土地實測面積之差異。山林經界之爭，則應擴及地形、林相、及山林管理況等實地狀況。

102. (　C　) 確認土地經界最正式的管道爲何？　(A)尋求臨界地主協調　(B)自行以高精度電子經緯儀施測　(C)由地政機關辦理鑑界　(D)委託測量公司辦理。

確認土地經界最正式的管道爲由地政機關辦理鑑界。

103. (　C　) 下列何者爲將基地附近之都市計畫樁、三角點、水準點等引測至基地，以爲施工測量之依據？
(A)地形測量　(B)收方　(C)控制點測設　(D)樣板打設。

控制點測設：

建立統一之測量基準及基本控制點，以作爲測繪基礎之測量，並精密測算點位坐標、高程或其他相關資料，提供測繪作業之依據。

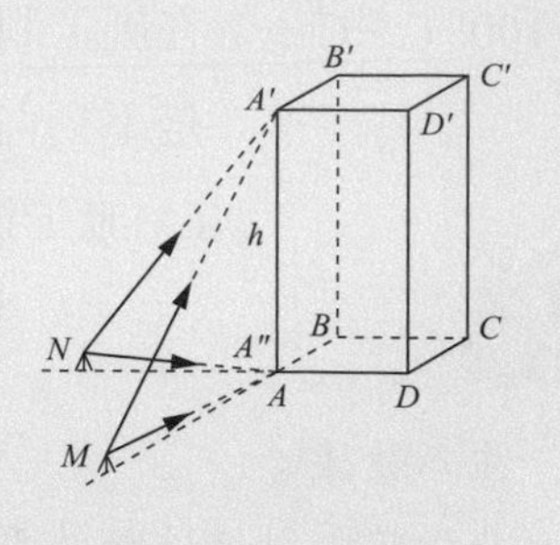

在構造物的傾斜觀測中，$ABCD$ 爲構造底部角隅，$A'B'C'D'$ 爲構造對應頂層角隅，初步察覺 A' 向外側傾斜。今測得構造高度 h，傾斜向量長度 k，並用支距法測量縱、橫位移量分別爲 ΔX、ΔY，請問：

104. (C) 構造的傾斜方向 α = ?

(A)$\sin(\Delta X / \Delta Y)$ (B)$\tan(\Delta X / \Delta Y)$ (C)$\arctan(\Delta X / \Delta Y)$ (D)$\arcsin(\Delta X / \Delta Y)$。

傾斜方向 $= \arctan(\Delta X / \Delta Y)$。

105. (A) 傾斜度 i = ? (A)k / h (B)h / k (C)$\Delta X / \Delta Y$ (D)$\Delta Y / \Delta X$。

傾斜度 $i = k / h$。

假設工程

單元重點

1. 施工架組配工程
2. 模板支撐工程
3. 擋土支撐工程
4. 工地安全設施
5. 交通措施及危險性機具管理

[110-1-1]

1. (C) 依據營造安全衛生設施標準之規定，雇主以可調鋼管支柱為模板支撐之支柱時，應依下列何者規定辦理？ (A)可調鋼管支撐於調整高度時，無制式之金屬附屬配件時，可以鋼筋等替代使用 (B)上端支以樑或軌枕等貫材時，直接固定其上 (C)高度超過三點五公尺者，每隔二公尺內設置足夠強度之縱向、橫向之水平繫條，並以牆、柱等構造物妥為連結 (D)可調鋼管支柱可以連接使用。

依據營造安全衛生設施標準第135條：
雇主以可調鋼管支柱為模板支撐之支柱時，應依下列規定辦理：
一、 可調鋼管支柱不得連接使用。
二、 高度超過三點五公尺者，每隔二公尺內設置足夠強度之縱向、橫向之水平繫條，並與牆、柱、橋墩等構造物或穩固之牆模、柱模等妥實連結，以防止支柱移位。
三、 可調鋼管支撐於調整高度時，應以制式之金屬附屬配件為之，不得以鋼筋等替代使用。
四、上端支以梁或軌枕等貫材時，應置鋼製頂板或托架，並將貫材固定其上。

2. (B) 一般混凝土結構使用之模板，若用於載重較大，且反覆使用率較高者，較可能會採用何種材質的模板？ (A)保麗龍模 (B)鋼模 (C)木模 (D)紙模。

鋼模相較於其他模板，有較好的耐用性亦可降低成本。

■情境式選擇題

某高度60公尺，地下室開挖深度16公尺之建築工程由甲營造公司承建，甲營造公司再將其中之模板工程交由乙公司施作，乙公司再將模板組立代工交由丙公司施作，甲乙丙公司分別僱有勞工於工地共同作業，甲營造公司再指定小明為工作場所負責人，其中一樓頂板模板支撐高度為8公尺，支撐面積為500平方公尺。請回答下列問題：

3. (A) 依據營造安全衛生設施標準之規定，丙公司以鋼管施工架爲模板支撐之支柱時，應依規定辦理，下列何者爲非？ (A)支撐底部得以可調型基腳座鈑調整在同一水平面 (B)上端支以樑或軌枕等貫材時，應置鋼製頂板或托架，並將貫材固定其上 (C)於最上層及每隔五層以內，模板支撐之架面方向之二端及每隔五架以內之交叉斜撐材面方向，應設置水平繫條或橫架 (D)鋼管架間，應設置交叉斜撐材。

依據營造安全衛生設施標準第 136 條第五款：
雇主以鋼管施工架爲模板支撐之支柱時，應依下列規定辦理：
五、支撐底部應以可調型基腳座鈑調整在同一水平面。

4. (D) 依據營造安全衛生設施標準之規定，甲公司在地下室開挖時，對於擋土支撐之規定，下列何者爲非？ (A)應設擋土支撐。 (B)應繪製施工圖說，並指派或委請具有地質、土木等專長專業人員簽章確認其安全性後按圖施作之。 (C)應指派擋土支撐作業主管於作業現場辦理相關事項。 (D)於每日或於四級以上地震後，或因大雨等致使地層有急劇變化之虞，或觀測系統顯示土壓變化未按預期行徑時，應實施檢查。

依據營造安全衛生設施標準第 75 條第五款：
雇主以鋼管施工架爲模板支撐之支柱時，應依下列規定辦理：
五、支撐底部應以可調型基腳座鈑調整在同一水平面。

[110-5-1]

5. (C) 依「營造安全衛生設施標準」規定，以型鋼之組合鋼柱爲橋梁模板支撐之支柱時，若高度超過 4 公尺時，應至少每隔幾公尺以內向二方向設置足夠強度之水平繫條？ (A) 2 公尺。 (B) 3 公尺。 (C) 4 公尺。 (D) 5 公尺。

依據營造安全衛生設施標準第 137 條規定：
雇主以型鋼之組合鋼柱爲模板支撐之支柱時，應依下列規定辦理：
一、支柱高度超過四公尺者，應每隔四公尺內設置足夠強度之縱向、橫向之水平繫條，並與牆、柱、橋墩等構造物或穩固之牆模、柱模等妥實連結，以防止支柱移位。

6. (D) 對於明挖支撐工法之說明，下列何者爲非？ (A)順打工法，是在構築擋土壁後才由地表輔以必要之支撐措施往下開挖至底後，再由底部往上構築所需之結構物 (B)半逆打施工法類似逆打工法，半逆打工法係在先完成地面層結構後，再改採順打工法構築 (C)目前國內一般大樓之地下室開挖多採明挖支撐工法 (D)逆打工法係在構築擋土壁後，先打設地面層結構後再以水平支撐做其爲開挖所需之支撐系統繼續開挖下去，適合開挖面形狀規則之基地。

(D)逆打工法係在構築擋土壁後，先打設地面層結構後再以水平支撐做其爲開挖所需之支撐系統繼續開挖下去，適合開挖面不形狀規則之基地。

7. (B) 下列何者不是假設工程計畫之主要內容？ (A)剩餘土石方處理 (B)自動檢查標準 (C)臨時房舍 (D)工區配置。

假設工程計畫主要內容爲：
一、工區配置。
二、整地計劃。
三、臨時房舍規劃。
四、臨時用地規劃。
五、施工便道規劃。
六、臨時用電配置。
七、臨時給排水配置。
八、剩餘土石方處理。
九、植栽移植與復原計畫。
十、其他有關之臨時設施及安全維護事項。

[111-1-1]

8. (A) 重型施工架與輕型工作架，係依據施工架下列使用分類？ (A)使用目的 (B)使用型式 (C)所用材料 (D)使用運輸。

解析

工程具有荷重大、高挑空、大面積的特行，應選用重型施工架，屬使用目的考量取向。

9. (A) 依據營造安全衛生設施標準規定，施工架工作臺應低於施工架立柱頂點多少公分以上？ (A) 100 公分 (B) 105 公分 (C) 110 公分 (D) 115 公分。

解析

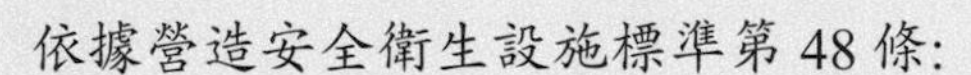
依據營造安全衛生設施標準第 48 條:
雇主使勞工於高度二公尺以上施工架上從事作業時，應依下列規定辦理：
四、工作臺應低於施工架立柱頂點一公尺以上。

[111-5-1]

10. (A) 做爲符合框式施工架在立柱之腳柱與橫材之材質需符合 CNS 4435 規定之規格？ (A)STK 500 (B)STK 400 (C)SS 500 (D)SS 400。

部材	構成部分	材質
立架	腳柱及橫材	CNS 4435 所規定之 STK500{STK51}
	加勁鋼材	CNS 4435 所規定之 STK400{STK41}
	交叉拉桿扣釘	CNS 2473 所規定之 SS 400{SS 41}
註：CNS 4435 為一般結構用碳鋼鋼管		

■情境式選擇題

○○營造有限公司興建地下 5 層地上 20 層之商業大樓，就外牆施工架之施工，工地主任應有之作爲？

11. (B) 下列何者對施工架組立之敘述正確？ (A)施工架組配作業時，工地主任須於現場指揮勞工作業 (B)作業者將安全帶繫於下層施工架 (C)施工架組配順序應先架設中間部分，再進行兩端最外側部分 (D)於施工架兩端架設之安全母索，其強度僅需能支撐作業勞工之重量即可。

(A)施工架組配作業時，施工架組配作業主管須於現場指揮勞工作業。

(C)施工架組配順序應先架設兩端最外側再進行中間部份。

(D)於施工架兩端架設之安全母索，其強度需符合強度試驗。

12. (送分) 下列何者對施工架拆除之敘述<u>錯誤</u>？ (A)施工架遇4級以上地震及風速每秒 30 m以上之強風後應先實施檢查 (B)作業者將安全帶繫於下層施工架後，再拆除本層之安全母索 (C)先拆除施工架中間部分及次拆外側之施工架部分 (D)施工架組配作業主管須於現場指揮勞工作業。

*本題答案有爭議，因此選擇任何一項都有分數。

(C)先拆除兩端最外側及次外側之施工架。

[109-9-2]

13. (B) 下列何者是以厚 2.5～5.0 cm，寬約 20 cm 之長條木板直接鋪放於櫊柵上來構成模板之方式稱為： (A)框式模板 (B)散板 (C)合板 (D)滑模。

散板：以厚 2.5～5.0 cm，寬約 20 cm 之長條木板直接鋪放於櫊柵上來構成模板。

[109-5-1]

14. (B) 依據營造作業使用鋼管施工架符合國家標準之推動期程，民國幾年開始全面推動？ (A)民國 107 年 (B)民國 108 年 (C)民國 109 年 (D)民國 110 年。

自 102 年起逐步推動鋼管施工架符合國家標準 CNS 4750，並預定於 108 年適用於全部工程。

15. (C) 依據營造安全衛生設施標準之規定，雇主對於模板支撐之構築，下列何者爲非？ (A)應繪製施工圖說、訂定混凝土澆置計畫，建立按施工圖說施作之查驗機制 (B)高度在五公尺以上，且面積達一百平方公尺以上之模板支撐，其構築應依相關法規所定具有建築、結構等專長之人員或委由專業機構，事先依模板形狀、預期之荷重及混凝土澆置方法等妥爲安全設計 (C)高度未滿五公尺之模板支撐，無須構築設計 (D)模板支撐設計，均應由專人簽章確認之。

營造安全衛生設施標準第 131 條第一款：

雇主對於模板支撐，應依下列規定辦理：

一、 爲防止模板倒塌危害勞工，高度在五公尺以上，且面積達一百平方公尺以上之模板支撐，其構築及拆除應依下列規定辦理：

(一) 事先依模板形狀、預期之荷重及混凝土澆置方法等，依營建法規等所定具有建築、土木、結構等專長之人員或委由專業機構妥爲設計，置備施工圖說，並指派所僱之專任工程人員簽章確認強度計算書及施工圖說。

(二) 訂定混凝土澆置計畫及建立按施工圖說施作之查驗機制。

(三) 設計、施工圖說、簽章確認紀錄、混凝土澆置計畫及查驗等相關資料，於未完成拆除前，應妥存備查。

(四) 有變更設計時，其強度計算書及施工圖說應重新製作，並依本款規定辦理。

二、 前款以外之模板支撐，除前款第一目規定得指派專人妥爲設計，簽章確認強度計算書及施工圖說外，應依前款各目規定辦理。

16. (A) 假設工程計畫的主要大項中，下列何者較可能於必要時單獨編製分項計畫書？ (A)剩餘土石方處理 (B)工地安全管理 (C)臨時用電規劃 (D)施工便道或臨時道路之規劃。

分項工程：依照不同的施工方法、不同的材料、不同的規格劃分。

另依據內政部營建數營建剩餘土石方處理方案規定，應視工程土方產出量或需要塡土量，及配合土地利用之塡土堆置處理計畫。

17. (C) 公共工程施工綱要規範第 02256 章臨時擋土支撐工法單元規定，於鋼板樁打設位置之範圍內，有不足幾天齡期之混凝土，不得打設鋼板樁？ (A)5 天 (B)6 天 (C)7 天 (D)8 天。

依據公共工程施工綱要規範第 02256 章臨時擋土支撐工法單元 3.1.1 小節第(1)點規定，鋼板樁應垂直打入經核准工作圖中所示之深度，且相鄰樁間應完全連鎖。於鋼板樁打設位置之 30 cm 範圍內，如有不足 7 天齡期之混凝土，不得打設鋼板樁。

[109-5-2]

18. (D) 依據營建工程空氣汙染防制設施管理辦法，以金屬、混凝土、塑膠等材料製作，其下半部屬密閉式之拒馬或紐澤西護欄等實體隔離設施，是指下列何種設施？ (A)全阻隔式圍籬 (B)半阻隔式圍籬 (C)網狀鏤空式圍籬 (D)簡易圍籬。

依據營建工程空氣污染防制設施管理辦法第 2 條第一款第四點規定：
簡易圍籬：指以金屬、混凝土、塑膠等材料製作，其下半部屬密閉式之拒馬或紐澤西護欄等實體隔離設施。

19. (B) 模板標稱尺度依 CNS 7334 規定，有關 3018 模板之敘述，下列何者正確？ (A)模板寬度 55 mm (B)模板長度 1800 mm (C)模板高度 300 mm (D)模板高度 180 mm。

標稱	寬度×長度×高度	標稱	寬度×長度×高度	標稱	寬度×長度×高度	標稱	寬度×長度×高度
3018	300×1800×55	2018	200×1800×55	1518	150×1800×55	1018	100×1800×55
3015	300×1500×55	2015	200×1500×55	1515	150×1500×55	1015	100×1500×55
3012	300×1200×55	2012	200×1200×55	1512	150×1200×55	1012	100×1200×55
3009	300×900×55	2009	200×900×55	1509	150×900×55	1009	100×900×55
3006	300×600×55	2006	200×600×55	1506	150×600×55	1006	100×600×55

依據 CNS 7334 之 3.1 節規定，寬度 300 mm ×長度 1800 mm ×高度 55 mm

[109-1-1]

20. (A) 依據營造安全衛生設施標準之規定，雇主對於下列何種施工架之構築及拆除作業，應指派施工架組配作業主管於作業現場辦理相關事項？ (A)高度五公尺以上施工架 (B)直立式施工架 (C)移動式施工架 (D)高度二公尺以上之系統施工架。

依據營造安全衛生設施標準第 41 條：
雇主對於懸吊式施工架、懸臂式施工架及高度五公尺以上施工架之組配及拆除(以下簡稱施工架組配)作業，應指派施工架組配作業主管於作業現場辦理下列事項：
一、 決定作業方法，指揮勞工作業。
二、 實施檢點，檢查材料、工具、器具等，並汰換其不良品。
三、 監督勞工確實使用個人防護具。
四、 確認安全衛生設備及措施之有效狀況。
五、 其他爲維持作業勞工安全衛生所必要之設備及措施。
前項第二款之汰換不良品規定，對於進行拆除作業之待拆物件不適用之。

21. (A) 臨時擋土支撐工法之拆除，拆除後所留下之空隙應使用何種材料回填？ (A)水泥砂漿 (B)砂土 (C)皀土 (D)礫石。

依據行政院公共工程委員會施工規範 02256 臨時擋土支撐工法第 3.1.5 小節第(3)點：
臨時擋土支撐拆除後所留下之空隙應使用水泥砂漿回填。

22. (C) 下列何者是以鋼軌或 H 型鋼爲樁柱，間隔打入土層依隨開挖作業之進行於樁間嵌入橫板條，並填土於其背後之擋土樁設施？ (A)預壘樁 (B)鋼板樁 (C)鋼軌樁 (D)連續壁。

依據行政院公共工程委員會施工規範 02255 臨時擋土樁設施第 3.2.1 小節：
本施工方法係以鋼軌或 H 型爲樁柱，間隔打入土層依隨開挖作業之進行於樁間嵌入橫板條，並填土於其背後之擋土樁設施，包括人工、材料、機具、動力等均爲本工作範圍。

[109-1-2]

23. (A) 營建業主於營建工程進行期間，應於營建工地周界設置定著地面之全阻隔式圍籬，下列說明何者爲非？ (A)第一級營建工程者，其圍籬高度不得低於 2.2 公尺 (B)第二級營建工程者，其圍籬高度不得低於 1.8 公尺 (C)圍籬座落於道路轉角或轉彎處 10 公尺以內者，得設置半阻隔式圍籬 (D)應於營建工地周界設置定著地面之防溢座。

解析

依據建工程空氣污染防制設施管理辦法第 6 條：
營建業主於營建工程進行期間，應於營建工地周界設置定著地面之全阻隔式圍籬及防溢座。屬第一級營建工程者，其圍籬高度不得低於二點四公尺；屬第二級營建工程者，其圍籬高度不得低於一點八公尺。但其圍籬座落於道路轉角或轉彎處十公尺以內者，得設置半阻隔式圍籬。

24. (C) 內政部營建署「結構混凝土施工規範」規定，不做支撐之牆側模的最少拆模時間爲何？ (A)4 小時 (B)8 小時 (C)12 小時 (D)24 小時。

解析

依據結構混凝土施工規範第 4.7.6 小節：
使用第 I 型水泥且不摻卜作嵐材料或其他摻料之混凝土，其拆模時間除依第 4.7.5 節之規定外不得少於表 4.7.1 之規定。

構件名稱	最少拆模時間	
柱、牆、及梁之不做支撐側模	12 小時	
雙向柵版不影響支撐之盤模* 75 cm 以下 大於 75 cm	3 天 4 天	
	活載重不大於靜載重	活載重大於靜載重
單向版 淨跨距小於 3 m 淨跨距 3 m 至 6 m 淨跨距大於 6 m	4 天 7 天 10 天	3 天 4 天 7 天
拱模	14 天	7 天
柵肋梁、小梁及大梁底模 淨跨距小於 3 m 淨跨距 3 m 至 6 m 淨跨距大於 6 m	7 天 14 天 21 天	4 天 7 天 14 天
雙向版	依據第 4.8 節之規定	
後拉預力版系統	全部預力施加完成後	

[108-9-1]

25. (C) 下列何者不是必要之模板施工的材料檢查重點？ (A)面板厚度 (B)繫結材 (C)支柱單價 (D)角材尺寸。

模板材料的檢查重點爲面板厚度、繫結材、角材尺寸；支柱單價爲採購需注意項目，非材料檢查重點。

26. (C) 工地安全防護包括安全圍籬與安全走廊等，下列何者爲非？ (A)安全圍籬底部和地表間空隙，須設金屬板或混凝土防溢座，使基地用水不致溢到基地外 (B)於圍籬突出、轉角、施工大門處設立警示燈，以利夜間人車注意 (C)凡建築基地臨接重要道路或行人擁擠地區或重要名勝地區，其臨接長度在 10 公尺以上者，應於安全圍籬外設置有頂蓋之行人安全走廊，以銜接基地相鄰之騎樓或人行道 (D)行人安全走廊之設置：安全走廊之淨寬至少 1.2 公尺，淨高至少 2.4 公尺。

依據臺北市建築物施工中妨礙交通及公共安全改善方案第 5 條：
安全走廊範圍：凡建築基地臨接計畫道路內人行道者，應於安全圍籬外設置有頂蓋之行人安全走廊，以銜接基地相鄰之騎樓或人行道。

27. (B) 下列何者不是交維計畫撰寫內容？ (A)緊急應變計畫 (B)工程成效 (C)交通維持方案 (D)道路交通現況評析。

交通維持計畫之內容，應涵蓋如下：

一、 實施計畫概要。
二、 實施計畫範圍。
三、 交通現況分析。
四、 交通管制方式及交通衝擊評估。
五、 交通安全防護措施及交通衝擊減輕方案。
六、 交通疏導計畫宣導措施。
七、 緊急應變計畫。

28. (A) 於鋼板樁打設位置之範圍內，如有不足幾天齡期之混凝土，不得打設鋼板樁？ (A)7 天 (B)14 天 (C)21 天 (D)28 天。

依據內政部營建署建築工程施工規範第 02255 章臨時擋土樁設施第 3.1.2 小節第(2)點：在打樁周圍 30 m 範圍內，如有不足 7 天齡期之混凝土時，不得打設鋼板樁。

[108-9-2]

29. (B) 有關模板回撐(再撐)之敘述，下列何者錯誤？ (A)使用回撐時，其施行程序須事先計劃並報請核可 (B)回撐應於拆模後，3 日完成 (C)拆模回撐時，應局部逐次拆模，再逐次回撐 (D)樓板上須承受上層新澆置混凝土之模板支撐時，其下須有回撐或保留原模板支撐。

為加速工程進度，混凝土澆置達塑性狀態後，可局部拆除模板並立即進行回撐(再撐)作業，使模板可加速利用。

[108-5-1]

30. (A) 施工架在適當之垂直、水平距離處與構造物妥實連接，其間隔在垂直方向以不超過多少公尺為限？ (A)5.5 公尺 (B)6.0 公尺 (C)6.5 公尺 (D)7.5 公尺。

依據營造安全衛生設施標準第 45 條第三款：
施工架在適當之垂直、水平距離處與構造物妥實連接，其間隔在垂直方向以不超過五點五公尺，水平方向以不超過七點五公尺為限。但獨立而無傾倒之虞或已依第 59 條第五款規定辦理者，不在此限。

31. (A) 下列何者非擋土支撐設置後開挖進行中，必須實施定期檢查之時機？ (A)每日上工前 (B)每週 (C)四級以上地震後 (D)因大雨等致使地層有急劇變化之虞。

依據營造安全衛生設施標準第 75 條：

雇主於擋土支撐設置後開挖進行中，除指定專人確認地層之變化外，並於每週或於四級以上地震後，或因大雨等致使地層有急劇變化之虞，或觀測系統顯示土壓變化未按預期行徑時，依下列規定實施檢查：

一、　構材之有否損傷、變形、腐蝕、移位及脫落。

二、　支撐桿之鬆緊狀況。

三、　溝材之連接部分、固定部分及交叉部分之狀況。

依前項認有異狀，應即補強、整修採取必要之設施。

[108-1-1]

32. (　A　) 下列何者是屬於明挖支撐工法？　(A)順打工法　(B)潛盾工法　(C)NATM　(D)推進工法。

解析

明挖支撐工法依施作順序一般可區分爲順打工法(Bottom up)、半逆打工法(Semi-Top Down)及逆打工法(Top Down)等三類。

33. (　D　) 施工架上之工作台欄杆之設計及製造，應能承受任何方向多少公斤之重量而不致損壞？　(A)50 公斤　(B)60 公斤　(C)70 公斤　(D)75 公斤。

解析

依據營造安全衛生設施標準第 20 條第五款：

雇主依規定設置之護欄，應依下列規定辦理：

五、　任何型式之護欄，其杆柱、杆件之強度及錨錠，應使整個護欄具有抵抗於上欄杆之任何一點，於任何方向加以七十五公斤之荷重，而無顯著變形之強度。

34. (　C　) 擋土支撐作業主管在場指揮監督勞工作好各種防護措施，方得開始作業，此爲擋土支撐施工何階段之注意事項？　(A)作業規劃注意事項　(B)作業前注意事項　(C)作業中注意事項　(D)作業後注意事項。

依據營造安全衛生設施標準第 47 條：
雇主對於擋土支撐組配、拆除(以下簡稱擋土支撐)作業，應指派擋土支撐作業主管於作業現場，屬作業中注意事項。

35. (C) 「混凝土澆置過程應由專人於模版、支撐下方確認模版支撐之完整、穩定情形。即時發現是否出現未密合可能產生漏漿情形或支撐有鬆動狀況，立即予以修補、加強，以避免模版支撐移位、鬆動甚至潰散。」是指模版支撐設施作業中哪一個步驟？ (A)組立 (B)檢驗 (C)巡檢 (D)回撐。

依據結構混凝土施工規範第 4.6.1 小節：
模板組立應符合模板施工圖之規定，且在混凝土澆置前至少應檢查下列有關項目：
一、 模板及有關材料之規格。
二、 模板配置之位置、高程及尺寸。
三、 模板支撐及穩固情況。
四、 模板組合緊密度或防止漏漿之措施。
五、 混凝土澆置面高度標記。
六、 模板面之處理情況。
七、 模板內雜物之清除。

[108-1-2]

36. (A) 依據營造安全衛生標準規定雇主以可調鋼管支柱爲模板支撐之支柱時，高度超過 3.5 公尺者，每隔多少內設置足夠強度之縱向、橫向之水平繫條？ (A)2.0 公尺 (B)2.5 公尺 (C)3.0 公尺 (D)3.5 公尺。

依據營造安全衛生設施標準第 135 條第二款：
雇主以可調鋼管支柱爲模板支撐之支柱時，應依下列規定辦理：
二、 高度超過三點五公尺者，每隔二公尺內設置足夠強度之縱向、橫向之水平繫條，並與牆、柱、橋墩等構造物或穩固之牆模、柱模等妥實連結，以防止支柱移位。

[107-9-1]

37. (　D　) 施工架應有上下工作台之扶梯及在工作台周邊設高度多少 cm 以上之護欄？ (A)75 公分 (B)80 公分 (C)85 公分 (D)90 公分。

依據營造安全衛生設施標準第 20 條第一款：
雇主依規定設置之護欄，應依下列規定辦理：
一、 具有高度九十公分以上之上欄杆、高度在三十五公分以上，五十五公分以下之中間欄杆或等效設備(以下簡稱中欄杆)、腳趾板及杆柱等構材。

[107-5-1]

38. (　D　) 臨時擋土支撐之拆除，緊接於地下構造物底板以上之第一層支撐，在底板混凝土澆置後應留置原處至少 48 小時，其餘各層支撐應留置原處，直到預計承受由拆除支撐所傳遞荷重之混凝土達到 28 天抗壓強度之百分多少以上爲止？ (A)50% (B)60% (C)70% (D)80%。

依據依據內政部營建署建築工程施工規範第 02256 章臨時擋土支撐工法第 3.1.5 小節第(2)點：
緊接於地下構造物底板以上之第一層支撐，在底板混凝土澆置後應留置原處至少 48 小時，其餘各層支撐應留置原處，直到預計承受由拆除支撐所傳遞荷重之混凝土達到 28 天抗壓強度之 80%以上爲止。

39. (　A　) 在擋土支撐工法及擋土措施之分類中，以下何者不屬於止水性設施？ (A)擋土柱 (B)鋼版樁 (C)預壘排樁 (D)連續壁。

止水性高之擋土支撐系統有鋼筋混凝土排樁工法、鋼板樁工法、拌合樁工法、連續壁工法等。

○○營造有限公司興建地下 5 層地上 20 層之商業大樓，就擋土支撐系統與混凝土作業之選擇，工地主任應有之作爲？

40. (A) 將擋土壁所承受之土壓力、水壓力予以傳遞到撐梁、角撐等彎曲材之構件爲何？ (A)橫擋 (B)撐梁 (C)支柱 (D)斜撐或角撐。

解析

橫擋(wale)又稱爲圍令，其作用爲傳遞擋土壁背面土壓力至水平支撐。

41. (B) 在構築擋土壁後，先打設地面層結構後並利用其爲開挖所需之支撐系統繼續開挖下去，適合開挖面形狀不規則之基地，係下列何種工法？ (A)順打施工法 (B)逆打施工法 (C)半逆打施工法 (D)半順打施工法。

逆打工法又稱爲逆築工法，先在結構物周圍施築擋土牆，再架設地下結構體的鋼骨柱或是支撐柱來承受載重，再進行部分開挖，而地下結構物的樓版用來代替內支撐，從地面逐層向下挖土及興築，而向下開挖地基、地下室的同時，也從地表面向上蓋一層樓。

42. (D) 於預施築位置，首先整平、放樣，先構築導溝牆，依公母單元逐次開挖，以挖掘機在導溝牆內開挖溝槽至預定深度，係下列何種擋土設施？ (A)鋼板樁擋土設施 (B)鋼軌樁擋土設施 (C)預壘樁擋土設施 (D)連續壁擋土設施。

連續壁有許多不同的工法，但其基本施工順序差別不大，前置作業不外是基地整平、測量作業及放樣、各種施工機具物品堆置之配置、鄰近物之觀察調查及地盤改良等，而進入施工階段爲導牆施工及吊索機械舖面之施工，重點在挖掘作業及組立吊放鋼筋籠，防水功效之發揮首重連續壁之灌漿作業等。

43. (D) 澆築上層混凝土時，下層跨度大於 8 m 之大梁及未達多少天養護期之梁均需回撐？ (A)7 天 (B)14 天 (C)21 天 (D)28 天。

爲使結構體之高度符合結構設計圖所示之高程，施工時相關結構體應設置適當之預拱量；跨度 7.5m 以上之梁於拆模後應立即進行回撐；回撐應留置至所支承之混凝土達規定 28 天強度 fc'時方可拆除。

[107-5-2]

一專業包商承攬模板工程施作，依規定須撰寫模板工程施工計畫書，請回答有關一般模板施工計畫書內容：

44. (D) 有關模板組立的基本設計，設計者要適度說明以提交施工者作為施工計劃與管理參考，下列何者不是設計者對模板組立基本設計的考慮重點？(A)基地內狀況 (B)構造物使用性質 (C)周圍環境狀況 (D)模板生產者狀況。

模板組立基本設計的考慮重點為基地內狀況、周圍環境狀況、構造物使用性質，模板生產者狀況不在考量重點內。

45. (D) 混凝土結構圖(混凝土尺寸圖)是為了便利模板工程之施工，其中混凝土模板施工圖可不包含下列何者？ (A)基礎平面圖 (B)剖面圖 (C)各層平面圖 (D)立面圖。

混凝土模板之立面圖所標示之資訊較少，大部分皆以剖面圖呈現。

46. (A) 依據[內政部營建署結構混凝土施工規範]，若拆模項目有：(1)柱、牆、梁側板(2)樓板(3)小梁(4)梁底版，請問拆模順序為下列何者？
(A)(1)→(2)→(3)→(4) (B)(2)→(3)→(1)→(2)
(C)(4)→(3)→(2)→(1) (D)(1)→(3)→(4)→(2)。

依據結構混凝土施工規範第 4.7.6 小節所示，順序為柱、牆、梁側板→樓板→小梁→梁底版。

47. (B) 在基礎地梁混凝土澆置後，有關模板組合架設作業程序，下列順序何者正確？ (A)邊柱之內側→角隅柱之內側→中柱→牆之內側→牆之外側 (B)角隅柱之內側→邊柱之內側→中柱→牆之內側→牆之外側 (C)角隅柱之內側→邊柱之內側→中柱→牆之外側→牆之內側 (D)牆之內側→牆之外側→中柱→角隅柱之內側→邊柱之內側。

模板組合架設作業程序：角隅柱之內側→邊柱之內側→中柱→牆之內側→牆之外側。

[107-1-1]

○○營造有限公司興建地下 5 層地上 20 層之商業大樓，就外牆施工架之施工，工地主任應有之作爲？

48. (B) 下列何者對施工架組立之敘述錯誤？ (A)施工架組配作業主管須於現場指揮勞工作業 (B)作業者將安全帶繫於上層施工架 (C)先架設兩端最外側再進行中間部份 (D)於兩端次外側施工架拉上安全母索。

施工架組立時，作業者須將安全帶掛鉤固定於水平安全母索。

49. (D) 施工架使用時，遇幾級以上地震須進行檢查？ (A)一級 (B)二級 (C)三級 (D)四級。

依據營造安全衛生設施標準第 62-2 條：

雇主於施工構台遭遇強風、大雨等惡劣氣候或四級以上地震後或施工構台局部解體、變更後，使勞工於施工構台上作業前，應依下列規定確認主要構材狀況或變化：

一、 支柱滑動或下沈狀況。

二、 支柱、構台之梁等之損傷情形。

三、 構台覆工板之損壞或舖設狀況。

四、 支柱、支柱之水平繫材、斜撐材及構台之梁等連結部分、接觸部分及安裝部分之鬆動狀況。

五、 螺栓或鉚釘等金屬之連結器材之損傷及腐蝕狀況。

六、 支柱之水平繫材、斜撐材等補強材之安裝狀況及有無脫落。

七、 護欄等有無被拆下或脫落。

前項狀況或變化，有異常未經改善前，不得使勞工作業。

50. (　D　) 作爲將飛落物引導至工區以減少飛落物對他人所造成之傷害，爲施工架之何種構件？　(A)支撐托架　(B)安全走廊　(C)繫牆桿　(D)安全斜籬。

斜籬：斜籬係設置於施工架上做爲防止物體飛落造成災害之延伸構造，依建築技術規則施工篇之規定應向外延伸最少爲二公尺，強度須能抗七公斤之重物自三十公分以三十度自由落下而不受破壞，若以鐵皮製造者，鐵皮厚度最少爲一點二公厘。

51. (　A　) 施工架上之工作台設置，下列何者正確？　(A)上欄杆應高出走道面 90 公分以上　(B)工作臺寬度應在 30 公分以上之舖滿密接板料　(C)工作臺應低於施工架立柱頂點 1.5 公尺以上　(D)板料與板料之間縫隙應小於 5.0 公分。

依據營造安全衛生標準第 48 條：

雇主使勞工於高度二公尺以上施工架上從事作業時，應依下列規定辦理：

一、 應供給足夠強度之工作臺。

二、 工作臺寬度應在四十公分以上並舖滿密接之踏板，其支撐點應有二處以上，並應綁結固定，使其無脫落或位移之虞，踏板間縫隙不得大於三公分。

三、 活動式踏板使用木板時，其寬度應在二十公分以上，厚度應在三點五公分以上，長度應在三點六公尺以上；寬度大於三十公分時，厚度應在六公分以上，長度應在四公尺以上，其支撐點應有三處以上，且板端突出支撐點之長度應在十公分以上，但不得大於板長十八分之一，踏板於板長方向重疊時，應於支撐點處重疊，重疊部分之長度不得小於二十公分。

四、 工作臺應低於施工架立柱頂點一公尺以上。

前項第三款之板長，於狹小空間場所得不受限制。

[106-9-1]

52. (　A　) 施工架是否已由專業人員妥爲設計，安全無誤，是施工架何階段之作業注意事項？　(A)搭設作業前　(B)組立作業中　(C)拆除作業前　(D)拆除作業中。

施工架搭設作業前應做好規劃及準備，該作業注意事項有：

一、 施工架是否已由專業人員妥爲設計，安全無誤。

二、 施工架之所有材料應確實檢查是否符合設計圖説或施工圖。

三、 人員所使用之防護器具是否齊備、功能正常。

四、 作業人員精神是否正常。

五、 作業方法、程序等是否已完成規劃，防護設施、使用物料、機具設備、零配件數量是否充足，型式是否正確。

六、 作業場所是否已完成應有之防護準備，如高壓電線包覆等。

七、 作業場所是否已完成必須之管制，如地面管制、交通管制等。

八、 吊運物料之設備是否完成檢查及檢點。

九、 確定作業順序的安全性。

十、 有無其他防護措施需要特別加強或補足之處。

十一、 搭設時其他配合工種動線爲何？是否管制？

[106-5-1]

53. (D) 做爲施工架與主結構體連結並提供施工架抵抗橫向位移之能力，以保持施工架垂直，係施工架何種構件？ (A)立柱 (B)踏腳桁 (C)工作台 (D)繫牆桿。

繫牆桿(挽架)：繫牆桿(又稱爲繫壁桿)爲施工架與主結構體連結之桿件，該桿主要在提供施工架抵抗橫向位移之能力，以保持施工架垂直，並確保施工架與主結構之距離，俾利於諸如模板組立之工作便利。

[106-1-1]

54. (B) 有關施工架之敘述，下列何者<u>錯誤</u>？ (A)上欄杆應高出走道面 90 cm 以上 (B)每月及惡劣氣候襲擊後，應實施自動檢查 (C)鋼管式施工架組件，不得以銲接、氣割或任何其它方式改裝 (D)施工架須設置中欄杆。

依據勞工安全衛生組織管理及自動檢查辦法第四章第43條：

雇主對營造工程之施工架及施工構台，應就下列事項，每週依下列規定定期實施檢查一次：

一、 架材之損傷、安裝狀況。

二、 立柱、橫檔、踏腳桁等之固定部分，接觸部分及安裝部分之鬆弛狀況。三、固定材料與固定金屬配件之損傷及腐蝕狀況。

四、 扶手、護欄等之拆卸及脫落狀況。

五、 基腳之下沈及滑動狀況。

六、 斜撐材、索條、橫檔等補強材之狀況。

七、 立柱、踏腳桁、橫檔等之損傷狀況。

八、 懸臂梁與吊索之安裝狀況及懸吊裝置與阻檔裝置之性能。前項之檢查，當惡劣氣候襲擊後及每次停工之復工前，均應實施。

55. (C) 移動式工作架、懸吊式工作架爲下列何種設施？ (A)支撐架 (B)擋土支撐 (C)施工架 (D)特殊設施。

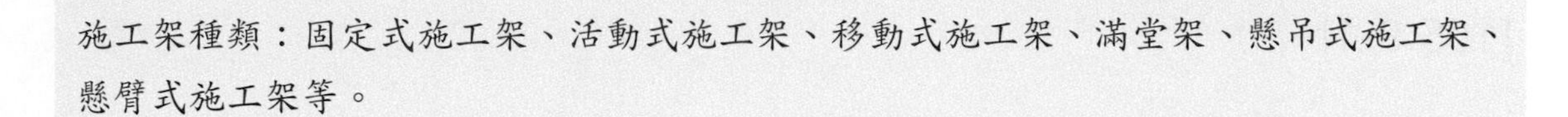

施工架種類：固定式施工架、活動式施工架、移動式施工架、滿堂架、懸吊式施工架、懸臂式施工架等。

[105-9-2]

56. (B) 有一標稱爲3012之鋼模，其寬度許可差爲多少？ (A) − 0.5 mm～+ 0.5 mm (B) − 0.9 mm～+ 0.6 mm (C) − 1.2 mm～+ 0.8 mm (D) − 1.7 mm～+ 1.3 mm。

依據國家標準CNS7334鋼筋混凝土用金屬模板第3點表3所示：

寬度	寬度許可差	長度	長度許可差	高度	高度許可差
300 200 150 100	+0.6 −0.9	1,000 1,500 1,200	+1.3 −1.7	55	± 0.5
		900 600	+0.8 −1.2		

模板工程設計應考慮模板組立及混凝土澆置前後模板變形之影響，使符合結構混凝土施工規範所定之許可差規定。試問：

57. (B) 梁及樓板之模板中央部需要預拱，拆模後始能獲得完整之平面，模板施工之梁預拱撓度應提高多少跨距，才能接近水平狀？ (A)1 / 200～1 / 400 (B)1 / 300～1 / 500 (C)1 / 200～1 / 600 (D)1 / 300～1 / 600。

考慮梁及樓板於澆置後之回軟度，預拱跨距為 1 / 300～1 / 500。

58. (B) 依內政部營建署結構混凝土施工規範，階梯相鄰級深之相對偏差應為：(A) ± 3 mm (B) ± 6 mm (C) ± 10 mm (D) ± 13 mm。

依據內政部營建署結構混凝土施工規範第 4.3.1 表第(5)點：
階梯相鄰級深為 ± 6 mm、相鄰級高 ± 3 mm。

[105-9-1]

59. (C) 下列何者不是必要之模板施工的材料檢查重點？ (A)面板厚度 (B)繫結材 (C)支柱單價 (D)角材尺寸。

解析

模板材料的檢查重點為面板厚度、繫結材、角材尺寸；支柱單價為採購需注意項目，非材料檢查重點。

60. (A) 於水中構築供勞工進行施工作業之臨時設施為下列何者？ (A)圍堰、棧橋 (B)施工架 (C)支撐架 (D)擋土支撐。

水中構築作業為防止崩塌、墜落、溺水等災害發生，設置圍堰、棧橋等臨時設施，且常需配合採行河渠改道、人工築島等作業。

61. (B) 於水面上架設下列何種設施，可提供人員、車輛通行，材料、設備置放？ (A)基礎 (B)棧橋 (C)圍堰 (D)救生艇。

解析

棧橋：提供人員、車輛通行，材料、設備置放之臨時設施。

62. (B) 橋梁工程在河床上施工時，爲提供施工機械、設備及人員作業場所，常於河床上臨時填築成一塊施工區域，施工過程是需先設置擋土設施再於其內側進行填土作業，稱爲下列何者？ (A)沉箱 (B)圍堰 (C)棧橋 (D)井基。

圍堰：供施工機械、設備及人員作業場所，常於河床上臨時填築成一塊施工區域，施工過程是需先設置擋土設施再於其內側進行填土作業之臨時設施。

於施工架上使用移動式電鑽發生電擊而致施工架上墜落地面發生災害。

63. (B) 所發生之災害發生是下列何種類型？ (A)墜落 (B)感電 (C)跌倒 (D)物體飛落。

電鑽發生電擊之直接原因爲感電，因此判定爲感電類型。

[105-5-1]

64. (D) 搭建宿舍(俗稱工寮)應注意事項，下列敘述何者正確？ (A)房間內每人的淨地板面積(扣除通路、櫥櫃)約爲 1.0 m^2 以上爲原則 (B)搭建於可能有山崩的地方 (C)採用雙層床時，上下兩層的空間須爲 40 cm 以上 (D)同時最少須有 2 處出入口。

搭建宿舍注意事項包含同時最少須有 2 處出入口。

[105-1-1]

65. (D) 有關施工架的敘述，下列何者不正確？ (A)高度 5 公尺以上施工架之構築，計算書應由專任工程人員簽章 (B)高度 5 公尺以上施工架之構築，應繪製施工圖說 (C)高度 5 公尺以上施工架之組配，現場必須有施工架 (D)施工架之工作臺寬度至少應在 30 cm 以上。

依據營造安全衛生標準第 48 條第二款：
雇主使勞工於高度二公尺以上施工架上從事作業時，應依下列規定辦理：
二、 工作臺寬度應在四十公分以上並舖滿密接之踏板，其支撐點應有二處以上，並應綁結固定，使其無脫落或位移之虞，踏板間縫隙不得大於三公分。

66. (A) 有關模板支撐之敘述，下列何者正確？ (A)模板支撐之構築，應繪製施工圖說 (B)支撐支柱之腳部應固定在施工架上 (C)支撐架之側向支撐應固定在模板上 (D)對曲面模板，應以繫條控制模板之下移。

依據營造安全衛生設施標準第 131 條：
雇主對於模板支撐，應依下列規定辦理：
一、 為防止模板倒塌危害勞工，高度在五公尺以上，且面積達一百平方公尺以上之模板支撐，其構築及拆除應依下列規定辦理：
(一) 事先依模板形狀、預期之荷重及混凝土澆置方法等，依營建法規等所定具有建築、土木、結構等專長之人員或委由專業機構妥為設計，置備施工圖說，並指派所僱之專任工程人員簽章確認強度計算書及施工圖說。

67. (B) 節塊推進設備屬於何種施工臨時設施？ (A)模板支撐 (B)特殊設施 (C)施工架 (D)維生設施。

屬結合施工架與模板及吊裝設備等多功能結合之特殊設施。

[105-1-2]

68. (D) 以金屬、混凝土、塑膠等材料製作，其下半部屬密閉式之拒馬或紐澤西護欄等實體隔離設施，是指下列何種設施？ (A)全阻隔式圍籬 (B)半阻隔式圍籬 (C)網狀鏤空式圍籬 (D)簡易圍籬。

依據營建工程空氣污染防制設施管理辦法第2條第四款：
簡易圍籬：指以金屬、混凝土、塑膠等材料製作，其下半部屬密閉式之拒馬或紐澤西護欄等實體隔離設施。

69. (B) 下列何者爲正確之拆模順序？ (A)柱、牆、梁側板→小梁→樓板→梁底板 (B)柱、牆、梁側板→樓板→小梁→梁底板 (C)柱、牆、梁側板→小梁→梁底板→樓板 (D)柱、牆、梁側板→樓板→梁底板→小梁。

依據結構混凝土施工規範第 4.7.6 小節所示，順序爲柱、牆、梁側板→樓板→小梁→梁底板。

[104-9-2]

70. (B) 在基礎地梁混凝土澆置後，有關模板組合架設作業程序，下列順序何者正確？ (A)邊柱之內側→角隅柱之內側→中柱→牆之內側→牆之外側 (B)角隅柱之內側→邊柱之內側→中柱→牆之內側→牆之外側 (C)角隅柱之內側→邊柱之內側→中柱→牆之外側→牆之內側 (D)牆之內側→牆之外側→中柱→角隅柱之內側→邊柱之內側。

模板組合架設作業程序：角隅柱之內側→邊柱之內側→中柱→牆之內側→牆之外側。

[104-9-1]

71. (D) 有關施工架安全衛生管理之敘述，下列何者正確？ (A)框式鋼管式施工架之構築，每隔兩層應設置水平梁 (B)勞工從事高度 2 m 以上施工架時，工作臺應高於施工架立柱頂點 1 m 以上 (C)施工架需與模板支撐連接，以維持穩定 (D)高度 5 m 以上之施工架必須繪製施工圖說。

(A)最上層或每隔五層應設置水平梁。

(B)高度 5 公尺以上施工架之構築，應由專任工程人員或指定專人依結構力學原理妥爲安全設計、簽章確認強度計算書，並繪製施工圖說及建立按施工圖說施作之查核機制。工作臺應低於施工架立柱頂點一公尺以上。

(C)施工架不能與模板相連結。

72. (C) 在支撐先進工法中，以千斤頂或絞車將先進支撐架向前移動之構造，爲下列何種設備？ (A)支撐鋼架 (B)固定(撐)架 (C)移動構造 (D)輔助設備。

解析

支撐先進工法之程序之一，爲拆除外模放下支撐鋼架，推動移置至下一跨之墩柱上，此步驟使用之設備稱爲移動構造。

[104-5-1]

73. (B) 有關施工架的敘述，下列何者正確？ (A)主要做爲支撐結構體使用 (B)主要供給人員在其上進行施工 (C)架設時盡量和模板連接固定 (D)移動式施工架在工作台周邊至少設置高度 75 公分以上的護欄。

施工架係工程施工中之臨時構造物，用以承載人員及物料，作爲施工場所完成高處作業所需之構架，施工架安裝時應確保施工架與主結構之距離，俾利於諸如模板組立之工作便利。

[104-5-2]

74. (　D　) 下列哪一種模板系統主要之作業爲模板之向上移動係利用吊車直接吊放於新位置繼續反覆使用？　(A)垂直活動模板　(B)水平活動模板　(C)移動式模板　(D)飛模。

解析

飛模：利用吊車將模板向上移動並直接吊放於新位置，使模板可繼續反覆使用，過程中模板在空中移動，因此稱之飛模。

[104-1-1]

75. (　C　) 有關模板拆模時間管制，下列何者是柱、牆及梁之不做支撐側模的最少拆模時間？　(A)4 小時　(B)8 小時　(C)12 小時　(D)24 小時。

解析

依據結構混凝土施工規範第 4.7.6 小節：

使用第 I 型水泥且不摻卜作嵐材料或其他摻料之混凝土，其拆模時間除依第 4.7.5 節之規定外不得少於表 4.7.1 之規定。

<table>
<tr><th>構件名稱</th><th colspan="2">最少拆模時間</th></tr>
<tr><td>柱、牆、及梁之不做支撐側模</td><td colspan="2">12 小時</td></tr>
<tr><td>雙向柵版不影響支撐之盤模*
75 cm 以下
大於 75 cm</td><td colspan="2">
3 天
4 天</td></tr>
<tr><td></td><td>活載重不大於靜載重</td><td>活載重大於靜載重</td></tr>
<tr><td>單向版
淨跨距小於 3 m
淨跨距 3 m 至 6 m
淨跨距大於 6 m</td><td>
4 天
7 天
10 天</td><td>
3 天
4 天
7 天</td></tr>
<tr><td>拱模</td><td>14 天</td><td>7 天</td></tr>
<tr><td>柵肋梁、小梁及大梁底模
淨跨距小於 3 m
淨跨距 3 m 至 6 m
淨跨距大於 6 m</td><td>
7 天
14 天
21 天</td><td>
4 天
7 天
14 天</td></tr>
<tr><td>雙向版</td><td colspan="2">依據第 4.8 節之規定</td></tr>
<tr><td>後拉預力版系統</td><td colspan="2">全部預力施加完成後</td></tr>
</table>

76. (BCD) 一般工地之工程用水宜於假設工程施工前至少幾天，向當地自來水主管機關提出申請，以利工程進行？ (A)3 天 (B)15 天 (C)30 天 (D)45 天。

解析

一般工地之工程用水宜於假設工程施工前約四十五天，向當地自來水主管機關提出申請，以利工程進行。

77. (A) 假設工程計畫的主要大項中，下列何者較可能單獨另編製分項計畫書？ (A)剩餘土石方處理 (B)工地安全管理 (C)臨時用電規劃 (D)施工便道或臨時道路之規劃。

「分項施工計畫」之目的係配合「整體施工計畫」完成工程中特定施工項目如基樁工程、鋼筋工程、混凝土工程、門窗工程、磁磚工程、…等，屬技術性指導功能的施工作業計畫。

從事混凝土灌漿作業發生模板支撐系統倒塌職業災害，試問：

78. (B) 下列何者與混凝土灌漿作業發生模板支撐系統倒塌有關？ (A)災害類型爲墜落 (B)媒介物爲支撐架 (C)直接原因爲未按施工圖施工 (D)間接原因爲未實施自動檢查。

災害類型爲物體倒塌，直接原因爲模板支撐強度不足，間接原因爲模板支撐未依模板形狀、預期之荷重設計。

[104-1-2]

79. (B) 依據營建工程空氣污染防制設施管理辦法相關規定，營建工程施工工期未滿三個月之道路、隧道、管線或橋梁工程，得設置連接之何種設施？ (A)警示帶 (B)簡易圍籬 (C)半阻隔式圍籬 (D)全阻隔式圍籬。

依據營建工程空氣污染防制設施管理辦法第 6 條第 2 項：
前項營建工程臨接道路寬度八公尺以下或其施工工期未滿三個月之道路、隧道、管線或橋梁工程，得設置連接之簡易圍籬。

80. (　D　) 有一標稱爲3012之鋼模，其長度許可差爲多少？　(A) − 0.5 mm～+ 0.5 mm　(B) − 0.9 mm～+ 0.6 mm　(C) − 1.2 mm～+ 0.8mm　(D) − 1.7 mm～+ 1.3 mm。

依據 CNS7334 第 3.2 小節所提寬度 30 公分、長度 120 公分之鋼模板長度許可差爲 − 1.7 mm～+ 1.3 mm。

工程施工管理

單元重點

1. 施工計畫研擬及執行
2. 進度管理
3. 成本管理
4. 品質管理
5. 物料管理及分包商協商
6. 施工界面管理
7. 營建倫理

[110-1-1]

1. (A) 材料送審管制總表增列何欄位可以建立預警機制？ (A)預定進場時間 (B)契約數量 (C)協力廠商資料 (D)預定試驗單位。

解析

「預定送審時間」、「預定進場時間」。

2. (D) 以下何者不屬於分項品質計畫之項目？ (A)施工要領 (B)品質管理標準 (C)材料及施工檢驗程序 (D)不合格品管制。

解析

分項品質計畫：包括施工要領、品質管理標準、材料及施工檢驗程序及自主檢查表。

3. (A) 以下何者是以「結點」表示工程作業，「箭線」表示作業關係的進度網圖？ (A)PDM 網狀圖 (B)ADM 網狀圖 (C)甘特圖 (D)LOB 進度表。

解析

PDM 網圖是以「結點」表示工程作業，「箭線」表示作業關係的進度網圖。

4. (C) 依據工程會施工綱要規範，「成立品管組織， 訂定施工要領，訂定施工品質管理標準，訂定檢驗程序，訂定自主施工檢查表，建立文件、紀錄管理系統。」是指以下哪個品質作業範圍？ (A)QC (B)QA (C)QM (D)QQ。

解析

依據工程會施工綱要規範，執行 QM 的規定係確保工程之成果符合設計及規範之品質目標，而 QM 範圍包含成立品管組織，訂定施工要領，訂定施工品質管理標準，訂定檢驗程序，訂定自主施工檢查表，建立文件、紀錄管理系統。

5. (A) 施工階段界面整合時機及配合重點內容中關於「廚房、陽台」界面之敘述，以下何者錯誤？ (A)廚房天然氣偵測器安裝高度應離地 30 公分 (B)廚房瓦斯偵測器勿裝設於瓦斯爐台正上方並需加裝 110 V 之電源。 (C)餐廳廚房若設有 RC 構造之冷凍庫，冷凍庫壁需保溫施作 (D)廚房之地板落水頭，應設置近於廚具外緣。

廚房瓦斯偵測器安裝位置應考量配合天然氣(天花板下 20 公分內之高度)或液化瓦斯(離地 30 公分之高度)，勿裝設於瓦斯爐台正上方，並需加裝 110 V 之電源。

6. (D) 下列何者不是公共工程品質優良獎的工程類別？ (A)水利工程 (B)設施工程 (C)建築工程 (D)交通工程。

公共工程品質優良獎之工程分類包含：土木工程類、水利工程類、建築工程類、設施工程類。

7. (D) 公共工程品質計畫架構必須依據公共工程施工品質管理作業要點規定之基本內容，1000 萬以上未達查核金額之工程，計畫書應至少涵蓋幾項？ (A)3 項 (B)4 項 (C)5 項 (D)6 項。

品質計畫架構未含公共工程施工品質管理作業要點規定之基本內容(查核金額以上需 10 項，1000 萬以上未達查核金額至少 6 項，公告金額以上未達 1000 萬至少 3 項)。

8. (A) 下列何者不是物料管理的 5R 原則？ (A)適性 (B)適質 (C)適地 (D)適價。

物料管理的 5R 原則：
物料管理應保證物料供應適時(Right time)、適質(Right quality)、適量(Right quantity)、適價(Right price)、適地(Right place)。

9. (D) 營造廠商承接工程，因施工需要自行設置臨時設施之有關工程，或自行投資興建之工程，稱為？ (A)承攬工程 (B)代辦工程 (C)合建工程 (D)自辦工程。

各營造廠商承接工程種類包括下列四類工程：

1. 承攬工程：係向業主承攬取得之各項工程。
2. 代辦工程：係接受業主委託代辦座落於工區隸屬其他機關之各項工程。
3. 合建工程：係與其他機關、事業單位或個人合作興建之各項工程。
4. 自辦工程：係辦理前三項工程，因施工需要自行設置臨時設施之有關工程，或自行投資興建之工程。

10. (A) 實務上的倫理概念，通常以倫理守則的方式建立規範。下列何者不屬一般倫理守則的重要性之一？ (A)效率提升 (B)行為指引 (C)激勵作用 (D)共用準則。

實務上的倫理概念，通常以倫理守則的方式建立規範。一般而言，倫理守則有下列各方面的重要性。

1. 服務及保護社會大眾。
2. 專業人員的行為指引。
3. 達到激勵專業人員的作用。
4. 建立共用之準則。
5. 支持負責任的專業人員。
6. 教育及互相瞭解。
7. 阻卻及懲處違反倫理守則之專業人員。
8. 有助專業形象之建立。

11. (B) 美國 Harris 等人的觀點，所有倫理課題皆離不開責任(Responsibility)，並將責任區分為下列哪兩種？ (A)倫理責任與專業責任 (B)義務責任與過失責任 (C)道德責任與法律責任 (D)個人責任與眾人責任。

區分爲義務責任(Obligation-responsibility)及過失責任(Blame-responsibility)。

12. (B) 工程施工單位與監造爲公共工程分級管理第幾級稽核單位？ (A)第一級之稽核單位 (B)第二級之稽核單位 (C)第三級之稽核單位 (D)第四級之稽核單位。

第二級之稽核單位。

■情境式選擇題

某工程有 A－E 五個作業項，作業需時天數及排程如附圖。該工程需進行趕工，趕工可縮短天數與成本斜率如下表所示，請回答下列問題：

項目	可縮短天數(天)	成本斜率(元/天)
A	2	15,000
B	1	20,000
C	1	15,000
D	3	12,000
E	1	10,000

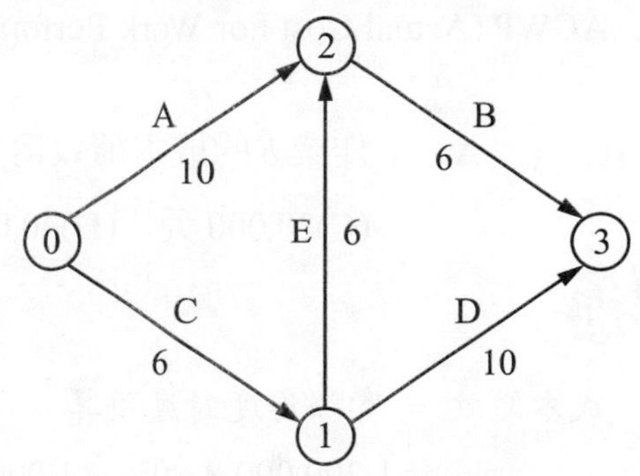

13. (D) 本工程界限工期(最短工期)爲幾天？
(A)12 天 (B)13 天 (C)14 天 (D)15 天。

要徑 CEB 5 + 5 + 5 = 15。

14. (C) 本工程由預定工期壓縮三天工期時，至少需增加多少成本？
(A)34,000 元 (B)36,000 元 (C)45,000 元 (D)50,000 元。

壓縮要徑 BCE 各一天 B20000、C15000、E10000 = 45000。

■情境式選擇題

某施工中工程專案 *A*，專案分為 *a*、*b*、*c* 三個作業項，工程成本計劃與實績資料如下表，試評估績效，並預測盈虧。請回答下列問題：

專案別	作業	合約金額 A	工程預算 B	完成比(%) C	成本實績 D
A	*a*	2,500,000	2,200,000	100%	2,300,000
	b	1,200,000	1,200,000	80%	1,000,000
	c	3,300,000	3,000,000	45%	1,200,000

15. (C) 作業 *c* 的 ACWP 是多少元？ (A)1,485,000 元 (B)1,350,000 元 (C)1,200,000 元 (D)3,000,000 元。

解析

ACWP (Actual Cost For Work Performance)：實際進度發生成本 = 1,200,000。

16. (A) 作業 *b* 的成本績效為多少元？ (A) −40,000 元 (B) −20,000 元 (C)20,000 元 (D)40,000 元。

解析

成本績效 = 實際進度對應預算 − 實際進度發生成本

= 1,200,000 × 80% − 1,000,000 = − 40,000 元。

17. (C) 作業 *a* 的盈虧為多少元？ (A) −100,000 元 (B)100,000 元 (C)200,000 元 (D)300,000 元。

解析

盈虧 = 合約金額 − 成本實績

= 2,500,000 − 2,300,000 = 200,000。

■情境式選擇題

某營造公司承包營建署建築工程，依規定應提送建築工程各階段施工計畫送審。為確實依規定送審，該公司決定依照「營建署工程管理指導手冊」規定時間，採用手冊中的三階段送審項目及時程進行計畫書管制作業。請回答下列問題：

18. (A) 試問第一階段送審項目包括整體性之工地管理、品質管理、施工進度安全衛生及緊急應變計畫等項目及與地下室工程有關之施工項目，應於下列何時限內送審完成？ (A)開工後 14 天內送審完成 (B)施工前 14 天前送審完成 (C)得標後 10 天內送審完成 (D)開工後 30 天內送審完成。

建築工程各階段施工計畫送審項目及時程：
第一階段送審項目應包括整體性之工地管理、品質管理、施工進度安全衛生及緊急應變計畫等項目及與地下室工程有關之施工項目，應在開工後十四天內送審完成。

[110-5-1]

19. (D) 下列何項作業，<u>不需要</u>指派作業主管？ (A)擋土作業 (B)模板作業 (C)施工架組配 (D)承攬作業。

承攬作業。

20. (B) 在下列何者<u>不是</u>公共工程委員會工程細目碼中資源項目之類型？ (A)人力碼 (B)單位碼 (C)材料碼 (D)雜項碼。

公共工程細目碼編訂原則：

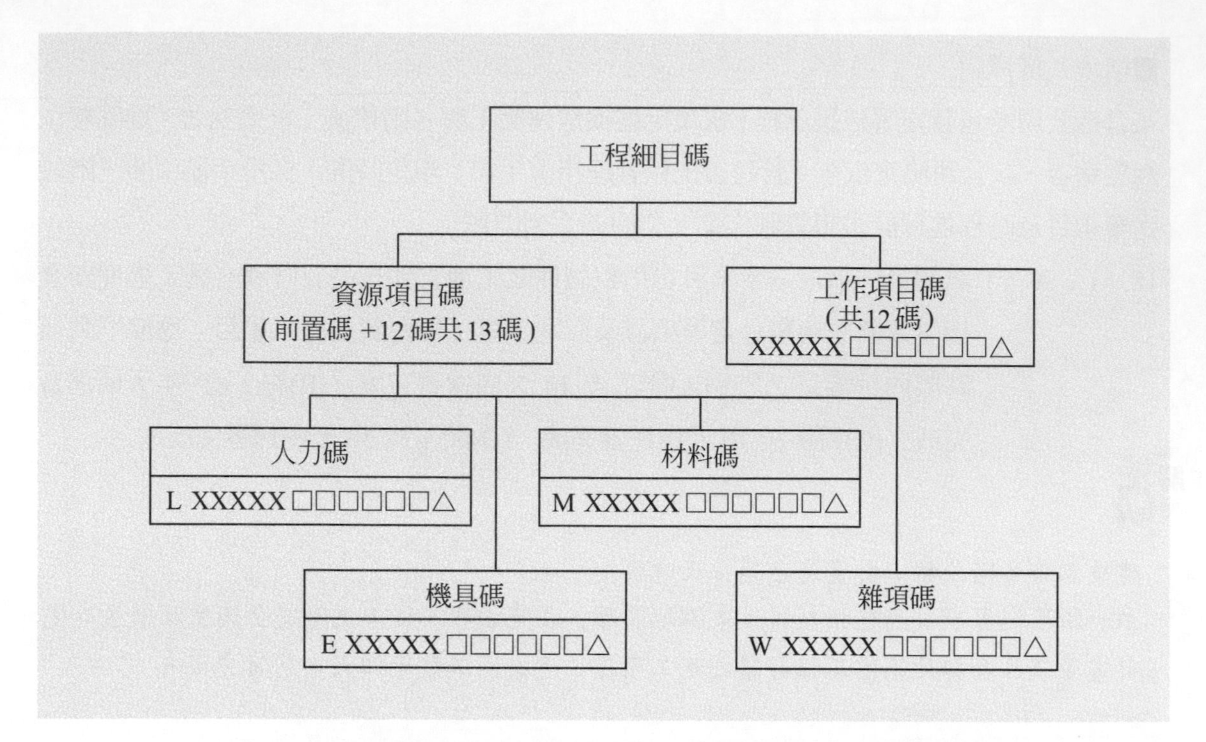

21. (B) 施工階段界面整合時機及配合重點內容中關於「各樓層大樓樓板」界面之敘述，以下何者錯誤？ (A)給水管路配管完成後，在尚未澆置混凝土前，須立即進行試水 (B)地板線槽預埋出線口蓋板與地板澆置完成面應配合平齊 (C)樓板中埋管應置於上下層鋼筋之間，並用軟鐵線固定於配筋上 (D)埋設配管管徑與樓板厚度之配合，應依結構規定限制。

地板線槽預埋時，其線槽出線口蓋板與地板最後完成面應配合平齊。

22. (A) 機電界面整合圖進行套繪整合時，以下敘述何者錯誤？ (A)電管、弱電管盡量安排於水類管路之下方 (B)位居上層之設備與管路應先行施工 (C)泡沫頭應避開大面積風管或安裝於風管下方 (D)管路應以直管配置及最短距離爲原則。

電管、弱電管盡量安排於水類管路之上方。

23. (A) 以下何者不是建立成本管理系統準備作業前，必須探討之重點？ (A)系統架構的確立 (B)精確的數量計算 (C)成本科目之設定 (D)單價分析與市場調查。

建立成本管理系統，在事前準備作業中，必須探討的中心課題有三大重點：

1. 成本科目之設定。
2. 精確的數量計算。
3. 單價分析與市場調查。

24. (C) 下列何者不是現行三級品質管理架構的層級之一？ (A)「施工品質保證系統」 (B)「施工品質管制系統」 (C)「工程施工品質評鑑制度」 (D)「施工品質查核機制」。

「公共工程施工品質管理制度」：

建立承包商「施工品質管制系統」、主辦工程單位「施工品質保證系統」及主管機關「工程施工品質查核機制」三個層級的品質管理架構。

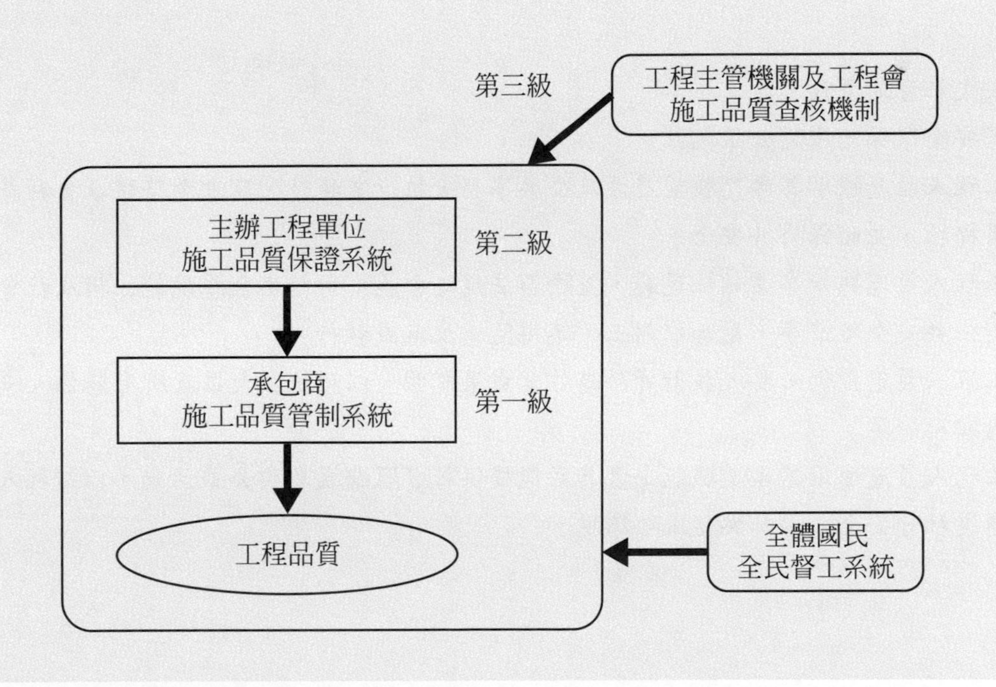

25. (C) 在物料驗收與領發料作業中，物料驗收品質與性能之檢驗由何人負責？
(A)供料人員 (B)收料人員 (C)檢驗人員 (D)採購人員。

解析

物料之驗收以隨到隨辦爲原則。物料於訂購時訂明分批交貨者，應分批驗收之。送達之物料僅有部份檢驗合格者，其合格部份得先行收料。物料驗收品質與性能之檢驗由檢驗人員負責。

26. (B) 營造廠商辦理採購分包委託專業廠商時，其中「工程案件」是指工資金額佔預算金額多少比例以下之勞務工作？ (A)50% (B)60% (C)70% (D)80%。

工程案件：係指工資金額不超過60%以上之零星或專業性工程，交由專業廠商承辦。

27. (A) 以下何者是八大倫理守則中工程人員對人文社會的責任？ (A)落實安全環保，增進公眾福祉 (B)涵蘊創意思維，持續技術成長 (C)重視自然生態，珍惜地球資源 (D)發揮合作精神，共創團隊績效。

對人文社會的責任：

落實安全環保，增進公眾福祉。

1. 工程人員應瞭解其專門職業乃涉及公共事務，執行業務時，應考量整體社會利益及群眾福祉，並確保公共安全。
2. 工程人員應熟知專業領域規範，並瞭解法規之含義，對於不合乎規範、損及社會利益與公共安全之情事，應加以糾正，不得隨意批准或執行。
3. 工程人員應提供必要之技術資料或作業成果說明，以利社會大眾及所有關係人瞭解其內容與影響。
4. 工程人員應運用其專業職能，盡其所能提供社會服務或參與公益活動，以造福人群，增進社會安全、福祉與健康之環境。

28. (C) 工程人員在面對兩難問題的抉擇時，若能循八個步驟的程序，四個條件逐一分析檢視， 相信都應該可以找到一個令人安心的解答。以下何者不是上述四個條件？ (A)適法性 (B)合理性 (C)正確性 (D)陽光測試。

解析

當工程人員在面對兩難問題的抉擇時，若能循八個步驟的程序，從適法性、合理性、專業價值及陽光測試四個條件逐一分析檢視，相信都應該可以找到一個令人安心的解答。

■情境式選擇題

某公司爲強化服務品質，在公司內部推動品管活動以加強員工品管概念並提升品管技巧。請回答以下問題：

29. (D) 公司期望運用品管圈來促成 QC 目標的達成，請問以下何者不是品管圈 QC 七手法之一？ (A)查核表 (B)柏拉圖 (C)層別法 (D)腦力激盪。

解析

QC 七大手法，即特性要因圖(又稱魚骨圖)、柏拉圖(Pareto chart)、直方圖、查核表、管制圖、散佈圖、層別法。

30. (D) 品管活動源起於製造業品管部門發展出來的 TQC 活動，而 TQC 注重的戴明管理循環是指以下何者？ (A)DCPA (B)APCD (C)CAPD (D)PDCA。

TQC 注重的是計劃 P (plan)、實施 D (do)、查核 C(check)、改善行動 A(action)的戴明管理循環。

■情境式選擇題

某營造公司承包一預算金額爲四千五百萬的公共工程，在沒有其他通過相關之主管機關審查的品質、勞安、環評、交通維持計畫的情形下，依規定製作整體施工計畫與分項施工計畫。依據工程會施工計畫書綱要規定，請回答下列問題：

31. (C) 關於本案整體計畫書內容章節訂定，以下敘述何者正確？ (A)施工作業管理得全章縮減，不納入本案整體施工計畫 (B)工程概述得全章縮減，不納入本案整體施工計畫 (C)假設工程計畫得全章縮減，不納入本案整體施工計畫 (D)依規定不得全章縮減，僅得縮減若干章部分內容。

假設工程計畫得全章縮減，不納入本案整體施工計畫。
若工程規模未達查核金額，則可視個案工程需要，適當調整縮減計畫內容，但至少需撰寫第一章(1)(2)、第三章(1)(3)(4)(5)、第四章(1)(2)、第九章(1)(2) (3)(4)、第十章(1)(2)(3)等章節；惟分項施工計畫章節不可縮減，但內容得視工程特性酌予調整。

32. (D) 本案分項施工計畫書至少應撰寫幾個章節？ (A)六章 (B)七章 (C)八章 (D)九章。

分項施工計畫內容應包含分項作業進度表及分項品質計畫，共九章。

■情境式選擇題

某工程師被指派製作工程進度計畫，在規劃進度時需決定使用進度圖的繪製方式，請回答下列問題：

33. (C) 關於進度網圖的繪製，以下敘述何者錯誤？ (A)ADM 網狀圖以人工繪製爲主 (B)ADM 網狀圖以「結點」表示作業關係 (C)PDM 網狀圖適用於作業關係簡單之工程 (D)分工結構圖中最基本的執行項目在 PDM 網狀圖之術語中稱爲事件(Event)。

常用的網狀圖有以人工繪製爲主的 ADM 網狀圖，以及以電腦操作爲主的 PDM 網狀圖。
ADM 網狀圖(Arrow Diagram Method，ADM)：
以「箭線」表示工程作業，「結點」表示作業關係的網圖表達方式。
PDM 網狀圖(Precedence Diagram Method，PDM)：
以「結點」表示工程作業，「箭線」表示作業關係的網圖表達方式。

34. (　D　) 在施工順序之安排上，要安排不同作業間的相互關係，作業邏輯所呈現的關係中，哪一種關係較少採用？　(A)FF　(B)SS　(C)FS　(D)SF。

解析

作業邏輯所呈現的關係：

若使用 ADM 網圖系統時，則僅能採用(a)關係式且限定在 X＝0 的條件下編排作業邏輯，若使用 PDM 網圖系統則不受任何限制(另有一種關係式爲 S.F，形同將 A 與 B 對調，通常不被採用)。

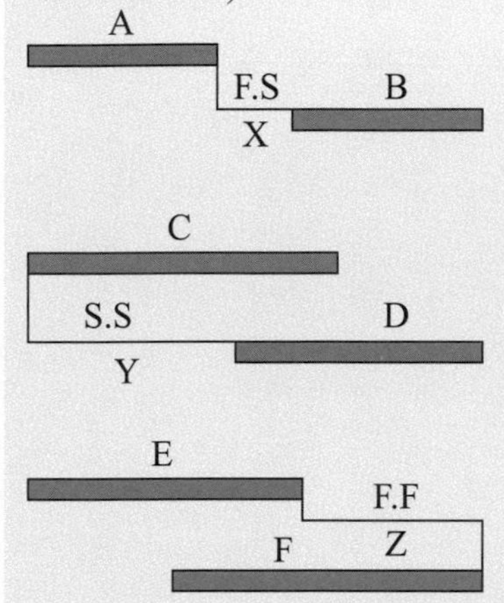

(a) A 完成後經過 X 時間 B 即可開始

(b) C 開始 Y 時間後 D 即可開始

(c) E 完成後在 Z 時間內 F 方可完成

[111-1-1]

35. (　B　) 以下何者不是一份好的施工計畫書應具有的功能？　(A)確認工程執行流程　(B)施工計畫規劃與現場執行不求達到寫、做合一　(C)預測工程執行過程中預期現金流量　(D)儘早發現工程執行將會遭遇之困難點。

一份好的施工計畫書，應具有下列幾項功能：

1. 確認工程執行流程。
2. 預估工程執行過程中所需人、機、料需求量及配合時間、方式。
3. 盡早發現工程執行將會遭遇之困難點。
4. 預測工程執行過程中預期現金流量。
5. 工程執行中做爲自主檢查之依據。

36. (D) 驗收時，接管或使用機關(單位)人員擔任之分工應爲： (A)主驗人員 (B)協驗人員 (C)監驗人員 (D)會驗人員。

解析

會驗人員：爲接管或使用機關(單位)人員。

37. (C) 估計作業所需之工期時，以下何者不是考慮的項目？ (A)工程數量 (B)施工方法 (C)抽查品質 (D)施工效率。

1. 工作範圍。
2. 工程數量。
3. 施工方法。
4. 使用材料。
5. 機械/設備需求。
6. 技術工種及數量。
7. 施工成本。
8. 施工效率。
9. 作業工期。

38. (C) A 與 B 作業共爲 C 作業之前置作業，A 與 C 作業之關係爲 FS－1，B 與 C 作業之關係爲 SS+2；A 作業的 EF 與 B 作業的 ES 皆爲第 10 天，則以下敘述何者錯誤？ (A)作業 C 在作業 A 完成前 1 天就可開始施作 (B)作業 C 要等作業 B 開始 2 天後才可以開始施作 (C)作業 C 最早可以在第 9 天開始施作 (D)作業 C 的 ES 爲第 12 天。

作業 C 最早可以在第 12 天開始施作。

計算要徑時，請針對每一個活動判斷下列四個參數：

1. 最早開始日期(ES)：根據活動的限制項和相依關係，活動可以開始的最早時間。最早開始日期可能因所規劃排程的計劃進度及變更而改變。

2 最早完成日期(EF)：活動的最早開始時間加上完成活動所需的時間。最早完成日期可能因所規劃排程的計劃進度及變更而改變。

3. 最晚完成日期(LF)：在計劃不延遲的情況下，根據活動的限制項和相依關係，活動可以完成的最晚時間。

4. 最晚開始日期(LS)：最晚完成時間減去完成活動所需的時間。

39. (A) 以管制「即時要徑」作爲工期管理的手段，此稱爲： (A)要徑法 (B)ADM 網狀圖 (C)計畫評核術 (D)PDM 網狀圖。

要徑法(Critical Path Method 簡稱 CPM)是以管制「即時要徑」作爲工期管理的手段。

40. (C) 爲了建立成本管理系統，在事前準備作業中須探討的三大重點中，不包括以下何者？ (A)成本科目之設定 (B)精確的數量計算 (C)品質稽核 (D)單價分析與市場調查。

成本管理系統，在事前準備作業中，必須探討的中心課題有三大重點：

1. 成本科目之設定。
2. 精確的數量計算。
3. 單價分析與市場調查。

41. (A) 供應商的管理考核評鑑中，下列何者不是考核主要項目？ (A)工安 (B)交貨 (C)財務能力 (D)服務。

供應廠商考核主要包括品質、交貨、財務能力與服務等四大項目。

42. (D) 不合格物料與器材之管制方法如下：1.錯用物料或器材之重新施工規定。2.修補規定。3.瑕疵物料或器材之重新分等作選擇性之使用。4.不合格物料或器材之拒收或報廢。以上哪兩項應報請業主同意執行？ (A)第 1 項、第 2 項 (B)第 3 項、第 4 項 (C)第 1 項、第 4 項 (D)第 2 項、第 3 項。

不合格物料與器材之管制方法如下：
1. 錯用物料或器材之重新施工規定。
2. 修補規定。
3. 瑕疵物料或器材之重新分等作選擇性之使用。
4. 不合格物料或器材之拒收或報廢。
以上第 2、3 項應報請業主同意執行，第 1、4 項應遵照書面程序，以重新辦理檢驗。

43. (D) 以下何者不是工程人員本身及其與外部之互動關係的義務發生對象？ (A)業主/客戶 (B)承包商 (C)雇主/組織 (D)親人或家屬。

解析

工程人員本身及其與外部之互動關係：其義務發生對象包括「業主或客户」、「承包商」、「雇主或組織」、「同僚」及「個人」等五項。

44. (B) 各樓層管道間界面之整合，以下何者爲不正確？ (A)垂直管道間之管線如樓層穿越防火區劃區，管線穿越處應予以防火填塞 (B)垂直管道間內電氣、弱電管線，應與給排水消防等管路合併施設於同一管道間 (C)管道間配管施工時，管路最上緣管口應封端以免雜物掉入 (D)浴室管道間應配合配管砌磚到頂板。

解析

垂直管道間內電氣(尤其匯流排)、弱電管線，應盡量避免與給排水、消防、空調等水類管路合併施設於同一管道間。

45. (D) 工程倫理課題之抉擇與思考條件流程，以下順序何者不正確？ (A)收集事實資料在辨識利害關係人之前 (B)辨識利害關係人在辨識因果關係之前 (C)辨識自身的義務責任在辨識所有方案之前 (D)辨識自身的義務責任在辨識因果關係之前。

收集事實資料
⇩
定義倫理課題
⇩
辨識利害關係人
⇩
辨識因果關係
⇩
思考具創意的行動
⇩
辨識所有方案，並評估比較可能後果
⇩
檢視自己的承擔能力，選擇最適當的方案

1. 適法性：檢視事件本身是否已觸犯法令規定。
2. 符合群體共識：檢視相關專業規範、守則、組織章程及工作規則等，檢核事件是否違反群體規則及共識。
3. 專業價值：依據自己本身之專業及價值觀判斷其合理性，並以誠實、正直之態度檢視事情之正當性。
4. 陽光測試：假設事件公諸於世，你的決定可以心安理得地接受社會公論嗎？

46. (D) 營造工程施工管理之主要項目不包括以下哪項？ (A)施工方法 (B)人力 (C)施工機具與設備 (D)智能。

智能。

[111-1-2]

47. (A) 品質計畫得視工程規模及性質，分整體與分項品質計畫二種。未達新臺幣多少金額之工程僅需提送整體品質計畫？ (A)1000 萬元 (B)2250 萬元 (C)2500 萬元 (D)5000 萬元。

對於較小規模之工程(如一千萬以下之工程)，分項品質計畫可併入整體品質計畫內一併檢討。

48. (A) 營建業主於營建工程進行期間，運送具粉塵逸散性之工程材料、砂石、土方或廢棄物，使用防塵布或其他不透氣覆蓋物，依規定應捆紮牢靠，且邊緣應延伸覆蓋至車斗上緣以下至少多少公分？ (A)15 公分 (B)20 公分 (C)25 公分 (D)30 公分。

營建業主於營建工程進行期間，運輸具粉塵逸散性之工程材料、砂石、土方或廢棄物之車輛應使用密閉式貨廂，或以防塵布、防塵網緊密覆蓋貨廂，並捆紮牢靠，邊緣應延伸覆蓋至貨廂上緣以下至少十五公分。運輸車輛貨廂應具有防止載運物料滴落污水、污泥之功能或設施。

[111-5-1]

49. (B) 下列何者<u>不是</u>交維計畫撰寫內容？ (A)緊急應變計畫 (B)工程成效 (C)交通維持方案 (D)道路交通現況評析。

工程成效。

50. (BCD) 工程規模未達查核金額時，以下敘述何者<u>有誤</u>？ (A)可視個案工程需要，適當調整縮減整體施工計畫的內容 (B)整體施工計畫至少需撰寫第一章(1)(2)節：1.工程概要，2.主要施工項目及數量 (C)整體施工計畫至少需撰寫第四章(1)(2)節：1.工程預定進度，2.進度控管計畫 (D)分項施工計畫章節不可縮減，且內容不得調整。

工程規模未達查核金額，則可視個案工程需要，適當調整縮減計畫內容，但至少需撰寫第一章(1)(2)、第三章(1)(3)(4)(5)、第四章(1)(2)、第九章(1)(2) (3)(4)、第十章(1)(2)(3)等章節；惟分項施工計畫章節不可縮減，但內容得視工程特性酌予調整。

51. (B) 提供「高階決策人員」使用，表中僅列出綱要項目，顯示最重要的工作項目和預定目標， 此稱之爲： (A)總進度表 (B)綱要進度表 (C)細部進度表 (D)實際進度。

解析

綱要進度表(Master Schedule)：
提供「高階決策人員」使用，表中僅列出綱要項目，顯示最重要的工作項目和預定目標。

52. (D) 下列敘述何者錯誤？ (A)網圖中所有作業的總浮時必不小於自由浮時 (B)趕工時最優先著手的作業爲要徑 (C)作業在不影響其後續作業，以最早開工時間施工所存在的容許延誤時間稱爲自由浮時 (D)要徑至多只有一條且固定不會變動。

要徑具有下列基本性質：
1. 路徑最長。
2. 自由浮時爲零(乃必要而非充分條件)。
3. 總浮時最小(可能爲正或負)。
4.要徑至少一條，但並非僅能有一條。
5. 控制過程中的變異，由於作業互動影響，要徑可能隨時改變。
6. 要徑上作業的總浮時必然相等。
7. 要徑外作業之總浮時與要徑作業之總浮時接近時，可視同要徑處理。
8. 資源調配時，要徑上作業毫無調度彈性可言。
9. 管理控制上的重點。
10. 縮短工期或趕工時爲最優先著手的對象。
11. 縮短工期規劃時要徑數量會逐步增加。

53. (D) 以下何者不是估價作業應注意的重大影響因素？ (A)地形 (B)氣候 (C)人力資源招募與管理方式 (D)審查品管人員資格。

一般估價作業應注意的重大影響因素列舉說明如下：
1. 設計圖。
2. 施工規範與品質要求。
3. 工期與工作性質。
4. 環境因素。
5. 人力資源招募與管理方式。
6. 施工計畫及施工方法。
7. 料源、運輸及儲存。

54. (D) 以下何者不是造成工程預算超支的可能原因？ (A)分包計畫不當 (B)工程介面未妥善處裡 (C)估驗計價不實 (D)契約工期過長。

解析

造成預算超支的可能原因，歸納如下：
1. 預算編列錯誤。
2. 採購發包不當。
3. 施工管理不良。
4. 工程估驗計價缺失。
5. 其他。

55. (D) 戴明博士指出：品質問題的產生有百分之八十導因於下列何者？ (A)檢查不善 (B)製造不善 (C)設計不善 (D)管理不善。

解析

品管大師戴明博士指出：「品質的問題的產生有百分之八十導因於管理不善」。

56. (D) 承攬廠商常見的品質文件缺失，不包括以下何者？ (A)未訂定各分項工程施工要領 (B)未訂定各材料/設備及施工之檢驗時機，或檢驗頻率 (C)未訂定矯正與預防措施執行時機或流程 (D)自主檢查表的檢查標準過度量化。

品管自主檢查表未落實執行或檢查標準未訂量化值。

57. (D) 營造廠商辦理採購分包委託專業廠商時可區分不同類型案件，其中「作頭案件」是指工資金額佔預算金額比例多少以上之勞務工作？ (A)50% (B)60% (C)70% (D)80%。

作頭案件：係指工資金額佔預算金額 80%以上之勞務工作，如鋼筋施工、模板施工、混凝土施工、圬工施工、油漆施工等，交由土木包工業或工程行承辦。

58. (A) 日本土木學會於 2001 年建立繼續教育制度，有關倫理的教育則歸屬於以下哪一個單元？ (A)基礎共通 (B)專門技術 (C)周邊技術 (D)總合管理。

解析

日本土木學會於 2001 年建立繼續教育制度，並將其課程區分爲基礎共通、專門技術、周邊技術及總合管理四大單元，有關倫理的教育則歸屬於基礎共通單元。

59. (B) 「假設事件公諸於世，你的決定可以心安理得的接受社會公論嗎？」以上的思考係爲工程人員兩難問題抉擇程序的哪一個條件？ (A)專業價值 (B)陽光測試 (C)不符合群體共識 (D)適法性。

1. 適法性：檢視事件本身是否已觸犯法令規定。
2. 符合群體共識：檢視相關專業規範、守則、組織章程及工作規則等，檢核事件是否違反群體規則及共識。
3. 專業價值：依據自己本身之專業及價值觀判斷其合理性，並以誠實、正直之態度檢視事情之正當性。
4. 陽光測試：假設事件公諸於世，你的決定可以心安理得地接受社會公論嗎？

60. (C) 依據公共工程稽核管理，總機構(公司)與業主為第幾級之稽核單位？
(A)第一級稽核單位 (B)第二級稽核單位 (C)第三級稽核單位 (D)第四級稽核單位。

第三級稽核單位。

■情境式選擇題

準確地評估成本績效並預測盈虧，是工地主任的重要工作。若以下為你所紀錄某專案成本資料(單元為元，計算結果以仟元為最小單位)，請回答下列問題：

作業	合約金額(A)	工程預算(B)	完成比(C)	成本實績(D)
A	1,500,000	1,400,000	70%	1,000,000
B	2,500,000	2,250,000	90%	2,250,000

61. (A) 若該工程的進度績效指數 SPI 小於 1，則你應判定其進度績效為：
(A)不良 (B)普通 (C)良好 (D)無法判斷。

進度績效指數：SPI = BCWP/ BCWS, SPI 大於 1.0 時表示進度績效良好。

62. (D) 若工程落後須召開趕工會議，一般而言，該工程進度應已落後達多少%？
(A)2% (B)3% (C)4% (D)5%。

趕工會議係針對整體施工進度已落後達特定百分比時(一般為 5 %)，在日常工作協調會議外加開之臨時會議。所研擬之趕工計畫等補救措施應送監造單位及工程主辦機關審查。趕工會議應由主辦機關定期召開至施工作業時程回復至原訂進度。

63. (C) A 作業的完工成本(預測值)為多少？ (A)0 仟元 (B)1,400 仟元 (C)1,429 仟元 (D)980 仟元。

A 作業的完工成本(預測值) = 1,000,000 ÷ 70% = 1429 仟元。

64. (A) B 作業的盈虧(預測值)爲多少？ (A)0 仟元 (B)1,400 仟元 (C)1,000 仟元 (D)980 仟元。

解析

B 作業的盈虧(預測值) = 2,500,000 – (2,250,000 ÷ 90%) = 0 仟元。

65. (送分) 該專案的成本績效爲多少？ (A)500 仟元 (B)245 仟元 (C) –20 仟元 (D)30 仟元。

解析

成本績效 = 實際進度對應預算 – 實際進度發生成本。

66. (C) 該專案的盈虧(預測值)爲多少？ (A) 0.5% (B) –0.2% (C) 71 仟元 (D) 1,429 仟元。

解析

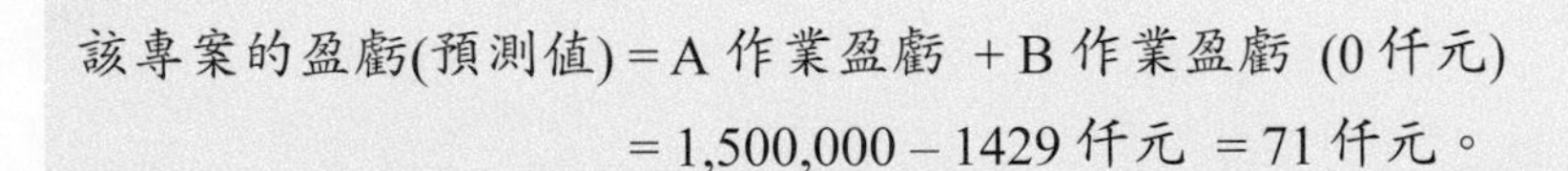

該專案的盈虧(預測值) = A 作業盈虧 + B 作業盈虧 (0 仟元)

= 1,500,000 – 1429 仟元 = 71 仟元。

■情境式選擇題

有一處山坡地進行開發，規劃爲透天住宅社區。工址進行鑽探作業以及挖填方工程，請回答以下問題：

67. (C) 地質鑽探時，於地表下 3 m 處操作標準貫入試驗(SPT)，實驗時分別計入三段均爲貫入 15 cm 深度打擊數依序爲：3, 4, 5，其 N 值爲何？ (A)7 (B)8 (C)9 (D)12。

試驗時分別記錄三段均爲 15 cm 之貫入深度，第一段 15 cm(6 in)貫入深度用以確定取樣器達定位，第二及第三段 15 cm 貫入深度之打擊數即爲 N 值，試驗須達到第三段或 N 值達到 100 爲止。

N 值 ＝4＋5＝9。

68. (D) 地質鑽探時，於 15 至 16 m 深度鑽取岩心依照 RQD (岩石品質指標)要求進行判視，其完整岩心塊長度(cm)分別爲：4, 6, 15, 20, 55，其 RQD(%)爲何？ (A)10% (B)45% (C)55% (D)90%。

藉由岩心箱之成果可進行 RQD(岩石品質指標)之判定，也就是指每輪岩心鑽進長度 10 cm 以上完整岩心塊所佔之比例。

公式：RQD(%) = 100 × (大於 10 cm 之完整岩心總長度) /鑽探之長度。

RQD(%) = 100 × (15 cm + 20 cm + 55 cm) / 100 cm = 90%。

69. (B) 以土壤爲填築材料進行填方作業時應分層壓實，除非事先書面申請經核可，否則每層鬆方厚度<u>不得</u>超過多少 cm？ (A)10 cm (B)30 cm (C)50 cm (D)100 cm。

填築材料應分層壓實，每層鬆方厚度不得超過 30 cm，但若有資料證明可行時，可增加每層鬆厚，惟須事先書面申請經核可後實施。

[109-9-1]

70. (A) 工程施工過程中，施工規劃若有變動，施工預定進度圖表應同時配合修訂，惟下列何者未經主辦機關之核准，不得任意變動？ (A)預定進度 (B)主要器材設備預定訂購時程 (C)主要器材設備預定進場時程 (D)分項施工詳圖送審日期。

預定進度爲工程契約內容之一，未經提送審核，不可隨意更改。

71. (C) 爲協助篩選優良廠商，剔除不良廠商，提升公共工程品質，公共工程委員會特別推動下列何項制度？ (A)全民督工 (B)公共工程金質獎 (C)工程履歷制度 (D)公共工程三級品管。

工程履歷制度：
爲鼓勵優良廠商及工程專業人員參與公共工程，提升公共工程執行效率與品質，工程會建置「承攬廠商工程履歷制度」，可協助篩選出優良廠商，剔除不良廠商，提升公共工程品質。

72. (B) 物料管理，乃是透過規劃、執行、考核的管理循環，將物料適時、適量、適質、適價且適地的提供給企業相關部門，並能達到以下哪個目標的管理？ (A)經濟效率最低 (B)總成本爲最低 (C)專案獲利最低 (D)物料耗損最高。

物料管理，乃是透過規劃、執行、考核的管理循環，將物料適時、適量、適質、適價且適地的提供給企業相關部門，並使總成本爲最低的管理。

73. (A) 以下何者不是物料的領發料作業中領發物料的原則？ (A)先進後出原則 (B)安全原則 (C)經濟原則 (D)時間原則。

領發物料的原則如下：
一、先進先出原則，避免物料超過存放期限。
二、正確原則，數量與品質的正確性。
三、安全原則，物料及人員車輛的安全性。
四、經濟原則，人員精簡及作業經濟。
五、時間原則，能配合領發料之所需。

74. (A) 有關工程倫理實務，最典型的討論主題是甚麼？ (A)兩難困境 (B)法令競合 (C)道德知覺 (D)群體壓力。

解析

有關倫理實務方面的討論，最典型的是兩難困境(Ethical Dilemma)，由於倫理規範或守則畢竟不像條文或定義皆甚為清晰的法令，有的人在面對左右取捨或進退維谷的情境時，不知道應該如何自處。

75. (C) 「核對現場安裝」屬於下列工程驗收核對重點中的哪一項？ (A)核對設備規格 (B)核對施作數量 (C)核對施工品質 (D)核對維護保養。

解析

現場安裝的正確性，可提高工程品質。

某工程，作業排程如下圖，排程中有作業項 *A-H*，作業項以英文字母編碼，編碼字母下方為該作業所需天數。請回答下列問題：

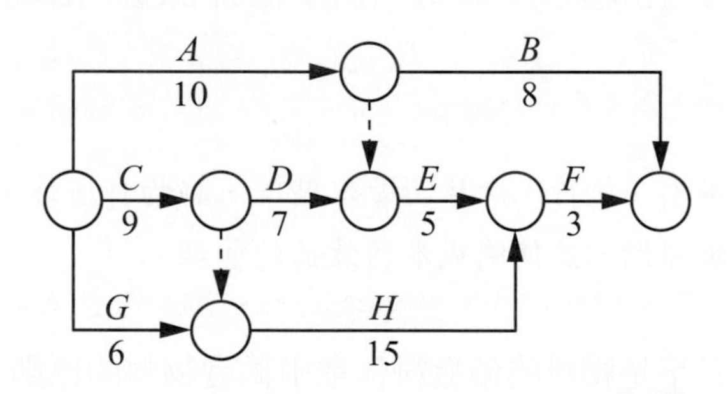

76. (D) 請問圖中作業 *D* 與作業 *E* 間的節點的最遲完成時間(LF)，以天為單位，計算起點為 0，計算結果應該是多少？(LF =？) (A)16 (B)17 (C)18 (D)19。

工程要徑作業為 $C \rightarrow H \rightarrow F$ 總工期為 $9 + 15 + 3 = 27$ 天，
D 與作業 *E* 間的節點的最遲完成時間(LF) $= 27 - 3 - 5 = 19$。

77. (D) 請問圖中作業 *E* 最晚開始時間(LS)，會是實務上工程日報表中的第幾天？(開工日為第 1 天) (A)第 17 天 (B)第 18 天 (C)第 19 天 (D)第 20 天。

D 與作業 E 間的節點的最遲完成時間(LF) $= 27 - 3 - 5 =$ 第 19 天，故作業 E 最晚開始時間(LS)爲 $19 + 1 =$ 第 20 天。

78. (B) 以下哪一個作業項在本工程進度圖的要徑上？ (A)A (B)C (C)E (D)G。

C 作業位於要徑上。

工程要徑作業爲 $C \rightarrow H \rightarrow F$ 總工期爲 $9 + 15 + 3 = 27$ 天。

某工程廠商計畫在公司工程中專案進行成本績效評估，利用「預定進度對應預算」、「實際進度對應預算」、及「實際進度發生成本」進行進度與成本績效評核作業。請回答下列問題：

79. (C) 進行進度與成本績效評核作業時，須比較三項「專用術語」的金額隨著時間的演變，以下何者不是上述的「專用術語」？ (A)BCWP (B)BCWS (C)ACWS (D)ACWP。

- 預定進度對應預算(BCWS)。
- 實際進度對應預算(BCWP)。
- 實際進度發生成本(ACWP)。

80. (A) 若想要計算該專案的成本績效，計算式應該是以下哪一個？ (A)BCWP－ACWP (B)BCWS－ACWS (C)BCWP－ACWS (D)BCWS－ACWP。

成本績效 $=$ BCWP $-$ ACWP。

[109-5-1]

81. (B) 內政部營建署「結構混凝土施工規範」，袋裝水泥貯存堆置之高度，最多不宜超過幾包？ (A)5 包 (B)10 包 (C)12 包 (D)15 包。

袋裝水泥貯存堆置之高度宜在 10 袋以下，以免重壓硬化。

82. (B) 下列何者不是公共工程三層級品質中第三級品管的管理項目？ (A)設置查核小組 (B)抽驗材料設備品質 (C)追蹤改善 (D)辦理獎懲。

屬於主辦單位(監造單位)(二級)的責任。

工程主管機關(三級)的工作內容：

1. 設置查核小組。2. 實施查核。3. 追蹤改善。4. 辦理獎懲。

83. (C) 在內政部營建署「洽辦機關、營建署、技術服務廠商與承包商之權責區分表」中，土建、水電、空調設備、管線等工程界面整合應該由以下哪一個角色負責辦理？ (A)設計廠商 (B)監造廠商 (C)承攬廠商 (D)洽辦機關。

「洽辦機關、營建署、技術服務廠商與承包商之權責區分表」：

第 5 條施工階段，第 18 點：土建、水電、空調設備、管線等工程界面整合，由施工廠商（承攬廠商）辦理。

84. (B) 「施工界面整合圖」套繪程序及原則與目的中，所謂節省材料與施工成本，避免敲除重做或變更追加，為下列何種特性？ (A)需求性 (B)經濟性 (C)效益性 (D)擴充性。

「經濟性」：節省材料與施工成本，避免敲除重做或變更追加。

85. (B) 依職業安全衛生法規定，事業單位以其事業招人承攬時，應於事前告知承攬人之相關事項，不包括下列何者？ (A)環境可能危害 (B)基本薪資、最低工時 (C)職業安全衛生法應採取之措施 (D)有關安全衛生規定應採取之措施。

職業安全衛生法第26條：
事業單位以其事業之全部或一部分交付承攬時，應於事前告知該承攬人有關其事業工作環境、危害因素暨本法及有關安全衛生規定應採取之措施。
承攬人就其承攬之全部或一部分交付再承攬時，承攬人亦應依前項規定告知再承攬人。

某工程顧問公司協助業主管理工程專案，工程發包後，該公司與承攬商研擬整體品質管制方針，並輔導廠商製作「自主檢查表」，以下是工程顧問可能提供給承攬商的建議，請回答下列問題：

86. (B) 在建立施工管理共識時，假設施工管理的運作如同一個工廠的生產線。請問以下哪一個項目不是生產線成功的要項？ (A)「首件檢查」 (B)「監造抽查」 (C)「自主檢查」 (D)「品管人員稽核」。

監造抽查因爲不屬於生產線的一員，監造抽查的好壞與施工管理的運作較無關係。

87. (D) 「自主檢查表」原始之設計是將工程中何種文件的重點濃縮成一張檢查表？ (A)品管計畫 (B)施工規範 (C)施工計畫 (D)契約圖說。

解析

「自主檢查表」原始之設計是將契約圖說之重點濃縮成一張檢查表，再由現場工程師攜帶至現場檢查，因此在製作時需充分檢討契約規定後列出量 化之標準供檢查者現場檢查及手寫記錄並簽名以示負責。如果檢查項目複 雜或眾多，可將設計圖說及附表(例如鋼筋檢查表，內容包括位置、號數、支數、間距)以A3或A4紙製圖做爲附件進行檢查工作。

88. (A) 「自主檢查表」之檢查標準如因檢查項目部位之不同會有不同之數值時，以下列哪一種方式的欄位設計，提醒檢查者於赴工地現場檢查前應先閱讀圖說規範，塡妥後才得以赴工地現場檢查？ (A)「誘導式」 (B)「強制式」 (C)「情境式」 (D)「數化式」。

填表係在表單中設計適當方式讓填表人根據檢驗標準填寫，例如檢驗紀錄中可以納入檢查標準長度或數量。

某工程共有三個作業項 *A*、*B*、*C*。作業 *A* 需時 10 天，作業 *B* 需時 15 天，作業 *C* 需時 8 天。作業 *A*、*C* 的關係為 FS 5，作業 *B*、*C* 的關係為 FS 2。工程進行中不考慮休假日且無停工，請回答下列問題：

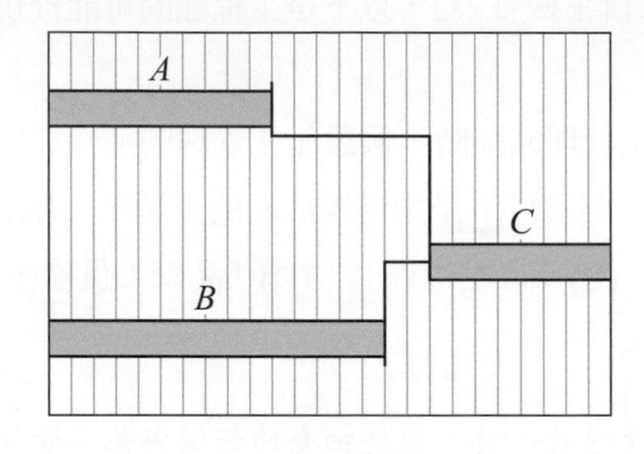

89. (C) 對於作業 *A*，以下敘述何者<u>錯誤</u>？ (A)作業 *A* 有 2 天總浮時 (B)作業 *A* 有 2 天自由浮時 (C)作業 *A* 有 2 天干擾浮時 (D)作業 *A* 有 2 天浮時。

干擾浮時(Interfering Float Time)：當一個作業自由浮時為零或自由浮時耗盡，仍存在著若干容許誤差時間而不致影響工期者稱為干擾浮時。

90. (D) 請問作業 *C* 的最早開始時間(ES)，會是實務上工程日報表中的第幾天？(開工日為第 1 天) (A)第 15 天 (B)第 16 天 (C)第 17 天 (D)第 18 天。

作業 *B*、*C* 的關係為 FS 2(*B* 作業完成後 2 天 *C* 作業開始)；
15 天 + 2 天 = 17 天，故 *C* 作業最早開始時間(ES)於第 18 天開始。

91. (A) 請問本工程的完工日，會是實務上工程日報表中的第幾天？(開工日為第 1 天) (A)第 25 天 (B)第 26 天 (C)第 27 天 (D)第 28 天。

該工程作業網圖要徑爲 $B \rightarrow C$；工程完工日爲 $15 + 2 + 8 = 25$ 天。

[109-5-2]

92. (A) 因工地堆置鋼構場地有限，有關鋼構件吊裝順序，下列何者正確？ (A)工廠製造完成之鋼構件，先吊裝的鋼構件必須後運 (B)工廠製造完成之鋼構件，後吊裝的鋼構件必須後運 (C)工地現場堆疊時，先吊裝的鋼構件要堆置在下面 (D)工地現場堆疊時，後吊裝的鋼構件要堆置在上方。

工廠製造完成之鋼構件，先吊裝的鋼構件必須後運。
鋼構堆置場的運作爲後安裝的先運，先安裝的後運，這樣鋼構材料堆置場先運送到的堆疊在下層，後運到的材料再上層，吊裝作業從堆置在最上層的開始吊掛作業。

[109-1-1]

93. (B) 「爲使人們確信某產品或服務能滿足規定之品質要求所需提供一切有計畫、有系統的活動」是指以下何者？ (A)QC (B)QA (C)QM (D)QQ。

QA = Quality Assurance，ISO 9000 對 QA 的定義是：「爲了提供實體滿足品質要求的足夠信心，而實作的所有計畫性以及系統性的活動」。

94. (C) 就施工界面管理於各工作單位之「權責分工」相關規定中，工程界面協調應由下列何者負責辦理？ (A)業主 (B)設計人 (C)監造人 (D)承造人。

依公共工程施工品質管理作業要點第 11 條監造單位及其所派駐現場人員工作重點，第 9 項履約界面之協調及整合。
監造單位及其所派駐現場人員工作重點如下：

一、 訂定監造計畫，並監督、查證廠商履約。
二、 施工廠商之施工計畫、品質計畫、預定進度、施工圖、施工日誌(參考格式如附表四)、器材樣品及其他送審案件之審核。
三、 重要分包廠商及設備製造商資格之審查。
四、 訂定檢驗停留點，辦理抽查施工作業及抽驗材料設備，並於抽查(驗)紀錄表簽認。
五、 抽查施工廠商放樣、施工基準測量及各項測量之成果。
六、 發現缺失時，應即通知廠商限期改善，並確認其改善成果。
七、 督導施工廠商執行工地安全衛生、交通維持及環境保護等工作。
八、 履約進度及履約估驗計價之審核。
九、 履約界面之協調及整合。
十、 契約變更之建議及協辦。
十一、 機電設備測試及試運轉之監督。
十二、 審查竣工圖表、工程結算明細表及契約所載其他結算資料。
十三、 驗收之協辦。
十四、 協辦履約爭議之處理。
十五、 依規定填報監造報表。
十六、 其他工程監造事宜。
前項各款得依工程之特性及實際需要，擇項訂之。如屬委託監造者，應訂定於招標文件內。

95. (D) 在線性工程中(如大樓從底層開始逐層向上施工)，此時可以進度表將桿狀圖(Bar Chart)中的橫線依施工位置(樓層)做爲縱軸，調整爲兼具表達施工速率之斜線，所得之圖形稱爲何種進度圖？ (A)Linked Bar Chart (B)WBS (C)Gantt Chart (D)LOB。

LOB 平衡線(Line of Balance)：
平衡線起源於 Gant-Chart, Milest：one, PERT, CPM 等，彼此間之性質極相似。它是第二次世界大戰期間(西元一九五二年)由美國固特異公司(Goodyear Co.)的福治(George E.Fouch)先生發展而成功，是一種圖示生產時序排列的方法，因爲很多營建工程常具有重複性作業，或同時具有重複性與非重複性作業，所以近十幾年來更被很多規劃與研究者發展出適合不同重複性作業的專案工程。LOB 以視覺圖形模式的二維(two

dimensional)座標呈現，一般以一軸代表時間，另一軸代表相對時間的累積作業進度(如施工樓層或高度)，由排程圖同時顯示出作業的時間與施工位置，這是一般 CPM 所無法達到的效果。

96. (D) 施工階段進行成本管理作業，採用 P-D-C-A 管理循環時，修正預算應屬於下列何種階段？ (A)Plan (B)Check (C)Do (D)Action。

PDCA(Plan-Do-Check-Act 的簡稱)循環式品質管理，針對品質工作按規劃、執行、查核與行動來進行活動，以確保可靠度目標之達成，並進而促使品質持續改善。由美國學者愛德華茲·戴明提出，因此也稱戴明環。

其實 Act 於英文涵義上另有修正案的意思，所以有的時候很多人更加趨向於使用修正(Adjust)來解釋 PDCA 的 A。這樣的話更能體現出 A 的改善的含義。

97. (B) 公共工程品質計畫架構必須依據公共工程施工品質管理作業要點規定之基本內容，公告金額以上未達 1,000 萬之工程，計畫書應至少涵蓋幾項？ (A)2 項 (B)3 項 (C)4 項 (D)5 項。

依公共工程施工品質管理作業要點：第 3 條第 3 項中機關辦理新臺幣一百萬元以上工程，應於招標文件內訂定廠商應提報品質計畫。

品質計畫之內容在新臺幣一百萬元以上未達一千萬元之工程須包含下列三項：

一、 管理權責及分工。

二、 材料及施工檢驗程序。

三、 自主檢查表。

98. (B) 工作後殘餘之鐵屑、銅屑等廢金屬屑料屬於下列何者？ (A)完成品 (B)下腳料 (C)供應品 (D)再製品。

下腳料與廢棄物料不同，是生產過程中產生出來的殘餘物料、邊角料等，可供資源回收使用。

99. (D) 有些機具製造廠提供客戶哪一種銷售契約，可以降低營造廠商於工程完工後機具閒置成本，爲下列何者？ (A)依使用期間計費 (B)分年折舊 (C)連人帶機一起租賃 (D)使用後再予買回。

解析

此題重點爲降低工程完工後機具閒置成本並不考慮其他變數，故工程完工後機具由原廠商再價購買回是最少的閒置成本。

某工程有 A、B、C 三作業項，作業需時天數及排程如下圖。該工程需進行趕工，趕工可縮短天數與成本斜率如下表所示，請回答下列問題：

○ —A / 10→ ○ —B / 10→ ○ —C / 10→ ○

作業項目	可縮短天數	成本斜率(元／天)
A	1	8,000
B	2	5,000
C	1	12,000

100. (B) 本工程界限工期爲幾天？ (A)24 天 (B)26 天 (C)28 天 (D)30 天。

本工程以 ADM 製圖要徑爲 30 天，經上述可趕工天數 A 作業一天、B 作業二天、C 作業一天，合計可趕工 4 天，故其界限工期爲 $30 - 4 = 26$ 天。

101. (D) 本工程由預定工期壓縮三天工期時，最少需增加多少成本？ (A)12,000 元 (B)13,000 元 (C)17,000 元 (D)18,000 元。

解析

由成本斜率得知趕工成本由低至高爲

B(5,000 元／天) → A(8,000 元／天) → C(12,000 元／天)，$B + A$ 即可壓縮三天工期，

故最少增加成本爲 $5{,}000 \times 2 + 8{,}000 = 18{,}000$ 元。

某建築工程結構體發包價格 36,000 元 / 坪(不含稅)，對應於每平方公尺樓地板面積之結構設計用量爲鋼筋 200 kg / m^2，模板 5.0 m^2 / m^2，混凝土 1.00 m^3 / m^2。該工程成本單價如下表所示，假設每坪約爲 3.3 m^2，試計算相關工程成本金額。請回答下列問題：

鋼筋(元 / t)	模板(元 / m^2)	混凝土(元 / m^3)
材料：18,000 工資：5,000	500	工資：2,500 工資：200

102. (A) 每平方公尺樓地板所需鋼筋成本約爲多少元？ (A)4,600 元 (B)5,160 元 (C)32,340 元 (D)33,120 元。

解析

結構設計用量爲鋼筋 200 kg / m^2 = 0.2T / m^2

(18,000 元 / T + 5,000 元 / T) × 0.2T = 4,600 元。

103. (C) 每坪樓地板所需鋼筋、模板、混凝土總成本約爲多少元？ (A)4,600 元 (B)5,160 元 (C)32,340 元 (D)33,120 元。

解析

結構設計用量爲鋼筋 200 kg / m^2，模板 5.0 m^2 / m^2，混凝土 1.00 m^3 / m^2

每平方公尺成本爲：

4,600 元 + 5 m^2 / m^2 × 500 元 / m^2 + 1 m^3 / m^2 × (2,500 元 / m^3 + 200 元 / m^3) = 9,800 元

換算爲每坪成本爲 9,800 元 × 每坪約爲 3.3 m^2 = 32,340 元。

某工程進行建築工程，面臨以下幾個問題，請回答下列問題：

104. (C) 一般居家木地版施工方式中直貼法適用於地面平整度<u>不超過</u>多少 mm 及一樓以上之地面？ (A)5 mm (B)1 mm (C)2 mm (D)7 mm。

解析

直貼法適用於地面平整性佳，高低落差不差過 2 mm 的地面，直鋪是以木地板直接鋪設，平鋪則是先加一層合板，再鋪設木地板。

105. (A) 在進行地下室防水作業時，表面清潔→止水版(布)安裝，最可能是施作地下室防水中哪一種類型的防水方式？ (A)外層止水版 (B)內層接縫導水 (C)外層接縫導水 (D)內層止水版。

止水版用途一般常在地下室外牆和後澆帶施工時使用，故爲外層止水版作業。

[109-1-2]

甲公司向乙公司承攬廠房屋頂維修工程，該屋頂材質爲石棉瓦，高度距離地面七公尺，承攬金額新臺幣 10 萬元整。請回答下列問題：

106. (D) 甲公司對本案廠房房屋頂維修工程之管理作爲下列何者爲正確？ (A)小型工程無須設置職業安全衛生管理人員 (B)小型工程無須設置作業主管 (C)高度超過 7 公尺，爲丁類危險工作場所須經勞動檢查機關審查危險評估後方可施工 (D)應訂定安全衛生工作守則，並報備勞動檢查機構備查後，公告實施。

依據職業安全衛生法第 34 條規定：
雇主應依本法及有關規定會同勞工代表訂定適合其需要之安全衛生工作守則，報經勞動檢查機構備查後，公告實施。
勞工對於前項安全衛生工作守則，應切實遵行。

107. (D) 甲公司所僱勞工於屋頂作業時之安全作爲下列何者爲正確？ (A)應先規劃安全通道，於屋架上設置適當強度，且寬度在二十公分以上之踏板 (B)於屋頂上方適當範圍裝設堅固格柵或安全網等防墜設施 (C)應指派施工架作業主管於現場指揮監督 (D)讓勞工妥爲配帶安全帽與安全帶。

以石綿板、鐵皮板、瓦、木板、茅草、塑膠等材料構築之屋頂或於以礦纖板、石膏板等材料構築之夾層天花板從事作業時，爲防止勞工踏穿墜落，應採取下列設施：

一、 規劃安全通道，於屋架或天花板支架上設置適當強度且寬度在三十公分以上之踏板。

二、 於屋架或天花板下方可能墜落之範圍，裝設堅固格柵或安全網等防墜設施。

三、 指定專人指揮或監督該作業。

雇主對於在高度二公尺以上之高處作業，勞工有墜落之虞者，應使勞工確實使用安全帶、安全帽及其他必要之防護具。

108. (D) 本工程土方及廢棄物於營建工地及進出運送車輛機具，應採行有效抑制粉塵之防制設施，下列何者有誤？ (A)暫置土方覆蓋防塵網 (B)採用具備密閉車斗之運送機具 (C)使用防塵布或其他不透氣覆蓋物緊密覆蓋及防止載運物料掉落地面之防制設施 (D)防塵布或其他不透氣覆蓋物，應捆紮牢靠，且邊緣應延伸覆蓋至車斗上緣以下至少 10 公分。

營建工程空氣污染防制設施管理辦法第 13 條：

營建業主於營建工程進行期間，運送具粉塵逸散性之工程材料、砂石、土方或廢棄物，其進出營建工地之運送車輛機具，應採行下列有效抑制粉塵之防制設施之一：

一、 採用具備密閉車斗之運送機具。

二、 使用防塵布或其他不透氣覆蓋物緊密覆蓋及防止載運物料掉落地面之防制設施。

前項第二款之防塵布或其他不透氣覆蓋物，應捆紮牢靠，且邊緣應延伸覆蓋至車斗上緣以下至少十五公分。

甲雄負責某新建百貨公司升降機、電扶梯工程，應瞭解其施工流程及要點，請回答下列問題：

109. (B) 電扶梯組成設備與主要參數，下列何者爲誤？ (A)揚程高度：高揚程 10 m 以上 (B)輸送能力：800 型 9,000 人 / 時 (C)運行速度：一般約在 30～60 m / min (D)傾斜角：一般不大於 30°。

解析

輸送能力：

指每小時理論輸送的人數。理論輸送能力(c，人 / h)計算式爲 $c = 3,600\ vk / 0.4$。

式中，v 爲額定速度(m / s)；k 爲寬度係數。

(梯級寬度爲 0.6 m 時取 1.0；0.8 m 時取 1.5；1.0 m 時取 2.0)。

$3,600 \times 0.5 \times 1.5 / 0.4 = 6,750$ 人 / 時。

110. (C) 下列何者<u>非</u>升降機機械方面之安全裝置？ (A)手動操作把手 (B)安全裝置 (C)門連鎖開關 (D)電磁制動機。

機械方面之安全裝置：

一、 電磁制動機。

二、 調速機。

三、 安全裝置。

四、 緩衝器。

五、 門連鎖裝置。

六、 車廂天井救出口。

七、 手動操作把手。

門連鎖開關爲電器方面安全裝置。

111. (C) 升降機安裝完成正式驗收前，需實施各項測試，下列敘述何者<u>錯誤</u>？ (A)速度測試：90 m / min ± 2 m / min (B)車廂水平著樓試驗：誤差在 ± 5 mm 以內 (C)鋼鐵構造建築物內，風管得安裝在鋼鐵結構體與其防火保護層之間 (D)電器設備之絕緣測量：電動機主電路 0.4 MΩ 以上，控制、信號、照明電路 0.4 MΩ 以上。

電梯功能測試品質管理標準表

<table>
<tr><td rowspan="3">功能測試品質
管理標準表</td><td>工程名稱</td><td></td><td>表單
編號</td><td colspan="2"></td></tr>
<tr><td>編訂日期</td><td></td><td rowspan="2">監造
單位</td><td rowspan="2">工地
主任</td><td rowspan="2"></td></tr>
<tr><td>修訂日期</td><td></td></tr>
<tr><td>測試項目</td><td colspan="3">測試標準</td><td colspan="2">測試方法</td></tr>
<tr><td>絕緣電阻</td><td colspan="3">電動機主電路 0.4 MΩ 以上
控制、信號、照明電路 0.4 MΩ 以上</td><td colspan="2">高阻計</td></tr>
<tr><td>調速機測試</td><td colspan="3">超速開關額定速度 1.3 倍前須動作
阻檔器額定速度 1.4 倍前須動作</td><td colspan="2">轉速計、電表</td></tr>
<tr><td>車廂水平著床</td><td colspan="3">≦10 mm</td><td colspan="2">鋼尺</td></tr>
<tr><td>速度測試</td><td colspan="3">90 m / min ± 2 m / min</td><td colspan="2">轉速計</td></tr>
<tr><td>噪音</td><td colspan="3">≦60 dB</td><td colspan="2">噪音計</td></tr>
<tr><td>震動值</td><td colspan="3">≦30 GAL</td><td colspan="2">震動儀</td></tr>
<tr><td>超載開關</td><td colspan="3">額定荷重 100%須響鈴且電梯停止運轉</td><td colspan="2">法碼</td></tr>
<tr><td>過站不停</td><td colspan="3">額定荷重 90%對外叫車不應答</td><td colspan="2">法碼</td></tr>
<tr><td>緊急救助口</td><td colspan="3">開啓時電梯停止運轉</td><td colspan="2">目視</td></tr>
<tr><td>緊急照明</td><td colspan="3">停電時照明啓動</td><td colspan="2">目視</td></tr>
<tr><td>省電功能</td><td colspan="3">待機 5 分鐘車廂照明關閉並返回主樓層</td><td colspan="2">計時器、目視</td></tr>
<tr><td>緊急按鈕</td><td colspan="3">動作時電梯須停止</td><td colspan="2">目視</td></tr>
<tr><td>門聯鎖裝置</td><td colspan="3">動作時電梯須停止</td><td colspan="2">目視</td></tr>
<tr><td>緊急對講機</td><td colspan="3">通話正常</td><td colspan="2">通話</td></tr>
<tr><td>地震感知</td><td colspan="3">發生四級地震電梯返回主樓層並停機</td><td colspan="2">測試點</td></tr>
<tr><td>照明</td><td colspan="3">車廂地板量測≧150 LUX</td><td colspan="2">照度計</td></tr>
</table>

[108-9-1]

112. (　D　) 以下何者<u>不是</u>「分項施工計畫書」中「分項品質計畫」的內容？ (A)施工要領 (B)品質管理標準 (C)材料及施工檢驗程序 (D)不合格品管制。

解析

分項品質計畫之內容，除機關及監造單位另有規定外，應包括施工要領、品質管理標準、材料及施工檢驗程序、自主檢查表等項目。

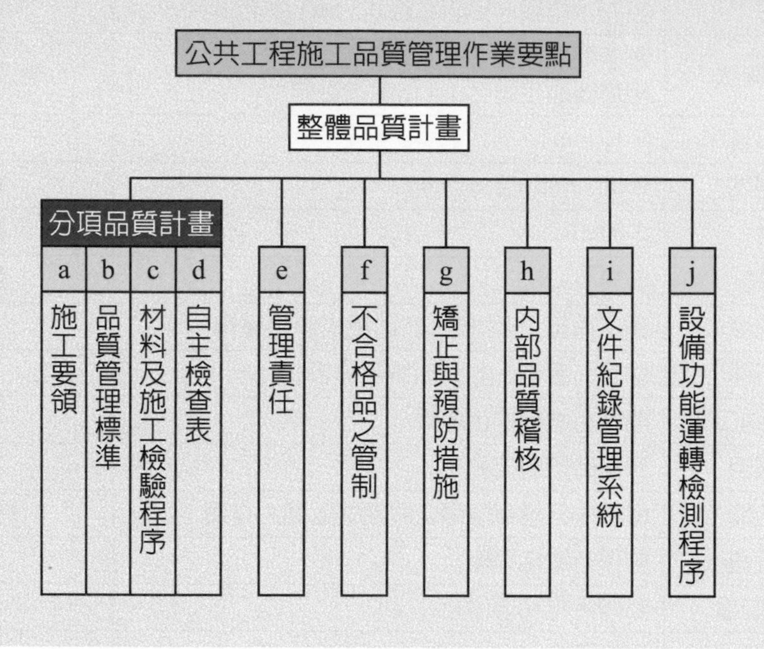

某工程師被主管分派依據公共工程委員會 PCCES 原則進行工程項目編碼，請回答下列問題：

113. (　C　) 工程細目碼中工作項目編碼應有幾碼？ (A)10 碼 (B)11 碼 (C)12 碼 (D)13 碼。

解析

工程細目碼分兩大部分：工作項目碼(共 12 碼)及資源項目碼(共 13 碼)。

工作項目碼編碼 10 碼，XXXXX□□□□△之第 1 碼至第 5 碼爲施工綱要規範編碼，第 6 碼至第 9 碼表示規格、尺度、特性、種類、工法等，第 10 碼爲單位碼。

公共工程細目碼編訂原則：

編碼架構：

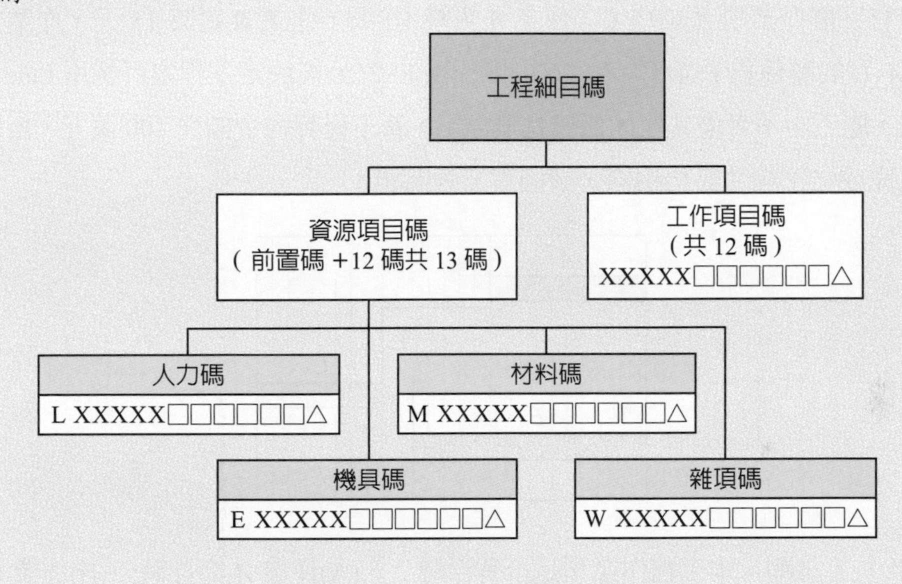

114. (　A　) 工程細目碼中資源項目編碼的雜項碼英文代號(前置碼)是甚麼？　(A)W　(B)R　(C)O　(D)C。

符號說明：

一、工程細目碼分兩大部分：工作項目碼(共 12 碼)及資源項目碼(共 13 碼)。

二、XXXXX：施工鋼要規範綱要編碼(共 5 碼)。

三、□□□□□□：功能或規格碼(共 6 碼)。

四、△：計價單位碼(共 1 碼)。

五、L：人力碼(前置碼)。

六、E：機具碼(前置碼)。

七、M：材料碼(前置碼)。

八、W：雜項碼(前置碼)。

115. (　B　) 如果某一材料的工程細目碼中工作項目編碼前五碼爲 03210，試問，該材料項目應該是以下何種材料？ (A)混凝土 (B)鋼筋 (C)模板 (D)土方。

解析

第 1 碼至第 5 碼爲施工綱要規範編碼故 03210 爲鋼筋。

某工程共有三個作業項 *A*、*B*、*C*。作業 *A* 需時 10 天，作業 *B* 需時 15 天，作業 *C* 需時 8 天。作業 *A*、*C* 的關係爲 FS4，作業 *B*、*C* 的關係爲 FS2。公司決定工程進行採用 Late Start(LS) 方案施工，施工中不考慮其他休假日且無停工。若工程契約金額爲 100 萬元，每個作業項每日施工完成之工程金額均相同，請回答下列問題：

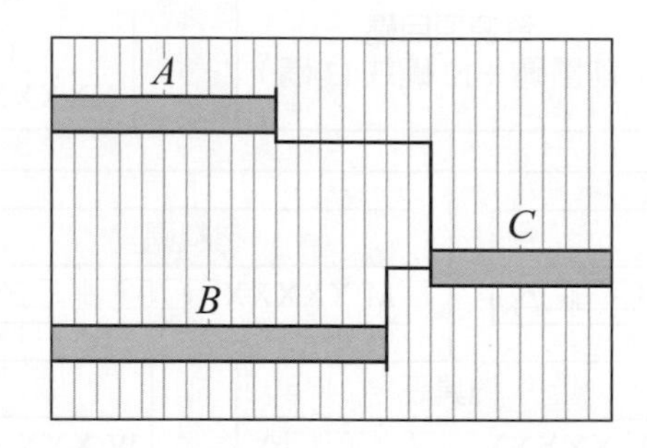

116. (　A　) 試問，本工程作業項是否有浮時？ (A)作業 *A* 有浮時 (B)作業 *B* 有浮時 (C)作業 *C* 有浮時 (D)本工程各作業均無浮時。

解析

A 有浮時 3 天，
B 作業 15 + 2 = 17 天爲 *C* 作業開始，*A* 作業 10 + 4 = 14 天爲 *C* 作業開始
17-14 = 3 天(*A* 有浮時 3 天)。

117. (　A　) 本工程施工至工期第三天結束時，工程進度約爲多少？ (A)10% (B)13% (C)17% (D)20%。

解析

工程進行採用(LS)方案施工，故 *A* 作業開始爲 *B* 作業開始後 3 天(無浮時)。
100 萬 / (*A* 作業 10 天 + *B* 作 15 天 + C 作業 8 天 = 33 天) = 3.03 萬 / 每作業 － 每天
(3.03 萬 × 3 天) / 100 萬 = 9.1%約 10%。

118. (送分) 若本工程作業 A、C 的關係更改為 FS7，工程施工至工期第九天結束時，工程進度約為多少？　(A)50%　(B)53%　(C)57%　(D)60%。

解析

3.03 萬 ×(9 天 A 作業 +9 天 B 作業) = 54.54 萬，
54.54 萬 / 100 萬 = 54.54%約 55%

119. (　C　) 有關 ADM 與 PDM 網圖敘述何者不正確？　(A)ADM 工項表現方式為箭線　(B)PDM 能直接以時間豎格圖排程　(C)PDM 不能自由設定作業間特定關係　(D)ADM 可使用虛作業。

在要徑法中，網路圖繪製方式有兩種：

一、 節點圖(Precedence Diagramming Method, PDM)：作業項目以「節點」表示。作業時間有 FS、FF、SF、SS 四種關係型式，無虛作業。

二、 箭線圖(Arrow Diagramming Method, ADM)：作業項目以「箭線」表示。作業時間只有 FS 關係型式，有虛作業。

120. (　A　) 下列何者不是為了建立成本管理系統，在事前準備作業中，必須探討的中心課題三大重點？　(A)資金成本效益　(B)精確的數量計算　(C)單價分析與市場調查　(D)成本科目之設定。

解析

工程的成本控制，是要做到工程項目的質、量與進度一起管控，才能達到最好的效益。而在工程整體的運作中，數量估算(量)與工程單價(質)為一般成本控制之兩大主軸，若能將這兩大主軸再加上工程進度的掌控，便可以達成此目的，另外透過成本科目編碼可記錄統計各項成本的預算歸類。

121. (　C　) 下列何者不屬於工程中的間接成本？　(A)工務所費用　(B)總公司分攤管理費　(C)工程材料費　(D)印花稅。

解析

工程材料費屬直接工程成本，其他選項屬於間接成本。

122. (B) 作業 B 已完成 80%，其工程預算 = 750,000 元，則該作業可動用預算有多少元？ (A)150,000 元 (B)600,000 元 (C)650,000 元 (D)750,000 元。

解析

750,000 元 × 80% = 600,000 元。

123. (B) 「針對產品製造的現場、製程等，在尚未將產品交付顧客前所進行的品質相關管制」爲下列何者？ (A)QA (B)QC (C)QM (D)QE。

解析

QC(Quality Control，品質控制)，即是針對產品製造的現場、製程等，在尚未將產品交付顧客前所進行的品質相關管制。

124. (B) 「對製成品有減低效能者」屬於物料驗收的哪一種缺點程度？ (A)嚴重缺點 (B)主要缺點 (C)次要缺點 (D)輕微缺點。

解析

主要零組件及原物料之採購驗收機制：

- 嚴重缺點：全部未執行主要零組件及原物料之採購驗收。
- 主要缺點：二分之一以上主要零組件及原物料之採購驗收未執行(含不合格品處理)。
- 次要缺點：超過二十分之一未達二分一之主要零組件及原物料之採購驗收未執行(含不合格品處理)，或未建立採購驗收規範，或無採購驗收紀錄。
- 輕微缺失：二十分之一以下主要零組件及原物料之採購驗收未執行(含不合格品處理)，或採購驗收規範不完整，或採購驗收紀錄不完整。

125. (C) 以下哪一項並<u>非</u>營造工程施工管理之主要項目？ (A)施工機具與設備(Machine & Equipment) (B)人力(Manpower) (C)土地(Land) (D)資金調度(Money)。

解析

土地(Land)屬建設土地開發項目。

[108-5-1]

126. (　C　) 有關施工計畫之敘述，以下何項爲<u>不正確</u>？ (A)第一章工程概述應包含名詞定義 (B)分項施工計畫屬技術性指導功能的施工作業計畫 (C)施工計畫書爲廠商的責任，專任工程人員不應對其內容簽名負責 (D)環評計畫如已通過相關之主管機關審查，可於施工計畫中不再贅述。

營造業法第35條營造業之專任工程人員應負責辦理下列工作：

一、 查核施工計畫書，並於認可後簽名或蓋章。
二、 於開工、竣工報告文件及工程查報表簽名或蓋章。
三、 督察按圖施工、解決施工技術問題。
四、 依工地主任之通報，處理工地緊急異常狀況。
五、 查驗工程時到場說明，並於工程查驗文件簽名或蓋章。
六、 營繕工程必須勘驗部分赴現場履勘，並於申報勘驗文件簽名或蓋章。
七、 主管機關勘驗工程時，在場說明，並於相關文件簽名或蓋章。
八、 其他依法令規定應辦理之事項。

127. (　D　) 除主管機關或監造單位另有規定外，整體施工計畫之內容可<u>不包括</u>以下何者？ (A)施工作業管理 (B)假設工程計畫 (C)移交管理計畫 (D)工程爭議處理。

整體施工計畫製作內容，除主管機關、主辦機關或監造單位另有規定外應包括工程概述、開工前置作業、施工作業管理、整合性進度管理、假設工程計畫、測量計畫、分項工程施工管理計畫、設施工程施工管理計畫、勞工安全衛生管理計畫、緊急應變及防災計畫、環境保護執行與溝通計畫、施工交通維持及安全管制措施及驗收移交管理計畫，合計十三章。

128. (　D　) 下列進度網圖之計算式，何者爲<u>不正確</u>？ (A)TFij = LFij − EFij (B)FFij = ESj − EFij (C)IFij = LFj − ESj (D)FFij = ESj + (ESi − dij)。

網圖時間分析的十個參數，(一)結點時間(最早開始 Esi 和最遲完成 LFj)，(二)作業排程時間(最早開始 *ESij*，最早完成 EFij 及最遲開始 LSij，最遲完成 Lfij)，(三)浮時(總浮時 TFij，自由浮時 FFij 和干擾浮時 Ifij)，(四)要徑(critical path)。以上時間參數計算，以「結點時間」爲優先，同時其他時間參數的計算，必須依據結點時間爲基礎進行推算，計算公式列示如下：

一、 $ESij = ESi$，$EFij = ESi + dij$(式中 dij 爲「作業時間」)

二、 $LSij = LFj - dij$，$LFij = LFj$

三、 $TFij = LFj - (ESi + dij)$

四、 $FFij = ESj - (ESi + dij)$

五、 $IFij = TFij - FFij = LFj - Esj$

129. (B) 建築工程在何階段因並行作業增加，形成累積進度曲線呈現貌似「S」形？ (A)初期 (B)中期 (C)末期 (D)驗收。

解析

工程進度：一般採用累計成本(或估驗計價)與契約總價之比(以百分比表示)。

一般工程執行時，因中期有較高之計價(如結構體工程)，此進度百分比與工期所形成之曲線常呈S形狀，故一般亦稱爲 S 曲線。

130. (B) 作業 *A* 與 *B* 共爲作業 *C* 之前置作業：作業 *A* 需時爲 10 天且與作業 *C* 之關係爲 FS + 5；作業 *B* 需時爲 15 天且與作業 *C* 之關係爲 FS + 2；以下敘述何者爲正確？ (A)作業 *C* 的 ES 爲 8 天 (B)作業 *C* 的 ES 爲 17 天 (C)作業 *A* 與 *C* 的關係亦可表爲 SS + 10 (D)作業 *A* 與 *B* 的關係亦可表爲 SS-5。

C 作業開始時間爲 *A* 或 *B* 作業完成工時取大值爲最早開始時間(ES)。

一、 *A* 作業開始第 15 天完成(10 + 5)後開始 *C* 作業。

二、 *B* 作業開始第 17 天完成(15 + 2)後開始 *C* 作業。

131. (　C　) 以下何者對於工程成本之評估有誤？　(A)可動用預算＝工程預算×完成比　(B)成本績效＝可動用預算－實績　(C)完工成本(預測值)＝完成比÷實績　(D)盈虧(預測值)＝合約金額－完工成本(預測值)。

解析

完工成本預估值 EAC(Estimate at Completion)：EAC = AC + ETC
實績 AC 是實際已完成的活動或交付標的(包含工作分解結構中的工作包)所實際花費的成本；ETC 是未完工成本預估值(Estimate to Completion)。

132. (　A　) 由「品質是製造出來的」觀念所衍生出來的品質制度，稱爲：　(A)以回饋改善爲主的品管制度　(B)QA 制度　(C)TQC 制度　(D)TQA 制度。

解析

1940 年代當統計在管理運用盛行時，美國的休華特(Shewhart)發展出第一套管制圖，引發品管學者致力開發統計方法在品管上的應用，開啓了「統計品質管制」的時代，強調必須將產品檢驗的結果，回饋到製程改善，才能預先防止不良品的發生，也使得作業員對品質的觀念隨之改變爲「品質是製造出來的」。品管制度也隨之發展成爲以回饋改善爲主的品管制度。

133. (　B　) 物料驗收的缺點中，製成品有減低效能者稱爲下列何種缺點？　(A)嚴重缺點　(B)主要缺點　(C)次要缺點　(D)輕微缺點。

解析

物料驗收的缺點分類：
一、 嚴重缺點：凡其缺點會使以後製成品無法執行其功能者。
二、 主要缺點：對將來製成品有減低效能之缺點。
三、 次要缺點：對將來製成品之使用性影響不大之缺點。
四、 輕微缺點：外觀上的缺點，不影響產品性能者。

134. (　B　) 「施工界面整合圖」套繪程序及原則與目的中所謂節省材料與施工成本，避免敲除重做或變更追加，爲下列何種特性？　(A)需求性　(B)經濟性　(C)效益性　(D)擴充性。

解析

所謂節省材料與施工成本其與經濟性有關。

135. (　D　) 機具、設備之規格、性能必須能配合工程預定進度所需，應選用下列何項考量因素？ (A)品質 (B)操作性 (C)作業需求 (D)功率。

營建工程選擇機具、設備之因素如下：

一、 功率－機具、設備之規格、性能必須能配合工程預定進度所需。

二、 品質－機具、設備所完成之工作品質必須符合規範需求。

三、 作業需求－機具、設備之尺寸，操作過程所需之通路、迴轉空間、承載能量等需能配合基地之作業環境。

四、 操作性－易於訓練熟悉機具、設備之操作。作業之靈巧、方便為選用之要件。

五、 安全性－機具、設備之作業安全必須滿足法令規定。

六、 環境維護－作業之噪音、振動等營建公害之降低為選用之重要因素。

七、 成本－購置、租用之費用，使用過程之運轉、維護、保養等費用應整合考量，以符預算控管之需。

若台北巨蛋工程經變更設計後所擬定之工程進度網圖如下：各作業需時(週)為 $A = 3, B = 2, C = 4, D = 2, E = 5, F = 3, G = 2, H = 6$, 工程進度依據此網圖管控(即所有的作業沒有發生超前或延誤的情形)。請問：

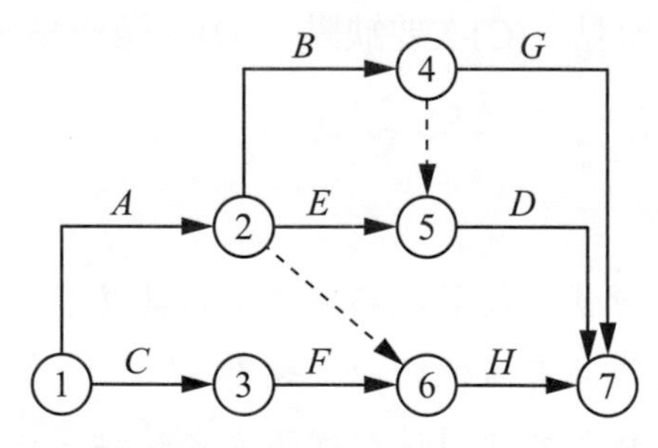

136. (　C　) 本工程最快需要幾週才能完成？ (A)7 週 (B)9 週 (C)13 週 (D)14 週。

① ⟶ ③ ⟶ ⑥ ⟶ ⑦

$C + F + H = 4 + 3 + 6 = 13$

137. (　C　) 此網圖之要徑共有幾個作業？　(A)1 個　(B)2 個　(C)3 個　(D)4 個。

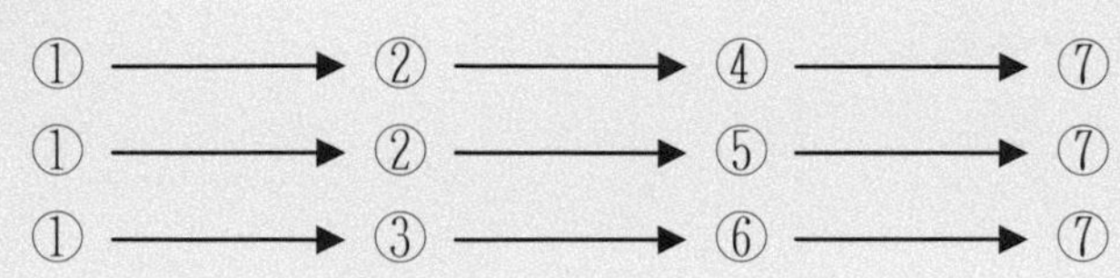

138. (　D　) 下列敘述何者為<u>不正確</u>？　(A)作業 *D* 最早可於第 8 週開始施作　(B)作業 *D* 最早也需 13 週才可完成　(C)作業 *D* 最晚須於第 11 週就開始施作　(D)作業 *G* 的 *FF* 為 0。

作業 G 的 $FF = 6$。

139. (　B　) 下列的敘述何者為正確？　(A)作業 *D* 之總浮時與自由浮時同為 2 週　(B)作業 *G* 之自由浮時為 6 週　(C)作業 *B* 之總浮時為 1 週　(D)作業 *B* 之自由浮時為 6 週。

G 的 $FF = \text{ESj} - (\text{ESi} + \text{Dij}) = \text{ESj} - \text{LSi} = 5 - (13 - 2) = 6$。

140. (　A　) 若須縮短工期 1 週，應優先考慮下列何者？　(A)作業 *H*　(B)作業 *G*　(C)作業 *E*　(D)作業 *D*。

作業 H，因為其為要徑上之關鍵作業。

[108-5-2]

141. (　B　) 施工規範中下列何者<u>不屬</u>道路工程之「現場工作」規範？　(A)路幅整修　(B)控制測量寸等　(C)基地及路堤填築　(D)反光導標。

解析

控制測量寸等爲內業工作：
控制測量係爲提供測區施工放樣測量之基準，點位來源爲契約圖說或相關主管機關設定之基線、水準點、控制點坐標及其他有關資料。

[108-1-1]

142. (B) 以系統的方式將工程拆解成各種不同層級的項目，藉以建立系統架構及主從關係，稱爲： (A)PDM 網狀圖 (B)分工結構圖 (C)ADM 網狀圖 (D)甘特圖。

分工結構(Work Breakdown Structure WBS)：又稱工作分解圖，即依工程之功能或種類，有系統地劃分工作項目，再逐次分層至能有效控制管理之作業。

143. (D) 以下何者是進度績效指數 SPI 之計算式？ (A)ACWP / BCWP (B)BCWP / ACWP (C)BCWS / BCWP (D)BCWP / BCWS。

解析

進度績效指數(SPI)：EV / PV(或寫做 BCWP / BCWS)，大於 1 表示進度超前，小於 1 表示進度落後。另須注意，SPI 測量的是項目總工作量，並不一定能夠眞實的反應進度，只有對關鍵路徑上的績效進行單獨分析，才能確認項目實際提早或延遲。

144. (A) 作業 B 已完成 80%，其合約金額 = 800,000 元，執行實績 = 600,000 元，則該作業盈虧(預測值)爲多少元？ (A)盈 50,000 元 (B)虧 50,000 元 (C)盈 750,000 元 (D)0 元。

800,000 × 80% = 640,000；640,000 − 600,000 = 40,000(完成 80%盈餘 40,000 元)
100%：80% = 盈(預估值)：40,000 元，盈(預估值) = 40,000 / 0.8 = 50,000 元。

145. (　D　) 全面品質管理制度是基於以下何種品質觀念發展而成？　(A)品質是檢查出來的　(B)品質是設計出來的　(C)品質是管理出來的　(D)品質是習慣出來的。

員工對工作的認知與價值觀都將影響其工作績效，欲有優良的產品必須先有良好的企業文化。員工在品質上擁有共同認同的價值觀，可以反映在一個公司的品質文化上。品質文化的塑造，從訓練到個人態度產生改變，再到個人行爲的改變，最後，引起團體行爲的改變。這種變革是由員工習慣的生活方式養成的，品管學者將此時期稱爲「全面品質保證」時期，品質的觀念也進展到「品質是習慣出來的」，品質管理制度則發展爲「全面品質保證制度(Total Quality Assurance, TQA)」。

146. (　B　) 工程人員本身及其與外部之互動關係中，其義務發生對象不包括以下何者？　(A)雇主或組織　(B)社會責任　(C)同僚　(D)業主或客戶。

工程人員本身及其與外部之互動關係的義務發生對象有五項：

一、 業主或客戶。

二、 承包商。

三、 雇主或組織。

四、 同僚。

五、 個人。

147. (　C　) 對於要徑的敘述，以下何者不正確？　(A)資源調配時，要徑上作業毫無調度彈性可言　(B)自由浮時爲零(乃必要而非充分條件)　(C)無論作業間如何影響，要徑絕不可能改變　(D)要徑至少一條，但並非僅能有一條。

要徑是網路圖最長的路徑，也是完成專案所需最短時間隨著工程量體展開，每個活動開始及結束的時間可能會與當初計劃不同，所以要徑是會改變。

要徑的其他功能：

一、 壓縮工期(compression)時，要將資源投入在要徑上的活動。

二、 要徑上的活動，是沒有餘裕時間可以晚一點開始，所以 ES = LS, EF = LF 即要徑上的活動浮時(Float)均爲零。

三、 只要工期長度一樣，要徑可以有多條，越多要徑，專案風險越高。

148. (C) 一個工程作業在不影響其後續作業，以最早開工時間施工所存在的容許延誤時間稱為： (A)作業浮時 (B)干擾浮時 (C)自由浮時 (D)總浮時。

自由浮時(FF)：
一作業項目在不致影響下一作業之最早開工時間，其所能允許延誤之時間
FF = ESj − (ESi + Dij) = ESj − LSi

149. (D) 調整進度為進度管理循環 P-D-C-A 中的那個項目？ (A)Plan (B)Do (C)Check (D)Action。

A(Action)--處理階段，對檢查階段出現的偏差或問題進行處理。總結成功的經驗，將其標準化；找出尚未解決的問題，列入下一個 PDCA 循環。

150. (C) 依據工程會之 PCCES 估價系統，以下何者對工程細目碼 L XXXXX□□□□□□△之敘述有誤？ (A)XXXXX：施工綱要規範綱要編碼 (B)□□□□□□：功能或規格碼 (C)△：材料碼 (D)L：人力碼。

符號說明：
一、工程細目碼分兩大部分：工作項目碼(共 12 碼)及資源項目碼(共 13 碼)。
二、XXXXX：施工鋼要規範綱要編碼(共 5 碼)。
三、□□□□□□：功能或規格碼(共 6 碼)。
四、△：計價單位碼(共 1 碼)。

151. (C) 作業 A 已完成 45%，其整體工程預算 = 3,000,000 元，執行實績 = 1,200,000 元，則該作業成本績效為多少元？ (A) + 50,000 元 (B) − 50,000 元 (C) + 150,000 元 (D) − 150,000 元。

3,000,000 元 × 45% = 1,350,000 元，1,350,000 元 − 1,200,000 元 = 150,000 元。

某機關於工程規劃作業時，該工程計有三個作業項 A、B、C，各工項所需工期分別為 A：10 天、B：20 天、C：10 天。A、B 項目無前置作業，且互不影響。A、B 均為 C 之前置作業：A、C 作業間關係為 FS10；B、C 作業間關係為 FS5。又 A、B、C 工項預算各佔總預算之 20%、40%、40%。試分析本工程作業排程及進度。

152. (　B　) 不考慮壓縮工期，本工程之最短工期為？　(A)30 天　(B)35 天　(C)40 天　(D)50 天。

解析

總共有兩條路徑，分別是 A > C，以及 B > C，由於 FS 作業為完成>起始，因此 AC 路徑的最短時間為 10 天+ 10 天+ 10 天= 30 天，另 B > C 路徑為 20 天+ 5 天+ 10 天= 35 天，兩者最短工期即為 35 天。

153. (　B　) 若以最短可能工期，且 A 作業項採 LS 及 B 作業項採 ES 做出進度表，該工程第一天的預定進度應為多少%？　(A)0%　(B)2%　(C)4%　(D)8%。

解析

若以最短工期，A 作業是最晚開始(LS)，B 作業為最早開始(ES)，因此 A 作業是第六天才開始進行，第一天至第五天只有 B 作業進行，B 作業共進行 20 天，佔 40%成本，一天為 2%成本，因此第一天只有 2%。

154. (　D　) 若以最短可能工期，且 A 作業項採 LS 做出預定進度表，而以 A 作業項 ES 進行現場施作，在沒有任何意外的情況下，第五天結束時，相對於 LS 做成的預定進度表，工程績效的 SPI 為多少？　(A)0　(B)0.5　(C)1.0　(D)2.0。

實際上預定進度 A 作業是第六天才開始進行，實際上 A 作業是第一天即開始進行，所以第五天結束時，A 作業已經完成一半(而預訂表內第五天結束 A 作業是 0)，所以 SPI 的計算為=實際完成進度(實獲值)/預定完成進度(計畫值)，第五日結束的計畫值為 10，而實獲值 A + B 作業為 20，因此 SPI 為 20/10 = 2.0。

包商承攬某工程成本計劃與實績資料如下，試評估績效，並預測盈虧。其工程合約金額爲400萬元，工程預算爲360萬元，目前完成率爲60%，實績支出爲200萬元。試問：

155. (C) 本工程預期完工成本爲多少元？ (A)400萬元 (B)218萬元 (C)333.3萬元 (D)200萬元。

解析

目前實際支出爲200萬元，完成率爲60%，推算100%時即爲333.3萬元。

60%：200 = 100%：X

X = 333.3。

156. (D) 本工程目前績效爲多少元？ (A)30 萬元 (B)20 萬元 (C)230 萬元 (D)16萬元。

目前績效的計算方式爲推估按照工程預算360萬元之60%應爲216萬元，而目前只花200萬元，因此績效爲正16萬元。

$360 \times 60\% - 200 = 16$

157. (D) 本工程可動用預算金額爲多少元？ (A)200萬元 (B)400萬元 (C)360萬元 (D)216萬元。

依照工程金額360萬元乘以60%即爲216萬元。

$400 - 200 + 16 = 216$。

[108-1-2]

158. (D) 下列何者不是工程品管人員工作重點？ (A)依據工程契約、設計圖說、規範、相關技術法規及參考品質計畫製作綱要等，訂定品質計畫 (B)執行內部品質稽核作業 (C)品管統計分析、矯正與預防措施之提出及追蹤改善 (D)訂定檢驗停留點(限止點)，並於適當檢驗項目會同廠商取樣送驗。

品管人員工作重點如下：

一、 依據工程契約、設計圖說、規範、相關技術法規及參考品質計畫製作綱要等，訂定品質計畫，據以推動實施。

二、 執行內部品質稽核，如稽核自主檢查表之檢查項目、檢查結果是否詳實記錄等。

三、 品管統計分析、矯正與預防措施之提出及追蹤改善。

四、 品質文件、紀錄之管理。

五、 其他提升工程品質事宜。

159. (B) 洗石子裝修材料若要用顏料，下列何者不是應注意事項？ (A)顏料須爲礦物質 (B)其使用量不得少於水泥量之 10% (C)耐久且不受日光及石灰影響 (D)比重與普通水泥相似。

第 09780 章洗石子工程綱要規範：
顏料：顏料須爲礦物質，研磨細緻，耐久且不受日光及石灰影響，比重與普通水泥相似。其使用量不得超出水泥量之 5%，顏色樣品依工程司指示辦理，並留存以資核對。

[107-9-1]

160. (C) 以下何者不屬於施工預定進度圖表之內容？ (A)施工項目 (B)起迄時程 (C)實際進度與成本績效指標 (D)每月累計預定進度。

解析

施工預定進度圖表之內容至少應包含施工項目、起迄時程、工期及進度百分比等。工程總預定進度表應清楚說明工期與施工進度之相對關係，並標示要徑作業，明確標示契約規定之里程碑、重要工程介面管制點及每月累計預定進度等。

161. (D) 依據營建署工程專業代辦採購手冊：整體施工計劃送審項目及時程表規定，下列何者爲承包商第二階段應提送的計畫書？ (A)交通維持 (B)環保與安全衛生 (C)緊急狀況處理 (D)混凝土品質管制。

施工計畫依工程規模及性質，分「整體施工計畫」及「分項施工計畫」二種。

- 「整體施工計畫」之主要目的，係使工程能順利依據契約、圖說及規範等規定施築完成，就整體施工順序、主要施工方法、機具及施工管理等作整體綜合性的規劃，具有施工綱領及指導原則的功能，其內容著重於對整體工程之主要施工項目、工址環境特性與施工條件、各分項施工間之關聯與配合時程等之說明。
- 「分項施工計畫」之目的係配合「整體施工計畫」完成工程中特定施工項目如基樁工程、鋼筋工程、混凝土工程、磁磚工程、門窗工程…等，屬技術性指導功能的施工作業計畫，所制定的內容重點在於對該分項工程之人員組織、施工方法與步驟、施工機具、使用材料、品質管理、施工圖說及有關的勞工安全衛生等較詳細的施工作業程序指導，始能提供施工人員按部就班執行，以能符合圖說、規範及契約規定等之品質要求。

162. (B) 列出整體工程的施工順序，藉以表現施工邏輯並檢視工程全貌，稱爲何種進度表？ (A)綱要進度表 (B)總進度表 (C)分項進度表 (D)細部進度表。

解析

整體工程進度之總進度表應包括施工廠商預計自開工之日起至規定完工日止之一切作業順序及重要工作項目(包括設備、材料、機具之採購等工程進行有重大影響之項目)，標示其相互關係並明訂主要工作項目之里程碑，俾利相關工程之配合與時程之掌握。

163. (A) 對施工成本實施中間檢查，其檢查重點不包括以下何者？ (A)預定計畫應完成之進度 (B)檢查當時的工程進度 (C)目前進度所對應的預算(可動用預算) (D)目前實際支出的工程成本(成本實績)。

預定計畫應完成之進度對應爲預估發生成本，實際成本對應實際進度。

施工成本核算包括兩個基本環節：一是按照規定的成本開支範圍對施工費用進行歸集和分配，計算出施工費用的實際發生額；二是根據成本核算對象，採用適當的方法，計算出該施工項目的總成本和單位成本。

164. (B) 以下何者是成本績效指數 CPI 之計算式？ (A)ACWP / BCWP (B)BCWP / ACWP (C)BCWS / BCWP (D)BCWP / BCWS。

Cost Performance Index = CPI = BCWP / ACWP：

CPI 成本績效指數：CPI = EV / AC 大於或等於 1 爲預算充足，小於 1 爲成本超支。

實獲值(Earned value, EV)，指實際完成工作所獲得的預算成本，即完成時應得到的預算值，或稱工作預算值 BCWP 實耗值(Actual cost, AC)，指實際完成工作的實際耗用成本，或稱工作實耗值 ACWP。

165. (　C　) 有關工程利害關係者之敘述，下列何者爲不正確？　(A)要識別所有對專案會產生影響的個人或是組織　(B)要辨識專案的利害關係者，並分析他們的關切利益　(C)利害關係者不包括政府及有關公部門　(D)與利害關係者所需的溝通，可以 5 W1H 六何分析法來思考何分析法來進行思考。

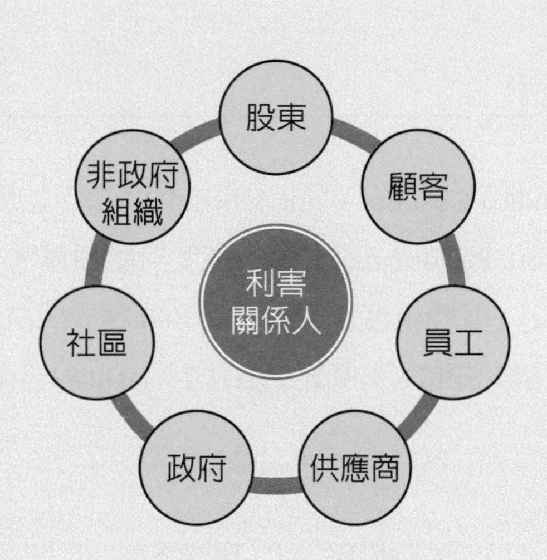

166. (送分) 下列何者不屬於二級品質管理之項目？　(A)填寫監工日報表　(B)執行品質稽核　(C)建立文件紀錄管理系統　(D)提報品管人員與更換執行不良者。

解析

三層級品質管理之主要工作項目，詳如下表：

廠商(一級)	主辦機關(監造單位) (二級)	工程主管機關(三級)
1. 訂定品質計畫並據以推動實施 2. 成立內部品管組織並訂定管理責任 3. 訂定施工要領 4. 訂定品質管理標準 5. 訂定材料及施工檢驗程序並據以執行 6. 訂定自主檢查表並執行檢查 7. 訂定不合格品之管制程序 8. 執行矯正與預防措施 9. 執行內部品質稽核 10. 建立文件紀錄管理系統	1. 訂定監造計畫並據以推動實施 2. 成立監造組織 3. 審查品質計畫並監督執行 4. 審查施工計畫並監督執行 5. 抽驗材料設備品質 6. 抽查施工品質 7. 執行品質稽核 8. 建立文件紀錄管理系統	1. 設置查核小組 2. 實施查核 3. 追蹤改善 4. 辦理獎懲

某工程進行中，BCWS(Budget Cost For Work Schedule)：預定進度對應預算為 1,200 萬元；BCWP(Budget Cost For Work Performance)：實際進度對應預算為 1,000 萬元；ACWP(Actual Cost For Work Performance)：實際進度發生成本為 800 萬元。試問：

167. (　B　) 進度績效指數 SPI 為多少？　(A)1.2　(B)0.83　(C)1.25　(D)0.8。

進度績效指數(SPI)：EV / PV(或寫做 BCWP / BCWS)

SPI = 1,000 萬 / 1,200 萬 = 0.83。

168. (　C　) 成本績效指數 CPI 為多少？　(A)1.2　(B)0.83　(C)1.25　(D)0.8。

成本績效指數(CPI)：EV / AC(或寫做 BCWP / ACWP)

CPI = 1,000 萬 / 800 萬 = 1.25。

169. (　B　) 目前工程進度管控狀態爲？　(A)進度超前，成本節餘　(B)進度落後，成本節餘　(C)進度落後，成本超支　(D)進度超前，成本超支。

所謂的實獲價值，是指已完成工作之價值。實獲價值分析是利用三個指標數字來評估並比較專案的進展，分別是：

- BCWP(Budgeted Cost of Work Performed)：已完成工作之預算成本
- BCWS(Budgeted Cost of Work Scheduled)：依時程工作之預算成本。
- ACWP(Actual Cost of Work Performed)：已完成工作之實際成本。

有了上述三個基本指標做母數，便可產生許多衍生指標來衡量專案的進度，以及時程與成本在專案過程中的變化。

- 時程變異(Schedule Variance, SV) = BCWP-BCWS(負值表示進度落後)
  SV = 1,000 萬 －1,200 萬 =－200 萬(進度落後)。
- 成本變異(Cost Variance, CV) = BCWP－ACWP(負值表示預算超支)
  CV = 1,000 萬 －800 萬 = 200 萬(成本結餘)。

某營造公司欲提高公司成本控制效益，逐步加強公司成本管理。試問：

170. (　D　) 公司將工地專案成本區分爲直接成本與間接成本。試問以下何者列爲間接成本較不恰當？　(A)工務所建置費用　(B)總公司分攤管理費　(C)營利事業所得稅　(D)單一工項施工材料費用。

工項施工材料費用爲直接工程費的範疇。

171. (　A　) 該公司在訂定成本項目中的工作項目時參考 PCCES 公共工程細目碼編訂原則，將工程細目碼分兩大部分：工作項目碼(共 12 碼)及資源項目碼。下列何者不是上述資源項目碼的細項？　(A)工法碼　(B)機具碼　(C)材料碼　(D)雜項碼。

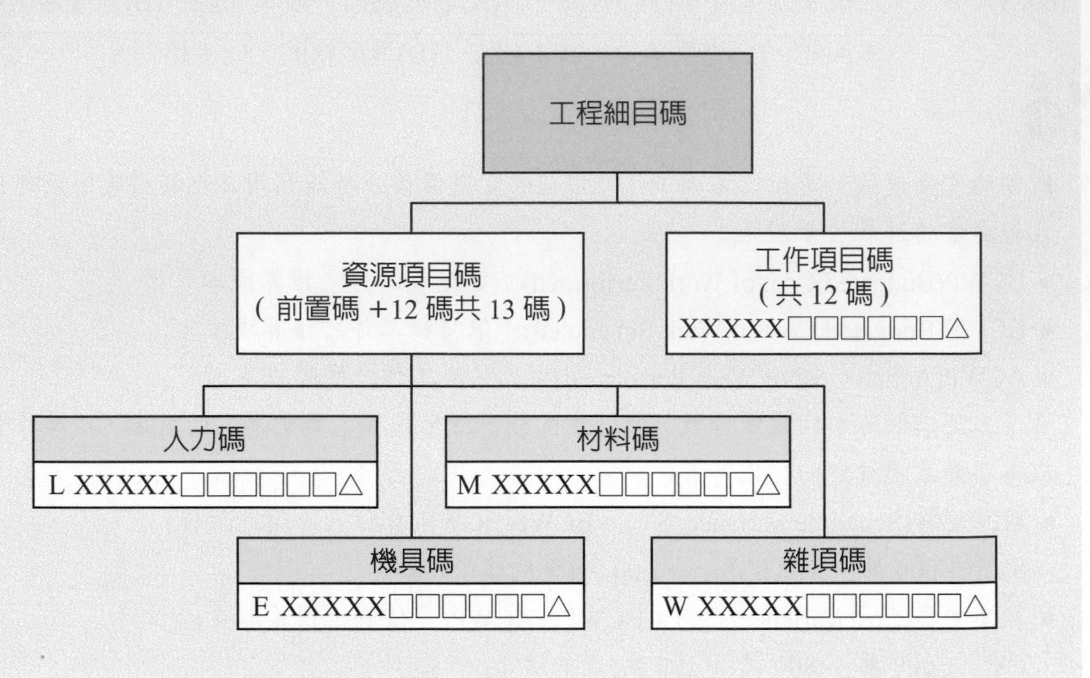

172. (D) 公司並進行成本管理缺失之探討，研究各種可能造成預算超支的原因。下列何者<u>不屬於</u>預算編列錯誤？ (A)漏列項目 (B)數量計算錯誤 (C)訪價不確實 (D)作業順序錯誤。

作業順序錯誤非關預算編列事項。

173. (C) 該公司另外在工程進行中利用 BCWS(Budget Cost For Work Schedule)：預定進度對應預算；BCWP(Budget Cost For Work Performance)：實際進度對應預算；ACWP(Actual Cost For Work Performance)：實際進度發生成本三項數據持續監控成本績效 CPI。試問 CPI =？ (A)BCWP / BCWS (B)BCWS / BCWP (C)BCWP / ACWP (D)ACWP / BCWS。

成本績效指數(CPI)：EV / AC(或寫做 BCWP / ACWP)。

[107-5-1]

174. (　A　) 以下何者<u>不屬於</u>施工進度管理之整合性進度管理之作業？ (A)設計審查作業 (B)採購發包作業 (C)樣品試作與核准作業 (D)公共行政程序作業。

解析

設計審查作業屬工程前期設計發展階段，不屬工程執行階段之施工進度管理範圍，整合性進度管理之綱要內容明確以整合性進度管理之觀念，針對現場施工進度作業、施工規劃檢討作業、施工圖繪製作業、建材及設備送審作業、採購發包作業、樣品試作與核准作業、公共行政程序作業做全面整合性之計畫，此舉不但有利進度管理；亦同時兼顧品質、成本、安衛管理之全面整合。

175. (　C　) 下列敘述何者爲正確？ (A)網圖中所有作業的總浮時一定大於自由浮時 (B)趕工時爲最優先著手的作業爲次要徑 (C)作業 FF 係在不影響其後續作業，以 ES 施工下的容許延誤時間 (D)要徑至多只有一條且固定不會變動。

解析

自由浮時(FF)：一個作業可以延遲的時間，而此延遲不但不會影響到整個工程的進度，而且也不會影響到下一個作業的最早開始作業時間(ES)。

176. (　C　) 營建署工程專業代辦採購手冊分項施工計劃送審項目及時程表中，規定裝修分項計畫應於何時送審完成？ (A)工程驗收前 (B)裝修工程估驗前 (C)裝修工程施工前 (D)裝修工程完成前。

解析

分項施工計劃送審項目及時程表中，規定裝修分項計畫應於裝修工程施工前。

177. (　A　) 以「箭線」表示工程作業，「結點」表示作業關係的網圖表達方式，是下列何種稱謂？ (A)ADM (B)PDM (C)CPM (D)LOB。

解析

在要徑法中，網路圖繪製方式有兩種：

一、 箭線圖(Arrow Diagramming Method, ADM)：作業項目以「箭線」表示。只有 FS 關係型式，有虛作業。

二、 節點圖(Precedence Diagramming Method, PDM)：作業項目以「節點」表示。有 FS、FF、SF、SS 四種關係型式，無虛作業。

178. (C) 有關 ADM 與 PDM 網圖之比較，下列何者<u>不正確</u>？ (A)ADM 工項表現方式爲箭線 (B)PDM 能直接以時間豎格圖排程 (C)PDM 不能自由設定作業間特定關係 (D)ADM 可使用虛作業。

節點圖與箭線圖之差異比較：
節點圖(PDM)以「節點」爲作業項目、有 FS、FF、SF、SS 四種關係型式、無虛作業。
箭線圖(ADM)以「箭線」爲作業項目、僅有 FS 關係型式、有虛作業。

179. (B) 由「品質是設計出來的」觀念所衍生出來的品質制度，稱爲： (A)以回饋改善爲主的品管制度 (B)QA 制度 (C)TQC 制度 (D)TQA 制度。

解析

品質是品質保證(Quality Assurance，QA)或稱設計品質。

180. (A) 以下何者<u>不屬於</u>施工作業管理中工務管理的項目？ (A)投標備標工作 (B)施工日報表 (C)圖面管理 (D)施工協調。

解析

投標備標工作屬於工程尚未開始前工務管理項目，爲工程備標階段管理。

總統大選結束後新舊政府須於 520 前完成部會交接業務，若交接小組將重要交接作業其所需時間(天)與關係表如下圖，並據此繪製最早與最晚開工(始)計畫來管控進度；請回答以下問題。

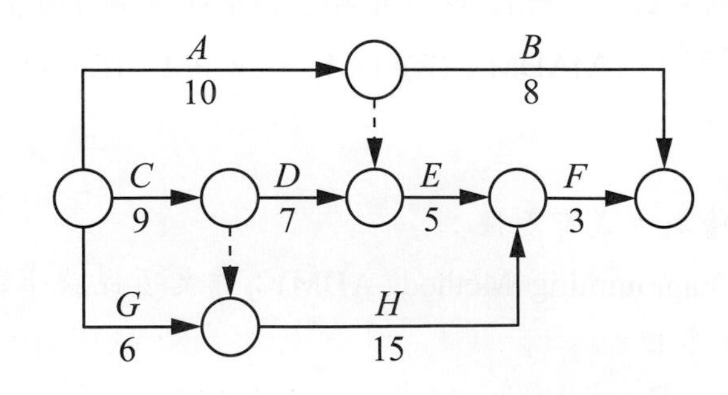

181. (　A　) 最快需要幾天才能完成全部的交接作業？　(A)27 天　(B)24 天　(C)21 天　(D)18 天。

要徑作業($C \rightarrow H \rightarrow F$) = 9 + 15 + 3 = 27 天。

182. (　D　) 下列敘述何者為不正確？　(A)作業 C 的 TF 為 0　(B)作業 C 的 IF 為 0　(C)作業 C 的 TF 為 0　(D)作業 D 的 IF 為 0。

作業 D 的 IF 為 3。

183. (　A　) 依據最早開工計畫的分析結果，下列敘述何者為正確？　(A)作業 D 的 FF 為 0　(B)作業 A 的 IF 為 0　(C)作業 D 的 TF 為 0　(D)作業 D 的 IF 為 0。

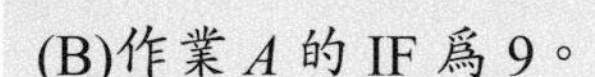

(B)作業 A 的 IF 為 9。
(C)作業 D 的 TF 為 3。
(D)作業 D 的 IF 為 3。

184. (送分) 依據最晚開工計畫的分析結果，下列敘述何者為正確？　(A)作業 D 最晚應於第 11 天開始施作　(B)作業 D 最晚可於第 18 天完成　(C)作業 E 最晚應於第 19 天開始施作　(D)作業 E 最晚可於第 25 天完成。

由於選項有錯誤，(A)(B)都對所以送分。

[107-1-1]

185. (　A　) 新臺幣一千萬元以上未達查核金額之工程，其品質計畫可不包括：　(A)不合格品之管制　(B)自主檢查表　(C)文件紀錄管理系統　(D)材料及施工檢驗程序。

解析

新臺幣一千萬元以上未達五千萬元之工程：
計畫範圍、管理權責及分工、品質管理標準、材料及施工檢驗程序、自主檢查表及文件紀錄管理系統等。

186. (B) 作業排程時，C 開始 Y 時間後 D 即可開始，這種作業間關係表示下列何關係？ (A)FF (B)SS (C)SF (D)FS。

解析

節點圖適用工作項目間之完成-開始[FS]、開始-開始[SS]、完成-完成[FF]，以及開始-完成[SF]等 4 種邏輯順序關係。

187. (B) 當一個作業之自由浮時耗盡，仍存在著若干容許誤差時間而不致影響工期者稱爲？ (A)作業浮時 (B)干擾浮時 (C)自由浮時 (D)總浮時。

解析

干擾浮時(Interfering Float Time)：當一個作業自由浮時爲零或自由浮時耗盡，仍存在著若干容許誤差時間而不致影響工期者稱爲干擾浮時，以 IF 表示之；顯然在此種情況下，工程計畫已無法依最早開工計畫來實施，但只要在最遲開工計畫的範圍內，仍可如期或提前完工。

188. (C) 已知某施工網圖之規劃工期爲 50 天，網圖中的作業 C 其總浮時爲 0 天，則作業 C 的趕工時機爲何？ (A)0 天 (B)48 天 (C)49 天 (D)50 天。

解析

趕工時機=規劃工期－(總浮時＋1)，所以 50 天－(0 天＋1 天)＝49 天。

189. (A) 以下何者對於工程成本之評估<u>有誤</u>？ (A)成本績效 ＝ ACWP / BCWP (B)成本績效 ＝ 可動用預算 － 實績 (C)完工成本(預測值) ＝ 實績÷完成比 (D)盈虧(預測值)＝ 合約金額 － 完工成本(預測值)。

成本績效指數(CPI)：EV / AC(或寫做 BCWP / ACWP)。

190. (　D　) 依據工程會之 PCCES 估價系統，以下何者對工程細目碼 E XXXXX□□□□□□△之敘述<u>有誤</u>？　(A)XXXXX：施工綱要規範綱要編碼　(B)□□□□□□：功能或規格碼　(C)△：計價單位碼　(D)E：人力碼。

解析

E：機具碼；L：人力碼；M：材料碼；W：雜項碼。

191. (　D　) 依據「洽辦機關、營建署、技術服務廠商與承包商之權責區分表」，土建、水電、空調設備、管線等工程界面整合應由何人辦理？　(A)營建署　(B)設計廠商　(C)監造廠商　(D)承攬廠商。

解析

洽辦機關、營建署、技術服務廠商與施工廠商之權責區分表(建築工程) (非全程)
第五項施工階段中第 18 條土建、水電、空調設備、管線等工程界面整合由施工廠商辦理。

192. (　D　) 品管學者將在產品製造時，就必須採取回饋與預防措施的想法的改變，稱做？　(A)「品質是檢查出來的」　(B)「品質是習慣出來的」　(C)「品質是設計出來的」　(D)「品質是製造出來的」。

「統計的品質管制」的出現，使得作業人員對品質的認知也隨之改善，品管學者就將這種在產品製造時，就必須採取回饋與預防措施的想法改變，稱做「品質是製造出來的」觀念。品質制度也隨之發展成以回饋改善及預防爲主的品管(QC)制度。

193. (　D　) 將機具之提供、操作及維修保養一併交由專業廠商，按工程數量計價爲下列何種施工機具之來源？　(A)勞務承作　(B)租機　(C)購製　(D)外包。

解析

機具之提供、操作及維修保養一併交由專業廠商，按工程數量計價爲外包的行爲模式。

正在趕工中的金門大橋，若目前橋墩之進度如下圖，各作業權重分配為：A(4%)、B(16%)、C(10%)、D(8%)、E(15%)、F(9%)、G(12%)、H(10%)、I(8%)、J(8%)，該工程之進度管理者據此繪製最早與最晚開工(始)計畫與累積進度曲線。此外，已知作業 B 已完成 100%，其合約金額 = 7,000,000 元，工程預算 = 4,510,000 元，實績 = 4,500,000 元。請問：

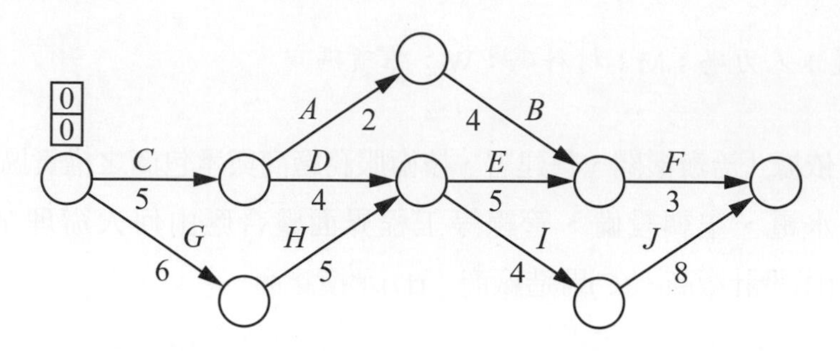

194. (　C　) 下列敘述何者為不正確？　(A)作業 F 的 ES 為 16 天　(B)作業 F 的 EF 為 19 天　(C)作業 F 的 LS 為 21 天　(D)作業 F 的 EF 為 23 天。

解析

要徑是 G-H-I-J，最快完工是 23 日。而目前 F 作業會有的三條路徑，C-A-B-F 是第 11 天會開始 F 作業、C-D-E-F 則是 14 天、G-H-E-F 則是 16 天，因此若最早開始(ES)作業 F 為第 16 天可以開始，最早完工(EF)為第 19 天，最晚開始則是第 20 天(要徑-3 天工期)。答案應該 C、D 都錯。

195. (　A　) 由最早開工計畫的分析結果，下列敘述何者為不正確？　(A)作業 J 最早應於第 14 天開始施作　(B)作業 G 應於開工起連續施作 6 天　(C)作業 D 最早應於第 7 天開始施作　(D)作業 C 應於開工起連續施作 5 天。

作業 J：

(A)作業 J 最早應於第 16 天開始施作。路徑為 $G-H-I=(6+5+4)=16$ 天。

(B)作業 G 應於開工起連續施作 6 天，因在要徑上不可延誤。

(C)作業 D 最早應於第 6 天開始施作，C 作業完成後即可開始。

(D)作業 C 應於開工起連續施作 5 天。非要徑上所以有浮時可以往後移動。

196. (　D　) 依據最早開工計畫所繪製的累積進度曲線，可知自開工起後 11 天其累積進度為多少？　(A)30%　(B)40%　(C)50%　(D)60%。

以下用圖表說明，每項作業之比例以日數均分：

(最早開始時間/日數)	1	2	3	4	5	6	7	8	9	10	11
G 作業(12%)	2%	2%	2%	2%	2%	2%					
H 作業(10%)							2%	2%	2%	2%	2%
C 作業(10%)	2%	2%	2%	2%	2%						
A 作業(4%)						2%	2%				
B 作業(16%)								4%	4%	4%	4%
D 作業(8%)						2%	2%	2%	2%		
小計	4%	4%	4%	4%	4%	6%	6%	8%	8%	6%	6%
合計	60%										

197. (　B　) 依據最晚開工計畫所繪製的累積進度曲線，可知自開工起後 11 天其累積進度為多少？　(A)30%　(B)40%　(C)45%　(D)50%。

以下用圖表說明，每項作業之比例以日數均分：

(最晚開始時間/日數)	1	2	3	4	5	6	7	8	9	10	11
G 作業(12%)	2%	2%	2%	2%	2%	2%					
H 作業(10%)							2%	2%	2%	2%	2%
C 作業(10%)			2%	2%	2%	2%	2%				
D 作業(8%)								2%	2%	2%	2%
小計	2%	2%	4%	4%	4%	4%	4%	4%	4%	4%	4%
合計	40%										

198. (　D　) 下列敘述何者為<u>不正確</u>？　(A)可動用預算 ＝ 4,510,000 元　(B)成本績效 ＝＋10,000 元　(C)完工成本(預測值) ＝ 4,500,000 元　(D)盈虧(預測值) ＝＋63,000 元。

本題只有 *B* 作業，完成時爲第 11 天(已達 100%)，可動預算爲原本預測值(PV)也就是 451 萬，成本績效爲實際值(AC)，所以績效是 PV − AC = + 10,000，完工成本也就是目前實際成本 450 萬，而盈虧應該爲 700 萬− 451 萬(原本估計) = 249 萬。

某建築工程施作防水工程時，依據不同構造位置，需運用不同防水方式及材料。試回答以下問題：

199. (A) 以下何者<u>不是</u>建築物發生漏水時，實施防水工程的水流滲入模式？ (A)紊流 (B)壓力流 (C)結露 (D)毛細管滲流。

解析

自然界中的流場多屬於紊流(或稱亂流、湍流)，譬如河川中的水流及大氣中的風場。在大多數的狀況下，這些流場的雷諾數都很大，因此極容易成爲紊流。

200. (C) 於建築物防水工程中，以下何者是皀土版較適合施作的防水方式？ (A)金屬屋面排水槽安裝 (B)外牆表面塗佈潑水劑 (C)地下室外層止水版 (D)游泳池外側導排。

皀土版較適合施作於結構物外部防水阻水隔層如地下室外層、地下室頂版等。

[107-1-2]

某甲爲一工程案之工地負責人，如何避免建築機水電等工程介面問題發生，試回答下列問題：

201. (C) 施工常有界面問題發生，下列何者<u>非</u>工程施工相關單位之管理界面？ (A)公司外界面 (B)公司內界面 (C)單位外界面 (D)單位內界面。

解析

單位外界面(如設計單位等)非屬於工程施工單位的管理介面。

202. (　B　) 依據建築技術規則建築設計施工編第 220 條規定，使用空調冷氣之樓地板面積每平方公尺應有每小時多少立方公尺以上之新鮮外氣供給能力？(A)5 立方公尺　(B)15 立方公尺　(C)25 立方公尺　(D)30 立方公尺。

解析

建築技術規則建築設計施工編第 220 條：

依前條設置之通風系統，其通風量應依下列規定：

一、 按樓地板面積每平方公尺應有每小時三十立方公尺以上之新鮮外氣供給能力。但使用空調設備者每小時供給量得減爲十五立方公尺以上。

二、 設置機械送風及機械排風者，平時之給氣量，應經常保持在排氣量之上。

三、 各地下使用單元應設置進風口或排風口，平時之給氣量並應大於排氣量。

203. (　B　) 下列何者是單項設備性能測試界面之監造單位需處理事項？　(A)協助審查　(B)審查　(C)編寫安裝後試驗計畫及程序書　(D)核准程序書。

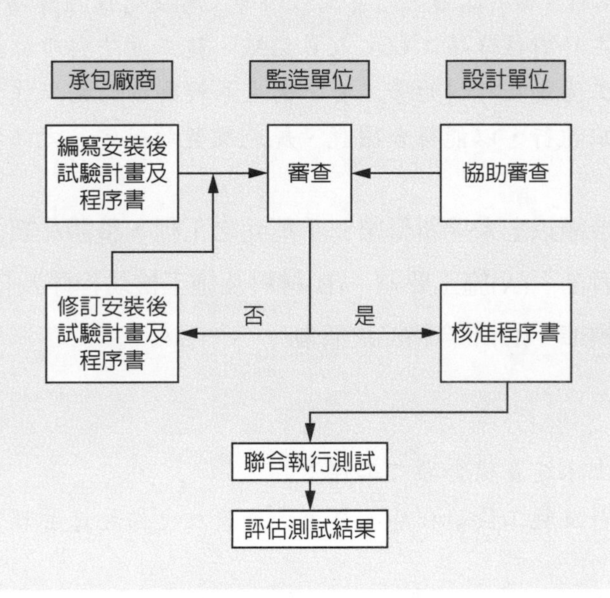

[106-9-1]

204. (A) 下列哪一類計畫的完善與否，會直接影響到測量的進行、成果的精確？工地主任應充分瞭解其內容 (A)測量計畫 (B)品質計畫 (C)施工計畫 (D)防災計畫。

周詳的測量作業計畫，乃是確保工程品質之重要條件。

205. (A) 以下敘述何者為錯誤？ (A)整體施工計畫係配合分項施工計畫而完成 (B)分項施工計畫應包含作業進度表 (C)分項施工計畫應包含分項品質計畫 (D)分項施工計畫應包含工項概述。

「分項施工計畫」之目的係配合「整體施工計畫」完成工程中特定施工項目如基樁工程、鋼筋工程、混凝土工程、磁磚工程、門窗工程…等，屬技術性指導功能的施工作業計畫，所制定的內容重點在於對該分項工程之人員組織、施工方法與步驟、施工機具、使用材料、品質管理、施工圖說及有關的勞工安全衛生等較詳細的施工作業程序指導，始能提供施工人員按部就班執行，以能符合圖說、規範及契約規定等之品質要求。

206. (B) 公告金額以上未達新臺幣一千萬元之工程，整體品質計畫之內容應包括以下何者？ (A)施工要領 (B)材料及施工檢驗程序及自主檢查表 (C)品質管理標準 (D)不合格品之管制。

新臺幣一千萬元以上未達查核金額之工程：
品質管理標準、材料及施工檢驗程序、自主檢查表及文件紀錄管理系統等。

207. (　D　) 施工階段進行成本管理作業，採用 P-D-C-A 管理循環時，修正預算應屬於下列何種階段？　(A)Plan　(B)Check　(C)Do　(D)Action。

解析

A(Action)：處理階段，對檢查階段出現的偏差或問題進行處理。總結成功的經驗，將其標準化；找出尚未解決的問題，列入下一個 PDCA 循環。

208. (　C　) 下列進度網圖之計算式，何者爲不正確？　(A)$ESij = ESi$　(B)$EFij = ESij + dij$　(C)$IFij = TFij + FFij$　(D)$LSij = LFj - dij$。

網圖時間分析的十個參數，包括(一)結點時間(最早開始 Esi 和最遲完成 LFj)，(二)作業排程時間(最早開始 ESij，最早完成 EFij 及最遲開始 LSij，最遲完成 Lfij)，(三)浮時(總浮時 TFij，自由浮時 FFij 和干擾浮時 Ifij)，(四)要徑(critical path)。以上時間參數計算，以「結點時間」爲優先，同時其他時間參數的計算，必須依據結點時間爲基礎進行推算，計算公式列示如下：

一、 $ESij = ESi$，$EFij = ESi + dij$(式中 dij 爲「作業時間」)

二、 $LSij = LFj - dij$，$LFij = LFj$

三、 $TFij = LFj - (ESi + dij)$

四、 $FFij = ESj - (ESi + dij)$

五、 $IFij = TFij - FFij = LFj - Esj$

209. (　B　) 下列何者屬於二級品質管理之項目？　(A)訂定品質管理標準　(B)執行品質稽核　(C)執行矯正與預防措施　(D)提報品管人員與更換執行不良者。

三層級品質管理之主要工作項目，詳如下表：

廠商(一級)	主辦機關(監造單位)(二級)	工程主管機關(三級)
1. 訂定品質計畫並據以推動實施 2. 成立內部品管組織並訂定管理責任 3. 訂定施工要領 4. 訂定品質管理標準 5. 訂定材料及施工檢驗程序並據以執行 6. 訂定自主檢查表並執行檢查 7. 訂定不合格品之管制程序 8. 執行矯正與預防措施 9. 執行內部品質稽核 10. 建立文件紀錄管理系統	1. 訂定監造計畫並據以推動實施 2. 成立監造組織 3. 審查品質計畫並監督執行 4. 審查施工計畫並監督執行 5. 抽驗材料設備品質 6. 抽查施工品質 7. 執行品質稽核 8. 建立文件紀錄管理系統	1. 設置查核小組 2. 實施查核 3. 追蹤改善 4. 辦理獎懲

210. (B) 若 B 作業只有一個前置作業 A，A 爲起始作業，其需時爲 10 天，兩作業的前後關係爲 FS − 2，以下敘述何者爲正確？ (A)作業 B 的 ES 爲 10 天 (B)作業 B 的 ES 爲 8 天 (C)作業 A 與 B 的關係亦可表爲 SS + 3 (D)作業 A 與 B 的關係亦可表爲 SS − 3。

ES 爲最早開始時間，因 A 與 B 工作作業關係，$A = 10$，所以 B 作業最快開始時間等於 A 結束前兩天開始 $10 - 2 = 8$。

211. (C) 已知 A'曲線爲預定進度下之對應預算，B 曲線爲實際進度下之對應預算，C 曲線爲實際進度下之實際支出，則以下何者爲正確？ (A)進度績效 $= A' - B$ (B)進度績效 $= C - B$ (C)成本績效 $= B - C$ (D)成本績效 $= C - B$。

BCWP(Budgeted Cost of Work Performed)：已完成工作之預算成本。

BCWS(Budgeted Cost of Work Scheduled)：依時程工作之預算成本。

ACWP(Actual Cost of Work Performed)：已完成工作之實際成本。

有了上述三個基本指標做母數，便可產生許多衍生指標來衡量專案的進度，以及時程與成本在專案過程中的變化。

時程變異(Schedule Variance, SV) = BCWP − BCWS(負值表示進度落後)

成本變異(Cost Variance, CV) = BCWP − ACWP(負值表示預算超支)

212. (C) TQC 管理循環圖也就是下列何種循環？ (A)PCAD (B)PCDA (C)PDCA (D)PACD。

解析

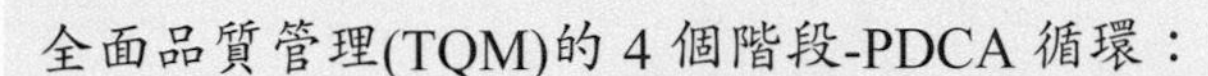

全面品質管理(TQM)的 4 個階段-PDCA 循環：

PDCA(Plan-Do-Check-Act 的簡稱)循環式品質管理，針對品質工作按規劃、執行、查核與行動來進行活動，以確保可靠度目標之達成，並進而促使品質持續改善。由美國學者愛德華茲·戴明提出，因此也稱戴明環。

213. (D) 下列何者<u>不是</u>不合格物料或器材之處理方式？ (A)拒收 (B)折價使用 (C)修改使用 (D)逕自使用。

解析

工程對於不合格物料或器材之處理不可逕自使用。

214. (A) 物料三年內無耗用記錄，稱之爲： (A)呆料 (B)廢料 (C)下腳料 (D)雜項材料。

解析

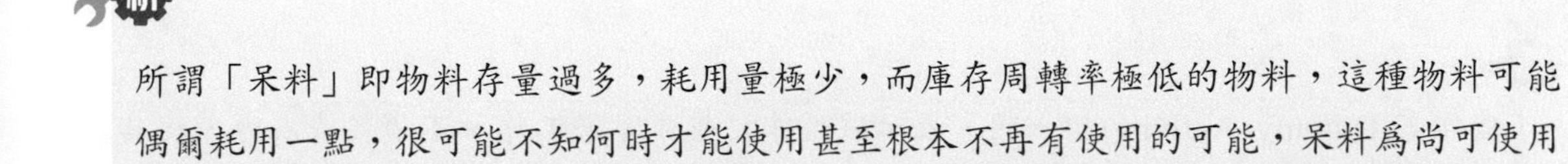

所謂「呆料」即物料存量過多，耗用量極少，而庫存周轉率極低的物料，這種物料可能偶爾耗用一點，很可能不知何時才能使用甚至根本不再有使用的可能，呆料爲尚可使用的物料，一點都未喪失物料原有的特性和功能，只是呆置在倉庫中，很少會被使用。

215. (B) 工程人員在面對倫理兩難問題的抉擇時，可利用四個條件逐一分析檢視；惟以下何者並非前述四個條件之一？ (A)適法性 (B)不符合群體共識 (C)專業價值 (D)陽光測試。

一、 適法性：

檢視事件本身是否已觸犯法令規定。

二、 符合群體共識：

檢視相關專業規範、守則、組織章程及工作規則等，檢核事件是否違反群體規則及共識。

三、 專業價值：

依據自己本身之專業及價值觀判斷其合理性，並以誠實、正直之態度檢視事件之正當性。

四、 陽光測試：

假設事件公諸於世，你的決定可以心安理得的接受社會公論嗎？

台南地震倒塌大樓之重建工程，若以下為該工程之工地主任所擬定的進度網圖(作業時間的單位為週)，請據此回答以下問題。

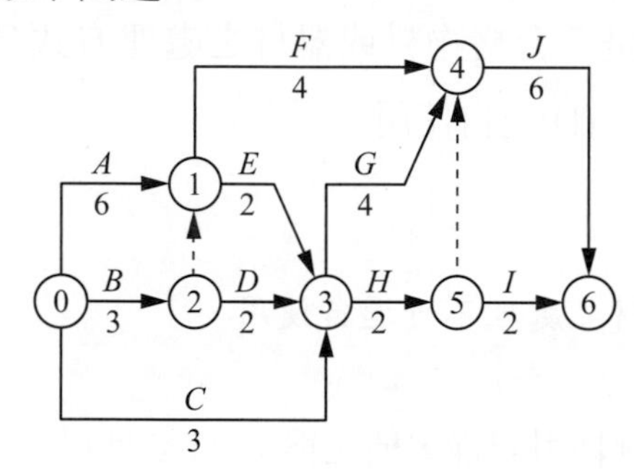

216. (B) 對此網圖中虛作業的敘述，下列何者為不正確？ (A)無作業時間 (B)可能成為要徑作業 (C)無總浮時 (D)無自由浮時。

解析

「虛作業(Dummy Activity)」一詞，表示該項作業並非實際工作，不須耗費人力、機具及材料等資源，所以也不可能成為要徑的關鍵作業。

217. (　D　) 此網圖之要徑共有幾個作業？　(A)0 個　(B)2 個　(C)3 個　(D)4 個。

要徑爲最長的路徑，爲 A-E-G-J，共有四個作業。作業時長爲 6 + 2 + 4 + 6 = 18。

218. (　B　) 下列敘述何者爲不正確？　(A)作業 J 的 EF 與 LF 爲相同　(B)作業 G 的 LS 與 LF 爲相同　(C)作業 G 的 TF 爲 0　(D)作業 G 的 FF 爲 0。

解析

作業 G 的最晚開始(LS)與最晚結束(LF)爲不相同。因爲作業 G 的 LS 爲 8，作業 G 的 LF 爲 12。

219. (　A　) 對作業 F 的敘述，下列何者爲正確？　(A)干擾浮時爲 0　(B)自由浮時爲 0　(C)總浮時爲 0　(D)此作業無論延誤多少，也不可能成爲要徑作業。

解析

(B)自由浮時爲 2。
(C)總浮時爲 2。
(D)此作業無論延誤多少，也可能成爲要徑作業。

220. (　B　) 對作業 H 的敘述，下列何者爲不正確？　(A)總浮時不爲 0　(B)自由浮時爲 0　(C)干擾浮時爲 0　(D)此作業之 EF 與 LS 爲相同。

解析

Es = 8，Ls = 8，EF = 10，LF = 12，故總浮時 TF = 12 − 2 − 8 = 2，自由浮時 FF = 10 − 2 − 8 = 0，干擾浮時= 2 − 0 = 2。

[106-5-2]

221. (　D　) 下列何者不是施工品質保證系統中監造單位及其派駐現場人員工作重點？(A)訂定監造計畫，並監督、查證廠商履約　(B)重要分包廠商及設備製造商資格之審查　(C)施工廠商放樣、施工基準測量及各項測量之校驗　(D)執行內部品質稽核，如稽核自主檢查表之檢查項目、檢查結果是否詳實記錄等。

監造單位及其所派駐現場人員工作重點如下：

一、 訂定監造計畫，並監督、查證廠商履約。
二、 施工廠商之施工計畫、品質計畫、預定進度、施工圖、施工日誌(參考格式如附表四)、器材樣品及其他送審案件之審核。
三、 重要分包廠商及設備製造商資格之審查。
四、 訂定檢驗停留點，辦理抽查施工作業及抽驗材料設備，並於抽查(驗)紀錄表簽認。
五、 抽查施工廠商放樣、施工基準測量及各項測量之成果。
六、 發現缺失時，應即通知廠商限期改善，並確認其改善成果。
七、 督導施工廠商執行工地安全衛生、交通維持及環境保護等工作。
八、 履約進度及履約估驗計價之審核。
九、 履約界面之協調及整合。
十、 契約變更之建議及協辦。
十一、 機電設備測試及試運轉之監督。
十二、 審查竣工圖表、工程結算明細表及契約所載其他結算資料。
十三、 驗收之協辦。
十四、 協辦履約爭議之處理。
十五、 依規定填報監造報表。
十六、 其他工程監造事宜。

222. (C) 磁磚施工中之檢測重點包含勾縫時間，請問磁磚完工後至少要經過多少時間方能勾縫？ (A)12 小時 (B)24 小時 (C)48 小時 (D)36 小時。

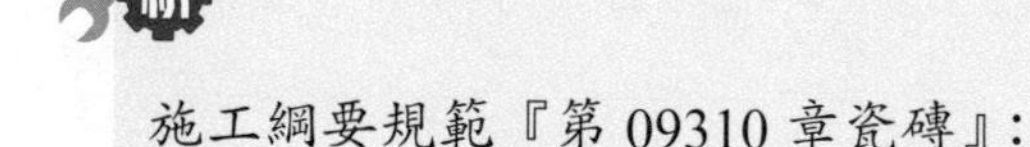

施工綱要規範『第 09310 章瓷磚』：
面磚舖貼竣至少 48 小時後方可嵌縫，施工前應將磚縫內之雜物清除。

[106-5-1]

223. (D) 以下何者不屬整體品質計畫之項目？ (A)施工要領 (B)管理責任 (C)材料及施工檢驗程序 (D)品質稽核。

機關辦理公告金額以上工程，應於招標文件內訂定廠商應提報品質計畫。

品質計畫得視工程規模及性質，分整體品質計畫與分項品質計畫二種。整體品質計畫應依契約規定提報，分項品質計畫得於各分項工程施工前提報。

整體品質計畫之內容，除機關及監造單位另有規定外，應包括：

一、 查核金額以上工程：管理責任、施工要領、品質管理標準、材料及施工檢驗程序、自主檢查表、不合格品之管制、矯正與預防措施、內部品質稽核及文件紀錄管理系統等。

二、 新臺幣一千萬元以上未達查核金額之工程：品質管理標準、材料及施工檢驗程序、自主檢查表及文件紀錄管理系統等。

三、 公告金額以上未達新臺幣一千萬元之工程：材料及施工檢驗程序及自主檢查表等。

工程具機電設備者，並應增訂設備功能運轉檢測程序及標準。

分項品質計畫之內容，除機關及監造單位另有規定外，應包括施工要領、品質管理標準、材料及施工檢驗程序、自主檢查表等項目。

品質計畫內容之製作綱要，由工程會另定之。

224. (　D　) 下列何者不是構成生產線成功之不二法門的三項作業之一？ (A)「首件檢查」 (B)「品管人員稽核」 (C)「自主檢查」 (D)「施工日誌」。

品質檢驗指的是在產品的製造過程中，由材料零件上生產線，到製成品及包裝這一段過程之品質檢驗。製程品質檢驗規畫，依其順序性可分爲首件檢查、自主檢查、巡迴檢查、末件檢查與檢驗站檢查。

225. (　C　) 下列何者並非 2D 技術可行之管線衝突對策？ (A)平移 (B)繞道 (C)交錯 (D)重疊。

3D 技術才有 Z 軸立面高度交錯及衝突對策檢討，因此 2D 不包含交錯。

226. (C) 下列有關進度網圖之敘述，何者爲不正確？ (A)任一網圖至少有一條要徑，但並非僅能有一條 (B)控制過程中的變異，由於作業互動影響，要徑可能隨時改變 (C)要徑上作業的總浮時不必然爲相等 (D)要徑作業的最早開始時間必等於最晚開始時間。

要徑上之各作業均無寬裕時間，即 TF、FF、IF 均爲 0。

227. (B) 作業 B 已完成 80%，其工程預算 = 750,000 元，則該作業可動用預算有多少元？ (A)150,000 元 (B)600,000 元 (C)650,000 元 (D)750,000 元。

750,000 元× 80% = 600,000 元。

228. (B) 品質觀念進展爲「品質是管理出來的」階段時，演進到何種品質制度？ (A)TQA (B)TQC (C)品質檢驗 (D)QA。

品管大師戴明博士(Dr.Deming)指出：「品質的問題的產生有百分之八十導因於管理不善」，費根堡博士(Dr.Feingenbaum)提出了「全面品管」的觀念後，企業界逐漸發現，產品品質不只是品管單位的責任，而是企業所有部門全體員工的工作，需要大家一同參與的。基於這樣的想法，企業內各單位組成品質改善小組運用品質的手法來解決自己的問題，漸漸地，品質不再只存在於產品面上，已擴展到工作面及提供服務的層面上。這一時期品質的觀念進展成爲「品質是管理出來的」，而品質制度也演進到「全面品質管制(TQC)制度」。

美濃地震造成大樓倒塌後旋即進行搶救工作，若下圖爲該搶救之進度網圖(作業時間爲天)，工程進度依據此網圖管控(即所有的作業沒有發生超前或延誤的情形)。請問：

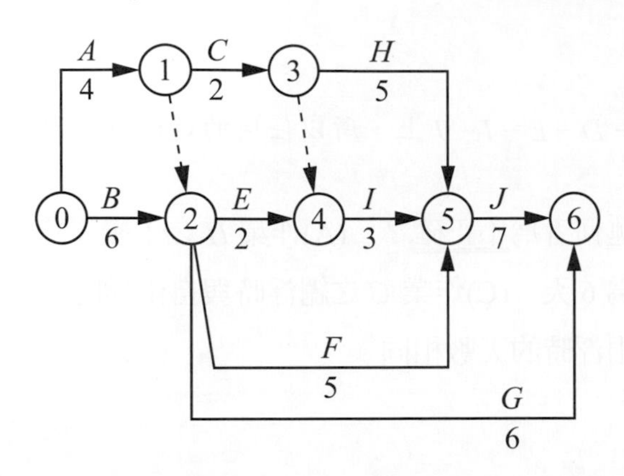

229. (C) 此網圖共存在幾條要徑？ (A)0 條 (B)1 條 (C)2 條 (D)3 條。

本工程共有兩條要徑。

$A-D-E-I-J=4+6+2+3+7=22D$，$A-D-F-J=4+6+5+7=22D$。

230. (D) 本搶救工程最快需要幾天才能完成？ (A)12 天 (B)16 天 (C)18 天 (D)22 天。

解析

$A-D-E-I-J=4+6+2+3+7=22D$，$A-D-F-J=4+6+5+7=22D$。

231. (A) 對作業 F 的敘述，下列何者爲<u>不正確</u>？ (A)存在干擾浮時 (B)自由浮時爲 0 天 (C)此作業的總浮時爲 0 天 (D)爲要徑作業。

解析

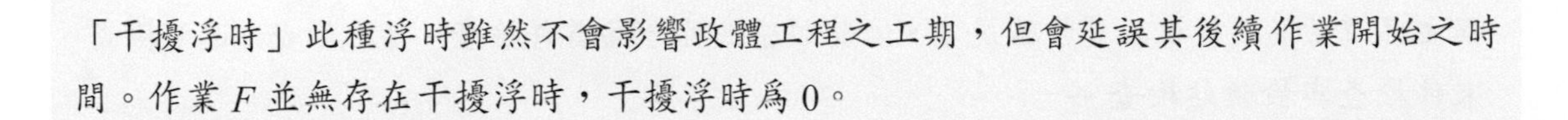

「干擾浮時」此種浮時雖然不會影響政體工程之工期，但會延誤其後續作業開始之時間。作業 F 並無存在干擾浮時，干擾浮時爲 0。

232. (D) 對作業 I 的敘述，下列何者爲<u>不正確</u>？ (A)總浮時爲 0 天 (B)自由浮時爲 0 天 (C)最早可於第 12 天開始施作 (D)延誤 1 天施作也不會影響總工期。

解析

由於此作業在要徑 $A-D-E-I-J$ 上，所以任何的延誤會延誤總工期。

233. (C) 下列敘述何者爲<u>不正確</u>？ (A)作業 H 之干擾浮時爲 0 天 (B)作業 G 之自由浮時爲 6 天 (C)作業 C 之總浮時與自由浮時爲相同 (D)作業 G 之總浮時與自由浮時的天數相同。

(A)作業 H 干擾浮時爲 $15-15=0$，正確。

(B)作業 G 自由浮時爲 $22-10-6=6$，正確。

(C)作業 C 總浮時爲 $10-4-2=4$

作業 C 自由浮時 $6-4-2=0$

兩者不一樣，所以錯誤。

(D)作業 G 總浮時 $22-10-6=6$

作業 G 自由浮時 $22-10-6=6$

兩者一樣，正確。

[106-1-1]

234. (D) 下列何者<u>不是</u>構成生產線成功之不二法門的三項作業之一？ (A)「首件檢查」 (B)「品管人員稽核」 (C)「自主檢查」 (D)「施工日誌」。

解析

品質檢驗指的是在產品的製造過程中，由材料零件上生產線，到製成品及包裝這一段過程之品質檢驗。製程品質檢驗規畫，依其順序性可分爲首件檢查、自主檢查、巡迴檢查、末件檢查與檢驗站檢查。

235. (　D　) 施工階段進行成本管理作業，採用 P-D-C-A 管理循環時，修正預算應屬於下列何種階段？　(A)Plan　(B)Check　(C)Do　(D)Action。

解析

A(Action)：處理階段，對檢查階段出現的偏差或問題進行處理。總結成功的經驗，將其標準化；找出尚未解決的問題，列入下一個 PDCA 循環。

236. (　B　) 下列何者不是公共工程三層級品質管理中第三級品管的管理項目？　(A)設置查核小組　(B)抽驗材料設備品質　(C)追蹤改善　(D)辦理獎懲。

解析

三層級品質管理之主要工作項目，詳如下表：

廠商(一級)	主辦機關(監造單位) (二級)	工程主管機關(三級)
1. 訂定品質計畫並據以推動實施 2. 成立內部品管組織並訂定管理責任 3. 訂定施工要領 4. 訂定品質管理標準 5. 訂定材料及施工檢驗程序並據以執行 6. 訂定自主檢查表並執行檢查 7. 訂定不合格品之管制程序 8. 執行矯正與預防措施 9. 執行內部品質稽核 10. 建立文件紀錄管理系統	1. 訂定監造計畫並據以推動實施 2. 成立監造組織 3. 審查品質計畫並監督執行 4. 審查施工計畫並監督執行 5. 抽驗材料設備品質 6. 抽查施工品質 7. 執行品質稽核 8. 建立文件紀錄管理系統	1. 設置查核小組 2. 實施查核 3. 追蹤改善 4. 辦理獎懲

237. (　D　) 下列何者非屬不合格物料或器材可用之處理方式？　(A)拒收　(B)折價使用　(C)修改使用　(D)備用。

解析

工程對於不合格物料或器材之處理不可備用保留後使用。

某甲承包一簡單工程，工程可分爲三個作業項目：A、B、C。A 作業項需時 10 天，B 作業項需時 15 天，C 作業項需時 8 天。然而，C 作業項須在 A 作業項完工 5 天後，且 B 作業項完工 1 天後方可開始施作。A、B 作業項相互間無干擾。有趕工需求時，A 作業項趕工可縮短工期有三天，趕工成本斜率爲 8,000 元 / 天。B 作業項趕工縮短工期可以有三天，趕工成本斜率爲 5,000 元 / 天，C 作業項趕工可縮短工期僅有一天，趕工成本斜率爲 12,000 元 / 天。趕工時，作業項前後等待時間不可壓縮。

238. (C) 無趕工需求時，本工程最短可能工期爲幾天？ (A)26 天 (B)25 天 (C)24 天 (D)23 天。

一條路徑爲 A 作業進行 10 天後等待 5 天進行 C 作業 8 天，共 23 天。另一條路徑爲 B 作業 15 天候等待 1 天進行 C 作業，因此爲 24 天。最長的是要徑爲 24 天。

A：10 + 5

B：15 + 1

C：8

總工時：15 + 1 + 8 = 24

239. (C) 將此工程壓縮至界限工期須增加多少趕工成本？ (A)35,000 元 (B)39,000 元 (C)43,000 元 (D)51,000 元。

$A - 3 \times 8{,}000 = 24{,}000$

$B - 3 \times 5{,}000 = 15{,}000$

$C - 1 \times 12{,}000 = 12{,}000$

工期以最經濟之方式壓縮四天，所以

A 項目壓縮 2 天= 16,000；

B 項目壓縮 3 天= 15,000；

C 項目壓縮 1 天= 12,000。

共 4 天= 43,000。

A：8 + 5

B：12 + 1

C：7

$8{,}000 \times 2 + 5{,}000 \times 3 + 12{,}000 = 43{,}000$

240. (A) 該工程界限工期爲幾天？ (A)20 天 (B)24 天 (C)22 天 (D)26 天。

本工程以 PDM 製圖要徑爲 24 天，經上述可趕工天數 C 作業一天，因 B 作業在要徑上可趕工 3 天，合計可趕工 4 天，故其界限工期爲 $24-4=20$ 天。

$A：8+5$

$B：12+1$

$C：7$

趕工：$13+7=20$

[105-9-1]

241. (B) 在土木建築主體構造物擬定施工計畫時的工程計畫階段，對假設工程計畫應如何作爲？ (A)應已完成假設工程計畫的擬定 (B)應同時進行假設工程計畫的擬定 (C)應暫緩進行假設工程計畫的擬定 (D)不需要考慮假設工程計畫的擬定。

土木建築主體構造物擬定施工計畫時的工程計畫階段應同時進行假設工程計畫的擬定。

242. (B) 自主檢查表<u>不宜</u>有何人之簽名欄位？ (A)工地主任 (B)監造人員 (C)工地工程師 (D)施工作業人員。

自主檢查表係對某一特定工作項目之施工成果加以檢查，確認符合契約圖説規範要求，而非廣泛的作業流程來管制。自主檢查表係由工地現場工程師檢查，完畢後應當場簽名負責，再由工地負責人複核不須監造人員簽名。

243. (C) 下列何者<u>不屬於</u>工程施工查核作業參考基準中「施工品質」六項重點項目？ (A)功能 (B)進度 (C)環境 (D)美觀。

環境屬於安全衛生管理範疇。

244. (C) TQC 管理循環圖也就是下列何種循環？ (A)PCAD (B)PCDA (C)PDCA (D)PACD。

全面品質管理(TQM)的 4 個階段-PDCA 循環：
PDCA(Plan-Do-Check-Act 的簡稱)循環式品質管理，針對品質工作按規劃、執行、查核與行動來進行活動，以確保可靠度目標之達成，並進而促使品質持續改善。由美國學者愛德華茲·戴明提出，因此也稱戴明環。

245. (D) 下列何者<u>不是</u>不合格物料或器材之方式處理？ (A)拒收 (B)折價使用 (C)修改使用 (D)逕自使用。

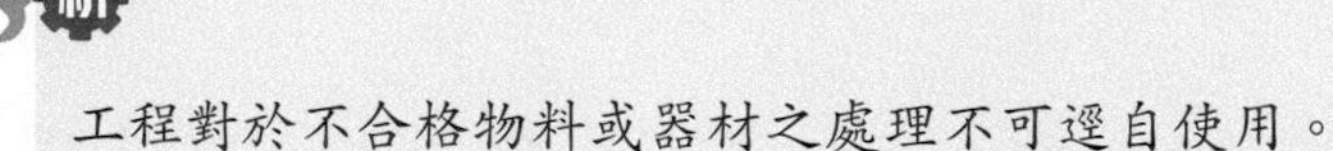

工程對於不合格物料或器材之處理不可逕自使用。

246. (C) 有關 ADM 與 PDM 網圖之比較，下列何者<u>不正確</u>？ (A)ADM 工項表現方式為箭線 (B)PDM 能直接以時間暨格圖排程 (C)PDM 不能自由設定作業間特定關係 (D)ADM 可使用虛作業。

節點圖與箭線圖之差異比較：
節點圖(PDM)以「節點」為作業項目、有 FS、FF、SF、SS 四種關係型式、無虛作業。
箭線圖(ADM)以「箭線」為作業項目、僅有 FS 關係型式、有虛作業。

247. (D) 將機具之提供、操作及維修保養一併交由專業廠商，按工程數量計價為下列何種施工機具之來源？ (A)勞務承作 (B)租機 (C)購製 (D)外包。

機具之提供、操作及維修保養一併交由專業廠商，按工程數量計價為外包的行為模式。

某甲承包一簡單工程，工程可分爲三個作業項目：A、B、C。三作業項均需時 10 天，且須依 $A \rightarrow B \rightarrow C$ 之順序施作。然因故需縮短工期。A 工項可縮短工期爲 1 天，成本斜率爲 8,000 元／天；B 工項可縮短工期爲 2 天，成本斜率爲 5,000 元／天；C 工項可縮短工期爲 1 天，成本斜率爲 12,000 元／天。試問：

248. (　D　) 該工程界限工期爲幾天？　(A)30 天　(B)24 天　(C)10 天　(D)26 天。

界線工期即是最短工期。A、B、C 工期各 10 天，可趕工爲 $1+2+1$ 共 4 天，界線工期爲 $30-4=26$。

A：$10-1$

B：$10-2$

C：$10-1$

趕工 $9+8+9=26$

249. (　A　) 若採最經濟之趕工方案，縮短工期三天，將增加多少成本？　(A)18,000 元　(B)30,000 元　(C)25,000 元　(D)22,000 元。

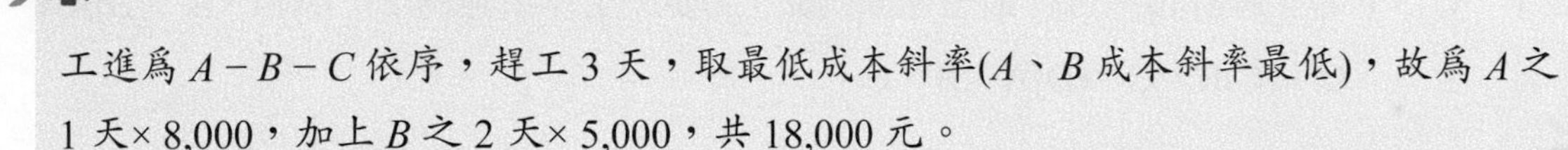

工進爲 $A-B-C$ 依序，趕工 3 天，取最低成本斜率(A、B 成本斜率最低)，故爲 A 之 1 天× 8,000，加上 B 之 2 天× 5,000，共 18,000 元。

A：$1 \times 8{,}000 = 8{,}000$

B：$2 \times 5{,}000 = 10{,}000$

C：0

250. (　D　) 若在 A 作業項完工後方發現有趕工需求，採最經濟之趕工方案，縮短工期三天，將增加多少成本？　(A)18,000 元　(B)30,000 元　(C)25,000 元　(D)22,000 元。

B 縮短工期 2 天 $= 5{,}000 \times 2 + C$ 縮短工期 1 天 $= 12{,}000 \times 1$，

因此等於 $5{,}000 \times 2 + 12{,}000 = 22{,}000$ 元。

A：0

B：$2 \times 5{,}000 = 10{,}000$

C：$1 \times 12{,}000 = 12{,}000$

某機關於工程規劃作業時，該工程計有三個作業項 A、B、C，各工項所需工期分別爲 A：10 天、B：15 天、C：8 天。A、B 項目無前置作業，A、B 均爲 C 之前置作業：A、C 作業間關係爲 FS5；B、C 作業間關係爲 FS2。試分析本工程作業排程。

251. (　D　) 本工程之最短工期爲？ (A)18 天　(B)23 天　(C)8 天　(D)25 天。

A：10 天　　B：15 天　　C：8 天

$A(10) + FS(5) + C(8) = 23$ 天。

$B(15) + FS(2) + C(8) = 25$ 天。

252. (　C　) 若工程計畫在可行最短期間內完工，要徑工作項應爲？ (A)A、B　(B)A、C　(C)B、C　(D)A、B、C。

工期 A − C 爲 10 + 5(FS) + 8 = 23，B − C 爲 15 + 2(FS) + 8 = 25。

A 最後作完需 15 天，然 B 作完需 17 天，故 A 作完後尚須等待 2 天到 B 作完後 C 才可開工，故要徑爲 B − C。

253. (　C　) 爲了確保承商履約品質及進度管理，機關稽核承商之分包商及供應商考核制度，試問下列何者不應列爲廠商之分包廠商考核的主要項目？ (A)服務效率　(B)財務能力　(C)工安環保　(D)與公司的配合程度。

在評選及考核供應商的時候，評鑑人員通常會以：Q(品質)、C(成本)、D(交期)、S(服務)，這四個項目來評估。

其中成本除了產品本身也延伸涵蓋供應商自身財務能力狀況。

254. (D) C 作業項的 ES 爲第幾天？ (A)第 8 天 (B)第 10 天 (C)第 15 天 (D)第 17 天。

15 + 2 = 17 天。

[105-5-1]

255. (D) 下列何者不是分項施工計畫書中分項品質計畫之主要項目？ (A)施工要領 (B)品質管理標準 (C)材料及施工檢驗程序 (D)施工機具。

解析

分項品質計畫之內容，除機關及監造單位另有規定外，應包括施工要領、品質管理標準、材料及施工檢驗程序、自主檢查表等項目。

256. (D) 公告金額以上未達新臺幣一千萬元之工程，其整體品質計畫之內容，除機關及監造單位另有規定外，必須包括下列何者？ (A)施工要領 (B)文件紀錄管理系統 (C)品質管理標準 (D)自主檢查表。

新臺幣一千萬元以上未達查核金額之工程：

品質管理標準、材料及施工檢驗程序、自主檢查表及文件紀錄管理系統等。

257. (C) 下列何者不是施工預定進度圖表之必要內容？ (A)施工項目 (B)起迄時程 (C)里程碑 (D)進度百分比。

施工預定進度網狀圖：
依據契約工期、工程性質、工程規模、工地特性、分析各項作業所需人力、機具、天候狀況及其他條件等因素，擬定各項作業之先後順序。依據契約工項作業項目，依其性質彙整成二大項主要作業項目(含權重)，利用計畫評核術之最悲觀期程，分析工期並繪出要徑作業路線作爲工程預定進度之依據。

258. (C) 下列何者不屬於工程中的間接成本？ (A)工務所費用 (B)總公司分攤管理費 (C)工程材料費 (D)印花稅。

工項施工材料費用爲直接工程費的範疇，其他則爲間接費用。

259. (D) 品管學者將在產品製造時，就必須採取回饋與預防措施的想法的改變，稱做？ (A)「品質是檢查出來的」 (B)「品質是習慣出來的」 (C)「品質是設計出來的」 (D)「品質是製造出來的」。

「統計的品質管制」的出現，使得作業人員對品質的認知也隨之改善，品管學者就將這種在產品製造時，就必須採取回饋與預防措施的想法改變，稱做「品質是製造出來的」觀念。品質制度也隨之發展成以回饋改善及預防爲主的品管(QC)制度。

260. (A) 採購案件的分類中，工資金額佔預算金額 80%以上之勞務工作，如鋼筋施工、模板施工、混凝土施工、圬工施工、油漆施工等，交由土木包工業或工程行承辦，是下列何種案件？ (A)作頭案件 (B)勞務案件 (C)工程案件 (D)購料案件。

作頭案件：係指工資金額佔預算金額 80%以上之勞務工作，如鋼筋施工、模板施工、混凝土施工、圬工施工、油漆施工等，交由土木包工業或工程行承辦。

261. (　C　) 就施工界面管理於各工作單位之「權責分工」相關規定中，工程界面協調應由下列何者負責辦理？　(A)業主　(B)設計人　(C)監造人　(D)承造人。

依公共工程施工品質管理作業要點：第 11 條監造單位及其所派駐現場人員工作重點第九項履約界面之協調及整合。

262. (　B　) 下列何者是指「具備經由現代教育或訓練之培養過程，獲得特殊之學識或技能，而其所事之業務，與公共利益或人民之生命、身體、財產等權利有密切關係者。」？　(A)專業　(B)專技人員　(C)專業倫理　(D)一般倫理。

依據大法官釋字第 352 號及第 453 號解釋：
理由：專技人員指「具備經由現代教育或訓練之培養過程，獲得特殊之學識或技能，而其所事之業務，與公共利益或人民之生命、身體、財產等權利有密切關係者。」

263. (　B　) 下列何者屬禮貌禮節行爲約束性規範？　(A)工程師倫理守則　(B)文化　(C)環境保護　(D)能源問題。

解析

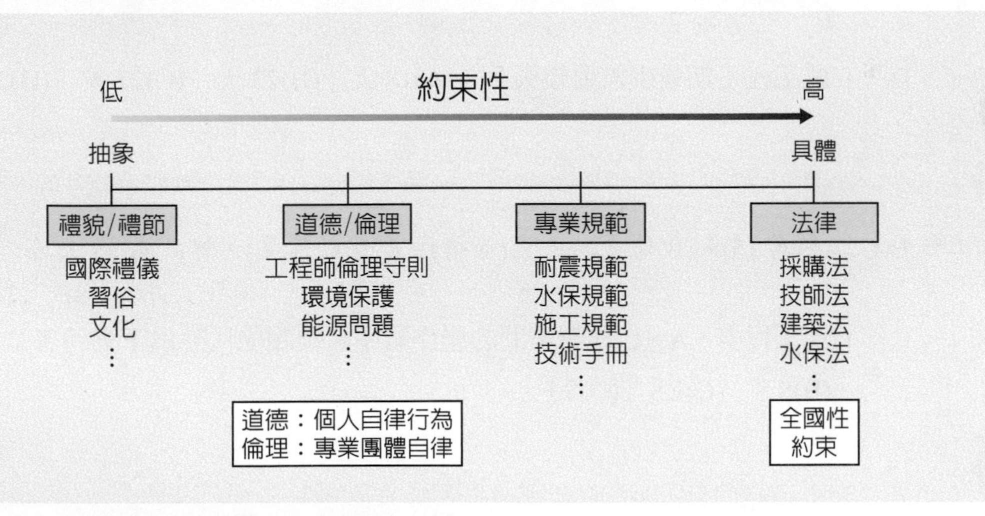

264. (　B　) 就設計方案可行之施工方法進行評估，選用最適當之工法，係下列何階段之作爲？　(A)工程估價階段　(B)工程設計階段　(C)施工規劃階段　(D)工程施工階段。

設計方案可行之施工方法進行評估，選用最適當之工法爲工程設計階段之作爲。

265. (A) 下列何者是統一土壤分類系統之 4 號篩至 200 號篩的土壤？ (A)砂土 (B)沉泥 (C)黏土 (D)塊石。

統一土壤分類系統之 4 號篩至 200 號篩的土壤爲砂土。

某甲承包一簡單工程，工程可分爲三個作業項目：A、B、C。A 作業項需時 10 天，B 作業項需時 15 天，C 作業項需時 8 天。然而，C 作業項須在 A 作業項完工 5 天後，且 B 作業項完工 2 天後方可開始施作。A、B 作業項同時開始施工且相互間無干擾。請回答下面問題：

266. (A) 關於此工程之要徑，何項作業不在要徑上？ (A)A 作業 (B)B 作業 (C)C 作業 (D)沒有任何作業。

本工程作業 B-C 爲要徑。因 AB 兩者完成後才進行 C 作業，而 B 作業時程又比 A 長。A 作業不在要徑上不影響工期。

267. (D) 此工程工期最少需要幾天？ (A)18 天 (B)23 天 (C)27 天 (D)25 天。

本工程 B-C 工期爲 15 天(B 作業) + 2 天(等待) + 8 天(C 作業)，總共爲 25 天。

268. (C) 此工程中，A、C 作業項間的施作順序邏輯關係代號爲下列何者？ (A)F.F (B)S.S (C)F.S (D)S.F。

解析

爲完成一開始，因爲本題施作順序是 A 的完成之後，是 C 的開始。

某營造有限公司承包一公共工程，其承包金額爲新臺幣三千萬元。試問：

269. (　C　) 依據三級品管架構，下列何者不是該營造有限公司負責之工作項目？
(A)訂定品質管理標準　(B)執行矯正與預防措施　(C)抽驗材料設備品質
(D)建立文件紀錄管理系。

機關辦理公告金額以上工程，應於招標文件內訂定廠商應提報品質計畫。

品質計畫得視工程規模及性質，分整體品質計畫與分項品質計畫二種。整體品質計畫應依契約規定提報，分項品質計畫得於各分項工程施工前提報。

整體品質計畫之內容，除機關及監造單位另有規定外，應包括：

一、 查核金額以上工程：管理責任、施工要領、品質管理標準、材料及施工檢驗程序、自主檢查表、不合格品之管制、矯正與預防措施、內部品質稽核及文件紀錄管理系統等。
二、 新臺幣 1,000 萬元以上未達查核金額之工程：品質管理標準、材料及施工檢驗程序、自主檢查表及文件紀錄管理系統等。
三、 公告金額以上未達新臺幣 1,000 萬元之工程：材料及施工檢驗程序及自主檢查表等。

工程具機電設備者，並應增訂設備功能運轉檢測程序及標準。

分項品質計畫之內容，除機關及監造單位另有規定外，應包括施工要領、品質管理標準、材料及施工檢驗程序、自主檢查表等項目。

品質計畫內容之製作綱要，由工程會另定之。

中華 108 年 4 月 30 日行政院公共工程委員會工程管字第 1080300188 號函修正。

機關應視工程需要，指派具工程相關學經歷之適當人員或委託適當機構負責監造。新臺幣 100 萬元以上工程，監造單位應提報監造計畫。

監造計畫之內容除機關另有規定外，應包括：

一、 新臺幣五千萬元以上工程：監造範圍、監造組織及權責分工、品質計畫審查作業程序、施工計畫審查作業程序、材料與設備抽驗程序及標準、施工抽查程序及標準、品質稽核、文件紀錄管理系統等。
二、 新臺幣 1,000 萬元以上未達 5,000 萬元之工程：監造範圍、監造組織及權責分工、品質計畫審查作業程序、施工計畫審查作業程序、材料與設備抽驗程序及標準、施工抽查程序及標準、文件紀錄管理系統等。
三、 新臺幣 100 萬元以上未達 1,000 萬元之工程：監造組織及權責分工、品質計畫審查作業程序、施工計畫審查作業程序、材料與設備抽驗程序及標準、施工抽查程序及標準等。工程具機電設備者，並應增訂設備功能運轉測試等抽驗程序及標準。

監造計畫內容之製作綱要，由工程會另定之。

270. (　C　) 該工程是否應設置專任品管人員？ (A)無需設置品管人員 (B)僅需設置兼任品管人員 (C)應設置專任品管人員 (D)應由工地主任擔任品管人員。

品質管理人員(以下簡稱品管人員)之資格、人數及其更換規定；
每一標案最低品管人員人數規定如下：
一、 新臺幣二千萬元以上未達二億元之工程，至少一人。
二、 新臺幣二億元以上之工程，至少二人。

271. (　B　) 該工程之品質計畫架構應含公共工程施工品質管理作業要點規定之基本內容至少幾項？ (A)至少 2 項 (B)至少 4 項 (C)至少 6 項 (D)至少 9 項。

解析

新臺幣一千萬元以上未達查核金額之工程：品質管理標準、材料及施工檢驗程序、自主檢查表及文件紀錄管理系統等。

272. (　B　) 因工程規模未達查核金額，可視個案工程需要，適當調整縮減計畫內容。下列何者<u>不是</u>該公司於此工程中必須撰寫之整體施工計畫內容章節？ (A)工程概述 (B)開工前置作業 (C)施工作業管理 (D)緊急應變及防災計畫。

整體施工計畫製作內容，除主管機關、主辦機關或監造單位另有規定外，應包括工程概述、開工前置作業、施工作業管理、整合性進度管理、假設工程計畫、測量計畫、分項工程施工管理計畫、設施工程施工管理計畫、勞工安全衛生管理計畫、緊急應變及防災計畫、環境保護執行與溝通計畫、施工交通維持及安全管制措施及驗收移交管理計畫，合計十三章，惟若工程規模未達查核金額，則可視各案工程需要適當調整縮減計畫內容，但至少需撰寫第一章(1)(2)、第三章(1)(3)(4)(5)、第四章(1)(2)、第九章(1)(2)(3)(4)、第十章(1)(2)(3)等章節；惟分項施工計畫章節不可縮減，但內容得視工程特性調整。

[105-5-1]

273. (C) 自主檢查表內容之訂定，應依施工要領所檢討出之施工順序，依序列出檢查之項目，並依品質管理標準訂定下列何者？ (A)檢驗程序 (B)查驗方法 (C)檢查標準 (D)抽樣方法。

自主檢查表之製訂，係於施工過程中，用以查核其施工品質是否符合要求，因此必須訂定施工品質管理標準表即檢查標準。

274. (D) 依據「公共工程品質管理作業要點」規定，工程具機電設備者，整體品質計畫內容應增訂： (A)設備品質稽核程序與流程 (B)設備功能不合格管制程序 (C)設備施工查驗統計分析 (D)設備功能運轉檢測程序及標準。

工程具機電設備者，並應增訂設備功能運轉檢測程序及標準。

275. (D) 第一級營建工程建工地內之裸露地表，應設置抑制粉塵之防制設施，其面積應達裸露地面積之： (A)百分之五十以上 (B)百分之六十以上 (C)百分之七十以上 (D)百分之八十以上。

營建工程空氣污染防制設施管理辦法第9條：
營建業主於營建工程進行期間，應於營建工地內之裸露地表，採行六項有效抑制粉塵之防制設施之前項防制設施應達裸露地面積之百分之五十以上；屬第一級營建工程者，應達裸露地面積之百分之八十以上。

276. (B) 依「營造安全衛生設施標準」規定，獨立之施工架在該架最後拆除前，至少應有多少的踏腳桁不得移動，並使之與橫檔或立柱紮牢？ (A)五分之一 (B)三分之一 (C)二分之一 (D)全部。

「營造安全衛生設施標準」第45條第五項：
獨立之施工架在該架最後拆除前，至少應有三分之一之踏腳桁不得移動，並使之與橫檔或立柱紮牢。

277. (B) 依「營造安全衛生設施標準」設置護蓋之規定，下列何者錯誤？ (A)供車輛通行者，得以車輛後軸載重之二倍設計之 (B)爲柵狀構造者，柵條間隔不得大於五公分 (C)臨時性開口處使用之護蓋，表面漆以黃色並書以警告訊息 (D)護蓋上面不得放置機動設備或超過其設計強度之重物。

「營造安全衛生設施標準」第21條：
雇主設置之護蓋，應依下列規定辦理：
一、 應具有能使人員及車輛安全通過之強度。
二、 應以有效方法防止滑溜、掉落、掀出或移動。
三、 供車輛通行者，得以車輛後軸載重之二倍設計之，並不得妨礙車輛之正常通行。
四、 爲柵狀構造者，柵條間隔不得大於三公分。
五、 上面不得放置機動設備或超過其設計強度之重物。
六、 臨時性開口處使用之護蓋，表面漆以黃色並書以警告訊息。

278. (D) 依「勞工安全衛生設施規則」之規定，工地使用之合梯，應具有堅固之構造，兩梯腳間有繫材扣牢，且梯腳與地面之角度應在多少角度以內？ (A)三十度 (B)四十五度 (C)六十度 (D)七十五度。

職業安全衛生設施規則第230條：
雇主對於使用之合梯，應符合下列規定：
一、 具有堅固之構造。
二、 其材質不得有顯著之損傷、腐蝕等。
三、 梯腳與地面之角度應在七十五度以內，且兩梯腳間有金屬等硬質繫材扣牢，腳部有防滑絕緣腳座套。
四、 有安全之防滑梯面。
雇主不得使勞工以合梯當作二工作面之上下設備使用，並應禁止勞工站立於頂板作業。

279. (C) 建築物室內裝修所使用的材料應合於何種規定？ (A)營造業法 (B)建築師法 (C)建築技術規則 (D)政府採購法。

建築物室內裝修所使用的材料應合建築技術規則詳建築設計施工編第88條規定。

280. (D) 帷幕牆固定鐵件測試，其垂直力及水平力均須達到設計強度幾倍以上，始爲合格？ (A)1.25倍 (B)1.50倍 (C)1.75倍 (D)2.0倍。

解析

帷幕牆固定鐵件測試，其垂直力及水平力均須達到設計強度二倍以上。

281. (C) 女兒牆龜裂滲水不宜選用下列何種防水材料處理？ (A)水性樹脂砂漿 (B)壓克力樹脂防水膠 (C)柏油防水毯 (D)矽利康填縫防水。

解析

柏油防水毯適用頂蓋區域(如地下室頂板、屋頂等)防水工程，不適用牆面龜裂滲水修補。

[105-1-1]

282. (B) 下列何者是土木建築主體構造物的生命周期階段順序？ (A)設計→企劃→施工→維護管理 (B)企劃→設計→施工→維護管理 (C)設計→企劃→維護管理→施工 (D)企劃→設計→維護管理→施工。

解析

建築生命周期階段：企劃→設計→施工→維護管理。

283. (C) 公共管線設施之遷移工作除另有規定外，由下列何者負責施工？ (A)承包商 (B)業主 (C)管線機構 (D)縣市政府。

第 02252 章公共管線系統之保護：
3.1.3 依契約規定不屬於承包商遷移之公共管線，由管線所屬單位負責遷移。業主負責在預定遷移日期前，與管線主管單位聯繫。

284. (D) 依據行政院公共工程委員會 101 年 2 月 14 日工程管字第一〇一〇〇〇五〇二三〇號函修正公共工程施工品質管理作業要點，新臺幣一千萬元以上未達查核金額之工程整體品質計畫之內容得省略下列哪一部分的內容？ (A)品質管理標準 (B)材料及施工檢驗程序 (C)自主檢查表 (D)不合格品之管制。

機關辦理公告金額以上工程，應於招標文件內訂定廠商應提報品質計畫。
品質計畫得視工程規模及性質，分整體品質計畫與分項品質計畫二種。整體品質計畫應依契約規定提報，分項品質計畫得於各分項工程施工前提報。
整體品質計畫之內容，除機關及監造單位另有規定外，應包括：
一、 查核金額以上工程：管理責任、施工要領、品質管理標準、材料及施工檢驗程序、自主檢查表、不合格品之管制、矯正與預防措施、內部品質稽核及文件紀錄管理系統等。
二、 新臺幣一千萬元以上未達查核金額之工程：品質管理標準、材料及施工檢驗程序、自主檢查表及文件紀錄管理系統等。
三、 公告金額以上未達新臺幣一千萬元之工程：材料及施工檢驗程序及自主檢查表等。

285. (B) 現行公共工程施工品質管理作業要點規定，施工廠商設置至少一名專任品管人員之最低金額門檻為多少元？ (A)1 百萬元 (B)2 千萬元 (C)5 千萬元 (D)2 億元。

品質管理人員(以下簡稱品管人員)之資格、人數及其更換規定；每一標案最低品管人員人數規定如下：
一、 新臺幣二千萬元以上未達二億元之工程，至少一人。
二、 新臺幣二億元以上之工程，至少二人。

286. (C) 營建署工程專業代辦採購手冊分項施工計劃送審項目及時程表中，規定裝修分項計畫應於何時送審完成？ (A)工程驗收前 (B)裝修工程估驗前 (C)裝修工程施工前 (D)裝修工程完成前。

裝修分項計畫應於裝修工程施工前送審完成。

287. (A) 以「箭線」表示工程作業，「結點」表示作業關係的網圖表達方式，是下列何種稱謂？ (A)ADM (B)PDM (C)CPM (D)LOB。

在要徑法中，網路圖繪製方式有兩種：

一、 箭線圖(Arrow Diagramming Method, ADM)：作業項目以「箭線」表示。只有 FS 關係型式，有虛作業。

二、 節點圖(Precedence Diagramming Method, PDM)：作業項目以「節點」表示。有 FS、FF、SF、SS 四種關係型式，無虛作業。

288. (C) 公共工程施工界面管理於各工作單位之「權責分工」相關規定中，工程界面協調應由誰負責辦理？ (A)業主 (B)設計人 (C)監造人 (D)承造人。

解析

依公共工程施工品質管理作業要點，第 11 條第九項規定，監造單位及其所派駐現場人員工作重點包含履約界面之協調及整合。

289. (D) 美國費根堡博士(Dr. Armand VallinFeigenbaum)認爲 1980 年以後爲「全面品質保證(total quality assurance, TQA)」時期，品質的觀念進展到下列何種階段？ (A)品質是檢查出來的 (B)品質是製造出來的 (C)品質是管理出來的 (D)品質是習慣出來的。

品質文化的塑造，從訓練到個人態度產生改變，再到個人行爲的改變，最後，引起團體行爲的改變。這種變革是由員工習慣的生活方式養成的，品管學者將此時期稱爲「全面品質保證」時期，品質的觀念也進展到「品質是習慣出來的」，品質管理制度則發展爲「全面品質保證制度(Total Quality Assurance, TQA)」。

290. (　D　) 下列何者不屬工程人員個人常見之工程倫理課題？　(A)公物私用問題　(B)違建問題　(C)執照租(借)問題　(D)資源耗損問題。

解析

個人常見之工程倫理課題：
因循苟且問題、公物私用問題、違建問題、執照租(借)問題、身份衝突問題。

291. (　B　) 物料驗收的缺點中，製成品有減低效能者稱爲下列何種缺點？　(A)嚴重缺點　(B)主要缺點　(C)次要缺點　(D)輕微缺點。

解析

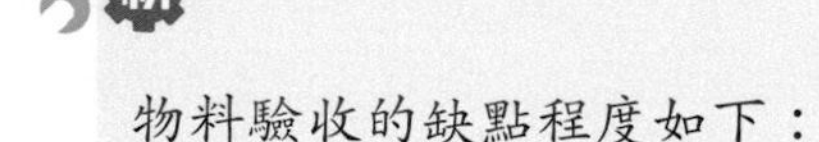

物料驗收的缺點程度如下：
1. 嚴重缺點，缺點會使製成品無法執行功能者。
2. 主要缺點，對製成品有減低效能者。
3. 次要缺點，以對製成品使用性能雖有影響但輕微者。
4. 輕微缺點，外觀或形狀上的缺點，不影響產品使用性能者。

292. (　B　) 「施工界面整合圖」套繪程序及原則與目的中所謂節省材料與施工成本，避免敲除重做或變更追加，爲下列何種特性？　(A)需求性　(B)經濟性　(C)效益性　(D)擴充性。

所謂節省材料與施工成本其與經濟性有關。

293. (　A　) 一般公認下列何者乃爲道德倫理之基本要求與最低標準？　(A)法律　(B)善良風俗　(C)固有習俗　(D)公共秩序。

一般公認法律乃爲道德倫理之基本要求與最低標準。

某工程成本計劃與實績資料如下，試評估績效，並預測盈虧。工程合約金額爲 250 萬元，實際執行預算爲 220 萬元，目前完成率爲 100%，實績支出爲 230 萬元。

294. (　B　) 本工程預期盈虧爲多少元？ (A)30 萬元 (B)20 萬元 (C)230 萬元 (D)負 10 萬元。

解析

工程合約金額爲 250 萬元－實績支出爲 230 萬元=工程預期盈虧 20 萬。

295. (　D　) 本工程目前績效爲多少元？ (A)30 萬元 (B)20 萬元 (C)230 萬元 (D)負 10 萬元。

解析

實際執行預算爲 220 萬－實績支出爲 230 萬元=－10 萬元。

296. (　B　) 本工程可動用預算金額爲多少元？ (A)250 萬元 (B)220 萬元 (C)230 萬元 (D)0 元。

解析

合約金額－(合約金額－實際執行預算金額)＝可動用預算，
因此 250－(250－220)＝220 萬元。

某工程進行中，BCWS(Budget Cost For Work Schedule)：預定進度對應預算爲 1,200 萬元；BCWP(Budget Cost For Work Performance)：實際進度對應預算爲 1,000 萬元；ACWP(Actual Cost For Work Performance)：實際進度發生成本爲 800 萬元。試問：

297. (　A　) 當業主查核工程時，確認施工進度管制是否落後應以下列何數據爲參考？ (A)SPI (B)BCWP (C)ACWP (D)CPI。

解析

施工進度管制是如果落後應該以進度管理指標(SPI)爲參考。

[105-1-2]

298. (B) 從事挖掘公路施工作業，應依所在地直轄市、縣(市)政府審查同意的哪一種文件，設置交通管制設施？ (A)路權同意書 (B)交通維持計畫 (C)勞安衛計畫書 (D)品質計畫書。

依交通部公路總局受理挖掘公路作業程序手冊第3條第五項第一款如下說明：
申挖單位按本手冊附件六、七之規定及送經當地道安會報核准之交通維持計畫書，備齊設置交通安全標誌及施工告示牌後自行檢查合格紀錄及拍照送路權管理單位存查。

299. (C) 依據CNS 12283，強塑劑定義爲能減少所需拌和用水量至少達到多少以上之摻料？ (A)5% (B)8% (C)12% (D)15%。

強塑劑：強塑劑是一種商用名稱，其標準名稱爲「高性能減水劑」，其功能爲減水功能至少達12%以上之減水劑。

AA先生於民國100年5月1日取得工地主任執業證，目前擔任XX營造有限公司承攬國工局主辦之國道橋梁工程案的工地主任，該工程契約金額爲三億五仟萬元整，預定工期自103年3月1日申報開工起爲480日曆天。試問：

300. (D) AA 工地主任最遲應於何時之前取得回訓證明並換領執業證，始得繼續擔任本工程之工地主任？ (A)103年3月1日之前 (B)103年5月1日之前 (C)104年3月1日之前 (D)104年5月1日之前。

營造業法第31條第六項：
取得工地主任執業證者，每逾四年，應再取得最近四年內回訓證明，始得擔任營造業之工地主任。

301. (　A　) AA 工地主任於工程進行期間，依據營造業法相關規定，施工日誌應如何填報？　(A)按日　(B)按週　(C)按月　(D)按季。

營造業法第 32 條：

營造業之工地主任應負責辦理下列工作：

一、　依施工計畫書執行按圖施工。

二、　按日填報施工日誌。

三、　工地之人員、機具及材料等管理。

四、　工地勞工安全衛生事項之督導、公共環境與安全之維護及其他工地行政事務。

五、　工地遇緊急異常狀況之通報。

六、　其他依法令規定應辦理之事項。

302. (　A　) 該工程於施作橋墩基樁時，AA 工地主任發現植入之基樁處有湧水湧砂現象，導致基樁沉陷傾斜之異常狀況工地主任依據營造業法相關規定應向下列何者通報：　(A)專任工程人員　(B)監造單位　(C)XX 營造有限公司負責人　(D)國工局主辦工程司。

營造業法第 35 條：

營造業之專任工程人員應負責辦理下列工作：

一、　查核施工計畫書，並於認可後簽名或蓋章。

二、　於開工、竣工報告文件及工程查報表簽名或蓋章。

三、　督察按圖施工、解決施工技術問題。

四、　依工地主任之通報，處理工地緊急異常狀況。

五、　查驗工程時到場說明，並於工程查驗文件簽名或蓋章。

六、　營繕工程必須勘驗部分赴現場履勘，並於申報勘驗文件簽名或蓋章。

七、　主管機關勘驗工程時，在場說明，並於相關文件簽名或蓋章。

八、　其他依法令規定應辦理之事項。

303. (B) 於施工期間，國工局辦理工程驗收時，依據營造業法相關規定，應由下列何者於工程驗收文件上簽名或蓋章？ (A)AA 工地主任 (B)專任工程人員 (C)XX 營造有限公司負責人 (D)品管人員。

營造業法第 35 條營造業之專任工程人員應負責辦理下列工作第五項：
查驗工程時到場說明，並於工程查驗文件簽名或蓋章。

[104-9-1]

304. (D) 下列何者不是整體施工計畫第二章開工前置作業的主要內容？ (A)地質研判 (B)工址現況調查 (C)地下埋設物調查 (D)剩餘土石方處理。

依據公共工程委員會頒布建築工程施工計畫書製作綱要手冊內容載明，第二章開工前置作業的主要內容：
一、 地質研判。
二、 工址現況調查。
三、 地下埋設物調查。
四、 鄰房調查。

305. (B) 自主檢查表，爲避免導致稽核自主檢表查塡寫詳實度之機制無從發揮，不宜有何人之簽名欄位？ (A)工地主任 (B)品管人員 (C)工地工程師 (D)自主檢查者。

依公共工程施工品質管理作業要點第 6 條規定如下，所以自主檢查表不應由品管工程師簽名。

品管人員工作重點如下：

一、 依據工程契約、設計圖說、規範、相關技術法規及參考品質計畫製作綱要等，訂定品質計畫，據以推動實施。

二、 執行內部品質稽核，如稽核自主檢查表之檢查項目、檢查結果是否詳實記錄等。

三、 品管統計分析、矯正與預防措施之提出及追蹤改善。

四、 品質文件、紀錄之管理。

五、 其他提升工程品質事宜。

306. (C) 作業排程中，利用控制要徑以達成工期管理目的的方法是指？ (A)ADM (B)PDM (C)CPM (D)LOB。

要徑法(Critical Path Method, CPM)：

「要徑法」是發展專案時程的一種時程網路分析技術，以決定該專案時程網路不同邏輯路徑排程彈性。要徑是專案時程中「最長路徑」，確定該專案活動所需「最短期程」。

307. (B) 自主檢查表不宜有何人之簽名欄位？ (A)工地主任 (B)監造人員 (C)工地工程師 (D)施工作業人員。

自主檢查表係對某一特定工作項目之施工成果加以檢查，確認符合契約圖說規範要求，而非廣泛的作業流程來管制。自主檢查表係由工地現場工程師檢查，完畢後應當場簽名負責，再由工地負責人複核不須監造人員簽名。

308. (A) 下列何者不屬工程人員之「義務發生對象」的社會層級的三個類別？ (A)家庭責任 (B)專業責任 (C)本身及其與外部之互動 (D)社會責任。

工程人員之「義務發生對象」的社會層級爲三個類別及其所包含之項目如下：

一、 工程人員之社會責任：其義務發生對象包括「人文社會」及「自然環境」等二項。

二、 工程人員本身及其與外部之互動關係：其義務發生對象包括「業主或客户」、「承包商」、「雇主或組織」、「同僚」及「個人」等五項。

三、 工程人員對其專業之責任：主要即針對其本身之「專業」。

某機關於工程規劃作業時，該工程計有三個作業項 A、B、C，各工項所需工期分別爲 A：10 天、B：20 天、C：10 天。A、B 項目無前置作業，且互不影響。A、B 均爲 C 之前置作業：A、C 作業間關係爲 FS10；B、C 作業間關係爲 FS5。又 A、B、C 工項預算各佔總預算之 20%、40%、40%。試分析本工程作業排程及進度。

309. (B) 不考慮壓縮工期，本工程之最短工期爲？ (A)30 天 (B)35 天 (C)40 天 (D)50 天。

解析

本工程之最長路徑爲 B-C，工期爲 B10 天+ FS5 天+ C10 天共 35 天。

310. (A 或 B) 以最短可能工期排程，本工程 A 作業項具有浮時爲幾天？ (A)0 天 (B)5 天 (C)10 天 (D)20 天。

解析

A-C 的工期爲 10 + 10 + 10 = 30，因此要徑作業最長爲 35，作業浮時爲 5。但本題題意敘述不清，因此列爲浮時 0 也得分。

311. (B) 若以最短可能工期，且 A 作業項採 LS 及 B 作業項採 ES 做出進度表，該工程第一天的預定進度應爲多少%？ (A)0% (B)2% (C)4% (D)8%。

解析

A 作業 LS 爲 15 天，B 作業 ES 爲 0 天，B 作業 20 天爲 40%

工程第 1 天爲 B 作業先開始，因此工程預算 40% /20 天= 2%/1 天。

312. (　D　) 若以最短可能工期，且 A 作業項採 LS 做出預定進度表，而以 A 作業項 ES 進行現場施作，在沒有任何意外的情況下，第五天結束時，相對於 LS 做成的預定進度表，工程績效的 SPI 爲多少？　(A)0　(B)0.5　(C)1.0　(D)2.0。

A 作業項採 LS 做出預定進度表，因此第五天結束時，預定進度只有 B 作業有進度，預定進度爲 B：40% / 20 天 ×5 天 =10%。實際進度 A 作業及 B 作業均有進度，實際進度爲 A：20% / 10 天 ×5 天 =10%、B：40% / 20 天 ×5 天 =10%，合計 20%。

故工程進度績效的 SPI = (實際進度 A +實際進度爲 B)/預定進度

B = (10% + 10%)/10% = 2.0。

某營造公司於工程施工規劃作業時，發現合理設計、施工管理規劃相當重要，尤其是標準化設計與施工並應設法整合施工介面方能縮短工期提升效率。以下是該公司採取之措施。試問：

313. (　C　) 公司利用施工中的三項中間檢查數據，A 曲線：預定進度下之對應預算；B 曲線：實際進度下之對應預算；C 曲線：實際進度下之實際支出，進行進度評核作業。下列何者是進度績效之計算方式？　(A)A / B　(B)C / A　(C)B / A　(D)B / C。

成本/進度整合控制系統(Cost/Schedule Control System)

將「成本」與「進度」管理藉由共同座標整合成一個控制系統，由以下三個「專用術語」分別定義、詮釋並演繹績效評比與管控方法：

BCWS(Budget Cost For Work Schedule)：預定進度對應預算。

BCWP(Budget Cost For Work Performance)：實際進度對應預算。

ACWP(Actual Cost For Work Performance)：實際進度發生成本。

(1)進度績效指數：SPI = BCWP/BCWS, SPI 大於 1.0 時表示進度績效良好。

(2)成本績效指數：CPI = BCWP/ACWP, CPI 大於 1.0 時表示成本績效良好。

314. (A) 單價分析的內容主要括「工料分析」與「基本單價」兩個部份。工料分析細目以資源項目分別列項，包含下列哪四種分類？ (A)人工、材料、機具與雜項 (B)人工、材料、機具與損耗 (C)工時、材料、機具與雜項 (D)人工、規格、機具與雜項。

解析

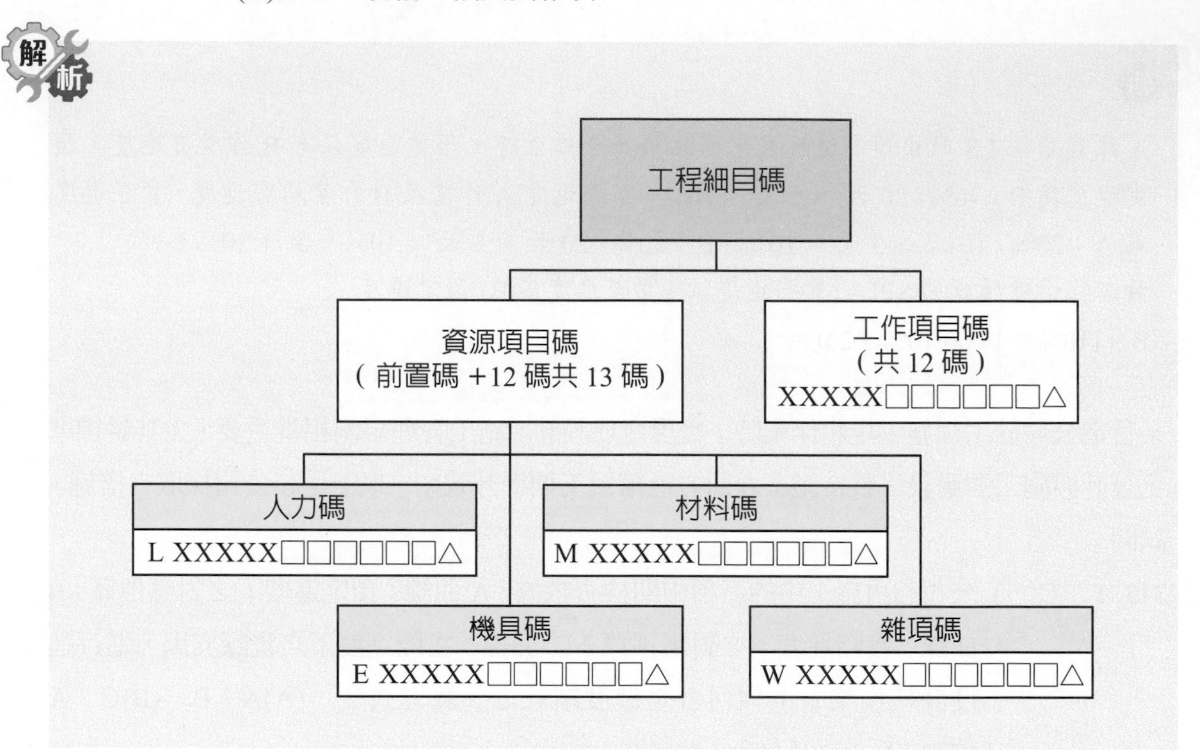

315. (B) 爲避免施工中設計與施工疏漏以減少界面衝突，並儘早發現解決問題，而提升工程品質及工進，於施工界面整合管理作業程序中，下列何人應邀集相關單位及人員召開整合協調會？ (A)承包商 (B)監造廠商 (C)專案管理單位 (D)業主。

解析

公共工程施工品質管理作業要點第 11 條第十項説明如下：
監造單位及其所派駐現場人員工作重點包含：履約界面之協調及整合。

[104-5-1]

316. (　A　) 工程施工過程中，施工規劃若有變動，施工預定進度圖表應同時配合修訂，惟下列何者未經主辦機關之核准，不得任意變動？　(A)預定進度　(B)主要器材設備預定訂購時程　(C)主要器材設備預定進場時程　(D)分項施工詳圖送審日期。

建築工程施工計畫綱要製作手冊第四章進度管理第二節進度管控中提出承攬廠商應不定期對施工進度圖表作修正檢討，並與原報主辦機關核定之施工預定進度圖表比對趕工成效。(原提報主辦機關核定之整體施工預定進度表不得恣意更動，爲主辦機關控管進度之依據)

317. (　B　) 管制表與統計表之差異在管制表必須有下列何種觀念？　(A)人事管理　(B)時間管理　(C)品質管理　(D)成本管理。

管制表還多了時間的規劃，不只是數字上的呈現。

318. (　B　) 以「結點」表示工程作業，「箭線」表示作業關係的網圖表達方式，是下列何種稱謂？　(A)ADM　(B)PDM　(C)CPM　(D)LOB。

解析

在要徑法中，網路圖繪製方式有兩種：

一、箭線圖(Arrow Diagramming Method, ADM)：作業項目以「箭線」表示。只有 FS 關係型式，有虛作業。

二、節點圖(Precedence Diagramming Method, PDM)：作業項目以「節點」表示。有 FS、FF、SF、SS 四種關係型式，無虛作業。

319. (　B　) 作業排程時，C 開始 Y 時間後 D 即可開始，這種作業間關係表示下列何關係？　(A)FF　(B)SS　(C)SF　(D)FS。

節點圖適用工作項目間之完成-開始[FS]、開始-開始[SS]、完成-完成[FF]，以及開始-完成[SF]等 4 種邏輯順序關係。

320. (C) 以下何者不屬於新 QC 七大手法？ (A)關連圖 (B)親和圖 (C)柏拉圖 (D)矩陣圖。

一、 KJ 法(親和圖法) (Affinity Diagram)。
二、 關聯圖法(Rolation Diagram)。
三、 系統圖法(Systematization Diagram)。
四、 矩陣圖法(Matrix Diagram)。
五、 過程決策計劃圖法(Process Dicesion program Chart)。
六、 箭條圖法(Arrow Diagram)。
七、 矩陣數據分析法(Factor Analysis)。

321. (C) 不合格物料與器材之管制方法中，下列何者應報請業主後執行？ (A)錯用物料或器材之重新施工規定 (B)符合規定之物料或器材之使用或安裝 (C)瑕疵物料或器材之重新分等作選擇性之使用 (D)不合格物料或器材之拒收或報廢。

需業主同意後執行項目：
一、 相關缺失修補及改善方案。
二、 經檢驗查核後之瑕疵物料或器材，若須重新分等作選擇性之使用。

322. (B) 工程人員在面對兩難問題的抉擇時，可以循八個步驟的程序，四個條件逐一分析檢視。下列何者不是上述四個條件之一？ (A)適法性 (B)經濟性 (C)專業價值 (D)陽光測試。

當工程人員在面對兩難問題的抉擇時，若能循八個步驟的程序，從適法性、合理性、專業價值及陽光測試等四個條件逐一分析檢視：

一、　適法性：
　　檢視事件本身是否已觸犯法令規定。

二、　符合群體共識
　　檢視相關專業規範、守則、組織章程及工作規則等，檢核事件是否違反群體規則及共識。

三、　專業價值：
　　依據自己本身之專業及價值觀判斷其合理性，並以誠實、正直之態度檢視事件之正當性。

四、　陽光測試：
　　假設事件公諸於世，你的決定可以心安理得的接受社會公論嗎？

某甲承包一公共工程，其承包金額為新臺幣三千萬元，請回答下面問題：

323. (　B　) 此工程之品質計畫架構依據公共工程施工品質管理作業要點規定之基本內容，至少需有幾項？　(A)2 項　(B)4 項　(C)6 項　(D)9 項。

解析

中華 108 年 4 月 30 日行政院公共工程委員會工程管字第 1080300188 號函修正。
新臺幣 1,000 萬元以上未達 5,000 萬元之工程：
計畫範圍、管理權責及分工、品質管理標準、材料及施工檢驗程序、自主檢查表及文件紀錄管理系統等。

324. (　B　) 以下何者非某甲需完成之公共工程三層級品質管理項目？　(A)訂定品質管理標準　(B)執行外部品質稽核　(C)執行矯正與預防措施　(D)訂定施工要領。

品管人員工作重點如下：

一、 依據工程契約、設計圖說、規範、相關技術法規及參考品質計畫製作綱要等，訂定品質計畫，據以推動實施。

二、 執行內部品質稽核，如稽核自主檢查表之檢查項目、檢查結果是否詳實記錄等。

三、 品管統計分析、矯正與預防措施之提出及追蹤改善。

四、 品質文件、紀錄之管理。

五、 其他提升工程品質事宜。

325. (D) 以下何者非某甲必須完成之整體品質計畫之內容？ (A)品質管理標準 (B)材料及施工檢驗程序 (C)自主檢查表 (D)矯正預防措施。

解析

中華108年4月30日行政院公共工程委員會工程管字第1080300188號函修正。

新臺幣1,000萬元以上未達5,000萬元之工程：

計畫範圍、管理權責及分工、品質管理標準、材料及施工檢驗程序、自主檢查表及文件紀錄管理系統等。

326. (B) 以下何者非某甲於此工程中必須撰寫之整體施工計畫內容章節？ (A)工程概述 (B)開工前置作業 (C)施工作業管理 (D)整合性進度管理。

整體施工計畫製作內容，除主管機關、主辦機關或監造單位另有規定外，應包括工程概述、開工前置作業、施工作業管理、整合性進度管理、假設工程計畫、測量計畫、分項工程施工管理計畫、設施工程施工管理計畫、勞工安全衛生管理計畫、緊急應變及防災計畫、環境保護執行與溝通計畫、施工交通維持及安全管制措施及驗收移交管理計畫，合計十三章，惟若工程規模未達查核金額，則可視各案工程需要適當調整縮減計畫內容，但至少需撰寫第一章(1)(2)、第三章(1)(3)(4)(5)、第四章(1)(2)、第九章(1)(2)(3)(4)、第十章(1)(2)(3)等章節；惟分項施工計畫章節不可縮減，但內容得視工程特性調整。

[104-5-2]

327. (　B　) 下列何者屬於變質岩之天然裝修石材？　(A)花崗岩　(B)大理石　(C)砂岩　(D)安山岩。

大理岩也稱爲變質石灰岩或結晶石灰岩，因爲是由石灰岩經過變質作用形成的岩石。形成變質岩的整個作用就是變質作用。岩石隨所處的溫度與壓力環境不同，而受不同的作用。大體而言，能形成變質岩的外力必需是能產生高溫、高壓才能形成變質作用。

328. (　D　) 樓梯欄杆詳圖之扶手底部標示「2-ϕ 8 不銹鋼膨脹螺栓固定」，下列敘述何者正確？　(A)使用 2 根半徑 8 mm 不銹鋼膨脹螺栓固定　(B)使用 8 根 # 2 不銹鋼膨脹螺栓固定　(C)使用 2 根 # 8 不銹鋼膨脹螺栓固定　(D)使用 2 根直徑 8 mm 不銹鋼膨脹螺栓固定。

使用 2 根直徑 8 mm 不銹鋼膨脹螺栓固定。

粒料的用量約佔混凝土體積的百分之七十至八十，無疑的，粒料對混凝土性質有莫大的影響。試回答下列問題：

329. (　A　) 下列何者不是理論上達到經濟用漿量的策略？　(A)儘量採用最小粒徑的級配粒料　(B)儘量採用粗砂　(C)適當摻加細粒料可以增加黏滯性及防止粒料的析離　(D)採用圓形且光滑的粒料。

小粒徑的級配粒料期比表面積越大，所需漿體包覆的用量越大越不經濟。

330. (　B　) 最大粒料尺寸、級配、細度模數、彈性模數、容積比重，以上五種粒料性質，透過篩分析試驗可以獲得幾項性質？　(A)二　(B)三　(C)四　(D)五。

由篩分析決定粗細骨材之級配曲線，進而獲得骨材之最大粒徑及其細度模數，以作爲混凝土配合設計之依據。

331. (B) 茲有一 SSD 砂重 500.0 g，經烘乾後重 492.5 g，其吸水率=？ (A)1.50% (B)1.52% (C)1.54% (D)1.56%。

吸水率(%) = 100 ×(濕土重 − 乾土重) / 乾土重 = 100 ×(500 − 492.5) / 492.5 = 1.52%

[104-1-1]

332. (B) 下列何者不是公共工程三層級品質管理中第二級品質管理之執行項目？ (A)成立監造組織 (B)訂定施工要領 (C)抽查施工品質 (D)執行品質稽核。

訂定施工要領爲三級品管範疇。

333. (C) 有關物料的取樣、試驗與檢驗之敘述，下列何者錯誤？ (A)合約內容應指定取樣地點及頻率、取樣時機與試驗方法與試驗及檢驗機構 (B)採購合約原則上應依據業主規範或國家規範 (C)有關檢驗與試驗費用一定由供應商負擔 (D)物料進場之前後，公司或業主代表可依合約規定，要求取樣、檢驗與試驗。

有關檢驗與試驗費用除供應商負擔外也有二級或三級品管所需營造廠負擔部分。

334. (A) 專案資訊或是報告傳達給利害關係者必須採用適當的溝通方法，其中“知識庫”屬於以下何種溝通方法？ (A)拉式的溝通 (B)互動式的溝通 (C)推式的溝通 (D)“知識庫”並非溝通方法的一種。

拉式溝通(Pull communication)：
用於非常大量的資訊或對象，由接收者自行決定要接觸的資訊內容。
例：內部資訊網、線上學習、經驗學習資料庫、知識庫。

335. (　D　) 下列何者不是呆料的處理方式？　(A)利用　(B)變賣　(C)交換　(D)銷毀。

呆料處理方式如下：
一、 調撥移轉其他單位使用。
二、 修改加工後再利用。
三、 藉助新產品開發設計時予以使用。
四、 交換物料。
五、 出售。
六、 讓予。
七、 轉爲廢料處理。

336. (　A　) 營造廠商辦理採購分包委託專業廠商時，工資金額不超過60%以上之零星或專業性工程，應列爲何種案件？　(A)工程案件　(B)做頭案件　(C)勞務案件　(D)租賃案件。

營造廠商辦理採購分包委託專業廠商時可區分以下五類案件：
一、 工程案件：係指工資金額不超過60%以上之零星或專業性工程，交由專業廠商承辦。
二、 勞務案件：係指工資金額超過60%以上之零星或專業性工程，或專業服務、技術服務、資訊服務等交由專業廠商承辦。
三、 作頭案件：係指工資金額佔預算金額80%以上之勞務工作，如鋼筋施工、模板施工、混凝土施工、圬工施工、油漆施工等，交由土木包工業或工程行承辦。
四、 購料案件：係指承辦工程中，相關材料、物品、器材、機具、車輛、船舶之購置或訂製。
五、 租賃案件：係指承辦工程中，相關器材、機具、車輛、船舶之承租。

337. (A) 美國 Harris 等人認為所有倫理課題皆離不開責任，其中須探究特定事件的因果關係的是何種責任？ (A)過失責任 (B)專業責任 (C)義務責任 (D)社會責任。

義務責任(Obligation-responsibility)：與善良管理或主動注意的意思相近。
過失責任(Blame-responsibility)：須探究特定事件的因果關係。

338. (D) 機具、設備之規格、性能必須能配合工程預定進度所需，應選用下列何項考量因素？ (A)品質 (B)操作性 (C)作業需求 (D)功率。

營建工程選擇機具、設備之因素如下：
一、 功率－機具、設備之規格、性能必須能配合工程預定進度所需。
二、 品質－機具、設備所完成之工作品質必須符合規範需求。
三、 作業需求－機具、設備之尺寸，操作過程所需之通路、迴轉空間、承載能量等需能配合基地之作業環境。
四、 操作性－易於訓練熟悉機具、設備之操作。作業之靈巧、方便為選用之要件。
五、 安全性－機具、設備之作業安全必須滿足法令規定。
六、 環境維護－作業之噪音、振動等營建公害之降低為選用之重要因素。
七、 成本－購置、租用之費用，使用過程之運轉、維護、保養等費用應整合考量，以符預算控管之需。

339. (A) 下列何者不是應曲線施工及方向調整需要，寬度需有呈漸變之環片？ (A)平版形環片 (B)單邊異形環片 (C)雙邊異形環片 (D)異形環片。

異型環片－為應曲線施工及方向調整需要，寬度需有呈漸變(縮小)之異形環片，其變化情形分為單側或雙側，而分為「單邊異形」及「雙邊異形」兩種。

某甲承包一簡單工程，工程可分爲三個作業項目：A、B、C。A 作業項需時 10 天，B 作業項需時 15 天，C 作業項需時 8 天。然而，C 作業項須在 A 作業項完工 5 天後，且 B 作業項完工 2 天後方可開始施作。A、B 作業項相互間無干擾。有趕工需求時，A 作業項趕工可縮短工期有三天，趕工成本斜率爲 8,000 元 / 天。B 作業項趕工縮短工期可以有三天，趕工成本斜率爲 5,000 元 / 天，C 作業項趕工可縮短工期僅有一天，趕工成本斜率爲 12,000 元 / 天。趕工時，作業項前後等待時間不可壓縮。

340. (　D　) 本工程界限工期爲幾天？　(A)27 天　(B)25 天　(C)23 天　(D)21 天。

本工程以 PDM 製圖要徑爲 25 天，經上述可趕工天數 C 作業一天，因 B 作業在要徑上可趕工 3 天，合計可趕工 4 天，故其界限工期爲 25 − 4 = 21 天

341. (　D　) 以最經濟方式壓縮工期，以優先壓縮的順位排列三個作業項依序應爲下列何者？　(A)A→B→C　(B)B→A→C　(C)A→C→B　(D)B→C→A。

由於要徑爲 B 與 C，B 的成本較低所以優先壓縮，其次爲 C，A 由於非爲要徑因此最後。

342. (　A　) 若將工期以最經濟之方式壓縮三天，成本將提升多少元？　(A)22,000 元　(B)25,000 元　(C)51,000 元　(D)39,000 元。

A − 3 × 8,000 = 24,000

B − 3 × 5,000 = 15,000

C − 1 × 12,000 = 12,000

工期以最經濟之方式壓縮三天，所以

C × 1 = 12,000

B × 2 = 10,000

共 3 天= 22,000 元。

343. (B) 該公司採用每月更新成本資訊的做法，對施工成本實施中間檢查。下列何者並非檢查重點？ (A)檢查當時的工程進度 (B)總公司督導及支援工地之費用 (C)目前實際支出的工程成本(成本實績) (D)目前進度所對應的預算(可動用預算)。

總公司督導及支援工地之費用爲總公司內部成本且採工地固定分攤原則，故不再施工成本查核範圍。

344. (D) 專案執行中，有三種方法可用來預測最終成本，下列何者無法用來預測最終成本？ (A)假定完工時的成本狀況是超支或節餘，將與目前的情況相同 (B)假定過去執行工程的成本績效，將持續到完工 (C)應用導致當前實際成本有關的人力資源、設備、使用材料、小包表現等有關資訊，將持續到完工 (D)預算編列前應先進行工程估價。

預測最終成本與預算編列前應先進行工程估價無關。

345. (B) 該公司多項工作辦理採購分包委託專業廠商均爲發包工資金額佔預算金額80%以上之勞務工作案件，該類型之分包案件爲下列何種稱謂？ (A)工程案件 (B)作頭案件 (C)勞務案件 (D)購料案件。

作頭案件：係指工資金額佔預算金額80%以上之勞務工作，如鋼筋施工、模板施工、混凝土施工、圬工施工、油漆施工等，交由土木包工業或工程行承辦。

346. (D) 該公司也對物料進行盤存，由物料管理部門於年度終了根據實際存量編製盤存清冊，下列何者不是盤存清冊的項目？ (A)物料編號 (B)物料名稱 (C)結存數量 (D)供料廠商。

物料盤存管理著重物料分類編碼、編碼對應物料名稱、進料數量、領用情形、結存數量等，與供應商無直接關聯。

NOTE

工程施工機具及工程施工技術

單元重點

1. 施工技術與機具之評估與管理
2. 工區佈設及通用施工機具
3. 連續壁及基樁工程
4. 混凝土工程
5. 道路工程
6. 橋梁工程施工技術
7. 隧道及管道工程施工技術
8. 軌道工程
9. 裝修及防水工程
10. 維護環境生態之營建技術

[110-1-1]

1. (D) 購置成本多採一次攤提方式於工程費中支應是指以下哪一種施工機具之來源？ (A)租機 (B)外包 (C)借貸 (D)購製。

解析

購製是依據該工程之特殊需求訂製，購置成本多採一次攤提方式於工程費中支應。

2. (A) 下列何者不是連續壁施工之準備作業？ (A)導溝施築 (B)電力、用水設施設置 (C)泥水處理設備 (D)集土坑施築。

解析

連續壁施工準備作業有地表清除與掘除、電力、用水設施設置、集土坑施築、泥水處理設備和鋼筋加工場。

3. (A) 自充填混凝土試驗相關規定中流動障礙等級 1 可以是指鋼筋間距在多少 mm 之間？ (A) 35～60 mm (B) 60～200 mm (C) 100～350 mm (D) 350 mm 以上。

自充填混凝土試驗相關規定：

流動障礙等級		1	2	3
構成條件	鋼筋最小間距(mm)	35～60	60～200	200 以上
	鋼筋量(kg/m^3)	350 以上	100～350	100 以下
U 型或箱型充填容器之充填高度(mm)		300 以上 (障礙 R1)	300 以上 (障礙 R2)	300 以上 (無鋼筋障礙 R3)
流動性	坍流度(mm)	[650～750] [ ]	[650～750] [ ]	[500～650] [ ]
材料析離抵抗性	V_{75} 漏斗留下時間(sec)	[10～25] [ ]	[7～20] [ ]	[7～20] [ ]
	500mm 坍流度到達時間(sec)	[5～20] [ ]	[3～15] [ ]	[3～15] [ ]

4.　(　A　) 除了特殊軌道之鋼軌長度須根據核定之施工製造圖所指定之鋼軌長度製造外，正常鋼軌長度不得小於多少公尺？　(A)18 公尺　(B)24 公尺　(C)30 公尺　(D)36 公尺。

依製造及運輸需求，盡量取最大值。除了特殊軌道之鋼軌長度須根據核定之施工製造圖所指定之鋼軌長度製造外，正常鋼軌長度不得小於 18 m。

[110-1-2]

5.　(　B　) 依照 ASTM A108 規範的標準，下列那一項剪力釘的機械性質有誤？　(A)抗拉強度 60 ksi　(B)降伏強度 40 ksi　(C)伸長率 20%以上　(D)斷面壓縮率 50%以上。

剪力釘機械性質應符合 ASTM A108 規範：

抗拉強度	降伏強度	伸長率%	斷面壓縮率%
412 N/mm^2 (42 kgf/mm^2)	343 N/mm^2 (35 kgf/mm^2)	20%	50%以上

6.　(　B　) 混凝土材料經搗鑄成所需結構體狀後，需加以適當養護，養護的方法依特徵上可區分爲水養護、封面養護及蒸氣養護，請問何者養護效果最差？　(A)水養護　(B)封面養護　(C)蒸氣養護　(D)沒有差異。

養護方式：

1. 水及覆蓋物：於混凝土表面灑水並覆蓋之使呈滯水狀況。
2. 養護劑：噴灑養護劑(封面養護)。
3. 加速養護：採用蒸氣以縮短混凝土養護期程。

7. (D) 橡化瀝青防水膜的材料檢測中，柏油品質的查核不包含下列何者？
(A)軟化點 (B)針入度 (C)蒸發量 (D)酸鹼度。

柏油品質查核：查核軟化點、針入度、蒸發量、閃點、黏度、延性。

8. (C) 三軸試驗不包含下列那一種？ (A)壓密排水試驗 (B)壓密不排水試驗 (C)不壓密排水試驗 (D)不壓密不排水試驗。

1. 壓密－排水試驗(CD 試驗)。
2. 壓密－不排水試驗(CU 試驗)。
3. 不壓密－不排水試驗(UU 試驗)。

9. (D) 下列何者不是 CNS 560 規定之鋼筋混凝土用鋼筋種類？ (A)SR 300 (B)SD 280 (C)SD 420W (D)SD 560。

1. SR 240
2. SD 280
3. SR 300
4. SD 280W
5. SD 420
6. SD 420W
7. SD 490。

10. (B) 依公共工程施工綱要規範，鋼筋及鋼模之溫度高於幾度時，澆置混凝土前應先以水冷卻之？ (A) 40℃ (B) 49℃ (C) 56℃ (D) 65℃。

混凝土澆置當日應注意事項，當混凝土到達工地時(含在工地等待卸料)之溫度不得高於32℃。鋼筋與鋼模溫度高於49° C 應先以水冷卻之。

11. (C) 有關 R 類高性能綠混凝土之敘述，下列何者正確？ (A)指不含再生粗粒料之混凝土，可作爲結構型混凝土 (B)包括砂漿類材料之綠混凝土 (C)指含有再生粗粒料之混凝土 (D)含有石綿之綠混凝土。

綠混凝土之性質與指標目前僅考量綠混凝土的材料、生產、製造與施工階段之相關規定，且綠混凝土並不包括砂漿類材料(即無粗粒料爲成份者)，所使用之再生資源材料僅限膠結材料與粗粒料，另外，根據是否使用再生粒料，而區分爲(1)G 類高性能綠混凝土與 (2) R 類高性能綠混凝土兩類。其中，G 代表一般類(General)，係指不含再生粗粒料之混凝土，該混凝土可作爲結構型混凝土，R 代表再生類(Recycled)，係指含有再生粗粒料之混凝土，該混凝土須參照《再生混凝土施工規範草案》相關規定。

12. (D) 依據「內政部營建署結構混凝土施工規範」，單向版淨跨距 10 m，且靜載重大於活載重時，最少拆模時間爲何？ (A)1 天 (B)3 天 (C)7 天 (D)10 天。

內政部營建署結構混凝土施工規範(模板最少拆模時間)：

構件名稱	**最少拆模時間**	
柱、牆及梁之不做支撐側模	12 小時	
雙向柵版不影響支撐之盤模		
75 cm 以下	3 天	
大於 75 cm	4 天	
單向版	**活載重不大於靜載重**	**活載重大於靜載重**
淨跨距小於 3 m	4 天	3 天
淨跨距 3 m 至 6 m	7 天	4 天
淨跨距大於 6 m	10 天	7 天
拱模	14 天	7 天
柵肋梁、小梁及大梁底模	**活載重不大於靜載重**	**活載重大於靜載重**
淨跨距小於 3 m	7 天	4 天
淨跨距 3 m 至 6 m	14 天	7 天
淨跨距大於 6 m	21 天	14 天
雙向版	依據第 4.8 節之規定	
後拉預力版系統	全部預力施加完成後	

13. (A) 多層建築物使用塔式吊車吊裝，何謂塔式吊車？ (A)固定式起重機 (B)桁架式起重機 (C)輪式起重機 (D)履帶式起重機。

解析

固定式起重機設置後僅能於機械之作業半徑內操作，無法移動。其類型包括：小型之吊桿、門型吊車、塔式吊車等。

[110-5-1]

14. (B) 以下何者不是施工機具、設備評估選用之主要考量因素？
(A)成本 (B)操作員 (C)環境維護 (D)功率。

施工機具、設備評估選用之主要考量因素有功率、品質、作業需求、操作性、安全性、環境維護和成本。

15. (B) 以下哪一個選項是指以最大之作業仰角、最短之桁架長度、最小之吊距等條件下所能吊起之最大荷重？
(A)作業荷重 (B)吊升荷重 (C)有效吊重 (D)額定荷重。

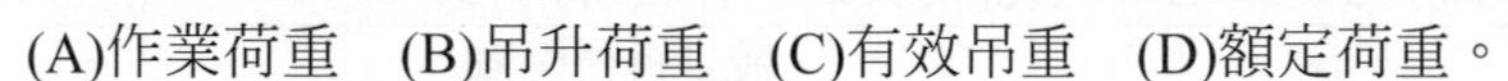

吊升荷重—以最大之作業仰角、最短之桁架長度、最小之吊距等條件下所能吊起之最大荷重。僅能作爲機械購置之參考規格，不得作爲實際操作之管理依據。

16. (A) 「施工綱要規範」第 03051 章規定，次要結構用混凝土抗壓強度＜210 kgf/cm^2，N 級再生粗粒料佔總粒料之比例(重量)應爲多少？
(A)≦50% (B)≦55% (C)≦60% (D)≦65%。

混凝土抗壓強度及再生粗粒料使用比率：

抗壓強度 kgf/cm²	≧210 ≦245	＜210
H 級再生粗細料佔總粗粒料之比例(重量)	≦20%	≦100%
N 級再生粗細料佔總粗粒料之比例(重量)	0%	≦50%

17. (C) 混凝土養護方式中的「加速養護」是指採用甚麼來縮短混凝土養護期程？ (A)滯水 (B)養護劑 (C)蒸氣 (D)冰屑。

加速養護—採用蒸氣以縮短混凝土養護期程。

18. (A) 所謂「輕質粒料」係指符合 CNS 3691 A2046 所列材料製成適於結構用混凝土之具多孔性材料，其乾鬆單位重一般不超過多少？ (A)1120 kg/m³ (B)1320 kg/m³ (C)1750 kg/m³ (D)2000 kg/m³。

所謂「輕質粒料(Lightweight aggregate)」係指符合 CNS 3691 A2046 所列材料(即高爐爐渣、黏土、矽藻土、頁岩、板岩、浮石、火山碴、凝灰岩或飛灰)製成適於結構用混凝土之具多孔性材料(cellular materials)，其乾鬆單位重一般不超過 1120 kg/m³。

19. (D) 耐磨鋼軌除應用普通鋼軌經過電導或在熱箱中之熱處理增加硬度外，還可以使用哪一種特殊鋼材製作耐磨鋼軌？ (A)鋁合金鋼軌 (B)錫鉛合金鋼軌 (C)銅鎳合金鋼軌 (D)矽鉻合金鋼軌。

普通鋼軌經過電導或在熱箱中之熱處理，使鋼軌踏面之硬度，從外表往內 12 mm 範圍內，硬度須在 HB 285～401 度，其它部分之硬度不得小於 HB 321 度。以熱處理之鋼軌於各主要鐵路或捷運系統須能承載 200 百萬噸之運量，就是矽鉻合金鋼軌。

■情境式選擇題

某營造公司承包一巨額道路新建工程，為確保工程品質，應確認瀝青混凝土拌合廠之生產設備符合要求。請回答下列問題：

20. (D) 拌合場中用於任何稱重箱或漏斗上之磅秤，其靈敏度應為所需最大荷重之多少？ (A)2.0% (B)1.5% (C)1.0% (D)0.5%。

解析

磅秤與計量設備—用於任何稱重箱或漏斗上之磅秤，應使用臂梁式磅秤、度盤式磅秤或採用電腦全自動計量及螢幕顯示，均須經度量衡檢定所檢驗合格，其靈敏度應為所需最大荷重之 0.5%。

21. (A) 拌合廠之設備及操作應做定期檢查，以確保出車裝料淨重與各盤重量總和值之誤差在多少以內？ (A)±2.0% (B)±1.5% (C)±1.0% (D)±0.5%。

解析

拌合廠之設備及操作應做定期檢查，以確保出車裝料淨重與各盤重量總和值之誤差在±2%以內。

■情境式選擇題

某公司承包一市區高架快速道路興建工程，將使用大量橋梁構造。請回答下列問題：

22. (A) 一般 RC 橋梁結構組成中，位於橋梁上部結構與下部結構間的介面，會是以下哪一種構造？ (A)支承墊 (B)伸縮縫 (C)箱型梁 (D)橋墩。

橋墩上方設置帽梁以承受上方梁體。帽梁上須設置「支承墊」以傳遞上構力量並提供梁體受力或隨溫度變化引致體積脹縮，乃至乾縮潛變等變形移位之導引及必要之束制(位移與轉角)功能。

23. (D) 如果該快速道路上部結構採用平衡懸臂工法，那麼上部橋梁構造比較<u>不可能</u>是以下哪一種施作單元？

(A)場鑄鋼筋混凝土 (B)預鑄節塊 (C)鋼製節塊 (D)預鑄斜撐版。

預鑄斜撐版上部結構爲二次施作，需有吊裝施作動線空間。

24. (D) 快速道路護欄及橋面版工程施作時，以下敘述何者錯誤？ (A)於長跨距鋼構橋梁則多採用「鋼床版」，以減輕橋梁自重 (B)鋼床版需以「全滲透銲」進行接合 (C)厚鋼板於銲接過程因溫度效應會發生變型，故需先行施與預熱 (D)鋼床板上鋪設瀝青混凝土時，爲避免出油，必須使用低黏滯性之材料。

橋梁工程於主梁施作完成後，需於其上方鋪設面版，一般多採用場鑄鋼筋混凝土作業。於長跨距鋼構橋梁則多採用「鋼床版」，以減輕橋梁自重。鋼床版需以「全滲透銲」進行接合，厚鋼板於銲接過程因溫度效應會發生變型，故需先行施與預熱。另鋼床板上鋪設瀝青混凝土時，必須使用高黏滯性之材料。

[111-1-1]

25. (D) 依據起重機升降機具安全規則規定，對於營建用提升機，遭受瞬間風速達每秒多少公尺以上應停止作業？
(A)10 公尺 (B)20 公尺 (C)25 公尺 (D)30 公尺。

依據起重機升降機具安全規則規定，對於營建用提升機，遭受瞬間風速達每秒 30 公尺以上應停止作業。

26. (D) 下列哪一項不是「巨積混凝土」控制混凝土的發熱量與構件內側溫度的方法？ (A)採用冰削或低溫水 (B)減少水泥用量 (C)增加飛灰 (D)利用大型風扇降溫。

用於水庫大壩等使用混凝土輛巨大之工程。施工時如何避免溫度裂縫的發生爲其重點。「巨積混凝土」，主要在控制混凝土的發熱量與構件內測的溫度。通常採用氮氣、冰削或低溫水，以降低混凝土初始溫度，減少水泥用量、增加飛灰用量等措施。

27. (B) 瀝青混凝土路面舖築時，壓路機應爲自動式之鐵輪壓路機及膠輪壓路機或振動壓路機，其中每層厚度多少公分以上之瀝青混凝土路面，才可使用振動壓路機滾壓？ (A) 3 公分 (B) 5 公分 (C) 10 公分 (D) 15 公分。

如使用振動壓路機時，無論爲單鼓式或雙鼓式，且應能調整其振幅及振動頻率者，俾依材料、配合比及溫度等不同之瀝青拌合料，均能按達規定之壓實密度，且不致產生不平順之波紋。振動壓路機之振動頻率通常以 2,000～3,000 RPM 爲宜，振幅則以 0.4～0.8 mm 爲佳。振動壓路機之滾壓速度爲 3～5 km/h。每層厚度 5 cm 以下之瀝青混凝土路面，不得使用振動壓路機滾壓。

28. (D) 下列何者不是節塊推進施工設備中『鼻樑』的功能？
(A)導引首段節塊之推進方向
(B)平衡推進過程節塊、樑體之施工荷重
(C)平衡首段節塊彎曲力距
(D)承受吸收撞擊力量，避免破壞橋面版主結構。

『鼻樑』的功能：
用以導引並平衡首段節塊之推進方向及推進過程節塊、樑體之施工荷重(彎曲力距等)。

29. (B) 於噴嘴前加水之噴凝土稱爲？

(A)濕式噴凝土 (B)乾式噴凝土 (C)自充填混凝土 (D)加水噴射混凝土。

噴凝土依水之添加時機分爲：
1. 乾式噴凝土：於噴嘴前加水之。
2. 濕式噴凝土：於水泥砂漿拌合時添加。

■情境式選擇題

某工程公司進行一道路工程統包工程，完成規劃、設計、施工等不同階段的工作。請回答下列問題：

30. (　A　) 爲了在設計規劃中能夠確實控制土方量，選定路面高程所進行的測量作業應該是下列何者？

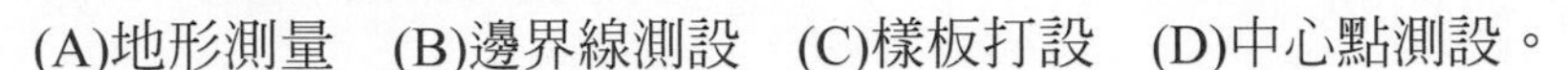
(A)地形測量　(B)邊界線測設　(C)樣板打設　(D)中心點測設。

地形測量、收方：測定基地之地形、地貌現況，以爲施工規劃之依據。

31. (　A　) 較適合於現場進行大範圍之土方挖填作業，並於行進中鏟土，滿載後快速移動至填土位置攤平填土的機具爲下列何者？
(A)刮運斗(機)　(B)挖溝機　(C)斗輪開挖機　(D)出土抓斗(機)。

大範圍之土方挖填作業有採用刮運斗，於行進中鏟土，滿載後快速移動至填土位置攤平填土。

32. (　B　) 土方裝載、運輸應考量其重量及其漲縮比，做爲合理丈量計價依據。依據參考值，下列何種土方膨脹率最高？
(A)黏土(乾)　(B)黏土(濕)　(C)砂(乾)　(D)砂(濕)。

土方單位重量參考值：

土壤性質	鬆方重量 (t/m^3)	實方重量 (t/m^3)	脹縮比	膨脹率(%)
黏土(乾)	1.6	2.0	0.80	26
黏土(濕)	2.1	2.7	0.78	32
砂(乾)	2.0	2.2	0.91	12
砂(濕)	2.4	2.7	0.89	13
卵礫石(乾)	2.2	2.4	0.92	12
卵礫石(濕)	2.6	2.9	0.90	10

[111-1-2]

33. (B) 下列各種不同狀況對混凝土工作度之影響的敘述何者不正確？
(A)水灰比小，工作度差 (B)水泥細度愈大工作度愈好 (C)添加卜作嵐材料會增加工作度 (D)水泥漿體量與粒料重量比大時工作度較佳。

水泥細度的表示方法：比表面積。
水泥細度：細度是指水泥顆粒總體的粗細程度。水泥顆粒越細，與水發生反應的表面積越大，因而水化反應速度較快，而且較完全，早期強度也越高，但在空氣中硬化收縮性較大，成本也較高。

34. (C) 內政部營建署「結構混凝土施工規範」規定，不做支撐之牆側模的最少拆模時間為何？ (A) 4 小時 (B) 8 小時 (C) 12 小時 (D) 24 小時。

模板最少拆模時間(內政部營建署結構混凝土施工規範)。

構件名稱	最少拆模時間
柱、牆及梁枝不做支撐側模	12 小時

35. (B) 依內政部營建署之結構混凝土施工規範，若為 A 級表面，則相鄰模面襯板突出之誤差為？ (A) ± 1 mm (B) ± 3 mm (C) ± 5 mm (D) ± 10 mm。

現場澆置混凝土施工許可差(內政部營建署結構混凝土施工規範)
相鄰模面襯板突出
1. A 級表面 ± 3 mm
2. B 級表面 ± 6 mm
3. C 級表面 ± 13 mm
4. D 級表面 ± 25 mm。

36. (　D　) 有關鋼筋加工的敘述，下列何者錯誤？ (A)鋼筋有裂痕、魚尾叉、毛邊等不得使用 (B)鋼筋於加工前要先清潔除鏽 (C)所有鋼筋必須冷彎 (D)鋼筋整直時，有彎頭之鋼筋應先將彎頭切斷，不得逕將變頭彎曲再整直 。

鋼筋加工注意事項：

1. 鋼筋加工前應確認加工圖及足尺寸施工圖始得加工。
2. 鋼筋有裂痕、魚尾叉、毛邊等不得使用，並於加工前清潔除鏽。
3. 鋼筋整直時，有彎頭之鋼筋應先將變頭彎曲再整直，不得逕將彎頭切斷。
4. 使用瓦斯裁剪不得損傷不予裁剪之鋼筋；裁剪後剩餘之鋼筋應拾集整理。
5. 所有鋼筋必須冷彎。
6. 鋼筋加工後存放應按組立順序、部位、直徑、長度、形狀分類隔墊堆放。

37. (　C　) 下列何者不是預拌混凝土供應商向訂購方提出交貨證明憑單之必要內容？ (A)交貨證明憑單之次序號數 (B)裝車時刻或水泥與粒料之開始拌和時刻 (C)預拌混凝土車之運送路線 (D)預拌混凝土車之車輛號碼。

承包商應要求預拌混凝土供應商提供依 CNS 3090 規定之交貨憑單，以作爲混凝土品質憑證。

交貨證明憑單其項目如下：

1. 預拌混凝土廠名。
2. 交貨證明憑單之次序號數。
3. 日期。
4. 車輛號碼。
5. 承購人姓名。
6. 工程名稱及地點。
7. 符合工程規範之混凝土種類或名稱。
8. 混凝土數量(m^3)。
9. 裝車時刻或水泥與粒料之開始拌和時刻。
10. 收貨人在工地所加之水量及其簽名。

38. (A) 爲避免造成工地之鋼構件重複吊卸作業，工地堆放鋼構件時應採用何種吊用順序？ (A)工廠製造完成之鋼構件，必須先吊者應後運至工地 (B)工廠製造完成之鋼構件，必須先吊者應先運至工地 (C)工地先吊用之鋼構件應先堆置在下面 (D)工地後吊用之鋼構件應先堆置在上面。

鋼構件吊裝之順序：

由於工地堆放鋼構件之場所十分有限，堆放鋼製成品常常使用立體堆疊之方式。啓動吊車時，均從堆疊於上方的鋼構件開始吊裝，所以現場堆疊必須按吊用順序堆放，先吊用者堆置在上面，後吊用者置放於下方。換言之，工廠製造完成之鋼構件，必須先吊者後運、後吊者先運，才不至於造成工地重複吊卸之作業，且重複吊卸容易造成鋼構件之受損與油漆之刮傷。

39. (D) 下列何者，非爲移動式起重機進入工區需檢查一機三證？ (A)使用檢查合格證 (B)操作人員訓練合格證照 (C)吊掛作業訓練合格證照 (D)大貨車駕駛執照。

起重機作業須具一機三證：

使用檢查合格證、操作人員訓練合格證、吊掛作業人員訓練合格證。

■情境式選擇題

有一混凝土護欄的剖面圖 (如下)。請回答下列問題：

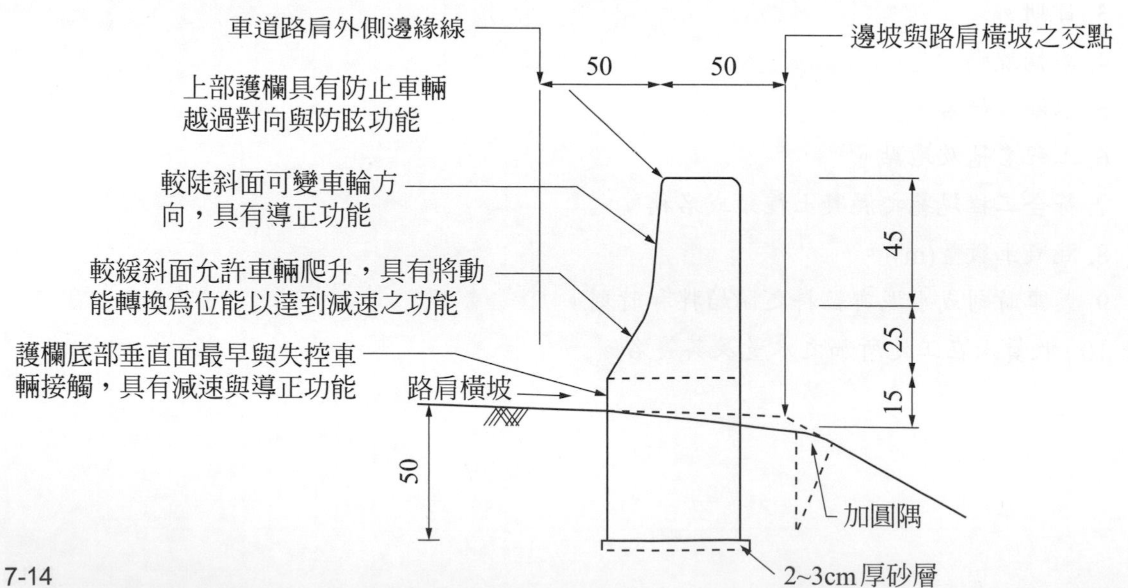

40. (送分) 此混凝土護欄的高度？　(A)50 cm　(B)70 cm　(C)85 cm　(D)135 cm。

41. (　C　) 邊坡與車道路肩外側邊緣線的距離為何？
(A)小於 50 cm　(B)50 cm　(C)100 cm　(D)大於 100 cm。

邊坡與車道路肩外側邊緣線的距離為 50 cm + 50 cm = 100 cm。

■情境式選擇題

已知建築工程用之主筋標準彎鉤規定(內政部營建署結構混凝土施工規範)，如下表。請回答以下問題：

鋼筋直徑 mm	彎曲最小直徑 D
10 - 25	6 db
29 - 36	8 db

dp
D
≥ 6.5cm
≥ 6db
180° 彎鉤

dp
D
12 dp
90° 彎鉤

42. (　B　) 若主筋採用# 5 鋼筋(db = 15.9 mm)，請問此鋼筋之 180°彎鉤之最小彎鉤握裏長度為何？　(A)6.5 cm　(B)9.54 cm　(C)12.72 cm　(D)19.08 cm。

180°彎鉤最小彎鉤握裏長度為 6 db。

15.9 mm × 6 = 9.54 cm。

43. (　C　) 若主筋採用# 10 鋼筋 (db = 32.2 mm)，請問此鋼筋之 90° 彎鉤之最小彎鉤握裏長度為何？　(A)19.32 cm　(B)25.76 cm　(C)38.64 cm　(D)51.52 cm。

90°彎鉤最小彎鉤握裏長度為 12 db。

32.2mm × 12 = 38.64cm。

44. (D) 在構材橫斷面上，繫筋或閉合箍筋相鄰各隻之中心距的規定為何？

(A)須大於 15 cm　(B)須大於 30 cm

(C)須大於 5 cm　(D)不得大於 35 cm。

繫筋(結構混凝土設計規範第 15.5.4.3 節)：

主鋼筋無橫向支撐者至有橫向支撐者之淨距不得大於 15 公分。在構材橫斷面上，繫筋或閉合箍筋相鄰各肢之中心距不得大於 35 公分。

[111-5-1]

45. (B) 以潛盾工法施築隧道為捷運之主要地下工程。測量在此工程中主要的任務在於保證其在多少誤差內貫通？

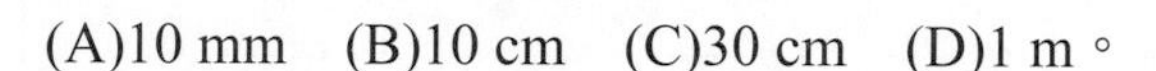

(A)10 mm　(B)10 cm　(C)30 cm　(D)1 m。

潛盾隧道掘進管理的檢測精度：

竣工位置與設計位置之誤差不得大於 100 mm，此 100 mm 之誤差限制包含定線誤差及承受最終載重下之隧道變形誤差。

46. (D) 有關場鑄樁施工管理重點，以下何者<u>不正確</u>？ (A)一般規定垂直度之傾斜偏差不超過 1/200。每根樁水準方向之樁中心點與設計圖指定之樁心點，其允許許可差應在 ±7.5 公分以內 (B)挖掘處之土質為軟弱土壤則套管之底端應保持在抓斗開挖面以下約 1 倍樁徑 (C)鋼筋籠由基樁頂起算 7.00 公尺以內不得續接。主筋之續接以採用搭接為原則 (D)若發生砂湧現象，應迅速抽除鑽孔中的積水，以保持孔壁與地層穩定。

若有砂湧現象應保持套管中之水位高於地下水位，以水中鑽掘方式保持地層穩定。

47. (D) 請問在水泥預拌廠的倉斗(silo)，主要儲放何種材料？
(A)粗、細骨材　(B)添加劑　(C)水　(D)水泥。

水泥儲放：
依使用之水泥類別、廠牌、混凝土產量等因素考量設置適當數量之「倉斗」。

48. (C) 如以石料爲主要材料填築路堤時，石塊之最大粒徑尺度不得大於每層厚度之多少？　(A)1/4　(B)1/3　(C)2/3　(D)1/5。

如以石料爲主要材料填築路堤時，應分層連續填築其整個斷面寬度，每層填築厚度不得大於[60 cm]爲原則。每層填築應自該路段之一端開始，將填料傾倒於前一層之上面，然後以堆土機將其向前推動，使較大石塊推置於每層填料之下層，而其間隙由小石料及土壤或細料填充良好，石塊之最大粒徑尺度不得大於每層厚度之 2/3，所有過大之石料應先行處理至所需尺度後，方可使用。

49. (B) 以下哪一種混凝土需進行坍流度(CNS 14842 A3400)試驗？
(A)水中混凝土　(B)自充填混凝土　(C)滾壓混凝土　(D)一般混凝土。

自充填混凝土：
「自充填效能」之試驗方式包括：坍流度(CNS14842A3400)、流動性(CNS14840、14841)等。

50. (A) 使用特密管澆置連續壁應注意事項，下列哪項敘述不正確？　(A)混凝土投入管內後再置入橡皮碗再灌入混凝土　(B)特密管應置於鋼筋籠中心位置　(C)特密管續接作業應避免碰觸鋼筋籠　(D)特密管置入樁孔內深度應確實掌控。

混凝土投入管內前應先置入橡皮碗再灌入混凝土，將其壓至管底流出，以免混凝土於管內混入泥水。

51. (C) 右圖之橋墩係使用何種加速組拆作業之特殊設備？
(A)爬模
(B)飛模
(C)滑模
(D)清水模。

滑動模板爲混凝土澆置後模板爬升再持續澆置之連續施工，能大幅縮短工時，亦能有效解決諸如施工架大量搭設之另一種解決方案，工程中較常見之滑動模板施工，垂直式使用於混凝土材質柱狀結構體如煙囪及筒倉壁體等。

52. (B) 下列何者，不是安全監測之目的？ (A)設計條件之確認 (B)監測設備之維護 (C)長期行爲之追蹤 (D)相關設計之回饋。

解析

安全監測之目的：
1. 設計條件之確認。
2. 施工安全之掌握。
3. 長期行爲之追蹤。
4. 責任鑑定之佐證。
5. 相關設計之回饋。

53. (A) 採用鋼板樁作爲臨時擋土支撐工法，於打設位置範圍內不足幾天齡期之混凝土，不得打設鋼板樁？ (A)7 天 (B)14 天 (C)28 天 (D)90 天。

解析

採用鋼板樁作爲臨時擋土支撐工法，於打設位置範圍內不足 7 天齡期之混凝土，不得打設鋼板樁。

54. (　C　) 管線遷移工作中，若包括路燈，承包商應負責與管線所屬單位最少應提前幾天聯繫？　(A)30 天　(B)60 天　(C)90 天　(D)120 天。

解析

管線遷移工作中，若包括路燈，承包商應負責與管線所屬單位最少應提前 90 天聯繫。

55. (　A　) 支撐開挖工法的支撐系統中，橫擋(Wale)作用爲何？
(A)傳遞擋土壁背面土壓力至水平支撐
(B)提供中間柱(Center Post)支撐之支持力量
(C)使支撐不因自重而下沉
(D)調整支撐的間距。

橫擋：
橫擋係將擋土壁所承受之土壓力、水壓力予以傳遞到撐樑、角撐等彎曲材之構件。

56. (　A　) 地下連續壁施工時，地下水位於地表下 2 m，連續壁側壁於地表下 5 m 之砂土層處因施工品質不佳而產生裂縫，則可能發生之災害爲何？
(A)管湧　(B)土壤液化　(C)隆起　(D)基礎上浮。

地下擋土壁爲一種止水性的擋土結構物，若因施工不愼而產生裂縫，則在裂縫處將形成透水路徑，尤其在具透水性之地層中，地下水位高時，在土體內產生滲流，而於裂縫處，水力坡降大到足以破壞土壤顆粒間的黏結力及摩擦力後，地下水先將土壤中的細顆粒帶出，顆粒間的阻力減少，水力坡降增加，再將較大顆粒的土壤帶出，並一直往上游面延伸，形成滲流管道，此現象稱爲管湧(piping)。

■情境式選擇題

某營造工程公司承包龐大數量河海浚渫抽取砂石的工程案，並在崎嶇灘岸進行相關作業施作。請回答以下問題：

57. (A) 如於固定灘岸抽取砂石運輸至岸邊邊坡上方道路固定卸載區進行轉運，此時採用何種運送方式較佳？
(A)輸送機 (B)堆高機 (C)全拖車 (D)吊卡車。

如於一定路徑內運輸龐大數量時，採用「輸送機」(Conveyor)運輸，可使作業合理化、提高施工品質、提高機具效能、縮短作業時間爲一經濟快速之運輸方法。

58. (B) 該工程需要不定時於灘岸各處吊裝假設工程設施時，使用的機具以下列何者最爲適合？
(A)輪胎式起重機 (B)履帶式起重機 (C)塔式吊車 (D)堆高機。

履帶式起重設備因履帶之寬度較大，不僅可作爲機具移動之構造，於吊裝作業時亦直接作爲支撐座之作用，故可於荷重吊起後緩速移行，更增其作業彈性，爲其優點。應用於河(海)堤消波塊吊放、連續壁鋼筋籠吊裝等特殊作業需要。

■情境式選擇題

某營造公司承包市政府地下污水管道新建工程，必須進行主幹管及分支管網施作。請回答下列問題：

59. (B) 以下何者<u>不屬於</u>小型推管機的類型？
(A)擠壓式 (B)自走式 (C)土壓式 (D)泥水式。

小型推管機：

一般以直徑約 1.5～2.5 M 之圓形鋼管直接壓入地層中作爲工作井。採用之推管機型式主要有如下各類：

1. 擠壓式。
2. 土壓式(螺旋輸送機出土)。
3. 泥水式(管線流體輸送出土)。

60. (　A　) 以下何者<u>並非</u>推進管承受推進千斤頂之推力頂入地層中，並逐節續接所需具備的需求？　(A)跌水　(B)荷重　(C)管線銜接　(D)曲線施工。

推進管需求：

1. 荷重：須能承受覆土壓、推進千斤頂推力及其他相關載重。
2. 管件之銜接。
3. 曲線施工。

■情境式選擇題

某營造公司承包一軌道統包工程，必須進行軌道工程設計施工作業施作。請回答下列問題：

61. (　A　) 鋼軌銲接施工時，須先調整鋼軌的何種狀態，以達零應力狀況下，再進行銲接？之後再將鋼軌固定於枕木或軌道版上

(A)溫度　(B)高度　(C)長度　(D)強度。

銲接施工時，須先調整鋼軌溫度，以達零應力狀況下，再進行銲接。之後再將鋼軌固定於枕木或軌道版上。

62. (　A　) 爲供應電氣化列車使用之電力，需於軌道外側設置集電靴及導電軌。若採不同供電壓力時應如何設計辨識方式？

(A)以不同顏色之蓋版設計　(B)用不同符號標繪於軌枕

(C)採用不同立柱高度表示　(D)於軌側壓印電壓代號。

爲供應電氣化列車使用之電力，多於軌道外側設置集電靴及導電軌(第三軌)。如採不同供電壓力應以不同顏色之蓋版，以利辨識。

63. (　C　) 軌道爲鐵路運輸之主要構造，關係列車行駛之安全、舒適。下列何者<u>不是</u>軌道設置的基本功能？

(A)耐磨　(B)抗疲勞　(C)操控　(D)維修。

軌道設置的基本功能：

1. 強度：

   需足供列車行駛及其他相關載重支承強度。

2. 平順：

   提供列車於其上方快速、平穩通過。

3. 耐磨：

   載重極高之列車快速通過時，鋼輪與鐵軌接觸面之頻繁摩擦，需具有極高之硬度，方能維持長期之通行需求。

4. 抗疲勞：

   軌道設施頻繁地接受列車車輪反覆輾壓載重，需具有極高之耐疲勞性能。

5. 維修：

   路軌使用時間極長，僅能利用未營運之夜間維護。軌道之設置應以極低之維修需求爲目標，以簡易方式實施即可。

[111-5-2]

64. (D) 下列何者爲耐候結構用的鋼材？

    (A)CNS SS490　(B)CNS SM490
    (C)CNS SN490　(D)CNS SMA490。

SMA 耐候結構鋼材。

65. (D) 下列何種摻料對混凝土的生態性有益？

    (A)輸氣劑　(B)緩凝劑　(C)快凝劑　(D)減水劑。

混凝土生態性：

添加摻料，提高水泥強度效率，減少水泥用量，降低 CO^2 排放量，利用再生固體廢料，增加工程品質，延長生命週期。

摻料種類 混凝土性質	減水劑	強塑劑	卜作嵐	礦石粉	輸氣劑	緩凝劑	凝結控制劑	快凝劑	聚合物	乳液	纖維	防鏽劑	斥水劑	膨脹劑	起泡劑	其他
工作性	○	○	○	○	○	○			○	○	○					
安全性(強度)	○	○	○	○	○	○			○	○						
耐久性	○	○	○	○	○	○			○	○	○	○	○			
經濟性	○	○	○	○												
生態性	○	○	○	○												
體積穩定性	○	○	○	○			○		○	○	○					
凝結控制		○	○	○		○	○	○								
韌性											○					
水密性		○	○						○	○						
其他		○	○						○	○	○			○	○	○

66. (　A　) 請問碳含量介於 0.5%與 1.5%之間的鋼是那一種鋼？

(A)高碳鋼　(B)中碳鋼　(C)低碳鋼　(D)微軟鋼。

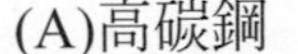

鋼材依照含碳量可區分爲高碳鋼(1.5%≧碳含量≧0.5%)，中碳鋼(碳含量 0.3～0.5%)及低碳鋼(碳含量 0.05～0.3%)。

67. (　C　) D10 至 D13 之竹節鋼筋的最小與最大節高度値爲何？

(A)最小値爲標稱直徑 × 4.0%，最大値爲標稱直徑 × 6.0%

(B)最小値爲標稱直徑 × 4.5%，最大値爲標稱直徑 × 6.75%

(C)最小値爲標稱直徑 × 4.0%，最大値爲標稱直徑 × 8.0%

(D)最小値爲標稱直徑 × 4.5%，最大値爲標稱直徑 × 9.0%。

竹節鋼筋之節高：最小值爲標稱直徑×4.0%，最大值爲標稱直徑 ×8.0% (最小值 2 倍)。

竹筋鋼筋稱號	節高度之最小值	節高度之最大值
D10 至 D13	標稱直徑×4.0%	最小值之 2 倍
D16	標稱直徑×4.5%	
D 19 至 D57	標稱直徑×5.0%	

68. (C) 下列何者不屬於天然石材？

(A)大理石 (B)蛇紋石 (C)羅馬崗石 (D)花崗岩。

種類	成份	代表
天然石材	火成岩	花崗岩
		安山岩
	水成岩	砂岩
		凝灰岩
		粘板岩
	變質岩	大理石
		蛇紋石
人造石		羅馬崗石

69. (B) CNS 7334 規定之模板標稱尺寸，其中的 2018 模板是指？

(A)2018 年的模板　(B)寬度 200 mm 的模板

(C)長度 2000 mm 的模板　(D)高度 180 mm 的模板。

模板之標稱、尺度 CNS 7334 A2104)單位：mm。

標稱	寬度×長度×高度	標稱	寬度×長度×高度
3018	300×1800×55	1518	150×1800×55
3015	300×1500×55	1515	150×1500×55
3012	300×1200×55	1512	150×1200×55
3009	300×900×55	1509	150×900×55
3006	300×600×55	1506	150×600×55
2018	200×1800×55	1018	100×1800×55
2015	200×1500×55	1015	100×1500×55
2012	200×1200×55	1012	100×1200×55
2009	200×900×55	1009	100×900×55
2006	200×600×55	1006	100×600×55

70. (A) 依據行政院公共工程委員會之公共工程施工綱要規範規定，經常與水或土壤接觸之橋墩的鋼筋保護層最小厚度爲何？

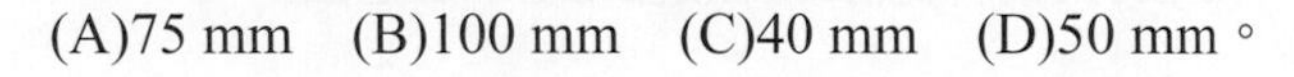

(A)75 mm (B)100 mm (C)40 mm (D)50 mm。

依據行政院公共工程委員會之公共工程施工綱要規範規定，經常與水或土壤接觸之橋墩的鋼筋保護層最小厚度爲 75 mm。

71. (B) 鋼結構依設計圖標示中螺栓孔徑使用螺栓組裝，下列敘述何者正確？
(A)螺栓孔徑要等於螺栓直徑 (B)螺栓孔徑要比螺栓直徑大 1.5 mm
(C)螺栓孔徑要比螺栓直徑大 0.5 mm (D)螺栓孔徑要小於螺栓直徑。

依據行政院公共工程委員會之公共工程施工綱要規範規定，經常與水或土壤接觸之橋墩的鋼筋保護層最小厚度爲 75 mm。

72. (AB) 有關混凝土澆置計畫內容之敘述，下列何者錯誤？ (A)預拌混凝土供應商要依 ASTM 3090 規定提供交貨憑單，以做爲混凝土品質的憑證 (B)預拌混凝土運送途中保持攪動者不得超過一小時 (C)預拌混凝土運送途中未加攪動者不得超過 30 分鐘 (D)混凝土輸送過程中，除另有規定外，不得添加任何物質。

1. 承包商應要求預拌混凝土供應商提供依 CNS 3090 規定之交貨憑單，以作爲混凝土品質憑證。
2. 混凝土輸送過程中，除另有規定外不得添加任何物質，混凝土自拌和完成後至工地開始卸料之時間規定如下：
   A.輸送途中保持攪動者不得超過 1 小時。
   B.途中未加攪動者不得超過 30 分鐘。

73. (D) 有關鋼構件之堆置敘述，下列敘述何者錯誤？ (A)堆放鋼製構件的臨時施工構台，必須要有專業技師之結構計算 (B)禁止在擋土支撐之水平支撐的上方堆放器材 (C)未塗裝之鋼構件於工地堆放時，應設法覆蓋，避免鋼架露天受潮 (D)鋼製構件應堆放在通風良好之地面。

鋼製構件應堆放在通風良好之地面：
由於施工構台堆放時，各項均依保持適度之空間，通風必須良好，如果直接堆放地面，應先鋪設無筋混凝土，避免下雨時之泥巴噴濺，保持鋼構件之清潔。

■情境式選擇題

A 營造有限公司承攬公路總局主辦之跨河道路橋梁工程，該工程橋梁主跨爲預力箱型梁橋、橋墩中心間距 40 公尺，橋面寬 20 公尺，橋墩柱高度爲 8～14.5 公尺，行水區之橋基採圍堰沉箱工法。請回答下列問題：

74. (A) 對於高度二公尺以上之工作場所，勞工作業有墜落之虞者，應依「營造安全衛生設施標準」，訂定下列何種計畫？ (A)墜落災害防止計畫 (B)作業場所安全應變計畫 (C)墜落安全訓練計畫 (D)墜落危險因子分析計畫。

墜落災害防止計畫。

75. (D) 高度二公尺以上之橋樑墩柱及橋樑上部結構、橋台等場所作業，勞工有遭受墜落危險之虞者，依「營造安全衛生設施標準」，應於該處設置護欄、護蓋或安全網等防護設備。以鋼管構成者，其上欄杆、中間欄杆及杆柱之直徑均不得小於 3.8 公分，杆柱相鄰間距上限爲多少？
(A)90 公分　(B)1.5 公尺　(C)1.8 公尺　(D)2.5 公尺。

解析

以鋼管構成者，其上欄杆、中間欄杆及杆柱之直徑均不得小於三點八公分，杆柱相鄰間距不得超過二點五公尺。

■情境式選擇題

有一建築物工地使用高強度混凝土，該工地新聘的工地主任對於高強度混凝土不甚瞭解，爲避免誤用而影響混凝土品質，請回答下列問題：

76. (B) 中國土木水利學會(土木 402-88)「混凝土工程施工規範與解說」的高強度混凝土定義爲何？ (A)等於 420 kgf/cm^2　(B)大於 420 kgf/cm^2　(C)大於 560 kgf/cm^2　(D)大於 700 kgf/cm^2 。

高強度混凝土一般定義爲抗壓強度高於 420 kgf/cm^2 (6000 psi)即稱爲高強度混凝土。

77. (C) 高強度混凝土爲降低漿量使用與提高施工性，對使用的砂有何要求？
(A)砂通常採取 FM 小於 2.3　(B)砂通常採取 FM = 2.3～2.7
(C)砂通常採取 FM = 2.7～3.1　(D)砂通常採取 FM 大於 3.3。

砂通常採取 FM = 2.7～3.1 之粗砂，以降低粒料之總表面積，降低漿量之需求性。

78. (C) 土木 402「混凝土工程施工規範與解說」15.6.3 配比中規定，高耐蝕環境下的混凝土之水量要求爲？
(A)W/C < 0.4　(B)W/C > 0.4　(C)W/B < 0.4　(D)W/B > 0.4。

土木 402「混凝土工程施工規範與解說」15.6.3 配比中規定高耐蝕環境下之 W/B 應小於 0.4，並不是以 W/C 爲計量品質標準。

[109-9-1]

79. (C) 移動式起重機之構造及材質，所能吊升之最大荷重爲何？
(A)額定荷重 (B)積載荷重 (C)吊升荷重 (D)吊掛荷重。

解析

起重升降機具安全規則第 4 條：
本規則所稱吊升荷重，係指依固定式起重機、移動式起重機、人字臂起重桿等之構造及材質，所能吊升之最大荷重。

80. (D) 土木工程使用最廣之輸送機類型是哪一種輸送機？
(A)鏈式輸送機 (B)螺旋輸送機 (C)垂直輸送機 (D)皮帶輸送機。

解析

皮帶輸送機爲土木工程使用最廣之輸送機。

81. (A) 下列何種構造爲橋梁工程上部結構？
(A)支承墊 (B)墩柱 (C)帽梁 (D)井式基礎。

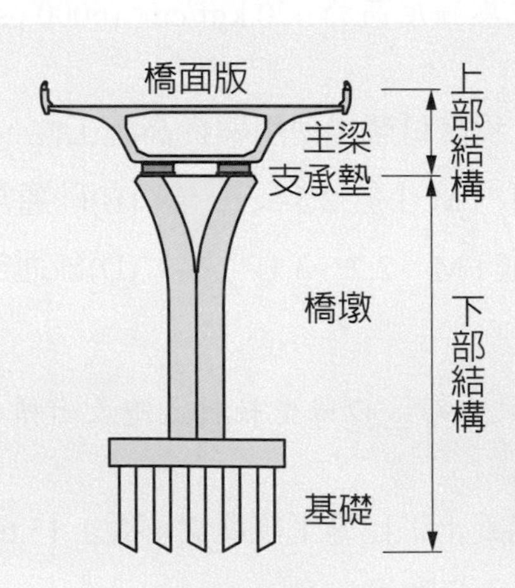

82. (　D　) 支撐架設機爲全斷面隧道鑽掘機之何種設備？

(A)切削機構　(B)出碴設備　(C)推進系統　(D)附屬設備。

解析

TBM 除以上主要設備外，依功能需求配備有：通風、排水、供電、支撐架設機、前進鑽孔設備、灌漿設備、方向測定設備、操作室等。

83. (　B　) 軌道工程中的標準軌爲鋼軌間距爲多少的軌道？

(A)1545 mm　(B)1435 mm　(C)1345 mm　(D)1055 mm。

解析

標準軌(standard-gauge railway)，是指國際鐵路聯盟在 1937 年制定 1435 mm 的標準軌距，軌距比標準軌更寬的稱爲寬軌，更窄的則稱爲窄軌。

某公司承包一市區地下捷運興建工程，擬採用潛盾工法施作。請回答下列問題：

84. (　A　) 以下設備中，何者在此工程中使用的機會最小？

(A)激發器　(B)傾斜儀　(C)千斤頂　(D)噴漿機。

解析

激發器通常用於探測設備，激發電容器內含 160 μf 電容，可儲存 1,000 焦耳之能量，接收激發信號後，提供電擊所需電能。

85. (　D　) 下列哪一種潛盾開挖不適用切削盤進行土壤開挖？　(A)土壓式潛盾機　(B)泥水加壓式潛盾機　(C)開放式機械潛盾機　(D)擠壓式潛盾機。

解析

擠壓式潛盾機(Blind Shield)：

於潛盾機前方設置內凹之隔鈑，其上開設可調整位置及大小之取土口，於潛盾機向前推進時盾體貫入地層隔鈑對地層之擠壓作用，使開挖面土碴向取土口流動而排土。

86. (　C　) 若該工程採用潛盾工法，對於地盤沉陷之防止對策中，會使用擋土版支撐開挖面防止發生解壓的是哪一種開挖機具？　(A)土壓式潛盾機　(B)泥水加壓式潛盾機　(C)開放式潛盾機　(D)擠壓式潛盾機。

開放式潛盾機妥善使用擋土版，支撐開挖面防止發生解壓。

[109-9-2]

87. (D) 鈷 60 射源其性質與鐵十分近似，一旦混入熔爐熔解立即與鐵熔液相融合，就產生了輻射鋼筋。鈷 60 的半衰期爲 5.26 年，請問經過 15.78 年後放射性剩下原先的多少？ (A)1/2 (B)1/4 (C)1/6 (D)1/8。

半衰期在放射性核種衰變的過程中，輻射強度每減少一半所需的時間即稱爲半衰期。
$15.78 / 5.26 = 3.2^3 = 8$ 經過 15.78 年後放射性剩下原先的 1 / 8。

88. (B) 下列何者屬於變質岩之天然裝修石材？
(A)花崗岩 (B)大理石 (C)砂岩 (D)安山岩。

變質岩：岩石受到擠壓或高溫(未達熔點)，使得岩石的成分或結構發生改變，形成另一種不同的岩石，稱之爲變質岩。
常見的有：大理岩、板岩、片麻岩等。

89. (A) 有關鋼結構施工在使用起重機之敘述，下列何者錯誤？
(A)指揮手應站在吊掛物下方指揮 (B)起重機要有檢查合格證
(C)操作手應有合格證 (D)以額定荷重限制吊掛物重量。

指揮手不應站在吊掛物下方指揮。

90. (A) 爲避免發生「建築病態症候群」，空調系統於設計階段應注意下列何者？
(A)空調新鮮外氣之供給 (B)室內正壓之維持
(C)室內溫度之維持 (D)室內照明。

空調新鮮外氣之供給，讓室內外空氣流通確保室內空氣品質。

[109-5-1]

91. (A) 「可於荷重吊起後長距離緩速移行，更增其作業彈性」是哪一種起重設備優點？ (A)履帶式 (B)輪胎式 (C)內置式塔式 (D)外附式塔式。

履帶式：

將起重設備裝設於履帶式車架上而成，因履帶之寬度較大，不僅可作爲機具移動之構造，於吊裝作業時亦直接作爲支撐座之作用，故可於荷重吊起後緩速移行，更增其作業彈性，爲其優點。

92. (D) 開放級配瀝青混凝土滾壓用之鐵輪壓路機，其總重不超過幾噸？

(A)16 t (B)14 t (C)12 t (D)10 t。

開放級配瀝青混凝土滾壓用之鐵輪壓路機，其總重不超過 10 t。

93. (C) 以下何者不屬於木地版施工的一般施工方式？

(A)直貼法 (B)直舖法 (C)直嵌法 (D)架高法。

直嵌法：

不屬於木地版施工的一般施工。

某營造公司承接高架道路暨橋梁新建工程。請回答下列問題：

94. (A) 「竹削工法」的主要目的是爲配合何種現地條件？ (A)順應地形坡度設置井式基礎 (B)河床上施工之不規則阻水圍堰 (C)水面上架設斜向棧橋 (D)連結橋梁上部結構及基礎之傾斜墩柱。

因應山坡地不平整地形特色，爲減低開挖範圍，順應地形坡度設置井式基礎上方之護圍，以爲擋土設施，再往下開挖。其形狀類似劈銷竹子之斷面，而取名爲「竹削工法」。

95. (D) 下列哪一項不是支承墊安裝作業的重點？
(A)加勁 (B)放鬆或鎖固之時機 (C)荷重及變位與轉動能力 (D)預熱。

『預熱』不是支承墊安裝作業的重點：
支承墊安裝作業重點如下：
一、 支承種類及活動方向。
二、 荷重及變位與轉動能力(前置量)。
三、 安裝精準度與平整度。
四、 加勁。
五、 放鬆或鎖固之時機。
六、 細部構造：防塵罩＋遊標尺。
七、 物體飛落防止。
八、 人員墜落防止。

96. (B) 以下何者不是鋼梁施工作業中塗裝作業的內容？
(A)鋼梁箱室內侷限空間作業安全 (B)生產線設備安全
(C)通風及照明 (D)防火措施。

生產線設備安全：
不是鋼梁施工作業中塗裝的內容。

在節能減碳的風潮下，綠建築物爲未來建築之趨勢，請回答下列問題：

97. (A) 下列何者不是國際間對於綠建材的認定特性？
(A)經濟性 (B)再使用性 (C)再循環性 (D)廢棄物減量性。

『經濟性』不是國際間對於綠建材的認定特性，國際間對於綠建材的概念，可大致歸納爲以下幾種特性：再使用(Reuse)、再循環(Recycle)、廢棄物減量(Reduce)、低污染(Low emission materials)。

98. (C) 使用自然材料與低揮發性有機物質建材，爲綠建材之何種優點？
(A)可回收性　(B)生態材料　(C)健康安全　(D)經濟實用。

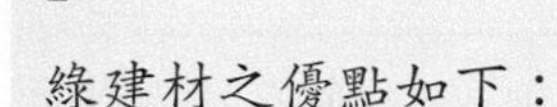

綠建材之優點如下：

一、 生態材料：減少化學合成材之生態負荷與能源消耗。

二、 可回收性：減少材料生產耗能與資源消耗。

三、 健康安全：使用自然材料與低揮發性有機物質建材，可減免化學合成材之危害。

[109-5-2]

99. (D) 依據營建工程空氣汙染防制設施管理辦法，於營建工程進行期間，其所使用具粉塵逸散性之工程材料、砂石、土方或廢棄物，且其堆置於營建工地者，下列何者非應採行有效抑制粉塵之防制設施？ (A)覆蓋防塵布　(B)覆蓋防塵網　(C)配合定期噴灑化學穩定劑　(D)持續灑水。

營建工程空氣汙染防制設施管理辦法第 7 條：

營建業主於營建工程進行期間，其所使用具粉塵逸散性之工程材料、砂石、土方或廢棄物，且其堆置於營建工地者，應採行下列有效抑制粉塵之防制設施之一：

一、覆蓋防塵布。二、覆蓋防塵網。三、配合定期噴灑化學穩定劑。

100. (A) 一般建築或橋梁工程之設計常採用扭控強力螺栓，俗稱自動斷尾螺栓。國內常用之扭控螺栓直徑共有四種，請問下列何者螺紋標稱較不常用？
(A)M12　(B)M20　(C)M22　(D)M24。

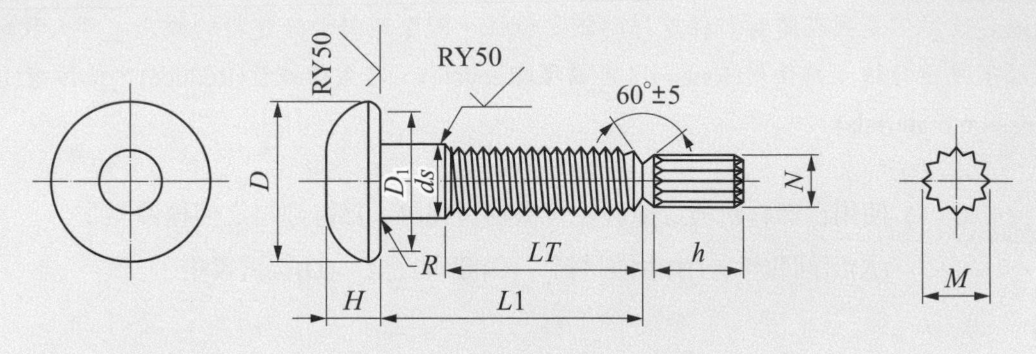

標稱直徑	ds		H		D_1	D	LT		h	M		N
	基準尺度	公差	基準尺度	公差	最小	最小	基準尺度	公差	約	基準尺度	公差	約
M16	16	+0.7 −0.2	10	±0.8	26	27	30	+5 −0	13	11.3	±0.3	13.1
M20	20	+0.8 −0.4	13	±0.9	33	34	35	+6 −0	15	14.1	±0.3	16.4
M22	22	+0.8 −0.4	14	±0.9	37	38.5	40	+6 −0	16	15.4	±0.3	17.8
M24	24	+0.8 −0.4	15	±0.9	41	43	45	+6 −0	17	16.8	±0.3	19.5

101. (A) 營建工程中所使用的鋼材的彈性模數大約爲多少？ (A)2.0～2.1 × 10^5 MPa (B)2.0～2.1 × 10^4 MPa (C)2.0～2.1 × 10^5 kPa (D)2.0～2.1 × 10^4 kPa。

解析

2.0～2.1 × 10^5 MPa = 2.0～2.1 × 10^5 kN/mm^2。

102. (D) 在處理外牆漏水時一般不會選用以下何種防水材料？ (A)水性樹脂砂漿 (B)壓克力樹脂防水膠 (C)水性橡化瀝青防水膠 (D)PU 防水。

解析

PU 防水流動性高不適用立面防水材。

103. (D) 依「公共工程施工綱要規範」規定，經常與水或土壤接觸結構物之橋墩，其鋼筋保護層最小厚度應爲多少？
(A)40 mm (B)50 mm (C)65 mm (D)75 mm。

說明		板		牆	梁	柱	基腳	橋墩	隧道
		厚度 225 mm 以下	厚度大於 225 mm	Mm	(頂底及兩側) mm	mm	mm	mm	mm
不接觸雨水之結構物	鋼筋 D19 以下	15	18	15	*40	40	40		
	鋼筋 D22 以上	20	20	20	*40	40	40		
受有風雨侵蝕之結構物	鋼筋 D16 以下	40	40	40	40	40	40	40	40
	鋼筋 D19 以上	45	50	50	50	50	50	50	50
經常與水或土壤接觸之結構物			65	65	65	75	65	O75	75

[109-1-1]

104. (　D　) 下列何者說明何者有誤？　(A)營建用升降機爲設置於營建工地，專供營造施工使用之升降機，其主要功能爲載人、載貨、人貨兩用，通常爲齒條式結構　(B)營建用升降機採全面納管方式辦理，不分積載荷重，均須檢查合格才能使用　(C)營建用提升機係指於土木、建築等工程作業中，僅以搬運貨物爲目的之升降機　(D)雇主對於營建用提升機之使用，必要時可以乘載人員。

依「起重升降機具安全規則」，所謂「營建用提升機」係指於土木、建築等工程業中，僅以搬運貨物爲目的之升降機。

105. (　A　) 水力式水壓計包括水壓計本體及塑膠管，埋設水壓計本體時，其周邊與鑽孔壁之間需填充何種材料？　(A)清潔細砂料　(B)石灰　(C)混凝土　(D)黏稠皀土。

當埋設水壓計本體時，其周邊與鑽孔壁之間需填充填透水砂料(清潔細砂料)。

[109-1-2]

106. (D) 瀝青混凝土路面結構係採多層設計，下列何者爲由下往上正確的順序？ (A)基層、底層、路基、面層 (B)路基、底層、基層、面層 (C)基層、路基、底層、面層 (D)路基、基層、底層、面層。

瀝青路面係採多層設計，由下往上分別有路基(subgrade) (又稱路床)、基層(subbase course)、底層(base course)及面層(surface course)。

107. (B) 下列何種混凝土常用在隧道工程之開挖面穩定作業及山坡地邊坡穩定作業上？ (A)無收縮混凝土 (B)噴凝土 (C)滾壓混凝土 (D)高強度混凝土。

解析

噴漿之主要目的在於穩定地下工程岩盤、保護開挖邊坡、防止開挖完成或曝露之岩盤面發生風化及隧道工程支撐結構等。施作方式一般可區分爲溼噴法與乾噴法兩種，得視施工環境、工程規模及預定進度等選擇之。

有一橫跨茎濃溪之鋼橋，以油漆塗裝進行防蝕，鋼橋油漆是工廠噴塗 5 層，僅留 1 層面漆在工地噴塗，請回答下列問題：

108. (C) 油漆之膜厚檢查，是以每平方公尺的表面積量測幾點進行平均做爲漆膜厚度？ (A)2 點 (B)3 點 (C)5 點 (D)9 點。

施工規範第 09972 章鋼橋油漆 3.3.1 塗裝工程第 3 款：
油漆乾膜厚度應使用 SSPC-PA-2 之相關規定或適當膜厚測定器測定，其測定方法係在指定之範圍內或 100 m^2 的面積範圍內任意測定 5 個分佈點。

109. (B) 鋼橋之鋼料由工廠運送到工地時，表面有部分刮傷及生鏽，必須進行除銹整修。若鋼料的除銹處理程度爲 2 級，請問 2 級是指何種處理？ (A)輕度之處理表面 (B)中度之處理表面 (C)幾近完整之處理表面 (D)完整之處理表面。

依照瑞典標準協會 SIS-05-5900 除鏽度之分級：

St 等級(以手工具或電動砂輪機處理者)：St0，St1，St2，St3。

St0：未做除鏽處理之鋼鐵表面。

St1：使用鋼刷做輕度的全面刷除浮鏽及鬆解氧化層。

St2：使用人工、電動鏟具、鋼刷或研磨機等，將鬆解氧化層、浮鏽及其他外界異物去除後，用吸塵器或壓縮空氣、毛刷將灰塵去除。

St3：使用電動用具、鋼刷或研磨機將鬆解氧化層、浮鏽及異物徹底除盡並經清除灰塵後，其表面應有金屬光澤之出現。

110. (A) 若鋼橋油漆之總膜厚約 300 μm，由底漆、中漆、面漆各 2 層組成，請問工地油漆噴塗厚度約等於？ (A)50 μm (B)100 μm (C)150 μm (D)300 μm。

300 / 6 = 50 μm，面漆一層 50 μm。

[108-9-1]

111. (B) 以潛盾工法施築隧道爲捷運之主要地下工程。測量在此工程中主要的任務在於保證其在多少誤差內貫通？

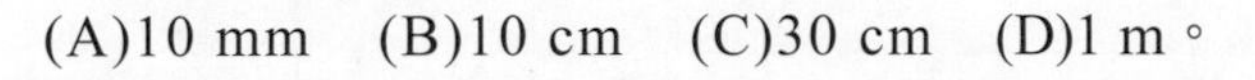

(A)10 mm (B)10 cm (C)30 cm (D)1 m。

工程主要的任務在於保證其測量誤差至多在 10 cm 內貫通。

112. (C) 起重機作業管理中，作業仰角，也就是桁架與地面之夾角，與有效吊重的關係爲何？ (A)仰角越大，吊升荷重越高 (B)仰角越大，有效吊重越低 (C)仰角越大，有效吊重越高 (D)仰角越大，吊升荷重越低。

伸臂之起重機之吊升荷重，應依其伸臂於最大傾斜角、最短長度及於伸臂之支點與吊運車位置爲最接近時計算之。
具有吊臂之吊籠之積載荷重，指於其最小傾斜角狀態下，依其構造、材質，於其工作台上乘載人員或荷物上升之最大荷重。
具有伸臂之固定式起重機及移動式起重機之額定荷重，應依其構造及材質、伸臂之傾斜角及長度、吊運車之位置，決定其足以承受之最大荷重後，扣除吊鉤、抓斗等吊具之重量所得之荷重。
由上可知仰角越大，有效吊重越高

113. (B) 道路工程填土時的粒徑控制，爲確實壓實，填土材料之最大粒徑應不大於填築厚度的多少？過大者，應予挑除 (A)1 / 2 (B)1 / 3 (C)1 / 4 (D)1 / 5。

填土材料之最大粒徑應不大於填築厚度的 1 / 3。

114. (A) 填土滾壓時，土質不得過乾或過濕。過乾時應灑以適當之水份，過濕時應以適當方法，使其降至規定之含水量，方能滾壓。挖方時亦須於開挖至設計路基高程後，向下至少再翻鬆多少 cm 後滾壓之？

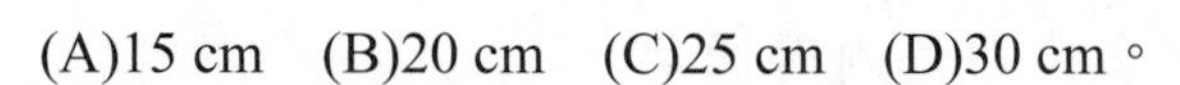
(A)15 cm (B)20 cm (C)25 cm (D)30 cm。

施工規範第 02300 章土方工作 3.2.3 滾壓：
填土滾壓時，土質不得過乾或過濕。過乾時應灑以適當之水份，過濕時應以適當方法，使其降至規定之含水量，方能滾壓。挖方時亦須於開挖至設計路基高程後，向下再翻鬆 15 cm 後滾壓之。

115. (C) 山岳隧道工程於邊坡開挖進入地層時，因多處於崩積區域，爲提高地層之穩定性，須將隧道開挖周邊予以固結，打設支撐鋼管並實施灌漿加固，一般多採用何種工法？
(A)新奧工法 (B)冰凍工法 (C)管幕工法 (D)潛盾工法。

先撐管冪工法係因隧道洞口之岩盤強度不足與偏壓問題或於隧道內遭遇軟弱岩層所發展出的一種於隧道中先支撐後開挖之高效率、高安全性的施工方法。
先撐管冪工法原理爲在未開挖的隧道頂拱部份預先打入一系列先撐管冪鋼管，並施以固結灌漿，使隧道頂在開挖前預先形成一傘狀保護環，待隧道開挖後，先撐管冪鋼管即與桁架式鋼支堡、鋼線網及噴凝土形成一三度空間之支撐系統。

某市區高層建築工地，在開挖前須先進行連續壁工程，確保鄰近建築物的安全。有關地下連續壁機具及施工作業流程，請回答下列問題：

116. (　B　) 穩定液中的鈣皀土，在穩定液中扮演以下何種角色？
(A)穩定劑　(B)加重劑　(C)增黏劑　(D)分散劑。

穩定液的品質管理是連續壁作業重要關鍵。穩定液係以皀土，鈣皀土(加重劑)，CMC(增黏劑)及分散劑等四種材料加水攪拌而成。

117. (　B　) 以下何者並<u>非</u>連續壁施工的主要施工機具型式？
(A)連續切削機　(B)振動抓斗　(C)機械抓斗　(D)油壓抓斗。

連續壁施工機具以油壓抓斗(以 MHL 鑽機爲代表)、機械抓斗(如 ICOS)、連續切削機(如 BW)等三種型式爲主。

一工程在開闊的現場進行了全套管的基樁施工，現地土壤屬於軟弱之飽和砂土層，請回答下列問題：

118. (　C　) 爲防止鋼筋籠吊裝中及吊裝後扭曲、挫屈及脫落，鋼筋之搭接最低標準應爲三點電銲，三點電銲之總長度至少<u>不得</u>小於主筋直徑之多少倍？
(A)3 倍　(B)4 倍　(C)5 倍　(D)6 倍。

爲防止鋼筋籠吊放中及吊放後發生扭曲、挫屈及脫落，鋼筋搭接之最低標準應需三點電銲，三點電銲之總長度不得小於主筋直徑之 5 倍。

119. (　B　) 為瞭解澆置完成後基樁混凝土斷面之完整性、連續性，原則上除設計圖另有規定外，直徑至少多少以上之基樁均應埋設測管？
(A)0.6 m　(B)1.2 m　(C)1.5 m　(D)1.8 m。

為瞭解場鑄混凝土樁於澆置完成後基樁混凝土斷面之完整性、連續性，是否含有土壤、灰泥、蜂窩或斷樁之現象，原則上除設計圖另有規定外直徑 1.2 m 以上之基樁均應埋設測管，並以基樁總數 5%進行基樁超音波試驗。

[108-5-1]

120. (　B　) 下列何種橋梁構造最終能將橋梁之荷重傳遞至地層？
(A)圍堰　(B)基礎　(C)橋墩　(D)帽梁。

「基礎」是將橋梁之荷重傳遞至地層之構造，橋梁工程採用之基礎型式依載重傳遞方式及施工方式分別有：展式基礎(直接基礎)、樁基礎、井式基礎、沉箱基礎等類型。

121. (　C　) 混凝土拌合機之分類中，其中重力式係屬下列何種分類方式？　(A)依拌合順序分類　(B)依材料種類分類　(C)依拌合機制分類　(D)依卸料方式分類。

解析

依拌和機制分：(1)重力式(2)強制混合式。

122. (　B　) 道路工程中有關整地工程施工作業應注意下列重點，以下何者為<u>非</u>？
(A)應先擬定土方工程分項施工計畫，按設計圖說完成路幅開挖工作
(B)開挖工作進行中，排水設施出水口位置，應設置於排水路徑最短之處
(C)所有挖方應自上而下順序開挖　(D)以上皆對。

開挖工作進行中，應隨時保持良好之排水狀況，建造臨時排水設施或備置抽水機等，以利開挖地區水之宣洩。排水設施出水口之位置，應避免設於對路幅或路基可能發生沖刷之處。

123. (C) 下列何項是輸送帶爲土方運送之施工設備？
(A)攪拌灑佈設備 (B)鑽掘機具 (C)裝載機具設備 (D)滾壓設備。

以皮帶輸送機(Belt Conveyer)持續地進行土方之搬運作業，對大面積土方工程具有極高效率之設備。尤其是裝載點固定或填置點固定之作業模式，效果更爲顯著。

124. (D) 有關於隧道支撐設施的相關技術內容之描述下列何者<u>不正確</u>？ (A)噴凝土係將水泥、骨材、水及速凝劑等攪拌混合後以噴漿機噴佈黏附於隧道壁面上形成之支撐壁體 (B)乾式噴凝土是指將水泥、骨材及速凝劑等在噴嘴前再加入水 (C)濕式噴凝土是指於水在水泥砂漿拌和時添加之 (D)鋼支保未採用特製之支保架設機架設時，方便性與安全性較高。

用以將鋼支保(型鋼加工製成)架起至隧道外周進行固定，未採用特製之支保架設機者，多以裝載機或挖溝機代替，作業之危害度相對較高。

某市區高架道路工地爲搬運工程材料採用移動式吊車，爲確保作業安全，需進行現場施工安全管理。試問：

125. (A) 現場施工安全管理應以以下何種荷重爲依據？
(A)額定荷重 (B)極限荷重 (C)吊升荷重 (D)破壞荷重。

起重升降機具安全規則第 23 條：
移動式起重機之使用，不得超過額定荷重。

126. (C) 以下何者<u>不是</u>現場校訂荷重時，施工安全管理之吊車最大作業荷重應考量的要件？ (A)吊距 (B)桁架長度 (C)上下層樓版夾固方式 (D)作業仰角。

上下層樓版夾固方式：
不是現場校訂荷重時，施工安全管理之吊車最大作業荷重考量的內容。

[108-5-2]

127. (D) 雇主對使用於作業場所使用之深開挖車輛及營建機械，下列規定何者為非？ (A)應裝置前照燈具 (B)駕駛棚擋風玻璃上應置有動力雨刮器 (C)駕駛棚須有良好視線，適當之通風，容易上下車 (D)為了方便通風，應免設置頂蓬。

職業安全衛生設施規則第 119 條：

雇主對使用於作業場所之車輛系營建機械者，應依下列規定辦理：

一、 其駕駛棚須有良好視線，適當之通風，容易上下車；裝有擋風玻璃及窗户者，其材料須由透明物質製造，並於破裂時，不致產生尖銳碎片。擋風玻璃上應置有動力雨刮器。

二、 應裝置前照燈具。但使用於已設置有作業安全所必要照明設備場所者，不在此限。

三、 應設置堅固頂蓬，以防止物體掉落之危害。

為了方便通風，應免設置頂蓬。

128. (D) 橋梁跨距在三十公尺以上，以金屬構材組成之橋梁上部結構，於鋼構之組立、架設、爬升、拆除、解體或變更等作業，應指派下列何者於現場指揮作業？

(A)專任工程人員 (B)工地主任 (C)技術士 (D)鋼構組配作業主管。

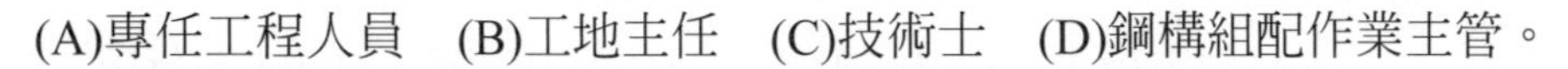

營造安全衛生設施標準第 149 條：

雇主對於鋼構之組立、架設、爬升、拆除、解體或變更等(以下簡稱鋼構組配)作業，應指派鋼構組配作業主管於作業現場辦理下列事項。

[108-1-1]

129. (A) 採用巨型特製之吊裝工作車將箱型梁吊起安置於橋墩上之作業方式，係下列何種橋梁工法？ (A)全跨徑吊裝工法 (B)預鑄節塊吊裝工法 (C)就地支撐工法 (D)平衡懸臂工法。

全跨預鑄吊裝工法 FPLM(Full-span Pre-cast & Launching Method)是在預鑄廠內生產全跨箱型梁後，以廠區內吊梁設備將箱型梁吊至運梁車上，同時利用己吊裝完成之橋面運輸箱型梁，然後以吊梁工作車將箱型梁吊置於墩柱墩帽上，箱型梁定位完成後，再將吊梁工作車移至下一跨並重複吊梁作業。

130. (　D　) 在基樁工程施作時，打樁機具設備將基樁打入地層內中，於無黏性或低黏性之砂質土壤中打設基樁，一般採用以下何種機具？
(A)錘擊式樁錘　(B)衝擊樁錘　(C)落擊樁錘　(D)振動樁錘。

振動樁錘(Vibration Hammers)：由一對激發器作反向滾動而產生振動，合併樁錘自重及振動力，使樁貫入地層。將落錘之自由落體敲擊力改以震動力施打基樁，用於無黏性或低黏性之沙質土壤中打設基樁。

131. (　B　) 一般瀝青混凝土之品質管理，以下何者不是管控舖築作業時應注意事項？
(A)路基應事先整平壓實　(B)注意掃紋時機及深度　(C)舖築時作業環境溫度不得低於 10°C　(D)瀝青混凝土到場溫度不得低於 120°C。

施工規範第 02742 章　瀝青混凝土鋪面：
瀝青混凝土應於晴天，除特殊情形經工程司同意者外，及施工地點之氣溫在 10°C 以上，且底層、基層、路基或原有路面乾燥無積水現象時，方可鋪築。
瀝青混合料倒入鋪築機鋪築時之溫度，由工程司決定之，惟不得低於 120°C。

132. (　B　) 「供應商一般以各該機具、設備之耐用期限計算投資回收期限，再考量市場供需情形收費，且多依使用期間計費。」是指哪一種施工機具來源類型？
(A)購製　(B)租機　(C)外包　(D)附買回購置契約。

以租用方式取得施工機具，供應商一般亦以各該機具、設備之耐用期限計算投資回收期限，再考量市場供需情形訂定租金，一般多依使用期間計費，計費單位有：小時、日、月。

133. (D) 木地板施工法中，對於施作面平整度要求最嚴格的是以下哪一種工法？
(A)懸吊法 (B)架高法 (C)直舖法 (D)直貼法。

直貼法—適用於地面平整度不超過 2 mm 及一樓以上之地面。

134. (C) 道路工程的土方填築作業，其填土材料之最大粒徑不應大於每層填築厚度的多少倍？ (A)1 倍 (B)1 / 2 倍 (C)1 / 3 倍 (D)1 / 4 倍。

填土材料之最大粒徑應不大於填築厚度的 1 / 3。

[108-1-2]

135. (C) 以下何者爲決定鋼筋可銲性的重要參數？
(A)錳當量 (B)矽當量 (C)碳當量 (D)鉻當量。

CE 值(碳當量)：
碳當量之定義：將碳以外之元素之影響力換算成碳量表示者，CNS 560 與 CNS 2473 等產品規範均對 CE 值訂有上限值，以有效管制鋼胚之均勻性。
且要使用經濟而方便的銲接方法進行鋼結構之銲接，則其鋼材之碳當量必須受到限制。
碳當量主要在反應鋼材銲接後的冷裂敏感性，母材碳當量過高很容易在銲接後的熱影響區產生組織密緻的麻田散鐵，麻田散鐵會阻擋氫在鋼材中的行動並進而聚集構成裂縫，造成銲接缺陷，又稱爲氫裂。

136. (D) 下列何者不是屋頂漏水可選用之防水材料？ (A)橡化瀝清防水層 (B)聚氨酯(PU)防水層 (C)水性樹脂砂漿 (D)矽利康填縫防水。

矽利康填縫防水適用於小範圍，如窗框、門框等。

[107-9-1]

137. (C) 有關於潛盾工法的支撐施工技術內容之描述下列何者不正確？ (A)潛盾施工開挖推進完成後，必須立即於盾尾處施作第一次襯砌的支撐設施 (B)潛盾機完成一單元推進後即刻進行環片組立，最後崁入的環片稱之爲K片 (C)背填灌漿依序自前端逐環向遠端施灌，灌注孔選擇應盡量對稱交錯施灌，以確實均勻之填滿 (D)環片接縫以及螺栓接合孔處，以無收縮水泥予以嵌斂，加強隧道之止水性。

背填灌漿依序自遠端逐環向前端施灌，灌注孔選擇應盡量對稱交錯施灌，以確實均勻之填滿。

138. (C) 道路工程中有關滾壓夯實作業管理重點，以下何者爲正確？ (A)滾壓機具之重量及式樣，於施工時視作業費用高低決定之 (B)滾壓作業應沿路堤縱向進行，由中心線漸向外緣滾壓，務使每一部分均獲致相等壓實效果 (C)涵管、管道或其他構造物，在其上方塡土未達 60 cm 前，應以夯土機或其他適當之機具夯實，不得以壓路機滾壓，以免損及構造物 (D)以上皆非。

滾壓機具之重量及式樣，於施工時視土壤之性質決定之。

滾壓作業應沿路堤縱向進行，由外緣漸向中心線滾壓，務使每一部分均獲致相等之壓實效果。

涵管、管道或其他構造物，在其上方填土未達適當高度之前，築路之重機械不得行經其上或鄰近行駛。此項高度須視實際情形而定，但不得小於[60 cm]，在該高度以下部分，應以夯土機或其他適當之機具夯實，不得以壓路機滾壓，以免損及涵管等構造物。

139. (D) 有關於新奧工法(NATM)之描述下列何者不正確？ (A)隧道支撐設施多以噴凝土、岩釘、鋼支保等爲主 (B)本工法之要旨在控制隧道變形下完成隧道支撐 (C)本工法需利用計測儀器量測隧道應變及支撐應力之變化情形 (D)本工法不需要即時調整支撐強度，即可以避免隧道的過度變形。

用以將鋼支保(型鋼加工製成)架起至隧道外周進行固定，未採用特製之支保架設機者，多以裝載機或挖溝機代替，作業之危害度相對較高。

140. (A) 道路工程的填土作業中，與涵洞或橋梁相鄰地區之路堤填築，應按多少公分之鬆方厚度分層壓實？ (A)15 公分 (B)20 公分 (C)25 公分 (D)30 公分。

與涵洞或橋梁相鄰地區之路堤填築，應按 15 cm 鬆方厚度分層壓實，但不得使用鏟刀或重型滾壓機具或高性能振動壓路機滾壓。

141. (D) 那一種橋梁工法的施工過程中需要利用「臨時橋墩」的輔助進行適度的修正及導引橋梁前進的方向？ (A)就地支撐工法 (B)支撐先進工法 (C)平衡懸臂工法 (D)節塊推進工法。

解析

節塊推進工法：
臨時橋墩－首段節塊推進達下一橋墩前呈懸臂狀況，爲減少彎曲力距並適度修正、導引推進方向，於橋台與墩柱間設置一～二處臨時支撐橋墩，多採鋼構。

142. (A) 有關於全斷面隧道鑽掘機(TBM)之引進與施工方法下列何者不正確？ (A)國內首次引進本工法於北宜高速公路雪山隧道的導坑工程，其後之主坑隧道則採鑽炸工法 (B)TBM 係利用一旋轉之「切削轉盤」(Cutter Disc)對岩盤行連續之切削形成隧道形狀尺寸之斷面，並可立即架設支撐設施 (C)在軟弱、擠壓、破碎地層可設置盾構而成盾構式 TBM 以防止崩坍 (D)TBM 一般常用之支撐方式包括有：鋼護帶(Steel Strip)、岩栓、鋼支保、噴凝土、環片等。

國內自 1993 年自美國 Robbines 公司引進使用於北宜高速公路雪山隧道導坑工程以來，於其後之主坑隧道均採用 TBM 施工。可惜因地質極端困難，施工極爲不順利。

[107-5-1]

143. (　A　) 下列何者不屬於近年來施工技術與施工機具之發展趨勢？　(A)作業能量微量化　(B)操作友善性　(C)作業安全性提高　(D)自動化乃至無人化之操作模式。

施工技術與機具之發展具有如下之趨勢：
一、 產能大幅提高。
二、 操作友善性。
三、 施工精確度提高。
四、 技術勞力需求度降低。
五、 作業安全性提高。
六、 低污染、無公害之作業方式。
七、 自動化乃至無人化之發展。

144. (　C　) 下列何者非爲全套管基樁施工機具設備？
(A)取土設備　(B)搖管器　(C)泥漿拌和設備　(D)全迴式鑽機。

泥漿拌和設備：
全套管基樁施工機具設備主要分爲取土設備、套管驅動設備(搖管器)及其他附屬機具設備等三大部份。

145. (　B　) 道路工程中的瀝青混凝土到達施工現場的溫度至少不得低於多少°C？
(A)110°C　(B)120°C　(C)130°C　(D)140°C。

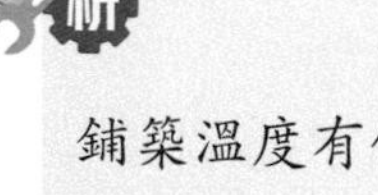

鋪築溫度有低於 120°C 之虞時，則其承裝設備或裝載運輸工具，應具保溫功能，以確保熱拌瀝青混凝土鋪築時溫度不得低於 120°C 且不得高於 163°C。熱拌瀝青混凝土溫度如不合規定，則不得使用。

146. (B) 下列何者爲井式基礎施工重點？ (A)一種剛度小之深基礎 (B)施工主要爲逐段開挖 (C)施工方式類似隧道方式 (D)適用於平原地區。

解析

井式基礎爲另一種剛度大之深基礎，其施工主要爲逐段開挖並設置支撐保護工避免崩塌，施工方式類似豎井方式，直至開挖至預定深度後再施作鋼筋及混凝土而完成井式基礎。井式基礎可減少基礎版尺寸，因此較適用於山坡或環境敏感區域。

147. (D) 道路工程的填土作業中，如以石料爲主要材料填築路堤時，每層填築厚度不得大於多少公分爲原則？
(A)30 公分 (B)40 公分 (C)50 公分 (D)60 公分。

如以石料爲主要材料填築路堤時，應分層連續填築其整個斷面寬度，每層填築厚度不得大於 60 cm 爲原則。

148. (D) 有關於隧道支撐環片的相關技術內容之描述下列何者不正確？ (A)環片材料一般爲鋼筋混凝土、鋼構造、鑄鐵 (B)環片之面版形狀可分爲厚度均一之「平版形」及部份縮減成類似格柵狀之「箱形」兩種 (C)異型環片是爲因應曲線施工及方向調整需要安裝之環片 (D)隧道施工時爲因應環片組裝、推進修正方向等需要，環片外緣與盾構內側之微間隙必須即速予以填充，此項作業稱爲「二次灌漿」。

潛盾施工爲應環片組裝、推進修止方向等需要，環片外緣與盾構內側需留有些微間隙，稱爲「盾尾間隙」(Tail-Clearance)，而盾構鋼鈑亦需有 3 m / m 以上之厚度，故於潛盾機推進離開盾尾之環片，外緣與地層間將出現空隙必須即速予以填充，以防止地層鬆馳、地下水滲流。此項作業稱爲「背填灌漿」。

149. (B) 有關於維護環境生態之營建技術內容下列何者不正確？ (A)內政部建築研究所擬定「綠建材」認證類別有四大方向 (B)內政部建築研究對於「綠建築」列有八大評估指標 (C)內政部對於「智慧建築」符合度評估之方式訂定有八大指標 (D)「生態工程」並無既定的標準模式，其應用須因地制宜、就地取材，自然無法以同一套標準適用於各地。

內政部對於「智慧建築」符合度評估之方式訂定有九大指標：
一、生物多樣性指標：增加生物棲地，使物種多樣化。
二、綠化量指標：將建築所排放的二氧化碳轉換成植物吸收量，降低二氧化碳濃度。
三、基地保水指標：使土地涵養水源，減少都市洪荒。
四、日常節能指標：節省日常使用能源。
五、二氧化碳減量指標：使用低二氧化碳排放的建材。
六、廢棄物減量指標：運用自動化及規格化，避免浪費。
七、室內健康指標：避免有音、光、熱、空氣、電磁等影響室內健康的因子。
八、水資源指標：節省水源。
九、污水與垃圾減量指標：減少日常污水與垃圾使用量。

台灣南部國道三高速公路後續計畫大量興建高架橋梁。試問：

150. (　B　) 於橋台後方設置預鑄場，依序分節施作一單元長度後，向另一端橋台方向推進，是下列何種橋梁工法？　(A)支撐先進工法　(B)節塊推進工法　(C)就地支撐工法　(D)全跨吊裝工法。

節塊推進工法：
於橋台後方設置預鑄場依序分節施作一單元長度〈即「節塊」〉後向另一端橋台方向推進，依序施行「節塊預鑄」、「施拉預力」、「推進」等作業循環，而完成整段橋梁，適用於多跨連續橋梁之施工。

151. (　A　) 於橋墩上裝設支撐(吊)架其後端固定予以施工之橋梁上，前端懸臂伸出以承載梁體之施工載重，是下列何種橋梁工法？　(A)平衡懸臂工法　(B)節塊推進工法　(C)就地支撐工法　(D)全跨吊裝工法。

平衡懸臂工法：
於橋墩上裝設支撐〈吊〉架其後端固定予以施工之橋梁上，前端懸臂伸出以承載梁體〈可爲場鑄鋼筋混凝土、預鑄節塊、鋼製節塊等構造〉之施工載重。於完成一單元之施工〈含場鑄鋼筋混凝土、預力施拉等作業或預鑄節塊組裝等〉後，將支撐架鬆脫，以千斤頂及軌道等移行裝置將支撐架向前移行至下一單元位置再行固定組裝之。

152. (D) 節塊推進工法中，下列何者是用以導引並平衡首段節塊之推進方向之設備？ (A)側制導架及滑動支承墊片 (B)臨時橋墩 (C)推進千斤頂 (D)鼻梁。

鼻梁：用以導引並平衡首段節塊之推進方向及推進過程節塊、梁體之施工荷重彎曲力距等。

北高營造公司投標軌道工程，施工作業中依據公共工程委員會的施工綱要規範以及相關契約規定，執行預力混凝土軌枕及鋼軌鋪設。試回答以下問題：

153. (B) 公共工程施工規範第 05651 章對於鋼軌的防蝕措施，於鋼軌的所有表面上可以利用何種塗料塗布？

(A)鋅粉漆 (B)亞麻仁油 (C)護木油 (D)軋模油。

所有經滾軋後之鋼軌，在運送與儲存期間應有防蝕措施。防蝕措施可以利用亞麻仁油(Linseed Oil)塗在鋼軌所有表面上(包括軌底、軌頭)或其它經認可之方法，鋼軌表面在塗油之前應先除去鐵鏽和其它附著物。

154. (A) 施作預力軌枕時，其預力鋼鍵應採下列何種方式施作較合適？

(A)先拉法 (B)握裹後拉法 (C)無握裹後拉法 (D)以上方式均合適。

預力軌枕爲先拉預力法設計施工：

先拉法一般較適用於較小跨徑構件，而後拉法則可應用於較大跨徑者或必須配置彎曲鋼鍵之構件，於施加預力後藉由錨頭錨錠之方式達成預力效果。

[107-1-1]

155. (A) 進行管道推進工法時，若僅規劃一處反力座，通常設置於以下何種工作井之中？ (A)出發井 (B)中間井 (C)到達井 (D)聯通井。

推進工法施工時先挖掘工作井(包含出發井及到達井)，於出發井設置元押推進設備(如千斤頂等)及反力座，利用千斤頂將鑽掘機及管體水平推進，藉由鑽掘機鑽掘出土，逐節吊放連接管材，並將管體向前推進，直到抵達到達井。

156. (C) 有關於起重機具之施工技術下列何者不正確？ (A)輪胎式起重機作業時須以「支撐座」將車身撐離地面，以維持起重作業過程之安定性 (B)履帶式起重機具因履帶之寬度較大，於吊裝作業時可直接作爲支撐座之作用 (C)起重機之作業仰角(桁架與地面之夾角)越大，有效吊重越低 (D)起重機之吊距(掛鉤與桁架固定支點之水平距離)越遠有效吊重越低。

起重機之作業仰角(桁架與地面之夾角)越大有效吊重越高。

[107-1-2]

157. (B) 依「營造安全衛生設施標準」規定，以潛盾工法施工之隧道、坑道開挖作業，爲防止地下水、土砂自鏡面開口處與潛盾機殼間滲湧，應於出發及到達下列何處時，須採取防止地下水、土砂滲湧等必要工程設施？
(A)觀測井 (B)工作井 (C)集水井 (D)人孔。

營造安全衛生設施標準第 101-1 條：
雇主對於以潛盾工法施工之隧道、坑道開挖作業，爲防止地下水、土砂自鏡面開口處與潛盾機殼間滲湧，應於出發及到達工作井處採取防止地下水、土砂滲湧等必要工程設施。

158. (B) 有關多層建築物施工時，使用爬升式塔吊之敘述，下列何者不正確？
(A)塔式吊車必須經由專業技師計算 (B)塔吊屬於永久設施
(C)施工時可依需要增設多部塔吊 (D)吊掛物盡量避免跨越鄰房領空。

塔吊屬於施工階段臨時假設設施非永久設施。

[106-9-1]

159. (C) 移動式起重機之構造及材質，所能吊升之最大荷重為何？
(A)額定荷重 (B)積載荷重 (C)吊升荷重 (D)吊掛荷重。

解析

吊升荷重，指依固定式起重機、移動式起重機、人字臂起重桿等之構造及材質，所能吊升之最大荷重。

160. (A) 下列何者<u>不屬於</u>近年來施工技術與施工機具之發展趨勢？
(A)作業能量微量化 (B)技術需求度降低
(C)作業安全性提高 (D)低污染、無公害之作業方式。

施工技術與機具之發展具有如下之趨勢：
一、 產能大幅提高。
二、 操作簡單。
三、 施工精確度提高。
四、 技術勞力需求度降低。
五、 作業安全性提高。
六、 低污染、無公害之作業方式。
七、 自動化乃至無人化之發展。

161. (C) 有關於起重機具之施工技術下列何者<u>不正確</u>？ (A)輪胎式起重機具機動性極佳之優點 (B)履帶式起重機具因履帶之寬度較大，於吊裝作業時可直接作為支撐座之作用 (C)起重機之作業仰角(桁架與地面之夾角)越大，有效吊重越低 (D)起重機之吊距(掛鉤與桁架固定支點之水平距離)越遠有效吊重越低。

起重機之作業仰角(桁架與地面之夾角)越大，有效吊重越高。

162. (　A　) 穩定液循環篩離應確實，避免沉泥沉滯溝底，爲連續壁施工之下列何種作業之注意事項？　(A)鑽掘作業　(B)鋼筋籠吊放作業　(C)混凝土澆置　(D)特密管置入作業。

開始挖掘的同時應注入穩定液，穩定液之高度以能確保槽溝不致崩坍爲原則，穩定液水面應高出地下水位 1 m 以上直至混凝土澆置完成。

163. (　B　) 將箱型梁分成若干單元節塊製造，再以吊裝工作架配合起重機將節塊吊至橋墩上，依序組裝施拉預力，完成梁體爲下列何種橋梁工法？　(A)全跨吊裝工法　(B)節塊吊裝工法　(C)平衡懸臂工法　(D)節塊推進工法。

節塊吊裝工法：
將箱型梁分成若干單元節塊(Segment)製造，再以吊裝工作架配合起重機將節塊吊至橋墩上依序組裝施拉預力，完成梁體。

164. (　B　) 有關於維護環境生態之營建技術內容，下列何者<u>不正確</u>？　(A)內政部建築研究所擬定「綠建材」認證類別有四大方向　(B)內政部建築研究對於「綠建築」列有十大評估指標　(C)內政部對於「智慧建築」符合度評估之方式訂定有八大指標　(D)「生態工程」並無既定的標準模式，其應用須因地制宜、就地取材，自然無法以同一套標準適用於各地。

內政部建築研究對於「綠建築」列有九大評估指標。

有一工程在開闊的現場進行了全套管的基樁施工，現地土壤屬於軟弱之飽和砂土層，試回答以下之問題。

165. (　B　) 下列何種吊車設備較爲適當？
(A)膠輪式　(B)履帶式　(C)卡車式　(D)傾卸卡車。

履帶式承載力較佳，面對軟弱土層時有較佳抵抗力。

166. (D) 每根樁水準方向之樁中心點與設計圖指定之樁心點，其允許許可差應在多少公分以內？ (A) ± 10.5 cm (B) ± 9.5 cm (C) ± 8.5 cm (D) ± 7.5 cm。

一般中心偏差之規定在 ± 7.5 cm 之間。

167. (D) 鋼筋籠之組立應依設計圖規定施工，主筋之續接以採用搭接爲原則，應儘量置於斷面應力較小之處，由基樁頂起算多少公尺以內不得續接？
(A)10.0 m (B)9.0 m (C)8.0 m (D)7.0 m。

鋼筋籠主筋於樁頂算起 7 m 以內不能搭接續。

某一橋梁工程即將跨過一條廣闊而且水深的河流，經過詳細的沿線地下地質調查結果顯示地下地層構造分布均勻，試回答以下之問題。

168. (B) 本座橋梁的基礎應該採用何種形式比較合適？
(A)井式基礎 (B)沉箱基礎 (C)樁基礎 (D)展示基礎。

沉箱爲深基礎施工常採用之工法，通常用於較空曠地區，於地質構造較均勻之地層適用性較高。

169. (A) 本座橋梁的上部結構施工規劃採用場鑄工法，規劃最少落墩數時應該採用何種工法最不合適？ (A)就地支撐工法 (B)支撐先進工法 (C)平衡懸臂工法 (D)節塊推進工法。

就地支撐工法：
於工地將地面整平、滾壓夯實後組裝支撐架，其上方再組立模版施行梁體之鋼筋組立、澆置混凝土、施拉預力等作業以完成之。

[106-5-2]

170. (D) 連續壁施工所產生的污泥於清運前，應先脫水或乾燥至含水率 85%以下；未進行脫水或乾燥至含水率 85%以下者，應以何種車輛運載？ (A)吊卡貨車 (B)垃圾車 (C)砂石車 (D)槽車。

槽車適合載運含水率高的汙泥，因為採全密閉密封，以材質來分有用不鏽鋼打造的，和高碳鋼打造的，目前也有用鋁合金打造的。

某甲承包一道路工程，試回答以下問題。

171. (C) 底層之級配料進行夯實試驗求得之最佳含水量與最大乾土單位重分別為 10%及 $1.8t / m^3$，請問此時土壤的濕土單位重為多少 t / m^3？
(A)$1.64\ t / m^3$ (B)$1.9\ t / m^3$ (C)$1.98\ t / m^3$ (D)$2.05\ t / m^3$。

土壤的濕土單位重 $= 1.8\ t / m^3 + 1.8\ t / m^3 \times 10\% = 1.98\ t / m^3$。

172. (B) 舖築機舖築時瀝青混合料之溫度不得低於幾°C？
(A)150°C (B)120°C (C)82°C (D)65°C。

熱拌瀝青混凝土鋪築時溫度不得低於 120°C 且不得高於 163°C。

173. (B) 面層滾壓後路面應禁止交通至少 6 小時或溫度降至幾°C 以下？
(A)40°C (B)50°C (C)60°C (D)65°C。

滾壓後路面應禁止交通至少 6 小時或至溫度降至 50°C 以下。

[106-5-1]

174. (A) 下列何者不屬於近年來施工技術與施工機具之發展趨勢？
(A)作業能量微量化 (B)技術要求度降低
(C)作業安全性提高 (D)自動化乃至無人化之操作模式。

施工技術與機具之發展具有如下之趨勢：

1. 電腦輔助並記錄操作程序。
2. 人工智慧之運用-簡化、精準的操作模式。
3. 人機介面整合。
4. 效能大幅提升。
5. 提高操作安全性能。
6. 低污染之作業模式。
7. 自動化乃至無人化之操作等。

175. (B) 有關於起重機具之施工技術下列何者不正確？ (A)輪胎式起重機具機動性極佳之優點 (B)履帶式起重機具因履帶之寬度較大，方便行駛於一般公路 (C)起重機之作業仰角(桁架與地面之夾角)越大，有效吊重越高 (D)起重機之吊距(掛鉤與桁架固定支點之水平距離)越遠有效吊重越低。

履帶與地面之接觸面積較大，所以安定性較好，適合軟弱或凹凸不平之地面行走。

176. (B) 將箱型梁分成若干單元節塊製造，再以吊裝工作架配合起重機將節塊吊至橋墩上依序組裝施拉預力，完成梁體之工法，為下列何種橋梁工法？
(A)就地支撐工法 (B)預鑄節塊吊裝工法
(C)支撐先進工法 (D)全跨徑吊裝工法。

預鑄節塊吊裝工法：
將箱型梁分成若干單元節塊(Segment)製造，再以吊裝工作架配合起重機將節塊吊至橋墩上依序組裝施拉預力，完成梁體。

177. (C) 依開挖面狀況，泥水加壓式潛盾機為下列何種潛盾機之構造型式？
(A)開放式潛盾機 (B)擠壓式潛盾機
(C)密閉式潛盾機 (D)特殊之型式潛盾機。

密閉式潛盾機可區分爲泥水壓平衡潛盾機及泥土壓平衡潛盾機。

178. (　B　) 軌道工程之分類中，標準軌鋼軌間距採多少 mm？
(A)1,335 mm　(B)1,435 mm　(C)1,535 mm　(D)1,635 mm。

軌距等於標準軌距 1,435 公厘(Standard Gauge)

[106-1-2]

179. (　C　) 有關油漆施工作業環境管制之敘述，下列何者錯誤？　(A)油漆不得塗佈於有水或潮濕表面　(B)鋼構件表面溫度低於露點、潮濕天候、刮風下雨時，不得油漆　(C)溫度低於 40°C 時鋼構件表面不得油漆以避免起泡　(D)潮濕天候不得塗佈室外漆。

混凝土及鋼構件應避免在表面溫度超過 40°C 時油漆，以免致施作完成之漆面起泡，但油漆製造廠商另有規定者從其規定。

[106-1-1]

180. (　A　) 施工機具、設備作業之靈巧、方便爲選用之要件，是屬於下列何種考量因素？　(A)操作性　(B)作業需求　(C)環境維護　(D)品質。

操作性是施工機具、設備作業之靈巧、方便重要的因素。

181. (　B　) 下列何種稱謂是起重機作業時考量作業仰角、桁架長度、吊距等作業狀況允許之最大作業荷重？
(A)吊升荷重　(B)額定荷重　(C)積載荷重　(D)吊掛荷重。

額定荷重：
具有伸臂之固定式起重機及移動式起重機之額定荷重，應依其構造及材質、伸臂之傾斜角及長度、吊運車之位置，決定其足以承受之最大荷重後，扣除吊鉤、抓斗等吊具之重量所得之荷重。

台灣南部國道三高速公路後續計畫大量興建高架橋梁。試問：

182. (B) 於橋台後方設置預鑄場，依序分節施作一單元長度後，向另一端橋台方向推進，是下列何種橋梁工法？ (A)支撐先進工法 (B)節塊推進工法 (C)就地支撐工法 (D)全跨吊裝工法。

節塊推進工法：
於橋台後方設置預鑄場依序分節施作一單元長度〈即「節塊」〉後向另一端橋台方向推進，依序施行「節塊預鑄」、「施拉預力」、「推進」等作業循環，而完成整段橋梁，適用於多跨連續橋梁之施工。

183. (A) 於橋墩上裝設支撐(吊)架其後端固定予以施工之橋梁上，前端懸臂伸出以承載梁體之施工載重，是下列何種橋梁工法？ (A)平衡懸臂工法 (B)節塊推進工法 (C)就地支撐工法 (D)全跨吊裝工法。

平衡懸臂工法：
於橋墩上裝設支撐〈吊〉架其後端固定予以施工之橋梁上，前端懸臂伸出以承載梁體〈可爲場鑄鋼筋混凝土、預鑄節塊、鋼製節塊等構造〉之施工載重。於完成一單元之施工〈含場鑄鋼筋混凝土、預力施拉等作業或預鑄節塊組裝等〉後，將支撐架鬆脫，以千斤頂及軌道等移行裝置將支撐架向前移行至下一單元位置再行固定組裝之。

184. (D) 節塊推進工法中，下列何者是用以導引並平衡首段節塊之推進方向之設備？ (A)側制導架及滑動支承墊片 (B)臨時橋墩 (C)推進千斤頂 (D)鼻梁。

用以導引並平衡首段節塊之推進方向及推進過程節塊、梁體之施工荷重〈彎曲力距等〉。

[105-9-2]

185. (　A　) 滾壓後路面應禁止交通至少 6 小時或溫度需降至多少°C 以下，才可通行？
(A)50°C　(B)60°C　(C)70°C　(D)80°C。

滾壓後路面應禁止交通至少 6 小時或溫度需降至多少 50°C 以下，才可通行。

[105-9-1]

186. (　C　) 捷運以潛盾工法施築隧道之測量，若無特殊規定者，此工程主要的任務在於保證其測量誤差至多在多少以內貫通？

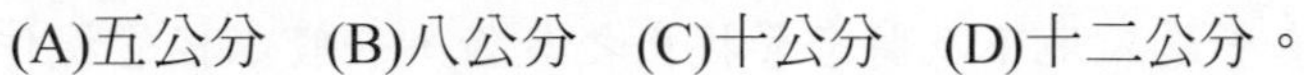

(A)五公分　(B)八公分　(C)十公分　(D)十二公分。

工程主要的任務在於保證其測量誤差至多在多少 10 cm 以內。

187. (　D　) 下列何者不是起重機進場前應要求的證件？
(A)起重機檢查合格證　(B)起重機吊掛作業人員合格證
(C)起重機操作人員訓練合格證　(D)起重機輪胎檢查合格證。

非起重機進場的證件。

188. (　C　) 要求機械製造業者應事先就機械設計進行安全評估，確認其構造及使用之安全性是何區域之規定？
(A)美國地區　(B)大陸地區　(C)歐盟地區　(D)日本地區。

歐盟制定機械指令以保障境內相關產品的自由流通及確保使用者的安全。機械指令要求機械必須滿足「安全衛生的基本要求事項」，但同時也制定相當數量的調和標準以供依循。2010 年 12 月 10 日，國際標準化組織(ISO)宣布，發佈《ISO12100：2010 機械安全》一般性設計原則—風險評估和風險降低標準。該標準發佈後，可幫助機器設計師在機器設計生產的過程中就可以識別風險，從而降低此類事故發生的機率。據了解，該標準可以幫助設計者系統地分析機器的最大限度，及早識別粉碎、切割、觸電和疲勞等風險，並評估由機器故障和人爲失誤引發的潛在性危機，此外，還可以幫助生產者確定機器是否安全，不夠安全的話，進行重新加工生產。此標準同時適用機械廠家出口歐盟 CE 認證機器風險評估。

189. (B) 下列何者爲全套管基樁施工機具設備之搖管機考慮因素？
(A)穩定液的條件 (B)土質材料對套管之附著力、扭力、圍束壓力
(C)樁體的鉛直度 (D)基樁之施作費用。

套管驅動設備係指將套管壓入地下及將套管拔出之設備，一般以搖管機作業，選用時需考慮下列之因素：

一、 樁徑大小及樁深。

二、 土質材料對套管之附著力、扭力、圍束壓力。

三、 作業方式及配屬設備。

190. (D) 採用 TBM 或潛盾機之隧道施工，有關背填灌漿之敘述，下列何者錯誤？
(A)防止地下水滲流 (B)防止地層鬆弛 (C)施作於盾尾間隙 (D)明確掌握隧道施工精密度。

明確掌握隧道施工精密度並非初期階段背填灌漿需考慮的重點。

[105-5-1]

191. (C) 混凝土拌合機之分類中，其中重力式係屬下列何種分類方式？
(A)依拌合順序分類 (B)依材料種類分類
(C)依拌合機制分類 (D)依卸料方式分類。

依拌合機制分：(1)重力式(2)強制混合式。

192. (B) 將箱型梁分成若干單元節塊製造，再以吊裝工作架配合起重機將節塊吊至橋墩上依序組裝施拉預力，完成梁體，係何種橋梁工法？ (A)全跨徑吊裝工法 (B)預鑄節塊吊裝工法 (C)就地支撐工法 (D)平衡懸臂工法。

預鑄節塊吊裝工法：
將箱型梁分成若干單元節塊(Segment)依設計圖逐跨逐單元依序製造。模版調整、相鄰節塊銜接等需要，生產線之安排方式有所謂之短線製造、長線製造兩種。

193. (B) 下列何種橋梁構造最終能將橋梁之荷重傳遞至地層？
(A)圍堰 (B)基礎 (C)橋墩 (D)帽梁。

「基礎」是將橋梁之荷重傳遞至地層之構造，橋梁工程採用之基礎型式依載重傳遞方式及施工方式分別有：擴展式基礎(直接基礎)、樁基礎、井式基礎、沉箱基礎等類型。

194. (D) 於工地將地面整平、滾壓夯實後組裝支撐架，其上方再組立模版施行梁體之鋼筋組立、澆置混凝土、施拉預力等作業以完成之，為下列何種橋梁施工法？ (A)節塊推進工法 (B)支撐先進工法 (C)全跨吊裝工法 (D)就地支撐工法。

就地支撐工法：
於工地將地面整平、滾壓夯實後組裝支撐架，其上方再組立模版施行梁體之鋼筋組立、澆置混凝土、施拉預力等作業以完成之。

1988年英、法兩國簽訂投資協議興建之英倫海峽施築海底隧道，試問：

195. (D) 英倫海峽施築海底隧道，係下列何種工法？
(A)NATM(新奧)工法 (B)傳統鋼支堡工法
(C)推管工法 (D)全斷面隧道鑽掘機工法。

全斷面隧道鑽掘機(TBM)也稱潛盾機或盾構機，是一種專門用來開鑿隧道的大型機具。該機具有一次開挖完成隧道的特色，從開挖、推進、撐開全由該機具完成，開挖速度是傳統鑽炸工法的數倍。

196. (B) 下列何者<u>不是</u>英倫海峽施築海底隧道隧道環片之尺寸需考量因素？
(A)設計荷重 (B)整圈環片重量 (C)隧道曲率半徑 (D)材料強度。

解析

環片之尺寸需考量設計荷重、材料強度，隧道曲率半徑、單片重量等因素。

197. (C) 能將 TBM 向岩磐頂進之設備爲何？
(A)切削機構 (B)出碴設備 (C)推進系統 (D)附屬設備。

推進系統(Propelling System)將 TBM 向岩磐頂進之設備。

[105-5-1]

某工程公司參與各種性質建築物之建造，針對升降設備之組成、安全管理與檢查，必須予以教育訓練。請回答下面問題：

198. (B) 建築物使用升降機：P-12-20-CO-105，下列敘述何者正確？
(A)額定搭乘人數 20 (B)升降機門爲二門中央對開式
(C)是載貨用升降機 (D)升降機之建築物服務總樓層數爲 12 層。

CO：代表二片門中央對開自動門。

199. (D) 升降機的配置，下列敘述何者正確？ (A)升降機的乘場應設置在建築物的主道路上 (B)爲縮短人員出入乘箱時間，應使用窄深形乘箱 (C)爲縮短人員等候時間，升降機應分散於建築物內各處 (D)超高層建築物之升降機最好使用凹型配置。

超高層建築物之升降機最好使用凹型配置。

200. (A) 電扶梯的安裝設置，下列敘述何者正確？ (A)樓層高度在 6 m 的電扶梯支撐點應設置 3 點 (B)樓層高度在 10 m 的電扶梯支撐點應設置 3 點 (C)百貨公司之電扶梯應設於建築物的四周角落 (D)作爲意外事件所用之停止開關，應設置在管理室內。

樓層高度在 6 m 的電扶梯支撐點應設置 3 點。

[105-1-1]

201. (A) 穩定液循環篩離應確實，避免沉泥沉滯溝底，爲連續壁施工之下列何種作業之注意事項？ (A)鑽掘作業 (B)鋼筋籠吊放作業 (C)混凝土澆置 (D)特密管置入作業。

鑽掘作業：

一、 抓斗或掘銷機應緩速沿著導溝向下開挖，避免重力敲擊，致使地層崩落。

二、 穩定液循環篩離應確實，避免沉泥沉滯溝底。

三、 鑽掘過程發現壁體異常崩落實應即停止開挖，施予必要之處理。(回填灌漿後再進行開挖)

202. (C) 使用強塑劑、流動化劑、增黏劑等化學摻料可增加高性能混凝土之下列何種功能？ (A)高強度 (B)水密性 (C)高流動性 (D)密實性。

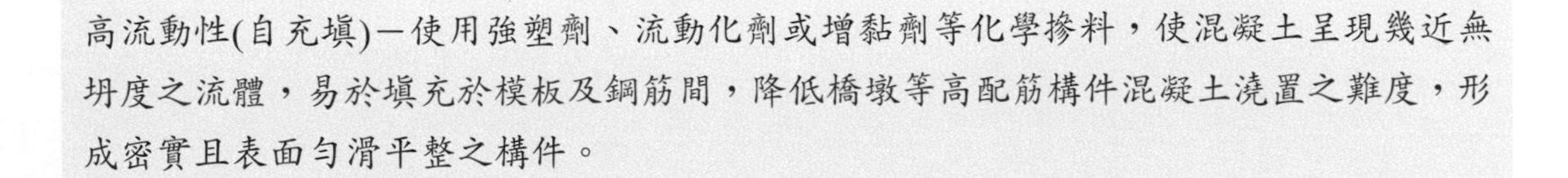

高流動性(自充填)－使用強塑劑、流動化劑或增黏劑等化學摻料，使混凝土呈現幾近無坍度之流體，易於填充於模板及鋼筋間，降低橋墩等高配筋構件混凝土澆置之難度，形成密實且表面勻滑平整之構件。

203. (　A　) 將落錘之自由落體敲擊力改以震動力施打基樁，需使用何種機具？
(A)振動樁錘　(B)錘擊式樁錘　(C)油壓式打樁機　(D)搖管機具。

振動樁錘：
將落錘之自由落體敲擊力改以震動力施打基樁。機械構造乃將衝擊樁錘改爲震動樁錘，利用一對激發器作相反方向之滾動而使樁錘產生震動，快速反覆地敲擊基樁並將震動力傳導至基樁外週之土壤使產生共振降低土壤強度，藉由樁錘之自重及震動力使基樁植入地下。

204. (　B　) 將箱型梁分成若干單元節塊製造，再以吊裝工作架配合起重機將節塊吊至橋墩上依序組裝施拉預力，完成梁體之工法，爲下列何種橋梁工法？
(A)就地支撐工法　(B)預鑄節塊吊裝工法
(C)支撐先進工法　(D)全跨徑吊裝工法。

預鑄節塊吊裝工法：
將箱型梁分成若干單元節塊(Segment)依設計圖逐跨逐單元依序製造。模版調整、相鄰節塊銜接等需要，生產線之安排方式有所謂之短線製造、長線製造兩種。將預鑄節塊運至工地再以吊裝工作架配合起重機將節塊吊至橋墩上依序組裝施拉預力，完成梁體。

205. (送分) 下列何者不是鐵路運輸設置基本功能？
(A)強度　(B)快速　(C)耐磨　(D)抗疲勞。

鐵路運輸優點：機車堅固，拖力大，較爲安全，列車載重量大，行車成本遞減，可以較低廉之運費提供服務。

[105-1-2]

混凝土工程因施工及設計需要須設置各種接縫、接縫間之埋設物及其他埋設物時應依規定設置，承包商除依設計圖說之規定繪製接縫與埋設物之施工圖外，因施工需要增加者亦須繪製於施工詳圖，均應經監造者同意。試問：

206. (　C　) 爲將特定混凝土斷面弱化，俾所有乾縮可能產生之裂紋，能吸收於該弱化接縫，如地面版之鋸切縫等。此混凝土構造物之接縫應爲下列何者？
(A)施工縫　(B)伸縮縫　(C)收縮縫　(D)隔離縫。

收縮縫：爲避免混凝土版構造物因收縮而產生不規則裂縫，應設置收縮縫。

207. (　D　) 下列有關施工縫之設置規定，何者錯誤？　(A)牆或柱之施工縫應設於其下之版或梁之底面　(B)版或梁之施工縫應設置於其跨度中央三分之一範圍內　(C)梁、托架、柱冠、托肩及柱頭版須與樓版同時澆置　(D)施工縫宜與主鋼筋平行。

施工縫之設置位置應符合下列規定：

一、 版、小梁及大梁之施工縫應設置於其垮度中央三分之一範圍內。
二、 大梁上之施工縫應設置於至少離相交小梁兩倍梁寬之處。
三、 牆及柱之施工縫應設於其其與小梁、大梁及版交接之頂部或底部。
四、 施工縫宜與主鋼筋垂直。
五、 除設計圖說另有規定外，小梁、大梁托肩、柱頭版及柱冠須與樓版同時澆置。

208. (　B　) 若需剪力摩擦傳遞剪力之施工縫，設計圖說若無規定時，其新舊介面需處理成凹凸總深大約多少之粗糙面？
(A)4 mm　(B)6 mm　(C)8 mm　(D)10 mm。

爲施工縫黏結性，澆置銜接混凝土前應清除已硬化混凝土表面之乳沫及鬆動物質，露出良好堅實之混凝土，凹凸深度約 6 mm 達露出粗粒料程度，以形成連接。

[104-9-2]

209. (C) 就 7 天之水化熱而言，下列哪一型卜特蘭水泥最高？
(A)I 型 (B)II 型 (C)III 型 (D)V 型。

卜特蘭 III 型水泥(早強水泥)是最高水化熱的類型，產生水化熱高，強度產生也快。

[104-9-1]

210. (A) 連續壁施工時，若遇到鋼筋籠吊放困難受阻礙時，下列的處理方式何者最適當？ (A)立即將鋼筋籠吊出 (B)立即切斷尚未進入之鋼筋籠 (C)挖開連續壁 (D)立即以敲擊方式將鋼筋籠打入連續壁。

遇到鋼筋籠吊放困難受阻礙時，應立即將鋼筋籠吊出。

211. (B) 下列何者非為全套管基樁搖管機作業，選用時需考慮之因素？ (A)樁徑大小及樁深 (B)泥漿拌和、輸送 (C)土質材料對套管之附著力 (D)作業方式及配屬設備。

泥漿拌和、輸送非為全套管基樁搖管機作業，選用時需考慮之因素。

212. (送分) 使用飛灰、摻料可提高高性能混凝土之下列何種特性？
(A)高強度 (B)水密性 (C)高流動性 (D)自充填效能。

所謂「高性能混凝土」係以調整混凝土配比，使用矽灰、強塑劑等添加材料等方式以達到下列功能者：高強度、高水密性、高流動性。

213. (D) 瀝青混凝土路面施工注意事項，瀝青混凝土到場溫度至少不得低於何種溫度？ (A)80°C (B)100°C (C)110°C (D)120°C。

瀝青混凝土到場溫度至少不得低於120°C。

214. (A) 採用巨型特製之吊裝工作車將箱型梁吊起安置於橋墩上之作業方式，係下列何種橋梁工法？ (A)全跨徑吊裝工法 (B)預鑄節塊吊裝工法 (C)就地支撐工法 (D)平衡懸臂工法。

全跨徑吊裝工法：
採用巨型特製之吊裝工作車(含起重機)將箱型梁吊起安置於橋墩上之作業方式，可大幅縮短施工時間。

215. (C) 下列何項為減少節塊推進彎矩並適度修正、導引推進方向所需之設備？ (A)滑動支撐墊片 (B)推進千斤頂 (C)臨時橋墩 (D)側制導架。

臨時橋墩－首段節塊推進達下一橋墩前呈懸臂狀況，為減少彎距並適度修正、導引推進方向，於橋台與墩柱間設置臨時橋墩。

216. (A) 下列何者<u>非</u>為新奧工法隧道支撐設施？ (A)異型環片 (B)噴凝土 (C)岩釘 (D)鋼支保。

新奧工法(NATM)：
柔性支撐之概念維運用噴凝土、岩釘、鋼支保以結合隧道開挖後周邊之「圍岩」，形成地拱(Ground Arch)，以維持地層之穩定。

217. (C) 依開挖面狀況，泥水加壓式潛盾機為下列何種潛盾機之構造型式？ (A)開放式潛盾機 (B)擠壓式潛盾機 (C)密閉式潛盾機 (D)特殊之型式潛盾機。

密閉式潛盾機可區分為泥水壓平衡潛盾機及泥土壓平衡潛盾機。

218. (B) 軌道工程之分類中，標準軌鋼軌間距採多少 mm？
(A)1,335 mm (B)1,435 mm (C)1,535 mm (D)1,635 mm。

標準軌是全球使用最多的軌距型式其軌距等於標準軌距(Standard Gauge)1,435 公厘。

[104-5-1]

219. (B) 依「危險性機械及設備安全檢查規則」規定，吊升荷重多少公噸之起重機需取得合格證方得工作？ (A)2 公噸 (B)3 公噸 (C)4 公噸 (D)6 公噸。

解析

危險性之機械或設備，非經勞動檢查機構或中央主管機關指定之代行檢查機構檢查合格，不得使用；其使用超過規定期間者，非經再檢查合格，不得繼續使用。
適用於下列容量之危險性機械：
一、固定式起重機：吊升荷重在三公噸以上之固定式起重機或一公噸以上之斯達卡式起重機。
二、移動式起重機：吊升荷重在三公噸以上之移動式起重機。
三、人字臂起重桿：吊升荷重在三公噸以上之人字臂起重桿。
四、營建用升降機：設置於營建工地，供營造施工使用之升降機。
五、營建用提升機：導軌或升降路高度在二十公尺以上之營建用提升機。
六、吊籠：載人用吊籠。

220. (A) 鋼板樁在打樁周圍 30 m 範圍內，如遇有混凝土齡期至少低於幾天時，不得打設鋼板樁？ (A)7 天 (B)10 天 (C)14 天 (D)28 天。

解析

在打樁周圍 30 m 範圍內，如有不足 7 天齡期之混凝土時，不得打設鋼板樁。

221. (D) 作業之靈巧、方便爲選用之要件機具、設備爲下列何種性能？
(A)品質 (B)功率 (C)作業需求 (D)操作性。

施工機具、設備評估選用之主要考量因素如下：

一、 功率 – 機具、設備之規格、性能必須能配合工程預定進度所需。

二、 品質 – 機具、設備所完成之工作品質必須符合規範需求。

三、 作業需求 – 機具、設備之尺寸，操作過程所需之通路(寬度、坡度、轉彎半徑、路面需求等)、承載能量等需能配合基地之作業環境。

四、 操作性 – 作業之靈巧、方便爲選用之要件。

五、 安全性 – 機具、設備之作業安全必須滿足法令規定。

六、 環境維護 – 作業噪音、振動等營建公害之降低爲選用之重要因素。

七、 成本 – 購置、租用之費用，使用過程之運轉、維護、保養等費用應整合考量，以符預算控管之需。

222. (C) 下列何者爲土方運送作業之運輸機具？

(A)鏟裝機 (B)挖溝機 (C)傾卸車 (D)鑽掘機。

開挖土方以挖溝機、鏟裝機等裝載機具裝填於傾卸車等運輸機具運送至填置場所填築。

223. (D) 連續壁施工作業，下列何者非爲準備工作？

(A)地表清除與掘除 (B)集土坑施築 (C)泥水處理設備 (D)吊放鋼筋籠。

連續壁施工準備工作：

一、 清除地下障礙物並換土回填，以準備測量放樣。

二、 設置沉澱池、棄土坑及鋼筋籠加工場。

三、 施築導溝(guide wall)。

四、 鋪面構築。

224. (A) 將落錘之自由落體敲擊力改以震動力施打基樁，需使用何種機具？

(A)振動樁錘 (B)錘擊式樁錘 (C)油壓式打樁機 (D)搖管機具。

振動樁錘：

將落錘之自由落體敲擊力改以震動力施打基樁。機械構造乃將衝擊樁錘改爲震動樁錘，利用一對激發器作相反方向之滾動而使樁錘產生震動，快速反覆地敲擊基樁並將震動力傳導至基樁外週之土壤使產生共振降低土壤強度，藉由樁錘之自重及震動力使基樁植入地下。

225. (C) 下列何項是輸送帶爲土方運送之施工設備？
(A)攪拌灑佈設備 (B)鑽掘機具 (C)裝載機具設備 (D)滾壓設備。

裝載機具設備－鏟裝機、挖溝機、輸送帶等。

226. (C) 下列何者是預鑄梁製造之長線製造生產特性？ (A)分次製造節塊 (B)場區面積可較小 (C)明確掌握各節塊結合之精密度 (D)僅留一單元作爲下一節塊相鄰面之端模。

「長線製造」則以一跨爲製造單位，一次完成整跨節塊之製造，可較明確掌握各節塊結合之精密度，所需場區面積較大。

227. (C) 下列何者<u>非</u>爲橋梁帽梁上之支承墊安裝作業重點？ (A)支承種類及活動方向 (B)安裝精準度與平整度 (C)支撐墊重量 (D)物體飛落防止。

解析

支承墊安裝作業重點如下：

一、支承種類及活動方向。
二、荷重及變位與轉動能力(前置量)。
三、安裝精準度與平整度。
四、加勁。
五、放鬆或鎖固之時機。
六、細部構造：防塵罩 + 遊標尺。
七、物體飛落防止。
八、人員墜落防止。

228. (C) 於橋墩上裝設支撐(吊)架，其後端固定予以施工之橋梁上，前端懸臂伸出以承載梁體之施工載重，爲下列何種橋梁工法？ (A)就地支撐工法 (B)支撐先進工法 (C)平衡懸臂工法 (D)節塊推進工法。

解析

於橋墩上裝設支撐(吊)架其後端固定予以施工之橋梁上，前端懸臂伸出以承載梁體(可爲場鑄鋼筋混凝土、預鑄節塊、鋼製節塊等構造)之施工載重。於完成一單元之施工(含場鑄鋼筋混凝土、預力施拉等作業或預鑄節塊組裝等)後，將支撐架鬆脫，以千斤頂及軌道等移行裝置將支撐架向前移行至下一單元位置再行固定組裝之。

小李被公司派到興建大樓的工地進行監工，該大樓的基礎施工使用連續壁工法，回答下列問題：

229. (A) 下列何者不是連續壁的優點？
(A)壁體使用模板配合施工 (B)施工時噪音與震動較小
(C)有較佳之止水效果 (D)可做爲永久之土木建築結構物的壁體。

連續壁是直接於地面開挖後吊放鋼筋籠並灌漿，不需要搭設模板。

230. (B) 下列何者是一般連續壁的正確施工順序？ (A)配合穩定液挖掘土方→放入鋼筋籠→導溝→灌注混凝土→固化形成壁體 (B)導溝→配合穩定液挖掘土方→放入鋼筋籠→灌注混凝土→固化形成壁體 (C)配合穩定液挖掘土方→導溝→放入鋼筋籠→灌注混凝土→固化形成壁體 (D)導溝→配合穩定液挖掘土方→放入鋼筋籠→抽除穩定液→灌注混凝土。

導溝→配合穩定液挖掘土方→放入鋼筋籠→灌注混凝土→固化形成壁體。

231. (B) 連續壁施工時，使用特密管灌注混凝土，下列敘述何者正確？ (A)灌漿時需要先抽乾穩定液 (B)需要特密管上下 30 cm 緩慢搖動以夯實混凝土 (C)最好使用 CLSM 混凝土 (D)灌漿時之特密管口要離開已澆鑄混凝土至少 1.5 公尺。

需要特密管上下 30 cm 緩慢搖動以夯實混凝土。

[104-5-2]

232. (D) 下列有關瀝青混凝土施工之敘述，何者不正確？ (A)完成後之路面應以 3 m 長之直規或平坦儀沿平行或垂直於路中心線之方向檢測時，其任何一點高低差底層完成面不得超過 ± 0.6 cm，面層完成面不得超過 ± 0.3 cm (B)AC 路面鋪築完成後每 1,000 m^2 鑽取一件樣品檢測其厚度 (C)AC 路面鋪築，雙車道路面頂層之縱向接縫宜接近路面之中心位置，兩車道以上時宜接近分道線 (D)滾壓時應自車道內側邊緣開始，再逐漸移向路外，滾壓方向應與路中心線平行。

滾壓應自車道外側邊緣開始，再逐漸移向路中心，滾壓方向應與路中心線平行，每次重疊後輪之半。在曲線超高處，滾壓應自低側開始，逐漸移向高側。

233. (D) 下列何種電銲姿勢爲由下而上將銲道塡滿的方式？
(A)平銲(F) (B)橫銲(H) (C)仰銲(O) (D)立銲(V)。

電銲姿勢：

一、平銲(1G)：此法之銲條朝下，以水平方向銲接。此種銲接姿勢最簡單也最常用，施工品質比較容易控制。電銲工工作時應儘量採用這種姿勢。

二、橫銲(2G)：電銲道的方向爲立面的橫方向，可從左向右電銲，亦可從右向左電銲。

三、立銲(3G)：爲立向之銲道從下向上的電銲，稱爲立銲，又名垂直銲。如果從上向下電銲，一般俗稱漏銲，在正規之電銲工作是不允許的。

四、仰銲(4G)：即銲條朝上的銲接方式，又稱爲頭頂銲。此種銲接方法最困難，故必須經驗豐富的電銲工才能勝任。設計時應儘量少用此種設計。

[104-1-1]

234. (D) 下列何者不是預鑄吊裝工法之預鑄梁製造場之「生產長線」製造之特性？
(A)以一跨爲製造單位 (B)一次完成整跨節塊之製造
(C)可較明確掌握各節塊結合之精密度 (D)所需場區面積可較小。

「長線製造」則以一跨爲製造單位，一次完成整跨節塊之製造，可較明確掌握各節塊結合之精密度，所需場區面積較大。

235. (B) 基樁工程中，先鑽掘機樁孔，吊入鋼筋籠，再行澆置混凝土而成爲下列何種基樁？ (A)預鑄基樁 (B)場鑄基樁 (C)振動式基樁 (D)錘擊式基樁。

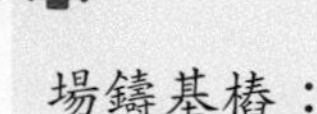

場鑄基樁：
場鑄基樁係先鑽掘機樁孔，吊入鋼筋籠，再行澆置混凝土而成。依鑽孔方式之差異分別有：鑽掘式、衝擊式、反循環式及全套管式等施工法。

236. (D) 下列何者非高性能混凝土之特性？
(A)高強度 (B)高流動性 (C)自充填效能 (D)水密性低。

所謂「高性能混凝土」係以調整混凝土配比，使用矽灰、強塑劑等添加材料等方式以達到下列功能者：高強度、高水密性、高流動性(自充填)。

237. (C) 影響橋墩高度，改變荷重分佈及地震力，並與河川中之沖刷有關是下列何項基礎開挖施工檢查重點？ (A)擋土設施 (B)承載地層之確認 (C)基礎高程確認 (D)開挖坡面之保護。

影響橋墩高度，改變荷重分佈及地震力，並與河川中之沖刷有關是基礎高程確認。

238. (D) 全套管基樁施工機具設備之搖管機選用時考慮因素爲何？ (A)穩定液的條件 (B)基樁之施作費用 (C)樁體的鉛直度 (D)土質材料對套管之附著力、扭力、圍束壓力。

搖管機作業，選用時需考慮下列之因素：
(1)樁徑大小及樁深。(2)土質材料對套管之附著力、扭力、圍束壓力。

239. (B) 將箱型梁分成若干單元節塊製造，再以吊裝工作架配合起重機將節塊吊至橋墩上，依序組裝施拉預力，完成梁體爲下列何種橋梁工法？ (A)全跨吊裝工法 (B)節塊吊裝工法 (C)平衡懸臂工法 (D)節塊推進工法。

節塊吊裝工法：
將箱型梁分成若干單元節塊(Segment)依設計圖逐跨逐單元依序製造。模版調整、相鄰節塊銜接等需要，生產線之安排方式有所謂之短線製造、長線製造兩種。

[104-1-2]

240. (D) 連續壁施工所產生的污泥於清運前，應先脫水或乾燥至含水率 85%以下；未進行脫水或乾燥至含水率 85%以下者，應以何種車輛運載？
(A)吊卡貨車 (B)垃圾車 (C)砂石車 (D)槽車。

泥漿運送車：以密閉式鋼槽車體運送廢泥水、泥漿等。

241. (A) 一般建築或橋梁工程之設計常採用扭控強力螺栓，俗稱自動斷尾螺栓。國內常用之扭控螺栓直徑共有四種，請問下列何者螺紋標稱較不常用？
(A)M12 (B)M20 (C)M22 (D)M24。

扭控螺栓直徑共有四種 M16、M20、M22、M24 較常使用。

242. (　B　) RCC 係爲下列何種混凝土的縮寫？

(A)自充填混凝土　(B)滾壓混凝土　(C)高性能混凝土　(D)優生混凝土。

滾壓混凝土(RCC)爲無坍度混凝土的一種，其具備了施工簡單、快速及經濟的特性，相當適合應用於要求施工快速的地區，特別是常因多雨潮濕的環境而導致施工期延長的海島型地區。

243. (　C　) 有關混凝土在施工中的敘述，下列何者錯誤？　(A)混凝土輸送管之舖設，以防震材料或廢輪胎加以墊高架高，不可直接舖設於將澆置之樓版面上　(B)同時檢測坍度及氯離子試驗　(C)窗戶部位，應先澆置至窗台高度，待終凝後再澆置未完成部份　(D)混凝土拌合後靜置(未攪拌)達 30 分鐘，應予以拒收並加以廢棄。

窗户部位，應先澆置至窗台高度，待終凝後再澆置未完成部份。

244. (B 或 D) 平銲、橫銲、立銲及仰銲等都是銲接之：

(A)銲接程序　(B)電銲方式　(C)電銲工作要點　(D)電銲姿勢。

電銲姿勢：平銲(1G)、橫銲(2G)、立銲(3G)及仰銲(4G)。

245. (　A　) 優生混凝土爲達到配比設計準則中「安全性」之早期強度，主要係以下列何者爲考慮重點？

(A)W / C(水灰比)　(B)A / C(粒料水泥比)

(C)W / B (水膠比)　(D)W / S(水固比)。

優生混凝土配比設計準則「安全性」：

早期強度控制 W / C；中長期強度控制 W / B 及長期強度限制 W / S < 0.07。

NOTE

土方及地下基礎工程

單元重點

1. 地質鑽探報告判讀及土方工程
2. 安全監測工程
3. 地盤改良
4. 基礎工程、管線及構造物防護措施
5. 開挖工法、擋土措施及地下水處理

[110-1-1]

1. (D) 土方單位重量參考值中，黏土(乾)鬆方重量 1.6(t/m^3)，實方重量 2.0(t/m^3)，其脹縮比應爲多少？ (A) 0.25 (B) 0.2 (C) 1.25 (D) 0.8。

土方單位重量參考值：

土壤性質	鬆方重量 (t/m^3)	實方重量 (t/m^3)	脹縮比	膨脹率(%)
黏土(乾)	1.6	2.0	0.80	26
黏土(濕)	2.1	2.7	0.78	32
砂(乾)	2.0	2.2	0.91	12
砂(濕)	2.4	2.7	0.89	13
卵礫石(乾)	2.2	2.4	0.92	12
卵礫石(濕)	2.6	2.9	0.90	10

2. (B) 竹削工法是應用於哪一種基礎施工的工法？ (A)擴展式基礎 (B)井式基礎 (C)沉箱基礎 (D)椿基礎。

因應山坡地不平整地形特色，爲減低開挖範圍，順應地形坡度設置井式基礎上方之護圍，以爲擋土設施，再往下開挖。其形狀類似劈銷竹子之斷面，而取名爲「竹削工法」。國內在桃園機場捷運、五楊高架等工程採用之成效良好，頗值推廣。

3. (C) 依開挖面狀況，泥水加壓式潛盾機爲下列何種潛盾機之構造型式？ (A)開放式潛盾機 (B)擠壓式潛盾機 (C)密閉式潛盾機 (D)手挖式潛盾機。

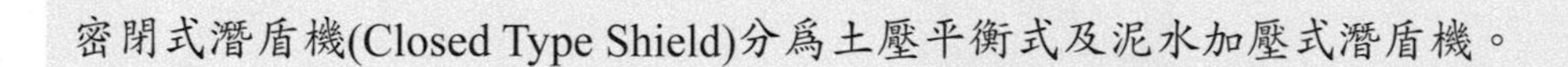

密閉式潛盾機(Closed Type Shield)分爲土壓平衡式及泥水加壓式潛盾機。

4.　(B) 下列關於 RQD(岩石品質指標)之計算、判定，何者錯誤？
(A)RQD(%) = 100 × (大於 10 cm 之完整岩心總長度) /鑽探之長度。
(B)此項測定適用於直徑≦5 cm 之岩心。
(C)人爲新鮮不規則破裂面不予考慮，可列入完整岩心計算。
(D)沿層面、節理面、劈理面等新鮮裂面，可列入完整岩心計算。

藉由岩心箱之成果可進行 RQD(岩石品質指標)之判定，也就是指每輪岩心鑽進長度 10 cm 以上完整岩心塊所佔之比例。

1. 公式：RQD(%) = 100 × (大於 10 cm 之完整岩心總長度) /鑽探之長度。
2. 計算原則
   (1)本項測定適用於直徑 ≥ 5 cm 之岩心。
   (2)人爲新鮮不規則破裂面不予考慮，可列入完整岩心計算。
   (3)沿層面、節理面、劈理面等新鮮裂面，可列入完整岩心計算。
3. 岩心判識：目的在了解地層分布的狀況，及提供地層比對的資訊。透過地質圖與實際之鑽探結果，累積判讀經驗。

5.　(B) 對於邊坡穩定監測，其邊坡開挖中至開挖完成，邊坡開挖工程監測頻率爲何？　(A)每日 1 次　(B)每周 1 次　(C)每月 1 次　(D)每季 1 次。

邊坡開挖工程監測頻率：

說明	頻率
邊坡開挖中～開挖完成(配合開挖階段作業)	每周 1 次
開挖完成後～開挖完成後三個月	每月 1 次
開挖完成後三個月至本標全部工程完成	每三個月 1 次

6.　(B) 建築物外柱有偏心載重，爲了減輕外柱負擔，而將外柱及內柱的基礎版聯成一體，應採用下列何種淺基礎？　(A)獨立基礎　(B)聯合基礎　(C)連續基礎　(D)沈箱基礎。

淺基礎的適用範圍及性能：

淺基礎的種類	性能		適用範圍
獨立基礎	適合埋入深度較淺	適用土壤變形較小地盤	獨立柱的基礎，地盤支承力大且沉陷量小的大跨度基礎。
聯合基礎			建築物外柱有偏心載重，為了減緩外柱負擔，而將外柱及內柱的基礎版連成一體，不易用獨立基礎而採用此種基礎。
連續基礎			建築物主要牆壁(承重牆)配置在兩柱間，或兩柱的間隔較近所採用的基礎。
筏式基礎	適合埋入深度較深	適用土壤變形較大地盤	高層建築或重量較大的建築物基礎，軟弱地盤上構造物的基礎，設

7. (C) 基礎開挖採用斜坡式開挖時，應依照基礎構造設計規範檢討以下何種項目？ (A)牆體變形分析 (B)支撐設計 (C)邊坡穩定性 (D)開挖支撐應力分布。

依據「建築技術規則構造篇」第六章基礎開挖，第一百二十二條規定：

基礎開挖分爲斜坡式開挖及擋土式開挖，其規定如左：

一、斜坡式開挖：基礎開挖採用斜坡式開挖時，應依照基礎構造設計規範檢討邊坡之穩定性。

二、擋土式開挖：基礎開挖採用擋土式開挖時，應依基礎構造設計規範進行牆體變形分析與支撐設計，並檢討開挖底面土壤發生隆起、砂湧或上舉之可能性及安全性。

8. (A) 下列何者是統一土壤分類系統之 4 號篩至 200 號篩的土壤？ (A)砂土 (B)沉泥 (C)黏土 (D)塊石。

土壤依其顆粒粒徑的大小可分爲粗顆粒土壤(即粒徑大於 0.074 mm)及細顆粒土壤(即粒徑小於 0.074 mm)兩種，若以 USCS(統一土壤分類法)來區分，一般 12 in (304.8 mm)以上爲塊石，12 in 至 3 in(76.2 mm)爲卵石，3 in 至 4 號篩(4.76 mm)爲礫石，4 號篩至 200 號篩爲砂土，而 200 號篩(0.074 mm)以下爲沉泥與黏土。

■情境式選擇題

某建築工地施作場鑄樁基礎，針對場鑄樁施工管理重點，請回答下列場鑄樁施工步驟與注意事項相關問題。請回答下列問題：

9. (C) 檢核場鑄樁鑽妥之樁孔徑及垂直度時，依據一般規定的規範值，垂直度之傾斜偏差應不超過多少？ (A)1/100 (B)1/150 (C)1/200 (D)1/250。

解析

檢核鑽妥之樁孔徑及垂直度。(一般規定垂直度之傾斜偏差不超過 1/200。每根樁水準方向之樁中心點與設計圖指定之樁心點，其允許許可差應在 ±7.5 公分以內)。

10. (C) 每一根場鑄樁於澆置混凝土時，須藉特密管連續進行，其停頓時間上限爲幾分鐘？ (A)10 分鐘 (B)20 分鐘 (C)30 分鐘 (D)40 分鐘。

解析

混凝土拌和與運送機具，須能在混凝土初凝前並在 2 小時內澆妥一根最大徑樁所需混凝土之供應量。每一根樁於澆置混凝土時，須藉特密管連續進行，其停頓時間，不得超過 30 分鐘。

■情境式選擇題

某營造公司承包道路工程，需進行道路施工及土方作業。請回答下列問題：

11. (A) 以下何者不屬於整地準備作業中測量放樣作業的內容？ (A)沉陷監測 (B)地形測量 (C)控制點測設 (D)樣板打設。

整地工程測量放樣作業內容包括：
1. 地形測量、收方。
2. 控制點測設。
3. 樣板打設。

12. (D) 土方填築時依據土方(鬆方單位重量/實方單位重量)計算脹縮比，試問在通常狀況下，以下何種土方脹縮比比值最大？ (A)黏(乾) (B)黏土(濕) (C)砂(濕) (D)卵礫石(乾)。

土方單位重量參考值：

土壤性質	鬆方重量 (t/m^3)	實方重量 (t/m^3)	脹縮比	膨脹率(%)
黏土(乾)	1.6	2.0	0.80	26
黏土(濕)	2.1	2.7	0.78	32
砂(乾)	2.0	2.2	0.91	12
砂(濕)	2.4	2.7	0.89	13
卵礫石(乾)	2.2	2.4	0.92	12
卵礫石(濕)	2.6	2.9	0.90	10

13. (A) 土方填築作業分爲準備作業、取土、填土、壓實四個項目。以下何者不屬於壓實作業的品質管理要項？ (A)土壤分類及性質確認 (B)壓密度檢驗 (C)沉陷觀測 (D)載重試驗。

壓實作業的品質管理要項：

壓實	滾壓夯實	液壓控制(壓路機規格、運行路徑) 壓密度檢驗 載重檢驗 沉陷觀測

■情境式選擇題

在都會區高樓結構物深開挖工程，地質調查顯示該基地位於疏鬆砂土層，地下水位於地下一米，請回答下列問題：

14. (　C　) 深開挖工程的止水性擋土工法的選擇，可以採用以下何種工法？　(A)主樁橫版條工法　(B)擋土柱　(C)鋼版樁　(D)鋼軌樁。

解析

止水性擋土工法可分爲鋼版樁、鑽掘樁、連續壁和沉箱。

15. (　B　) 若要對此疏鬆砂土地盤實施地盤改良以提高其強度，可以採用以下何種工法？　(A)排水帶工法　(B)高壓噴射止水樁(CCP)工法　(C)眞空預壓法工法　(D)電滲工法。

使用高壓噴射工法時也有將大量的改良對象土排出，而以水泥漿填充之半置換是高腰噴射工法，通常在要求交高強度之改良體時採用之，此法主要適用於砂性土壤。

16. (　C　) 基地使用深井工法排水，下列何者敘述正確？　(A)深井工法屬於點井工法之其中一類排水工法　(B)深井工法須強制集中地盤水分　(C)深井工法爲重力排水　(D)高度眞空排水。

深井工法排水：

	深井水法
排水原理	重力排水
適用土層	砂層
使用時機	基地無多餘利用空間
排水深度	深
口徑	90～150 cm

[110-5-1]

17. (　B　) 下列鑽探方法，哪一類只是適用於地下水面以上的探查？　(A)沖洗法　(B)螺鑽法　(C)衝鑽法　(D)旋鑽法。螺路亂連

螺鑽法(Auger Drilling Method)：螺鑽法是利用各種形狀的螺旋形鑽頭，以輕微的下壓力及旋轉動作連續取樣。以手鑽時，其深度無法達到 5 m 以上；以動力鑽時，則可達 30 m，但只適用於地下水面以上的探查。此法主要應用於借土區的調查、鑽孔與鑽孔之間地質剖面的填補、公路、鐵路與機場的調查，以及覆蓋層的厚度調查等。其缺點是樣品是擾亂混合的，故土層眞正的變化處難於確知。

18. (C) 標準貫入試驗(SPT) N≦4 的軟弱地盤及地下水位以下開挖，最好避免使用下列何種擋土支撐工法？ (A)排列樁工法 (B)連續壁工法 (C)主樁橫版條工法 (D)鋼版樁工法。

主樁橫板條工法限制：

1. 主樁橫板條工法遇乾砂會崩塌，濕砂雖有毛細作用，但施工速度無法趕上崩塌速度，故在砂性地盤效果較差。
2. N≦4 的軟弱地盤及地下水位以下開挖，會造成土壤流入基地內，最好避免使用本法。

19. (C) 構造物主要牆壁(承重牆)配置在兩柱間，或兩柱的間隔較近，應採用下列何種淺基礎？ (A)獨立基礎 (B)聯合基礎 (C)連續基礎 (D)沈箱基礎。

構造物主要牆壁(承重牆)配置在兩柱間，或兩柱的間隔較近所採用的基礎稱爲連續基礎。

20. (C) 開挖擋土工程造成側向移動之破壞模式，可能來自於地表超載，及下列何種原因？ (A)超挖 (B)支撐系統勁度不足 (C)以上原因皆有可能 (D)以上原因皆不可能。

開挖擋土可能之破壞模式若爲側向移動其破壞原因可分成地表超載、超挖和支撐系統勁度不足。

■情境式選擇題

甲公司向乙公司承攬高度 50 公尺，地下室開挖深度 16 公尺，開挖面積在 4000 平方公尺且多面臨路之建築工程，甲營造公司再指定小花爲工作場所負責人。請回答以下問題：

21. (B) 小花在設置工地周邊安全設施時，下列何者不符合規定？ (A)臨時工務所之寬分成 2.7 m，3.6 m，6.3 m 三種；長度爲 1.8 m 之倍數，數據皆因配合夾板或榻榻米基本“模距”尺寸 90 cm 而訂定 (B)應於每一鄰向距離出入口每 100 公尺處增設一告示牌 (C)安全圍籬設置高度在 2.4 公尺以上且定著於基地上 (D)作業人員的宿舍俗稱工寮，避免搭建於有山崩、潮濕、浸水可能的地方。

告示牌：於車輛進出口處設置告示牌(尺寸約 1.5 公尺×1 公尺)，標示工程名稱、建造執照號碼、設計人、監造人、承造人等有關工程內容摘要。開挖面積在 3000 平方公尺以上工地且多面臨路者，應於每一鄰向距離出入口每 50 公尺處增設一告示牌。僅對向雙面鄰路者，應於各面增設一告示牌。

22. (D) 對於保護鄰近構造物之作爲，下列何者爲錯誤？ (A)對於鄰近所可能影響之建築物、構造物及道路，提供避免造成損害所必要之保護措施 (B)鄰近建築、構造物各部位之最大沉陷量大於 15 mm，則其差異沉陷以基礎斜率計算不得大於 1：500 (C)施工完成後，承包商應將受影響之建築物、構造物及道路，包括外觀及飾面恢復原來之狀態，並應確保其具有原來之運作功能 (D)對於保護鄰近構造物之作爲，應送政府主管機關核定。

承包商應依契約相關之規定，擬訂建築物、構造物與道路之保護措施，並提送審查保護工作之圖說、工法說明書及設計計算書，詳細說明準備採用之工作程序，供工程司審核。

■情境式選擇題

有一工程在開闊的現場進行了全套管的基樁施工，現地土壤屬於軟弱之飽和砂土層，請回答下列問題：

23. (A) 下列何種套管內之取土設備較爲適當？ (A)取土桶 (B)螺旋鑽 (C)吊車配抓斗 (D)特密管。

解析

取土設備可分爲旋鑽機及吊車配抓斗兩種型式。
1. 旋鑽機：包含桁架、鑽桿、齒輪變速箱等配於吊車底盤上形成。
2. 取土桶：可用於砂土層，岩層及有地下水時。
3. 螺旋鑽：可用於黏土層、卵礫石、軟岩層及無地下水時。
4. 吊車配抓斗。

24. (B) 鑽妥之基樁垂直度，一般規定其傾斜偏差<u>不超過</u>多少？ (A)1/100 (B)1/200 (C)1/150 (D)1/50。

檢核鑽妥之樁孔徑及垂直度。一般規定垂直度之傾斜偏差不超過 1/200。

■情境式選擇題

25. (D) 通常用基礎的深寬比(Df / B)來區隔深基礎和淺基礎，試問判別基礎爲深基礎或淺基礎的深寬比爲多少？ (A)3 (B)5 (C)7 (D)10。

依深寬比(D_f/B)區分的基礎分類：

淺基礎(D_f/B)≦10	深基礎(D_f/B) > 10
獨立基礎	樁基礎
聯合基礎	墩基礎
連續基礎	沉箱基礎
筏式基礎	

■情境式選擇題

有一抽砂回填的海埔新生地開發工程，場址具有高地下水位，請回答下列問題：

26. (　C　) 若要將回填初期之疏鬆砂土層壓實，可以施行下列何種地盤改良？ (A)生石灰樁工法　(B)高壓噴射止水樁(CCP)工法　(C)動力夯實法　(D)雙重管灌漿工法 (JSG)。

砂質土可使用動力夯實法進行地盤改良。

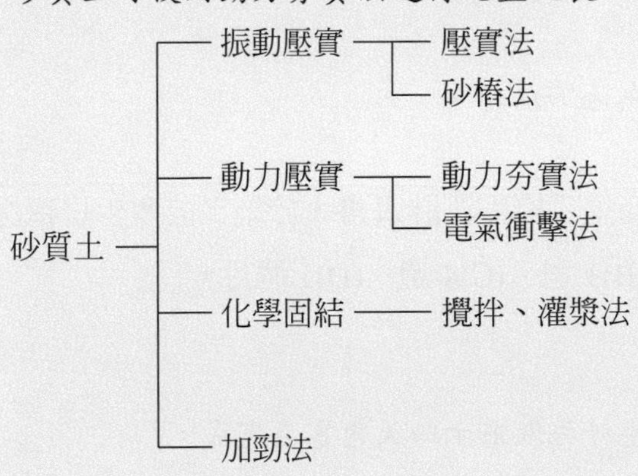

27. (　D　) 若要將回填完成之砂土層壓實，並兼具排水功能，可以施行何種地盤改良？ (A)生石灰樁工法　(B)高壓噴射止水樁(CCP)工法　(C)瀝青穩定法　(D)擠壓砂樁法。

人工排水系統包括橫向及直向排水系統之設置，其中直向排水物，例如砂樁、砂井、袋裝排水物、排水帶等係在天然地層中設置，用以縮減土層排水路徑，加速排水效果。

28. (送分) 可以使用下列何種現地試驗檢驗地盤改良之抗剪力強度上的地盤改良成效？ (A)圓錐貫入試驗　(B)室內剪力試驗　(C)現地透水試驗　(D)無圍壓縮試驗。

[111-1-1]

29. (　C　) 先以鑽掘機之螺旋鑽桿依規定之位置、樁徑及深度鑽掘樁孔，並將水泥砂漿注入樁孔內，為下列何種擋土設施？ (A)連續壁擋土設施　(B)鋼板樁擋土樁設施　(C)預壘樁擋土樁設施　(D)鋼軌樁襯板擋土樁設施。

預壘樁擋土樁設施。

30. (D) 全套管基樁取土設備中的螺旋鑽，較<u>不適用</u>於何種土層？ (A)黏土層 (B)卵礫石 (C)軟岩層 (D)地下水時。

解析

螺旋鑽：可用於黏土層、卵礫石、軟岩層及無地下水時。

31. (A) 對於邊坡穩定實施監測，承包商須妥擬監測計畫書，於施工前多少日程送工程司核可備查？ (A)2 週 (B)3 週 (C)4 週 (D)1 個月。

解析

監測計畫書配合整體施工預定進度表提送；應於施做前十四天內審查完成。

32. (B) 採用鋼軌樁作爲擋土支撐工法，開挖面與木嵌板間之空隙可填以何種材料並搗實？ (A)皂土穩定液 (B)砂土 (C)黏土 (D)飛灰。

解析

鋼軌樁作爲擋土支撐工法開挖面與木嵌板間之空隙可填砂土並搗實。

33. (B) 土壤變形較小地盤，若建築物外柱有偏心載重，爲了減輕外柱負擔，將外柱及內柱的基礎版聯成一體，建議採用以下何種淺基礎型式？ (A)墩基礎 (B)聯合基礎 (C)連續基礎 (D)沈箱基礎。

解析

建築物外柱有偏心載重，爲了減輕外柱負擔，而將外柱及內柱的基礎版聯成一體，不易用獨立基礎而採用此種聯合基礎。

34. (A) 擋土措施分類中，下列何者屬於透水性壁體？ (A)主樁橫版條 (B)溝槽版樁 (C)場鑄式連續壁 (D)預鑄排樁。

擋土支撐工法及擋土措施分類。

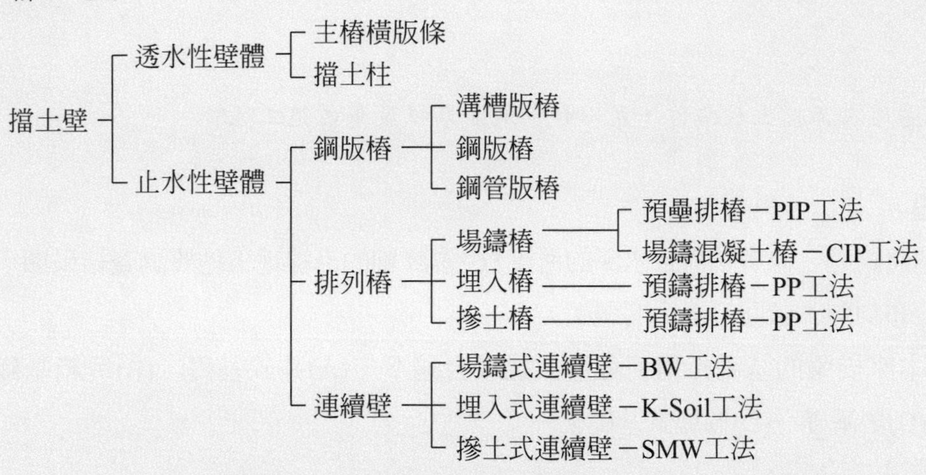

35. (A) 鑽掘式基樁施工時，鑽孔若遭遇疏鬆砂土層，需使用以下何種方式穩定鑽孔壁面？ (A)孔內填注皂土泥漿 (B)孔內填注常溫清水 (C)孔內填注高溫熱水 (D)孔內抽氣保持低壓。

若鑽孔遇到砂土層或地下水，就需使用皂土泥漿填注鑽孔，用以避免孔壁土壤坍陷，並可幫助土壤碎屑的污泥向上排除。

■情境式選擇題

營造廠計畫承接基礎工程，經基礎設計分析採用樁基礎作爲構造物支承結構。請回答下列問題：

36. (A) 公司期望採用目前普遍應用於基樁施工，在鑽掘及混凝土澆注時孔壁均有完整保護， 施工品質較易確保的工法，你會建議下列何種工法？ (A)全套管鑽掘樁 (B)反循環工法 (C)鑽掘式基樁 (D)衝擊式基樁。

全套管鑽掘樁在鑽掘及混凝土澆注時均有套管保護,施工品質較易確保，目前普遍應用於基樁施工。

37. (A) 地下開挖時遭遇卵礫石、軟岩等地層無法以機械打設，此時擋土設施應採用何種方式施作？ (A)人工擋土柱 (B)鋼軌樁 (C)鋼板樁 (D)PC 樁。

解析

卵礫石層基地適用人工擋土柱施作，尤以台中地區累積最多之施工經驗。

■情境式選擇題

某一橋梁工程即將跨過一條廣闊而且水深的河流，經過詳細的沿線地下地質調查結果顯示地下地層構造分布均勻，請回答下列問題：

38. (BC) 本座橋梁的基礎採用何種形式比較合適？ (A)井式基礎 (B)沉箱基礎 (C)樁基礎 (D)擴展式基礎。

解析

「基礎」是將橋梁之荷重傳遞至地層之構造，橋梁工程採用之基礎型式依載重傳遞方式及施工方式分別有：擴展式基礎(直接基礎)、樁基礎、井式基礎、沉箱基礎等類型。

39. (A) 本座橋梁的上部結構施工規劃採用場鑄工法，落墩數規劃最少時，較不適合採下列何種工法？ (A)就地支撐工法 (B)支撐先進工法 (C)平衡懸臂工法 (D)節塊推進工法。

就地支撐工法。

■情境式選擇題

有一處開發建案採用鋼板樁作爲臨時擋土支撐，請回答以下問題：

40. (D) 土壤室內實驗若要進行不擾動土樣三軸試驗，建議鑽探時採用的取樣方式爲何？ (A)螺旋鑽取樣 (B)標準貫入試驗取樣器取樣 (C)圓錐貫入試驗取樣器取樣 (D)薄管取樣器取樣。

未擾動樣品以薄管取樣器取樣：
未擾動樣品是指原來土壤的結構(包括構造、密度、孔隙率、含水量、應力狀況等)改變較少，與原地性質相差不大，除擾動樣品所能做的試驗外，一般用於剪力強度(如直接剪力強度、無圍壓縮強度、三軸壓縮強度、壓密及透水係數測定等試驗。

41. (C) 於鋼板樁拆除時，緊接於地下構造物底板以上之第一層支撐，在底板混凝土澆置後應留置原處至少多久？ (A) 12 小時 (B) 24 小時 (C) 48 小時 (D) 72 小時。

緊接於地下構造物底板以上之第一層支撐，在底板混凝土澆置後應留置原處至少 48 小時。

42. (B) 接續上題，其餘各層支撐應留置原處，直到預計承受由拆除支撐所傳遞荷重之混凝土達到 28 天抗壓強度之多少%以上爲止？ (A)50% (B)80% (C)90% (D)100%。

承受由拆除支撐所傳遞荷重之混凝土達到 28 天抗壓強度之 80%以上。

[111-1-2]

■情境式選擇題

有一地下開挖 12 m 的大樓興建工程，其工址土層依照統一土壤分類結果大部分爲 SM，擬採用連續壁進行擋土開挖。請回答下列問題：

43. (C) 下列有關穩定液品質檢驗的敘述何者<u>錯誤</u>？ (A)以馬氏漏斗來測試穩定液的黏滯性 (B)泥漿穩定液之比重的檢測時機與黏滯性相同 (C)穩定液的酸鹼值應保持在 PH 值小於 7 (D)泥漿的含砂量太高會使泥膜變厚，導致穩定液加速劣化。

穩定液的酸鹼值應保持在 PH 值大於 8 以上之鹼性。

44. (D) 請問下列關於 SM 土壤的敘述何者正確？ (A)通過 200 號篩的土壤大於 50% (B)細粒土壤中黏土的含量比粉土多 (C)其塑性指數大於液性限度 (D)粗粒土壤中砂土的含量比礫石多。

SM 土壤的特性：

1. 通過 200 號篩的土壤大於 12%。
2. 細粒土壤中粉土的含量比黏土多。
3. 液性限度大於塑性限度(PI < 4 或阿太保限度落於 A 線下方)。
4. 粗粒土壤中砂土的含量比礫石多(粉土質砂)。

45. (B) 若土壤爲飽和，其土壤顆粒比重及含水量量測結果分別爲 2.65 及 20%，請問此土壤的孔隙比爲多少？ (A)0.265 (B)0.53 (C)13.25 (D)2.21。

[109-9-1]

46. (A) 場鑄樁施工管理重點中，鑽掘取土時若有砂湧現象，應如何保持地層穩定？ (A)應保持套管中之水位高於地下水位 (B)應立即停止開挖並回填灌漿 (C)儘可能以乾井狀態作業保持地層穩定 (D)應增設點井加速抽水。

應保持套管中之水位高於地下水位，因地盤內地下水位高於樁內水位，會造成開挖底面的砂湧現象。

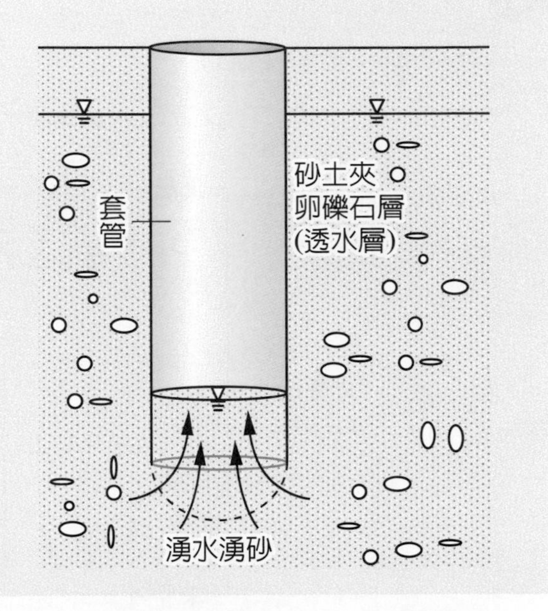

47.　(　B　) 下列何者，<u>不是</u>安全監測之目的？　(A)設計條件之確認　(B)監測設備之維護　(C)長期行爲之追蹤　(D)相關設計之回饋。

解析

開挖安全監測對基地開挖，其目的如下:

1. 設計條件之確認。
2. 施工安全之掌握。
3. 長期行爲之追蹤。
4. 責任鑑定之佐證。
5. 相關設計之回饋。

48.　(　D　) 若要加速軟弱黏土地層排水，可以使用下列哪種方法改良地盤？　(A)化學固結灌漿　(B)深層攪拌工法　(C)加勁法　(D)排水帶法。

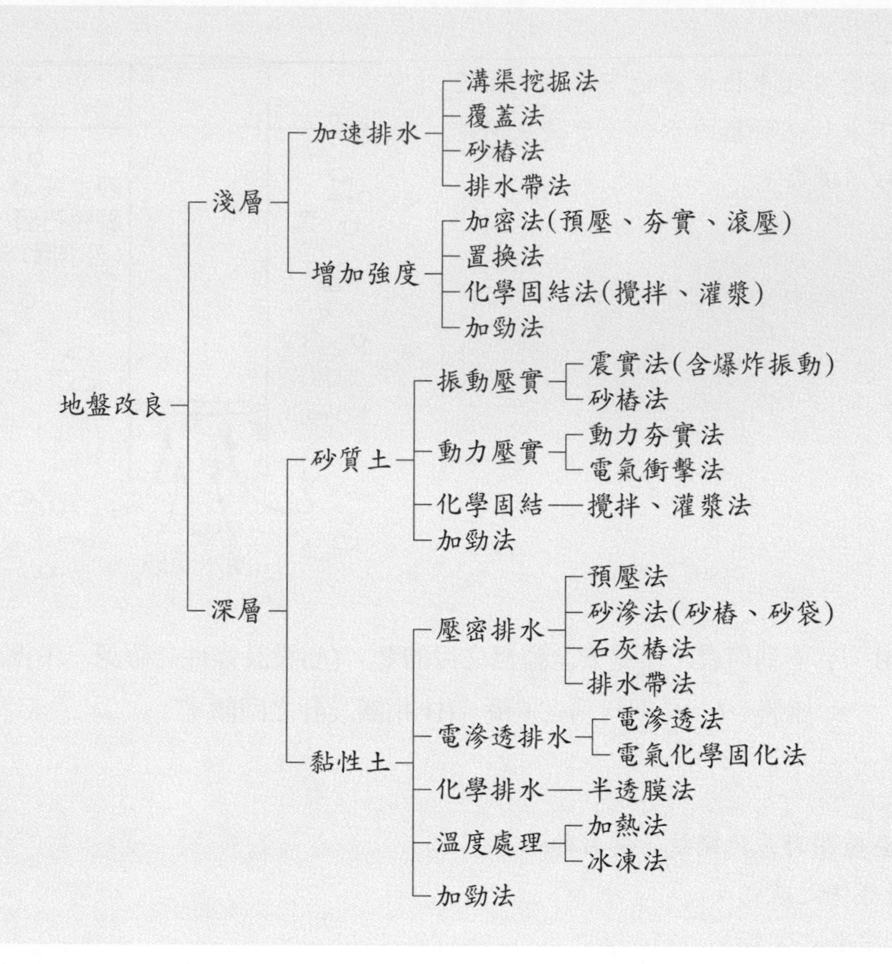

49. (B) 建築物在擋土壁完成後，就可以在開挖地下樓層的同時，另進行地面層的建構，是指下列何種施工法？ (A)順築施工法 (B)逆築施工法 (C)島區式工法 (D)壕溝式工法。

逆築施工法：

「逆築施工法」的施工順序，基本上是在擋土壁完成後，就可以在開挖地下樓層的同時，另進行地面層的建構；不須等耗時的地下層部分完成後，才能進行地面層的結構，就是「逆築施工法」的最大特色。

規劃在山坡地建築一個大型住宅社區，請回答以下問題：

50. (B) 使用側向位移計進行邊坡中的變位量之監測，埋設內有導溝之 HDPE 材質之傾度管，一般以哪組方向來定義 A+方向與 B+方向？ (A)上邊坡爲 A+方向，A+方向順時鐘轉 90°爲 B+方向 (B)下邊坡爲 A+方向，A+方向順時鐘轉 90°爲 B+方向 (C)上邊坡爲 A+方向，A+方向逆時鐘轉 90°爲 B+方向 (D)下邊坡爲 A+方向，A+方向逆時鐘轉 90°爲 B+方向。

解析

下邊坡爲 A+方向，A+方向順時鐘轉 90°爲 B+方向。

51. (D) 使用擋土牆搭配地錨作爲永久性擋土結構物，以下敘述何者正確？ (A)地錨僅包含錨頭及錨碇兩部分構造 (B)錨頭段端可以裝設水壓計，以監測地錨強度 (C)錨碇段僅穿透擋土牆厚度即可 (D)地錨爲可將拉力傳遞至地層之裝置。

解析

地錨爲可將拉力傳遞至地層之裝置。

[109-9-2]

52. (D) 有關公共工程剩餘土石方處理，下列說明何者爲非？ (A)公共工程之剩餘土石方應有處理計畫，並應納入工程施工管理 (B)承包廠商於出土期間之每月底前上網申報剩餘土石方流向或剩餘土石方來源及種類、數量 (C)公共工程主辦機關應負責自行設置、經營收容處理場所，或要求承包廠商覓妥經地方政府核准之收容處理場所 (D)承包商應將土石方處理紀錄表，視需求送主辦機關備查。

解析

公共工程剩餘土石方處理第 6 點內容：
承包廠商應依工程主辦機關規定將剩餘土石方處理紀錄表，定期逕送工程主辦機關備查，並由工程主辦機關副知收容處理場所之直轄市、縣(市)政府。

[109-5-1]

53. (B) 依據「營造安全衛生設施標準」，擋土支撐設置後，開挖進行中，於幾級以上地震後，應確認支撐構材損傷、變形、腐蝕、移位？ (A)三級 (B)四級 (C)五級 (D)六級。

「營造安全衛生設施標準」第 75 條：
雇主於擋土支撐設置後開挖進行中，除指定專人確認地層之變化外，並於每週或於四級以上地震後，或因大雨等致使地層有急劇變化之虞，或觀測系統顯示土壓變化未按預期行徑時，依下列規定實施檢查：
一、 構材之有否損傷、變形、腐蝕、移位及脫落。
二、 支撐桿之鬆緊狀況。
三、 構材之連接部分、固定部分及交叉部分之狀況。
依前項認有異狀，應即補強、整修採取必要之設施。

54. (B) 除鑽機外，尚須配置有泥漿拌和、儲存、輸送等設備，並配合使用起重機等機具施工的基樁工法是哪一種基樁？ (A)全套管基樁 (B)反循環基樁 (C)預壘樁 (D)鑽掘式基樁。

反循環基樁：
施工機具除反循環鑽機外，尚須配置有泥漿拌和、儲存、輸送等設備，並配合使用起重機等機具施工。

55. (B) 場鑄樁施工檢核鑽妥之樁孔孔徑時，一般規定每根樁水準方向之樁中心點與設計圖指定之樁心點，其允許許可差應在幾公分以內？ (A) ± 5.5 公分 (B) ± 7.5 公分 (C) ± 9.5 公分 (D) ± 11.5 公分。

每根樁水準方向之樁中心點與設計圖指定之樁心點，其允許許可差應在 ± 7.5 公分以內。

56. (　A　) 對於邊坡穩定監測，安全監測所使用之荷重計可爲電子式或機械式，其容許荷重須達設計荷重或試驗荷重較大者幾倍以上？　(A)1.5 倍　(B)2 倍　(C)2.5 倍　(D)3 倍。

荷重計可爲電子式或機械式，其容許荷重須達設計荷重或試驗荷重較大者 1.5 倍以上，全部系統之精確度爲量測值之 ±2%，靈敏度爲 ±0.5%。

57. (　A　) 在灌漿壓力之作用下，部份漿液滲入孔隙或裂縫中，另有部份漿液於地中劈出裂隙並向外延伸，漿液乃呈脈狀或層狀擴散，適用於黏土層。此地盤改良屬於：　(A)劈裂灌漿　(B)擠壓灌漿　(C)滲透灌漿　(D)高壓噴射灌漿。

解析

劈裂灌漿：

在灌漿壓力之作用下，部份漿液滲入孔隙或裂縫中，另有部份漿液於地中劈出裂隙並向外延伸，漿液乃呈脈狀或層狀擴散，適用於黏土層。

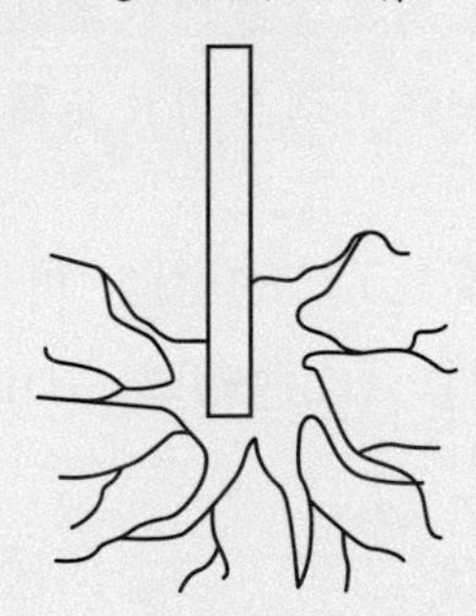

建築基地開挖時，必須降低地下水位及增加土壤的剪力強度，請回答下列問題：

58. (　C　) 下列何者不屬於地下水處理之止水工法？　(A)灌漿工法　(B)止水壁工法　(C)表面處理法　(D)凍結工法。

解析

由於圬工地下結構物構造完成後，在最初一、二年內，經常於外壁發生裂縫。因此，在修補時需塗砌含有防水劑的水泥砂漿予以覆蓋，而須不時予以層層塗砌。此防水處理法爲已築成的地下結構物。

在都會區進行高樓結構深開挖工程，地質調查顯示該基地地表下有軟弱黏土層，地下水位於地表下一米，請回答下列問題：

59. (A) 阿太堡試驗結果顯示該黏土層之液性限度(LL) = 30、塑性限度(PL) = 20，則其塑性指數(PI) =？ (A)10 (B)25 (C)50 (D)600。

塑性指數(PI) = LL − PL = 30 − 20 = 10。
塑性指數愈大則土壤的塑性範圍越大，土壤細料中黏土含量也越高，反之，則趨向沉泥含量高。

60. (B) 若該基地要先進行地盤改良，採用何種工法較爲合適？ (A)加密法 (B)排水固結法 (C)爆振法 (D)動力夯實法。

排水固結法：
本方法乃利用預加壓力及自然或人工排水系統使軟弱黏土之孔隙水排出，達到快速沉陷及增加強度效果。較適用於含水量高及滲透性低之黏土地層。
爆振法、動力夯實法皆屬加密法一種，適合用於非黏性土層及回填土。

61. (C) 深開挖工程止水性擋土工法的選擇，可以採用以下何種工法？ (A)主樁橫版條工法 (B)擋土柱 (C)連續壁 (D)鋼軌樁。

連續壁係指在地層中開挖出一長度之深槽，然後在深槽內插入鋼筋籠，並灌注預拌之混凝土，使該深槽構築成一連串之鋼筋混凝土牆壁。
擋土支撐工法及擋土措施之分類：

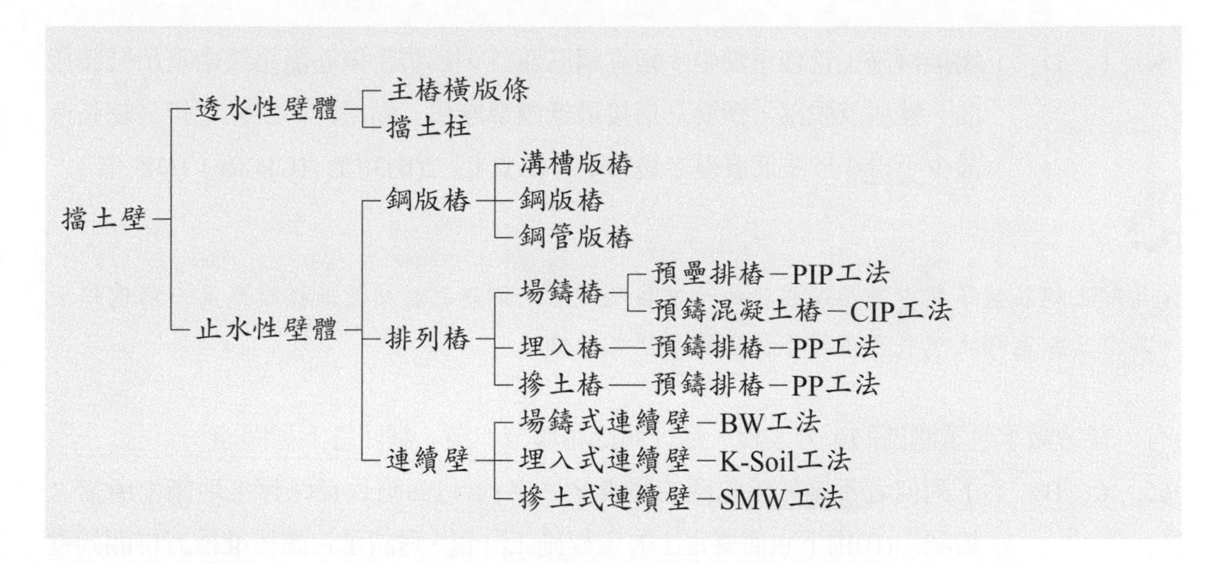

[109-1-1]

某工地進行連續壁及基樁工程。請回答下列問題：

62. (D) 以下哪一項工作最有可能不需要用到穩定液？ (A)連續壁開挖 (B)連續壁澆置 (C)反循環樁澆置 (D)全套管混凝土樁澆置。

解析

全套管混凝土樁澆置：

由於全套管鑽掘樁在鑽掘及混凝土澆注時均有套管保護，施工品質較易確保，目前普遍應用於基樁施工。

63. (D) 基樁施作工程中，搖管機主要用來施作哪一種施工作業？ (A)預鑄混凝土樁澆置 (B)反循環樁開挖 (C)特密管混凝土輸送 (D)全套管基樁套管埋設。

全套管基樁套管埋設：

套管驅動設備係指將套管壓入地下及將套管拔出之設備，一般以搖管機作業。

64. (D) 場鑄樁施工管理重點中，組立鋼筋籠時，爲防止鋼筋籠吊裝中及吊裝後扭曲、挫屈及脫落，鋼筋之搭接最低標準應爲三點電銲，三點電銲之總長度最少不得小於主筋直徑之幾倍？ (A)2 倍 (B)3 倍 (C)4 倍 (D)5 倍。

爲防止鋼筋籠吊裝中及吊裝後扭曲、挫屈及脫落，鋼筋之搭接最低標準應爲三點電銲，其中三點電銲之總長度不得小於主筋直徑之五倍。

有一營造廠承包重劃區的土方工程，進行開挖和填方作業，請回答下列問題：

65. (B) 下列何者不屬於承包商的職責？ (A)承包商應負責保存工地施工所需之樁記 (B)由下包商擬定土方工程施工計畫，送請承包商核准後方得開始進行挖運土石方工作 (C)承包商應負責與鄰近工程、現有建築物及道路之放樣基線或中心線取得協調 (D)承包商應依據業主或當地建築主管機關設定之基線、水準點、經緯座標及其他有關資料，施行施工測量，但仍應對其成果負責。

由承包商擬定土方工程施工計畫，送請監造單位、主管機關核准後方得開始進行挖運土石方工作。

一個靠近河道之基地規劃建築爲地下一層(規劃爲停車位)，地上四層，每戶建坪 100 坪之六棟連棟住宅。經現地鑽探得知其地層爲軟弱厚黏土層，地下水位於地表下一米位置，請回答下列問題：

66. (C) 標準貫入試驗在求得打擊數(N 值)，操作時記錄各三段爲貫入深度 15 cm 的打擊數。第一段打擊數 ＝1，第二段打擊數 ＝2，第三段打擊數數 ＝3，則其 N 值 ＝ ？ (A)3 (B)4 (C)5 (D)6。

利用 63.5 kg 重夯錘，以 76 cm 之落距將劈管取樣器打入土層，記錄每貫入 15 cm 所需之打擊數共三次，取最後兩次打擊數之總和，稱爲標準貫入 N 值。

67. (　D　) 如果要提高此地盤之承載力與降低完工後的沉陷量，建議採用以下何種方式實施地盤改良？　(A)動力夯實工法搭配石灰樁法　(B)淺層攪拌工法搭配石灰樁法　(C)深層攪拌工法配排水帶法　(D)預壓法搭配排水帶法。

預壓法搭配排水帶法：

欲使低透水性軟弱黏土層能迅速排水，必須依賴施加荷重於土層上，在此荷重所形成壓密作用下，土粒間孔隙水因受壓而向外排出，此爲預壓法。

由於黏土的低透水性，排水的速率相當慢(即需較長時間進行壓密作用)。通常可於土層中裝置直立排水管，可使該不透水土層內的排水加速。

68. (　D　) 施工時採用擋土式開挖，施工過程發生開挖面底部隆起狀況，較不可能的致災原因爲何？　(A)地表超載　(B)開挖底部暴露太久　(C)擋土壁體貫入深度不足　(D)基地形狀不規則。

基地形狀不規則：

發生隆起破壞的機制可分爲四大類，分別爲：

1.彈性回脹隆起(開挖底部暴露太久)、2.塑性流隆起(地表超載)、3.擠壓隆起(擋土壁體貫入深度不足)、4.上浮隆起(受壓水層向上之浮力，造成開挖面隆起)。

69. (　A　) 關於深井工法，下列何者敘述正確？　(A)深井工法爲重力排水　(B)深井工法須強制集中地盤水分　(C)適用於沉泥地盤　(D)高度眞空排水。

	深井工法	點井工法
排水原理	重力排水	高度真空排水
適用土層	砂層	砂層、沉泥地盤
使用時機	基地無多餘利用空間	需強制集中地盤水分
排水深度	深	淺
口徑	90～150 m	1 1 / 4″～1 1 / 2″

[109-1-2]

70. (D) 有關公共工程剩餘土石方處理，下列說明何者爲非？ (A)公共工程之剩餘土石方應有處理計畫，並應納入工程施工管理 (B)承包廠商於出土期間之每月底前上網申報剩餘土石方流向或剩餘土石方來源及種類、數量 (C)公共工程主辦機關應負責自行設置、經營收容處理場所，或要求承包廠商覓妥經地方政府核准之收容處理場所 (D)應由起造人，於事前將擬送往之收容處理場所之地址及名稱報地方政府備查後，據以核發剩餘土石方流向證明文件。

應由承造人，於事前將擬送往之收容處理場所之地址及名稱報地方政府備查後，據以核發剩餘土石方流向證明文件。

[108-9-1]

71. (C) 開挖擋土工程造成底部隆起之破壞模式，其原因可能來自於地表超載，以及： (A)第一階開挖太深，致使擋土壁懸臂太長 (B)第一階開挖太深，致使水平方向支撐系統勁度不足 (C)擋土壁體貫入深度不足 (D)施工機具漏油汙染開挖面。

發生隆起破壞的機制可分爲四大類，分別爲：
1.彈性回脹隆起(開挖底部暴露太久)、2.塑性流隆起(地表超載)、3.擠壓隆起(擋土壁體貫入深度不足)、4.上浮隆起(受壓水層向上之浮力，造成開挖面隆起)。

某營造廠的工地主任負責工地的基礎開挖工程，請回答下列問題：

72. (C) 下列何種基地狀況不適宜採用邊坡式開挖？ (A)基地爲一般平地地形 (B)基地周圍地質狀況不具有地質弱帶 (C)高地下水位且透水性良好之砂質地層 (D)基地地質不屬於疏鬆或軟弱地質。

邊坡式開挖，其基地狀況通常必須具有下列各項條件，但對高地下水位且透水性良好之砂質地層，並不適宜。

一、 基地爲一般平地地形。

二、 基地周圍地質狀況不具有地質弱帶。

三、 基地地質不屬於疏鬆或軟弱地層。

[108-9-2]

一大樓興建工程擬開挖到地表下 10 m，地質調查擬鑽探到地表下 20 m，鑽探出來的土壤會進行多項試驗以進行統一土壤分類。請回答下列問題：

73. (C) 有關篩分析試驗的敘述何者錯誤？ (A)可測量粗粒土壤的顆粒大小及其所佔百分比 (B)可計算均勻係數 (C)可計算滲透係數 (D)可計算曲率係數。

利用科學的方法分析土粒大小分佈情形，繪製土粒大小分佈曲線，求有效粒徑、均勻係數及曲率係數，並求出礫石、砂土、沉泥及黏土分別所佔百分比，以作爲試驗五土壤分類之依據，提供工程應用之參考。

74. (B) 有關比重計分析試驗的敘述何者錯誤？ (A)測量細粒土壤的顆粒大小及其所佔百分比 (B)試驗的原理爲 Darcy 定律 (C)主要區分粉土與黏土 (D)粉土的顆粒介於 0.075 mm 與 0.002 mm。

利用 Stoke 顆粒沉降原理來決定粉土及黏土等細粒土壤(粒徑小於 0.074 mm)之顆粒大小分佈。

75. (C) 某一層土壤測得之 LL 及 PL 分別爲 40 及 28，請問依照 Casagrande 塑性圖的分類爲何？ (A)CL (B)CH (C)ML (D)MH。

塑性指數(PI) = 液性限度(LL) − 塑性限度(PL) = 40 − 28 = 12。

查表 Casagrande 塑性圖：

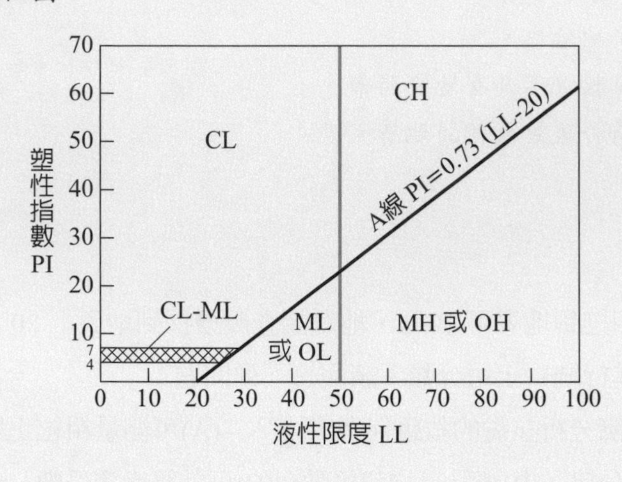

[108-5-1]

76. (B) 基樁工程中，先鑽掘機樁孔，吊入鋼筋籠，再行澆置混凝土而成為下列何種基樁？ (A)預鑄基樁 (B)場鑄基樁 (C)振動式基樁 (D)錘擊式基樁。

場鑄基樁：

場鑄基樁係先鑽掘機樁孔，吊入鋼筋籠，再行澆置混凝土而成。依鑽孔方式之差異分別有：鑽掘式、衝擊式、反循環式及全套管式等施工法。

77. (A) 鑽探作業取得之擾動土樣可進行下列哪項試驗？ (A)含水量 (B)剪力強度 (C)透水係數 (D)壓密試驗。

擾動土樣可供施作一般基本物性試驗，也就是求出單位重、含水比、粒徑分析、阿太堡試驗、比重等資料。

78. (A) 基礎工程施工時，其噪音管制最高容許音量是隨著管制區類別、時段以及施工機械種類而有不同的限值。針對打樁機而言，其最大音量規定<u>不得</u>超過多少分貝？ (A)100 分貝 (B)110 分貝 (C)120 分貝 (D)130 分貝。

100 分貝：

頻率／音量／時段／管制區		20 Hz 至 200 Hz，自中華民國 103 年 2 月 5 日施行			20 Hz 至 20 kHz		
		日間	晚間	夜間	日間	晚間	夜間
均能音量 (Leq)	第一類	44	44	39	67	47	47
	第二類	44	44	39	67	57	47
	第三類	46	46	41	72	67	62
	第四類	49	49	44	80	70	65
最大音量 (Lmax)	第一、二類	—			100	80	70
	第三、四類				100	85	75

1. 時段區分：日間：指各類管制區上午七時至晚上七時。(二)晚間：第一、二類管制區指晚上七時至晚上十時；第三、四類管制區指晚上七時至晚上十一時。(三)夜間：第一、二類管制區指晚上七時至翌日上午七時；第三、四類管制區指晚上十一時至翌日上午七時。
2. 測量地點：以工程周界 1 公尺位置測定之。
3. 單位：dB(A)。

資料來源：中華民國 102 年 8 月 5 日行政院環境保護署環署空字第 1020065143 號修正

79. (C) 使用傾斜計監測山坡地工程，下列何者是其用途？ (A)監測鋼筋應力 (B)監測地層滑動面位置 (C)監測擋土牆傾斜 (D)檢核地錨之預力。

解析

傾斜計主要用於監測土岩層邊坡和擋土牆之側向變位量與滑動深度。

80. (B) 下列哪一種工法<u>不是</u>利用排水來增加土壤有效應力並提升地層的支承力？ (A)覆蓋法 (B)加勁法 (C)預壓法 (D)半透膜法。

加勁法：

本方法係於土層中埋設加勁材以達到提高土層總體強度、增加穩定度及減少沉陷量之處理方法。

81. (C) 保留擋土壁內側周圍之土壤，而先將基地中央部分開挖，構築中央部分之結構體，並利用該結構體取得反力，架設支撐後，再將周圍部分之保留土逐段開挖，爲何種工法？ (A)順築施工法 (B)逆築施工法 (C)島區式工法 (D)明挖工法。

島區式工法：

保留擋土壁內側周圍之土壤，而先將基地中央部分開挖，構築中央部分之結構體，並利用該結構體取得反力，架設支撐後，再將周圍部分之保留土逐段開挖之一種工法。

有一工程在開闊的現場進行了全套管的基樁施工，現地土壤屬於軟弱之飽和沙土層，試回答以下之問題。

82. (A) 在套管內進行挖掘至多少深度時停止？ (A)設計深度 (B)設計深度後 1 / 2 倍樁徑 (C)設計深度後 1 倍樁徑 (D)設計深度後 2 倍樁徑。

基樁鑽掘至設計深度，應就基樁底部鑽掘出之土樣狀況予以檢視，確認承載層位置。

83. (B) 每一根樁於澆置混凝土時，須藉特密管連續進行，其停頓時間，最多不得超過多少時間？ (A)15 分鐘 (B)30 分鐘 (C)60 分鐘 (D)75 分鐘。

每一根樁於澆置混凝土時，須藉特密管連續進行，其停頓時間，不得超過 30 分鐘。

某營造廠在土質不佳地區進行工程時，遇到下列幾項大地工程問題，試問？

84. (D) 鄰近工地有不少屋齡 20 年以上之房屋，因此本地區之深層黏性土須進行地盤改良時，以下列何種工法效果最佳？ (A)挖溝法 (B)動力壓實 (C)抽水法 (D)壓密排水。

壓密排水法：
欲使低透水性軟弱黏土層能迅速排水，必須依賴施加荷重於土層上，在此荷重所形成壓密作用下，土粒間孔隙水因受壓而向外排出。

85. (A) 工地若有開挖工程，則其安全監測系統，應於何時設置，方可測得完整數據與資料？ (A)開挖前 (B)開挖中 (C)開挖後 (D)鄰損時。

解析

安全監測系統需開挖工程施工前設置及測試完成。

86. (A) 若本工程決定使用地下連續壁作爲擋土措施，下列何項爲其可能之缺點？ (A)壁體包泥現象 (B)壁體厚度可配合需求變化 (C)施工時噪音與震動小 (D)壁體深度可配合需求變化。

壁體包泥現象爲連續壁施工過程可能的工程缺失。

[108-5-2]

一深開挖工程採用連續壁做爲開挖擋土設施。

87. (C) 下列何時不需進行穩定液黏滯性及比重的量測？ (A)挖掘前後 (B)下雨後 (C)放置鋼筋籠時 (D)混凝土澆置前。

放置鋼筋籠時不需進行穩定液黏滯性及比重的量測。

88. (B) 鋼筋籠需經銲接加工，請問以下何型號之鋼筋較合適？ (A)SS400 (B)SD420W (C)SR300 (D)SD490。

解析

SD420W，其中 W 代表"Weildable"，表示適合用於銲接的意思。一般可銲鋼筋含碳量不宜太高，故必須以合金來調整成分，成本相對較高一些。

89. (D) 下列那一因素不會影響混凝土的工作性？ (A)水灰比及水膠比 (B)水泥細度 (C)摻料 (D)粒料含水量。

解析

粒料含水量與混凝土拌合水量有關會影響水灰(膠)比。

[108-1-1]

90. (D) 下列何種儀器是能夠監測建築開挖之擋土結構變形與傾斜的儀器？ (A)沉陷觀測釘 (B)鋼筋計 (C)隆起桿 (D)傾度管。

解析

傾度管：

為量測擋土壁(樁)及土層水平位移量的變形與傾斜的儀器，必須事先設置欲量測長度傾度管於擋土壁或地層中，量測時將傾斜儀置入傾度管內，以每 50 cm 擷取一組數據，依序量測。

91. (A) 下列何種改良地層方法是利用預加壓力及自然或人工排水系統使軟弱黏土之孔隙水排出，達到快速沉陷及增加土壤強度的效果？ (A)排水固結法 (B)動力夯實法 (C)地層固化法 (D)加勁法。

排水固結法：

利用預加壓力及自然或人工排水系統使軟弱黏土之孔隙水排出，達到快速沉陷及增加土壤強度的效果，此種方法處理軟弱地基，可以使相對於預壓荷載的地基沉降，在處理期間部分消除或基本消除，使建築物在使用期間不會產生過大的沉降或沉降差。同時通過排水固結，加速地基土的抗剪強度的增長，提高建築地基強度及穩定性。

92. (D) 下列關於開挖面隆起之現象何者有誤？ (A)發生隆起破壞的機制可分為彈性回脹隆起、塑性流隆起、擠壓隆起、上浮隆起 (B)隆起現象易使周圍地盤沉陷，而且引起支撐系統的中間柱上浮及水平支撐的挫屈等破壞現象，進而使擋土系統崩壞 (C)採用剛性高之擋土壁，其設置深度須達良質地盤減少隆起 (D)於開挖面外圍加置重物可減少開挖面之隆起發生。

於開挖面外圍加置重物(地表加載)可能造成開挖面之隆起現象發生。

93. (A) 在不同種類的淺基礎中，何者適用於塑流性軟弱地盤？ (A)筏式基礎 (B)獨立基礎 (C)連續基礎 (D)聯合基礎。

解析

筏式基礎適用於塑流性軟弱地盤。

94. (C) 下列所述之一般建築開挖工程監測知識何者有誤： (A)擋土結構體變形及傾斜監測頻率為平時每週一次，開挖階段每週至少二次，必要時隨時觀測 (B)以振動式應變計量測支撐應力及應變 (C)擋土壁鋼筋應力量測頻率為基地開挖時每小時一次，平時每週二次 (D)以隆起桿量測開挖面隆起量。

擋土壁鋼筋應力量測頻率為基地開挖時每天一次，平時每週二次。

某營造廠承包建築物之下部基礎工程施工時，工地主任應該注意到的介面相當多。請回答下面問題：

95. (B) 下列何者非基礎工程之水污染防治對策應注意專項： (A)在施工時，白皂土漿液等穩定液應設置沉澱設施如泥漿過濾機及旋離機等，使其中固體沉澱或過濾後再回流重複使用，切勿使穩定液被任意流出路面或流入河川及各級排水路 (B)藥液灌注時，如發現有壓力急劇下降現象，應加壓再送以免灌漿不確實 (C)工程用排水應經過沉澱槽處理後再行排入下水道 (D)灌漿工程應選用合適，不合致毒物等無公害性的藥液。

解析

藥液灌注時，如發現有壓力急劇下降現象，應加壓再送以免灌漿不確實。
應先停止灌注確認可能原因後再做對應處置。

96. (C) 一般基礎開挖的工地，不會安排埋設下列哪種監測儀器呢？ (A)傾度管 (B)水壓計 (C)加速度計 (D)沉陷觀測釘。

解析

加速度儀是測掉落速度的儀器，不會埋設於基礎開挖中的工地。

97. (送分) 若本工區進行了排水固結法之地層改良，以下列何種檢核效果方式最適當？ (A)平鈑載重試驗 (B)現地貫入試驗 (C)透地雷達 (D)挖掘試坑。

解析

平鈑載重試驗(Plate Loading Test)：
平板載重的目的是藉由土壤平板載重試驗得到土壤應力和應變以判斷土壤之承載力是否合乎規範要求。平板載重試驗適用於路工及淺基礎工程，這規範特別指定一個方式，量測土壤載重與土壤沉陷量關係曲線，最後可得到土壤應力模數與路基彈性模數。
現地貫入試驗
一、 動態標準貫度試驗(SPT)。
二、靜態圓錐貫入試驗(CPT)。

透地雷達(Guound Penetrating Radar，簡稱 GPR)：
是一種以高頻電磁波爲波源之地球物理探勘方法，可以有效的提供高解析度地下構造之形貌，爲近代極爲重要的地球物理探勘工具，可廣泛應用在淺層地質調查、考古調查、冰層探勘、工程調查等方面。
挖掘試坑：
最佳的土樣，可經由挖掘試驗坑或試驗井，由人力自試驗坑或試驗井的側壁面上謹愼地切修出土塊，帶回試驗室。這種作法可以取得最高品質的土樣，但是限於經費，往往只能在重要的工程中有之。

98. (D) 下列關於開挖面隆起之現象何者有誤？ (A)發生隆起破壞的機制可分爲彈性回脹隆起、塑性流隆起、擠壓隆起、上浮隆起 (B)隆起現象易使周圍地盤沉陷，而且引起支撐系統的中間柱上浮及水平支撐的挫屈等破壞現象，進而使擋土系統崩壞 (C)採用剛性高之擋土壁，其設置深度須達良質地盤減少隆起 (D)於開挖面外圍加置重物可減少開挖面之隆起發生。

於開挖面外圍加置重物(地表加載)可能造成開挖面之隆起現象發生。

[108-1-2]

99. (B) 下列何種作業不需訂定作業環境監測計畫及實施監測之作業場所？ (A)坑內作業場所 (B)設置有獨立管理方式之空氣調節設備之建築物室內作業場所 (C)顯著發生噪音之作業場所 (D)經中央主管機關指定之粉塵作業場所。

設置有獨立管理方式之空氣調節設備之建築物室內作業場所。

100. (A) 依據營造安全衛生設施標準規定雇主僱用勞工從事露天開挖作業，其垂直開挖最大深度應妥爲設計，如其深度至少多少公尺以上者，應設擋土支撐？ (A)1.5 公尺 (B)2.0 公尺 (C)2.5 公尺 (D)3.0 公尺。

營造安全衛生設施標準第 71 條：

雇主僱用勞工從事露天開挖作業，其垂直開挖最大深度應妥爲設計，如其深度在一點五公尺以上者，應設擋土支撐。但地質特殊或採取替代方法，經具有地質、土木等專長人員簽認其安全性者，不在此限。

101. (C) 連續壁開挖時所使用之穩定液，很多改用低污染之超泥漿穩定液，其主要成分爲聚丙烯醯胺(Polyacrylamide)，下列何者不是其優點？ (A)即拌即用 (B)無須發酵時間 (C)開挖過程中黏滯性不變 (D)不會影響鋼筋與混凝土之間的強度。

穩定液於連續壁施工循環使用過程，因與土壤或混凝土混合，其性質會逐漸劣化，所以其開挖過程中黏滯性不變是不正確的。必須隨時檢測：比重、黏滯性、含砂量、脫水量、泥膜厚及 pH 值等。

102. (A) 依據營建剩餘土石方處理方案，建築工程及民間工程建築計畫說明書應包括剩餘土石方處理計畫，由誰向地方政府申報？ (A)承造人 (B)起造人 (C)監造人 (D)專案管理人。

營建剩餘土石方處理方案第 3 條第 1 點：

一、 承造人向直轄市、縣（市）政府申報建築施工計畫說明書內容應包括剩餘土石方處理計畫。其自設收容處理場所者，得將設置計畫併建築施工計畫提出申請合併辦理，有效落實資源回收處理再利用。

[107-9-1]

103. (D) 應用於土建工程的各種特殊地形地物及整地、大範圍的土石覆蓋層開挖、填充或建築整地等土石方測算方法爲： (A)斷面法 (B)稜形柱法 (C)地籍圖法 (D)地形圖法。

地形圖法則應用於土建工程的各種特殊地形地物及整地、大範圍的土石覆蓋層開挖、填充或建築整地等。

104. (A) 道路工程的土方作業中，挖方時開挖至設計路基高程後，必須向下再翻鬆多少公分後再滾壓之？ (A)15 公分 (B)20 公分 (C)25 公分 (D)30 公分。

解析

挖方時亦須於開挖至設計路基高程後，向下再翻鬆 15 cm 後滾壓之。

105. (B) 為提高土層總體強度，在回填材料中，分層加入條狀加勁片，並外繫面版於柔性重力式擋土牆，是下列何種方法？ (A)地錨 (B)加勁土 (C)微型樁 (D)土釘。

加勁法-加勁土：

加勁土係在回填材料中，分層加入條狀加勁片，並外繫面版於柔性重力式擋土牆方式。

106. (D) 下列何者不是斜坡開挖土方施工作業之注意事項？ (A)為防止四周土方掉落，開挖時邊坡持 45 度以內為佳 (B)在開挖段坡頂區應設置臨時截水溝 (C)坍方清除應包括將路面整平與邊溝疏濬 (D)應按 15 cm 鬆方厚度分層壓實。

應按 15 cm 鬆方厚度分層壓實(非開挖土方施工作業階段之注意事項)。

107. (A) 下列何者不是正確的填方作業？ (A)填築所需材料取自路幅開挖，基礎開挖及其他開挖所得之適合材料，如有不敷，不得以借土方式獲得 (B)填築路堤之前應將原地面雜草樹根及一切有害雜物清除及掘除後修整平順 (C)所有填方應分層填築，每層應與路基完成後之頂面約略平行 (D)填築材料應分層壓實，每層鬆方厚度不得超過 30 cm。

填築所需材料取自路幅開挖，基礎開挖及其他開挖所得之適合材料，如有不敷，不得以借土方式(可以借調符合規範之適當材料)獲得。

108. (C) 監測系統之執行實務問題及其限制不包含下列哪一項？ (A)地形、地貌之變化應藉工程師定期之踏勘及目視觀察以彌補儀器之不足及提早發現相關之問題及變化，進而修正觀測之重點及方向 (B)施工活動與觀測結果之變化之關連性係判斷觀測結果之重要資料，應予與記錄 (C)水壓計之選用，應以機械式爲優先，因爲山坡地常呈不穩定，坡面移動易造成豎管式水壓計之折斷 (D)對於部份項目，若牽涉到立刻性之危險，應設立自動化之觀測系統及警報裝置，以適時發揮預警。

水壓計之選用，應以機械式爲優先(以電子式較易維護及保養)，因爲山坡地常呈不穩定，坡面移動易造成豎管式水壓計之折斷。

有一抽砂填築之海埔新生地，其砂土層厚約 20 m，接著有 5 m 的黏土層，地下水位在地表下約 1.5 m 處，政府單位擬將此開發爲「石化專區」而必須進行回填砂土層地質改良，請回答下列問題：

109. (C) 下列哪一項非本基地砂土層地質改良之主要目的？ (A)改善砂土層抗液化性質 (B)抗砂土層變形 (C)增加透水係數 (D)增加砂土承載力。

解析

增加透水係數(砂土層透水係數良好不需增加)。

110. (D) 若使用點井工法時，下列描述何者不正確？ (A)以高度眞空原理排水 (B)可增強壓密作用 (C)排水深度較淺 (D)使用時無須強制地盤水分。

解析

使用時無須強制地盤水分(點井排水法爲強制排水工法)。

111. (　A　) 本區建物若使用淺基礎，其基礎載重面深度(Df)與基礎載重面短邊長度(B)的比值(Df / B)可小於或等於？　(A)10　(B)20　(C)30　(D)40。

解析

基礎依深寬比(Df / B)大小分爲：淺基礎及深基礎，
(Df / B)≦10 淺基礎
(Df / B) > 10 深基礎

[107-9-2]

112. (　D　) 經直轄市、縣(市)政府或公共工程主辦(管)機關審查同意，可收容處理營建剩餘土石方爲原料之既有磚瓦窯場、輕質骨材場、土石採取場、砂石堆置、儲運、土石碎解洗選場、預拌混凝土場、水泥廠及其他回收再利用處理場所，爲以下何種收容處理場所？　(A)剩餘土石方回收場所　(B)營建廢棄物回收堆置場　(C)土石方資源堆置處理場　(D)目的事業處理場所。

目的事業處理場所：
係指經直轄市、縣(市)政府或公共工程主辦(管)機關審查同意，可收容處理營建剩餘土石方爲原料之既有磚瓦窯場、輕質骨材場、土石採取場、砂石堆置、儲運、土石碎解洗選場、預拌混凝土場、水泥廠及其他回收再利用處理場所。
土石方資源堆置處理場(以下簡稱土資場)：
係指經直轄市、縣(市)政府或公共工程主辦(管)機關審查同意，供營建工程剩餘土石方資源暫屯、堆置、填埋、轉運、回收、分類、加工、煅燒、再利用等處理功能及其機具設備之場所。

113. (　D　) 第一級營建工程進行拆除期間，若僅採以下選項中單一措施，則僅能選用下列何種抑制粉塵之防制設施？　(A)設置加壓噴灑水設施　(B)於結構體包覆防塵布　(C)設置防風屏　(D)設置加壓噴灑水設施並於結構體包覆防塵布。

營建工程空氣污染防制設施管理辦法第 14 條：

營建業主於營建工程進行拆除期間，應採行下列有效抑制粉塵之防制設施之一：

一、 設置加壓噴灑水設施。

二、 於結構體包覆防塵布。

三、 設置防風屏。

前項屬第一級營建工程者，應至少同時採行第一款、第二款之防制設施。

[107-5-1]

114. (A) 下列何者不是鑽探試驗所取得之不擾動試體可進行的土壤性質試驗？
(A)標準貫入試驗 (B)壓密試驗 (C)剪力強度試驗 (D)透水係數試驗。

解析

鑽探試驗所取得之不擾動試體可進行的土壤性質試驗。

無圍壓縮、三軸壓縮、剪力強度試驗、壓密及透水係數試驗。

115. (B) 邊坡開挖工程之監測頻率，於邊坡開挖中至開挖完成前，其頻率為？
(A)每日一次 (B)每周一次 (C)每月一次 (D)每 3 個月一次。

解析

邊坡開挖工程觀測頻率：

說明	頻率
邊坡開挖中～開挖完成(配合開挖階段作業)	每周 1 次
開挖完成後～開挖完成後三個月	每月 1 次
開挖完成後三個月至本標全部工程竣工	每 3 個月 1 次

116. (　A　) 何者不是正確的順打開挖土方施工開挖作業應注意事項？　(A)工程主管機關應擬定土方工程施工計畫，送請工程司核准後方得開始進行挖運土石方工作　(B)開挖土石方應按設計圖說所示之路線、坡度、高程及橫斷面完成路幅開挖工作，並遵從工程司之指示辦理　(C)開挖工作進行中，應隨時保持良好之排水狀況，不得有積水之現象　(D)如需利用表土種植草樹，則於開挖時，可將表土堆置備用。

非工程主管機關：
承造人應擬定土方工程施工計畫，送請工程司核准後方得開始進行挖運土石方工作。

某營造廠承包重劃區的土方工程，進行開挖和填方作業，請回答下列問題：

117. (　B　) 下列何者不屬於承包商的職責？　(A)承包商應負責保存工地施工所需之樁記　(B)由下包商擬定土方工程施工計畫，送請承包商核准後，方得開始進行挖運土石方工作　(C)承包商應負責與鄰近工程、現有建築物及道路之放樣基線或中心線取得協調　(D)承包商應依據業主或當地建築主管機關設定之基線、水準點、經緯座標及其他有關資料，施行施工測量，但仍應對其成果負責。

非下包商：
承造人應擬定土方工程施工計畫，送請工程司核准後方得開始進行挖運土石方工作。

118. (　A　) 一般路堤底部之土方填方作業的填築材料應分層壓實，若未經事先書面申請及核可，除了膠輪壓路機外，每層鬆方厚度最多不要超過之厚度，下列何者最適當？　(A)30 cm　(B)40 cm　(C)50 cm　(D)100 cm。

每層鬆方厚度最多不要超過之厚度 30 cm。

119.（ B ）在以石料爲主要材料填築路堤，及填築至路基頂面、級配料頂面時，可採用滾壓檢驗來確認填築之壓實度，而所用之重車須爲後輪單軸，單邊雙輪，其後軸總載重至少需要超過下列何者？ (A)10 噸 (B)16 噸 (C)25 噸 (D)40 噸。

經工程司認可之重貨車，其後軸載重在 16 t 以上，輪胎壓力爲 7 kgf / cm^2，行駛路基頂面至少往返 3 次。

[107-5-2]

一工程因地層承載力不足而採用基樁，基樁的底部座落在統一土壤分類爲 CL 的土層中。

120.（ A ）CL 爲低塑性黏土，請問塑性高低的區分界限爲何？ (A)LL = 50 (B)PL = 50 (C)SL = 50 (D)PI = 50。

塑性高低的區分界限爲 LL = 50。

121.（ C ）基樁完整性試驗檢驗管應配合鋼筋籠製作時放置預埋，長度係配合基樁之長度，並高出樁頂地面至少多少公分？ (A)0～10 cm (B)15～25 cm (C)30～50 cm (D)55～70 cm。

一般預埋之測管爲 PVC 管或鐵管，長度係配合基樁之長度(含空打部份之長度)，並高出樁頂地面至少 30～50 公分，管底及管頂均應封蓋，安裝時固定於鋼筋籠上。

122.（ B ）基樁完整性試驗之施作檢測時間，應在基樁混凝土澆置完成至少幾天後？ (A)14 天 (B)7 天 (C)3 天 (D)1 天。

基樁完整性試驗之施作檢測時間，應在基樁混凝土澆置完成後至少七天。

[107-1-1]

123. (　B　) 沉陷監測點應佈設在能全面反映構造結構沉陷的位置，下列設置位置何者最不適合？　(A)構造物四角　(B)筏式基礎中央點　(C)沉陷裂縫兩側　(D)大型設備設置處。

筏式基礎中央點(一般沉陷中央點較不明顯)。

124. (　D　) 下列何者不是基礎開挖作業之擋土設施？　(A)噴凝土　(B)鋼軌樁　(C)鋼版樁　(D)棧橋。

棧橋(施工動線或施工便道用)，基礎開挖時不會使用。

125. (　A　) 下列何者不是連續壁施工之準備作業？　(A)導溝施築　(B)電力、用水設施設置　(C)泥水處理設備　(D)集土坑施築。

連續壁施工之準備作業：

一、　地表清除與掘除。

二、　電力、用水設施設置。

三、　集土坑施築。

四、　泥水處理設備。

五、　鋼筋加工場。

126. (　A　) 每節鋼筋籠之續接處，應儘量置於斷面應力較小之處。由基樁頂起算多少公尺以內不得續接？　(A)7 公尺　(B)8 公尺　(C)9 公尺　(D)10 公尺。

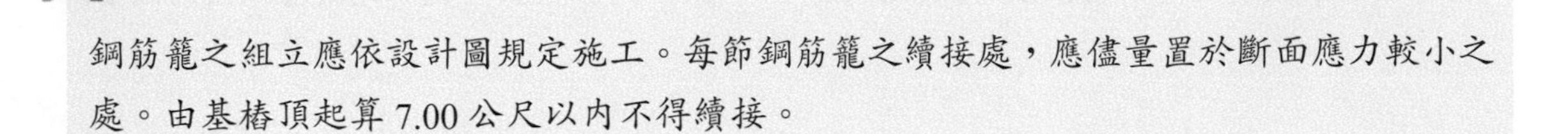

鋼筋籠之組立應依設計圖規定施工。每節鋼筋籠之續接處，應儘量置於斷面應力較小之處。由基樁頂起算 7.00 公尺以內不得續接。

127. (D) 下列何者<u>不是</u>鑽探調查作業常見方式？ (A)沖洗法 (B)螺鑽法 (C)旋鑽法 (D)剪斷法。

解析

鑽探調查作業常見方式以垂直鑽孔居多，垂直鑽孔的方法概可分為沖洗法、螺鑽法、衝鑽法、及旋鑽法等數種。

128. (B) 地盤改良的加勁法當中所謂的「根樁」，係指以下哪一種加勁工法？ (A)土釘 (B)微型樁 (C)短樁 (D)岩栓。

微型樁係泛指樁徑 10cm 至 30cm 之樁，微型樁之施工方法可有鑽掘灌漿式、打擊式或油壓貫入式，當微型樁以不同角度相配合類式植物之根系時，亦稱為『根樁』。

129. (C) 下列何者是利用添加物，例如水泥、石灰、水玻璃等無害化學物，來改良土壤之物理及化學性質的地盤改良工法？ (A)加密法 (B)排水固結法 (C)地層固化法 (D)加勁法。

地層固化法：
利用添加物，例如水泥、石灰、水玻璃等無害化學物，來改良土壤之物理及化學性質，添加方法可利用攪拌、灌漿、或滲入等方法進行。

130. (A) 建築物地下室施工時，採用下列哪一種開挖施工方法所需的工期較短？ (A)逆築施工法 (B)島式施工法 (C)壕溝式工法 (D)斜坡式明挖工法。

解析

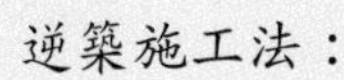

逆築施工法：
此種工法最大的好處，就是地下層與地上層二工作面可同時施作，施工期就可以因此縮短。

131. (C) 有關岩層鑽探與取樣之敘述，下列何者錯誤？ (A)岩層中必須連續取樣 (B)每次所取得樣品長度不得超過 2 公尺 (C)按取樣岩心的完整程度好壞，重新整理排列，放入岩心箱保存 (D)每次岩心取樣均應記錄施鑽長度及取樣長度。

按取樣岩心的完整程度好壞，重新整理排列(應全部按正確取樣深度依次排列)放入岩心箱保存。

現今有多條捷運在施工，以潛盾工法施築隧道爲捷運之主要地下工程。試問：

132. (D) 在地面控制測量中，下列何種定位技術不受平面通視限制，用於確立兩端控制點之相對關係，並建立控制基線最是方便可靠？ (A)經緯儀 (B)全站儀 (C)電子水準儀 (D)GPS 衛星定位技術。

GPS 衛星定位技術不受平面通視限制，用於確立兩端控制點之相對關係，並建立控制基線最是方便可靠。

133. (D) 在隧道控制測量中，必須將地面控制測量成果中的坐標、方位表和高程透過豎井傳到地下，請問可使用下列何種方法進行高程控制點的引測？ (A)鉛垂引測 (B)GPS 引測 (C)經緯儀引測 (D)懸吊鋼尺直接引測。

懸吊鋼尺直接引測可以將地面控制測量成果中的坐標、方位表和高程透過豎井傳到地下。

有一工程在開闊的現場進行了全套管的基樁施工，現地土壤屬於軟弱之飽和砂土層，試回答以下之問題。

134. (A) 現場鑽掘時應以土壤自然狀態作業，即儘可能以乾井狀態作業，若有砂湧現象應保持套管中之水位高於以下選項中哪一個的高度位置？ (A)地下水位 (B)地表面 (C)套管底部 (D)設計深度。

砂質層地質須注意其底部是否發生砂湧現象，若有砂湧現象應保持套管中之水位高於地下水位，以水中鑽掘方式保持地層穩定。

135. (C) 爲防止鋼筋籠吊裝中及吊裝後扭曲、挫屈及脫落，鋼筋之搭接最低標準應爲三點電銲，三點電銲之總長度至少不得小於主筋直徑之多少倍？ (A)3 倍 (B)4 倍 (C)5 倍 (D)6 倍。

爲防止鋼筋籠吊裝中及吊裝後扭曲、挫屈及脫落，鋼筋之搭接最低標準應爲三點電銲(三點電銲之總長度不得小於主筋直徑之五倍)。

136. (B) 爲瞭解澆置完成後基樁混凝土斷面之完整性、連續性，原則上除設計圖另有規定外，直徑至少多少以上之基樁均應埋設測管？ (A)0.6 m (B)1.2 m (C)1.5 m (D)1.8 m。

原則上除設計圖另有規定外直徑 1.2 m 以上之基樁均應埋設測管，並以基樁總數 5%進行基樁超音波試驗。

某營造廠承包建築物之下部基礎工程施工常遇見基礎施工之相關知識，請回答以下問題：

137. (A) 下列何者不是擋土設施？ (A)棧橋 (B)鑽掘樁 (C)鋼板樁 (D)預壘樁。

棧橋(施工動線或施工便道用)。

138. (C) 若淺基礎，無法滿足設計垂直載重或橫向載重力需求時，以下列哪種基礎效果最佳？ (A)筏式基礎 (B)獨立基礎 (C)樁基礎 (D)聯合基礎。

將垂直載重或橫向載重力藉樁基礎傳導至堅硬岩盤。

[107-1-2]

今有一土方工程，由借土區取了 50g 的土壤，烘乾後的乾土剩 40 g；同時測得此借土區土壤的乾土單位重為 1.5 t / m^3。

139. (A) 若以 Vv 表示空隙所佔體積、Vw 表水所佔體積、Vs 表土粒所佔體積、V 表土壤的體積，請問孔隙比的定義為何？ (A)Vv / Vs (B)Vv / V (C)Vs / V (D)Vw / Vv。

孔隙比 = Vv / Vs = (Vw + Va) / Vs

140. (C) 借土區土壤的含水量是多少？ (A)10% (B)20% (C)25% (D)80%。

含水量 = 10 / 40 = 0.25 = 25%

141. (D) 若要借 1000 m^3 的土壤，請問借出的土壤多重？ (A)1000 t (B)1500 t (C)1800 t (D)1875 t。

土壤重 = 乾土重 + 水 = 1000 × 1.5 t / m^3 + (1000 × 1.5 t / m^3) × 25% = 1875 t

[106-9-1]

142. (A) 鋼板樁在打樁周圍 30 m 範圍內，如遇有混凝土齡期至少低於幾天時，不得打設鋼板樁？ (A)7 天 (B)10 天 (C)14 天 (D)28 天。

解析

在打樁周圍 30 m 範圍內，如有不足 7 天齡期之混凝土時，不得打設鋼板樁。

143. (D) 檢核土壤改良效果時，若使用定期監測土壤孔隙水壓的變化，其監測的土壤改良工法之類型為以下何者？ (A)表面夯實法 (B)深層加密法 (C)灌漿或混合攪拌法 (D)預壓或排水固結法。

預壓或排水固結法：

排水固結須壓法是利用地基排水固結的特性，通過施加頂壓荷載，並增設各種排水條件(砂井和排水墊層等排水體)，以加速飽和軟黏土固結發展的一種軟土地基處理方法。根據固結理論，黏性土固結所需時間與排水距離的平方成正比。

144. (C) 下列何者不是土方開挖作業之施工檢驗標準？ (A)與圖說相符 (B)支撐下開挖 50 至 70 cm 以內 (C)開挖面高低差規定在上下 20 cm 以內 (D)觀測值小於該階段警戒值，或目視無異狀。

開挖面高低差規定在上下 5 cm 以內。

145. (D) 下列所述之山坡地常用觀測儀器及用途相關知識何者有誤？ (A)傾度儀用在量測地層移動量與尋找滑動面位置 (B)傾斜計量測地盤傾斜與擋土牆傾斜 (C)管式應變計用來量測地層移動及滑動面 (D)地錨荷重計可用於量測地錨變位量之用。

解析

地錨荷重計可用於量測地錨變位量之用(監測擋土牆或邊坡上地錨或岩錨之預力變化)。

146. (A) 下列關於開挖面砂湧之現象何者有誤： (A)砂湧主要發生於開挖面下為黏土層，當進行基礎開挖，基地內外兩側水位差甚大時，會使地下水由擋土壁底端上湧至開挖面 (B)開挖完成，施作地下室結構體完成後，於抽拔中間柱時，地下水容易因為摩擦阻抗減小的關係，夾帶土砂往上滲流 (C)地下室開挖時快速抽水，產生較大之水力坡降，使向上之滲流壓力超過土壤之孔隙水壓，因而造成開挖面之砂湧 (D)地下室開挖抽水時，有時會在抽水井四周發生沉陷。

砂湧主要發生於開挖面下爲黏土層(透水性良好之砂質土層)，當進行基礎開挖，基地內外兩側水位差甚大時，會使地下水由擋土壁底端上湧至開挖面。

某營造廠的工地主任負責工地的基礎開挖工程，回答下列問題：

147. (C) 下列何種基地狀況不適宜採用邊坡式開挖？ (A)基地爲一般平地地形 (B)基地周圍地質狀況不具有地質弱帶 (C)高地下水位且透水性良好之砂質地層 (D)基地地質不屬於疏鬆或軟弱地質。

邊坡式開挖對於高地下水位且透水性良好之砂質地層並不適宜。

148. (B) 下列何者之基地開挖工法，是採用「保留擋土壁內側周圍之土壤，而先將基地中央部分開挖，構築中央部分之結構體，並利用該結構體取得反力，架設支撐後，再將周圍部分之保留土逐段開挖」之工法？ (A)逆築施工法 (B)島區式施工法 (C)壕溝式工法 (D)地錨工法。

島區式施工法：

保留擋土壁內側周圍之土壤，而先將基地中央部分開挖，構築中央部分之結構體，並利用該結構體取得反力，架設支撐後，再將周圍部分之保留土逐段開挖之一種工法。

149. (D) 粗粒土層之基地作淺基礎挖掘時，在基礎的底面挖掘集水坑，是屬下列何種排水法？ (A)點井排水法 (B)深水泵排水法 (C)壓密排水法 (D)集水坑排水法。

集水坑排水法：

在粗粒土層做淺基礎挖掘時，若基礎的底面接近，通常在基礎開挖或附近挖掘「截水溝＋集水井」排水，即足以保持施工地區的乾燥。

[106-5-2]

150. (D) 以下何者非公共工程剩餘土石方處理中的管制作爲？ (A)承包廠商應將剩餘土石方處理紀錄表，定期逕送工程主辦機關備查 (B)主辦(管)機關應配合建立運送流向證明檔案制度 (C)承包廠商請領工程估驗款計價時，主辦機關應抽查運送流向證明檔案與餘土處理計畫是否相符 (D)如發現剩餘土石方流向及數量與核准內容不一致時，承包廠商與收容場所應自行釐清，並將處理結果副知工程主辦機關。

如發現剩餘土石方流向及數量與核准內容不一致時，直轄市、縣(市)政府應通知承造人說明釐清並將處理結果副知收容處理場所所在地之直轄市、縣(市)政府。

[106-5-1]

151. (C) 下列何者是以鋼軌或 H 型鋼爲樁柱，間隔打入土層依隨開挖作業之進行於樁間嵌入橫板條，並填土於其背後之擋土樁設施？ (A)預壘樁 (B)鋼板樁 (C)鋼軌樁 (D)連續壁。

鋼軌樁是以鋼軌或 H 型鋼爲樁柱，間隔打入土層依隨開挖作業之進行於樁間嵌入橫板條，並填土於其背後之擋土樁設施。

152. (A) 有關擋土支撐之敘述，下列何者正確？ (A)拆除壓力構件時，應在壓力完全解除，方得拆除護材 (B)壓力構材之接頭應採搭接及加設護欄 (C)施工時，應以支撐及橫擋做爲施工架使用 (D)擋土支撐組配時，應指派模板支撐作業主管。

拆除壓力構件時，應在壓力完全解除，方得拆除護材。

153. (　A　) 於地面直接開挖至設計預定之承載層深度後，施作基礎版爲下列何種基礎型式？　(A)展式基礎　(B)樁基礎　(C)沉箱基礎　(D)井式基礎。

展式基礎：

地面直接開挖至設計預定之承載層深度後，施作基礎版，以承受自橋墩傳遞下來之載重。

154. (　C　) 下列何者不屬薄管取樣法之規定事項：　(A)取樣所使用之薄管其規格必須符合 CNS 12386 之規定　(B)鑽機油壓系統穩定而連續的將取樣薄管壓入土層中取樣，其壓入深度不得大於其內淨空之長度　(C)黏土或粉土樣品長度不及 80 cm 及砂土樣品長度不及 60 cm 時，工程師可要求再次取樣　(D)在取樣器管外壁及頂蓋上方附以永久而清楚之標籤。

黏土或粉土樣品長度不及 80 cm(60 cm)及砂土樣品長度不及 60 cm(40 cm)時，工程師可要求再次取樣。

155. (　D　) 下列何者不是統一土壤分類系統(USCS)之土壤代號？　(A)SM　(B)CL　(C)GW　(D)GK。

GK 不屬於統一土壤分類系統(USCS)之土壤代號。

156. (　A　) 地盤改良時預壓加密法之敘述，下列何者正確？　(A)適用淺層土壤　(B)屬化學固結法　(C)屬動力夯實法　(D)可固結地下水。

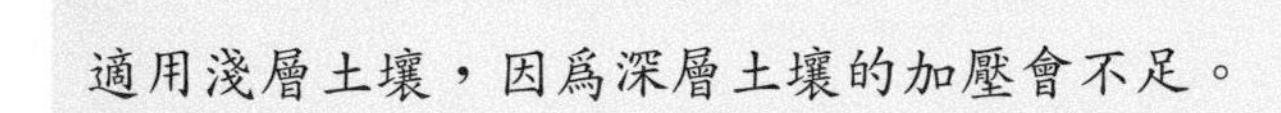
適用淺層土壤，因爲深層土壤的加壓會不足。

157. (B) 下列何者最不可能是打樁工程引起的公害？ (A)振動 (B)水污染 (C)噪音 (D)空氣污染。

打樁工程較不會引起水污染。

158. (C) 基礎開挖採用之排水方法中，以下哪一種排水方式屬於強制排水？ (A)明渠排水法 (B)集水坑排水法 (C)點井排水法 (D)暗渠排水法。

解析

點井排水法係使用高度真空抽水機來抽水，使地盤內部之孔隙水真空脫水之一種方法。

有一工程在開闊的現場進行了全套管的基樁施工，現地土壤屬於軟弱之飽和沙土層，試回答以下之問題。

159. (B) 鑽妥之基樁垂直度，一般規定其傾斜偏差不超過多少？ (A)1 / 100 (B)1 / 200 (C)1 / 150 (D)1 / 50。

基樁之最大垂直度偏差不得大於 1 / 200。

160. (C) 澆置混凝土施工時，套管應配合混凝土澆置拔昇，其下端應保持至少埋入混凝土內多少 cm？ (A)30 cm (B)40 cm (C)50 cm (D)60 cm。

解析

套管應配合混凝土澆置拔昇，其下端應保持至少埋入混凝土內 50 cm。

某一橋梁工程即將跨過兩座高山山岳，沿線地形起伏及地表地質變化大，試回答以下之問題。

161. (　A　) 本座橋梁的基礎應該採用何種形式比較合適？ (A)井式基礎 (B)沉箱基礎 (C)樁基礎 (D)展示基礎。

解析

井式基礎：
於山區配合地形及地質狀況，自地面向下開挖並支撐爲一井筒，於其內組立鋼筋、澆置混凝土，形成一直井式基礎。

162. (　A　) 本座橋梁的上部結構施工規劃採用何種工法較不合適？ (A)就地支撐工法 (B)支撐先進工法 (C)平衡懸臂工法 (D)節塊推進工法。

解析

就地支撐工法不適用於本題之敘述之跨距大的情況。

某營造廠承包建築物之下部基礎工程施工時，所可能會引起公害，是爲環境評估作業中不可忽視的一環。請回答下面問題：

163. (　D　) 下列各項工程何項可能引起之嚴重公害項目最多？ (A)打樁工程 (B)地錨工程 (C)大地監測工程 (D)灌漿工程。

解析

灌漿工程公害包含有：噪音、振動、水污染、廢棄物、土壤污染。
營建公害之種類：噪音、振動、空氣污染、水污染、廢棄物、土壤污染、地層下陷、交通阻塞、景觀破壞、文化破壞、輻射或有毒物質危害。

[106-1-2]

164. (　A　) 土壤統一分類法之粗顆粒土壤與細顆粒土壤的分類條件爲何？ (A)停留在 75 μm 篩超過 50%爲粗顆粒土壤，通過 75 μm 篩超過 50%爲細顆粒土壤 (B)停留在 4.75 mm 篩超過 50%爲粗顆粒土壤，通過 4.75 mm 篩超過 50%爲細顆粒土壤 (C)停留在 75 μm 篩超過 30%爲粗顆粒土壤，通過 75 μm 篩超過 70%爲細顆粒土壤 (D)停留在 4.75 mm 篩超過 30%爲粗顆粒土壤，通過 4.75 mm 篩超過 70%爲細顆粒土壤。

根據統一土壤分類，土壤分爲兩大類：
粗顆粒(coarse-grained)土壤有礫石與砂土之特性且停留 200 號篩之比例高於 50%。此類土壤之分類符號以 G 或 S 開頭。G 代表礫石或礫石性土壤，S 代表砂土或砂質土壤。
細顆粒(fine-grained)土壤中通過 200 號篩之比例高於 50%。此類土壤之分類符號可用 M 開頭，代表無機粉土(inorganic silt)，C 代表無機黏土(inorganic clay)，O 代表有機粉土和黏土。泥炭土(peat)、腐殖土(muck)和其他高度有機之土壤則以 Pt 來代表。
200 號篩孔尺寸：0.0750 mm 標準目數：200 目

165. (B) 一支基樁完整性試驗，通常會作 6 條超音波試驗。試問其主要測線及次要測線分別有幾條？ (A)4 條主要測線，2 條次要測線 (B)2 條主要測線，4 條次要測線 (C)3 條主要測線，3 條次要測線 (D)5 條主要測線，1 條次要測線。

基樁完整性試驗有 6 條測線其中 2 條主要測線，4 條次要測線。

[106-1-1]

166. (C) 特密管續接作業應避免碰觸鋼筋籠，是屬連續壁施工之何種作業的注意事項？ (A)鑽掘作業 (B)鋼筋籠吊放作業 (C)混凝土澆置 (D)超音波檢測。

混凝土澆置時要避免特密管續接及灌漿時觸碰鋼筋籠。

167. (D) 下列何者是炸藥爆破方式開掘，再架設支撐以完成地下空間開挖之工法？ (A)潛盾工法 (B)推管工法 (C)全斷面隧道鑽掘工法 (D)鑽炸工法。

鑽炸工法：
隧道工程施工技術最初源自礦產開挖作業，以炸藥爆破方式開掘，再架設支撐以完成地下空間開挖，是爲「鑽炸工法」。

168. (　A　) 採用 TBM 或潛盾機之隧道施工有關背填灌漿功能，下列何者錯誤？(A)明確掌握隧道施工精密度　(B)防止地層鬆弛　(C)施作於盾尾間隙　(D)防止地下水滲流。

解析

背填灌漿的目的除了防止地盤下陷及止漏水外，亦可增加環片外側之土壤強度，保持隧道之正確線形及防止環片變形但對於明確掌握隧道施工精密度沒有幫助。

169. (　D　) 支撐架設機爲全斷面隧道鑽掘機之何種設備？　(A)切削機構　(B)出碴設備　(C)推進系統　(D)附屬設備。

解析

TBM 除以上主要設備外，依功能需求配備有：通風、排水、供電、支撐架設機、前進鑽孔設備、灌漿設備、方向測定設備、操作室等。

170. (　B　) 基地鑽探時，同時進行 SPT 作業，下列何者是指 SPT？　(A)標準鑽探試驗　(B)標準貫入試驗　(C)標準薄管取樣試驗　(D)標準鑽探記錄。

解析

標準貫入試驗 SPT(Standard Penetration Test)：
利用 63.5 kg 重夯錘，以 76 cm 之落距將劈管取樣器打入土層，記錄每貫入 15 cm 所需之打擊數共三次，取最後兩次打擊數之總和，稱爲標準貫入 N 值。

171. (　C　) 使用傾斜計監測山坡地工程，下列何者是其用途？　(A)監測鋼筋應力　(B)監測地層滑動面位置　(C)監測擋土牆傾斜　(D)檢核地錨之預力。

傾斜計爲監測擋土牆傾斜。

172. (　C　) 地盤改良方法中，有關排水固結法之地層改良效果，以下列何種檢核方式最適當？　(A)平鈑載重試驗　(B)現場貫入試驗　(C)定期監測　(D)挖掘試坑。

排水固結法(因壓密排水效果時間較長固須定期監測)：
本方法利用預加壓力及自然或人工排水系統使軟弱黏土孔隙水排出，達到快速沉陷及增加強度效果。較適用於含水量高及滲透性低之黏土地層。

173. (D) 基礎開挖時，下列何者是將拉力轉移至堅實土層的構件設施？ (A)連續壁 (B)反循環樁 (C)預壘排樁 (D)地錨。

地錨主要功能將拉力轉移由堅實土層承受，地錨施工通常以斜角按置於土層中，並與擋土結構合併使用。

174. (B) 有關基礎之隔膜防水法之敘述，下列何者正確？ (A)使用瀝青材料必須在低溫時施工 (B)適合鋪在建築物外牆附近 (C)防水隔膜必須具有充分剛性以保持平整性 (D)是一種防止水通過之非連續性隔幕。

防水隔膜爲防止水通過之連續性隔幕，此隔膜爲兩層或多層棉布與瀝青材料交替層，鋪在建築物外牆附近。瀝青材料是須在高溫時施工：此防水隔膜必須具有充分柔性而可伸展以保持平整性。

建築基地開挖時，必須降低地下水和增加土壤的剪力強度，請回答下列問題：

175. (C) 下列何者<u>不屬於</u>地下水處理之止水工法？ (A)灌漿工法 (B)止水壁工法 (C)表面處理法 (D)凍結工法。

解析

表面處理法：
由於圬工地下結構物構造完成後，在最初一、二年內，經常於外壁發生裂縫。因此，在修補時需塗砌含有防水劑的水泥砂漿予以覆蓋，而須不時予以層層塗砌。此防水處理法爲已築成的地下結構物。

176. (D) 已知基地位於地下水位以下有飽和黏土層，欲使低透水性軟弱黏土層能迅速排水，在土層上施加填土(載重)，且在土層中埋設直立排水砂樁，是指下列何種排水法？ (A)點井排水法 (B)暗渠排水法 (C)深水泵排水法 (D)壓密排水法。

壓密排水法：
使低透水性軟弱黏土層能迅速排水，在土層上施加填土(載重)，且在土層中埋設直立排水砂樁、排水帶等，用以縮減土層排水路徑加速排水效果。

177. (C) 有關點井法之敘述，下列何者正確？ (A)排水深度比深井排水工法更大 (B)屬重力排水法 (C)使用高度眞空排水 (D)基地之點井埋於地下水位以上。

點井爲一端封閉管，在底端部有吸水孔眼。在抽水時，將點井埋設於地下水位以下的預定位置。地下水由吸水孔眼進入點井中，再由連接點井的套管與電動抽水泵連接一起，進水抽取各井點中所聚集地下水。

[105-9-1]

178. (D) 沉陷監測點應佈設在能全面反映構造結構沉陷的位置，下列何者最<u>不適宜</u>？ (A)構造物四角 (B)沉陷裂縫兩側 (C)大型設備基礎 (D)結構物中心。

結構物中心無法反映出沉陷監測點之沉陷點，因此一般會設於四角或是裂縫周圍。

179. (C) 下列何者<u>非</u>爲全套管基樁施工機具設備？ (A)取土設備 (B)搖管器 (C)泥漿拌和設備 (D)全迴式鑽機。

泥漿拌和設備：
全套管基樁施工機具設備主要分爲取土設備、套管驅動設備(搖管器)及其他附屬機具設備等三大部份。

180. (B) 山坡地工程爲了觀測擋土牆鋼筋應力，常用之觀測儀器爲何？ (A)傾度儀 (B)鋼筋計 (C)裂縫計 (D)管式應變計。

鋼筋計主要使用在監測混凝土結構中有鋼筋的應力變化。

181. (C) 下列何者是利用添加物，例如水泥、石灰、水玻璃等無害化學物，來改良土壤之物理及化學性質的地盤改良工法？ (A)加密法 (B)排水固結法 (C)地層固化法 (D)加勁法。

地層固化法：
利用添加物，例如水泥、石灰、水玻璃等無害化學物，來改良土壤之物理及化學性質的地盤改良工法。

182. (B) 建築物在擋土壁完成後，就可以在開挖地下樓層的同時，另進行地面層的建構工法，是下列何種施工法？ (A)順築施工法 (B)逆築施工法 (C)島區式工法 (D)壕溝式工法。

逆築施工法：
此種工法最大的好處，就是地下層與地上層二工作面可同時施作，施工期就可以因此縮短。

某甲營造廠承包建築物之基礎工程，在進行開挖擋土時發現下列情形，甲營造廠的判斷爲何？

183. (C) 發現開挖底部隆起且鄰近建築物有側傾現象時，下列何者的改善對策最差？ (A)建築物基礎地盤改良，並以灌漿方法扶正建築物 (B)加設斜撐承托建物，防止建物繼續側傾 (C)儘速將開挖區的鋼板樁拔除 (D)儘速回填已開挖部份。

儘速將開挖區的鋼板樁拔除(以加強擋土之撐、減少地表加載及鞏固地盤穩定爲主要改善對策)。

184. (B) 開挖工程時，下列何種情形導致鄰屋沉陷程度最大？ (A)水密性好的鋼板樁 (B)高地下水位 (C)採用剛度大的內撐型鋼 (D)水密性好的連續壁。

高地下水位(因施工長期抽水降低地下水位可能導致鄰屋沉陷)。

185. (D) 下列何者最不容易發生開挖擋土破壞？ (A)在軟弱黏土層之開挖底部暴露時間過久 (B)擋土壁體剛性不足 (C)地表超載 (D)擋土壁體貫入岩盤太深。

擋土壁體貫入岩盤太深(有助於開挖穩定性、地下水阻隔及增加擋土壁勁度)。

[105-5-1]

186. (C) 下列何者是以鋼軌或 H 型鋼爲樁柱，間隔打入土層依隨開挖作業之進行於樁間嵌入橫板條，並填土於其背後之擋土樁設施？ (A)預壘樁 (B)鋼板樁 (C)鋼軌樁 (D)連續壁。

鋼軌樁是以鋼軌或 H 型鋼爲樁柱，間隔打入土層依隨開挖作業之進行於樁間嵌入橫板條，並填土於其背後之擋土樁設施。

187. (A) 下列何者不是連續壁施工之準備作業？ (A)導溝施築 (B)電力、用水設施設置 (C)泥水處理設備 (D)集土坑施築。

解析

連續壁施工之準備作業：
一、 地表清除與掘除。
二、 電力、用水設施設置。
三、 集土坑施築。
四、 泥水處理設備。
五、 鋼筋加工場。

188. (A) 每節鋼筋籠之續接處，應儘量置於斷面應力較小之處。由基樁頂起算多少公尺以內不得續接？ (A)7 公尺 (B)8 公尺 (C)9 公尺 (D)10 公尺。

解析

鋼筋籠之組立應依設計圖規定施工。每節鋼筋籠之續接處，應儘量置於斷面應力較小之處。由基樁頂起算 7.00 公尺以內不得續接。

189. (C) 下列何者之鑽探取樣所得的土樣適合於壓密試驗？ (A)螺旋鑽取樣 (B)分裂式取土器取樣 (C)薄管取樣 (D)試坑開挖取樣。

解析

薄管取樣：
在一般的土壤鑽探中，要取得不擾動土樣，係利用薄管取樣。
不擾動土樣可試驗出原土層土壤的壓密、強度與應力-應變等工程性能。

190. (D) 下列何種儀器是能夠監測建築開挖之擋土結構變形與傾斜的儀器？ (A)沉陷觀測釘 (B)鋼筋計 (C)隆起桿 (D)傾度管。

解析

傾度管是監測建築開挖之擋土結構變形與傾斜的儀器。

191. (　A　) 下列何種改良地層方法是利用預加壓力及自然或人工排水系統使軟弱黏土之孔隙水排出，達到快速沉陷及增加土壤強度的效果？　(A)排水固結法　(B)動力夯實法　(C)地層固化法　(D)加勁法。

排水固結法：
利用預加壓力及自然或人工排水系統使軟弱黏土之孔隙水排出，達到快速沉陷及增加土壤強度的效果。

192. (　C　) 保留擋土壁內側周圍之土壤，而先將基地中央部分開挖，構築中央部分之結構體，並利用該結構體取得反力，架設支撐後，再將周圍部分之保留土逐段開挖，為何種工法？　(A)順築施工法　(B)逆築施工法　(C)島區式工法　(D)明挖工法。

島區式工法：
保留擋土壁內側周圍之土壤，而先將基地中央部分開挖，構築中央部分之結構體，並利用該結構體取得反力，架設支撐後，再將周圍部分之保留土逐段開挖。

某營造廠的工地主任負責工地的基礎開挖工地，回答下列問題：

193. (　C　) 下列何種基地狀況<u>不適宜</u>採用邊坡式開挖？　(A)基地為一般平地地形　(B)基地周圍地質狀況不具有地質弱帶　(C)高地下水位且透水性良好之砂質地層　(D)基地地質不屬於疏鬆或軟弱地質。

高地下水位且透水性良好之砂質地層。

194. (　B　) 下列何者之基地開挖工法，是採用保留擋土壁內側周圍之土壤，而先將基地中央部分開挖，構築中央部分之結構體，並利用該結構體取得反力，架設支撐後，再將周圍部分之保留土逐段開挖之一種工法？　(A)逆築施工法　(B)島區式施工法　(C)壕溝式工法　(D)地錨工法。

島區式施工法：保留擋土壁內側周圍之土壤，而先將基地中央部分開挖，構築中央部分之結構體，並利用該結構體取得反力，架設支撐後，再將周圍部分之保留土逐段開挖。

195. (D) 粗粒土層之基地作淺基礎挖掘時，在基礎的底面挖掘集水坑，是屬下列何種排水法？ (A)點井排水法 (B)深水泵排水法 (C)壓密排水法 (D)集水坑排水法。

集水坑排水法：
粗粒土層之基地作淺基礎挖掘時，在基礎的底面挖掘集水坑集水爲之。

196. (C) 下列何者非沉箱基礎之特性？ (A)爲深基礎施工常採用之工法 (B)自重或於箱體頂端壓重，以使下沉 (C)通常用於非空曠地區之地層 (D)其外周打設抽水井降低水位。

沉箱爲深基礎施工常採用之工法，通常用於較空曠地區，於地質構造較均匀之地層適用性較高。

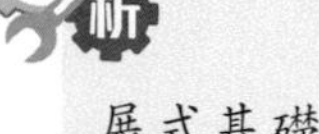

[105-1-1]

197. (A) 於地面直接開挖至設計預定之承載層深度後，施作基礎版爲下列何種基礎型式？ (A)展式基礎 (B)樁基礎 (C)沉箱基礎 (D)井式基礎。

展式基礎：
擴展式基礎(直接基礎)係於地面直接開挖至設計預定之承載層深度後，施作基礎版，以承受自橋墩傳遞下來之載重。

198. (D) 下列何者不是基礎開挖作業之擋土設施？ (A)噴凝土 (B)鋼軌樁 (C)鋼版樁 (D)棧橋。

棧橋：
於水面上架設「棧橋」，以提供人員、車輛通行，材料、設備置放之處所等。

199. (　B　) 岩體鑽心取樣所得之岩體的優劣常用岩石品質指標(RQD)來判定，RQD 是長度多少以上之完整岩心塊總長度與每輪岩心鑽進長度之比例？ (A)5 cm (B)10 cm (C)15 cm (D)30 cm。

岩石品質指標 RQD(Rock Quality Designation)是指每次鑽探提取的岩心中，完整岩心長度超過 10 cm 的岩心段之總長度與鑽進長度之百分比。

200. (　C　) 保留擋土壁內側周圍之土壤，而先將基地中央部分開挖，構築中央部分之結構體，並利用該結構體取得反力，架設支撐後，再將周圍部分之保留土逐段開挖，為何種工法？ (A)順築施工法 (B)逆築施工法 (C)島區式工法 (D)明挖工法。

島區式工法：保留擋土壁內側周圍之土壤，而先將基地中央部分開挖，構築中央部分之結構體，並利用該結構體取得反力，架設支撐後，再將周圍部分之保留土逐段開挖。

201. (　A　) 利用深層攪拌機械將固化劑與土層混合、固化成堅硬柱體，與原地層共成複合基地作用，是下列何種地盤改良工法？ (A)攪拌樁工法 (B)反循環樁工法 (C)預壘樁工法 (D)噴射樁工法。

攪拌樁工法：
用深層攪拌機械將固化劑與土層混合、固化成堅硬柱體，與原地層共成複合基地作用。

202. (　B　) 基地之地面上，先施做一段高度之結構體，利用壓力將該結構體壓入土中，可作為橋墩等大型結構的基礎，是下列何種基礎類型？ (A)樁基礎 (B)沉箱基礎 (C)獨立基礎 (D)筏式基礎。

椿基礎：

預鑄混凝土椿或鋼椿。

沉箱基礎：

施工過程先於地表製造一單元箱體結構(其下端裝有鋼製之沉箱腳以利下沉)，於沉箱底部沿沉箱腳下方開挖，以沉箱之自重或於箱體頂端壓重，以使下沉。

203. (D) 下列何者不是止水性擋土工法？ (A)連續壁 (B)鋼板椿 (C)排列椿 (D)擋土柱。

擋土柱：

施作周遭擋土壁體如屬卵礫石層，偶而更有體積龐大的卵石出現，所以目前一般的機械幾乎無法挖掘，且鋼板椿和鋼軌亦十分難打入，而鑽掘造成卵礫層的排列擾亂，將徒增困擾及艱難度，預壘椿又不易施工，所以形成採人工挖掘擋土柱的獨特現象。

有一營造廠承包興建大樓，在進行基礎施工時不幸發生災害，請回答下列問題：

204. (C) 擋土壁施工時，因施工不慎產生裂縫，在擋土壁後之土體產生之滲流將土壤顆粒由裂縫處流出，帶出之顆粒並一直往土體上游面延伸，是下列何種災害現象？ (A)砂湧 (B)開挖面隆起 (C)管湧 (D)土壤液化。

管湧：

地下擋土壁爲一種止水性的擋土結構物，若因施工不愼而產生裂縫，則在裂縫處將形成透水路徑，尤其在具透水性之地層中，地下水位高時，在土體內產生滲流，而於裂縫處，水力坡降大到足以破壞土壤顆粒間的黏結力及摩擦力後，地下水先將土壤中的細顆粒帶出，顆粒間的阻力減少，水力坡降增加，再將較大顆粒的土壤帶出，並一直往上游面延伸，形成滲流管道，此現象稱爲管湧(piping)。

205. (B) 基礎開挖時，在靠近開挖面處，由於擋土壁向開挖面變形，連帶的把土壤推擠向上，產生開挖面的隆起，是下列何種災害現象？ (A)上浮隆起 (B)擠壓隆起 (C)塑性流隆起 (D)彈性回脹隆起。

擠壓隆起：
在靠近開挖面處，由於擋土壁向開挖面變形，連帶地把土壤推擠向上，因此產生開挖底面的隆起。

206. (　A　) 有關造成基礎上浮之敘述，下列何者不正確？　(A)結構體重量大於地下水作用於基礎底板之浮力時會產生基礎上浮　(B)鋼軌樁或鋼板樁緊密與地下室側壁緊貼，可提供抗浮阻力　(C)地下室結構體剛完成時，若突然關閉抽水馬達，會提高基礎的上浮力　(D)施工用水或雨水沿拔樁後形成之孔隙滲流進入基礎底板下方，有預期外之地下水壓。

結構體重量大於(小於)地下水作用於基礎底板之浮力時會產生基礎上浮。

[104-9-1]

207. (　A　) 使用鋼板樁作爲擋土支撐時，在打樁周圍 30 m 範圍內，如有不足多少天齡期之混凝土時，不得打設鋼板樁？　(A)7 天　(B)14 天　(C)21 天　(D)28 天。

解析

在打樁周圍 30 m 範圍內，如有不足 7 天齡期之混凝土時，不得打設鋼板樁。

208. (　D　) 下列何者非沉箱基礎之特性？　(A)爲深基礎施工採用之工法　(B)自重或於箱體頂端壓重，以使下沉　(C)通常用於較空曠地區　(D)於地質構造較複雜之地層。

沉箱爲深基礎施工常採用之工法，通常用於較空曠地區，於地質構造較均勻之地層適用性較高。於沉箱底部沿沉箱腳下方開挖，以沉箱之自重或於箱體頂端壓重，以使下沉。

209. (　A　) 下列何者不是進行地盤改良之地層固化法？　(A)連續壁　(B)深層攪拌法　(C)灌漿法　(D)高壓噴射止水樁。

連續壁為開挖擋土工法。

210. (　B　) 為提高土層總體強度，在回填材料中，分層加入條狀加勁片，並外繫面版於柔性重力式擋土牆，是下列何種方法？　(A)地錨　(B)加勁土　(C)微型樁　(D)土釘。

加勁土：
為提高土層總體強度，在回填材料中，分層加入條狀加勁片，並外繫面版於柔性重力式擋土牆。

211. (　B　) 山坡地工程為了觀測擋土牆鋼筋應力，常用之觀測儀器為何？　(A)傾度儀　(B)鋼筋計　(C)裂縫計　(D)管式應變計。

鋼筋計主要使用在監測混凝土結構中有鋼筋的應力變化。

212. (　A　) 基礎開挖前，在地層中開挖出一長度之深槽，在深槽內放入鋼筋籠，並灌注預拌混凝土，使該深槽構築成一連串之鋼筋混凝土牆壁，是下列何種之止水性擋土工法？　(A)連續壁　(B)鋼板樁　(C)摻土樁　(D)埋入樁。

連續壁：
為地下開挖常用之擋土措施，可作為永久地下結構之外牆使用。預先施作導溝導引鑽掘機，依序挖掘壁槽，同時注入穩定液，以維持孔壁不致崩坍。掘削至預定深度後，清洗單元接頭及壁底沉泥，使用超音波檢測確認後，吊放鋼筋籠並安裝特密管，澆置混凝土完成一個單元壁體。單元相互密接即形成連續性壁體。

有一營造廠承包重劃區的土方工程，進行開挖和填方作業，請回答下列問題：

213. (　B　) 下列何者不屬於承包商的職責？　(A)承包商應負責保存工地施工所需之樁記　(B)由下包商擬定土方工程施工計畫，送請承包商核准後方得開始進行挖運土石方工作　(C)承包商應負責與鄰近工程、現有建築物及道路之放樣基線或中心線取得協調　(D)承包商應依據業主或當地建築主管機關設定之基線、水準點、經緯座標及其他有關資料，施行施工測量，但仍應對其成果負責。

由下包商(承造人)擬定土方工程施工計畫，送請承包商(主管機關)核准後方得開始進行挖運土石方工作。

214. (　A　) 一般路堤底部之土方填方作業的填築材料應分層壓實，若未經事先書面申請及核可，除了膠輪壓路機外，每層鬆方厚度最多不要超過之厚度，下列何者最適當？　(A)30 cm　(B)40 cm　(C)50 cm　(D)100 cm。

路堤應分層填築，且壓實時每層實方厚度土質或砂質填方料，每層填築鬆方厚度不得大於 30 公分。

215. (　B　) 在以石料爲主要材料填築路堤，及填築至路基頂面、級配料頂面時，可採用滾壓檢驗來確認填築之壓實度，而所用之重車須爲後輪單軸，單邊雙輪，其後軸總載重至少需要超過下列何者？　(A)10 噸　(B)16 噸　(C)25 噸　(D)40 噸。

經工程司認可之重貨車，其後軸載重在 16 t 以上，輪胎壓力爲 7 kgf / cm^2，行駛路基頂面至少往返 3 次。

[104-5-1]

216. (A) 有關公共設施及鄰近構造物保護措施之敘述，下列何者不正確？ (A)施工期間，應由業主繪製現有管道資料後，送承包商進行施工 (B)靠近公用設施處進行機具開挖之前，應以人工試挖 (C)承包商應負責在預定遷移日期前，與管線所屬單位聯繫遷移事宜 (D)開挖施工之地下水的控制作業，若有失控之湧水進入開挖位置，業主得下令停工。

解析

施工期間，應由業主繪製(承包商套繪)現有管道資料後，送承包商(監造、業主審核後)進行施工。

217. (B) 下列何者爲井式基礎施工重點？ (A)一種剛度小之深基礎 (B)施工主要爲逐段開挖 (C)施工方式類似隧道方式 (D)適用於平原地區。

井式基礎施工重點：

一、 施設位置及開挖垂直度。

二、 逐段開挖與支撐(噴凝土、混凝土、鋼支保等)。

三、 井底湧水對策。

四、 爆破作業安全。

五、 人員上下安全。

218. (D) 下列何者非爲圍堰施工重點？ (A)擋土鋼版樁打設深度及位置 (B)填土之壓密 (C)填土過程鋼版樁外傾之防止 (D)水流速度之變化。

解析

圍堰施工重點：

一、 水利主管單位申請河川使用許可程序。

二、 擋土鋼版樁打設深度及位置。

三、 鋼版樁銜接之密合度。

四、 填土之壓密。

五、 填土過程鋼版樁外傾之防止。

六、 水流臨時改道。

219. (　C　) 有關岩層鑽探與取樣之敘述，下列何者錯誤？　(A)岩層中必須連續取樣　(B)每次所取得樣品長度不得超過 2 公尺　(C)按取樣岩心的完整程度好壞，重新整理排列，放入岩心箱保存　(D)每次岩心取樣均應記錄施鑽長度及取樣長度。

按取樣岩心的完整程度好壞，重新整理排列(應全部按正確取樣深度依次排列)，放入岩心箱保存。

220. (　D　) 若使用水玻璃做為地盤改良之藥劑來固化土層，下列何者是水玻璃的主要成分？　(A)矽灰　(B)二氧化矽　(C)水泥　(D)矽酸鈉。

建築上常用的水玻璃是矽酸鈉的水溶液。

221. (　A　) 地盤改良之冰凍工法，適用於下列何種土層？　(A)飽和砂土及軟弱黏土　(B)岩盤　(C)高於地下水位之土層　(D)永凍層之土壤。

冰凍工法：

利用通過冷媒使土層孔隙水溫度降至冰點以下而凍結，減低土層之透水性，並提高其強度，此法適用於飽和砂土及軟弱黏土。

222. (　D　) 下列何種基礎施工之工程類型引起噪音的公害最小？　(A)打樁工程　(B)連續壁工程　(C)灌漿工程　(D)大地監測系統工程。

大地監測系統工程(僅有觀測儀器的人員操作聲)。

223. (　C　) 保留擋土壁內側周圍之土壤，而先將基地中央部分開挖，構築中央部分之結構體，並利用該結構體取得反力，架設支撐後，再將周圍部分之保留土逐段開挖，為何種工法？　(A)順築施工法　(B)逆築施工法　(C)島區式工法　(D)明挖工法。

島區式工法：保留擋土壁內側周圍之土壤，而先將基地中央部分開挖，構築中央部分之結構體，並利用該結構體取得反力，架設支撐後，再將周圍部分之保留土逐段開挖。

[104-1-1]

224. (A) 有關擋土支撐之敘述，下列何者正確？ (A)拆除壓力構件時，應在壓力完全解除，方得拆除護材 (B)壓力構材之接頭應採搭接及加設護欄 (C)施工時，應以支撐及橫擋做為施工架使用 (D)擋土支撐組配時，應指派模板支撐作業主管。

拆除壓力構件時，應在壓力完全解除，方得拆除護材。

225. (A) 下列何者是使用砂樁法進行淺層地盤改良的主要目的？ (A)加速排水 (B)增加強度 (C)減少沉陷 (D)止水。

解析

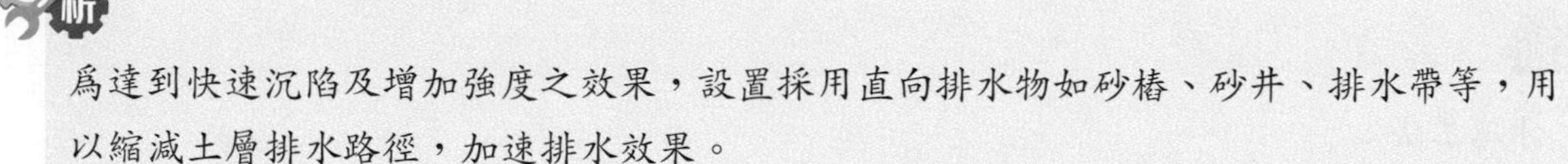

為達到快速沉陷及增加強度之效果，設置採用直向排水物如砂樁、砂井、排水帶等，用以縮減土層排水路徑，加速排水效果。

226. (A) 地盤改良時預壓加密法之敘述，下列何者正確？ (A)適用淺層土壤 (B)屬化學固結法 (C)屬動力夯實法 (D)可固結地下水。

解析

預壓加密法適用淺層土壤。

227. (A 或 B) 承包商施工作業造成公共管線損壞時，除應立即通知工程司及有關單位外，受損之公共管線應由下列何者進行修復及保護？ (A)管線單位 (B)承包商 (C)業主 (D)監造單位。

管線單位及承包商需要負責公共管線損壞時的修復及保護。

某甲營造廠承包建築物之下部基礎工程，碰到地下水的難題，要如何處理？

228. (　D　) 下列敘述，何者錯誤？　(A)在飽和狀態時的土壤其所在土層承載力較不飽和土壤之土層要低　(B)在砂土層之基礎施工開挖時，易於降低水位　(C)在黏土層中的基礎，由於地下水位的降低，必須使用連續排水方式，避免承載力降低　(D)挖掘透水性低的土壤時，使用集水坑排水法排水可保持開挖區的乾燥。

挖掘透水性低的土壤(透水性高的土壤)時，使用集水坑排水法排水可保持開挖區的乾燥。

229. (　A　) 下列何者屬於強制排水工法？　(A)點井排水法　(B)集水坑排水法　(C)暗渠排水法　(D)明渠排水法。

強制排水工法有：

一、 點井排水法。
二、 深水泵排水法。
三、 壓密排水法。
四、 真空深井排水法。
五、 真空吸引排水法。
六、 電氣滲透排水法。

230. (　B　) 進行地下水處理時，在粗粒土層或沉泥層內的挖掘深度達三公尺時，最好使用下列何者？　(A)集水坑排水　(B)點井系統施行排水　(C)真空深井排水法　(D)西姆氏深井排水法。

點井系統施行排水：
在粗粒土層或沉泥層內的挖掘深度達三公尺時，使用集水坑排水並不妥當，必須使用點井系統施行排水。此點井系統係由基地施工地點四周，組成間距甚密一排或數排點井串接一起的排水系統。

NOTE

工程結構

單元重點

1. 模板、鋼筋及混凝土
2. 特殊混凝土
3. 鋼結構

[109-9-1]

1. (A) 以下何者不是穩定液的組成成分？ (A)流動化劑 (B)鈣皂土 (C)CMC(增黏劑) (D)分散劑。

流動化劑用於SCC混凝土，利用此種混凝土可減少勞力、低振動能量，快速施工、泵送容易，產生均勻性外觀，無泌水蜂窩，特別適合於鋼筋量過密的區域。

2. (D) 混凝土抗壓強度及再生粗粒料使用比率規範中結構混凝土使用H級再生粗粒料佔總粗粒料之比例(重量)爲低於多少%？ (A)50% (B)40% (C)30% (D)20%。

結構混凝土使用H級再生粗粒料佔總粗粒料之比例(重量)爲低於20%。

3. (C) 瀝青混凝土拌合廠乾燥爐應能儲備拌合廠最高額定能量所需之粒料，烘乾後粒料之殘餘含水量應至少在多少%以下？ (A)1.5% (B)1.75% (C)1.0% (D)1.25%。

瀝青混凝土烘乾後粒料之殘餘含水量應至少在1.0%以下。

[109-9-2]

4. (D) 下列何者不屬於卜作嵐材料？ (A)矽藻土 (B)飛灰 (C)稻殼灰 (D)大理石粉末。

解析

美國材料試驗協會(ASTM)定義卜作嵐材料爲「矽質或含矽、鋁質材料，其本身稍具或不具膠結性質，但經研磨成細粒狀及含有水分下，受溫度效應會與氫氧化鈣產生化學反應，形成含有膠結性質之水化物」；一般常用之卜作嵐材料有飛灰及矽灰。

5. (D) 輻射遮障混凝土常用下列何種混凝土製成？ (A)高早強混凝土 (B)注膠混凝土 (C)滾壓混凝土 (D)重質混凝土。

重質混凝土常用於輻射遮障建築物使用。

6. (A) 將粒料預先排置在模板內，然後以水泥砂漿，與摻加卜作嵐及強塑劑摻料，灌入其粒料之空隙內所造成之混凝土，這種混凝土是？ (A)預疊粒料混凝土 (B)無收縮混凝土 (C)巨積混凝土 (D)自充填混凝土。

預疊粒料混凝土：將粒料預先排置在模板內，然後以水泥砂漿，與摻加卜作嵐及強塑劑摻料，灌入其粒料之空隙內所造成之混凝土。

甲工地進行混凝土工程，因施工及設計需要，結構物須設置各種接縫。請回答下列問題：

7. (B) 爲將相鄰混凝土斷面完全隔離，主要用於溫度變化之水平移動因素，即允許相鄰部份可自由移動而設置的接縫稱爲？ (A)施工縫 (B)伸縮縫 (C)收縮縫 (D)隔離縫。

爲將相鄰混凝土斷面完全隔離，主要用於溫度變化之水平移動因素，即允許相鄰部份可自由移動而設置的接縫稱爲伸縮縫。

8. (C) 有關施工縫的處理，下列何者<u>錯誤</u>？ (A)水平施工縫應加塗一層適當水灰比之水泥漿 (B)選擇施工縫位置，最好是在結構中不致產生過多弱化之處 (C)施工縫需要以剪力摩擦來傳遞剪力，若設計圖說無相關規定時，其新舊介面需處理成平整的光滑平面 (D)施工縫宜與主鋼筋垂直。

施工縫新舊介面需處理成粗糙平面，且粉塵石塊須清除。

9. (A) 有關施工縫之設置，下列何者錯誤？ (A)牆或柱之施工縫應設於其下之版或梁之中間處 (B)梁、托架、柱冠、托肩及柱頭版須與樓版同時澆置 (C)版或梁之施工縫應設置於其跨度中央三分之一範圍內 (D)若大梁跨度中央與梁相交時，則大梁上之施工縫應設置於至少離跨度中央兩倍梁寬之處。

版或梁之中間處爲張力最大處，不可設置施工縫。

[109-5-2]

10. (B) RCC 係爲下列何種混凝土的縮寫？ (A)自充填混凝土 (B)滾壓混凝土 (C)高性能混凝土 (D)優生混凝土。

(A)自充填混凝土：SCC
(B)滾壓混凝土：RCC
(C)高性能混凝土：HPC
(D)優生混凝土：EC

11. (D) 下列有關混凝土工作度的敘述何者正確？ (A)水灰比及水膠比；此值小時工作度較好 (B)水泥細度愈大工作度愈佳 (C)在相同水泥漿體用量下，採用人工碎石較天然圓卵石者工作度佳 (D)添加適量卜作嵐材料會增加工作度。

(A)水灰比及水膠比；此值大時工作度較好。
(B)水泥細度愈小工作度愈佳。
(C)碎石骨材成角狀表面粗操時，則骨材間移動阻力大(工作不度佳)，需有足夠多漿量，骨材-水泥漿體鍵結良好，才能產生強度佳之混凝土。

12. (D) 新拌混凝土在下列何種情形下應予以拒收並加以廢棄？ (A)固體材料(包括水泥)全部進入拌合機 20 分鐘，仍未開始拌合者 (B)未搗實之流動性混凝土 (C)預拌混凝土開始拌合後至工地 60 分鐘仍未澆置 (D)混凝土拌合後靜置(未攪拌)達 30 分鐘。

輸送途中攪拌胴應維持轉動，其轉速應爲每分鐘 2 至 6 轉。

13. (A) 土木 402「混凝土工程施工規範與解說」15.6.3 配比中規定，高耐蝕環境下之高強度混凝土 W/B 的敘述，下列何者正確？ (A)必須小於 0.4 (B)必須小於 0.3 (C)必須大於 0.4 (D)必須大於 0.5。

高耐蝕環境下之高強度混凝土 W/B(水膠比)必須小於 0.4。

A 工地預定興建一棟 15 層大樓，在 D 天時需要進行 9 樓的混凝土澆置，P 工地主任請 B 混凝土預拌廠供應預拌混凝土，利用預拌車載送到工地，並要求使用泵送車泵送混凝土至 9 樓，請回答下列問題：

14. (A) 混凝土自拌和完成後至工地開始卸料、澆置期間，下列敘述何者錯誤？ (A)泵送管輸送混凝土至 9 樓時，應儘量保持混凝土落下之方向與澆置面成 45 度，以預防材料分離 (B)預拌車輸送途中，混凝土保持攪動不得超過 1 小時 (C)要求預拌混凝土供應商提供依 CNS 3090 規定之交貨憑單，以作爲混凝土品質憑證 (D)牆、柱之混凝土應分層澆築。

混凝土落下之方向應儘量保持混凝土落下之方向與澆置面垂直、滑槽斜向落下應先經至少 60 cm 之垂直落管、垂直落管出口與澆置面之高差不得超過 2 m。

15. (D) 有關進行混凝土澆置之敘述，下列何者錯誤？ (A)澆置面爲斜面時，應由下而上澆置混凝土 (B)分層澆築之混凝土，在上、下兩層相隔時間不可超過 1 個小時，以免形成冷縫 (C)混凝土澆置時，不可於泵送車內加水 (D)遇大雨時，應繼續澆置混凝土，以避免產生施工縫。

遇大雨時，不可繼續澆置混凝土，以免水過多影響水灰比，影響強度。

16. (B) 混凝土澆置時以振動棒進行搗實，下列何者錯誤？ (A)振動棒應盡量垂直緩慢插入混凝土中，不得以接觸鋼筋或模板來進行振動 (B)振動棒插入點之間距應約為 1 m (C)分層澆築之混凝土，振動棒插入前次澆注混凝土層內之深度應約為 10 cm (D)混凝土充分搗實係指混凝土不再排出大氣泡、顏色均勻且表面上粗骨材若隱若現。

振動棒插入點之間距應約為 45 cm。

[109-1-1]

17. (A) 混凝土澆置完成後應實施養護，除非使用經驗證可縮短養護時間之措施或材料者外，養護期間應至少不得少於幾天？ (A)7 天 (B)14 天 (C)21 天 (D)28 天。

混凝土之養護期：

一、 早強混凝土持續養護 3 日以上。

二、 一般混凝土持續養護 7 日以上，採用 II 型水泥者至少須持續養護 10 日。

三、 卜作嵐混凝土強度不同於一般混凝土，養護時間酌加延長至平均抗壓強度達 0.7 f'c 為止。

四、 若作圓柱試體置於構造物附近以同樣方法養護，當平均抗壓強度達 0.7 f'c 時，可以停止保濕措施。

18. (C) 自充填混凝土試驗相關規定中流動障礙等級 1 是指鋼筋量(kg / m^3)在哪一個區間？ (A)60～200 kg / m^3 (B)100～300 kg / m^3 (C)350 kg / m^3 以上 (D)100 kg / m^3 以下。

自充填混凝土規格表

<table>
<tr><td colspan="2">混凝土充填性能等級</td><td>1</td><td>2</td><td>3</td></tr>
<tr><td rowspan="2">構件條件</td><td>鋼筋最小間距(mm)</td><td>35～60</td><td>60～200</td><td>200 以上</td></tr>
<tr><td>鋼筋量(kg / m^3)</td><td>350 以上</td><td>100～350</td><td>100 以下</td></tr>
<tr><td colspan="2">箱型試驗充填高度(mm)</td><td>300 以上
(R1 障礙)</td><td>300 以上
(R2 障礙)</td><td>300 以上
(R3 障礙)</td></tr>
<tr><td>流動性</td><td>坍流度(mm)</td><td>650～750</td><td>600～700</td><td>500～650</td></tr>
<tr><td rowspan="2">黏稠性</td><td>漏斗流下時間(sec)</td><td>10～25</td><td>7～20</td><td>7～20</td></tr>
<tr><td>坍流度到達 500 mm
所需時間(sec)</td><td>5～20</td><td>3～15</td><td>3～15</td></tr>
</table>

註：本表格所列之自充填混凝土各相關試驗規定係引用 CNS 14841「自充填混凝土流下性試驗法(漏斗法)」與日本土木學會(JSCE)「高流動混凝土施工指針」(1998)之「併用係」自充填混凝土之評估目標值。

19. (B) 部分耐磨鋼軌是由普通鋼軌經過電導或在熱箱中之熱處理，使鋼軌踏面之硬度，從外表往內 12 mm 範圍內，應落在哪個範圍內？ (A)HB 205-321 度 (B)HB 285-401 度 (C)HB 351-500 度 (D)HB 158-264 度。

鋼軌必須經過電導程序(Electric Induction Process)或在熱箱(Thermal Boxes)中處理，不可使用火焰作硬化處理。鋼軌踏面之硬度，從外表往內 12 mm 範圍內，硬度須在[HB 285-401]度，其它部分之硬度不得小於[HB 321]度。以熱處理之鋼軌於各主要鐵路或捷運系統須能承載 200 百萬噸之運量。

[109-1-2]

20. (B) CNS SS400 及 CNS SS490 爲一般結構用鋼，此種材質對以下那兩種化學成分之含量有所限制？ (A)磷、錳 (B)磷、硫 (C)碳、錳 (D)碳、硫。

CNS 一般結構用鋼材(SS 系列)、銲接結構用鋼(SM 系列)以及建築結構用鋼(SN 系列)，SN 鋼材就是建築結構用鋼之標準，最能符合耐震設計性能需求。鋼材對化學成分的控制相當嚴謹，如降低碳、磷及硫等不利於鋼結構銲接含量，增加銲接性，尤其是高入熱量銲接。

一、 磷有極佳的肥粒鐵強化(Ferrite Strengthening)效應，使鋼材之硬度及強度增加。但在延展性及韌性方面卻相對不利。

二、 適量的磷(如 0.1%)有助鋼材之切削性、抗蝕性及耐磨性(Wear Resistance)，但因其偏析傾向極大，不易以熱處理消除，且和氧之親和力較強，不利於鋼之銲接性。

三、 硫爲容易偏析元素，含量太高對鋼材的韌性有不利的影響。

四、 隨著含硫量增加，鋼材的銲接性(weldability)會隨著隨下降。

21. (C) 請問那一型的水泥是早強水泥？ (A)I 型 (B)II 型 (C)III 型 (D)IV 型。

一、 卜特蘭Ⅰ型水泥：普通水泥。

二、 卜特蘭Ⅱ型水泥：改良水泥。

三、 卜特蘭Ⅲ型水泥：早強水泥。

四、 卜特蘭Ⅳ型水泥：低熱水泥。

五、 卜特蘭Ⅴ型水泥：抗硫水泥。

22. (A) 請問碳含量介於0.5%與1.5%之間的鋼是那一種鋼？ (A)高碳鋼 (B)中碳鋼 (C)低碳鋼 (D)微軟鋼。

低碳鋼含碳量通常少於 0.25 wt%。

中碳鋼含碳量介於 0.25 w－0.60 wt%之間。

高碳鋼碳含量介於 0.6 wt%至 1.4 wt%之間。

23. (D) 下列何者簡稱 CLSM？ (A)自充填混凝土 (B)高流動混凝土 (C)自平性混凝土 (D)控制低強度材料。

控制性低強度回填材料(Controlled-Low-Strength-Materials，簡稱 CLSM)。係由水泥、波索蘭摻料或其他具膠結性質之水泥系材料、可利用剩餘土方及水等按設定比例拌合而成，必要時得摻用化學摻料或其他摻料。

24. (　B　) 鋼結構依設計圖標示中螺栓孔徑使用螺栓組裝，下列敘述何者正確？(A)螺栓孔徑要等於螺栓直徑　(B)螺栓孔徑要比螺栓直徑大 1.5 mm　(C)螺栓孔徑要比螺栓直徑大 0.5 mm　(D)螺栓孔徑要小於螺栓直徑。

鋼構造建築物鋼結構設計技術規範：

高強度螺栓之最大螺栓孔尺寸，mm

標稱直徑	孔徑(直徑) (mm)			
d (mm)	標準	超大	短槽形(寬 × 長)	長槽形(寬 × 長)
12	13.5	15	13.5 × 17.5	13.5 × 31.5
16	17.5	21	17.5 × 22.5	17.5 × 40.0
20	21.5	25	21.5 × 26.5	21.5 × 49.0
22	23.5	27	23.5 × 28.5	23.5 × 55.5
24	25.5	30	25.5 × 32.0	25.5 × 62.0
≥ 27	d + 1.5	d + 8	(d + 1.5) × (d + 10)	(d + 1) × 2.5d

一鋼結構大樓工程，地上 29 層地下 3 層，銲接時使用之銲條編號為 E7016，請回答下列問題：

25. (　A　) 請問銲條編號第三個數字 1 所代表意義為何？　(A)可以平銲、橫銲、立銲、仰銲　(B)可以平銲、橫銲　(C)可以平銲　(D)可以橫銲。

鋅條編號爲 E7016 其代表涵義爲：

字母“E”表示銲條，第一跟第二個數字 70 代表銲條抗拉強度 70 Ksi(4900 kg f / cm^2)。

第三個數字：代表電銲姿勢(1 代表可以平銲、橫銲、立銲、仰銲；2 代表可以平銲、橫銲；3 代表可以平銲)。

第四個數字：代表銲藥包覆種類及溶透深度，0、1、2 代表深穿透性；3、4 代表低穿透性；5、6、8 代表中度穿透性。

26. (B) 下列何者爲銲接專用的鋼材？ (A)CNS SS490 (B)CNS SM490 (C)CNS SN490 (D)CNS SMA490。

解析

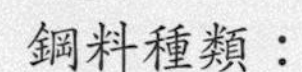

鋼料種類：

一般結構用鋼：CNS SS400 及 CNS SS490(不可銲接)。

銲接結構用鋼：CNS SM490 及 CNS SM490(A, B, C)。

建築結構用鋼：CNS SN490 及 CNS SN490(B, C)。

27. (C) 下列何者爲全滲透銲接銲道內部之電銲品質檢驗時常用的非破壞檢測方法？ (A)液滲檢測 (B)磁粉檢測 (C)超音波檢測 (D)目測。

解析

一、 液滲檢測：如銲道表面是好的，銲道內部液滲不進去，也檢測不出來。

二、 磁粉檢測：只能看表面銲道裂縫，銲道內部看不到。

三、 超音波檢測是利用高頻振動的音波導入材料內部，藉以檢測材料表面.或內部缺陷之非破壞檢測方法。

四、 目視檢測：接銲道內部目測看不到。

28. (A) 主鋼筋無橫向支撐者至有橫向支撐者之淨距不得大於多少公分？ (A)15 cm (B)20 cm (C)25 cm (D)30 cm。

主鋼筋無橫向支撐者至有橫向支撐者之淨距不得大於 15 公分：

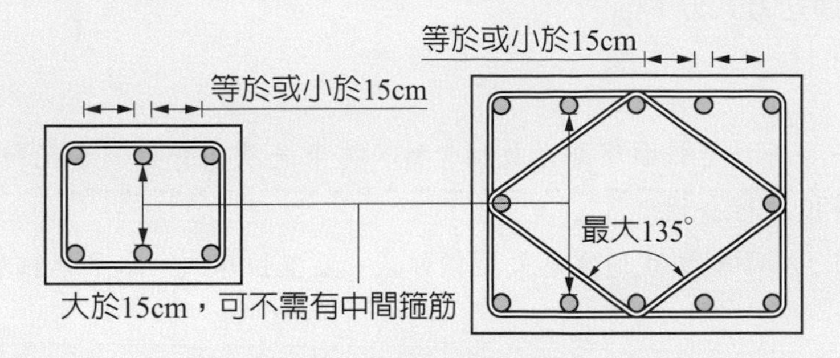

[108-9-1]

29. (B) 連續銲接鋼軌是因爲發現利用軌枕及道碴阻力控制其伸縮，因鋼軌銲接時鋼軌伸縮僅發生於銲接點兩端各約多少公尺範圍內？ (A)50 公尺 (B)100 公尺 (C)150 公尺 (D)200 公尺。

長銲鋼軌之伸縮僅發生於兩端各約 100 公尺範圍內，中間則爲伸縮量幾乎無變化之不動區間，而不動區間因溫度上升使其鋼軌軸力增加，此時若道碴橫向阻力不足以抵抗鋼軌軸力，將產生軌道挫屈。爲有效預防長銲鋼軌發生軌道挫屈，甚而因此造成列車出軌事故，於長銲鋼軌之設計、施工各階段與管理、養護等層面，皆須特別加以考量與注意。

某鋼筋混凝土大樓，施作大量混凝土澆置作業，請回答以下混凝土施工相關問題。

30. (C) 可保有混凝土原有之強度，又能形成較匀滑之表面，指混凝土表面修飾之方式中那一種？ (A)粉刷 (B)表面刷毛 (C)整體粉光 (D)造型模板成型。

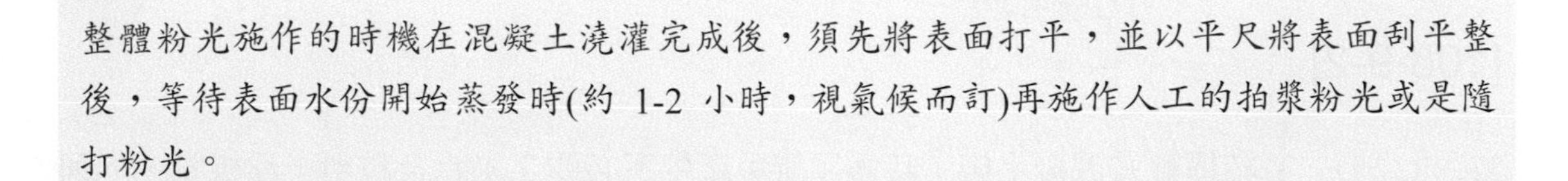

整體粉光施作的時機在混凝土澆灌完成後，須先將表面打平，並以平尺將表面刮平整後，等待表面水份開始蒸發時(約 1-2 小時，視氣候而訂)再施作人工的拍漿粉光或是隨打粉光。

31. (C) 混凝土拌合場的拌合機區分可傾式與不可傾式，是以哪一種分類方式作的區分？ (A)依拌合順序分 (B)依拌合機制分 (C)依卸料方式分 (D)依運送方式分。

(A)依拌合順序：材料進料順序是先放細骨材，再來是放粗骨材，水泥和水 + 化學摻料等全部材料投入拌合機。

(B)依拌合機制：拌合機型式通常爲鼓型傾卸式、盤型強鍊式、水平單軸旋槳式拌合機較多。

(C)依卸料方式：可傾式與不可傾式。

(D)依運送方式：1. 長程運輸 2. 短程運輸 3. 現場澆置運輸。

32. (C) 一般混凝土施工須檢驗混凝土坍度，而部分混凝土不採坍度試驗，而以坍流度試驗取代。試問以下何種混凝土最可能採用坍流度試驗？ (A)瀝青混凝土 (B)抗彎混凝土 (C)自充填混凝土 (D)滾壓混凝土。

自充填混凝土(Self-Compacting Concrete 簡稱 SCC)：

SCC 高流動性混凝土坍流度試驗 CNS14842 A3400。

一、 坍流度到達 50 cm 所需時間爲 3～15 sec。

二、 坍流度量測規範爲 55～70 cm。

V 型槽做自充填混凝土流下性試驗法(漏斗法)CNS14841 A3399：

一、 R2 漏斗流下時間爲 7～20 sec。

U 型槽做自填充混凝土障礙通過性試驗法(U 型或箱型法)CNS14840 A3398：

一、 混凝土由 A 槽流經鋼筋障礙充填至 B 槽 30 cm 以上爲具有自充填能力，可以免振動方式施工。

[108-9-2]

33. (D) 結構輕質混凝土施工時爲了避免產生不必要之泌水及粒料上浮析離，下列敘述何者錯誤？ (A)可添加輸氣劑 (B)可添加飛灰 (C)採用緻密配比法 (D)以吹風機散熱。

以吹風機散熱是無法避免產生不必要之泌水及粒料上浮析離，外力方式無法改變泌水與析離，只能從配比方面著手。

34. (C) 有關鋼結構施工之敘述，下列何者錯誤？ (A)底層鋼柱與基礎之縫隙要灌注無收縮水泥砂漿 (B)鋼柱間之對接採用全滲透銲接合 (C)鋼結構規範不允許擴孔(over size) (D)進行鋼結構組裝時，高空工作車不可以做爲裝卸物料的載具。

螺栓安裝時，如不能以手將螺栓穿入孔內時，可先用沖梢穿過校正，但不得使用 2.5 kg 以上之鐵鎚，如仍無效時，則以鉸孔方式擴孔，惟擴孔後之孔徑不得大於設計孔徑 2 mm，如超出時應補銲，經檢測合格後重新鑽孔。不得以熱切割擴孔。

35. (A) 一般橋梁鋼結構工地之除銹整修工法稱爲 St 工法，係利用手工具或電動工具作局部除銹處理，其中與此工法有關之鋼料表面除銹處理程度僅爲 2 級與 3 級，試問 3 級係指下列何者？ (A)完整之處理表面 (B)中度之處理表面 (C)輕度之處理表面 (D)未處理之表面。

St 除鏽度等級[以手工具或電動砂輪機處理者]：

St0：未做除鏽處理之鋼鐵表面。

St1：使用鋼刷做輕度的全面刷除浮鏽及鬆解氧化層。

St2：使用人工、電動鏟具、鋼刷或研磨機等，將鬆解氧化層、浮鏽及其他外界異物去除後，用吸塵器或壓縮空氣、毛刷將灰塵去除。

St3：使用電動用具、鋼刷或研磨機將鬆解氧化層、浮鏽及異物徹底除盡並經清除灰塵後，其表面應有金屬光澤之出現。

爲提高人類居住安全，結構物常使用鋼筋混凝土製成，而鋼筋工程施工品質會影響結構物安全，請回答下列問題：

36. (C) 鋼筋混凝土是由混凝土與鋼筋材料所構成的複合材料，有關使用鋼筋理由之敘述下列何者錯誤？ (A)鋼筋與混凝土的線膨脹係數接近 (B)新拌混凝土具有高鹼性，會使鋼筋表面形成一層鈍態膜而可防止鋼筋生銹 (C)竹節鋼筋表面平滑，能增強握裹力 (D)鋼筋加工組立容易。

竹節鋼筋係將圓形光面鋼筋表面做成凸起之竹節或凹入的紋路，藉此竹節增加鋼筋與混凝土間的握裹力，使兩者材料結合後發揮更高組合強度。

37. (B) 鋼筋加工要領及檢驗，下列敘述何者錯誤？ (A)鋼筋加工前應確認加工圖及足尺寸施工圖始得加工 (B)所有鋼筋必須熱彎 (C)鋼筋整直時，有彎頭之鋼筋應先將彎頭彎曲再整直，不得逕將彎頭切斷 (D)要有無輻射證明文件。

鋼筋偏折加工不易，加工費時，亦常見以違反「混凝土結構施工規範」第 5.5.1 節之規定，採加熱彎折加工，以節省彎紮工時現象，此舉對不可銲鋼筋會降低延展性及韌性。所有鋼筋應在常溫下彎曲，除工程司核可外不得以加熱爲之，如經工程司核准使用熱彎者，應加熱適宜，以不超過桃紅色爲度，以免損及鋼筋材質及其強度。加熱過之鋼筋也應在常溫下讓其自然冷卻，不得使用冷水驟冷。若鋼筋已有部分埋入已完成結構物之混凝土中，其外露部分除工程司核准外，不得再行加工彎曲，以免損及澆置完成之混凝土。

38. (D) 下列何者不是箍筋在柱構材的主要任務？ (A)承受剪力 (B)圍束混凝土以提高混凝土的變形能力 (C)防止受壓主筋發生挫屈 (D)增加極限強度。

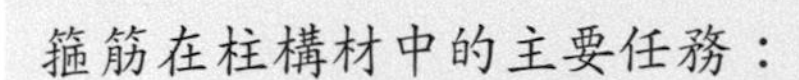

箍筋在柱構材中的主要任務：

一、 爲承受剪力。

二、 爲圍束混凝土以提高混凝土的變形能力。

三、 爲防止受壓主筋發生挫屈。

[108-5-2]

39. (D) 鋼結構與混凝土結合或以混凝土包覆時，必須借重以下何者來傳遞力量？ (A)鋼承板 (B)傳統強力螺栓 (C)扭控強力螺栓 (D)剪力釘。

解析

剪力釘係配合鋼骨結構、鋼模板、銲鋼網和水泥塑鑄，使用於高樓建築、橋梁及各種鋼骨結構物上，其爲防止剪應力效應造成兩者互相滑動，提高強度，並能有效地使樓板與鋼梁接合成一體之一種機構，主要尺寸.M13, M16, M19, M22。

40. (A) 在結構體空間許可下，下列何種組合理論上可達到最經濟的用漿量？ (A)最大粒徑的級配與圓形光滑粒料 (B)最大粒徑的級配與多角形粒料 (C)最小粒徑的級配與圓形光滑粒料 (D)最小粒徑的級配與多角形粒料。

骨材形狀越接近圓球形者，在同一工作度下所需水泥漿體越少，因爲多角形凹凸面過多，表面積就越大，相對的骨材間相互移動所需潤滑漿量就需要越多。所以在混凝土中同一漿量體積及相似骨材級配條件下，圓形骨材之工作度較多角形骨材者佳。
使用顆粒大的骨材。可減少空隙空間和表面積(單位重量之表面積即減少表面積及空隙)，因爲大粒徑之骨材表面積比同重量較小粒徑骨材有較少之表面積。

41. (C) 有關混凝土施工縫之設置及處理，下列敘述何者<u>錯誤</u>？ (A)在澆置銜接混凝土前，須除去不良表層及其他雜物，並徹底潔淨後潤濕之，但不可有滯留水 (B)垂直施工縫於第一次澆置混凝土前，應設置臨時模板或埋入式金屬網以使接縫面較爲平整 (C)施工縫宜與主鋼筋水平 (D)若需剪力摩擦傳遞剪力之施工縫，設計圖說若無規定時，其新舊介面需處理成凹凸總深約 6 mm 之粗糙面。

一、 施工縫宜與主鋼筋垂直。

二、 版或梁之施工縫應設置於其跨度中央三分之一範圍內。若大梁跨度中央與梁相交時，則大梁上之施工縫應設置於至少離跨度中央兩倍梁寬之處。

三、 牆或柱之施工縫應設於其下版或梁之底面，或其基腳與樓版之頂面。

42. (C) 一般穿樓板套管，管與鋼筋至少應維持多少淨距離？ (A)4 mm (B)6 mm (C)8 mm (D)10 mm。

一般穿樓板套管，管與鋼筋至少應維持 8 mm 淨距離。

43. (C) 根據[行政院工程會公共工程施工綱要規範第 03210 章]規定，混凝土直接澆置於土壤或岩層之梁、柱、牆鋼筋保護層最小厚度為何？ (A)65 mm (B)70 mm (C)75 mm (D)80 mm。

說明		板		牆	梁	柱	基腳	橋墩	隧道
		厚度 225 mm 以下	厚度大於 225 mm	mm	(頂底及兩側)mm	mm	mm	mm	mm
不接觸雨水之構造物	鋼筋 D19 以下	20	20	20	*40	40	40		
	鋼筋 D22 以上	20	20	20	*40	40	40		
受有風雨侵蝕之構造物	鋼筋 D 16 以下	40	40	40	40	40	40	40	40
	鋼筋 D 19 以上	45	50	50	50	50	50	50	50
經常與水或土壤接觸之構造物			65	65	65	75	65	75	75
混凝土直接澆置於土壤或岩層或表面受有腐蝕性液體		50	75	75	75	75	75	75	75
與海水接觸之構造物		75	100	100	100	100	100	100	100
受有水流沖刷之構造物			150	150	150	150	150	150	150

RC 結構物施工時必須依據鋼筋混凝土標準圖進行鋼筋配筋，請回答下列問題：

44. (A) 下列敘述何者無法分辨韌性與非韌性結構鋼筋配筋的不同？ (A)梁主筋號數不同 (B)錨定長度的標準不同 (C)搭接長度與位置不同 (D)大梁與柱箍標準彎鉤不同。

韌性結構鋼筋與非韌性結構之不同點說明如下：
一、 錨定長度標準不同。
二、 塔接長度，位置不同。
三、 柱箍筋配置不同。
四、 大梁與柱箍標準彎鉤不同。

45. (　D　) RC 柱的主筋需要搭接，在主筋搭接後應以何比例斜彎恢復原位？ (A)1：9　(B)1：8　(C)1：7　(D)1：6。

大部分爲主筋搭接後，位置移動所致，較佳之作法可於搭接後，以 1：6 斜彎恢復原位。

46. (　B　) 繫筋爲一連續鋼筋，其一端爲具耐震彎鉤，另一端爲至少 90°之彎鉤且接彎後至少直線延伸多少鋼筋直徑(db)？　(A)4 db　(B)6 db　(C)8 db　(D)12 db。

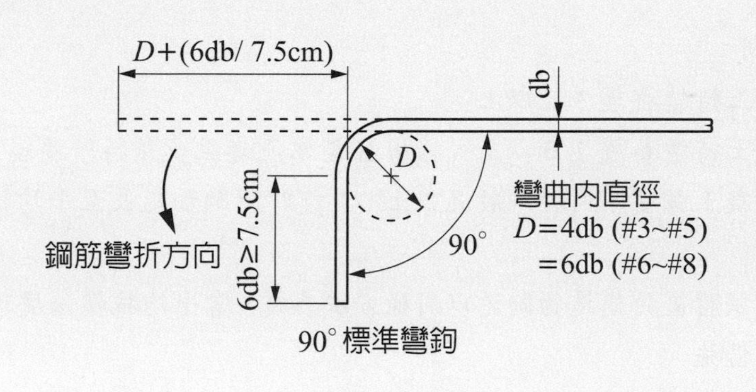

[108-1-1]

47. (　D　) 有關混凝土澆築作業之敘述，下列何者錯誤？　(A)模板作業主管應在場指揮監督　(B)澆築樓層下方需預先設置照明及水管　(C)混凝土輸送管需以防震方式架設　(D)插入式內模振動棒應接觸鋼筋以加速振動。

結構混凝土施工規範：

一、 振動棒應盡量垂直緩慢插入混凝土中，不得以接觸鋼筋或模板作振動，一點振畢拔出時，應緩慢並保持振動棒垂直。

二、 振動棒插入點之間距應約爲 45 cm。

三、 振動棒每一插入點之振動時間應在 5～15 秒之間，以能充分搗實混凝土排除其中之氣泡爲原則。充分搗實係指混凝土不再排出大氣泡、顏色均勻表面上粗骨材若隱若現。

四、 禁止過度振動或以振動棒移動混凝土。

五、 振動棒應插入前次澆注混凝土層內，其進入前層混凝土之深度應約爲 10 cm。

六、 外模振動器必須固定附著於模外，其分布應均勻以獲得最佳效果。

七、 墁平作業應於混凝土經充分搗實後方可進行，墁平過程中若發現有搗實未充分之處，應要求加強搗實後再予墁平。

48. (A) 混凝土養護除非使用經驗證可縮短養護時間之措施或材料者外，養護期間應不得少於多少天？ (A)7 天 (B)6 天 (C)5 天 (D)4 天。

解析

混凝土之養護期：

一、 早強混凝土持續養護 3 日以上。

二、 一般混凝土持續養護 7 日以上，採用 II 型水泥者至少須持續養護 10 日。

三、 卜作嵐混凝土強度不同於一般混凝土，養護時間酌加延長至平均抗壓強度達 0.7f'c 爲止。

四、 若作圓柱試體置於構造物附近以同樣方法養護，當平均抗壓強度達 0.7f'c 時，可以停止保濕措施。

49. (A) 有關於特殊混凝土之施工技術下列何者不正確？ (A)所謂「高性能混凝土」是指調整混凝土配比與使用飛灰、強塑劑添加材料等方式以達到高強度、高水密性、低流動性混凝土之功能者 (B)「輕質混凝土」之氣乾單位重應小於 2000 kgf / m^3 (C)「噴凝土」採用噴塗方式施工、適用於坡面及隧道壁面支撐之混凝土 (D)「抗彎混凝土」適用於剛性路面及機場跑道等承受載重較高且有衝擊力作用者。

「高性能混凝土」是指調整混凝土配比與使用飛灰、強塑劑添加材料等方式以達到高強度、高水密性、高流動性混凝土之功能者。

[108-1-2]

50. (C) 鋼筋施工有關施工後的敘述，下列何者不正確？ (A)殘留鋼筋清理，不可放在施工架上 (B)與水電工程牴觸部分，要進行修整補強 (C)混凝土澆置前，鋼筋要以模板油塗佈清潔 (D)要配合監造單位查驗進行補修。

混凝土澆置前，模板要以模板油塗佈清潔。

51. (D) 在建築物基礎地梁的混凝土澆置後，有關於柱、牆模板之組合架設作業的順序，下列敘述何者正確？其中(1)牆之外側；(2)邊柱之內側；(3)牆之內側；(4)中柱；(5)角隅柱之內側 (A)(5)-(4)-(3)-(2)-(1) (B)(5)-(4)-(2)-(3)-(1) (C)(4)-(3)-(2)-(1)-(5) (D)(5)-(2)-(4)-(3)-(1)。

(5)角隅柱之內側→(2)邊柱之內側→(4)中柱→(3)牆之內側→(1)牆之外側。

52. (D) 有關鋼構件吊裝順序，在工廠製造完成之鋼構件堆疊必須按吊用順序堆放，下列敘述何者正確？ (A)先吊者先運，後吊者後運 (B)先吊用者堆置在下方 (C)視製造日期決定 (D)先吊者後運，後吊者先運。

後吊者先運，如果工地不大，後吊的構件先到，可以先壓囤疊起在下面，等先吊的的構件到，即可依序施工。

53. (B) 有關橋梁鋼結構防蝕之敘述，下列何者正確？ (A)油漆之層數應包括底漆、中漆、面漆各一層 (B)油漆膜厚檢查，約每平方公尺表面積量測 5 點的厚度平均 (C)油漆每層厚度至 10 mm (D)噴漆時應有氣泡夾雜於表層。

(A)油漆之層數應包括底漆、面漆各一層。
(C)油漆每層厚度至 80 μm。
(D)噴漆時不可有氣泡夾雜於表層。

54. (A) 鋼結構銲接部位加工方法之電銲道加工符號 "C"，為下列何種意思？
(A)鑿平 (B)鎚擊 (C)研磨 (D)不指定加工法。

鑿平：C，研磨：G，鎚擊：H，切削：M，滾壓：R，不指定加工法：F。

混凝土之澆置為影響混凝土品質最重要的因素之一，尤其對於原本就比較雜亂的工地現場，澆置時必須避免混凝土乾縮、冷縫、龜裂、蜂巢、模板移動或坍陷等事項，同時須兼顧人員調度及安全，澆置計劃必須周全妥善。試問：

55. (C) 混凝土澆置施工中，下列敘述何者<u>有誤</u>： (A)澆置過程中應依規範製作試體並同時檢測坍度及氯離子等試驗 (B)預拌混凝土開始拌合後至工地 90 分鐘仍未澆置應予以拒收並加以廢棄 (C)澆置面為斜面時，應由上而下澆置混凝土 (D)降雨強度經監造單位認為足以影響混凝土品質時應停工不得澆置。

澆置面為斜面時，應由下而上澆置混凝土。

56. (B) 澆置水中混凝土時，為防止水泥之流失及乳皮發生，需設適當設施以保持靜水狀態。若無法確實使水達到靜止者，應抑制水之流速最多在多少以下？
(A)3 cm / sec (B)5 cm / sec (C)8 cm / sec (D)10 cm / sec。

解析

澆置水中混凝土時，為防止水泥之流失及乳皮發生，需設適當設施以保持靜水狀態。若無法確實使水達到靜止者，應抑制水之流速在 5 cm / sec 以下。

57. (　C　) 澆置墩柱、牆、版之混凝土，須用可調整長度之導管從中澆置，導管管徑不得小於 A 公分，亦不得小於骨材最大粒徑之 B 倍，試問 A + B =？ (A)10　(B)15　(C)20　(D)25。

澆置墩柱、牆版之混凝土，須用可調整長度之導管從中澆置，導管管徑不得小於 15 公分，亦不得小於最大骨材直徑之 5 倍。

[107-9-1]

58. (　D　) 依中國土木水利工程學會"混凝土施工規範"所建議大梁底模淨跨距 3 公尺至 6 公尺間，於活載重不大於靜載重時拆模時間不少於多少天？ (A)7 天　(B)10 天　(C)12 天　(D)14 天。

構件名稱	最少拆模時間	
柵肋梁、小梁及大梁底模	活載重不大於靜載重	活載重大於靜載重
跨距小於 3 m	7 天	4 天
淨跨距 3 m 至 6 m	14 天	7 天
淨跨距大於 6 m	21 天	14 天

59. (　A　) 以型鋼之組合鋼柱爲橋梁模板支撐之支柱時高度超過 4 公尺時，應於每隔多少公尺以內向二方向設置足夠強度之水平繫條，並防止支柱之移位？ (A)4.0 公尺　(B)4.5 公尺　(C)5.5 公尺　(D)6.0 公尺。

型鋼之組合鋼柱爲橋梁模板支撐之支柱時高度超過 4 公尺時，應於每隔 4.0 公尺以內向二方向設置足夠強度之水平繫條，並防止支柱之移位。

60. (　A　) 「輕質混凝土」之氣乾單位重應小於多少 kgf / m^3？ (A)2,000 kgf / m^3 (B)2,100 kgf / m^3　(C)2,200 kgf / m^3　(D)2,300 kgf / m^3。

抗壓混凝土其氣乾單位重一般均不超過 2,000 kgf / m^3，但此種界定並非強制性的標準，例如 ASTM 則規定輕質混凝土的氣乾單位重爲 1840 kgf / m^3 以下。一般認爲性質良好的輕質混凝土，其單位重應較相同配比之常重混凝土約低 25～40%爲佳。適合作爲結構用途的輕質混凝土，其單位重之要求，至少爲 1,200 kg / m^3 以上，常用的大致在 1,400 kg / m^3～1,800 kg / m^3 之間。

61. (D) 採塡土施作路堤之道路工程，如遭遇局部軟弱地層時，不得採用何種材料予以添加攪拌混合，以提高其強度？ (A)石灰 (B)水泥 (C)飛灰 (D)水。

採塡土施作路堤之道路工程，如遭遇局部軟弱地層時，不得採用水予以添加攪拌混合，含水量在軟弱地層時會影響壓密度。

[107-9-2]

62. (B) 鋼構梁柱接頭工法中，將鋼梁之翼板事先削減或鑽孔，使鋼構件損傷先由鋼梁破壞，此工法稱爲？ (A)老鼠洞工法 (B)減弱工法 (C)加強工法 (D)智慧工法。

傳統之梁翼板銲接，腹板鎖高強度螺栓之抗彎矩接頭，無法可靠地提供所需之塑性轉角。近年來針對此項缺失所研發出來之改良式接頭型式主要可分爲二大類，一爲梁端加勁或加強之補強式接頭；另一爲在接近梁端之塑鉸區切削減弱式接頭(韌性切削)。

63. (D) 竹節鋼筋須符合 CNS 560 A2006 鋼筋混凝土用鋼筋之規定，下列竹節鋼筋何者爲可銲鋼筋？ (A)SR240 (B)SR300 (C)SD280 (D)SD280W。

竹節鋼筋的編號爲 SD 開頭，光面鋼筋的編號爲 SR 開頭 280 抗拉強度 2,800(kgf / cm^2)。W 代表"Weildable"，表示適合用於銲接的意思。

粒料的用量約佔混凝土體積的百分之七十至八十，無疑的，粒料對混凝土性質有莫大的影響。試回答下列問題：

64. (A) 下列何者<u>不是</u>理論上達到經濟用漿量的策略？ (A)儘量採用最小粒徑的級配粒料 (B)儘量採用粗砂 (C)適當摻加細粒料可以增加黏滯性及防止粒料的析離 (D)採用圓形且光滑的粒料。

一、 儘量採用最大粒徑的級配粒料，如此可以縮小單位重量之表面積與孔隙空間。

二、 儘量採用粗砂。

三、 適當摻加細粒料可以增加黏滯性及防止粒料的析離。

四、 採用圓形且光滑的粒料。

65. (B) 最大粒料尺寸、級配、細度模數、彈性模數、容積比重，以上五種粒料性質，透過篩分析試驗可以獲得幾項性質？ (A)二 (B)三 (C)四 (D)五。

透過篩分析試驗可以獲得：最大粒料尺寸、級配、細度模數。

66. (B) 茲有一 SSD 砂重 500.0 g，經烘乾後重 492.5 g，其吸水率 = ？ (A)1.50% (B)1.52% (C)1.54% (D)1.56%。

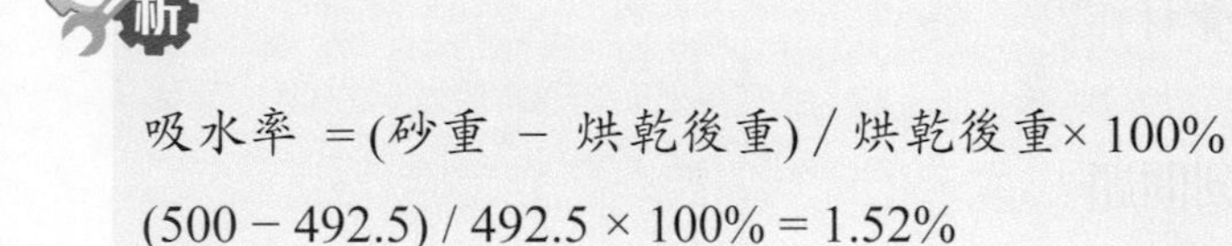

吸水率 =(砂重 − 烘乾後重) / 烘乾後重× 100%

(500 − 492.5) / 492.5 × 100% = 1.52%

台灣高性能混凝土於 1992 年初期開始發展，初始定義為「高強度及高流動化混凝土」，著重於「安全性及工作性」。1996 年改變成符合「耐久性、安全性、工作性、經濟性、生態性」，也就是優生高性能混凝土了。試問：

67. (B) 此種高性能混凝土與一般混凝土概念唯一不同之處，主要在於特別注意：(A)水量及膠結料量盡量增加 (B)水量及膠結料量盡量減低 (C)水量盡量減低及膠結料量盡量增加 (D)水量盡量增加及膠結料量盡量減低。

高性能混凝土概念以水量盡量減低及及膠結料量盡量減低，才符合「耐久性、安全性、工作性、經濟性、生態性」的優生高性能混凝土。

68. (D) 下列何者<u>不是</u>優生高性能混凝土爲達到工作性所應實施之配比設計準則？ (A)採用緻密級配 (B)添加卜作嵐材料 (C)添加高性能減水劑 (D)控制砂之細度模數小於 2.8。

高性能混凝土的細粒料之細度模數(FM)，宜採用 2.5～3.0 較粗者爲佳，且細粒料之粒形爲圓形者及粗砂、細砂摻配使用，更能滿足高流動性及自充填性。

69. (C) 優生高性能混凝土之早期強度主要以甲控制；中長期強度主要以乙控制；長期強度主要以丙控制。試問其中之甲、乙、丙分別爲哪項因子？ (A)甲：W / B；乙：W / C；丙：W / S (B)甲：W / S；乙：W / B；丙：W / C (C)甲：W / C；乙：W / B；丙：W / S (D)甲：W / B；乙：W / S；丙：W / C。

W / C 水灰比 ＝ 水 / 水泥。
W / B 水膠比 ＝ 水 / (水泥 ＋ 摻料)。
W / S 水固比 ＝ 水 / (水泥 ＋ 摻料 ＋ 骨材)。

根據您對特殊混凝土的認識，請回答下列問題：

70. (B) 爲與結構輕質混凝土類似，低密度和中強度輕質混凝土的配比中，含氣量通常要在何種範圍內？ (A)10%至 15% (B)25%至 35% (C)35%至 40% (D)45%至 50%。

低密度混凝土，其單位重甚至低於 800 kg / m^3，抗壓強度一般介於 7～70 kgf / cm^2 間。中強度輕質混凝土之單位重較低密度混凝土高，約 800～1920 kg / m^3，抗壓強度 70 至 175 kgf / cm^2，低密度和中強度輕質混凝土的配比中，含氣量通常在 25%至 35%範圍。

71. (　A　) 混凝土壩使用巨積混凝土時，爲降低內部溫度上昇率，下列常採取方式之敘述何者正確？　(A)低熱水泥　(B)水泥愈多愈好　(C)提高混凝土初始溫度至 40°C 左右　(D)混凝土澆置升層要大於 127 mm。

解析

巨積混凝土配比的原則，係以低水泥量、低水量、低初始溫度及低水化熱爲設計精神。
降低內部溫度上昇率常採取的方式爲：

一、 低水泥含量 119～267 kg / m^3，含高量粗粒料(80%)，較大粒料粒徑(75～150 mm)。

二、 低熱水泥或混合水泥(水泥摻加大量飛灰或稻殼灰)。

三、 卜作嵐材料：摻加卜作嵐取代部份水泥，其水化熱大約可降爲純水泥水化熱的 25 至 50%。

四、 減低混凝土初始溫度至 10°C 左右。

五、 利用埋入之冷卻管以冷卻混凝土。

六、 鋼模以加速熱量散失。

七、 水養護。

八、 澆置升層較低 < 127 mm。

72. (　C　) 「綠混凝土」定義中所謂的“良好施工性”之敘述，下列何者正確？　(A)可完全展現出混凝土強度及減少混凝土裂縫之產生　(B)可延長混凝土結構使用壽命　(C)混凝土澆置施工時，能減少泵送能量與額外搗實與震動等耗能設施以及噪音之污染，達到節能減碳保護環境之目的　(D)減少營建廢棄物之產生，達到環保與節能減碳之要求。

(A)：物理性

(B)：耐久性

(C)：施工性

(D)：節能減碳

[107-5-2]

73. (C) 下列何者爲耐候結構用鋼？ (A)CNS SS400 (B)CNS SM400 (C)CNS SMA400 (D)CNS SN400。

解析

CNS SS400：一般結構用鋼材(SS 系列)。
CNS SM400：銲接結構用鋼(SM 系列)。
CNS SMA400：耐候結構用鋼(SMA 系列)。
CNS SN400：建築結構用鋼(SN 系列)。

74. (C) 目前國內鋼結構工程銲接最常使用之銲條編號爲 E7016，試問其中的 70 係指？ (A)電銲姿勢 (B)被覆銲藥之種類 (C)銲條之抗拉強度 (D)熔透深度。

E 代表銲條第一跟第二個數字 70：代表銲條抗拉強度 70 Ksi(4900 kg f / cm^2)。
第三個數字：代表電銲姿勢(1 代表可以平銲、橫銲、立銲、仰銲；2 代表可以平銲、橫銲；3 代表可以平銲)。
第四個數字：代表銲藥包覆種類及溶透深度，0、1、2 代表深穿透性；3、4 代表低穿透性；5、6、8 代表中度穿透性。

75. (D) 箍筋在柱構材中的主要任務，下列何者不正確？ (A)承受剪力 (B)圍束混凝土以提高混凝土的變形能力 (C)防止受壓主筋發生挫曲 (D)可減少主筋用量。

箍筋在柱構材中的主要任務爲承受剪力，及圍束混凝土以提高混凝土的抗變形能力，與防止受壓主筋發生扭曲。

76. (　B　) 依據行政院公共工程委員會[公共工程施工綱要規範]第 03210 章混凝土基本材料及施工一般要求之規定，預力混凝土試體在每批量 100 m^3＜混凝土≦150 m^3 之試體取樣組數，何者正確？ (A)8 組(16 個) (B)4 組(8 個) (C)3 組(6 個) (D)5 組(10 個)。

<table>
<tr><td rowspan="5">預力混凝土</td><td>預鑄預力混凝土梁
預力混凝土箱型梁</td><td>每支 3 組
最少 3 組</td></tr>
<tr><td>混凝土≦100m³</td><td>3 組</td></tr>
<tr><td>100 m³＜ 混凝土≦150 m³</td><td>4 組</td></tr>
<tr><td>150 m³＜ 混凝土≦200 m³</td><td>5 組</td></tr>
<tr><td colspan="2">以下類推，每增加 50 m³ 加取 1 組</td></tr>
</table>

77. (　B　) 不與模板接觸之混凝土表面在完成澆置及修飾後，爲保持水份以進行養護，不可以選用下列何種養護方法？ (A)持續灑水、噴霧或滯水 (B)以乾燥性媒介材料覆蓋 (C)施以不超過 65°C 低壓蒸汽 (D)使用符合 CNS 2178〔混凝土用液膜養護劑〕規定之液膜養護劑。

混凝土表面在完成澆置及修飾後，養護需持續灑水、噴霧或滯水，以濕潤性媒介材料覆蓋。

78. (　C　) 結構輕質混凝土之強度範圍與普通混凝土相似，但重量較輕，有關結構輕質混凝土單位重範圍之敘述，下列何者正確？ (A)680～960 kgf / m^3 (B)960～1,080 kgf / m^3 (C)1,360～1,840 kgf / m^3 (D)2,160～2,400 kgf / m^3。

結構輕質混凝土之強度範圍與普通混凝土相似，但重量較輕，單位重由 1,360～1,840 kg / m^3，主要差異在於使用「全輕質粒料」，或「輕質粒料與一般粒料的混合粒料」，使用結構輕質混凝土的目的係爲減輕高樓結構物的靜載重，但不會影響結構的安全性。

79. (B) 混凝土樓板厚度爲 25 公分，埋入混凝土之金屬管外徑不得大於：(A)9 公分爲原則 (B)8.3 公分爲原則 (C)10 公分爲原則 (D)12.5 公分爲原則。

解析

爲減少金屬配管對建築物強度之影響，施工上應符合下列規定：

一、 不可對建材造成過大之溝或孔。

二、 埋入混凝土之金屬管外徑，以不超過混凝土厚度三分之一爲原則。

[107-1-1]

80. (D) 有關於混凝土養護之施工技術下列何者不正確？ (A)除非使用經驗證可縮短養護時間之措施或材料者外，養護期間應不得少於 7 天 (B)於混凝土表面灑水並覆蓋之使呈滯水狀況 (C)噴灑養護劑 (D)採用冰塊以縮短混凝土養護期程。

混凝土加入冰塊常用於巨積混凝土用於降低水化熱，冰塊無法縮短混凝土養護期程，反而會延長養護期程(會延緩水化作用)，要縮短混凝土養護期程，蒸氣養護最快。

81. (C) 鋼軌總長度超過某一特定長度，即無論超過多少，其伸縮量並無變化，於是而有銲接鋼軌的出現，稱爲連續銲接鋼軌(Continuous Welded Rail，簡稱 CWR)。前述特定長度爲多少公尺？ (A)100 公尺 (B)150 公尺 (C)200 公尺 (D)250 公尺。

鋼軌長度超過 200 公尺，即無論超過多少，其伸縮量並無變化，於是而有銲接鋼軌的出現，稱爲連續銲接鋼軌(Continuous Welded Rail，簡稱 CWR)。

[107-1-2]

82. (　C　) 有關鋼橋吊裝施工之敘述，下列何者正確？ (A)較短或單跨之鋼橋，吊裝時常將主梁直接吊放於橋台，屬於支撐式工法 (B)使用臨時支撐之鋼梁吊裝，屬於無撐式工法 (C)採用推進法安裝鋼橋時，必須考慮側向的穩定性 (D)市區橋梁常因交通或腹地問題，無法設置臨時支撐，故常以支撐工法吊裝。

鋼橋吊裝之工法：

鋼橋之吊裝工法包括「支撐式」(staging)與「無撐式」(no-staging)工法。

一、 支撐工法：

支撐工法又稱爲「無荷重」(no load)工法。吊裝前必須在橋墩或橋台之間先架設臨時性之支撐架，再用起重機將預製妥當之主梁吊放至定位。於主梁安裝穩定後始吊裝橫梁，最後再安裝其他附屬設施。支撐之強度應由專業技師負責設計，現場之架設作業則必須與設計圖說之規定完全一致，方不致造成意外。

二、 無支撐工法：

於市區內之鋼橋工程，由於交通繁忙，或於河道鋼橋工程，由於河床較深，常常採用無支撐工法。用吊車直接將主梁吊放於橋台或橋墩位置。無支撐工法固然可節省許多空間與時間，但因構材較長且重量亦較重，須特別規劃有效之工安措施，以防止可能之意外。

83. (　B　) 有關多層鋼結構建築施工之塗裝油漆敘述，下列何者正確？ (A)施工前，須灌注混凝土之鋼構表面應使用油漆塗裝進行防蝕 (B)經甲乙雙方協商，可使用預塗底漆(水膜)方式防蝕 (C)爲防止鋼構件生銹，鋼構表面噴覆防火被覆前要先塗裝油漆 (D)電銲部位在電銲前要塗裝油漆防蝕。

(A)施工前，須灌注混凝土之鋼構表面不可使用油漆塗裝進行防蝕。

(C)爲防止鋼構件生銹，鋼構表面噴覆防火被覆前不可先塗裝油漆。

(D)電銲部位在電銲前不可塗裝油漆防蝕。

84. (A) 不同尺寸鋼筋，有關搭接長度敘述，下列何者正確？ (A)搭接長度以最大號數鋼筋計算 (B)搭接長度以最小號數鋼筋計算 (C)搭接長度以平均號數鋼筋計算 (D)搭接長度沒有規定。

不同尺寸鋼筋，搭接長度以須以最大號數鋼筋計算。

鋼筋混凝土是由混凝土與鋼筋材料所構成的複合材料，而兩種性質不同的材料，能結合成爲很好的結構複合材料。鋼筋是鋼筋混凝土構造中不可或缺的材料，鋼筋混凝土結構中鋼筋扮演著骨骼的角色。試問：

85. (C) 下列敘述，何者最<u>不正確</u>？ (A)兩種材料之熱膨脹係數接近 (B)混凝土提供高鹼性環境，使鋼筋表面形成一層鈍態保護膜防止腐蝕 (C)鋼筋混凝土材料的主要功能是鋼筋承受壓力，混凝土負荷拉力 (D)混凝土保護鋼筋免於受到火害。

鋼筋混凝土材料的主要功能是鋼筋承受拉力，混凝土負荷壓力。

86. (B) 下列哪一種鋼筋較適合反覆彎曲加工？ (A)SD 280 (B)SD 420W (C)SD 420 (D)SD 490。

竹節鋼筋的編號爲 SD 開頭，280 抗拉強度 2,800(kgf / cm^2)。
W 代表"Weildable"，表示適合用於銲接的意思。
金屬反覆彎曲加工，次數多了就會疲勞，W 可銲接是比較可以反覆彎曲加工。

87. (C) 有關鋼筋及鐵絲之標稱與習慣用法，下列何者敘述<u>不正確</u>？ (A)D10-5 (#3-5)就是使用直徑 10 mm 的鋼筋 5 支 (B)綁紮鋼筋之鐵絲通常 D16(#5)以上用#18，D16 以下用#20 (C)鐵絲之編號愈大直徑愈粗 (D)#3 鋼筋稱 3 分鋼筋，其標稱周長約爲 3 cm。

綁紮鋼筋之鐵絲通常 D16(#5)以上用#18，D16 以下用#20；而鐵絲之編號是愈大直徑愈細。

[106-9-1]

88. (B) 有關於混凝土養護之施工技術下列何者不正確？ (A)除非使用經驗證明可縮短養護時間之措施或材料者外，養護期間應不得少於 7 天 (B)於澆置後之混凝土表面立即保持乾燥 (C)噴灑養護劑 (D)採用蒸氣以縮短混凝土養護期程。

於澆置後之混凝土表面應持續保持濕潤。

89. (C) 使用強塑劑、流動化劑、增黏劑等化學摻料可增加高性能混凝土之下列何種功能？ (A)高強度 (B)水密性 (C)高流動性 (D)密實性。

使用強塑劑、流動化劑、增黏劑等化學摻料，目的是增加高性能混凝土的流動性功能。

[106-9-2]

90. (A) 一般建築或橋梁工程之設計常採用扭控強力螺栓，俗稱自動斷尾螺栓。國內常用之扭控螺栓直徑共有四種，請問下列何者螺紋標稱較不常用？ (A)M12 (B)M20 (C)M22 (D)M24。

M12 太小不適合一般建築或橋梁工程使用。

91. (A) 台灣九二一大地震後，發現很多建築物的 RC 柱上端有明顯混凝土垂直裂縫，請問最有可能受何種力的影響？ (A)剪力 (B)扭力 (C)壓力 (D)拉力。

RC 柱上端明顯混凝土垂直裂縫為直剪裂縫，成 X 裂縫為雙剪裂縫。

92. (D) 下列何者不屬於混凝土澆置計畫規劃重點的必要內容？ (A)澆置範圍的劃分 (B)澆置順序與輸送配管路線 (C)混凝土表面修補 (D)混凝土預拌車購買。

混凝土澆置計畫規劃重點：
1. 料原選定。 2. 配比設計。 3. 泵送場地。 4. 泵送車數。 5. 附近交通狀況。
6. 作業設備機械。 7. 作業人力。 8. 相關作業配合。

93. (B) 下列何者是由卜特蘭水泥製造之特殊混凝土？ (A)石膏混凝土 (B)著色混凝土 (C)高分子混凝土 (D)瀝青混凝土。

著色混凝土：一般混凝土加入著色劑使混凝土有不同顏色，使得混凝土的顏色有更繽紛的色彩。

94. (B) 一種常用在逆打施工法，上下柱接頭部分，或鋼構基礎安裝之灌漿作業上，主要係指下列何種特殊混凝土？ (A)預壘混凝土 (B)無收縮混凝土 (C)滾壓混凝土 (D)巨積混凝土。

無收縮混凝土：常用在逆打施工法，上下柱接頭部分，或鋼構基礎安裝之灌漿作業上，目的是要混凝土在上下接頭能無空隙，能讓應力傳遞直接一致。

95. (D) 採用緻密級配之優生混凝土，若考慮工作性需要，則砂的 FM 至少大於下列何者？ (A)2.1 (B)2.3 (C)2.5 (D)2.8。

解析

高性能混凝土的細粒料之細度模數(FM)，宜採用 2.5～3.0 較粗者為佳，且細粒料之粒形為圓形者及粗砂、細砂摻配使用，更能滿足高流動性及自充填性。

某鋼構工程，爲了讓品管工程師及施工人員能夠及時發現鋼構施工之相關缺失，進行一連串的教育訓練，請回答下列問題：

96. (D) 有關鋼構施工的工地氣候要求，下列敘述何者錯誤？ (A)下雨天不宜進行工地銲接與鎖螺栓 (B)風速大於 2 m / sec 時，電銲作業必須遮掩 (C)溫度大於 35°C 時，不可進行油漆噴塗 (D)噴塗油漆最好在晚上進行。

噴塗油漆最好在白天進行。

97. (B) 有關工地電銲管理之敘述，下列何者正確？ (A)趕工時，應以填塞銲條方式取代電銲作業 (B)厚鋼料之電銲應注意殘留應力 (C)使用冷處理消除電銲產生的殘留應力 (D)施工後，應立即實施"電銲程序"檢查。

(A)趕工時，不可以填塞銲條方式取代電銲作業。
(C)使用冷處理會產生殘留應力。
(D)施工前，應立即實施"電銲程序"檢查。

98. (A) 有一電銲工具有 3F 資格，其中 "F" 代表何種檢定？ (A)角銲檢定 (B)槽銲檢定 (C)平銲檢定 (D)仰銲檢定。

解析

銲工考試分爲開槽銲接、填角銲接以及如固定點銲銲接等三種。考試的姿勢分爲開槽銲 1～4G 或半滲透填角銲之 1～4F，即平(F)、水平(H)、立(V)、仰銲(OH)等四種銲接姿勢。若爲鋼管之銲接，則分爲 1G，2G，5G，6G 及 6GR 等五種，除 1G 於銲接時可旋轉試體外，其餘均爲固定位置銲接。

99. (D) 爲使柱形、梁柱或特殊襯板等模板之組模作業正確、有效率且可轉用，在製作模板加工圖時，下列敘述何者最恰當？ (A)柱身較高及斷面較大的模板，應製成一片模板，以利於搬運 (B)爲防止柱、梁模板的水泥漿漏出，不宜加設截角木 (C)柱與大梁連接處之撐材的尺寸可以忽略 (D)尺寸固定的牆、版使用定尺(制式)合板。

(A)柱身較高及斷面較大的模板，不可製成一片模板。
(B)爲防止柱、梁模板的水泥漿漏出，宜加設截角木。
(C)柱與大梁連接處之撐材的尺寸不可以忽略。

[106-5-2]

100. (　B　) 依據[內政部營建署結構混凝土施工規範]，柱、牆、及梁之不做支撐側模的最少拆模時間爲何？ (A)8小時 (B)12小時 (C)16小時 (D)24小時。

最少析模時間

構件名稱	最少拆模時間	
柱、牆、及梁之不做支撐側模	12小時	
雙向柵版不影響支撐之盤模 77 cm 以下 大於 75 cm	 3天 4天	
	活載重不大於靜載重	活載重大於靜載重
單向版 淨跨距小於 3 m 淨跨距 3 m 至 6 m 淨跨距大於 6 m	 4天 7天 10天	 3天 4天 7天
拱模	14天	7天
柵肋梁、小梁及大梁底模 淨跨距小於 3 m 淨跨距 3 m 至 6 m 淨跨距大於 6 m	 7天 14天 21天	 4天 7天 14天
雙向版	依據第 4.8 節之規定	
後拉預力版系統	全部預力施加完成後	

101. (　A　) 繫筋在主鋼筋無橫向支撐者至有橫向支撐者之淨距不得大於多少公分？ (A)15 cm (B)20 cm (C)25 cm (D)30 cm。

繫筋之定義為「一連續鋼筋，其一端具耐震彎鉤；另一端為至少 90°之彎鉤，且彎後至少直線延伸 $6d_b$。各彎鉤均須圍繞縱向鋼筋。鉤住同一主筋相鄰各繫筋之 90°與 135°應交替排置。」

繫筋在主鋼筋無橫向支撐者至有橫向支撐者之淨距不得大於 15 cm。

102. (A) 國內施工規範說明書以鋼筋直徑(D□□)或(#□□)表示。請問，下列敘述何者表示 D32-8(#10-8)？ (A)使用直徑 32 mm 的鋼筋 8 支 (B)使用直徑 8 mm 的鋼筋 32 支 (C)使用直徑 10 mm 的鋼筋 8 支 (D)使用直徑 8 mm 的鋼筋 10 支。

D32-8(#10-8)：使用直徑 32 mm(#10)的鋼筋 8 支。

103. (B) 模板上排置之鋼筋必須以水泥砂漿塊、金屬製品、塑膠製品或其他經核可之材料穩固支墊。若結構物完成後之混凝土須暴露於室外，則支墊距混凝土表面至少多少範圍內必須為抗腐蝕或經防腐處理之材料？ (A)10 mm (B)15 mm (C)20 mm (D)25 mm。

說明		板		牆	梁	柱	基腳	橋墩	隧道
		厚度 225 mm 以下	厚度大於 225 mm	mm	(頂底及兩側)mm	mm	mm	mm	mm
不接觸雨水之構造物	鋼筋 D19 以下	20	20	20	*40	40	40		
	鋼筋 D22 以上	20	20	20	*40	40	40		
受有風雨侵蝕之構造物	鋼筋 D 16 以下	40	40	40	40	40	40	40	40
	鋼筋 D 19 以上	45	50	50	50	50	50	50	50
經常與水或土壤接觸之構造物			65	65	65	75	65	75	75
混凝土直接澆置於土壤或岩層或表面受有腐蝕性液體		50	75	75	75	75	75	75	75
與海水接觸之構造物		75	100	100	100	100	100	100	100
受有水流沖刷之構造物			150	150	150	150	150	150	150

某科技廠房採用鋼結構設計，相關施工依照行政院公共工程委員會頒布【建築鋼結構工程施工品質管理及查核作業手冊】來訂定施工計畫書，請回答下面問題：

104. (C) 多層建築之鋼結構的上部結構吊裝，均以「節」為單位，而標準層之每節柱平均約為幾層？ (A)1 層 (B)2 層 (C)3 層 (D)6 層。

柱一節 3 層樓，吊裝一次一支。

105. (A) 為順利螺栓安裝，一般鋼結構設計圖所標示之螺栓孔徑比螺栓直徑大多少？ (A)1.5 mm (B)2.0 mm (C)1.0 mm (D)1.2 mm。

鋼構造建築物鋼結構設計技術規範：

高強度螺栓之最大螺栓孔尺寸，mm

標稱直徑	孔徑(直徑) (mm)			
d (mm)	標準	超大	短槽形(寬 × 長)	長槽形(寬 × 長)
12	13.5	15	13.5 × 17.5	13.5 × 31.5
16	17.5	21	17.5 × 22.5	17.5 × 40.0
20	21.5	25	21.5 × 26.5	21.5 × 49.0
22	23.5	27	23.5 × 28.5	23.5 × 55.5
24	25.5	30	25.5 × 32.0	25.5 × 62.0
≥ 27	d + 1.5	d + 8	(d + 1.5) × (d + 10)	(d + 1) × 2.5d

106. (D) 有關鋼結構工地之起重機施工安全之敘述，下列敘述錯誤？ (A)起重機必須有合格證 (B)操作手必須有合格證 (C)起重機操作時，必須有指揮手在場指揮 (D)起重機指揮手必須有工地主任證照。

起重機指揮手不須要有工地主任證照。

[106-5-1]

107. (A) 有關於混凝土養護之施工技術下列何者不正確？ (A)除非使用經驗證可縮短養護時間之措施或材料者外，養護期間應不得少於 14 天 (B)於混凝土表面灑水並覆蓋之使呈滯水狀況 (C)噴灑養護劑 (D)採用蒸氣以縮短混凝土養護期程。

除非使用經驗證可縮短養護時間之措施或材料者外，養護期間應不得少於 7 天。

108. (B) 有關於特殊混凝土之施工技術下列何者不正確？ (A)所謂「高性能混凝土」是指調整混凝土配比與使用飛灰、強塑劑添加材料等方式以達到高強度、高水密性、高流動性混凝土之功能者 (B)「輕質混凝土」之平均 28 天抗壓強度最低應爲 210 kgf / cm^2 (C)「巨積混凝土」施工時如何避免溫度裂縫的發生爲其重點 (D)「抗彎混凝土」適用於剛性路面及機場跑道等承受載重較高且有衝擊力作用者。

輕質混凝土之平均 28 天抗壓強度最低應爲 175 kgf / cm^2，混凝土之氣乾單位重應小於 2,000 kg / m^3。

[106-1-2]

109. (C) 有關施工縫之設置，下列敘述何者不正確？ (A)施工縫宜與主鋼筋垂直 (B)版或梁之施工縫應設置於其跨度中央 1 / 3 範圍內 (C)牆或柱之施工縫應設於其下之版或梁之頂面，或其基腳與樓版之底面 (D)梁、托架、柱冠、托肩及柱頭版須與樓版同時澆置。

牆或柱之施工縫應設於其下之版或梁之底面，或其基腳與樓版之頂面。

110. (C) 下列何者是鋼筋加工組立計劃之正確的鋼筋加工要領之施工順序？(A)彎曲→裁剪→整直→堆置 (B)裁剪→彎曲→整直→加工後存放 (C)整直→裁剪→彎曲→加工後存放 (D)彎曲→裁剪→堆置→整直。

鋼筋加工施工順序：整直→裁剪→彎曲→加工後存放。

111. (D) 優生混凝土配比設計準則中「耐久性」之考慮重點，下列何者正確？(A)控制 W / C≧0.42 及 W / S≧0.08 (B)控制 W / C < 0.42 及 W / S < 0.08 (C)控制 W / C < 0.42 及 W / S≧0.08 (D)控制 W / C≧0.42 及 W / S < 0.08。

控制 W / C 水灰比 = 水 / 水泥≧0.42 及 W / S 水固比

= 水 / (水泥 + 掺料 + 骨材) < 0.08

112. (D) 優生混凝土配比設計準則中「工作性」，主要係以緻密級配；添加卜作嵐摻料；添加強塑劑及控制砂細度模數等重點來達成。試問上述砂細度模數應大於多少？ (A)2.2 (B)2.4 (C)2.6 (D)2.8。

細度模數(FM)爲決定「骨材級配」的一種參數，意思爲表示骨材「粗細的程度」，其公式爲：FM = Σ(累積積留於特定標準篩上之重量百分比) / 100。

細度模數在配比設計中，主要使用在細骨材爲多，其細度模數一般規範要求在 2.3～3.1 間，細度模數越大表示顆粒越粗，砂的細度模數常配合最大骨材粒徑以決定半和水量及砂石比率。

113. (B) 電銲道加工符號「F」，係代表下列何種銲接部位加工方法？ (A)切削 (B)不指定加工法 (C)鑿平 (D)研磨。

銲接部位加工方法：

鑿平：C，研磨：G，鎚擊：H，切削：M，滾壓：R，不指定加工法：F。

模板工程包括塑造混凝土形狀之模板及其支撐系統，雖屬營建工程中臨時性、短暫性之假設工程，但對於混凝土工程施工之安全、品質、工期、成本之影響至鉅。據統計一般之鋼筋混凝土營建工程其模板費通常比混凝土之費用高，甚至比混凝土加上鋼筋兩項之費用高，約佔總工程費之 20～30%；營建工程模板塌垮之事故時有所聞，造成生命、財物之損失甚鉅，且影響工程之進度及施工品質；模板作業一直無法改進與工程技術配合，故模板作業一直成爲趕工以縮短工期之重點。請回答下面問題：

114. (B) 模板工程設計應考慮模板組立及混凝土澆置前後模板變形之影響，使符合結構混凝土施工規範所定之許可差規定。今有一 55 cm × 55 cm 之方柱，依營建署結構混凝土施工規範，試問此方柱之現場澆置混凝土施工許可差爲何？ (A) + 10 mm 至 − 6 mm (B) + 13 mm 至 − 10 mm (C) + 20 mm 至 − 15 mm (D) + 25 mm 至 − 20 mm。

斷面尺寸偏差 柱、梁、牆厚、版厚、墩	施工許可差
30 cm 以下	+ 10 mm～− 6 mm
大於 30 cm 至 100 cm	+ 13 mm～− 10 mm
大於 100 cm	+ 25 mm～− 20 mm

115. (C) 在基礎地梁混凝土澆置後，其柱、牆模板組合架設作業順序爲何？(A)中柱→邊柱之內側→角隅柱之內側→牆之內側→牆之外側 (B)邊柱之內側→中柱→角隅柱之內側→牆之內側→牆之外側 (C)角隅柱之內側→邊柱之內側→中柱→牆之內側→牆之外側 (D)中柱→角隅柱之內側→邊柱之內側→牆之內側→牆之外側。

柱、牆模板組合架設作業順序：角隅柱之內側→邊柱之內側→中柱→牆之內側→牆之外側。

116. (B) 有關柱側模板轉用之基本原則，下列模板轉用計畫何者正確？ (A)以 1、4、7 層每隔兩層 (B)以 1、3、5 層每隔一層 (C)以 1、2、3、4 層轉用至直上層 (D)在下層柱模板可以轉用爲梁模板。

柱側模板轉用之基本原則，以 1、3、5 層每隔一層。

[106-1-1]

117. (C) 建築物在澆築上一層樓混凝土時，在何種條件下之下層樓之梁必須做回撐？ (A)跨度大於 3 m 之大梁 (B)跨度大於 6 m 之大梁 (C)跨度大於 8 m 之大梁 (D)未達 56 天養護期之大梁。

建築物在澆築上一層樓混凝土時，跨度大於 8 m 之大梁之下層樓之梁必須做回撐。

118. (A) 下列何者是屬於明挖支撐工法？ (A)順打工法 (B)潛盾工法 (C)NATM (D)推進工法。

順打工法(Bottom Up)：
傳統依序施作的地下開挖工法，依序爲「土方開挖－基礎層－最底地下層逐次昇起至地面之樓層－回填－地面樓層」，開挖到底後，由下往上施作。

119. (B) 內政部營建署「結構混凝土施工規範」，袋裝水泥貯存堆置之高度，最多不宜超過幾包？ (A)5 包 (B)10 包 (C)12 包 (D)15 包。

袋裝水泥貯存堆置之高度，最多不宜超過 10 包。

120. (A) 剛性路面之施工除應注意管控混凝土之品質管理之外，對於舖築作業應注意事項，下列何者正確？ (A)鋸縫時間及深度控制 (B)舖築時作業環境最好在中午 (C)使用最新型滾壓設備 (D)使用最新型攪拌灑佈設備。

剛性路面之施工鋸縫時間及深度需要控制。

121. (　A　) 下列何種構造爲橋梁工程上部結構？　(A)支承墊　(B)墩柱　(C)帽梁　(D)井式基礎。

解析

橋梁的組成，可分爲下部結構及上部結構兩大部分。下部結構可區分爲深基礎、淺基礎、橋台及橋墩，上部結構可區分爲板橋(實心板橋及中空板梁橋)、梁橋、拱橋、斜張橋、桁架橋及吊橋，支承墊等。

[105-9-2]

122. (　D　) 下列何者不是竹節鋼筋應以浮雕方式軋上的資訊？　(A)製造廠商名稱　(B)標示代號　(C)商標　(D)單位重量。

解析

鋼筋依 CNS 560，A 2006〔鋼筋混凝土用鋼筋〕第 7 節標示之規定，應以浮雕方式軋上製造廠商名稱或其商標，及標示代號。鋼筋經檢查合格應捆縛，每捆之標示牌須標明種類爲熱軋竹節鋼筋及其符號，直徑或標示代號，製造廠商名稱或其商標。

123. (　D　) 電銲道加工符號「G」，係代表何種銲接部位加工方法？　(A)切削　(B)不指定加工法　(C)鏨平　(D)研磨。

解析

銲接部位加工方法：

鏨平：C，研磨：G，鎚擊：H，切削：M，滾壓：R，不指定加工法：F。

[105-9-2]

124. (　D　) 有關混凝土澆築作業之敘述，下列何者錯誤？　(A)模板作業主管應在場指揮監督　(B)澆築樓層下方需預先設置照明及水管　(C)混凝土輸送管需以防震方式架　(D)插入式內模振動棒應接觸鋼筋以加速振動。

解析

插入式內模振動棒不可以接觸鋼筋振動，會影響鋼筋與混凝土之握裹力。

125. (A) 輕質混凝土係使用輕質粒料爲骨材拌合而成之混凝土，其乾鬆單位重一般不超過多少 kg / m^3？ (A)1,120 kg / m^3 (B)1,150 kg / m^3 (C)1,200 kg / m^3 (D)1,220 kg / m^3。

輕質粒料乾鬆單位重 1,120 kg / m^3，輕質混凝土之平均 28 天抗壓強度最低應爲 175 kgf / cm^2，混凝土之氣乾單位重應小於 2,000 kg / m^3。

126. (A) 瀝青混凝土鋪築時，作業環境溫度不得低於多少°C？ (A)10°C (B)20°C (C)30°C (D)40°C。

瀝青混凝土鋪築時，作業環境溫度不得低於 10°C，作業環境溫度太低，易影響瀝青混凝土品質。

127. (C) 鋼結構銲接用之材料共有六種，其中包藥銲線係將助熔劑塞於管狀銲線中心，故名。試問其縮寫爲： (A)SMAW (B)GMAW (C)FCAW (D)SAW。

一、 被覆金屬電弧銲接(SMAW) (手銲)。
二、 氣體遮護金屬電弧銲接(GMAW)。
三、 包藥銲線電弧銲(FCAW)。
四、 潛弧銲接(SAW)。
五、 電熱熔渣銲接(ESW)。
六、 電氣熔渣銲接(EGW)。

128. (D) 甲：須灌注混凝土之鋼結構表面；乙：須噴覆防火被覆之鋼結構表面；丙：須電銲之部位；丁：須鎖螺栓之部位。以上四種場合依照鋼結構施工規範，不得塗裝油漆之場合有幾種？ (A)1 (B)2 (C)3 (D)4。

鋼結構施工規範，不得塗裝油漆之場合：

一、 須灌注混凝土之鋼結構表面。

二、 須噴覆防火被覆之鋼結構表面。

三、 須電銲之部位。

四、 須鎖螺栓之部位。

129. (　C　) 下列有關梁鋼筋組立程序，何種正確？ (A)梁主筋(搭接與錨定)→梁柱接頭→梁腹筋→梁箍筋→梁穿孔補強→鐵絲綁紮(梁角隅主筋需與箍筋密接並每點綑綁，其餘隔點) (B)梁主筋(搭接與錨定)→梁腹筋→梁箍筋→梁柱接頭→梁穿孔補強→鐵絲綁紮(梁角隅主筋需與箍筋密接並每點綑綁，其餘隔點) (C)梁主筋(搭接與錨定)→梁柱接頭→梁箍筋→梁腹筋→梁穿孔補強→鐵絲綁紮(梁角隅主筋需與箍筋密接並每點綑綁，其餘隔點) (D)梁主筋(搭接與錨定)→梁箍筋→梁腹筋→梁柱接頭→梁穿孔補強→鐵絲綁紮(梁角隅主筋需與箍筋密接並每點綑綁，其餘隔點)。

梁主筋(搭接與錨定)→梁柱接頭→梁箍筋→梁腹筋→梁穿孔補強→鐵絲綁紮(梁角隅主筋需與箍筋密接並每點綑綁，其餘隔點)。

130. (　D　) 鋼結構建築之吊裝或安裝，下列何者最爲困難？ (A)鋼柱 (B)鋼梁 (C)樓板(鋼承鈑) (D)斜撐。

解析

斜撐吊裝應爲有角度的關係，所以吊裝最爲困難。

台灣高性能混凝土於 1992 年初期開始發展，初始定義爲「高強度及高流動化混凝土」，著重於「安全性及工作性」。1996 年改變成符合「耐久性、安全性、工作性、經濟性、生態性」，也就是優生高性能混凝土了。試問：

131. (B) 此種高性能混凝土與一般混凝土概念唯一不同之處，主要在於特別注意：(A)水量及膠結料量盡量增加 (B)水量及膠結料量盡量減低 (C)水量盡量減低及膠結料量盡量增加 (D)水量盡量增加及膠結料量盡量減低。

高性能混凝土與普通混凝土最大的差異是水泥用量及用水量的減少，同時使用一些卜作嵐材料(爐石粉、飛灰)及化學摻料以增加混凝土的工作性，因此其組成材料的特性與應用是進行配比設計前首要須加以認識其差異性。

[105-1-2]

132. (C) 目前國內鋼結構工程銲接最常使用之銲條編號爲 E7016，俗稱白藥，適用於低合金鋼、中高碳鋼、鋼板厚度較厚之銲接，目前 A36、A572、SM400、SM490、SM570 等鋼板銲接都可使用。試問其被覆銲藥之種類爲何？(A)鈦鐵礦系 (B)石灰鈦礦系 (C)低氫系 (D)鐵粉低氫系。

電銲中氫的來源有哪些呢？第一個來源是銲藥的組成成分。銲藥中含有的有機物質中含有大量的氫，所以在工地較惡劣的環境下，使用的銲條大都規定爲「低氫素系銲條」。第二個主要來源就是水了。水的分子式 H_2O，在電銲過程中離子化成氫溶解於鋼液中。但是現實環境中到處是水，空氣中、暴露的鋼材表面等；還有所謂的「低氫素系銲條」的銲藥，事實上吸濕能力也是超強。因此，在電銲前，對於銲接表面要先以火烤一下(不一定是預熱)來除去表面的溼氣，低氫素系銲條暴露於大氣中的時間加以規定等，都是保障電銲品質的基本要求。

133. (B) 鋼結構之接合方式何者因爲施工困難度較高，品質比較不穩定，而且檢驗困難，下列何者已在國內已逐漸減少使用？ (A)電銲接合 (B)鉚釘接合 (C)高拉力螺栓接合 (D)螺栓接合。

鋼結構之接合方式鉚釘接合因爲施工困難度較高，品質比較不穩定，而且檢驗困難，已在國內已逐漸減少使用。

134. (B) 一般橋梁鋼結構工地之除銹整修工法稱為 St 工法，係利用手工具或電動工具作局部除銹處理，其中與此工法有關之鋼料表面除銹處理程度僅為 2 級與 3 級，試問 2 級係指下列何者？ (A)完整之處理表面 (B)中度之處理表面 (C)輕度之處理表面 (D)未處理之表面。

St 除鏽度等級[以手工具或電動砂輪機處理者]：

St0：未做除鏽處理之鋼鐵表面。

St1：使用鋼刷做輕度的全面刷除浮鏽及鬆解氧化層。

St2：使用人工、電動鏟具、鋼刷或研磨機等，將鬆解氧化層、浮鏽及其他外界異物去除後，用吸塵器或壓縮空氣、毛刷將灰塵去除。

St3：使用電動用具、鋼刷或研磨機將鬆解氧化層、浮鏽及異物徹底除盡並經清除灰塵後，其表面應有金屬光澤之出現。

135. (C) 有關鋼結構施工，下列何者較<u>不正確</u>？ (A)風速大於 10 m / sec 時必須停工，不得電銲 (B)噴塗油漆之適當溫度為 10～35°C (C)以瓦斯切割機將孔徑焰切擴孔 (D)電銲機應裝設自動電擊防止裝置。

鋼構件吊(組)時，難免會發現連接板與鋼構件之孔徑不一致之情事，首先以尖尾子調整，使大部分孔徑一致後立即鎖上螺栓，當全部鋼構件全部組(吊)裝完成後，發現連接板未栓鎖螺栓之孔徑有不一致時，則以鐵鎚敲擊沖子，穿過孔徑調整使螺栓得以穿過，若還不行則以鉸孔方式擴孔。

136. (A) 纖維與母體之結合主要透過表面化學作用結合之纖維混凝土，係指下列何種混凝土？ (A)玻璃纖維混凝土 (B)聚丙烯纖維混凝土 (C)石墨碳纖纖維混凝土 (D)耐龍混凝土。

玻璃纖維混凝土：

一、 改進抗張及抗彎強度。

二、 改善抗衝擊強度。

三、 防止裂縫的產生及控制裂縫的發展，增強構件之耐久性。

四、 改變材料於未凝固狀態下之流變特性。

137. (D) 下列何種管件裝置，只允許廢水及污水向排水側通流，並阻止空氣及其他氣體反向通過，以阻止臭空氣於室外，尙能阻止蟲類如水爬蟲、蟑螂等沿水管進入室內？ (A)清潔口 (B)通氣管 (C)管線彎頭 (D)存水彎。

解析

存水彎，只允許廢水及污水向排水側通流，並阻止空氣及其他氣體反向通過，以阻止臭空氣於室外，尚能阻止蟲類如水爬蟲、蟑螂等沿水管進入室內。

138. (B) 電線電纜施工注意事項，下列敘述何者錯誤？ (A)管路穿線工作於管路設置工作並完成編號後即可進行 (B)將電線裝入管路，可使用油、黃油或肥皀作潤滑劑，使穿線容易而省力 (C)要將電線裝入管路的時候，必須將電線與鈎線之間綁紮牢固 (D)當數根電線必須裝入同一個管路的時候，要保持平直不發生彎曲扭結。

解析

要將電線裝入管路以前，應將電線擦以潤滑劑並將潤滑劑注入管路內俾使穿線容易而省力，可以用作潤滑劑的適當材料如滑石粉(Talclim)。但絕不可使用油、黃油(Grease)或肥皂(Soap)作潤滑劑，因會損害電線之絕緣。

139. (B) 爲防範升降機之高空安裝作業時使用零件之不愼掉落，或吊環(鉤)鬆脫等原因，下列措施何者錯誤？ (A)規定所有作業人員攜帶工具袋，將所需零件及工具置放於袋中 (B)物料必須吊越人員上方 (C)吊運、搬運範圍四周應設警示區域，並派專人管制 (D)確實檢查鉤環及吊索之尺寸與型號。

解析

物料不可吊越人員上方。

[104-9-2]

140. (D) 依「公共工程施工綱要規範」規定，經常與水或土壤接觸結構物之橋墩，其鋼筋保護層最小厚度應爲多少？ (A)40 mm (B)50 mm (C)65 mm (D)75 mm。

說明		板		牆	梁	柱	基腳	橋墩	隧道
		厚度 225 mm 以下	厚度大於 225 mm	mm	(頂底及兩側)mm	mm	mm	mm	mm
不接觸雨水之構造物	鋼筋 D19 以下	20	20	20	*40	40	40		
	鋼筋 D22 以上	20	20	20	*40	40	40		
受有風雨侵蝕之構造物	鋼筋 D 16 以下	40	40	40	40	40	40	40	40
	鋼筋 D 19 以上	45	50	50	50	50	50	50	50
經常與水或土壤接觸之構造物			65	65	65	75	65	75	75
混凝土直接澆置於土壤或岩層或表面受有腐蝕性液體		50	75	75	75	75	75	75	75
與海水接觸之構造物		75	100	100	100	100	100	100	100
受有水流沖刷之構造物			150	150	150	150	150	150	150

141. (　C　) 表面不平整、蜂窩、麻面、露筋或石窩等面積較小且數量不多之缺陷，可用與原混凝土相近之水泥砂漿修補，修補之混凝土面應濕治養護至少幾天？　(A)3 天　(B)5 天　(C)7 天　(D)14 天。

混凝土表面缺陷，若以混凝土或水泥砂漿修填補時，至少需 7 天濕養護。

142. (　D　) 採用緻密級配之優生混凝土，若考慮工作性需要，則砂的 FM 至少大於下列何者？　(A)2.1　(B)2.3　(C)2.5　(D)2.8。

解析

高性能混凝土的細粒料之細度模數(FM)，宜採用 2.5～3.0 較粗者爲佳，且細粒料之粒形爲圓形者及粗砂、細砂摻配使用，更能滿足高流動性及自充填性。

143. (　C　) 1990 年於中國鋼鐵公司之廠區鐵道「軌枕」上，有成功應用案例之纖維混凝土，係下列何種混凝土？　(A)玻璃纖維混凝土　(B)高分子纖維混凝土　(C)鋼纖維混凝土　(D)竹纖維混凝土。

鋼纖維混凝土：具有卓越的抗衝擊性能。材料抵抗衝擊或震動荷載作用的性能，稱爲衝擊韌性，在通常的纖維摻量下，衝擊抗壓韌性可提高 2～7 倍，衝擊抗彎、抗拉等韌性可提高几倍到幾十倍。

鋼結構工地接合方法以栓接(bolt connection)與銲接(welding)爲主，早期之鋼結構接合還有鉚釘接合(rivet joint)。由於鉚釘之施工技術國內幾乎失傳，善於鉚釘技術的師父寥寥無幾。試問：

144. (C) 一般鋼結構之銲接方法有七種，下列何者爲工地常用的方法？ (A)電氣銲 EGW (B)潛弧銲 SAW (C)包藥銲 FCAW (D)CO_2 電銲 GMAW。

包藥銲線電弧銲(FCAW)的作業模式，類似氣體遮護金屬電弧銲接，均採用連續送線方式，利用電弧高熱將銲線前端熔融形成的熔滴，不斷傳遞至熔池。包藥銲線爲管狀，內部填有銲藥，包藥銲線電弧銲接由於作業過程中，電弧柔順、銲濺物少、熔填速率高且可適合全姿勢銲接，爲銲接人員或銲接操作人員普遍接受。

145. (A) 下列何者爲工廠製作箱型柱內隔板所專用的銲接方法？ (A)電氣銲 EGW (B)潛弧銲 SAW (C)包藥銲 FCAW (D)CO_2 電銲 GMAW。

電氣電氣銲 EGW：是一種重要的垂直位置銲接方法，利用電極和銲接池之間的電弧，熔池由保護氣體來保護或藥芯銲絲自保護，氣電立銲的能量密度比電渣銲高且更加集中，銲接技術卻基本相同。它利用類似於電渣銲所採用的水冷滑塊擋住熔融的金屬，使之強迫成形，以實現立向位置的銲接。

146. (C) 電銲爲高度技術之工作，電銲工必須經常作業始有熟練之技巧，若電銲工停止工作至少超過幾個月以上，則應該重新檢定資格以維持良好之電銲品質： (A)12 個月 (B)10 個月 (C)6 個月 (D)3 個月。

電銲工停止工作至少超過 6 個月以上，則應該重新檢定資格以維持良好之電銲品質。

[104-5-2]

147. (A) 鋼筋之續接可按規定採用搭接、銲接、機械式續接器或瓦斯壓接等方式，但應避免在何處？ (A)最大拉力 (B)最大壓力 (C)最大剪力 (D)最大扭矩。

鋼筋之續接可按規定採用搭接、銲接、機械式續接器或瓦斯壓接等方式，但應避免在最大拉力處，應為鋼筋混凝土材料的主要功能鋼筋主要承受拉力，要搭接要在最小拉力處。

148. (A) 主鋼筋無橫向支撐者至有橫向支撐者之淨距不得大於多少公分？ (A)15 cm (B)20 cm (C)25 cm (D)30 cm。

解析

主鋼筋無橫向支撐者至有橫向支撐者之淨距不得大於 15 公分。

混凝土之澆置為影響混凝土品質最重要的因素之一，尤其對於原本就比較雜亂的工地現場，澆置時必須避免混凝土乾縮、冷縫、龜裂、蜂巢、模板移動或坍陷等事項，同時須兼顧人員調度及安全，澆置計劃必須周全妥善。試問：

149. (C) 混凝土澆置施工中，下列敘述何者有誤： (A)澆置過程中應依規範製作試體並同時檢測坍度及氯離子等試驗 (B)預拌混凝土開始拌合後至工地 90 分鐘仍未澆置應予以拒收並加以廢棄 (C)澆置面為斜面時，應由上而下澆置混凝土 (D)降雨強度經監造單位認為足以影響混凝土品質時應停工不得澆置。

澆置面為斜面時，應由下而上澆置混凝土。

機電及設備

單元重點

1. 給排水衛生工程
2. 機電工程
3. 昇降機、電扶梯
4. 空調工程
5. 消防及警報系統
6. 建築機水電工程界面整合

[110-1-1]

1. (C) 下列何者不是公用設施管線？ (A)瓦斯管 (B)軍方及警方線路 (C)工廠管線 (D)排水管線。

電信管線、電力管線、自來水管線、下水道、瓦斯管線、水利管線、輸油管線、綜合管線等八大類管線。

[110-1-2]

2. (D) 下列何者不是給水圖應有的裝置？ (A)定水位閥 (B)防震軟管 (C)水鎚吸收器 (D)存水彎管。

存水彎管，是 U 型、S 型、或 J 形的管件裝置，讓廢水及污水流進地下室筏基，並且阻止臭氣及其他氣體逆流或倒灌進室內。

3. (C) 爲防止臭氣散逸，各用水器具排水管應裝設下列何裝置？ (A)要裝設定水位閥 (B)要裝設防震軟管 (C)要裝設存水彎 (D)要裝設水鎚吸收器。

爲防止臭氣散逸，各用水器具排水管應裝設存水彎。

4. (D) 超高層建築爲防止水鎚現象，其給水配管系統設計方法，何者爲非？ (A)層別式 (B)中繼式 (C)調壓水泵式 (D)直接加壓式。

建築物採用間接給水方式時，應進行樓層分區，或設置中間水池供水，以避免 用水户因水壓過高而引起水錘作用並破壞用水設備。

5.　(　C　) 公共工程委員會規定空調設備管徑在 25 mm 以下之水平配管轉彎點支撐點，最大爲多少？　(A) 800 mm　(B) 600 mm　(C) 500 mm　(D) 300 mm。

解析

空調設備管徑在 25 mm 以下之水平配管轉彎點支撐點，最大爲 500 mm。

■情境式選擇題

台北市政府欲進行兩棟高度分別爲 15 m 及 25 m 之市場新建工程，李孚爲該工程工地之電氣工程師，關於電氣接地之施工，他必須具備下列基本知識。請回答下列問題：

6.　(　A　) 接地工程種類<u>不包含</u>下列何者？　(A)衛浴設備接地　(B)電氣設備之外殼非帶電金屬的接地　(C)電力系統的接地　(D)避雷器與避電針的接地。

用戶用電設備裝置規則

第二十四條

接地方式應符合左列規定之一：

一、　設備接地：高低壓用電設備非帶電金屬部分之接地。

二、　內線系統接地：屋內線路屬於被接地一線之再行接地。

三、　低壓電源系統接地：配電變壓器之二次側低壓線或中性線之接地。

四、設備與系統共同接地：內線系統接地與設備接地共用一接地線或同一接地電極。

7.　(　B　) 依「建築技術規則」之規定，下列何處需裝設避雷針？　(A)地下倉庫　(B)高度超過 20 m 以上建築物　(C)高度 15 m，面積超過 500 m^2 以上之建築物　(D)地下設備機房。

建築技術規則第 20 條下列建築物應有符合本節所規定之避雷設備：

一、　建築物高度在二十公尺以上者。

二、建築物高度在三公尺以上並作危險物品倉庫使用者(火藥庫、可燃性液體倉庫、可燃性氣體倉庫等)。

■情境式選擇題

某甲承包空調工程，在設計及施工應注意事項。請回答下列問題：

8. (D) 風管路徑如遇障礙需局部變徑時，其最大面積縮減率不得大於多少？ (A) 5% (B) 10% (C) 15% (D) 20%。

用戶用電設備裝置規則

風管管路徑如遇障礙需局部變徑時，其最大面積縮減率不得大於20%。

9. (A) 下列何者非空調設備系統中熱搬運裝置？ (A)馬達 (B)風管 (C)風車 (D)水泵。

空調設備系統中熱搬運裝置 1.風管 2.風車 3.水泵。

10. (B) 依空調方式，下列何者屬於個別方式？ (A)單風管方式 (B)窗型冷氣機方式 (C)風管併用箱型冷氣機方式 (D)全水方式。

窗型冷氣機屬於個別方式。

[111-1-2]

11. (C) 下列何者不是存水彎失去水封的可能原因？ (A)毛細現象 (B)虹吸現象 (C)水槌現象 (D)水份蒸發。

水錘效應，當水管中的水流突然被關閉時，水流因爲慣性持續往前流動，造成關閉處的壓力急速上升，並往回傳送壓力波(以音速傳播)。當水管越長、流量越大、高低落差越大以及關閉的速度越突然，水錘效應就會越明顯！

12. (C) 銅板作接地極，其厚度應在 0.7 mm 以上，且與土地接觸之總面積不得小於 900 cm^2，並應埋入地下多深？ (A) 0.5 m 以上 (B) 1.0 m 以上 (C) 1.5 m 以上 (D) 2.0 m 以上。

銅板作接地極，其厚度應在 0.7 mm 以上，且與土地接觸之總面積不得小於 900 cm^2，並應埋入地下 1.5 m 以上。

13. (C) 電梯的規格標示為「PF-15-8-3S-60」，下列關於此標示的說明何者<u>有誤</u>？ (A)為人貨兩用升降機 (B)額定搭乘人數 15 人 (C)為三速對開門 (D)升降速度 60 m/min。

PF(機種)、15(機載容量(人)、8(停止樓層)、3S(開門方式)、60(升降速率 m/min)

機種 P＝ 載人用、F＝ 載貨用、PF＝ 人貨兩用、B＝ 醫院病床用

開門方式

水平

CO-二門中央對開式

2S-二門雙速側開式

3S-三門三速側開式

4P-CO-四門中央對開式

14. (B) 電扶梯一般運行速度多快？ (A) 10～30 m/min (B) 30～60 m/min (C) 60～90 m/min (D) 90～120 m/min。

電扶梯一般運行速度為 30～60 m/min。

15. (B) 風管是屬於空調設備的何類裝置？ (A)空氣處理裝置 (B)熱搬運裝置 (C)熱源裝置 (D)自動控制裝置。

風管是屬於空調設備的熱搬運裝置，運用進風管把冷風帶入空間，出風管把熱風排去室外。

16. (A) 火警自動報警設備之緊急電源，應使用蓄電池設備，依規定其容量能使其有效動作至少多久？ (A) 10 min 以上 (B) 20 min 以上 (C) 30 min 以上 (D) 60 min 以上。

各類場所消防安全設備設置標準第 128 條：
火警自動警報設備之緊急電源，應使用蓄電池設備，其容量能使其有效動作十分鐘以上。

■情境式選擇題

小華負責某大樓的空調工程，須處理現場遭遇問題，請回答下列問題：

17. (C) 風管於現場實際施作時遇到障礙而需變徑處理，爲避免減少風管大小頭之壓降影響整體送風功能，下列說明何者<u>有誤</u>？ (A)低速風管之變管，縮管角度 θ 不得大於 30 度，擴管角度 θ 不得大於 15 度 (B)高速風管，縮管角度 θ 則不得大於 15 度、擴管角度 θ 不得大於 7 度 (C)風管如爲單邊變徑，則其所需長度爲雙邊之三倍 (D)風管路徑如遇障礙需局部變徑時，其面積縮減率不得大於 20 %。

風管路徑如遇障礙需局部變徑時，其面積縮減率不得大於 20 %。

18. (A) 若要查找風管系統洩漏量等級、風機出風口連接方式、風管吊架安裝規定，應遵循何組織所訂標準？ (A)SMACNA (B)ASTM (C)ASME (D)NFPA。

SMACNA 鈑金與空調承包商協會是一個國際貿易協會。

[111-5-2]

19. (B) 給排水工程使用的閘閥、球塞閥、減壓閥，稱謂口徑多少以上閥體須使用法蘭接口？ (A) 50 mm。 (B) 65 mm。 (C) 100 mm。 (D) 125 mm。

口徑 65 mm 以上閥體須使用法蘭接口。

20. (A) 開關插座及出線口、接線盒施工須注意與建築物平齊，一般插座、電話出線口安裝高度爲何？ (A) 300 mm。 (B) 600 mm。 (C) 1200 mm。 (D) 2100 mm。

明線式插座裝設高度應離地面 30 公分以上，埋入式插座則依出線匣之高度設置。

21. (D) 無風管 FCU (Fan Coil Unit 風扇盤管單元) 多用於何種空調系統？ (A) 單風管方式。 (B)誘引方式。 (C)全空氣方式。 (D)全水方式。

FCU 全稱是 Fan Control Unit，即風扇控制單元；亦稱風機盤管。採用三速風機、並採用永久式電容電機，使風機用電最省，節能效果好。工作原理：依靠風機的強制作用，使空氣通過盤管，機組內不斷的再循環所在房間的空氣，使空氣通過冷水（熱水）盤管後被冷卻（加熱），以保持房間溫度的恆定，維持在一個你認爲舒服的環境溫度。

22. (C) 低速風管之變管，縮管角度 θ 不得大於 30 度，擴管角度 θ 則不得大於多少？ (A) 5 度。 (B) 10 度。 (C) 15 度。 (D) 20 度。

低速風管之變管，縮管角度 θ 不得大於 30 度，擴管角度 θ 則不得大於 15 度。

23. (AC) 除室內通道方向指示燈外，避難方向指示燈應裝設於各類場所之走廊、樓梯、或通道，其裝設高度應距樓地板面多少？ (A) 1 m 以下。 (B) 1 m 以上。 (C) 1.5 m 以下。 (D) 1.5 m 以上。

避難方向指示燈應裝設於各類場所之走廊、樓梯及通道，並符合左列規定：一裝設高度應距樓地板面一公尺以下。但室內通道避難方向指示燈，不在此限。二自走廊或通道任一點至避難方向指示燈之步行不得超過十公尺。 且應優先設置於走廊或通道之轉彎處。

■情境式選擇題

某工程公司爲加強人員機電工程之安全管理與檢查，實施教育訓練。請回答下列問題：

24. (D) 消防及泡沫幹管除了應檢討穿樑施工之可行性外，應避免何種施作方式？ (A)在風管下方。 (B)在水管下方。 (C)在電氣設備下方。 (D)在蓄水池上方。

電氣、電信幹管之管排，因量體較大，爲避免影響結構體，均採梁下施工，並避免在各類水管下方。

25. (D) 電線電纜裝入管路，可用適當材料作潤滑劑，下列何者爲是？ (A)黃油。 (B)肥皂。 (C)油。 (D)滑石粉。

電線電纜裝入管路，可用滑石粉作潤滑劑。

[109-9-1]

26. (D) 承包商應負責在預定遷移日期前，與管線所屬單位聯繫。遷移工作中若包括路燈，最少應提前幾天聯繫？ (A)7 天 (B)30 天 (C)60 天 (D)90 天。

遷移路燈，最少應提前 90 天聯繫。

[109-9-2]

27. (C) 高低壓電氣單線圖中有標示 NB，請問這裡的 NB 是指何種意思？ (A)手提電腦 (B)銅排 (C)接地端子排 (D)配電盤。

高低壓電氣單線圖中標示 NB 爲接地端子排。

28. (A) 有關排水圖說之污水，其管線慣用下列何種顏色？ (A)橘紅色 (B)灰色 (C)綠色 (D)紫色。

排水圖說之污水，其管線慣用橘紅色。

29. (A) 下列有關火警自動警報設備之規定何者錯誤？ (A)常開式之探測器信號迴路，其配線應採用並聯式 (B)P 型受信總機採用數個分區共用依公用線方式配線時，該公用線供應之分區數，不得超過七個 (C)P 型受信總機之探測器迴路電阻，應在 50Ω 以下 (D)埋設於屋外或浸水之慮之配線，應採用電纜並穿於金屬管或塑膠導線，與電力線保持 30 cm 以上間距。

常開式之探測器信號迴路，其配線應採用串接式。

30. (D) 下列何種電銲姿勢爲由下而上將銲道填滿的方式？ (A)平銲(F) (B)橫銲(H) (C)仰銲(O) (D)立銲(V)。

立銲(V)電銲姿勢爲由下而上將銲道填滿的方式。

31. (D) 下列何者非管接合之施作方法？ (A)平口接頭接合 (B)膠合接頭接合 (C)螺紋接頭接合 (D)強力膠連接接合。

管接合之施作方法不可用強力膠連接接合。

32. (D) 電氣設備於施工現場經檢查、調整及置於適當之運轉狀態後，應做現場接受測試。該測試須能證明設備之功能符合規範全部要求，不包含下列何項？(A)連續性測試 (B)絕緣測試 (C)控制、計量及保護功能測試 (D)動平衡測試。

設備經檢查、調整及置於適當之運轉狀態後，應做現場測試。該測試證明該設備之功能應符合契約圖說之全部要求，並須至少包含下列項目：(A)連續性測試。(B)絕緣測試。(C)控制、計量及保護功能測試。

33. (A) 升降機設備額定速度爲 120 m/min(2.0 m/s)以上之升降機，試問屬於下列何種升降機？ (A)高速升降機 (B)中速升降機 (C)低速升降機 (D)中高速升降機。

一、 低速升降機：額定速度 45 m/min(0.75 m/s)以下之升降機。
二、 中速升降機：額定速度 60 m/min～105 m/min(1.0 m/s～1.75 m/s)之升降機。
三、 高速升降機：額定速度 120 m/min(2.0 m/s)以上之升降機。

一幢建築需要專業人員本其專業識能爲工程把關，身爲機電工程師的你，請回答下列問題：

34. (C) 電氣、電信幹管均採梁下施工爲原則，並避免何種施作方式？ (A)在蓄水池上方 (B)在風管下方 (C)在水管下方 (D)在電氣幹管下方。

電氣、電信幹管之管排，因量體較大，爲避免影響結構體，均採梁下施工，並避免在各類水管下方。

35. (D) 高壓電纜配線採用無遮蔽電纜時，應按金屬管或硬質非金屬管裝設，其外包混凝土之厚度爲何？ (A)1.6 mm (B)4.6 mm (C)5.8 mm (D)7.5 mm。

採用無遮蔽電纜時，應按金屬管或硬質非金屬管裝設，並須外包至少有七．五公厘厚之混凝土。

36. (　D　) 照明設備與泡沫噴頭爲避免被其遮掩，或酌量增設。應配合設置於何處？
(A)水管下方　(B)電氣設備下方　(C)蓄水池上方　(D)風管下方。

照明設備與泡沫噴頭爲避免被其遮掩，或酌量增設。應配合設置於風管下方。

[109-5-1]

37. (　C　) 於管路衝突辨識與對策分析中，下列何者並非 2D 技術可行之管線衝突對策？　(A)平移　(B)繞道　(C)交錯　(D)重疊。

交錯爲 3D 技術可行之管線衝突對策。

38. (　A　) 歐盟訂定有 Mechanical engineering Directive 2006/42/EC on machinery 要求機械製造業者應事先就以下哪一個選項進行安全評估，確認其構造及使用之安全性，並訂定安全操作手冊？　(A)機械設計　(B)機械材料　(C)機械生產　(D)機械維護。

在設計階段時應事先進行安全評估，確認其構造及使用之安全性，並訂定安全操作手冊。

某營造公司承包市政府地下汙水管道新建工程，必須進行主幹管及分支管網施作。請回答下列問題：

39. (　B　) 以下何者不屬於小型推管機的類型？　(A)擠壓式　(B)自走式　(C)土壓式　(D)泥水式。

小型推管機的類型：1. 擠壓式，2. 土壓式，3. 泥水式。

40. (A) 以下何者並非推進管承受推進千斤頂之推力頂入地層中，並逐節續接所需具備的需求？ (A)跌水 (B)荷重 (C)管線銜接 (D)曲線施工。

跌水工法的原理是：在河道中適當地點建造之構造物，透過構造物製造河床垂直高低落差(如階梯般)，當水流經過時能減小水流流速，消耗水流的能量，減緩水流對河床的掏刷，穩定河床的底質，避免災害產生。

[109-5-2]

41. (D) 依公共工程綱要規範，衛生排水系統之材料規格，下列何者爲非？ (A)承插式鑄鐵管 ASTM A74 (B)ABS 管 CNS 13474 (C)PVC 管 CNS 1298 (D)銅管 CNS 4053-1。

CNS 4053-1 自來水用硬質聚氯乙烯塑膠管。

42. (D) 升降機標示 B-12-10/12-3S-105，其所代表意義說明，何者爲眞？ (A)升降機服務 12 層 (B)高速升降機 (C)二門雙速側開式 (D)醫院病床用升降機。

B/機種別(醫院病床用升降機)，12/積載容量(12 人)，10/12 停止樓數(10/12 表示建築十二層，但升降機僅服務十樓，以作爲區分)，3S/門開閉方式(三門三速側開式)，105/昇降速度(速度以 105 公尺/每分鐘(m/min))。

43. (D) 火警自動警報偵煙式探測器之探測區域，探測器裝置面四周梁在樓板下之深度未達多少時，可視爲同一探測區域？ (A)30 公分 (B)40 公分 (C)50 公分 (D)60 公分。

火警自動警報偵煙式探測器之探測區域，探測器裝置面四周梁在樓板下之深度未達 60 公分，可視爲同一探測區域。

某工程顧問公司爲了使監工人員更清楚認識弱電系統分類與圖說，有關弱電圖說解說，請回答下列問題：

44. (B) 下列有關弱電昇位圖的敘述，何者不正確？ (A)昇位圖的管線應與平面圖相對位置管線一致 (B)配管昇位圖需標明箱體型號和廠牌 (C)配線昇位圖需標明插座對數和管徑大小 (D)避雷系統接地歐姆值及接地銅棒 E、P、C 間距需標明。

配管昇位圖不需標明箱體型號和廠牌。

某工程公司參與各種性質建築物之建造，針對升降設備之組成、安全管理與檢查，必須予以教育訓練。請回答下列問題：

45. (B) 建築物使用升降機：P-12-20-CO-105，下列敘述何者正確？ (A)額定搭乘人數 20 (B)升降機門爲二門中央對開式 (C)是載貨用升降機 (D)升降機之建築物服務總樓層數爲 12 層。

(A)額定搭乘人數 12。
(C)P 是載人用升降機。
(D)升降機之建築物服務總樓層數爲 20 層。

46. (D) 升降機的配置，下列敘述何者正確？ (A)升降機的乘場應設置在建築物的主道路上 (B)爲縮短人員出入乘箱時間，應使用窄深形乘箱 (C)爲縮短人員等候時間，升降機應分散於建築物內各處 (D)超高層建築物之升降機最好使用凹型配置。

升降機的配置：

一、 主道路應與乘場分開設置。

二、 升降機集中於一處，比分散於建築物內各處更經濟、效率更高，而且可縮短等候時間。

三、 寬淺形乘廂比窄深形，可縮短出入時間。

四、 升降機乘場與主道路分開，凹型配置、及集中於建築物中心等方式，在設置台數多的超高層建築計畫上是不可或缺的觀念。

47. (D) 電線電纜裝入管路，可用適當材料作潤滑劑，下列何者爲是？ (A)黃油 (B)肥皀 (C)油 (D)滑石粉。

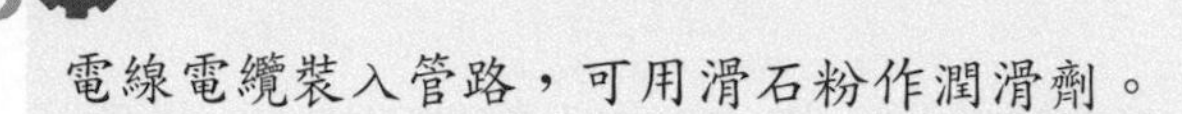

電線電纜裝入管路，可用滑石粉作潤滑劑。

[109-1-1]

48. (C) 排水管道於連接井交會時，有時因前端線型差異，進入連接井位置會有高差，需設置使水流緩和轉流至較低管線入口處之導引設施稱爲甚麼設施？ (A)「消能」 (B)「擾流」 (C)「跌水」 (D)「降速」。

排水管道於連接井交會時，有時因前端線型之差異進入連接井之位置會有高差，需設置使水流緩和轉流至較低管線入口處之導引設施，是指跌水設施。

[109-1-2]

49. (A) 防火設備中的受信總機、中繼器及偵煙式探測器，有設定蓄積時間時，其蓄積時間之合計，每一火警分區不得超過多少秒？ (A)60 秒 (B)50 秒 (C)30 秒 (D)20 秒。

各類場所消防安全設備設置標準第125條：

火警受信總機應依下列規定裝置：

一、 具有火警區域表示裝置，指示火警發生之分區。

二、 火警發生時，能發出促使警戒人員注意之音響。

三、 附設與火警發信機通話之裝置。

四、 一棟建築物內設有二臺以上火警受信總機時，設受信總機處，設有能相互同時通話連絡之設備。

五、 受信總機附近備有識別火警分區之圖面資料。

六、 裝置蓄積式探測器或中繼器之火警分區，該分區在受信總機，不得有雙信號功能。

七、 受信總機、中繼器及偵煙式探測器，有設定蓄積時間時，其蓄積時間之合計，每一火警分區在六十秒以下，使用其他探測器時，在二十秒以下。

50. (A) 依經濟部頒「屋內線路裝置規則」第29條接地系統工程規定，特種及第二種接地，設施於人易觸及之場所時，於離地面高度多少範圍內，應以絕緣管或板掩蔽？ (A) −0.6 m～1.8 m (B) −0.9 m～1.5 m (C) −0.7 m～1.8 m (D) −0.6 m～1.5 m。

屋內線路裝置規則第29條：

特種及第二種系統接地，設施於人易觸及之場所時，自地面下○點六公尺起至地面上一點八公尺，均應以絕緣管或板掩蔽。

51. (D) 下列何者非機械式安全保護系統之主要元件？ (A)調速機 (B)緩衝器 (C)緊急停止器 (D)車廂門開關。

車廂門開關非機械式安全保護系統之主要元件：

機械防護(Machine Guarding)乃係針對機械設備可能發生危害的部位，設置適當的安全裝置，或在其週圍採取有效的防護措施，以減少機械傷害的發生。

52. (A) 空調方式大致分為中央方式及個別方式，下列空調方式何者屬中央方式？(A)全空氣方式 (B)箱型冷氣機方式 (C)窗型冷氣機方式 (D)閉迴路熱泵方式。

空調房間內的室內熱負荷全部由經過處理的空氣來承擔的空調系統，稱為全空氣系統。它是利用空調裝置送出風來調節室內空氣的溫度和濕度，使室內的溫度和濕度保持穩定。由於空氣的比熱較小，用於吸收室內餘熱餘濕的空氣量大，所以這種系統要求的風道截面積大，佔用的建築空間較多。

53. (D) 依「各類場所消防設施設備」規定，消防栓之安裝須注意各層任一點至消防栓接頭之水平距離不得超過多遠？ (A)1.0 m (B)2.0 m (C)3.0 m (D)25.0 m。

各類場所消防設施設備第 34 條：
第一種消防栓，依下列規定設置：
一、 各層任一點至消防栓接頭之水平距離在二十五公尺以下。

54. (D) 建築機水電介面整合時，管路配設高程檢討優先順序為何？①電氣及電信幹管、②消防及泡沫幹管、③污排水幹管、④風管 (A)①②③④ (B)④②③① (C)①④②③ (D)③②①④。

建築機水電介面整合時，管路配設高程檢討優先順序：③污排水幹管、②消防及泡沫幹管、①電氣及電信幹管、④風管

某工程顧問公司為讓監工熟習給水圖說解說之要求事項，請回答下列問題：

55. (D) 給水系統之引進管的管徑在至少超過多少尺寸時，一定要加設持壓閥？(A)25 mm (B)40 mm (C)45 mm (D)50 mm。

建築物給水排水設備設計技術規範：
進水口低於地面之受水槽，其進水管口徑 50 公釐以上者，應設置地上式接水槽或持壓閥或定流量閥。
建築物之受水槽設置於户內地下空間，或外接自來水之進水口低於地面者，為避免形成公共給水管路負壓，造成污染水源之危險，必須有適當之緩衝水壓或避免污染措施。

[108-9-1]

56. (B) 「各樓層柱及牆壁」之施工階段界面整合時機及配合重點中，柱內埋管及其配件所佔面積不得超過柱設計斷面積 A%，且內徑不得大於 B 公分，試問 A、B 分別為何？ (A)$A = 5$(%)、$B = 6$(公分) (B)$A = 4$(%)、$B = 5$(公分) (C)$A = 5$(%)、$B = 4$(公分) (D)$A = 6$(%)、$B = 5$(公分)。

建築技術規則建築構造編之中規定：
柱內埋置及其配件所佔面積不得超過柱斷面積百分之四。版、梁、牆內埋管及其配件所佔深度，除經設計人同意外，不得超過其斷面厚之三分之一，內徑不得大於五公分，管之間隔不得小於管徑之三倍，埋設位置，不得傷害減弱原有強度。樓版中埋管應置於上下鋼筋之間，管外保護層不得少於二公分，接觸地面保護層不得少於四公分，垂直於管線之鋼筋不得少於百分之〇點二。

[108-9-2]

某一新建工程案之給排衛生工程，由工地主任小甲負責，請回答下列問題：

57. (C) 下列何者非間接給水系統之主要設備？ (A)屋頂水箱 (B)自來水錶箱 (C)排水及衛生器具 (D)揚水泵。

解析

間接給水將配水管之水先送至屋頂水槽(水塔)後，再送至各用水器具，可避免水壓不足影響供水。並可避免大量集中用水造成附近水壓降低，一般高層建築物採用此種給水方式。

58. (A) 該工程為超高層建築，故配管系統必須區域化，依規定把最高給水壓力限制在多少以下？ (A)3.5 kg / cm^2 (B)6.5 kg / cm^2 (C)10 kg / cm^2 (D)16 kg / cm^2。

超高層建築其最頂層與最低層配管的水壓差很大，故使供給到最低層的給水壓力太大而使水栓的金具受損，並且漏水，又很容易引起水擊(water hammer)，使配管產生噪音或振動(水擊：由於管中有水波，產生衝擊水管的現象)。故配管的系統必須區域化(zoning)，即將建築物分成幾個區域，把最高給水壓力限制在 4～5 kg / cm^2。

59. (D) 下列何者不是超高層建築給水區域化的方法？ (A)層別式 (B)中繼式 (C)調壓水泵式 (D)直接給水式。

超高層建築給水區域化的方法有三種：
1. 層別式，2. 中繼式(Step-up)，3. 調壓幫浦式

60. (B) 一般建物之給水係將自來水引進地面 / 下日用水箱，常以揚水泵浦抽送至屋頂水箱，再以重力方式供水，此種供水方式稱謂為下列何者？ (A)直接給水 (B)間接給水 (C)高壓給水 (D)低壓給水。

間接給水：以揚水泵浦抽送至屋頂水箱，再以重力方式供水。
建築物採用間接給水方式時，應進行樓層分區，或設置中間水池供水，以避免用水户因水壓過高而引起水錘作用並破壞用水設備。

61. (A) 設在機械室，當車廂或平衡錘下降速度異常時，切斷動力使升降機停車，或帶動安全裝置剎住車廂，為升降機之何種機械安全裝置？ (A)調速機 (B)電磁制動機 (C)緩衝器 (D)門連鎖裝置。

調速機位於電梯的最頂端，當車廂超速時，會讓棘輪轉速加快，首先撞擊電氣開關，將電路切斷，使捲揚機失去動力。接著放下左方的煞車塊，夾緊鋼索，讓轉動停止。最後帶動車廂下方的安全鉗，向內關閉夾住車廂導軌，讓車廂完全停止。有了調速機和安全鉗，加上確實的安檢及操作，車廂乘客的安全，才有保障。

62. (D) 下列何者非中央空調冷氣系統五個循環之一？ (A)室內空氣循環 (B)冰水循環 (C)冷媒循環 (D)熱水循環。

中央空調冷氣系統五個循：1. 室內空氣循環　2. 冰水循環　3. 冷媒循環　4. 冷卻水循環　5. 室外空氣散熱循環。

63. (A) 地下室水電、消防、風管等管路密布，施工前應做管路配設高程檢討，其管路高程排列優先順序原則爲何？ (A)污水排水幹管→消防及泡沫幹管→電氣及電信幹管→風管 (B)污水排水幹管→電氣及電信幹管→消防及泡沫幹管→風管 (C)消防及泡沫幹管→污水排水幹管→電氣及電信幹管→風管 (D)消防及泡沫幹管→電氣及電信幹管→污水排水幹管→風管。

地下室水電、消防、風管等管路密布，施工前應做管路配設高程檢討，其管路高程排列優先順序原則爲：污水排水幹管→消防及泡沫幹管→電氣及電信幹管→風管。

64. (A) 給水系統之「自來水」，係屬下列何者水質？ (A)上水 (B)中水 (C)下水 (D)廢水。

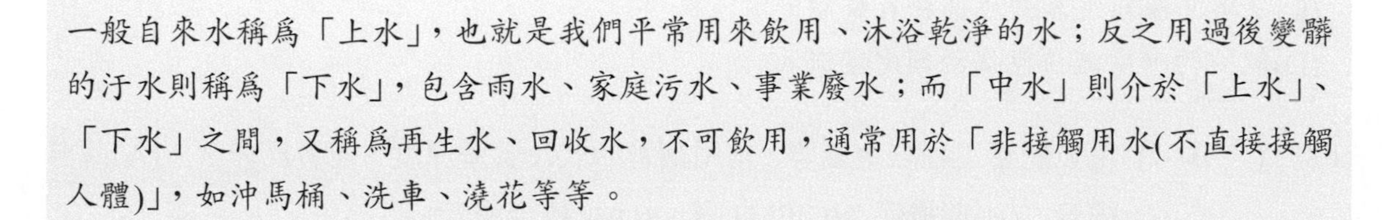

一般自來水稱爲「上水」，也就是我們平常用來飲用、沐浴乾淨的水；反之用過後變髒的汙水則稱爲「下水」，包含雨水、家庭污水、事業廢水；而「中水」則介於「上水」、「下水」之間，又稱爲再生水、回收水，不可飲用，通常用於「非接觸用水(不直接接觸人體)」，如沖馬桶、洗車、澆花等等。

[108-5-1]

65. (C) 公共管線設施之遷移工作除另有規定外，由下列何者負責施工？ (A)承包商 (B)業主 (C)管線機構 (D)縣市政府。

公共設施管線工程挖掘道路注意要點：
因辦理道路工程需要，既有管線必需遷移時，道路管理機構應依第五點及前點規定，協調管線機構依期程配合遷移，並通知管線機構進場施工，管線機構應於接獲通知後按協調期程進場施工，至遲應於接獲通知進場施工起半年內完成遷移。但經道路管理機構同意者，不在此限。

[108-5-2]

66. (C) 工作場所使用超過六百伏特至二萬二千八百伏特之電壓，爲何種電壓？ (A)特高壓電 (B)最高壓電 (C)高壓電 (D)低壓電。

解析

職業安全衛生設施規則第 3 條：
本規則所稱特高壓，係指超過二萬二千八百伏特之電壓；高壓，係指超過六百伏特至二萬二千八百伏特之電壓；低壓，係指六百伏特以下之電壓。

67. (B) 有關高低壓電氣圖說解說之敘述，下列敘述何者正確？ (A)上層配電盤的 IC 值應小於下層盤 IC 值 (B)同一盤內的各開關 IC 值應該相同 (C)分路開關額定容量應低於負載額定電流 (D)銅排的耐電流値應低於額定電流。

(A)上層配電盤的 IC 值應大於下層盤 IC 值。
(C)分路開關額定容量應高於負載額定電流。
(D)銅排的耐電流值應高於額定電流。

68. (B) 電氣配管工程之金屬管，常用鋼管形式及管壁厚度，何者爲<u>非</u>？ (A)薄導線管 (B)鑄鐵管 (C)EMT 管 (D)可撓金屬管。

一、 金屬管爲鐵、銅、鋼、鋁及合金等製成品。
二、 常用鋼管按其形式及管壁厚度可分爲厚導線管、薄導線管、ETM 管(Electric metallic Tubing)及可橈金屬管四種。
三、 金屬管應有足夠之強度，其內部管壁應光滑，以免損傷導線之絕緣。
四、 其內外表面須鍍鋅，但施設於乾燥之室內及埋設於不受潮濕之建物之內者，其內外表面得塗有其他防銹之物質。

69. (D) 火警自動警報設備之受信總機採用數個分區共用依公用線方式配線時，該公用線供應之分區數，不得超過多少個？ (A)10 個 (B)9 個 (C)8 個 (D)7 個。

各類場所消防安全設備設置標準第 127 條：
火警自動警報設備之配線，除依屋內線路裝置規則外，依下列規定設置：
一、 常開式之探測器信號回路，其配線採用串接式，並加設終端電阻，以便藉由火警受信總機作回路斷線自動檢出用。
二、 P 型受信總機採用數個分區共用一公用線方式配線時，該公用線供應之分區數，不得超過七個。
三、 P 型受信總機之探測器回路電阻，在五十 Ω 以下。
四、 電源回路導線間及導線與大地間之絕緣電阻值，以直流二百五十伏特額定之絕緣電阻計測定，對地電壓在一百五十伏特以下者，在零點一 MΩ 以上，對地電壓超過一百五十伏特者，在零點二 MΩ 以上。探測器回路導線間及導線與大地間之絕緣電阻值，以直流二百五十伏特額定之絕緣電阻計測定，每一火警分區在零點一 MΩ 以上。
五、 埋設於屋外或有浸水之虞之配線，採用電纜並穿於金屬管或塑膠導線管，與電力線保持三十公分以上之間距。

70. (A) 工業用空調(Industrial Air Conditioning)又稱產業空調，目的在提供室內生產製品或儲藏物品之必要空氣環境，下列場所何者正確？ (A)電信局 (B)辦公室 (C)百貨公司 (D)住宅。

電信局室內生產製品或儲藏物品之必要空氣環境需使用工業用空調。

71. (A) 升降機已成為大樓裡維繫交通運輸的動脈，升降機設備正式驗收前，實施各項測試，何者為非？ (A)風力感知 (B)調速機測試 (C)超載開關 (D)緊急救助口。

升降設備正式驗收前，至少實施下列各項測試：(1)負載試驗：無負載、全負載及過負載之上、下運轉試驗。(2)著樓試驗：誤差在 ±5 mm 以內。(3)安全裝置試驗。(4)緊急停止試驗。(5)車廂尺寸之測量。(6)超載警報試驗。(7)電器設備之絕緣測量。(8)控制迴路試驗，其它機械與電器設備之一般檢驗。

72. (B) 依「建築技術規則」之規定，下列何處需裝設避雷針？ (A)地下倉庫 (B)高度超過 20 m 以上建築物 (C)高度 15 m，面積超過 500 m^2 以上之建築物 (D)地下設備機房。

建築技術規則第 20 條：

下列建築物應有符合本節所規定之避雷設備。

一、 建築物高度在二十公尺以上者。

二、 建築物高度在三公尺以上並作危險品倉庫使用者，(火藥庫、可燃性液體倉庫、可燃性瓦斯倉庫等)。

73. (D) 避雷針接地導線與電源線、電話線、瓦斯管應至少離開多少以上之距離？ (A)10 m (B)5 m (C)2 m (D)1 m。

避雷針安裝-避雷設備之安裝應依下列規定：

一、 避雷導線須與電燈電力線、電話線、瓦斯管離開一公尺以上，但避雷導線與電燈電線、電話線、瓦斯管間有靜電隔離者，不在此限。

二、 距離避雷導線在一公尺以內之金屬落水管、鐵樓梯、自來水管等應用十四平方公厘以上之銅線予以接地。

三、　避雷針導線除煙囪、鐵塔等面積甚小得僅設置一條外，其餘均應至少設置二條以上，如建築物外周長超過一百公尺，每超過五十公尺應增裝一條，其超過部份不足五十公尺者得不計，並應使各接地導線相互間之距離儘量平均。

四、　接地須用厚度一點四公厘以上之銅板，其大小不得小於○點三五平方公尺，或使用二點四公尺長十九公厘直徑之鋼心包銅接地棒二支以上(一般施工都是三處)。接地電極之埋設深度應在地面下三公尺以上或地下水位以下。一個接地導線引下至二個電極時，二個電極之間隔應在二公尺以上。避雷系統之總接地電阻應在十歐姆以下。

五、　導線應儘量避免連接。導線之連接須以銅銲或銀銲爲之，不得僅以螺絲連接。

六、　導線轉彎時其彎曲半徑須在二十公分以上。

七、　導線每隔二公尺須用適當之固定器固定於建築物上。

八、避雷銅導線從地基配線上來建築物時，因爲毛細管原理，必須做好兩道防水處理。

[108-1-2]

74. (　D　) 有關個人呼叫設備、對講機設備、保全警報設備是屬於弱電統分類中的何種系統？ (A)避雷系統　(B)視聽系統　(C)電信系統　(D)信號系統。

解析

個人呼叫設備、對講機設備、保全警報設備是屬於弱電統分類中的信號系統。

某工程顧問公司爲了使監工人員更清楚認識弱電系統分類與圖說，有關弱電圖說解說，回答下列問題：

75. (　B　) 下列有關弱電昇位圖的敘述，何者<u>不正確</u>？ (A)昇位圖的管線應與平面圖相對位置管線一致　(B)配管昇位圖不需標明箱體型號和廠牌　(C)配線昇位圖需標明插座對數和管徑大小　(D)避雷系統接地歐姆值及接地銅棒 E、P、C 間距需標明。

配管昇位圖不需標明箱體型號和廠牌。

76. (D) 下列何者不屬於弱電系統？ (A)電信系統 (B)視聽系統 (C)停車管理系統 (D)電力系統。

弱電系統工程指第二類應用。主要包括：
一、 電信設備工程。
二、 共同天線設備工程。
三、 電視對講機系統工程。
四、 中央監視系統設備工程。
五、 中央監控系統設備工程。
六、 網路工程。

77. (B) 下列對於升降機及電扶梯之敘述，何者正確？ (A)所謂高速升降機是指額定速度大於 45 m / min(0.75 m / s)以上之升降機 (B)升降機之門開閉方式如標示「CO」是指爲二門中央對開式 (C)電扶梯之傾斜角一般不大於 60° (D)電扶梯揚程高度爲 2 m 以上者係指高揚程電梯。

(A)所謂高速升降機是指額定速度大於 120 m / min(2 m / s)以上之升降機。
(C)自動扶梯的傾斜角不應超過 30°。
(D)電扶梯揚程高度爲 10 m 以上者係指高揚程電梯。

78. (D) 空調設備系統組成分類當中，爲使室內溫、溼度保持一定及經濟運轉所必要之檢測及控制器爲下列何者？ (A)空調處理裝置(空調機) (B)熱搬運裝置 (C)熱源裝置 (D)自動控制裝置。

空調設備系統組成分類當中，爲使室內溫、溼度保持一定及經濟運轉所必要之檢測及控制器爲自動控制裝置。

某甲爲空調工程監造人員，應瞭解其施工流程及要點，試回答下列問題：

79. (B) 水管、電管之吊管配管因需配合建築工程天花板、梁、牆或水電工程之消防管、給排水管、電管吊管，故配管路線需於施工前作何前置作業？ (A)混凝土基礎台施工 (B)套圖檢討 (C)水管試水壓 (D)吊管配管放樣。

結構、機電整合介面圖 SEM 圖(Structural Electrical and Mechanical)SEM 圖主要目的是提供土建廠商於施工過程中將機電系統廠商所需預埋套管、預留開口及設備混凝土基座等，套合成圖。

80. (C) 空調水管工程與土建施工之聯繫與配合，下列何者<u>錯誤</u>？ (A)冷卻水管工程 (B)冰水管與樓板隔間牆面及天花板工程 (C)排／送風機與天花板工程 (D)管道間共用配合工程。

排／送風機非空調水管工程系統。

81. (C) 下列敘述何者<u>錯誤</u>？ (A)風管貫穿防火牆時，應在防火牆兩側均設置防火閘門 (B)垂直風管貫穿整個樓層時，四層以上其管道間之防火時效不得小於二小時 (C)鋼鐵構造建築物內，風管必須得安裝在鋼鐵結構體與其防火保護層之間 (D)風管應設有清除內部灰塵或易燃物質之清掃孔。

防火保護層必須與鋼鐵結構體結合在一起。

[107-9-2]

82. (C) 臺灣超高壓電力工程，目前最高輸電電壓爲下列何者？ (A)AC 765 kV (B)AC 500 kV (C)AC 345 kV (D)AC 1000 kV。

解析

臺灣超高壓電力工程，目前最高輸電電爲 AC 345Kv。

83. (A) 以下何者非衛生、排水及水處理系統主要設備？ (A)自來水錶箱 (B)排水及衛生器具 (C)污水處理設施 (D)排水及衛生器具。

自來水錶箱是給水系統主要設備。

84. (A) 有關火警受信總機設置，下列敘述何者錯誤？ (A)應裝置於機房無人之處所 (B)應具有火警區域表示裝置 (C)一棟建築物內設有二台以上火警受信總機時，該受信總機處，應設有能相互同時通話聯絡之設備 (D)應附設與手動警報機通話之裝置。

火警受信總機應裝置於機房有人之處所。

85. (C) 關於空調設備之施工，下列何者正確？ (A)安裝吊掛機器設備如小型冷風機或空調箱時，可不需考慮其排水高度 (B)冷凝排水管應保持 1 / 200 (最小)之向下斜度 (C)水路系統完成後必須針對系統作必要之水路平衡調整 (D)各項空調設備之安裝，可不用注意日後維修空間需求。

(A)安裝吊掛機器設備如小型冷風機或空調箱時，需考慮其排水高度。
(B)冷凝排水管應保持 1 / 100(最小)之向下斜度。
(D)各項空調設備之安裝，要注意日後維修空間需求。

86. (D) 有關中央空調系統循環流程，何者正確？ (A)室內空氣-冷媒-冷卻水-冰水-室外空氣 (B)室內空氣-冰水-冷卻水-冷媒-室外空氣 (C)室內空氣-冷媒-冰水-冷卻水-室外空氣 (D)室內空氣-冰水-冷媒-冷卻水-室外空氣。

中央空調系統循環流程：室內空氣-冰水-冷媒-冷卻水-室外空氣。

87. (D) 以下何項為警報設備？ (A)消防沙 (B)緩降機 (C)避難梯 (D)緊急廣播設備。

緊急廣播設備爲警報設備。

88. (AB) 下列敘述何者錯誤？ (A)壁掛型總機操作開關距離樓地板面之高度，應在 1.0 m (B)受信總機之探測器絕緣電阻，應在 50Ω 以下 (C)侷限型探測器以裝置在探測區域中心附近爲原則 (D)出口標示燈裝設高度應距樓地板面 1.5 m 以上。

(A)壁掛型總機操作開關距離樓地板面之高度，在零點八公尺(座式操作者，爲零點六公尺)以上一點五公尺以下。

(B)受信總機之探測器回路電阻，應在 50Ω 以下。

89. (AB) 有關逃生避難設備配置何者爲非？ (A)緊急照明設備所使用之蓄電池設備，應具有 20 min(分鐘)以上持續動作之容量 (B)出口標示燈裝設高度應距樓地板面 1.0 m 以上 (C)排煙口，距防煙區劃各部分應在 30 m 以內 (D)避難指標應設於易見且採光良好處。

(A)緊急照明設備所使用之蓄電池設備，應具有 30 min(分鐘)以上持續動作之容量。

(B)出口標示燈裝設高度應距樓地板面 1.5 m 以上。

[107-5-1]

90. (D) 機電界面整合，配置下列四類管線，若有局部管系牴觸時，最爲優先者爲何？ (A)電氣弱電幹管 (B)給水壓力管 (C)風管 (D)污水管。

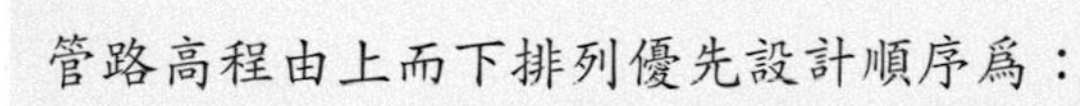

管路高程由上而下排列優先設計順序爲：

1. 汙水管 2. 電氣及電信幹管 3. 消防 4. 自來水給水 5. 冰水管風管及空調管。

[107-5-2]

91. (A) 有關弱電圖說解說之敘述，下列敘述何者錯誤？ (A)昇位圖管線規範與平面圖說不須一致 (B)於圖說中標明相關配線或插座型號 (C)配線昇位圖需標明插座對數、管徑大小及所能容納對數 (D)各子系統的圖說符號標示與圖說相符。

昇位圖管線規範與平面圖說須一致。

92. (B) 行政院公共工程委員會規定空調設備水平管管徑 50 mm，其管架或吊鐵之最大間隔距離爲何？ (A)2.5 m (B)3 m (C)3.5 m (D)4.2 m。

空調設備水平管管徑 50 mm，其管架或吊鐵之最大間隔距離爲 3 m。

93. (A) 逃生避難設備自走廊或通道任一點至避難方向指示燈之步行距離至少不得超過多少？ (A)10 m (B)15 m (C)20 m (D)25 m。

逃生避難設備自走廊或通道任一點至避難方向指示燈之步行距離至少不得超過 10 m。

94. (A) 在有限的平面空間下，管路配設高程必需詳盡規劃，管路高程由上而下排列優先順序爲何？ (A)污排水幹管-消防及泡沫幹管-電氣及電信幹管-風管 (B)污排水幹管-電氣及電信幹管-消防及泡沫幹管-風管 (C)風管-電氣及電信幹管-消防及泡沫幹管-污排水幹管 (D)風管-消防及泡沫幹管-電氣及電信幹管-污排水幹管。

管路高程由上而下排列優先設計順序爲：
污排水幹管-消防及泡沫幹管-電氣及電信幹管-風管。

小張爲某工程公司工務所工程師，負責新建大樓建築機水電工程界面之整合。請回答下面問題：

95. (　B　) 對於管線佈置，下列何者爲正確？ (A)管線佈置之權重應優先考量管徑大小，然後才是安全功能 (B)管線佈置之權重應優先考量安全功能，然後才是管徑大小 (C)管線佈置之權重應優先考量成本，然後才是功能 (D)在機電系統方面，以電信系統爲優先考慮。

(A)管線佈置之權重優先考量安全功能，然後才是管徑大小。
(C)管線佈置之權重應優先考量功能，然後才是成本。
(D)在機電系統方面，以電力系統爲優先考慮。

96. (　A　) 因考慮洩水坡度，污排水幹管應檢討穿梁施工之可行性，坡度至少須在多少以上？ (A)1 / 100 (B)1 / 110 (C)1 / 150 (D)1 / 200。

解析

污排水幹管洩水坡度至少須在 1 / 100 以上。

97. (　B　) 電氣、電信幹管之安裝應採梁下施工爲原則，並須注意避免在下列何種管線下方？ (A)風管 (B)各類水管 (C)壓縮空氣管 (D)眞空輸送管。

解析

電氣、電信幹管之安裝應採梁下施工爲原則，並須注意避免在各類水管下方，應爲水管若漏水電氣、電信幹管就會有短路危險。

98. (　D　) 下列何者非防止存水彎失去水封，應注意事項？ (A)防止毛細現象 (B)與立管水平距離太近 (C)未設支透氣管 (D)短時間未用水導致水份蒸發。

長時間未用水導致水份蒸發。

[107-1-2]

99. (B) 有關雨水供水管每隔多少應標記「雨水」字樣及雨水流向箭頭，以防止錯接誤用？ (A)7 公尺 (B)5 公尺 (C)9 公尺 (D)11 公尺。

解析

有關雨水供水管每隔 5 公尺應標記「雨水」字樣及雨水流向箭頭，以防止錯接誤用。

100. (A) 下列有關火警自動警報設備之配線規定何者錯誤？ (A)P 型受信總機採用數個分區共用依公用線方式配線時，該公用線供應之分區數，不得超過三個 (B)P 型受信總機之探測器迴路電阻，應在 50Ω 以下 (C)埋設於屋外或有浸水之慮之配線，應採用電纜並穿於金屬管或塑膠導線，與電力線保持 30 cm 以上間距 (D)自動警報設備之配線應有適當且必要之絕緣電阻，另需防止不受其它電氣回路之影響，避免產生誤報。

P 型受信總機採用數個分區共用依公用線方式配線時，該公用線供應之分區數，不得超過 7 個。

101. (D) 依「用戶建築物屋內外電信設備工程技術規範」裝設總接地箱時，箱體下緣距離樓板面不得小於多少？ (A)30 公分 (B)40 公分 (C)50 公分 (D)60 公分。

裝設總接地箱時，箱體下緣距離樓板面不得小於 60 公分。

102. (B) 一般建物之給水係將自來水引進地面 / 下之日用水箱，常以揚水泵浦抽送至屋頂水箱，再以重力方式供水，此種供水方式稱為下列何者？ (A)直接給水 (B)間接給水 (C)高壓給水 (D)低壓給水。

一般建物之給水係將自來水引進地面／下之日用水箱，常以揚水泵浦抽送至屋頂水箱，再以重力方式供水，此種供水方式稱間接給水。

103. (D) 有關電氣設備之連接，何者不正確？ (A)所有接至具有移動及振動性的設備及裝置，應使用可撓性導管 (B)連至設備應加裝輔助接線盒，不得使用集中接線盒 (C)所有電氣設備應依規定接地及符合接受標準 (D)應做保溫處理。

電氣設備不用做保溫處理，而空調管要做保溫處理。

104. (D) 大樓的受水池設置在下列哪一位置最恰當？ (A)屋頂 (B)電梯之機房上方 (C)避難平台 (D)地下室。

大樓的受水池設置通常在地下室的筏基水箱。

[106-9-2]

105. (D) 有關排水系統圖說分類判讀，下列何者配合有誤？ (A)污水-管線顏色爲橘紅色 (B)雨水-管線顏色爲淺綠色 (C)雜排水-管線顏色爲黑色 (D)特殊排水-管線顏色爲藍色。

配合顏色，如有特殊管線需在圖面指定顏色標示。

106. (A) 電銲完成後，角銲與半滲透銲須依規範檢查銲道表面或淺層部分有無裂紋、氣孔或夾渣等缺陷，下列何者爲其常用的非破壞檢測方法？ (A)液滲檢測 (B)幅射線檢驗 (C)超音波檢驗 (D)透地雷達檢驗。

液滲檢測可檢測銲道表面或淺層部分有無裂紋、氣孔或夾渣等缺陷。

107. (B) 受信總機、中繼器及偵煙式探測器，有設定蓄積時間時，其蓄積時間之合計規定爲何？ (A)每一火警分區不得超過 40 秒，使用其他探測器時，不得超過 20 秒 (B)每一火警分區不得超過 60 秒，使用其他探測器時，不得超過 20 秒 (C)每一火警分區不得超過 60 秒，使用其他探測器時，不得超過 30 秒 (D)每一火警分區不得超過 40 秒，使用其他探測器時，不得超過 30 秒。

解析

受信總機、中繼器及偵煙式探測器，有設定蓄積時間時，其蓄積時間之合計規定爲每一火警分區不得超過 60 秒，使用其他探測器時，不得超過 20 秒。

108. (B) 爲取得綠建築候選證書及綠建築標章，給排水工程之設計與施工須配合其規定執行。綠建築各指標中與給排水工程相關之項目，爲水資源指標。下列何者是衛生設備之要求？ (A)具能源標章 (B)具省水標章 (C)符合國家標準 (D)具省電標章。

綠建築各指標中與給排水工程相關之項目，爲水資源指標。衛生設備之要求須具省水標章。

109. (C) 電氣工程完工時，承商應請一具有技師執照及爲台電所核可之檢驗公司，由合格人員進行檢驗，檢驗應在工程司之監督下進行，檢驗不包含下列何項？ (A)所有高壓以上設備及電纜 (B)所有連接單元變電站至配電盤之低壓設備電纜 (C)通風設備 (D)所有馬達控制中心。

檢驗不包含所有連接單元變電站至配電盤之低壓設備電纜。

110. (B) 空調設備之風管製成後內部應平整而不漏氣，彎頭之中心半徑應至少能有風管寬度之多少倍？ (A)1 倍 (B)1.5 倍 (C)0.5 倍 (D)0.8 倍。

空調設備之風管製成後內部應平整而不漏氣，彎頭之中心半徑應至少能有風管寬度之 1.5 倍。

111. (A) 何者非火警自動警報設備？ (A)出口指示燈 (B)偵測器 (C)受信總機 (D)地區警鈴。

火警自動警報設備：
一、 火警自動警報設備。
二、 手動報警設備。
三、 緊急廣播設備。
四、 瓦斯漏氣火警自動警報設備。
五、 一一九火災通報裝置。

小易為一機電工程師，除了自身學養，還需具備機電專業基本知識，試回答下列問題：

112. (B) 電氣與機械設備之施工檢驗除應符合中國國家標準，還需符合其他規則，下列何者為非？ (A)屋內線路裝置規則 (B)下水道法 (C)建築技術規則 (D)各類場所消防安全設備設置規範。

下水道法是排水設備。
下水道法第 1 條：
為促進都市計畫地區及指定地區下水道之建設與管理，以保護水域水質，特制定本法；本法未規定者適用其他法律。

113. (D) 所有電氣設備安裝於地下層牆上或沿牆裝設之設備，有積油、水氣或類似情況污染之可能者，應離開牆面多少距離？ (A)5 mm (B)15 mm (C)20 mm (D)25 mm。

所有電氣設備安裝於地下層牆上或沿牆裝設之設備，有積油、水氣或類似情況污染之可能者，應離開牆面 25 mm 距離。

114. (D) 依建築技術規則之規定，需裝設避雷針之場所，下列何者錯誤？ (A)高度超過 20 m 以上建築物 (B)高度在 3 m 以上，並作危險物品倉庫使用者 (C)高度雖未超 20 m，但在雷擊較多地區之建築物 (D)高度在 3 m 以下之瓦斯倉庫使用者。

高度在 3 m 以上之瓦斯倉庫使用者。

[106-5-2]

115. (A) 低壓分電盤單線圖標示「CU BUS BAR(15 × 2mm-1) × 4」是指下列何種敘述？ (A)銅排尺寸 15 mm × 2 mm，每相一條，共用 4 條 (B)接地端子，每相一條，共有 4 條 (C)有 4 片銅排 (D)短路容量的負載 15 mm × 2 mm 有 4 相。

低壓分電盤單線圖標示「CU BUS BAR(15 × 2mm-1) × 4」是指銅排尺寸 15 mm × 2 mm，每相一條，共用 4 條。

116. (D) 下列那一項不是火警設備施工時的自主檢查項目？ (A)火警受信總機面板是否有預備電源 (B)火警受信總機面板是否有詳細標示各樓層及用途 (C)感知器離空調出風口(天花板)是否超過 1.5m (D)各式感知器是否爲連線式。

感知器不用爲連線式，重點是要會有反應動作。

117. (　A　) 經濟部頒「屋內線路裝置規則」以下何者非接地方式？　(A)外線系統接地　(B)低壓電源系統接地　(C)設備與系統共同接地　(D)設備接地。

解析

屋內線路裝置規則第 24 條：
接地方式應符合下列規定之一：
一、 設備接地：高低壓用電設備非帶電金屬部分之接地。
二、 內線系統接地：屋內線路屬於被接地一線之再行接地。
三、 低壓電源系統接地：配電變壓器之二次側低壓線或中性線之接地。
四、 設備與系統共同接地：內線系統接地與設備接地共用一接地線或同一接地電極

118. (　A　) 設在機械室，當車廂或平衡錘下降速度異常時，切斷動力使升降機停車，或帶動安全裝置刹住車廂，爲升降機何種機械安全裝置？　(A)調速機　(B)電磁制動機　(C)緩衝器　(D)門連鎖裝置。

解析

調速機位於電梯的最頂端，當車廂超速時，會讓棘輪轉速加快，首先撞擊電氣開關，將電路切斷，使捲揚機失去動力。接著放下左方的煞車塊，夾緊鋼索，讓轉動停止。最後帶動車廂下方的安全鉗，向內關閉夾住車廂導軌，讓車廂完全停止。有了調速機和安全鉗，加上確實的安檢及操作，車廂乘客的安全，才有保障。

119. (　D　) 依「各類場所消防設施設備」規定，消防栓之安裝須注意各層任一點至消防栓接頭之水平距離不得超過多遠？　(A)1.0 m　(B)2.0 m　(C)3.0 m　(D)25.0 m。

消防栓之安裝須注意各層任一點至消防栓接頭之水平距離不得超過 25.0 m。

120. (　C　) 身爲工程案現場人員，土建與機電界面整合是相當重要的工作，下列何者爲正確整合項目？　(A)電氣儀控設備裝置在各類水管之下方　(B)發電機起動用電池自動充電機未設計使用電纜及永久電源　(C)建物留有伸縮縫時，應配合施作伸縮管　(D)土建設計空間尺寸太小，不敷電氣暗管使用。

建物留有伸縮縫時，應配合施作伸縮管。是土建與機電界面整合正確整合項目。

小李負責某建築工地給排水系統之工作，回答下列問題：

121. (C) 下列何者不屬於給水系統分類中的上水？ (A)廚房烹飪 (B)日常生活飲用的自來水 (C)人類日常生活排放的水 (D)水質合乎衛生條件可做爲人體清潔。

一般自來水稱爲「上水」，也就是我們平常用來飲用、沐浴乾淨的水；反之用過後變髒的汙水則稱爲「下水」，包含雨水、家庭污水、事業廢水；而「中水」則介於「上水」、「下水」之間，又稱爲再生水、回收水，不可飲用，通常用於「非接觸用水(不直接接觸人體)」，如沖馬桶、洗車、澆花等等。

122. (D) 下列何者不屬於排水系統？ (A)污水 (B)雜排水 (C)雨水 (D)上水。

上水是我們平常用來飲用、沐浴乾淨的水，是給水系統。

現代都市大樓建築趨向高層化，小偉身爲高層建築案之工程人員，就高層建築給水配管應瞭解事項，試回答下列問題：

123. (A) 下列何者非設計施工應注意事項？ (A)儘量使配管重量增重 (B)防止配管接頭之漏洩 (C)降低水鎚現象 (D)適時設置膨脹軟管。

解析

儘量使配管重量減輕。

124. (D) 於建築物各區域設置高水箱，各層水箱作爲上一區域的水源，再用幫浦依次的打到上一區域的水箱之給水方法爲何？ (A)調壓幫浦式 (B)間接式 (C)層別式 (D)中繼式。

於建築物各區域設置高水箱，各層水箱作爲上一區域的水源，再用幫浦依次的打到上一區域的水箱之給水方法爲中繼式。

小張爲某新建工程現場工程師，負責空調設備之施工。請回答下面問題：

125. (C) 對於冰水主機之施工安裝，下列何者錯誤？ (A)設備基礎四周須設排水溝，且所有管線上閥件之垂直投影位置須落於排水溝所圍起之範圍內，以收集凝結水排放，保持周邊外地面之乾燥 (B)冰水主機之四周應留有廠家建議之最小保養空間 (C)冰水主機之冰水器及冷凝器之前後，應盡量縮短與牆之距離爲原則 (D)冰水主機機房結構體施工時，需細查機器設備之尺寸，再核對建築圖樓梯或門之通路，是否能使機器設備順利運送安裝。

主機四週應預留最小維護保養空間，同時冰水器及冷凝器之前後應預留空間以便管路之抽換保養或清潔。

126. (D) 對於冷卻水塔之施工安裝，下列何者正確？ (A)冷卻水塔之確實位置無須考慮排氣風向等因素 (B)冷卻水塔無須裝設防震器 (C)冷卻水塔安裝時，未保持水平對冷卻效果影響不大 (D)冷卻水塔安裝應注意周邊間距，避免熱氣短循環影響散熱效率。

(A)冷卻水塔之確實位置須考慮排氣風向等因素。
(B)冷卻水塔須裝設防震器。
(C)冷卻水塔安裝時，未保持水平對冷卻效果影響很大。

[106-1-2]

127. (C) 下列有關排水系統的敘述何者正確？ (A)要裝設定水位閥 (B)要裝設防震軟管 (C)要裝設存水彎 (D)要裝設水鎚吸收器。

排水系統要裝設存水彎。

128. (D) 建築物之給排水管線與閥類之銜接，一般於「稱謂口徑」多少以下(含)者，採螺紋接口或軟銲套接？ (A)200 mm (B)150 mm (C)100 mm (D)50 mm。

建築物之給排水管線與閥類之銜接，一般於「稱謂口徑」50 mm 以下(含)者，採螺紋接口或軟銲套接。

129. (D) 電氣設備於施工現場經檢查、調整及置於適當之運轉狀態後，應做現場接受測試。該測試須能證明設備之功能符合規範全部要求，不包含下列何項？ (A)連續性測試 (B)絕緣測試 (C)控制、計量及保護功能測試 (D)動平衡測試。

設備經檢查、調整及置於適當之運轉狀態後，應做現場測試。該測試證明該設備之功能應符合契約圖說之全部要求，並須至少包含下列項目：
(1)連續性測試 (2)絕緣測試 (3)控制、計量及保護功能測試。

130. (D) 一般超高層大樓的升降機設備計畫需考慮以下數點，下列何者錯誤？ (A)可透過交通分析計算出滿足建物交通需求之升降機數量 (B)須使升降機乘客之候梯時間低於某允許值，方能提高服務品質 (C)考慮分區服務以提高服務品質 (D)原則上各區的服務水準要均等，如無法調整成均等時，低層區的水準要略高於高層區。

原則上各區的服務水準要均等，如無法調整成均等時，高層區的水準要略高於低層區。

131. (D) 設於出入口門，各樓之出入口門，如未閉合，或上鎖不確實時，電氣接點無法接通，使升降機無法運轉，爲下列何種安全裝置？ (A)安全開關 (B)車廂門安全裝置 (C)車廂門開關 (D)門連鎖開關。

解析

設於出入口門，各樓之出入口門，如未閉合，或上鎖不確實時，電氣接點無法接通，使升降機無法運轉，爲門連鎖開關安全裝置。

132. (C) 有關銅匯流排的敘述，下列何者不正確？ (A)銅匯流排使用的線徑越大之耐電流值越大 (B)銅匯流排尺寸越大的額定電流越大 (C)銅匯流排要選用導線線徑之耐電流量低於負載額定電流 (D)銅匯流排要選用大於最小線徑之導線。

銅匯流排要選用導線線徑之耐電流量高於負載額定電流。

[106-1-1]

133. (D) 對於管路衝突辨識分析，當水平管路位置相衝突時，下列何者不是 2D 技術可行之衝突對策？ (A)平移 (B)繞道 (C)重疊 (D)上下彎折。

上下彎折是 3D 技術。

[105-9-2]

134. (D) 下列何者非消防警報設備？ (A)火警自動警報器及手動報警設備 (B)緊急廣播設備 (C)瓦斯漏氣火警自動報警設備 (D)室內消防栓。

各類場所消防安全設備設置標準第9條：
警報設備種類如下：
一、 火警自動警報設備。
二、 手動報警設備。
三、 緊急廣播設備。
四、 瓦斯漏氣火警自動警報設備。
五、 一一九火災通報裝置。

135. (A) 於升降機設備中，設在機械室，做爲當車廂或平衡錘下降速度異常時切斷動力，使升降機停車，或帶動安全裝置剎住車廂之用途者，爲下列何者？ (A)調速機 (B)緩衝器 (C)電磁制動機 (D)手動操作把手。

調速機位於電梯的最頂端，當車廂超速時，會讓棘輪轉速加快，首先撞擊電氣開關，將電路切斷，使捲揚機失去動力。接著放下左方的煞車塊，夾緊鋼索，讓轉動停止。最後帶動車廂下方的安全鉗，向內關閉夾住車廂導軌，讓車廂完全停止。有了調速機和安全鉗，加上確實的安檢及操作，車廂乘客的安全，才有保障。

136. (C) 關於空調設備之施工，下列何者正確？ (A)安裝吊掛機器設備如小型冷風機或空調箱時，可不需考慮其排水高度 (B)冷凝排水管應保持 1 / 200 (最小)之向下斜度 (C)水路系統完成後必須針對系統作必要之水路平衡調整 (D)各項空調設備之安裝，可不用注意日後維修空間需求。

(A)安裝吊掛機器設備如小型冷風機或空調箱時，需考慮其排水高度。
(B)冷凝排水管應保持 1 / 100(最小)之向下斜度。
(D)各項空調設備之安裝，要注意日後維修空間需求。

137. (A) 升降機設備工地現場之施工安裝，於升降機施作前不另行搭架，直接採用升降機主體平台(機箱)或吊籠等作為工作平台，藉其上下運轉進行組裝相關作業。此種施工法通稱為何？ (A)無架式施工法 (B)傳統有架式施工法 (C)支撐架施工法 (D)排架施工法。

升降機設備工地現場之施工安裝，於升降機施作前不另行搭架，直接採用升降機主體平台(機箱)或吊籠等作為工作平台，藉其上下運轉進行組裝相關作業。此種施工法通稱為無架式施工法。

138. (A) 室內消防栓設備之管線竣工時，應進行加壓試驗。下列敘述何者正確？ (A)試驗壓力不得小於加壓泵浦全閉揚程 1.5 倍以上之水壓 (B)試驗壓力不得小於加壓泵浦全閉揚程之水壓 (C)試驗壓力以繼續維持 0.5 小時無漏水現象為合格 (D)試驗壓力以繼續維持 1 小時無漏水現象為合格。

(B)試驗壓力不得小於加壓泵浦全閉揚程 1.5 倍以上之水壓。
(C)(D)試驗壓力以繼續維持 2 小時無漏水現象為合格。

139. (D) 對於冷卻水塔之施工安裝，下列何者正確？ (A)冷卻水塔之確實位置無須考慮排氣風向等因素 (B)冷卻水塔無須裝設防震器 (C)冷卻水塔安裝時，未保持水平對冷卻效果影響不大 (D)冷卻水塔安裝應注意周邊間距，避免熱氣短循環影響散熱效率。

(A)冷卻水塔之確實位置須考慮排氣風向等因素。
(B)冷卻水塔須裝設防震器。
(C)冷卻水塔安裝時，未保持水平對冷卻效果影響很大。

140. (A) 空調箱四周，是否應留有適當之空間，以便風扇馬達皮帶輪等之安裝，或過濾器之抽換清潔等工作？ (A)是 (B)不需要 (C)視情況 (D)視業主心情。

空調箱四周，應留有適當之空間，以便風扇馬達皮帶輪等之安裝，或過濾器之抽換清潔等工作。

[105-9-1]

141. (B) 除非另有規定，若公共管線之工作係由承包商施作，應於施工前至少幾天要聯繫有關之公共管線單位？ (A)15 天 (B)30 天 (C)45 天 (D)60 天。

解析

公共管線之工作係由承包商施作，應於施工前至少 30 天要聯繫有關之公共管線單位。

[105-5-2]

142. (D) 有關電氣設備之連接，何者不正確？ (A)所有接至具有移動及振動性的設備及裝置，應使用可撓性導管 (B)連至設備應加裝輔助接線盒，不得使用集中接線盒 (C)所有電氣設備應依規定接地及符合接受標準 (D)應做保溫處理。

電氣設備不用做保溫處理，而空調管要做保溫處理。

143. (D) 空調方式大致分爲中央方式及個別方式，下列空調方式何者非屬個別方式？ (A)窗型冷氣機方式 (B)閉迴路熱泵方式 (C)箱型冷氣機方式 (D)FCU 併用風管方式。

個別方式爲：窗型冷氣機方式、閉迴路熱泵方式及箱型冷氣機方式。

[105-1-2]

144. (　A　) 若天花板上設有出風口，火警自動警報設備中之探測器除火焰式、差動式分布型及光電式分離型探測器外，應至少距離該出風口多遠以上？ (A)1.5 m　(B)5.0 m　(C)10 m　(D)20 m。

若天花板上設有出風口，火警自動警報設備中之探測器除火焰式、差動式分布型及光電式分離型探測器外，應至少距離該出風口 1.5 m 以上。

小王為電機技師，負責某建案之電氣配線設計。請回答下面問題：

145. (　B　) 為防止電力公司中性線斷路時電器設備被燒毀，其接地位置通常在接戶開關之電源側與瓦時計之負載側間，此係何種接地方式？ (A)設備接地 (B)內線系統接地　(C)低壓電源系統接地　(D)系統共同接地。

接地位置通常在接户開關之電源側與瓦時計之負載側間，此為內線系統接地方式。

146. (　B　) 接地系統施工規定，下列敘述何者錯誤？ (A)接地極應為埋設管、棒或板等人工接地極，接地引接線連接點應加銲接或以特製之接地夾子妥接 (B)接地引接線應藉銲接或其他方法使其與人工接地極妥接，在該接地線上應加裝開關及保護設備　(C)銅板作接地極，其厚度應在 0.7 mm 以上，且與土地接觸之總面積不得小於 900 cm^2，並應埋入地下 1.5 m 以上　(D)鐵管或鋼管作接地極，其內徑應在 19 mm 以上。

接地引接線應銲接或其他方法使其與人工接地極妥接，在該接地線上不得加裝開關及保護設備。

147. (　C　) 避雷針針尖與地面所形成之圓錐體，即為避雷針之保護範圍，危險物品倉庫之保護角不得超過幾度？ (A)15　(B)30　(C)45　(D)65。

建築技術規則建築設備編第21條：

避雷設備受雷部之保護角及保護範圍，應依下列規定：

一、 受雷部採用富蘭克林避雷針者，其針體尖端與受保護地面周邊所形成之圓錐體即爲避雷針之保護範圍，此圓錐體之頂角之一半即爲保護角，除危險物品倉庫之保護角不得超過四十五度外，其他建築物之保護角不得超過六十度。

[104-9-2]

148. (B) 高層建築物之配管立管應考慮層間變位，一般配管之容許層間變位爲二百分之一，消防、瓦斯等配管則爲： (A)五十分之一 (B)百分之一 (C)二百分之一 (D)三百分之一。

建築技術規則建築設計施工編第245條：

高層建築物之配管立管應考慮層間變位，一般配管之容許層間變位爲二百分之一，消防、瓦斯等配管爲百分之一。

149. (C) 電氣工程完工時，承商應請一具有技師執照及爲台電所核可之檢驗公司，由合格人員進行檢驗，檢驗應在工程司之監督下進行，檢驗不包含下列何項？ (A)所有高壓以上設備及電纜 (B)所有連接單元變電站至配電盤之低壓設備電纜 (C)通風設備 (D)所有馬達控制中心。

通風設備非電氣工程完工時須由合格人員進行檢驗。

150. (A) 設於車廂出入口門(Hatch Door)，必須使升降機停在該樓時開啓，否則必須使用鑰匙由外部開啓，屬於下列何者機械安全裝置？ (A)門連鎖裝置 (B)安全裝置 (C)車廂門開關 (D)緩衝器。

設於車廂出入口門(Hatch Door)，必須使升降機停在該樓時開啓，否則必須使用鑰匙由外部開啓，屬於門連鎖裝置。

151. (　A　) 空調風管之製作安裝應依美國 SMACNA 之規定，降低在法蘭接頭處、風管製作接合處、岐管開口及與風口連接處之氣密處理，下列何者正確？(A)分爲不同之洩漏等級(Leakage Class)　(B)原則上須維持(但不限於)在30%以下　(C)洩漏處可以保溫補強降低洩漏量　(D)洩漏可利用風量平衡調整時修正。

空調風管之製作安裝應依美國 SMACNA 之規定，降低在法蘭接頭處、風管製作接合處、岐管開口及與風口連接處之氣密處理，分爲不同之洩漏等級(Leakage Class)。

152. (　D　) 依「各類場所消防設施設備」規定，消防栓之安裝須注意各層任一點至消防栓接頭之水平距離不得超過多遠？　(A)1.0 m　(B)2.0 m　(C)3.0 m　(D)25.0 m。

依「各類場所消防設施設備」規定，消防栓之安裝須注意各層任一點至消防栓接頭之水平距離不得超過 25.0 m。

153. (　D　) 避雷針接地導線與電源線、電話線、瓦斯管應至少離開多少以上之距離？(A)10 m　(B)5 m　(C)2 m　(D)1 m。

避雷針接地導線與電源線、電話線、瓦斯管應至少離開 1 m 以上之距離。

[104-9-1]

154. (C) 以下何者不是「機電界面整合圖」(CSD)中應標示及涵蓋內容？ (A)各設備、管路放樣尺寸 (B)各設備、管路垂直高程及各向立面界面檢討 (C)管道間所需預留開口之位置與尺寸 (D)各管路彎折、分歧、變換處之細部疊層檢討。

管道間所需預留開口之位置與尺寸，是「土木結構機電整合圖」(SEM)中應標示及涵蓋內容。

155. (A或C) 「機電界面整合圖」套繪作業流程，在整合完成階段的前一階段爲下列何階段？ (A)檢討修正階段 (B)套繪階段 (C)協調修正階段 (D)準備階段。

「機電界面整合圖」套繪作業流程，在整合完成階段的前一階段爲檢討修正階段與協調修正階段。

[104-5-2]

156. (D) 建築物各種管路之配置，下列敘述何者正確？ (A)可配置於昇降機道內 (B)供飲用之給水管路得與其他用途管路相連接 (C)給水管路可埋設於排水溝內 (D)沖洗式廁所排水、生活雜排水之排水管路應與雨水排水管路分別裝設，不得共用。

(A)不可配置於昇降機道內。
(B)供飲用之給水管路不得與其他用途管路相連接。
(C)給水管路不可埋設於排水溝內。

157. (　D　) 關於緊急柴油引擎發電機組設備之施工及檢驗，下列敘述何者錯誤？ (A)發電機組安裝完成後需依程序繼續實施控制測試，無載運轉測試，加載運轉測試，及系統連鎖測試等 (B)發電機安裝完成後，需測試繞組之絕緣及接地電阻 (C)發電機運轉測試需在專業廠商工程師陪同下實施 (D)發電機室之通風系統僅考量引擎燃燒空氣即可。

發電機室之通風系統不可僅考量引擎燃燒空氣。

158. (　C　) 下列何者非升降機／電扶梯工程常見與建築土木及水電工程需相互配合之介面問題？ (A)電源的供應 (B)升降機機坑深度不足 (C)升降機井道內未設有通風或空調設備 (D)升降機機房內設有非升降機工程使用之機電設備。

升降機井道內本來就不用設有通風或空調設備。

159. (　A　) 爲避免發生「建築病態症候群」，空調系統於設計階段應注意下列何者？ (A)空調新鮮外氣之供給 (B)室內正壓之維持 (C)室內溫度之維持 (D)室內照明。

爲避免發生「建築病態症候群」，空調系統於設計階段應注意空調新鮮外氣之供給。

160. (　C　) 有關消防安全設備，下列敘述何者正確？ (A)瓦斯漏氣火警自動警報設備並非屬消防警報設備總機，不得有雙信號功能 (B)一棟建築物內設有二台以上火警受信總機時，該受信總機處，不得設有能相互同時通話聯絡之設備，以防誤報 (C)裝置蓄積式探測器中或中繼器之火警分區，該分區在受信總機，不得有雙信號功能 (D)受信總機，中繼器及偵煙式探測器，有設定蓄積時間時，其蓄積時間之合計，每一火警分區不得超過 90 sec。

各類場所消防安全設備設置標準第 125 條：
火警受信總機應依下列規定裝置：
一、 具有火警區域表示裝置，指示火警發生之分區。
二、 火警發生時，能發出促使警戒人員注意之音響。
三、 附設與火警發信機通話之裝置。
四、 一棟建築物內設有二臺以上火警受信總機時，設受信總機處，設有能相互同時通話連絡之設備。
五、 受信總機附近備有識別火警分區之圖面資料。
六、 裝置蓄積式探測器或中繼器之火警分區，該分區在受信總機，不得有雙信號功能。
七、 受信總機、中繼器及偵煙式探測器，有設定蓄積時間時，其蓄積時間之合計，每一火警分區在六十秒以下，使用其他探測器時，在二十秒以下。

161. (B) 下列何者是屬於給水系統之「雜用水」？ (A)上水 (B)中水 (C)下水 (D)廢水。

解析

一般自來水稱爲「上水」，也就是我們平常用來飲用、沐浴乾淨的水；反之用過後變髒的汙水則稱爲「下水」，包含雨水、家庭污水、事業廢水；而「中水」則介於「上水」、「下水」之間，又稱爲再生水、回收水，不可飲用，通常用於「非接觸用水(不直接接觸人體)」，如沖馬桶、洗車、澆花等等。

162. (C) 有關排水圖說解說之敘述，下列何者<u>錯誤</u>？ (A)設計圖面相關設置內容之繪製須與圖例符號相符 (B)需要建立系統昇位圖 (C)排放管之排放處須有持壓閥 (D)用水器具排放管須裝設存水彎。

排放管之排放處不須有持壓閥。

陳仕雲負責某工程工地機電部分之施工監造，他必須知道以下問題：

163. (D) 高層建築物風管於貫穿防火區劃處，下列敘述何者<u>錯誤</u>？ (A)管材均應以不燃材料製成 (B)孔隙使用防火材料填滿 (C)設置防火閘門 (D)裝設排水孔。

高層建築物風管於貫穿防火區劃處不得在裝設排水孔，須使防火區劃處具有防火功能。

164. (D) 下列何者非橫式水泵於試運轉前應先完成之事項？ (A)採用聯軸器之水泵，其葉輪與馬達軸之中心線必須於現場重新校正(軸心對正工作) (B)葉輪動力及靜力平衡檢驗 (C)底座裝設減振設備 (D)量測馬達轉速。

橫式水泵於試運轉前應先完成事項：
(A)採用聯軸器之水泵，其葉輪與馬達軸之中心線必須於現場重新校正(軸心對正工作)。
(B)葉輪動力及靜力平衡檢驗。
(C)底座裝設減振設備。

165. (B) 給水管路全部或部份完成後，所進行之水壓試驗，其試驗壓力不得小於 10 kg / cm^2 或該管路通水後至少需承受最高水壓之幾倍，並保持 60 min 而無滲漏現象爲合格？ (A)1.2 倍 (B)1.5 倍 (C)2.0 倍 (D)3.0 倍。

給水管路全部或部份完成後，所進行之水壓試驗，其試驗壓力不得小於 10 kg / cm^2 或該管路通水後至少需承受最高水壓之 1.5 倍，並保持 60 min 而無滲漏現象爲合格。

[104-1-1]

166. (A) 有關基礎排水之敘述，下列何者正確？ (A)基礎排水可以在地下室的地板下設置濾水材料，以排除地板下的地下水 (B)基礎排水系統位置必須高於基礎的底面 (C)基礎之排水應送至集水坑，再排入化糞池 (D)基礎排水的目的，必須將地下水位降低至原土層。

(B)基礎排水系統位置必須低於基礎的底面。
(C)基礎之排水應送至集水坑，不排入化糞池。
(D)基礎排水的目的，必須將地下水位降低至基礎。

[104-1-2]

167. (A) 防火設備中的受信總機、中繼器及偵煙式探測器，有設定蓄積時間時，其蓄積時間之合計，每一火警分區不得超過多少秒？ (A)60 秒 (B)50 秒 (C)30 秒 (D)20 秒。

防火設備中的受信總機、中繼器及偵煙式探測器，有設定蓄積時間時，其蓄積時間之合計，每一火警分區不得超過 60 秒。

168. (C) 以下何者非建築物給排水臥式離心泵浦於運轉前必須完成之工作？ (A)葉輪動力平衡校正 (B)軸心校正 (C)裝設空調設備 (D)裝設減振設備。

臥式離心泵浦於運轉前必須完成之工作：
(1)葉輪動力平衡校正。
(2)軸心校正。
(3)裝設減振設備。

169. (D) 電氣設備於施工階段，凡遇攸關安全重要事項或施工後無法進行檢驗事項，需要監造單位或業主會同檢驗之時間點，下列何者錯誤？ (A)停留檢驗點 (B)限止點(Hold Point) (C)會影響系統運轉可靠性之見證檢驗點 (D)起始點。

需要監造單位或業主會同檢驗之時間點：
(1)停留檢驗點。
(2)限止點(Hold Point)。
(3)會影響系統運轉可靠性之見證檢驗點。

170. (B) 有關地下停車場通風問題，下列敘述何者錯誤？ (A)停車場之通風設計，主要功能必須將停車場內有害氣體有效排出 (B)如通風太大會造成溫升、CO、CO_2及懸浮微粒累積 (C)停車場通風之常見設計方式有傳統風管進排氣系統及導流式風機系統二種 (D)導流式風機系統是以多台小型風機，取代風管。

通風太大不會造成溫升、CO、CO_2及懸浮微粒累積。

171. (A) 空調方式大致分爲中央方式及個別方式，下列空調方式何者屬中央方式？ (A)全空氣方式 (B)箱型冷氣機方式 (C)窗型冷氣機方式 (D)閉迴路熱泵方式。

中央方式可分爲：1. 全空氣方式，2. 小型機組並用方式，3. 全水方式。

172. (B) 火警受信總機之安裝，下列敘述何者正確？ (A)應裝置於日光易直接照射之位置 (B)應裝置於值日室等經常有人之處所 (C)不可裝設於防災中心 (D)安裝傾斜對功能或品質無影響。

火警受信總機之安裝應裝置於日光不易直接照射之位置，且需裝設於防災中心，安裝傾斜對功能或品質有影響。

某工程顧問公司爲了使監工人員更清楚認識弱電系統分類與圖說，有關弱電圖說解說，回答下列問題：

173. (B) 下列有關弱電昇位圖的敘述，何者不正確？ (A)昇位圖的管線應與平面圖相對位置管線一致 (B)配管昇位圖需標明箱體型號和廠牌 (C)配線昇位圖需標明插座對數和管徑大小 (D)避雷系統接地歐姆值及接地銅棒 E、P、C 間距需標明。

配管昇位圖不需標明箱體型號和廠牌。

174. (D) 下列何者<u>不屬於</u>弱電系統？ (A)電信系統 (B)視聽系統 (C)停車管理系統 (D)電力系統。

電力系統不屬於弱電系統。

張漢爲某技師事務所之設計工程師，負責建築大樓給排水之專案。請回答下面問題：

175. (B) 張漢須依何者決定自來水進水管與水錶口徑及日用水箱容量？ (A)衛生器具汙水計算表 (B)自來水公司內線審查計算表 (C)自來水箱容量計算表 (D)自來水泵浦揚程計算表。

自來水公司內線審查計算表可用來決定自來水進水管與水錶口徑及日用水箱容量。

176. (A) 張漢須依何者決定污水處理設施容量？ (A)依排水及衛生器具數量計算 (B)依自來水公司內線審查計算表 (C)自來水箱容量計算表 (D)自來水泵浦揚程計算表。

依排水及衛生器具數量計算來決定污水處理設施容量。

契約規範

單元重點

1. 工程契約概論
2. 爭議處理
3. 工程保險

[110-1-2]

■情境式選擇題

某工程人員甲爲自己投保人壽保險時，以相同金額分別向多家保險公司投保且皆未通知投保的其他公司，後某甲因工地意外過世，請回答下列問題：

1. (C) 某甲的重複投保行爲應可以歸類於以下哪一種保險型態？ (A)超額保險 (B)自負額保險 (C)複保險 (D)再保險。

保險法第35條：
複保險，謂要保人對於同一保險利益，同一保險事故，與數保險人分別訂立數個保險之契約行爲。

2. (C) 當辦理某甲之保險契約理賠時，以下敘述何者正確？ (A)某甲未將他保險人之名稱及保險金額通知各保險人，保險契約不生效力 (B)各保險人僅就某甲投保金額平均分攤負擔，賠償總額不超過單一投保金額 (C)保險公司應依各保險公司受理保險金額，全數辦理額理賠 (D)核計保險金額若超過保險標的價值時，某甲的保險契約均不生效力。

某甲未將他保險人之名稱及保險金額通知各保險人，保險契約生效力。
(B)各保險人僅就某甲投保金額平均分攤負擔，賠償總額得超過單一投保金額。
(D)核計保險金額若超過保險標的價值時，某甲的保險契約生效力

[111-1-2]

■情境式選擇題

A(定作人)與B(承攬人)訂定承攬合約，進行五層樓的房屋建築工程。請回答下列問題：

3. (C) 結構物完成後，A因缺乏資金，不想繼續履行契約，此時A應主張何種權利？ (A)解除權 (B)中止權 (C)終止權 (D)甲不可單方面主張停止履行契約。

民法第 549 條：
當事人之任何一方，得隨時終止委任契約。當事人之一方，於不利於他方之時期終止契約者，應負損害賠償責任。但因非可歸責於該當事人之事由，致不得不終止契約者，不在此限。代辦權未定期限者，當事人之任何一方得隨時終止契約。

4. (D) 結構物完成後，B 因嚴重缺工，不想繼續履行契約，此時 B 應主張何種權利？ (A)解除權 (B)中止權 (C)終止權 (D)B 不可單方面主張停止履行契約。

民法第 549 條：
當事人之任何一方，得隨時終止委任契約。當事人之一方，於不利於他方之時期終止契約者，應負損害賠償責任。但因非可歸責於該當事人之事由，致不得不終止契約者，不在此限。代辦權未定期限者，當事人之任何一方得隨時終止契約。

[111-5-2]

■情境式選擇題

A 營造公司單獨承攬 B 政府機關公共工程後，將部分工程委託 C 廠商施作，並就該部分工程設定權利質權報備機關同意。請回答下列問題：

5. (D) 該工程中的的分包契約當事人爲下列何人？ (A)A、B、C (B)A、B (C)B、C (D)A、C。

分包契約報備於採購機關，並經得標廠商就分包部分設定權利質權予分包廠商者，民法第五百十三條之抵押權及第八百十六條因添附而生之請求權，及於得標廠商對於機關之價金或報酬請求權。

6. (B) C 廠商扮演 B 機關與 A 公司間工程契約中的何種角色？ (A)轉包商 (B)分包商 (C)履行輔助人 (D)履約連帶保證人。

採購法第六十七條得標廠商得將採購分包予其他廠商。稱分包者，謂非轉包而將契約之部分由其他廠商代爲履行。

7. (B) C 廠商在該工程中應負擔甚麼責任？ (A)對機關負連帶履約責任 (B)對機關負連帶瑕疵擔保責任 (C)基於債權契約相對性僅對 B 負契約責任 (D)需視 A、C 間約定決定是否應負任何責任。

採購法第六十七條分包廠商就其分包部分，與得標廠商連帶負瑕疵擔保責任。

[109-9-1]

8. (A) 下列何者<u>不是</u>合約條款有衝突時，優先適用之基本精神？ (A)前者優於後者 (B)後修正者優先於先修正者 (C)條款優於圖面 (D)大比例圖面先於小比例圖面。

後者合約條款優於前者合約條款。

9. (D) 公共工程委員會「公有建築物」或「公共工程」施工階段契約約定權責分工表(有委託專案管理廠商)中，工程介面協調應該由工程中哪一個角色辦理？ (A)起造人 (B)專案管理單位 (C)設計人 (D)監造人。

工程介面協調應該由監造人出面協調。

10. (A) 下列何者<u>非</u>爲事業單位以其事業之全部或一部分交付承攬時，應爲之危害告知規定？ (A)會議中口頭告知 (B)事業工作環境 (C)危害因素 (D)有關安全衛生規定應採取之措施。

會議中口頭告知不能當作危害告知規定。

某公共工程即將完工並將辦理竣工及驗收程序，請回答以下問題。

11. (B) 工程完工後才接管或使用的機關(單位)人員，通常在驗收程序中擔任以下哪一個角色？ (A)主驗人員 (B)會驗人員 (C)協驗人員 (D)監驗人員。

政府採購法施行細則第 91 條：

機關辦理驗收人員之分工如下：

一、 主驗人員：主持驗收程序，抽查驗核廠商履約結果有無與契約、圖說或貨樣規定不符，並決定不符時之處置。

二、 會驗人員：會同抽查驗核廠商履約結果有無與契約、圖說或貨樣規定不符，並會同決定不符時之處置。但採購事項單純者得免之。

三、 協驗人員：協助辦理驗收有關作業。但採購事項單純者得免之。

會驗人員，爲接管或使用機關(單位)人員。

協驗人員，爲設計、監造、承辦採購單位人員或機關委託之專業人員或機構人員。

法令或契約載有驗收時應辦理丈量、檢驗或試驗之方法、程序或標準者，應依其規定辦理。

有監驗人員者，其工作事項爲監視驗收程序。

12. (B) 以下何者不屬於施工環境所導致的災害因素？ (A)斜坡上作業 (B)煞車性能 (C)軟弱地層 (D)地震。

解析

煞車性能屬於施工機械設備安全所導致的災害因素。

[109-9-2]

甲營造公司承攬一公共工程，因工程金額龐大、事項繁雜，擬將混凝土結構體交由一長期合作的夥伴乙公司負責興建，請回答下列問題：

13. (A) 「將契約中應自行履行之全部或其主要部分，由其他廠商代爲履行」在採購法中的定義是指？ (A)轉包 (B)次承攬 (C)聯合承攬 (D)分包。

(B)次承攬：承攬人得將所承攬之工作轉給次承攬人來完成，此即所謂次承攬。

(C)聯合承攬：由兩個以上的營造業者簽訂協議，組成聯營組織，採內部分工或共同經營的方式，向業主承攬某一特定工程，由各成員間約定分擔損益，並就該工程對業主負共同及連帶責任。

(D)分包：稱分包者，謂非轉包而將契約之部分由其他廠商代為履行，分包廠商就其分包部分，與得標廠商連帶負瑕疵擔保責任。

14. (B) 實際施工時，工程當事人間的法律關係，何者錯誤？ (A)次承攬人，在完成工作的過程中，因故意或過失，而造成他人的損害時，承攬人必須就其損害之部分，負同一責任 (B)次承攬人對承攬人應負履行輔助人之責任 (C)基於債權契約相對性，次承攬人與定作人間並不生任何權利義務關係 (D)次承攬契約與原承攬契約係個別獨立之契約，其中一契約無效，不影響另一契約之效力。

次承攬人對承攬人應負瑕疵擔保責任。

某公共工程分 A、B 兩區，以工程契約總價投保營造工程綜合保險，保險期間為 1 月 1 日至 11 月 30 日。該工程於 1 月 10 日開工，工期經展延後於 12 月 28 日驗收。A 區提前於 11 月 20 日啓用。保險於合約期間未作任何更動。請回答下列問題：

15. (D) 試問保險公司在 B 區之保險責任之開始與終止時間為以下何者？ (A)1 月 1 日至 11 月 30 日 (B)1 月 10 日至 12 月 28 日 (C)1 月 10 日至 11 月 20 日 (D)1 月 10 日至 11 月 30 日。

合約保險期間為 1 月 1 日至 11 月 30 日，保險開始於於 1 月 10 日開工之時，終止時間為保險合約結束時間 11 月 30 日。

[109-5-1]

16. (　C　) 某工程合約金額 800,000 元，工程預算 750,000 元，完成比 80%，成本實績 600,000 元，請預估完工成本爲多少元？　(A)600,000 元　(B)720,000 元　(C)750,000 元　(D)780,000 元。

80% / 100% = 600,000 / X，X = 750,000 元

[109-5-2]

17. (　C　) 以下何者不是保險概論三項「保險原則」其中之一？　(A)最大誠信原則　(B)損害補償原則　(C)過失責任原則　(D)主力近因原則。

解析

保險原則：1. 最大誠信原則。2. 損害補償原則。3. 主力近因原則。

18. (　B　) 營造綜合保險基本條款中，工程之一部分或全部連續停頓最多逾多少日曆天即屬保險之共同不保事項？　(A)7 天　(B)30 天　(C)6 個月　(D)一年。

解析

營造綜合保險基本條款中，工程之一部分或全部連續停頓最多逾 30 日曆天即屬保險之共同不保事項。

某工程由甲營造公司承建，甲營造公司再將其中之模板工程交由乙公司施作，乙公司再將模板組立代工交由丙公司施作，甲乙丙公司分別僱有勞工於工地共同作業，甲營造公司再指定小明爲工作場所負責人。請回答下列問題：

19. (　A　) 爲防止職業災害，協議組織應由何人設置？　(A)甲營造公司　(B)乙公司　(C)丙公司　(D)小明。

職業安全衛生法第27條：

事業單位與承攬人、再承攬人分別僱用勞工共同作業時，為防止職業災害，原事業單位應採取下列必要措施：

一、設置協議組織，並指定工作場所負責人，擔任指揮、監督及協調之工作。

二、工作之連繫與調整。

三、工作場所之巡視。

四、相關承攬事業間之安全衛生教育之指導及協助。

五、其他為防止職業災害之必要事項。

事業單位分別交付二個以上承攬人共同作業而未參與共同作業時，應指定承攬人之一負前項原事業單位之責任。

20. (D) 下列何者非為小明之工作？ (A)相關承攬事業間之安全衛生教育之指導及協助 (B)工作之連繫與調整 (C)擔任指揮、監督及協調之工作 (D)丙公司之勞工調派作業。

丙公司之勞工調派作業為丙公司作業主管指派。

[109-1-1]

某公共工程完工後，進行驗收作業程序，經完成初驗後，關於驗收程序規定，請回答下列問題：

21. (D) 試問，驗收缺失限期改善，契約未規定者，應由誰決定？ (A)主辦人 (B)監造單位 (C)主辦單位主管 (D)主驗人。

解析

驗收缺失限期改善，契約未規定者，應由主驗人決定。

22. (A) 初驗完成後，除契約另有規定外，機關應於幾天內辦理驗收？ (A)20 天 (B)30 天 (C)45 天 (D)60 天。

初驗完成後，除契約另有規定外，機關應於20天內辦理驗收。

[109-1-2]

23. (D) 工程契約爭議產生的原因，請問「承攬人未聘有法定之專門人員」應屬於以下哪一類的契約爭議原因？ (A)契約約定內容未約定或約定不明確 (B)履約未依誠實信用原則進行 (C)契約約定內容未依公平合理之原則訂立 (D)契約主體不適格。

在契約上有明訂承攬人需聘有法定之專門人員時，如未聘則爲契約主體不適格。

24. (C) 關於爭議和解，以下何者爲<u>錯誤</u>？ (A)民事上之和解，須待法院判決後，方有確定力 (B)雙方於法院爭訟時，法院不問訴訟程度如何，得隨時試行和解 (C)訴訟上之和解與民事上和解有別，自無民法第737條所定，使當事人所拋棄之權利消滅及使當事人取得和解契約所訂明權利之效力 (D)訴訟上和解，與法院確定判決有同一效力，可以和解內容爲執行名義。

民法第737條：

和解有使當事人所拋棄之權利消滅及使當事人取得和解契約所訂明權利之效力。

<u>小明</u>負責一件重劃區的公共工程，辦理工程採購、施工、驗收業務，請回答下列問題：

25. (D) 小明與投標廠商間發生何種爭議時，廠商不得依據政府採購法爭議處理相關規定向機關提出異議或申訴？ (A)招標爭議 (B)審標爭議 (C)決標爭議 (D)驗收爭議。

「履約爭議」係泛指政府採購契約成立後，在履約驗收階段的採購作業中所發生之爭議，涵蓋至契約履行完畢，特點是雙方已具有契約關係，其權利義務可逕依契約判斷。「招標爭議」則指政府採購契約成立前，自決定採購至決標簽約前所發生之爭議，其特點有二，其一在於雙方尚未成立政府採購契約，故並無契約關係；其二爲爭議之發生均爲辦理採購招標之機關片面所爲之採購決定，引起廠商不服所致。
投標廠商不是決標廠商所以沒驗收問題。

26. (A) 工程基地開挖後，發現地底於不明時期有部分被傾倒廢棄物，屬施工期間因未能預見之情形，必須追加契約以外之工程給原廠商，依政府採購法第22條第1項第6款辦理，下列何者正確？ (A)追加契約以外之工程，未逾原主契約金額百分之五十者 (B)追加契約以外之工程，未逾原主契約金額百分之六十者 (C)追加契約以外之工程，未逾原主契約金額七十者 (D)追加契約以外之工程，未逾原主契約金額百分之八十者。

政府採購法第 22 條機關辦理公告金額以上之採購，符合下列情形之一者，得採限制性招標：
在原招標目的範圍內，因未能預見之情形，必須追加契約以外之工程，如另行招標，確有產生重大不便及技術或經濟上困難之虞，非洽原訂約廠商辦理，不能達契約之目的，且未逾原主契約金額百分之五十者。

27. (C) 下列何者不是小明應督導監造單位及其現場監造人的工作重點？ (A)訂定監造計畫，並監督、查證廠商履約 (B)重要分包廠商及設備製造商資格之審查 (C)品管統計分析、矯正與預防措施之提出及追蹤改善 (D)訂定檢驗停留點(限止點)，辦理抽查施工作業及抽驗材料設備，並於抽查(驗)紀錄表簽認。

品管統計分析、矯正與預防措施之提出及追蹤改善，這是品管工程師的工作重點。

28. (D) 列何者並非人身保險？ (A)健康保險 (B)傷害保險 (C)年金保險 (D)保證保險。

保證保險並非人身保險，保證保險以信用風險作爲保險標的，保險人對被保證人的作爲或不作爲致使權利人遭受損失負賠償責任的保險。

[108-9-2]

小張考上了工地主任，負責公司道路新建公共工程，工程造價一億元，請回答下列問題：

29. (D) 驗收時工地主任未到場陪同驗收並說明時，下列罰則何者錯誤？ (A)依情節輕重，予以警告或三個月以上一年以下停止執行營造業務之處分 (B)依規定受警告處分三次者，得予以三個月以上一年以下停止執行營造業務之處分 (C)受停止執行營造業務處分期間累計滿三年者，得廢止其工地主任執業證 (D)得併科 3,000 元以上，12,000 元以下之罰金。

依據營造業法第 61 條規定：

驗收時工地主任未到場陪同驗收並說明時，有下列罰則：

依情節輕重，予以警告或三個月以上一年以下停止執行營造業務之處分。

依規定受警告處分三次者，得予以三個月以上一年以下停止執行營造業務之處分。

受停止執行營造業務處分期間累計滿三年者，得廢止其工地主任執業證。

30. (A) 下列何者不得爲該道路工程採購之主驗人或樣品及材料之檢驗人？ (A)該採購案件最基層之承辦人員 (B)機關總務人員 (C)需求單位人員 (D)承辦採購單位之主管。

該採購案件最基層之承辦人員，不得爲該道路工程採購之主驗人或樣品及材料之檢驗人。承辦人員與主驗人員或檢驗人員要利益迴避。

31. (D) 有關公共工程中運送出工地之土石方流向相關規定，下列何者錯誤？ (A)主辦(管)機關應配合建立運送流向證明檔案制度 (B)承包廠商請領工程估驗款計價時，主辦機關應抽查運送流向證明檔案與餘土處理計畫是否相符 (C)如有違規棄置剩餘土石方者，應由工程主辦機關，按契約規定扣帳、停止估驗、限期清除違規現場回復原土地使用目的與功能，並移請地方政府依規定查處 (D)應建立處理計畫，由監造廠商督導承造廠商處理剩餘土石方。

剩餘土石方運出工區期間，工程主辦機關應督導承包廠商及監造單位辦理剩餘土石方。

32. (D) 若該工程招標文件未載明政府採購法第101條第1項第10款所稱延誤履約期限情節重大之態樣此時應以履約進度落後百分之二十以上，且日數達幾日以上爲判斷標準？ (A)30日 (B)20日 (C)14日 (D)10日。

政府採購法第101條：

機關辦理採購，發現廠商有下列情形之一，應將其事實、理由及依第103條第一項所定期間通知廠商，並附記如未提出異議者，將刊登政府採購公報：

十、 因可歸責於廠商之事由，致延誤履約期限，情節重大者。

此時應以履約進度落後百分之二十以上，且日數達10日以上爲判斷標準。

33. (A) 依據採購法機關承辦、監辦採購人員對於與採購有關之事項，下列何者不是應迴避之情形爲： (A)涉及前配偶或四親等以上血親或姻親利益 (B)涉及本人、配偶利益 (C)涉及三親等以內血親或姻親利益 (D)涉及同財共居親屬利益。

採購法第 15 條：

機關承辦、監辦採購人員離職後三年內不得爲本人或代理廠商向原任職機關接洽處理離職前五年內與職務有關之事務。

機關人員對於與採購有關之事項，涉及本人、配偶、二親等以內親屬，或共同生活家屬之利益時，應行迴避。

機關首長發現前項人員有應行迴避之情事而未依規定迴避者，應令其迴避，並另行指定人員辦理。

某工程因施工安全設施不足導致工人受傷，工人向營造廠商求償 25 萬元。嗣後，雙方私下以 20 萬元達成和解。請回答下列問題：

34. (C) 關於該事件之和解，以下何者錯誤？ (A)民事上和解須待法院判決後方有確定力 (B)此一和解原則上不得以錯誤爲理由將之撤銷 (C)雙方合意產生與法院確定判決有相同之效力 (D)該和解與訴訟上和解均會使當事人所拋棄之權利消滅。

雙方合意產生與法院確定判決沒有相同之效力。

35. (A) 債務不履行責任在民法中一般包含三部分，以下何者不是這三者之一？ (A)給付保證 (B)給付不能 (C)給付遲延 (D)不完全給付。

債務不履行責任在民法中一般包含三部分：1. 給付不能。2. 給付遲延。3. 不完全給付。

36. (B) 現行行政訴訟制度的審級制度爲以下何者？ (A)二級二審制 (B)三級二審制 (C)二級三審制 (D)三級三審制。

現行行政訴訟制度的審級制度爲三級二審制。

[108-5-1]

37. (C) 關於契約及圖說各項文件之優先順序，以下何項敘述爲不正確？ (A)條款優於圖面 (B)規範先於價目單 (C)規範優於圖面 (D)大比例圖面優於小比例圖面。

圖面應優於規範。

[108-5-2]

38. (A) 撤銷仲裁裁決之訴，屬於下列何種性質之訴訟？ (A)形成之訴 (B)給付之訴 (C)確認之訴 (D)行政之訴。

解析

撤銷仲裁裁決之訴，屬於形成之訴性質之訴訟。

39. (A) 下列何者非實務上解決工程契約糾紛常用之方式？ (A)訴願 (B)調解 (C)仲裁 (D)訴訟。

實務上解決工程契約糾紛常用之方式：1. 調解，2. 仲裁，3. 訴訟。

小李的公司承包一公共工程，經主辦機關通知其因僞造、變造投標相關文件，擬刊登採購公報。請回答以下問題。

40. (B) 小李公司若提出異議，機關依採購法第 102 條規定將異議處理結果以書面通知，應附記小李公司如對於該處理結果不服，得於收受異議處理結果之次日起幾日內，以書面向採購申訴審議委員會提出申訴？ (A)10 日 (B)15 日 (C)20 日 (D)25 日。

採購法第 102 條：

廠商對於機關依前條所爲之通知，認爲違反本法或不實者，得於接獲通知之次日起二十日內，以書面向該機關提出異議。

廠商對前項異議之處理結果不服，或機關逾收受異議之次日起十五日內不爲處理者，無論該案件是否逾公告金額，得於收受異議處理結果或期限屆滿之次日起十五日內，以書面向該管採購申訴審議委員會申訴。

機關依前條通知廠商後，廠商未於規定期限內提出異議或申訴，或經提出申訴結果不予受理或審議結果指明不違反本法或並無不實者，機關應即將廠商名稱及相關情形刊登政府採購公報。

第一項及第二項關於異議及申訴之處理，準用第六章之規定。

41. (D) 依採購法規定，借用或冒用他人名義或證件，或以僞造、變造之文件參加投標、訂約或履約者被刊登於政府採購公報之廠商，於幾年內不得參加投標或作爲決標對象或分包廠商？ (A)6 個月 (B)1 年 (C)2 年 (D)3 年。

採購法第 103 條：

依前條第三項規定刊登於政府採購公報之廠商，於下列期間內，不得參加投標或作爲決標對象或分包廠商：一、有第 101 條第一項第一款至第五款、第十五款情形或第六款判處有期徒刑者，自刊登之次日起三年。但經判決撤銷原處分或無罪確定者，應註銷之。

某工程投保營造業綜合保險，依據工程總價投保金額 500 萬元，自負額 50 萬元。工程施作實際造價均與工程投保金額相符。該工程後續施工中遭遇地震，工程中某一構造物全損 300 萬元，隔日餘震又造成同一工程中其他構造物全損 150 萬元。材料倉庫雖未受損害，但於地震後盤點材料發現材料失落 100 萬元。請依據教材中營造綜合保險基本條款回答以下問題。

42. (C) 材料盤點前，若不計材料失落金額，可請求之賠償金額爲？ (A)500 萬元 (B)450 萬元 (C)400 萬元 (D)350 萬元。

300 + 150 − 50 = 400 萬元

43. (D) 若加計材料盤點失落金額 100 萬元，則可請求的理賠金額爲多少萬元？(A)550 萬元 (B)500 萬元 (C)450 萬元 (D)400 萬元。

材料倉庫雖未受損害，但於地震後盤點材料發現材料失落 100 萬元，不理賠。

44. (D) 機關辦理公告金額以上採購之招標，除有特殊情形者外，應於決標後一定期間內，將決標結果之公告刊登於政府採購公報，其中一定期間爲？(A)自開標日起 20 日 (B)自開標日起 30 日 (C)自決標日起 20 日 (D)自決標日起 30 日。

機關辦理公告金額以上採購之招標，除有特殊情形者外，應自決標日起 30 日，將決標結果之公告刊登於政府採購公報。

[108-1-2]

小李找朋友一起合資依營造業法規定成立了丙等營造業，由小李擔任該公司的負責人，並由小王擔任專任工程人員，試回答下列問題。

45. (D) 請問該公司的資本額應該爲新臺幣多少元以上？ (A)2 億元以上 (B)2,250 萬元以上 (C)1,000 萬元以上 (D)300 萬元以上。

營造業法施行細則修正，土木包工業承攬工程造價限額由現行 600 萬元調整爲 720 萬元，其資本額由 80 萬元調整爲 100 萬元；丙等綜合營造業承攬工程造價限額由 2,250 萬元調整爲 2,700 萬元，其資本額由 300 萬元調整爲 360 萬元；乙等由 7,500 萬元調整爲 9,000 萬元，其資本額由 1,000 萬元調整爲 1,200 萬元；甲等綜合營造業及專業營造業承攬工程造價限額皆維持其資本額之 10 倍，其工程規模不受限制。

46. (送分) 該公司的承攬造價限額為新臺幣多少元？ (A)300 萬元 (B)600 萬元 (C)2,250 萬元 (D)5,000 萬元。

解析

丙等綜合營造業承攬工程造價限額由 2,250 萬元調整為 2,700 萬元，其資本額由 300 萬元調整為 360 萬元。

47. (A) 小王同一時間找另一份工作增加收入，下列敘述何者錯誤？ (A)專任工程人員，得為繼續性之從業人員，並得為定期契約勞工，兼任其他業務或職務 (B)得兼任中央主管機關認可之教學、研究、勘災、鑑定或其他業務、職務 (C)小李應該要通知小王限期就兼任工作、業務辦理辭任 (D)小王應查核施工計畫書，並於認可後簽名或蓋章。

專任工程人員不得兼任其他業務或職務。

48. (B) 當事人約定，一方為他方完成一定之工作，他方俟工作完成，給付報酬之契約。係指何種契約？ (A)委任契約 (B)承攬契約 (C)僱傭契約 (D)代理契約。

(A)委任契約：乃當事人約定，一方委託他方處理事務，他方承諾處理之契約(民法第 528 條)。

(B)承攬契約：乃當事人約定，一方為他方完成一定之工作，他方等到工作完成，給付報酬之契約(民法第 490 條)。

(C)僱傭契約：是指當事人約定，受僱人於一定或不定之期限內，為僱用人服勞務，而僱用人給付報酬之契約(民法第 482 條)。

(D)代理契約：來約定協助製造商或進口商販賣商品，以及開發或經營各種市場通路。

49. (D) 政府採購法之申訴審議判斷與何者有同一效力？ (A)異議處理結果 (B)終局確定判決 (C)仲裁判斷 (D)訴願決定。

政府採購法之申訴審議判斷與訴願決定有同一效力。

某甲參與政府採購案，惟於參與採購過程中遇有相關爭議：

50. (D) 某甲因採購開標之資格審查，被判定資格不符，下列何者非救濟程序中可能適用之程序？ (A)異議 (B)申訴 (C)行政訴訟 (D)民事訴訟。

解析

採購開標救濟程序中可能適用之程序爲異議、申訴或行政訴訟。

51. (B) 某甲因違約金與否與機關產生履約爭議，下列何者非救濟程序中可能適用之程序 (A)調解 (B)申訴 (C)民事訴訟 (D)仲裁。

因違約金與否與機關產生履約爭議能適用之程序：1. 調解，2. 民事訴訟。3. 仲裁。

[107-9-1]

52. (C) 一般公共工程的契約文件與條款間有衝突時，以下釋疑之優先順序何者爲正確？ (A)價目單先於規範 (B)一般條款優先於特定條款 (C)條款優於圖面 (D)小比例尺圖面優先於大比例尺圖面。

解析

優先順序爲：規範先於價目單＞特定條款優先於一般條款＞大比例圖面優於小比例圖面。

53. (A) 工資金額超過 60%以上之零星或專業性工程或技術服務等交由專業廠商，此稱爲何種採購案件？ (A)勞務 (B)購料 (C)作頭 (D)工程。

工資金額超過 60%以上之零星或專業性工程或技術服務等交由專業廠商，此稱爲勞務採購案件。

[107-9-2]

54. (　A　) 某工程案辦理採購之驗收，工程契約無初驗程序及其他規定，機關應於接獲廠商通知備驗或可得驗收之程序完成後幾日內辦理驗收，並作成驗收紀錄？ (A)30 日　(B)20 日　(C)15 日　(D)10 日。

工程契約無初驗程序及其他規定，機關應於接獲廠商通知備驗或可得驗收之程序完成後30 日內辦理驗收，並作成驗收紀錄。

55. (　A　) 公共工程委員會在其出版之「工程採購契約管理手冊」第二章認爲，招標揭示屬於？ (A)要約之引誘　(B)要約　(C)承諾之引誘　(D)承諾。

解析

就政府採購契約而言，其屬債權契約性質，當機關辦理招標作業，發出招標公告或邀標通知，爲要約之引誘，廠商依該招標文件規定，參與機關招標作業所爲之投標行爲則屬要約，至於機關審查廠商之投標文件，並依招標文件規定之決標原則決標予得標廠商之決標行爲，則屬機關對於投標廠商要約所爲之承諾。

某工程以工程契約總價投保營造工程綜合保險，其中一項設備契約單價 200 萬元，工地安裝該設備過程發生意外造成全損，若不考慮自負額：

56. (　B　) 若工程進行中該設備單價實際進行採購金額爲 180 萬元，則保險人應理賠金額爲何？ (A)160 萬元　(B)180 萬元　(C)190 萬元　(D)200 萬元。

解析

保險人應理賠金額爲該設備過程發生意外造成全損採購金額。

57. (　A　) 若工程進行中該設備單價實際進行採購金額爲 220 萬元，則保險人應理賠金額爲何？ (A)200 萬元　(B)210 萬元　(C)220 萬元　(D)180 萬元。

解析

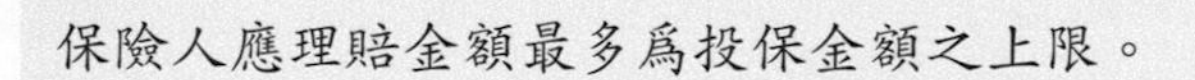

保險人應理賠金額最多爲投保金額之上限。

[107-5-1]

58. (D) 對於契約圖說各項文件之優先順序，以下何者最爲優先？ (A)契約圖說 (B)投標單及附錄 (C)一般條款 (D)開標紀錄。

開標紀錄＞契約圖說＞投標單及附錄＞一般條款。

59. (C) 物料驗收發現對製成品有減低效能者的缺點，稱爲： (A)輕微缺點 (B)次要缺點 (C)主要缺點 (D)嚴重缺點。

物料驗收發現對製成品有減低效能者的缺點，稱爲主要缺點。

[107-5-2]

60. (C) 機關得於招標文件中規定投標廠商繳納押標金不予發還之情形，下列何者爲非？ (A)冒用他人名義或證件投標 (B)開標後應得標者不接受決標或拒不簽約 (C)廠商之標價偏低，有採購法第 58 條所定情形而未於機關通知期限內提出合理之說明者 (D)押標金轉換爲保證金。

機關執行本程序前，應先確認招標文件有無依採購法第 31 條第 2 項記載押標金不發還或追繳之下列事由：(一)以僞造、變造之文件投標。(二)投標廠商另行借用他人名義或證件投標。(三)冒用他人名義或證件投標。(四)在報價有效期間內撤回其報價。(五)開標後應得標者不接受決標或拒不簽約。(六)得標後未於規定期限內，繳足保證金或提供擔保。(七)押標金轉換爲保證金。(八)其他經主管機關認定有影響採購公正之違反法令行爲者。

61. (D) 下列何種政府採購爭議不屬於公法上之爭議？ (A)招標爭議 (B)審標爭議 (C)決標爭議 (D)驗收爭議。

驗收爭議不屬於公法上之爭議。

62. (D) 下列何者非重要之保險原則？ (A)最大誠信原則 (B)損害補償原則 (C)主力近因原則 (D)信賴保護原則。

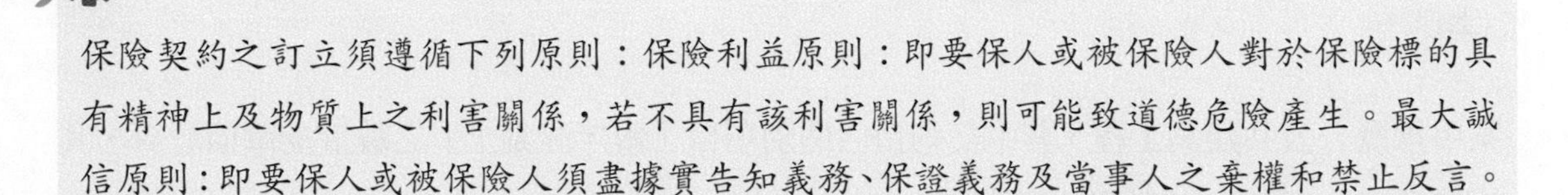

保險契約之訂立須遵循下列原則：保險利益原則：即要保人或被保險人對於保險標的具有精神上及物質上之利害關係，若不具有該利害關係，則可能致道德危險產生。最大誠信原則：即要保人或被保險人須盡據實告知義務、保證義務及當事人之棄權和禁止反言。

小黑爲一公共工程工地之主任，工程查核小組準備至該工地進行查核，試回答下列問題。

63. (D) 有關查核結果品質缺失懲罰性違約金機制的特色，下列何者爲非？ (A)透過契約扣罰 (B)屬懲罰性違約金 (C)適用於公共工程之「勞務採購」 (D)適用於公共工程之「財務採購」。

財務採購：本法所稱財物，指各種物品(生鮮農漁產品除外)、材料、設備、機具與其他動產、不動產、權利及其他經主管機關認定之財物。

64. (D) 下列何者非懲罰性違約金的扣款對象？ (A)委辦專案管理廠商 (B)委辦監造廠商 (C)承攬廠商 (D)工程主辦機關。

工程主辦機關非懲罰性違約金的扣款對象，簡單來説對方是業主你怎麼扣業主錢。

65. (D) 依據查核結果品質缺失懲罰性違約金機制，下列何者為非？ (A)依工程採購契約規定，懲罰性違約金金額，每點扣款新臺幣[4,000]元 (B)依勞務契約規定，懲罰性違約金金額，每點扣款新臺幣[1,000]元 (C)依勞務採購契約規定，品質缺失懲罰性違約金之總額，以契約價金總額之百分之二十為上限 (D)依工程採購契約規定，品質缺失懲罰性違約金之總額，以契約價金總額之百分之十為上限。

依工程採購契約規定，品質缺失懲罰性違約金之總額，以契約價金總額之百分之二十為上限。

某甲承攬一公共建築工程，其中契約預估個別項目「預拌混凝土」之數量及單價計算，其複價為 1,000 萬元，請回答下列問題：

66. (A) 若本工程施作時混凝土價格發生劇烈變動，成本增加，雙方就計價產生爭議，以下何者最不可能是雙方解決此項爭議的方式？ (A)申訴 (B)訴訟 (C)仲裁 (D)調解。

履約爭議發生的處理方式：1. 民事訴訟。2. 仲裁。3. 調解。

67. (C) 若某甲於投標前發現混凝土價格與實際價格有明顯落差，貿然投標會有價格上的損失，因而向招標機關提出異議，但未獲處理。依據政府採購處理程序，後續最適於某甲提出的爭議程序是？ (A)調解 (B)仲裁 (C)申訴 (D)釋疑。

招標、審標、決標之申訴：公告金額以上之採購，廠商依本法第 76 條規定向該管採購申訴審議委員會提出申訴，機關應自收受申訴書副本之次日起 10 日內，以書面向該委員會陳述意見。

[107-1-2]

68. (C) 機關辦理驗收，得委託專業人員或機構人員擔任何種工作？ (A)主驗 (B)會驗 (C)協驗 (D)監驗。

解析

機關辦理驗收，委託專業人員或機構人員擔任的是協驗工作，主驗人員是主辦機關。

69. (D) 下列何者非押標金之主要作用？ (A)維持投標秩序 (B)履約保證 (C)得標人不締約時之違約罰則 (D)預付款還款保證。

解析

投標廠商或採購案有下列情形之一者，相關廠商所繳納之押標金應予發還。但依本法第31條第二項規定不予發還者，不在此限：

一、未得標之廠商。

二、因投標廠商家數未滿三家而流標。

三、機關宣布廢標或因故不予開標、決標。

四、廠商投標文件已確定為不合於招標規定或無得標機會，經廠商要求先予發還。

五、廠商報價有效期已屆，且拒絕延長。

六、廠商逾期繳納押標金或繳納後未參加投標或逾期投標。

七、已決標之採購，得標廠商已依規定繳納保證金。

某工程以工程契約總價投保足額營造工程綜合保險，自負額為20萬元。某日晚上10時許發生地震，其中一項設備契約單價為120萬元全損，在翌日清晨的餘震中另一工程設備金額為150萬元全損。

70. (B) 考慮自負額，應有多少金額之理賠？ (A)270萬元 (B)250萬元 (C)230萬元 (D)210萬元。

解析

$120 + 150 - 20 = 250$ 萬元。

某工程廠商以其一項設備單價 100 萬元，分別向甲乙兩家保險公司投保全額保險，各 100 萬元，且均無自負額。工程進行中該設備意外全損無殘值。試問該廠商可自兩家保險公司領得之保險理賠金額各為多少元？

71. (A) 如不考慮自負額，應有多少金額之理賠？ (A)50 萬元 (B)100 萬元 (C)200 萬元 (D)0 萬元。

設備單價 100 萬元向兩家保險公司投保全額保險，各 100 萬元，兩家保險公司須賠同一個設備單價 100 萬元，所以每家要賠 50 萬元。

[106-9-2]

72. (D) 依照公共工程金質獎頒發作業要點，得獎優良廠商獎勵內容，以下何者有誤？ (A)得依押標金保證金暨其他擔保作業辦法第 33 條之五規定，辦理減收優良廠商押標金作業 (B)得依押標金保證金暨其他擔保作業辦法第 33 條之五規定，辦理減收優良廠商履約保證金作業 (C)得依押標金保證金暨其他擔保作業辦法第 33 條之五規定，辦理減收優良廠商保固保證金作業 (D)獎勵期間自頒獎之日起半年。

廠商部分：

得獎廠商由本會公告於指定之優良廠商資料庫，以利機關依押標金保證金暨其他擔保作業辦法第 33 條之五規定，辦理減收優良廠商押標金、履約保證金或保固保證金之作業；另機關辦理採購，得於招標文件規定得獎廠商減低估驗計價保留款。獎勵期間自資料庫公告日起二年。公告於優良廠商資料庫之廠商，得由機關依政府採購法規定優先邀請比價。

73. (B) 廠商對於公告金額以上採購異議之處理結果不服，得於收受異議處理結果或期限屆滿之次日起最遲幾日內，以書面方式提出申訴？ (A)10 日內 (B)15 日內 (C)20 日內 (D)30 日內。

廠商對於公告金額以上採購異議之處理結果不服，得於收受異議處理結果或期限屆滿之次日起最遲15日內，以書面方式提出申訴。

74. (B) 新設、增設或修繕等工程於規劃、設計、施工、驗收等各階段界面問題，應由何者召集相關單位會商檢討協調整合並加以解決？ (A)業主 (B)承包商 (C)監造單位 (D)設備廠商。

凡新設、增設或修繕等工程於規劃、設計、施工、驗收等各階段界面問題，承包商應即召集相關單位會商檢討協調整合並加以解決的流程。在整合過程中，必須考量各工作先後順序與系統權重。

75. (D) 下列何者非承攬契約之性質？ (A)諾成契約 (B)不要式契約 (C)有償契約 (D)單務契約。

單務契約：僅當事人一方負擔給付義務，他方不負擔給付義務之契約。如贈與契約、保證契約。

76. (A) 主辦機關無正當理由不採主管機關訂定之契約範本，其與廠商訂定契約之效力爲何？ (A)有效 (B)無效 (C)效力未定 (D)待主管機關同意後始生效力。

主辦機關無正當理由不採主管機關訂定之契約範本，其與廠商訂定契約之效力爲有效，契約範本機關可當參考使用，不一定要全部依範本訂定契約。

[106-5-2]

77. (D) 依「勞務採購契約範本」之約定，委託規劃設計、監造或管理之契約明訂，廠商規劃設計錯誤、監造不實或管理不善，致機關遭受損害者，應負下列何種責任？ (A)限期改善責任 (B)保固責任 (C)逾期罰 (D)賠償責任。

規劃、設計、監造或專案管理廠商履約如有缺失，應視下列情節追究其責任：

一、 民事責任：

(一) 有規劃設計錯誤、監造不實或管理不善，致機關遭受損害情事者，依採購法第63條及契約規定，追究其規劃設計錯誤、監造不實或管理不善之責任。

(二) 得標廠商有將原契約中應自行履行之全部或其主要部分，由其廠商代爲履行(轉包)之情事者，依採購法第66條，機關得解除契約、終止契約或沒收保證金，並得要求損害賠償；該轉包廠商與得標廠商對機關負連帶履行及賠償責任。

(三) 承造人有建築法第60條第二款，未按核准圖說施工，而監造人認爲合格，惟經直轄市、縣(市) (局)主管建築機關勘驗不合規定，必須修改、拆除、重建或補強情事者，承造人應負賠償責任；承造人之專任工程人員及監造人負連帶責任。

(四) 有履約遲延情事者，依委託契約處罰逾期違約金或併終止、解除契約。

(五) 有技術服務成果不符契約規定情事者，依採購法第72條規定通知廠商限期改善、重作、減價收受。

(六) 監造單位所派監工人員未能有效達成品質要求時，機關得依契約及公共工程施工品質管理作業要點(以下簡稱品管要點)第十點規定，隨時撤換之。

(七) 符合契約所定全部或部分不發還保證金之情形者，不予發還其保證金。

二、 採購法責任：有採購法第101條規定情事並經機關將其事實及理由通知廠商者，依同法第101條至第103條規定，將該廠商刊登政府採購公報列爲不良廠商。

三、 業務法規責任：參考附表三所列相關業務法規，如發現廠商有違反者，函送各法規主管機關處理。

四、 刑事責任：參考附表四所列刑事法規，如發現廠商有違反者，應移送司法機關處理。

78. (B) 依工程會「採購契約要項」第32點載明：工程之個別項目實作數量較契約所定數量增減達至少下列何種比例，其逾該比例之部分，變更設計增減契約價金？ (A)百分之三以上 (B)百分之五以上 (C)百分之八以上 (D)百分之十以上。

採購契約要項32點契約價金之調整：

契約價金係以總價決標，且以契約總價給付，而其履約有下列情形之一者，得調整之。但契約另有規定者，不在此限。

一、因契約變更致增減履約項目或數量時，就變更之部分加減賬結算。

二、工程之個別項目實作數量較契約所定數量增減達百分之五以上者，其逾百分之五之部分，變更設計增減契約價金。未達百分之五者，契約價金不予增減。

三、與前二款有關之稅捐、利潤或管理費等相關項目另列一式計價者，依結算金額與原契約金額之比率增減之。

79. (A) 以下何者並非承攬契約性質？ (A)射倖契約 (B)雙務契約 (C)不要式契約 (D)諾成契約。

解析

射倖契約：(Aleatory Contract)要保人依約須按期支付保險費，但保險人是否應負賠償或給付之責任，是繫於偶然事件(保險事故)的發生與否，於契約訂定的當時並不能確定。也就是說保險事故的是否發生？在何時發生？及其發生的結果、範圍？在要保人簽訂保險時並不能確定，故稱爲「射倖契約」。

80. (D) 下列何者並非契約主體不適格所生之工程契約爭議？ (A)承攬人未聘有法定之專門人員 (B)營造業者逾承攬限額 (C)承攬公共工程之營造業者受評鑑爲第三級廠商 (D)可能風險產生後轉嫁於承攬人。

契約上應有規定而承攬人未能滿足契約需求，故爲契約主體不適格。

[106-5-1]

81. (A) 以下何者不是一般估價作業應注意的重大影響因素？ (A)驗收 (B)設計圖 (C)施工規範與品質要求 (D)工期與工作性質。

工程估價作業應注意的重大影響因素，即根據工程設計圖、說及工料時價，分別計算工程數量及分析與評估所需之材料、人工、設備、風險及管理等費用；進而預測工程之營造費用。

82. (D) 工資金額不超過 60%以上之零星或專業性工程，交由專業廠商承辦，此稱爲何種採購案件？ (A)勞務 (B)購料 (C)作頭 (D)工程。

解析

工資金額不超過 60%以上之零星或專業性工程，交由專業廠商承辦，此稱爲工程採購案件。

[106-1-2]

83. (D) 市政府將藝術展演中心工程中之設計與施工、供應、安裝或一定期間之維修等併於同一採購契約辦理招標，此招標方式稱爲下列何者？ (A)總價承攬 (B)聯合承攬 (C)併案承攬 (D)統包。

政府採購法第 24 條：
機關基於效率及品質之要求，得以統包辦理招標。
前項所稱統包，指將工程或財物採購中之設計與施工、供應、安裝或一定期間之維修等併於同一採購契約辦理招標。
統包實施辦法，由主管機關定之。

84. (D) 若非政府採購法 101 條所列情事外之政府採購，下列何者非異議、申訴提出之適當時機？ (A)招標階段 (B)審標階段 (C)決標階段 (D)驗收階段。

政府採購法101條：

機關辦理採購，發現廠商有下列情形之一，應將其事實、理由及依第103條第一項所定期間通知廠商，並附記如未提出異議者，將刊登政府採購公報：

一、 容許他人借用本人名義或證件參加投標者。

二、 借用或冒用他人名義或證件投標者。

三、 擅自減省工料，情節重大者。

四、 以虛僞不實之文件投標、訂約或履約，情節重大者。

五、 受停業處分期間仍參加投標者。

六、 犯第87條至第92條之罪，經第一審爲有罪判決者。

七、 得標後無正當理由而不訂約者。

八、 查驗或驗收不合格，情節重大者。

九、 驗收後不履行保固責任，情節重大者。

十、 因可歸責於廠商之事由，致延誤履約期限，情節重大者。

十一、 違反第65條規定轉包者。

十二、 因可歸責於廠商之事由，致解除或終止契約，情節重大者。

十三、 破產程序中之廠商。

十四、 歧視性別、原住民、身心障礙或弱勢團體人士，情節重大者。

十五、 對採購有關人員行求、期約或交付不正利益者。

廠商之履約連帶保證廠商經機關通知履行連帶保證責任者，適用前項規定。

機關爲第一項通知前，應給予廠商口頭或書面陳述意見之機會，機關並應成立採購工作及審查小組認定廠商是否該當第一項各款情形之一。

機關審酌第一項所定情節重大，應考量機關所受損害之輕重、廠商可歸責之程度、廠商之實際補救或賠償措施等情形。

[105-9-2]

85. (B) 對招標文件規定提出異議者，其基本期限不得少於10日，並爲等標期之幾分之幾？ (A)三分之一 (B)四分之一 (C)二分之一 (D)五分之一。

政府採購法施行細則第 43 條規定「機關於招標文件規定廠商得請求釋疑之期限，至少應有等標期之四分之一；其不足一日者以一日計。選擇性招標預先辦理資格審查文件者，自公告日起至截止收件日止之請求釋疑期限，亦同。機關釋疑之期限，不得逾截止投標日或資格審查截止收件日前一日。

86. (C) 下列何種契約是依照當事人一方預定用於同類契約之條款而訂定之契約？
(A)強制締約 (B)單獨契約 (C)定型化契約 (D)法定契約。

解析

定型化契約，指以一方當事人預先擬定之條款爲內容而訂立之契約。其特色在於，他方必須接受該條款，而無商量餘地。

87. (C) 就一般工程契約言，工程契約符合民法中所定之下列何種性質比例最高？
(A)買賣 (B)雇傭 (C)承攬 (D)委任。

解析

僱傭契約提供的是勞務，狹義的指勞力，廣義的尚包括受僱人的智慧、專業、經驗、人脈及技術等。而承攬契約通常包括一定工作之完成，除包括勞務的提供以外，承攬人尚需提供工作場所、設備、材料及原料等。故僱傭關係只負責「工」，承攬關係則是「連工帶料」。

88. (D) 下列何者並非人身保險？ (A)健康保險 (B)傷害保險 (C)年金保險 (D)保證保險。

解析

保證保險並非人身保險，保證保險以信用風險作爲保險標的，保險人對被保證人的作爲或不作爲致使權利人遭受損失負賠償責任的保險。

[105-9-1]

89. (D) 依據「洽辦機關、營建署、技術服務廠商與承包商之權責區分表」，土建、水電、空調設備、管線等工程界面整合應由何人辦理？ (A)營建署 (B)設計廠商 (C)監造廠商 (D)承攬廠商。

土建、水電、空調設備、管線等工程界面整合應由承攬廠商辦理。

[105-5-2]

90. (A) 基於契約自由與私法自治精神，工程契約所約定之內容，違反下列何者仍然有效？ (A)法律任意規定 (B)公共秩序 (C)善良風俗 (D)法律強制規定。

任意規定係指法律規定之內容主要在規範私人利益，與國家或社會公益無直接關聯，屬無必須強制實現之作用之私法規定，可由當事人之意思自由任意選擇變更或拒絕適用，故僅能相對適用，因此任意規定僅具補充或備位之意義。任意規定之用語爲「得」、「告訴乃論」、「契約另有訂定者，從其規定」等。

91. (B) 金融單位爲維護自身之權利，保障其債權得以實現，常於工程定作的行爲中，於融資契約中約定業主必須要求承包商放棄承攬工程之抵押權及其保證人之何種權利，以爲其對價之下列何種條件 (A)代位請求權 (B)先訴抗辯權 (C)權利質權 (D)損害賠償請求權。

先訴抗辯權亦稱檢索抗辯權，係指保證人在債權人未就主債務人之財產爲強制執行而無效果之前，可拒絕債權人要求其履行保證債務之權利。先訴抗辯權係保證人依其地位可享有之特殊權利，此項權利之行使可達到延期履行保證債務之效果，因此其性質爲一種延期履行之抗辯權。

92. (D) 下列何者並非契約主體不適格所生之工程契約爭議？ (A)承攬人未聘有法定之專門人員 (B)營造業者逾承攬限額 (C)承攬公共工程之營造業者受評鑑爲第三級廠商 (D)可能風險產生後轉嫁於承攬人。

解析

契約上應有規定而承攬人未能滿足契約需求，故爲契約主體不適格。

某工程以工程契約總價投保營造工程綜合保險，其中一項設備契約單價爲 120 萬元，工程進行中採購金額爲 150 萬元，工地在安裝過程發生意外以致全損，結果重置金額因物價波動需 200 萬元，試問：

93. (B) 如不考慮自負額，應有多少金額之理賠？ (A)150 萬元 (B)120 萬元 (C)200 萬元 (D)100 萬元。

理賠金額應爲設備契約單價，爲 120 萬元。

[105-1-2]

94. (B) 營造綜合保險基本條款中，工程之一部分或全部連續停頓最多逾多少日曆天即屬保險之共同不保事項？ (A)7 天 (B)30 天 (C)6 個月 (D)一年。

解析

共同不保事項：

第 1 條營造工程財物損失險及第 2 條營造工程第三人意外責任險之承保範圍，不包括直接或間接因下列各項所致之毀損、滅失或賠償責任：

一、 戰爭(不論宣戰與否)、類似戰爭行爲、叛亂或強力霸佔等。

二、 罷工、暴動、民眾騷擾。

三、 政治團體或民眾團體之唆使或與之有關人員所爲之破壞或惡意行爲。

四、 政府或治安當局之命令所爲之扣押、沒收、徵用、充公或破壞。

五、 核子反應、核子輻射或放射性污染。

六、 被保險人之故意行爲。

七、 工程之一部分或全部連續停頓逾三十日曆天。

某工程發生瑕疵，經監造單位通知業主。若業主因此一工程承攬瑕疵提起訴訟，向承攬人請求損害賠償 100 萬元。法院判斷應否賠償時，依最高法院 89 年度台上字第 2097 號判決之見解，以瑕疵係因可歸責爲承攬人所生者爲限。然訴訟過程中，承攬人又向法院宣稱損失不得歸責於施工廠商。

95. (B) 依據民法第 277 條，業主求償 100 萬元，應由誰舉證施工瑕疵責任？
(A)監造單位　(B)業主　(C)承攬人　(D)法院。

民事訴訟法第 277 條：
當事人主張有利於己之事實者，就其事實有舉證之責任。但法律別有規定，或依其情形顯失公平者，不在此限。

96. (C) 對於承攬人就瑕疵之發生是否可歸責之爭議，依最高法院 87 年度台上字第 1480 號判決之見解，應由何人負舉證責任？　(A)監造單位　(B)業主　(C)承攬人　(D)法院。

對於承攬人就瑕疵之發生是否可歸責之爭議，應由承攬人負舉證責任。

[104-9-2]

97. (B) 營造業負責人對工程圖樣及施工說明書內容，在施工上顯有困難或有公共危險之虞等事項，應即告知下列何者？　(A)監造人　(B)定作人　(C)工地主任　(D)專任工程人員。

營造業法第 37 條：
營造業之專任工程人員於施工前或施工中應檢視工程圖樣及施工說明書內容，如發現其內容在施工上顯有困難或有公共危險之虞時，應即時向營造業負責人報告。
營造業負責人對前項事項應即告知定作人，並依定作人提出之改善計畫爲適當之處理。
定作人未於前項通知後及時提出改善計畫者，如因而造成危險或損害，營造業不負損害賠償責任。

98. (D) 辦理公共工程採購驗收時，驗收人對下列何者於必要時得拆驗或化驗？ (A)同等品 (B)特殊工法 (C)指定廠牌材料 (D)工程隱蔽部分。

解析

採購法第 72 條：驗收人對工程、財物隱蔽部分，於必要時得拆驗或化驗。

99. (C) 下列何者不是情事變更的構成要件？ (A)情事變更發生於契約成立後法律關係消滅前 (B)情事變更須非因不可歸責於當事人之事由所致 (C)情事變更須爲當事人於訂約時所得預見 (D)須因事情變更而使原有之法律效果顯失公平。

情事變更須爲當事人於訂約時所得預見，不是情事變更的構成要件。白話就是當事人於訂約時所預料的結果，完成結果已經跟訂約時說的樣了，就不構成情事變更要件。

100. (B) 下列何者並非仲裁條款約定內容基本上應涵蓋之要點？ (A)當事人所利用仲裁之機構 (B)仲裁時選定之仲裁人 (C)該仲裁機構所適用之仲裁規則或準據法 (D)實施仲裁之地點。

仲裁協議，未約定仲裁人及其選定方法者，應由雙方當事人各選一仲裁人，再由雙方選定之仲裁人共推第三仲裁人爲主任仲裁人，並由仲裁庭以書面通知當事人。

仲裁人於選定後三十日內未共推主任仲裁人者，當事人得聲請法院爲之選定。

仲裁協議約定由單一之仲裁人仲裁，而當事人之一方於收受他方選定仲裁人之書面要求後三十日內未能達成協議時，當事人一方得聲請法院爲之選定。

前二項情形，於當事人約定仲裁事件由仲裁機構辦理者，由該仲裁機構選定仲裁人。

當事人之一方有二人以上，而對仲裁人之選定未達成協議者，依多數決定之；人數相等時，以抽籤定之。

101. (A) 關於申訴審議委員會調解、仲裁、與民事訴訟的比較，依其程序規定，下列何者最爲迅速？ (A)申訴審議委員會調解 (B)仲裁 (C)民事訴訟 (D)由程序規定上無法判斷。

申訴審議委員會調解，依其程序規定，最爲迅速。調解事件應自收受調解申請書之次日起四個月內完成調解程序。

某工程廠商以其一項設備單價 100 萬元，分別向甲乙兩家保險公司投保全額保險，各 100 萬元，且均無自負額。工程進行中該設備意外全損無殘值。試問該廠商可自兩家保險公司領得之保險理賠金額各爲多少元？

102. (A) 如不考慮自負額，應有多少金額之理賠？ (A)50 萬元 (B)100 萬元 (C)200 萬元 (D)0 萬元。

設備單價 100 萬元向兩家保險公司投保全額保險，各 100 萬元，兩家保險公司須賠同一個設備單價 100 萬元，所以每家要賠 50 萬元。

[104-5-2]

103. (A) 廠商對機關招標文件規定提出異議之期限爲自公告或邀標之次日起等標期之四分之一，其尾數不足一日者，以一日計。但不得少於： (A)10 日 (B)15 日 (C)20 日 (D)30 日。

廠商對機關招標文件規定提出異議之期限爲自公告或邀標之次日起等標期之四分之一，其尾數不足一日者，以一日計。但不得少於 10 日。

104. (A) 下列何者不屬契約之解釋原則？ (A)應尊重辭句之使用重於當事人眞意 (B)應依客觀狀況解釋 (C)應儘量使契約爲有效之解釋原則 (D)應依誠實信用原則解釋。

民法第 98 條：

解釋意思表示，應探求當事人之眞意，不得拘泥於所用之辭句。

105. (　D　) 關於契約之敘述何者錯誤？　(A)雙方意思表示合致契約即爲成立　(B)口頭承諾爲契約有效成立方式之一　(C)承攬契約爲債權契約　(D)工程契約依其內容可能包含物權契約、債權契約、及身分契約。

解析

工程契約依其內容可能包含物權契約、債權契約。

106. (　A　) 一般由雇主或原事業單位依法需給付及和解費用，是屬下列何種損失？(A)間接損失　(B)直接損失　(C)保險損失　(D)賠償損失。

解析

一般由雇主或原事業單位依法需給付及和解費用，是屬間接損失。

[104-1-2]

107. (　A　) 以下何者並非利用公正第三人的定爭止紛方式？　(A)和解　(B)調解　(C)仲裁　(D)訴訟。

解析

公正第三人的定爭止紛方式：1. 調解　2. 仲裁　3. 訴訟。

某工程以工程契約總價投保足額營造工程綜合保險，自負額爲 20 萬元。某日晚上 10 時許發生地震，其中一項設備契約單價爲 120 萬元全損，在翌日清晨的餘震中另一工程設備金額爲 150 萬元全損。

108. (　B　) 考慮自負額，應有多少金額之理賠？　(A)270 萬元　(B)250 萬元　(C)230 萬元　(D)210 萬元。

解析

$120 + 150 - 20 = 250$ (萬元)

職災案例之分析及預防

單元重點

1. 職業災害類型原因分析
2. 職業災害預防與對策

[110-1-1]

■情境式選擇題

甲公司向乙公司承攬廠房屋頂維修工程，該屋頂材質為石棉瓦，高度距離地面五公尺，承攬金額新台幣 20 萬元整，現場指派孫大毛為工作場所負責人，甲公司負責人王大朋所僱勞工丙於從事屋頂換修作業時遭感電自屋頂墜落致死職業災害。請回答下列問題：

1. (B) 下列何者非為本職業災害之基本原因？ (A)未實施安全衛生教育訓練 (B)使用攜帶式電鑽未於連接電路上設置漏電斷路器 (C)未訂定安全衛生工作守則。 (D)未將工作環境、危害因素依規定事先告知。

基本原因：通常指雇主對於人為與環境因素的管理缺陷，常見如下：

一、 安全衛生政策：如未訂定安全衛生政策

二、 安全衛生管理：如未訂定標準作業程序

三、 未提供適當之安全衛生防護器材

四、 溝通協調：如未使勞工充分了解職責與工作環境狀況。

而未設置漏電斷路器為不安全的環境，為間接原因。

2. (A) 對於本職業災害之說明，下列何者為正確？ (A)甲公司負責人王大朋須負職業安全衛生法之刑事罰責任 (B)孫大毛為工作場所負責人，應負職業安全衛生法之刑事罰及刑法之業務過失責任 (C)僅甲公司須負補償與賠償責任 (D)本職業災害之災害類型為墜落。

職安法第 40 條和 41 條主要則是針對「雇主」，也就是事業主或經營負責人，其規範之基礎是企業主對物之設備管理疏失，或對從業人員之指揮、監督、教育有不當及疏失，導致發生死亡災害之監督疏失責任，因此甲公司負責人王大朋須負職業安全衛生法之刑事罰責任。

[110-5-1]

3. (C) 依職業安全衛生法規定，事業單位以其事業招人承攬時，其承攬人就承攬部分負本法所定雇主之責任，而下列何者應就職業災害補償與承攬人負連帶責任？ (A)勞動檢查機構 (B)縣市政府 (C)原事業單位 (D)勞工保險局。

依職業安全衛生法第25條：

事業單位以其事業招人承攬時，其承攬人就承攬部分負本法所定雇主之責任；原事業單位就職業災害補償仍應與承攬人負連帶責任，再承攬者亦同。

原事業單位違反本法或有關安全衛生規定，致承攬人所僱勞工發生職業災害時，與承攬人負連帶賠償責任。再承攬者亦同。

4. (A) 對於職業災害類型中的墜落、滾落說明，下列何者爲非？ (A)因感電而墜落的歸類於墜落 (B)指人體從樹木、建築物、施工架、機械、車輛、梯子、樓梯、斜面等墜落而言 (C)與車輛系機械一起墜落之情況 (D)乘坐之場所崩壞動搖而墜落之情況。

墜落、滾落：

指人從樹木、建築物、施工架、機械、搭乘物、階梯、斜面等落下情形(不含交通事故)(感電墜落應分類爲感電)。

5. (A) 一般由雇主或原事業單位依法需給付及和解費用，是屬下列何種損失 (A)間接損失 (B)直接損失 (C)保險損失 (D)賠償損失。

間接損失：指由雇主給付及損失之費用，例如管理者進行事故調查所衍生的成本、事故發生時參與搶救和觀察傷者以致停工所造成的時間損失。

[111-1-1]

6. (D) 依據職業安全衛生署「重大災害通報及檢查處理要點」職業災害類型分類表共計有幾類職業災害類型？ (A) 8 類 (B) 9 類 (C) 10 類 (D) 23 類。

一、 墜落、滾落
二、 跌倒
三、 衝撞
四、 物體飛落
五、 物體倒塌、崩塌
六、 被撞
七、 被夾、被捲
八、 被切、割、擦傷
九、 踩踏
十、 溺斃
十一、 與高溫、低溫之接觸
十二、 與有害物等之接觸
十三、 感電
十四、 爆炸
十五、 物體破裂
十六、 火災
十七、 不當動作
十八、 其他
十九、 無法歸類者
二十、 公路交通事故
二一、 鐵路交通事故
二二、 飛機船舶交通事故
二三、 其他交通事故

■情境式選擇題

A 電力股份有限公司之南區電塔修繕工程由張小君承辦，經由公開招標方式將南區電塔修繕工程交付 B 工程公司承攬，B 工程公司負責人王大明指派林小朋爲現場之工作場所負責人，並委由 C 公司負責設計及監造，現場指派孫小毛爲監造人員，B 公司所僱勞工於修繕電塔時發生墜落死亡重大職業災害，A 電力股份有限公司有違反安全衛生相關規定，請回答下列問題：

7. (C) 依職業安全衛生法規定，有關職業災害補償與賠償事項說明，下列何者爲正確？ (A) A 電力股份有限公司爲原事業單位，僅負補償之連帶責任 (B) B 工程公司負責人王大明爲雇主，已負刑事責任，無須再負補償與賠償責任 (C) A 電力股份有限公司爲原事業單位，有違反職業安全衛生法規定時，負補償與賠償之連帶責任 (D) A 電力股份有限公司爲業主身分，不用負補償與賠償之連帶責任。

依職業安全衛生法第 25 條：

事業單位以其事業招人承攬時，其承攬人就承攬部分負本法所定雇主之責任；原事業單位就職業災害補償仍應與承攬人負連帶責任。再承攬者亦同。

原事業單位違反本法或有關安全衛生規定，致承攬人所僱勞工發生職業災害時，與承攬人負連帶賠償責任。再承攬者亦同。以本題來說，原事業單位A電力公司需要負擔補償及賠償責任，因爲有違反安全衛生規定。

8. (A) 本案重大職業災害下列何人需負職業安全衛生法刑事罰？ (A)王大明 (B)孫小毛 (C)張小君 (D)林小朋。

職安法第 40 條和 41 條主要則是針對「雇主」，也就是事業主或經營負責人，其規範之基礎是企業主對物之設備管理疏失，或對從業人員之指揮、監督、教育有不當及疏失，導致發生死亡災害之監督疏失責任，因此 B 工程公司負責人王大明應負責。

[111-5-1]

9. (C) 當人或物體受到能量或危害物的襲擊而不能安全地予以吸收致造成災害，此能量或危害物即爲災害的何種原因？ (A)基本原因 (B)間接原因 (C)直接原因 (D)不安全原因。

直接原因(Director Causes)：罹災者接觸或暴露於能量、危險物或有害物。

10. (D) 勞工從施工架上因感電而墜落時，在職業災害類型分類表中，歸類爲何種災害類型？ (A)墜落、滾落災害 (B)跌倒災害 (C)踩踏(踏穿)災害 (D)感電災害。

感電：指接觸帶電體或因通電而人體受衝擊之情況而言，從施工架上因感電而墜落時屬於感電災害。

[111-5-2]

11. (A) 營造業綜合保險屬於何種保險？ (A)財產保險及責任保險 (B)意外保險及產物保險 (C)人身保險及意外保險 (D)責任保險及人身保險。

工程保險：我國現行工程保險種類計有營造工程綜合保險、安裝工程綜合保險、營建機具保險、機械保險、電子設備保險及鍋爐保險等六種，都是屬於財產保險及責任保險。其中前三項爲工程營造公司或有工程進行的企業之所需，後三項則針對擁有該特殊設備之企業的需求而設計。

[109-9-1]

12. (A) 美國 Harris 等人認爲所有倫理課題皆離不開責任，其中須探究特定事件的因果關係的是何種責任？ (A)過失責任 (B)專業責任 (C)義務責任 (D)社會責任。

在美國，依照 Harris 等人(2005)的觀點，所有倫理課題皆離不開責任(Responsibility)，並將其區分爲義務責任(Obligation-responsibility)及過失責任(Blame-responsibility)，似更容易讓人瞭解二者的主動性承擔與被動性追究意涵，前者與善良管理或主動注意的意思相近，而後者則須探究特定事件的因果關係。

13. (D) 以下何者並<u>非</u>施工機械災害之防治方法？ (A)教育訓練 (B)自主檢查 (C)配合施工計畫慎選機具規格、數量 (D)作業噪音、振動之降低。

作業噪音、振動之降低與施工機械的災害較無關係。

[109-5-1]

14. (B) 依歷年重大職業災害死亡人數分析，哪個行業之死亡人數爲各行業之冠？哪種災害類型又占罹災比例最高？ (A)營造業；倒塌 (B)營造業；墜落 (C)製造業；墜落 (D)製造業；倒塌。

依勞動部之統計資料，歷年重大職業災害死亡人數分析可以發現營造業勞工發生的危害又以「墜落、滾落」居多，佔八成以上數據，遠高於第二名「物體倒塌、崩塌」災害及第三名的「感電」危害。

15. (B) 重大職業災害涉及刑法第276條第2項之業務過失，係以何人爲究責對象？ (A)勞工 (B)實際從事業務之人 (C)工作者 (D)自營作業者。

刑法第276條第二項業務上過失致人於死罪，以行爲人之過失，係基於業務上行爲而發生者爲限。

[109-5-2]

16. (C) 下列何者非爲職業安全衛生法所稱之職業災害？ (A)因勞動場所之粉塵引起之工作者傷害 (B)因工作場所之建築物引起之工作者死亡 (C)上下班時間合理的時間，必經途中，勞工發生車禍受傷等通勤災害 (D)因工作場所之機械引起之工作者失能。

職業災害：指因勞動場所之建築物、機械、原料、材料、化學品、氣體、蒸氣、粉塵等或作業活動及其他職業上原因引起之工作者疾病、傷害、失能或死亡。亦即：

(I)起因	(II)對象	(III)結果
1. 勞動場所之建築物、機械、原料、材料、化學品、氣體、蒸氣、粉塵 2. 作業活動 3. 其他職業上原因	工作者	1. 疾病 2. 傷害 3. 失能 4. 死亡

因此只要有(I)之任何之一項致使(II)造成(III)之任何之一結果均應爲「職業災害」。含「執行職務」所發生之交通事故。

資料來源：勞動部職業安全衛生署。

17. (B) 依「營造安全衛生設施標準」設置護蓋之規定，下列何者錯誤？ (A)供車輛通行者，得以車輛後軸載重之二倍設計之 (B)爲柵狀構造者，柵條間隔不得大於五公分 (C)臨時性開口處使用之護蓋，表面漆以黃色並書以警告訊息 (D)護蓋上面不得放置機動設備或超過其設計強度之重物。

營造安全衛生設施標準第 21 條：

雇主設置之護蓋，應依下列規定辦理：

一、 應具有能使人員及車輛安全通過之強度。

二、 應以有效方法防止滑溜、掉落、掀出或移動。

三、 供車輛通行者，得以車輛後軸載重之二倍設計之，並不得妨礙車輛之正常通行。

四、 為柵狀構造者，柵條間隔不得大於三公分。

五、 上面不得放置機動設備或超過其設計強度之重物。

六、 臨時性開口處使用之護蓋，表面漆以黃色並書以警告訊息。

[109-1-2]

18. (C) ①緊急應變演練、②急救、③搶救、④通報、⑤逃生等 5 項為緊急應變相關作為，其處理程序之流程為何？ (A)①②③④⑤ (B)④②③⑤① (C)①④②③⑤ (D)④③②⑤①。

平時即需要有緊急應變演練＞當事故發生＞通報＞急救(人)＞搶救(財物)＞逃生＞是故之評估。

[108-9-1]

於施工架上使用移動式電鑽發生電擊而致施工架上墜落地面發生災害。請回答下列問題：

19. (B) 所發生之災害發生是下列何種類型？ (A)墜落 (B)感電 (C)跌倒 (D)物體飛落。

災害之歸因由造成傷害的原因來分類，由於墜落地面是由於受到感電而造成墜落災害。

20. (D) 重大職業災害下列何人可能涉及職業安全衛生法刑事罰？ (A)營造作業主管 (B)工作場所負責人 (C)監造人員 (D)法人之代表人。

由法人之代表人代表負責。而二個以上之事業單位分別出資共同承攬工程時，應互推一人爲代表人；該代表人視爲該工程之事業雇主，負本法雇主防止職業災害之責任。

21. (B) 發生之勞工死亡之不安全狀態及不安全行爲，是屬職業災害發生之何種原因？ (A)直接原因 (B)間接原因 (C)基本原因 (D)根本原因。

解析

不安全狀態及不安全行爲是屬於間接原因。

一、 直接原因(Director Causes)：罹災者接觸或暴露於能量、危險物或有害物。

二、 間接原因(Indirect Causes)：不安全狀態或不安全行爲。

三、 基本原因(Basic Causes)：由於潛在管理系統的缺陷，造成管理上的缺失，進而導致不安全行爲或不安全狀態的產生，最後因人員接觸或暴露於有害物質，造成意外事故的發生。

[108-9-2]

22. (C) 下列有關事業單位發生勞工死亡之職業災害後之處理，所敘述何者有誤？(A)除必要之急救、搶救外，非經許可不得移動或破壞現場 (B)應實施調查、分析及作成紀錄 (C)應於二十四小時內報告勞動檢查機構 (D)如已報告勞動檢查機構，仍應於當月職業災害統計表中陳報。

依據職業安全衛生法第 37 條第 2 項規定：

事業單位勞動場所發生下列職業災害之一者，雇主應於八小時內通報勞動檢查機構：

一、 發生死亡災害。

二、 發生災害之罹災人數在三人以上。

三、 發生災害之罹災人數在一人以上，且需住院治療。

四、 其他經中央主管機關指定公告之災害。

[108-5-1] [106-5-1]

23. (A) 勞工遭遇職業傷害而死亡時，雇主除一次給與其遺屬 40 個月平均工資之死亡補償外，尚需給與多少個月平均工資之喪葬費？ (A)5 個月 (B)10 個月 (C)15 個月 (D)45 個月。

勞工遭遇職業傷害或罹患職業病而死亡時，雇主除給與五個月平均工資之喪葬費外，並應一次給與其遺屬四十個月平均工資之死亡補償。

[108-5-1]

24. (D) 以下何者<u>非</u>爲職業災害發生原因？ (A)直接原因 (B)間接原因 (C)基本原因 (D)過失原因。

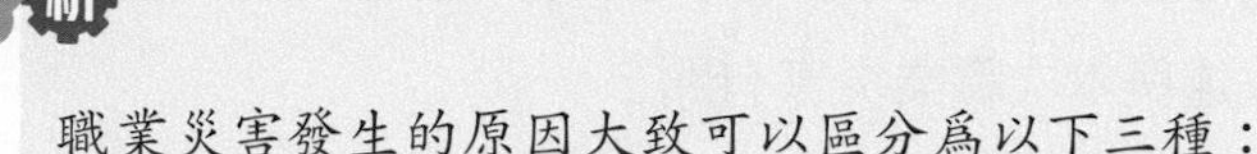

職業災害發生的原因大致可以區分爲以下三種：

一、 直接原因(Director Causes)：罹災者接觸或暴露於能量、危險物或有害物。

二、 間接原因(Indirect Causes)：不安全狀態或不安全行爲。

三、 基本原因(Basic Causes)：由於潛在管理系統的缺陷，造成管理上的缺失，進而導致不安全行爲或不安全狀態的產生，最後因人員接觸或暴露於有害物質，造成意外事故的發生。

25. (C) 事業單位以其事業之全部或部分交付承攬時，應於事前告知承攬人工作環境危害因素，爲職業安全衛生法第幾條之規定？ (A)第 5 條第二項 (B)第 18 條第一項 (C)第 26 條第一項 (D)第 27 條第一項。

職業安全衛生法第 26 條：

事業單位以其事業之全部或一部分交付承攬時，應於事前告知該承攬人有關其事業工作環境、危害因素暨本法及有關安全衛生規定應採取之措施。

承攬人就其承攬之全部或一部分交付再承攬時，承攬人亦應依前項規定告知再承攬人。

[108-5-2]

26. (D) 於施工前或施工中應檢視工程圖樣及施工說明書內容，如發現其內容在施工上顯有困難或有公共危險之虞時，下列何者應即時向營造業負責人報告？ (A)營造業負責人 (B)土木包工業負責人 (C)工地主任 (D)專任工程人員。

根據營造業法第 37 條：營造業之專任工程人員於施工前或施工中應檢視工程圖樣及施工說明書內容，如發現其內容在施工上顯有困難或有公共危險之虞時，應即時向營造業負責人報告。

[108-1-1]

○○營造有限公司所僱工作者，從事橋梁工程混凝土灌漿作業發生模板支撐系統倒塌造成 3 位工作者死亡之職業災害，下列何者敘述與本次職業災害有關？

27. (A) 箱形梁橋面版模板下方支撐架結構系統喪失整體強度或穩定性而倒塌，係屬災害之何種原因？ (A)直接原因 (B)間接原因 (C)基本原因 (D)過失原因。

倒塌是因爲支撐不足，這也是造成災害的直接原因。

28. (A) 勞工遭遇職業傷害而死亡時，雇主除一次給與其遺屬 40 個月平均工資之死亡補償外，尚需給與多少個月平均工資之喪葬費？ (A)5 個月 (B)10 個月 (C)15 個月 (D)45 個月。

勞工遭遇職業傷害或罹患職業病而死亡時，雇主除給與五個月平均工資之喪葬費外，並應一次給與其遺屬四十個月平均工資之死亡補償。

29. (D) 雇主已經確知勞動場所發生工作者死亡之職業災害，依職業安全衛生法規定應於 8 小時內向何單位報告？ (A)監造單位 (B)警察局 (C)工程主辦機關 (D)檢查機構。

事業單位勞動場所發生重大職業災害者，雇主應於八小時內通報勞動檢查機構。

[108-1-2]

30. (B) 違反職業安全衛生法之設施致工作者死亡，雇主可處之最大本刑爲多少？ (A)二年 (B)三年 (C)四年 (D)五年。

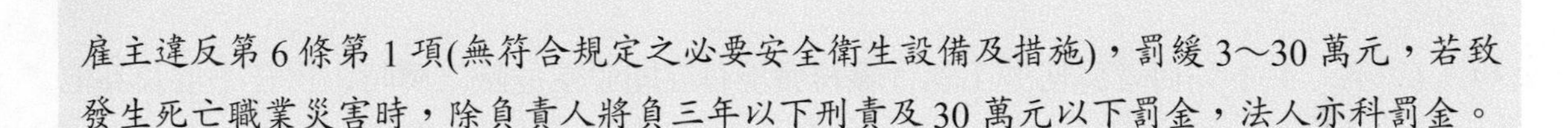

雇主違反第 6 條第 1 項(無符合規定之必要安全衛生設備及措施)，罰緩 3～30 萬元，若致發生死亡職業災害時，除負責人將負三年以下刑責及 30 萬元以下罰金，法人亦科罰金。

[107-9-1]

從事混凝土灌漿作業發生模板支撐系統倒塌職業災害，試問：

31. (B) 下列何者與混凝土灌漿作業發生模板支撐系統倒塌有關？ (A)災害類型爲墜落 (B)媒介物爲支撐架 (C)直接原因爲未按施工圖施工 (D)間接原因爲未實施自動檢查。

災害類型是倒塌，直接原因是因爲混凝土灌漿作業，間接原因爲模板系統支撐不良造成。

32. (A) 勞動場所能量釋出或有害物暴露造成工作者傷亡係屬災害之何種原因？ (A)直接原因 (B)間接原因 (C)基本原因 (D)過失原因。

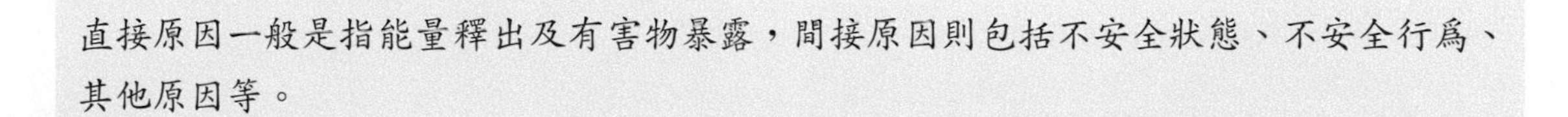

直接原因一般是指能量釋出及有害物暴露，間接原因則包括不安全狀態、不安全行爲、其他原因等。

33. (A) 依據職業安全衛生法第 25 條第 2 項規定，原事業單位違反本法或有關安全衛生規定，致承攬人所僱勞工發生職業災害時，與承攬人負何種責任？ (A)連帶賠償 (B)賠償 (C)補償 (D)連帶補償。

職業安全衛生法第 25 條：

事業單位以其事業招人承攬時，其承攬人就承攬部分負本法所定雇主之責任；原事業單位就職業災害補償仍應與承攬人負連帶責任。再承攬者亦同。

原事業單位違反本法或有關安全衛生規定，致承攬人所僱勞工發生職業災害時，與承攬人負連帶賠償責任。再承攬者亦同。

[107-9-2]

34. (A) 下列何者為何勞工執行職務發現有立即發生危險之虞時，得在不危及其他工作者安全情形下，自行停止作業及退避至安全場所？ (A)從事缺氧危險作業，致有發生缺氧危險之虞時 (B)從事缺氧危險作業，致有發生感電危險之虞時 (C)從事缺氧危險作業，致有發生倒塌危險之虞時 (D)從事缺氧危險作業，致有發生物體飛落危險之虞時。

職業安全衛生法第 18 條：

工作場所有立即發生危險之虞時，雇主或工作場所負責人應即令停止作業，並使勞工退避至安全場所。

勞工執行職務發現有立即發生危險之虞時，得在不危及其他工作者安全情形下，自行停止作業及退避至安全場所，並立即向直屬主管報告。雇主不得對前項勞工予以解僱、調職、不給付停止作業期間工資或其他不利之處分。但雇主證明勞工濫用停止作業權，經報主管機關認定，並符合勞動法令規定者，不在此限。

[107-5-1]

從事混凝土灌漿作業發生模板支撐系統倒塌職業災害。

35. (B) 下列何者爲此模板支撐系統倒塌職業災害之間接原因？ (A)勞工從 40 公尺處墜落 (B)未按施工圖施工 (C)未實施自動檢查 (D)未告知事業工作環境、危害因素。

間接原因是不安全狀態或不安全行爲，因此未按施工圖施工就是不安全之行爲，其他未實施自動檢查或未告知事業工作環境、危害因素爲基本原因。

36. (C) 下列何者爲此模板支撐系統倒塌職業災害之災害類型？ (A)墜落、滾落 (B)物體飛落 (C)物體倒塌 (D)物體破裂。

災害類型物體倒塌、崩塌是指堆積物(包含堆垛)施工架、建築物等崩塌而碰撞人體之情況而言，包含豎立物體倒下之情況及落磐、崩雪、地表滑落之情況。

37. (B) 美國 Harris 等人(2005)認爲所有倫理課題皆離不開責任，其中須探究特定事件的因果關係是何種責任？ (A)社會責任 (B)過失責任 (C)義務責任 (D)專業責任。

在美國，依照 Harris 等人(2005)的觀點，所有倫理課題皆離不開責任(Responsibility)，並將其區分爲義務責任(Obligation-responsibility)及過失責任(Blame-responsibility)，似更容易讓人瞭解二者的主動性承擔與被動性追究意涵，前者與善良管理或主動注意的意思相近，而後者則須探究特定事件的因果關係。

38. (A) 事業單位勞動場所發生下列職業災害之一者，雇主應於八小時內通報勞動檢查機構？ (A)發生死亡災害者 (B)發生災害之罹災人數在二人以上者 (C)發生災害之罹災人數在一人以上，不需住院治療 (D)發生上、下班交通事故。

依據職業安全衛生法第37條第2項規定：
事業單位勞動場所發生下列職業災害之一者，雇主應於八小時內通報勞動檢查機構：
一、 發生死亡災害。
二、 發生災害之罹災人數在三人以上。
三、 發生災害之罹災人數在一人以上，且需住院治療。
四、 其他經中央主管機關指定公告之災害。

[107-5-2]

39. (B) 勞工發生職業災害造成一隻眼睛及一隻手失去其機能時，屬何種程度之失能？ (A)永久部分失能 (B)永久全失能 (C)暫時全失能 (D)暫時部分失能。

永久全失能：永久全失能係指除死亡外之任何足使罹災者造成永久全失能，或在一次事故中損失下列各項之一，或失去其機能者：
一、 雙目。
二、 一隻眼睛及一隻手，或手臂或腿或足。
三、 不同肢中之任何下列兩種：手、臂、足或腿。

[107-1-1]

40. (C) 依據勞動部職業安全衛生署民國104年營造業之重大職業災害類型分析統計，何種災害類型最多？ (A)感電 (B)物體倒塌崩塌 (C)墜落、滾落 (D)物體飛落。

營造業以墜落、滾落爲最大宗，其次爲刺擦割傷、跌倒、交通工具。

41. (A) 箱形梁橋面版模板下方支撐架結構系統喪失整體強度或穩定性而倒塌，係屬災害之何種原因？ (A)直接原因 (B)間接原因 (C)基本原因 (D)過失原因。

解析

因爲失去穩定性而倒塌這是造成災害的直接原因，也就是造成災害的主要因素。

[106-9-1] [105-9-1]

42. (B) 依據職業安全衛生署「重大災害通報及檢查處理要點」職業災害媒介物分類表共分多少大類？ (A)8 大類 (B)9 大類 (C)10 大類 (D)23 大類。

解析

依據重大災害通報及檢查處理要點附表五所示，從編號 1～7 加編號 9，分成動力機械、裝卸運搬機械、其他設備、營建物及施工設備、物質材料、貨物、環境、其他類等類別，惟編號到九實際上僅到八。

[106-9-1]

43. (B) 工作場所擁擠、防護或支撐不當造成工作者傷亡係屬災害之何種原因？ (A)直接原因 (B)間接原因 (C)基本原因 (D)過失原因。

解析

間接原因(Indirect Causes)是不安全狀態或不安全行爲，因此場所擁擠或不當則爲間接原因。

44. (C) 工作場所負責人等從事業務之人，若因死亡重大職業災害若涉及刑法第 276 條第 2 項之業務過失，最高本刑爲多少年有期徒刑？ (A)1 年 (B)3 年 (C)5 年 (D)7 年。

解析

刑法第 276 條：因過失致人於死者，處二年以下有期徒刑、拘役或二千元以下罰金。從事業務之人，因業務上之過失犯前項之罪者，處五年以下有期徒刑或拘役，得併科三千元以下罰金。

[106-9-2]

某甲承包一現場符合丁類危評之深開挖營造工作。

45. (C) 下列何者非屬丁類危評的法律規範內容範圍？ (A)建築物高度在五十公尺以上之建築工程 (B)橋墩中心與橋墩中心之距離在五十公尺以上之橋梁工程 (C)開挖深度達十公尺以上或地下室為三層樓以上，且開挖面積達五百平方公尺之工程 (D)長度一千公尺以上或需開挖十五公尺以上之豎坑之隧道工程。

丁類危險性工作場所之內容有修正，依危險性工作場所審查暨檢查辦法第2條第四款規定：

中華民國106年12月1日勞動部勞職授字第10602052702號令修正，丁類危險性工作場所，係指下列之營造工程：

一、 建築物高度在八十公尺以上之建築工程。
二、 單跨橋梁之橋墩跨距在七十五公尺以上或多跨橋梁之橋墩跨距在五十公尺以上之橋梁工程。
三、 採用壓氣施工作業之工程。
四、 長度一千公尺以上或需開挖十五公尺以上豎坑之隧道工程。
五、 開挖深度達十八公尺以上，且開挖面積達五百平方公尺之工程。
六、 工程中模板支撐高度七公尺以上、面積達三百三十平方公尺以上者。

請讀者依最新的法規解析來學習。

46. (B) 下列何者非雇主僱用勞工從事露天開挖時，為防止地面之崩塌或土石之飛落，應採取之措施？ (A)應設置排水設備，隨時排除地面水及地下水 (B)土石得堆積於開挖面之上方或開挖高度等值之坡肩範圍內 (C)應有勞工安全進出作業場所之措施 (D)四級以上地震後，應指定專人確認作業地點及其附近之地面有無龜裂、有無湧水、土壤含水狀況、地層凍結狀況及其地層變化等，並採取必要之安全措施。

營造安全衛生設施標準第 65 條：

雇主僱用勞工從事露天開挖作業時，為防止地面之崩塌或土石之飛落，應採取下列措施：

一、 作業前、大雨或四級以上地震後，應指定專人確認作業地點及其附近之地面有無龜裂、有無湧水、土壤含水狀況、地層凍結狀況及其地層變化等情形，並採取必要之安全措施。

二、 爆破後，應指定專人檢查爆破地點及其附近有無浮石或龜裂等狀況，並採取必要之安全措施。

三、 開挖出之土石應常清理，不得堆積於開挖面之上方或與開挖面高度等值之坡肩寬度範圍內。

四、 應有勞工安全進出作業場所之措施。

五、 應設置排水設備，隨時排除地面水及地下水。

47. (D) 雇主對於深開挖所需鋼材之儲存方式，下列何者為非？ (A)儲存之場地應為堅固之地面 (B)各堆鋼材之間應有適當之距離 (C)採用起重機吊運鋼材時，應將鋼材重量等顯明標示，以便易於處理及控制其起重負荷量 (D)為了起重機作業方便，置放地點應在電線下方或上方。

營造安全衛生設施標準第 32 條：

雇主對於鋼材之儲存，應依下列規定辦理：

一、 預防傾斜、滾落，必要時應用纜索等加以適當捆紮。

二、 儲存之場地應為堅固之地面。

三、 各堆鋼材之間應有適當之距離。

四、 置放地點應避免在電線下方或上方。

五、 採用起重機吊運鋼材時，應將鋼材重量等顯明標示，以便易於處理及控制其起重負荷量，並避免在電力線下操作。

某工程因施工安全設施不足導致工人受傷，工人向營造廠商求償 25 萬元。嗣後，雙方私下以 20 萬元達成和解，但廠商卻未支付賠償金。試問？

48. (C) 關於該事件之和解，以下何者錯誤？ (A)雙方達成民事上和解 (B)此一和解原則上不得以錯誤為理由將之撤銷 (C)雙方合意產生與法院確定判決有相同之效力 (D)該和解會使當事人所拋棄之權利消滅。

調解程序，為訴訟繫屬法院前，就當事人間發生爭議之法律關係，勸導兩造達成合意之解決方式，以平息紛爭，避免訴訟之程序。若兩造達成合意而調解成立，該合意內容與確定判決有同一效力。

49. (C) 受傷員工應以何理由向法院提出訴訟？ (A)違反設施安全標準向行政法院提出告訴 (B)依侵權行為向地方法院提出損害賠償 (C)依契約不履行向地方法院提出請求履行 (D)依和解書向民事執行處聲請強制執行。

出賣人不履行民法第 348 條至第 351 條所定之義務者，買受人得依關於債務不履行之規定，行使其權利。

某工程工地正在規劃工地緊急應變管理及程序。

50. (D) 緊急應變管理應藉由辨識及認知各種可能發生之緊急事故來進行，緊急應變管理應辨識之狀況不包括以下何者？ (A)普通傷害之狀況 (B)作業人員自行撤離之狀況 (C)需緊急進入救援之狀況 (D)工程進度可能影響狀況。

緊急應變管理應辨識，應包含傷害之狀況，以及人員撤離之計畫以及外部進入內部救援之應變措施與狀況，其他與應變計畫內容無關之進度、品質及成本不應列入緊急應變計畫辨識的內容當中。

[106-5-2]

51. (　C　) 雇主能支配管理之場所是職業安全衛生法中之何種場所？　(A)勞動場所　(B)就業場所　(C)工作場所　(D)作業場所。

解析

工作場所，指勞動場所中，接受雇主或代理雇主指示處理有關勞工事務之人所能支配、管理之場所。

[106-5-1]

52. (　B　) 重大職業災害涉及刑法第 276 條第 2 項之業務過失，係以實際從事業務之何人爲究責對象？　(A)勞工　(B)行爲人　(C)工作者　(D)自營作業者。

解析

刑法第 276 條第二項業務上過失致人於死罪，以行爲人之過失，係基於業務上行爲而發生者爲限。

[106-1-2]

53. (　C　) 依「營造安全衛生設施標準」規定：框式鋼管式施工架之構築，高度超過二十公尺及架上載有物料者，主框架應在二公尺以下，且其間距應保持在多少公尺以下？　(A)一點二五公尺　(B)一點七五公尺　(C)一點八五公尺　(D)二點二五公尺。

營造安全衛生設施標準第 61 條：

雇主對於框式鋼管式施工架之構築，應依下列規定辦理：

一、　最上層及每隔五層應設置水平梁。

二、　框架與托架，應以水平牽條或鉤件等，防止水平滑動。

三、　高度超過二十公尺及架上載有物料者，主框架應在二公尺以下，且其間距應保持在一點八五公尺以下。

54. (B) 依「營造安全衛生設施標準」規定，以可調鋼管支柱為模板支撐之支柱時，高度超過三點五公尺者，每隔幾公尺內應設置足夠強度之縱向、橫向之水平繫條，並與牆、柱、橋墩等構造物或穩固之牆模、柱模等妥實連結，以防止支柱移位？ (A)一點五公尺內 (B)二點〇公尺內 (C)二點五公尺內 (D)三點〇公尺內。

營造安全衛生設施標準第 135 條：

雇主以可調鋼管支柱為模板支撐之支柱時，應依下列規定辦理：

一、 可調鋼管支柱不得連接使用。

二、 高度超過三點五公尺者，每隔二公尺內設置足夠強度之縱向、橫向之水平繫條，並與牆、柱、橋墩等構造物或穩固之牆模、柱模等妥實連結，以防止支柱移位。

三、 可調鋼管支撐於調整高度時，應以制式之金屬附屬配件為之，不得以鋼筋等替代使用。

四、 上端支以梁或軌枕等貫材時，應置鋼製頂板或托架，並將貫材固定其上。

55. (D) 橋梁跨距在三十公尺以上，以金屬構材組成之橋梁上部結構，於鋼構之組立、架設、爬升、拆除、解體或變更等作業，應指派下列何者於現場指揮作業？ (A)專任工程人員 (B)工地主任 (C)技術士 (D)鋼構組配作業主管。

營造安全衛生設施標準第 149 條：

雇主對於鋼構之組立、架設、爬升、拆除、解體或變更等(簡稱鋼構組配)作業，應指派鋼構組配作業主管於作業現場辦理。

56. (送分) 營建工作場所發生勞工死亡職業災害時，雇主應於何時向檢查機構報告？ (A)二十四小時內 (B)三十六小時內 (C)四十八小時內 (D)七十二小時內。

依據職業安全衛生法第37條第2項規定：

事業單位勞動場所發生下列職業災害之一者，雇主應於八小時內通報勞動檢查機構：

一、 發生死亡災害。

二、 發生災害之罹災人數在三人以上。

三、 發生災害之罹災人數在一人以上，且需住院治療。

四、 其他經中央主管機關指定公告之災害。

[106-1-1]

57. (D) 下列何項作業，不需要指派作業主管？ (A)擋土作業 (B)模板作業 (C)施工架組配 (D)承攬作業。

營造業作業主管包含擋土支撐作業主管、模板支撐作業主管、隧道等挖掘作業主管、隧道等襯砌作業主管、施工架組配作業主管、鋼構組配作業主管、露天開挖作業主管、屋頂作業主管等八種類別。

58. (C) 雇主缺乏安全衛生政策和決心，爲職業災害之何種原因？ (A)直接原因 (B)間接原因 (C)基本原因 (D)政策原因。

基本原因(Basic Causes)：由於潛在管理系統的缺陷，造成管理上的缺失，進而導致不安全行爲或不安全狀態的產生，最後因人員接觸或暴露於有害物質，造成意外事故的發生。

59. (B) 下列何者爲危險性工作場「丁類」之營造工程？ (A)模板支撐高度7公尺以上、面積達100平方公尺以上且佔該層模板支撐面積60%以上者 (B)長度一千公尺以下之隧道工程 (C)建築物總高度(含電梯房)在五十公尺以上之建築工程 (D)採用大氣壓施工作業之工程。

依危險性工作場所審查暨檢查辦法第2條第四款規定，丁類危險性工作場所，係指下列之營造工程：

一、 建築物高度在八十公尺以上之建築工程。

二、 單跨橋梁之橋墩跨距在七十五公尺以上或多跨橋梁之橋墩跨距在五十公尺以上之橋梁工程。

三、 採用壓氣施工作業之工程。

四、 長度一千公尺以上或需開挖十五公尺以上豎坑之隧道工程。

五、 開挖深度達十八公尺以上，且開挖面積達五百平方公尺之工程。

六、 工程中模板支撐高度七公尺以上、面積達三百三十平方公尺以上者。

使用移動式起重機吊運鋼筋時發生災害，發生移動式起重機及操作人員墜落地下室之職業災害，探究災害原因：

60. (C) 下列何者爲職業災害發生之基本原因？ (A)造成罹災者高處墜落致死 (B)未採用其他設備防止滑落 (C)危害認知與辨識能力不足 (D)煞車制動器未安置於固定位置。

常見之基本原因包含：

1. 對危險作業危害認知與辨識能力不足。2. 勞工安全衛生管理不良。3. 未訂定作業之標準作業程序。4. 未對勞工施以從事工作及預防災變所必要之安全衛生教育訓練。

[105-9-1] [105-5-1]

61. (C) 依「勞動基準法」規定，勞工因遭遇職業災害而致死亡時，雇主應依一次給予多少個月平均工資之死亡補償？ (A)5 個月 (B)30 個月 (C)40 個月 (D)45 個月。

依勞動基準法第 59 條規定，勞工因遭遇職業災害而致死亡、失能、傷害或疾病時，雇主應依相關規定予以補償。但如同一事故，依勞工保險條例或其他法令規定，已由雇主支付費用補償者，雇主得予以抵充之。死亡補償：勞工因遭遇職業災害或罹患職業病而死亡時，雇主應給予 5 個月平均工資的喪葬費，除此之外，雇主還必須給予其遺屬 40 個月平均工資的死亡補償。

[105-5-1]

62. (C) 下列何者<u>非</u>爲構成刑法第 276 條第 2 項之要件？ (A)與災害之發生具有相當因果關係者 (B)應特別注意事項，其有應注意，能注意，卻疏於注意 (C)究責對象爲實際從事業務之「關係人」 (D)設備不符安全規定。

解析

刑法第 276 條第 2 項業務上過失致人於死罪，以行爲人之過失，係基於業務上行爲而發生者爲限。

[105-5-2]

63. (B) 確保生命安全，應即以最迅速之方式逃離現場，爲下列何種緊急應變作爲？ (A)通報 (B)逃生 (C)急救 (D)緊急應變演練。

火災發生時，迅速判斷正確的逃生方式，保全性命是最重要的。逃生時，應即以最迅速之方式逃離現場。

[105-1-1]

64. (C) 下列何種工作場所有立即發生危險之虞，應予停工處分？ (A)作業場所有引火性液體之蒸氣達爆炸上限值之百分之 30 以下 (B)於高差 1.5 公尺以上開口部分，未設置護欄 (C)未於屋架上設置寬度 30 公分以上之踏板 (D)5.5 公尺以上之鋼構建築，未張設安全網。

勞動檢查法第28條所定勞工有立即發生危險之虞認定標準第3條：
有立即發生墜落危險之虞之情事如下：

一、 於高差二公尺以上之工作場所邊緣及開口部分，未設置符合規定之護欄、護蓋、安全網或配掛安全帶之防墜設施。
二、 於高差二公尺以上之處所進行作業時，未使用高空工作車，或未以架設施工架等方法設置工作臺；設置工作臺有困難時，未採取張掛安全網或配掛安全帶之設施。
三、 於石綿板、鐵皮板、瓦、木板、茅草、塑膠等易踏穿材料構築之屋頂從事作業時，未於屋架上設置防止踏穿及寬度三十公分以上之踏板、裝設安全網或配掛安全帶。
四、 於高差超過一點五公尺以上之場所作業，未設置符合規定之安全上下設備。
五、 高差超過二層樓或七點五公尺以上之鋼構建築，未張設安全網，且其下方未具有足夠淨空及工作面與安全網間具有障礙物。
六、 使用移動式起重機吊掛平台從事貨物、機械等之吊升，鋼索於負荷狀態且非不得已情形下，使人員進入高度二公尺以上平台運搬貨物或駕駛車輛機械，平台未採取設置圍欄、人員未使用安全母索、安全帶等足以防止墜落之設施。

65. (D) 工作場所一氧化碳濃度超過多少 ppm 時，應使作業勞工配帶呼吸器？
(A)10 ppm (B)20 ppm (C)25 ppm (D)35 ppm。

解析

台灣勞工作業環境空氣中有害物容許濃度標準規定，工作場所中八小時日時量平均容許濃度(PEL-TWA)爲 35 ppm 及 40 mg / m^3。

[105-1-2]

66. (B) 對於高度在二公尺以上之作業場所，有遇強風、大雨等惡劣氣候致勞工有墜落危險時，應使勞工停止作業。「強風」係指十分鐘間之平均風速在每秒幾公尺以上之風？ (A)五公尺 (B)十公尺 (C)十五公尺 (D)二十公尺。

所稱「強風」，依行政院勞工委員會(89)台勞安二字第0042784號函釋：如用於事後檢查，指十分鐘的平均風速達每秒十公尺以上者爲強風。

67. (D) 施工現場對於因使用機具設備之漏電致使作業人員感電之事件須予防範，下列何者為必要措施？ (A)機具無具絕緣性與耐熱性之必要性 (B)使用之電纜線可隨意放於地面上，無須架高 (C)交流電銲機視狀況加裝自動電擊防止裝置 (D)電源端裝設感電防止漏電斷路器。

營造工地之電動機具、臨時用電設備或線路，為防止因漏電而生感電危害，應依下列規定設置漏電斷路器。電氣機具、設備或絕緣被覆配線或移動電線等，如有電線破皮、龜裂、燒焦、絕緣破壞或老化等現象時應即查修或予以更換。於通路上使用臨時配線或移動電線應予以高架或裝置防護設備，不得使其承受外力致絕緣破壞裸露。

[104-5-1]

從事混凝土灌漿作業發生模板支撐系統倒塌職業災害。

68. (B) 下列何者為此模板支撐系統倒塌職業災害之間接原因？ (A)勞工從 40 公尺處墜落 (B)未按施工圖施工 (C)未實施自動檢查 (D)未告知事業工作環境、危害因素。

墜落是發生災害的直接原因，而由於未按圖施工造成，此乃間接原因。其他選項之原因是職業災害之基本原因。物體倒塌、崩塌是指堆積物(包含堆垛)施工架、建築物等崩塌而碰撞人體之情況而言，包含豎立物體倒下之情況及落磐、崩雪、地表滑落之情況。

69. (C) 下列何者為此模板支撐系統倒塌職業災害之災害類型？ (A)墜落、滾落 (B)物體飛落 (C)物體倒塌 (D)物體破裂。

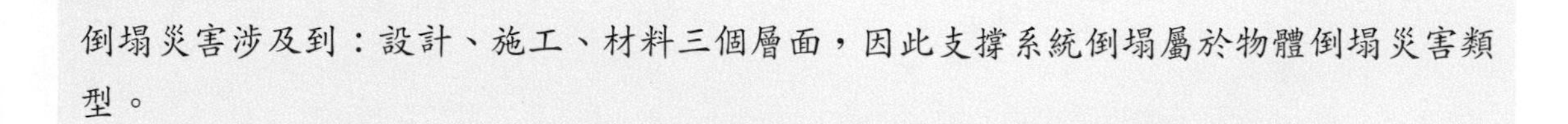

倒塌災害涉及到：設計、施工、材料三個層面，因此支撐系統倒塌屬於物體倒塌災害類型。

[104-1-1]

70. (C) 營造工程發生職業災害下列何者<u>不是</u>原事業單位之直接需負擔的責任？(A)設置協議組織，並指定工作場所負責人，擔任指揮及協調之工作 (B)工作之連繫與調整及工作場所之巡視 (C)對勞工遺屬給與 5 個月平均工資喪葬費及 40 個月平均工資之死亡補償 (D)相關承攬事業間之安全衛生教育之指導及協助。

根據職業安全衛生法第 27 條：事業單位與承攬人、再承攬人分別僱用勞工共同作業時，爲防止職業災害，原事業單位應採取下列必要措施：

一、 設置協議組織，並指定工作場所負責人，擔任指揮、監督及協調之工作。
二、 工作之連繫與調整。
三、 工作場所之巡視。
四、 相關承攬事業間之安全衛生教育之指導及協助。
五、 其他爲防止職業災害之必要事項。

事業單位分別交付二個以上承攬人共同作業而未參與共同作業時，應指定承攬人之一負前項原事業單位之責任。

而 5 個月平均工資喪葬費及 40 個月平均工資之死亡補償是連帶責任。事業單位以其事業招人承攬時，其承攬人就承攬部分負本法所定雇主之責任；原事業單位就職業災害補償仍應與承攬人負連帶責任。再承攬者亦同。原事業單位違反本法或有關安全衛生規定，致承攬人所僱勞工發生職業災害時，與承攬人負連帶賠償責任。再承攬者亦同。

工地治安

單元重點

1. 保全系統
2. 緊急應變與處理

[110-1-2]

1. (C) 下列何者非為緊急應變管理計畫之項目？ (A)緊急應變設備之置備與外援單位之聯繫 (B)緊急應變運作流程與組織 (C)緊急應變計畫內容之陳核程序 (D)緊急應變演練計畫與演練記錄。

緊急應變管理計畫之項目包含：

1. 緊急應變運作流程與組織，包含應變組織架構與權責、緊急應變控制中心位置。與設施、緊急應變運作流程與說明。
2. 緊急應變設備之置備與外援單位之聯繫。
3. 緊急應變演練計畫與演練紀錄(演練模擬一般及最嚴重危害之狀況)。
4. 緊急應變計畫之修正。

[111-5-2]

2. (B) 重視勞工管理及勞動權益，可以防止何項工地治安問題？ (A)工地成為犯罪地點 (B)工地人員暴動 (C)黑道恐嚇 (D)工地竊案。

針對工地人員暴動的工地治安問題，可以透過勞工管理及人性化的管理來降低這樣的情況。

[109-9-2]

3. (A) 下列何者非避難器具？ (A)出口標示燈 (B)救助袋 (C)緩降機 (D)滑杆。

避難器具包含：緩降機、避難梯、避難繩索、滑杆、救助袋、滑台、避難橋等。出口標示燈則是避難指標。

4.　(　D　) 下列何者不是工地竊案的解決準則？　(A)加強人員及車輛出入管制　(B)加強巡邏發揮守望相助的力量　(C)加裝無線警報系統與閉路電視安全系統　(D)適量、適時購買所謂兄弟茶。

解析

工地或銷售中心等皆有可能遇到人上門推銷「兄弟茶」，有的是道上兄弟、有的是小流氓喬裝，工地為求工程順利，昂貴的接待中心為避免遭破壞，有些人會買這些昂貴的茶葉當成保護費的一種。

[109-5-1]

5.　(　C　) 有關工程倫理規範準則之內容，以下何者不是工程人員「義務發生對象」社會層級類別？　(A)工程人員之社會責任　(B)工程人員本身及其與外部之互動關係　(C)工程人員心理狀態常規檢驗　(D)工程人員對其專業之責任。

參考相關國內外工程倫理規範、準則之內容，歸納工程人員之「義務發生對象」的社會層級為三個類別及其所包含之項目如下：

一、　工程人員之社會責任：其義務發生對象包括「人文社會」及「自然環境」等二項。

二、　工程人員本身及其與外部之互動關係：其義務發生對象包括「業主或客户」、「承包商」、「雇主或組織」、「同僚」及「個人」等五項。

因此可以整理出幾個項目，包含個人：端正言行、勝任能力、公平競爭等；專業：持續進修、永續發展、過度宣傳問題等；同僚：領導、服從、利益衝突、群己合作等；雇主/組織：忠誠度、兼差、公器私用、侵佔問題等；業主/客户：誠信、業務保密、智慧財產權、契約課題等；承包商：贈與餽贈、圍標、回扣、採購問題等；人文社會：公共福祉、衛生安全、社會秩序等；自然環境：污染、生態失衡、資源損耗問題等。

[109-5-2]

某工程由甲營造公司承建，甲營造公司指定小明爲工作場所負責人，請回答下列問題：

6. (C) 小明定期辦理緊急應變演練，下列何者非爲應變演練要領？ (A)現場發現者立即通報監工及小明 (B)小明應立即依緊急應變計劃成立緊急應變小組進行搶救，並轉報總公司及勞安室請求支援並協調 (C)應優先復原財物損失 (D)人員生命優先搶救，並轉送醫院救治，應避免二次災害之發生。

工地應制定緊急應變計劃並成立緊急應變小組進行搶救，並由人命爲優先對象，財物之損失應列爲後續次要處理項目。

[109-1-1]

7. (D) 下列何者非爲工程施工現場的安全管理所需之假設設備？ (A)工程監測系統 (B)工地出入場區管理系統 (C)現場監控用 TV 系統 (D)工地辦公用組合屋。

組合屋可作爲工地辦公室、倉儲、廠房、宿舍、接待中心、活動廁所等，但與工地之安全管理較無關係。

[108-9-2]

某工程由甲營造公司承攬，甲營造公司指定小明爲工作場所負責人。請回答下列問題：

8. (D) 下列何者非爲杜絕工地治安問題發生的措施？ (A)由小明、當地警察局與社區大眾共同執行工地防竊專案 (B)向當地警察局申請設置巡邏箱 (C)工地應設置圍籬、閉路電視、加裝門禁管制、強化照明設備等設施 (D)贊助當地社區活動經費。

贊助當地社區活動經費與治安問題較無關係，屬於工地與鄰里之間的互動。

[108-5-1] [106-1-2]

9. (D) 下列四個行爲約束性規範，何者約束性較高？ (A)禮貌／禮節 (B)道德／倫理 (C)專業規範 (D)法律。

解析

法律是人類社會中具有強制力、約束性的行爲規範，因爲法律的作用在約束人的外在行爲，國家可以用強制力使人民守法，所以法律也往往被視爲社會正義最後的規範。

[108-5-2]

10. (A) 緊急應變管理計畫不包含下列何種項目？ (A)職業災害補償計畫 (B)具體的停止作業指示 (C)具體訓練演練及裝備 (D)清楚的書面政策。

職業災害補償計畫應列於職業災害防止計畫之中，緊急應變計畫(Emergency Response Plan，ERP)指事業單位依作業場所風險與內外部資源，所發展出合適因應緊急事故的計畫。而緊急應變管理計畫中包含會包含組織架構、政策方向、緊急應變之訓練及演練、緊急停止作業指示、緊急應變計畫之檢討修正及紀錄、危害辨識及風險評估等內容。

[108-1-2]

某工程工地發生意外災害事件，工作人員正依現況施行緊急事變相關作爲，試回答以下問題。

11. (B) 若在意外災害發生後，現場人員正努力維持罹災人員的呼吸，此項作爲應屬於緊急應變相關作爲中的哪一項？ (A)通報 (B)急救 (C)搶救 (D)逃生。

職業災害發生時，需施行必要之急救、搶救行爲，急救是對人施行，搶救則是針對財物。

[107-9-2]

某工程工地發生工地緊急災害事件，緊急應變管理計畫之組織架構成員迅速各就各位，發揮其應有功能。

12. (A) 若某一緊急應變組織架構成員在災害發生後即迅速評估緊急情況並決定應變措施，則此一人員最可能是應變計畫中的哪一個組織成員？ (A)指揮者 (B)監視人員 (C)應變小組成員 (D)罹災人員。

應變組織架構來說，指揮是每一事件之應變都應有此功能，應變指揮者(IC Commander)是最先排定而且是最後才撤離的職位，應變指揮官負責整個事件的管理以及評估並決定措施。

[107-5-2] [104-9-2]

13. (A) 廠身建造的特徵、設施設備的操作程序屬緊急應變管理計畫製作流程之下列何項步驟？ (A)資訊收集 (B)資訊分析 (C)資訊的整合 (D)審查與演練。

收集分析工作場所的情境(Scenarios)與資訊，可有效預防改善高風險標的，降低事故發生的可能性，且事故發生時，也可有效提升現場第一時間搶救的熟悉度與安全性。

[107-1-2]

某工程工地具備完整緊急應變管理計畫，依據各種不同災害類型訂定不同工作分組進行應變計畫的工作分配。試回答以下問題。

14. (C) 當工地發生開挖面崩塌事件，其應變計畫中工程組人員最可能的工作分配爲以下何者？ (A)人員救護及送醫 (B)撤離人員及機具 (C)地層加固清理 (D)現場警戒區域維護。

應變計畫中工程組人員應進行災後處理工作，包括崩塌區應進行廢土清理，並加固地層。事後可以使用清潔劑和水徹底清洗災區，產生之廢水應予以收集處理。

某工程以工程契約總價投保營造工程綜合保險，其中一項設備契約單價爲 120 萬元，工程進行中採購金額爲 150 萬元，工地在安裝過程發生意外以致全損，結果重置金額因物價波動需 200 萬元。

15. (A) 如不考慮自負額，應有多少金額之理賠？ (A)120 萬 (B)150 萬 (C)200 萬 (D)無法理賠。

因爲合約是訂定，因此採用契約價金總額結算，乙方依工程契約規定投保，理賠金額依照契約單價 120 萬元計算。

16. (D) 該工程以 120 萬元投保營造工程綜合保險後，因實際購買金額提高，或物價波動造成重置金額提高，所造成的保險金額低於實際金額的現象統稱爲以下何種名稱？ (A)再保險 (B)自負額 (C)複保險 (D)不足額保險。

投保保險應以能或足額之保障爲原則，其主因即爲避免產生不足額比例分攤之情形，例如本工程財產價值 200 萬元，但僅投保 120 萬元之保險，亦保户僅投保 120 / 200 = 3 / 5 之保障而已，若發生 10 萬元之損失則保險公司僅能理賠 10 萬元 × 3 / 5 = 6 萬元之保險金，此係依保險法第 77 條，不足額比例分攤之規定處理。

某工程工地發生工地治安事件，治安事件發生後，工地採取的解決準則爲加強人性化管理。

17. (C) 試問該工地最可能發生的治安事件爲以下何者？ (A)工地竊案 (B)工地成爲犯罪地點 (C)工地人員暴動 (D)以工地爲媒介侵入鄰房。

工地最常出現之問題爲工人產生暴亂，可能由於薪資或工時造成，這時必須好好的溝通管理。

[106-5-1]

18. (A) 實務上的倫理概念，通常以倫理守則的方式建立規範。下列何者不屬一般倫理守則的重要性之一？ (A)效率提升 (B)行爲指引 (C)激勵作用 (D)共用準則。

一般而言，工程倫理有下列各方面的重要性(行政院公共工程委員會，2007)：1. 服務及保護社會大眾。2. 行爲指引。3. 激勵作用。4. 共用準則。5. 支持負責任的專業人員。6. 教育及互相瞭解。7. 阻卻及懲處。8. 有助專業形象。

[106-1-2]

19. (AC) 下列何種項目是緊急應變管理應辨識之狀況？ (A)作業人員無法自行撤離之狀況 (B)不需緊急進入救援之狀況 (C)外部之協助救援狀況 (D)應變人員必須進入且提供最終處理之狀況。

解析

應辨識出當災害發生時，無法自行完成或進行避難行爲，需由他人協助行動之避難弱勢人員。

某公共工程分 A、B 兩區，以工程契約總價投保營造工程綜合保險，保險期間爲 1 月 1 日至 11 月 30 日。該工程於 1 月 10 日開工，工期經展延後於 12 月 28 日驗收。A 區提前於 11 月 20 日啓用。保險於合約期間未作任何更動。

20.（ D ）試問保險公司在 B 區之保險責任之開始與終止時間爲以下何者？ (A)1 月 1 日至 11 月 30 日 (B)1 月 10 日至 12 月 28 日 (C)1 月 10 日至 11 月 20 日 (D)1 月 10 日至 11 月 30 日。

我國營造工程綜合保險單條款第 3 條中有保險責任之開始與終止之相關規定，其條文內容爲：「本公司之保險責任，於保險期間內，自承保工程開工或工程材料卸置於施工處所後開始，至啓用、接管或驗收，或保險期間屆滿之日終止，並以其先屆至者爲準。倘承保工程之一部分經啓用、接管或驗收，本公司對該部分之保險責任即行終止。本公司對施工機具設備之保險責任，自其進駐施工處所並安裝完成試驗合格後開始，至運離施工處所或保險期間屆滿之日終止，並以其先屆至者爲準。」因此從開工起算，保單之合約終止時間爲承保期間。

21.（ A ）該工程於 11 月 25 日發生保險事故，廠商可循下列何種管道提出爭議處理？ (A)調解 (B)申訴 (C)異議 (D)訴願。

其有爭議而未能達成協議者，得依契約約定之爭議處理機制辦理調解，交由採購申訴審議委員會。(採購法第 85 條之 1)，若調解不成則可仲裁：徵得機關同意，簽訂仲裁協議書，以機關指定之仲裁處所爲其仲裁處所。最後若不成則提起民事訴訟。

[105-9-2]

22.（ B ）緊急應變管理計畫製作，在於了解什麼才是與救災操作有關的重要事項，是屬於下列何項？ (A)資訊收集 (B)資訊分析 (C)資訊的整合 (D)審查與演練。

擬定有效之緊急應變計畫的第二個步驟爲進行危害資訊分析。由分析所得到的資訊，即可作爲規劃應變之優先順序或重要與否的基礎並作爲救災操作的事項。一般而言，危害分析包含三個要素：危險狀況、損害特性、風險大小。

[105-1-2]

23. (B) 彙整物質資料表及作業場所的區域配置圖，屬緊急應變管理計畫何種項目？ (A)準備之規劃 (B)資訊之提供 (C)資源之評估 (D)外部支援。

事業單位應建立外界可提供緊急應變支援之相關資訊，包含單位名稱、聯絡方式及可提供資源例如配置圖與作業場所説明等，必要時可簽訂相互支援協定。

[104-1-2]

24. (A) 緊急應變管理計畫不包含下列何種項目？ (A)職業災害補償計畫 (B)具體的停止作業指示 (C)具體訓練演練及裝備 (D)清楚的書面政策。

職業災害補償計畫應列於職業災害防止計畫之中，緊急應變計畫(Emergency Response Plan，ERP)指事業單位依作業場所風險與內外部資源，所發展出合適因應緊急事故的計畫。而緊急應變管理計畫中包含會包含組織架構、政策方向、緊急應變之訓練及演練、緊急停止作業指示、緊急應變計畫之檢討修正及紀錄、危害辨識及風險評估等內容。

國家圖書館出版品預行編目資料

工地主任試題精選解析 / 陳佑松, 江軍, 許光鑫,
關韻茹編著. -- 二版. -- 新北市：全華圖書股
份有限公司, 2022.10
面 ； 公分
ISBN 978-626-328-307-7 (平裝)
1.CST：建築工程 2.CST：施工管理 3.CST：考試
指南

441.52 111013761

工地主任試題精選解析(第二版)

作者／陳佑松、江 軍、關韻茹、許光鑫
發行人／陳本源
執行編輯／楊煊閔
封面設計／楊昭琅
出版者／全華圖書股份有限公司
郵政帳號／0100836-1 號
印刷者／宏懋打字印刷股份有限公司
圖書編號／0646801
二版一刷／2023 年 05 月
定價／新台幣 750 元
ISBN／978-626-328-307-7 (平裝)
全華圖書／www.chwa.com.tw
全華網路書店 Open Tech／www.opentech.com.tw
若您對本書有任何問題，歡迎來信指導 book@chwa.com.tw

臺北總公司(北區營業處)
地址：23671 新北市土城區忠義路 21 號
電話：(02) 2262-5666
傳真：(02) 6637-3695、6637-3696

南區營業處
地址：80769 高雄市三民區應安街 12 號
電話：(07) 381-1377
傳真：(07) 862-5562

中區營業處
地址：40256 臺中市南區樹義一巷 26 號
電話：(04) 2261-8485
傳真：(04) 3600-9806(高中職)
(04) 3601-8600(大專)

（請由此線剪下）

歡迎加入 全華會員

● 會員獨享

會員享購書折扣、紅利積點、生日禮金、不定期優惠活動…等。

● 如何加入會員

掃 QRcode 或填妥讀者回函卡直接傳真（02）2262-0900 或寄回，將由專人協助登入會員資料，待收到 E-MAIL 通知後即可成為會員。

如何購買 全華書籍

1. 網路購書

全華網路書店「http://www.opentech.com.tw」，加入會員購書更便利，並享有紅利積點回饋等各式優惠。

2. 實體門市

歡迎至全華門市（新北市土城區忠義路 21 號）或各大書局選購。

3. 來電訂購

(1) 訂購專線：(02) 2262-5666 轉 321-324
(2) 傳真專線：(02) 6637-3696
(3) 郵局劃撥（帳號：0100836-1　戶名：全華圖書股份有限公司）
※　購書未滿 990 元者，酌收運費 80 元。

全華網路書店 www.opentech.com.tw
E-mail: service@chwa.com.tw

※ 本會員制如有變更則以最新修訂制度為準，造成不便請見諒。

廣　告　回　信
板橋郵局登記證
板橋廣字第540號

行銷企劃部　收

23671 新北市土城區忠義路21號
全華圖書股份有限公司

讀者回函卡

掃 QRcode 線上填寫 ▶▶▶

姓名：＿＿＿＿＿＿ 生日：西元＿＿＿＿年＿＿＿＿月＿＿＿＿日 性別：□男 □女

電話：（　）＿＿＿＿＿＿ 手機：＿＿＿＿＿＿

e-mail：（必填）＿＿＿＿＿＿

註：數字零，請用 Φ 表示，數字 1 與英文 L 請另註明並書寫端正，謝謝。

通訊處：□□□□□

學歷：□高中・職 □專科 □大學 □碩士 □博士

職業：□工程師 □教師 □學生 □軍・公 □其他

學校／公司：＿＿＿＿＿＿ 科系／部門：＿＿＿＿＿＿

・需求書類：

□ A. 電子 □ B. 電機 □ C. 資訊 □ D. 機械 □ E. 汽車 □ F. 工管 □ G. 土木 □ H. 化工 □ I. 設計

□ J. 商管 □ K. 日文 □ L. 美容 □ M. 休閒 □ N. 餐飲 □ O. 其他

・本次購買圖書為：＿＿＿＿＿＿ 書號：＿＿＿＿＿＿

・您對本書的評價：

封面設計：□非常滿意 □滿意 □尚可 □需改善，請說明＿＿＿＿＿＿

內容表達：□非常滿意 □滿意 □尚可 □需改善，請說明＿＿＿＿＿＿

版面編排：□非常滿意 □滿意 □尚可 □需改善，請說明＿＿＿＿＿＿

印刷品質：□非常滿意 □滿意 □尚可 □需改善，請說明＿＿＿＿＿＿

書籍定價：□非常滿意 □滿意 □尚可 □需改善，請說明＿＿＿＿＿＿

整體評價：請說明＿＿＿＿＿＿

・您在何處購買本書？

□書局 □網路書店 □書展 □團購 □其他＿＿＿＿＿＿

・您購買本書的原因？（可複選）

□個人需要 □公司採購 □親友推薦 □老師指定用書 □其他＿＿＿＿＿＿

・您希望全華以何種方式提供出版訊息及特惠活動？

□電子報 □ DM □廣告（媒體名稱＿＿＿＿＿＿）

・您是否上過全華網路書店？（www.opentech.com.tw）

□是 □否 您的建議＿＿＿＿＿＿

・您希望全華出版哪方面書籍？＿＿＿＿＿＿

・您希望全華加強哪些服務？＿＿＿＿＿＿

您提供寶貴意見，全華將秉持服務的熱忱，出版更多好書，以饗讀者。

：　/　/

2020.09 修訂

親愛的讀者：

感謝您對全華圖書的支持與愛護，雖然我們很慎重的處理每一本書，但恐仍有疏漏之處，若您發現本書有任何錯誤，請填寫於勘誤表內寄回，我們將於再版時修正，您的批評與指教是我們進步的原動力，謝謝！

全華圖書　敬上

勘 誤 表

書 號		書 名		作 者	
頁 數	行 數	錯誤或不當之詞句		建議修改之詞句	

我有話要說：（其它之批評與建議，如封面、編排、內容、印刷品質等・・・）